光盘导航

光盘界面

案例欣赏

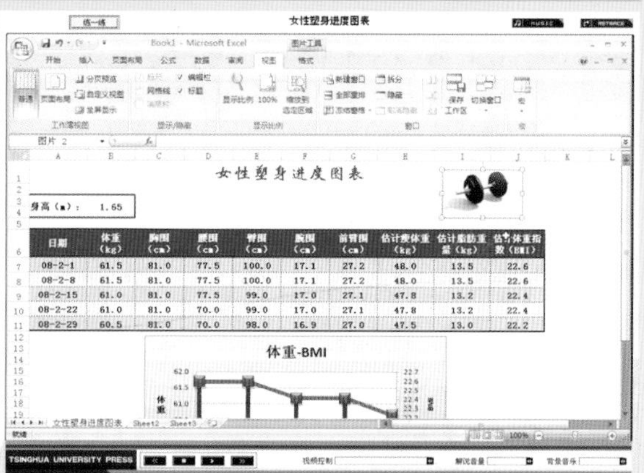

案例欣赏

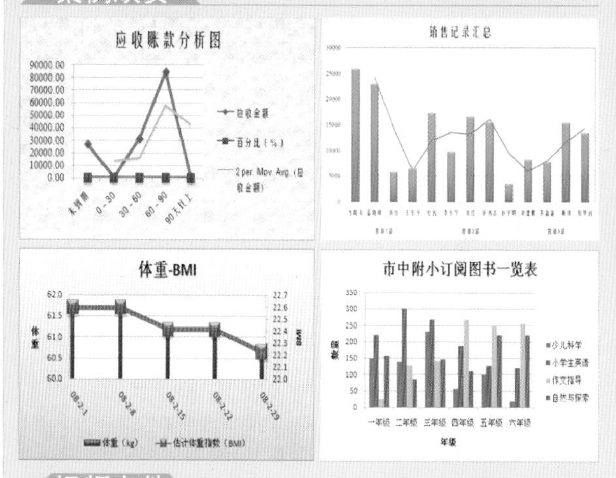

素材下载

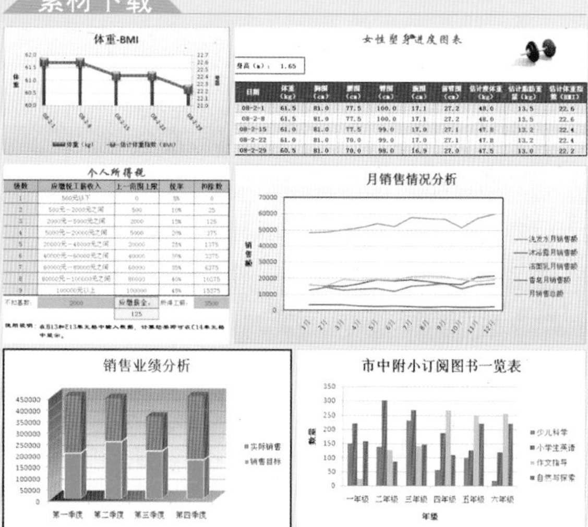

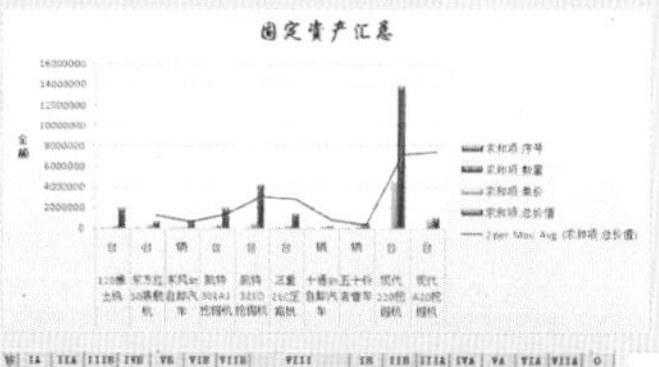

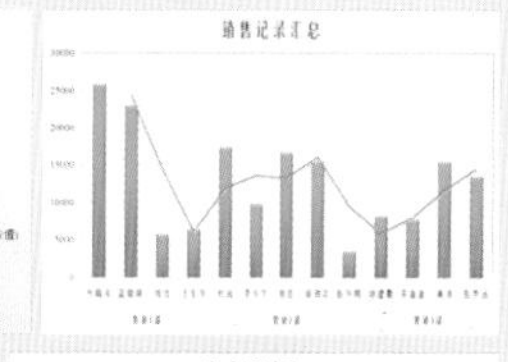

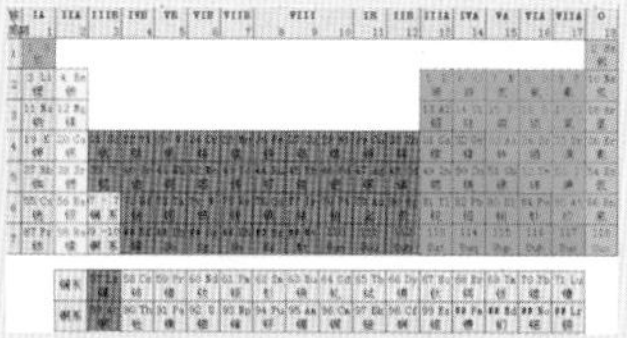

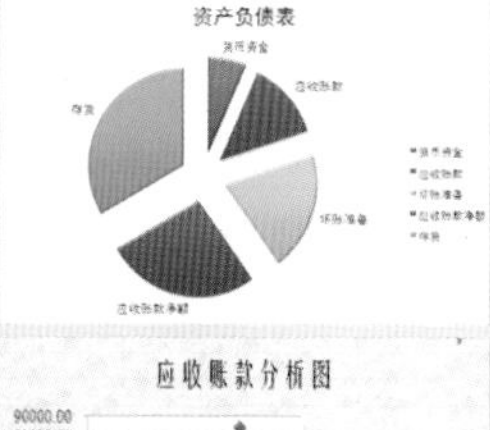

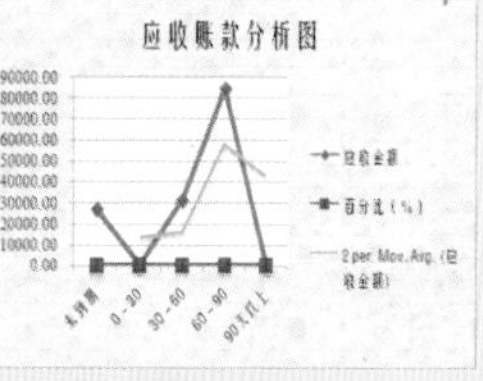

视频文件

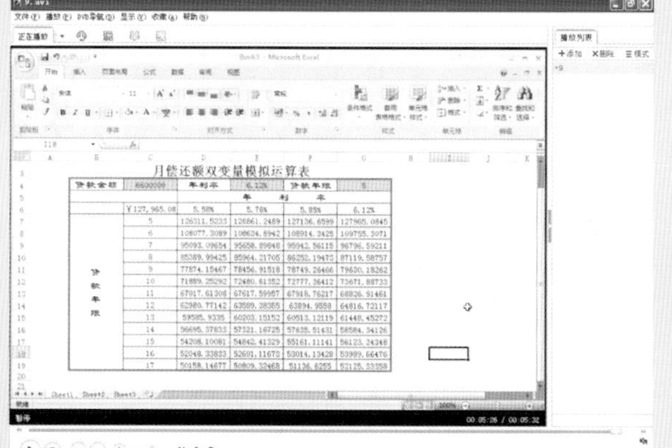

个人所得税

个人所得税

级数	应缴税工薪收入	上一范围上限	税率	扣除数
1	500元以下	0	5%	0
2	500元－2000元之间	500	10%	25
3	2000元－5000元之间	2000	15%	125
4	5000元－20000元之间	5000	20%	375
5	20000元－40000元之间	20000	25%	1375
6	40000元－60000元之间	40000	30%	3375
7	60000元－80000元之间	60000	35%	6375
8	80000元－100000元之间	80000	40%	10375
9	100000元以上	100000	45%	15375

不扣基数:	2000	应缴薪金:	所得工薪:	3500
		125		

使用说明：在B13和E13单元格中输入数据，计算结果即可在C14单元格中显示。

新年万年历

二〇〇八年十一月六日　星期四　北京时间 15:10:49

万年历

星期日	星期一	星期二	星期三	星期四	星期五	星期六
						1
2	3	4	5	6	7	8
9	10	11	12	13	14	15
16	17	18	19	20	21	22
23	24	25	26	27	28	29

查询年月：　2008 年　3 月

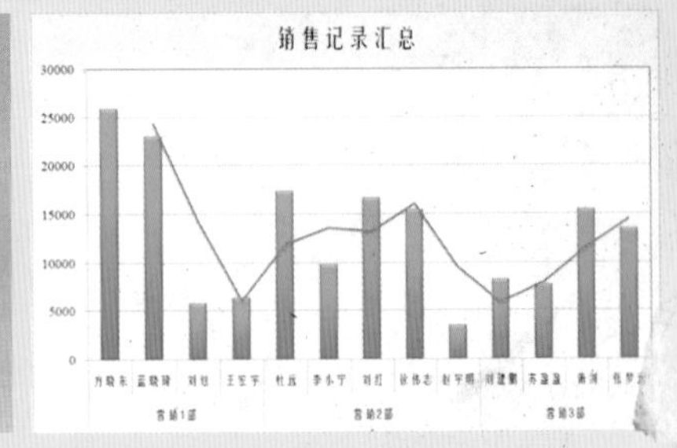

LG液晶显示器销售业绩分析表

LG液晶显示器销售业绩分析表

销售项目	第一季度	第二季度	第三季度	第四季度	年度总计
销售目标	￥200,000	￥250,000	￥210,000	￥170,000	￥830,000
实际销售	￥250,000	￥190,000	￥150,000	￥280,000	￥870,000
达成比率	125%	76%	71%	165%	105%

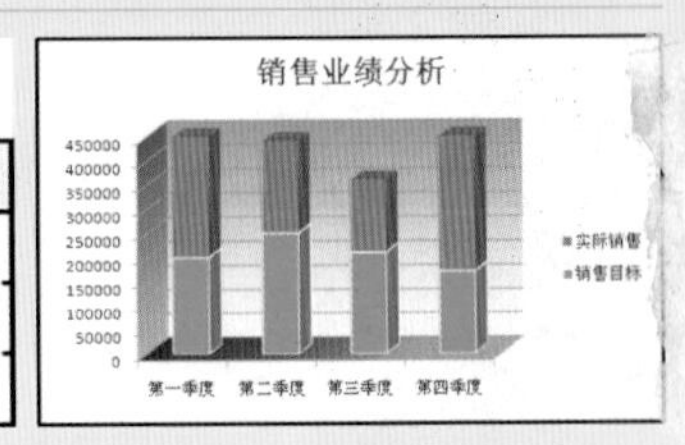

洗化用品月销售情况报表

2007年洗化用品月销售情况报表

月份	洗发水		洗发水月销售额	沐浴露		沐浴露月销售额	洁面乳		洁面乳月销售额	香皂		香皂月销售额	月销售总额
	单价	销售量		单价	销售量		单价	销售量		单价	销售量		
1月	￥45	280	￥12,600	￥32	512	￥16,384	￥38	421	￥15,998	￥7	480	￥3,360	￥48,342
2月	￥45	320	￥14,400	￥32	480	￥15,360	￥38	410	￥15,580	￥8	420	￥3,360	￥48,700
3月	￥42	300	￥12,600	￥32	465	￥14,880	￥45	429	￥19,305	￥8	406	￥3,248	￥50,033
4月	￥43	308	￥13,244	￥35	479	￥16,765	￥49	380	￥18,620	￥6	481	￥2,886	￥51,515
5月	￥42	320	￥13,440	￥38	502	￥19,076	￥49	394	￥19,306	￥5	460	￥2,300	￥54,122
6月	￥44	270	￥11,880	￥38	488	￥18,544	￥49	390	￥19,110	￥6	472	￥2,832	￥52,366
7月	￥46	328	￥15,088	￥42	456	￥19,152	￥52	410	￥21,320	￥5	465	￥2,325	￥57,885
8月	￥46	340	￥15,640	￥39	460	￥17,940	￥50	430	￥21,500	￥5	430	￥2,150	￥57,230
9月	￥43	385	￥16,555	￥38	438	￥16,644	￥50	425	￥21,250	￥6	400	￥2,400	￥56,849
10月	￥43	320	￥13,760	￥42	392	￥16,464	￥48	402	￥19,296	￥5	421	￥2,105	￥51,625
11月	￥45	360	￥16,200	￥45	462	￥20,790	￥48	379	￥18,192	￥5	438	￥2,190	￥57,372
12月	￥44	380	￥16,720	￥45	480	￥21,600	￥50	385	￥19,250	￥6	402	￥2,412	￥59,982

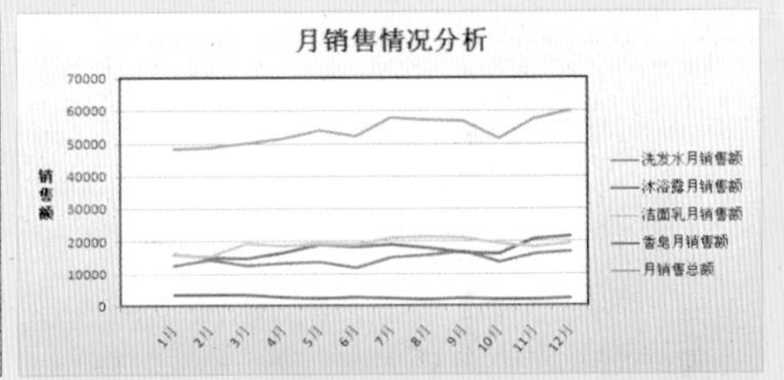

女性塑身进度表

女性塑身进度图表

身高（m）：　1.65

日期	体重（kg）	胸围（cm）	腰围（cm）	臀围（cm）	腕围（cm）	前臂围（cm）	估计瘦体重（kg）	估计脂肪重量（kg）	估计体重指数（BMI）
08-2-1	61.5	81.0	77.5	100.0	17.1	27.2	48.0	13.5	22.6
08-2-8	61.5	81.0	77.5	100.0	17.1	27.2	48.0	13.5	22.6
08-2-15	61.0	81.0	77.5	99.0	17.0	27.1	47.8	13.2	22.4
08-2-22	61.0	81.0	70.0	99.0	17.0	27.1	47.8	13.2	22.4
08-2-29	60.5	81.0	70.0	98.0	16.9	27.0	47.5	13.0	22.2

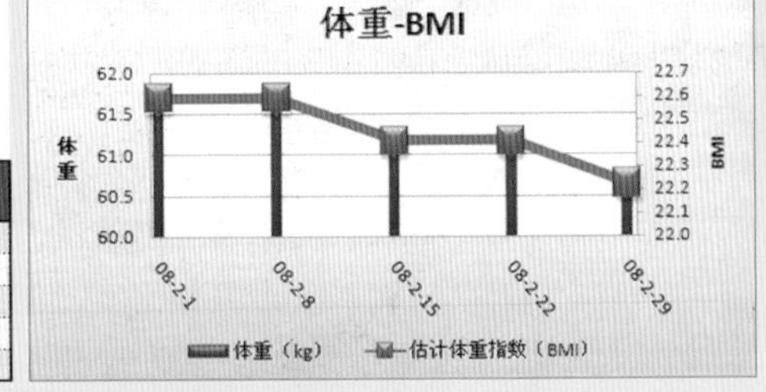

元素周期表

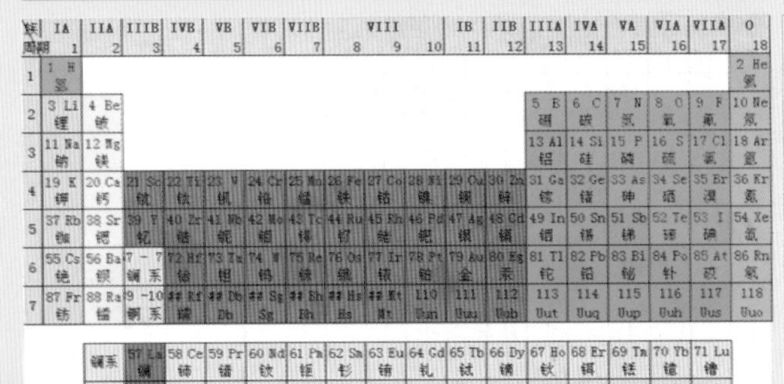

族 周期	IA 1	IIA 2	IIIB 3	IVB 4	VB 5	VIB 6	VIIB 7	VIII 8	9	10	IB 11	IIB 12	IIIA 13	IVA 14	VA 15	VIA 16	VIIA 17	0 18
1	1 H 氢																	2 He 氦
2	3 Li 锂	4 Be 铍											5 B 硼	6 C 碳	7 N 氮	8 O 氧	9 F 氟	10 Ne 氖
3	11 Na 钠	12 Mg 镁											13 Al 铝	14 Si 硅	15 P 磷	16 S 硫	17 Cl 氯	18 Ar 氩
4	19 K 钾	20 Ca 钙	21 Sc 钪	22 Ti 钛	23 V 钒	24 Cr 铬	25 Mn 锰	26 Fe 铁	27 Co 钴	28 Ni 镍	29 Cu 铜	30 Zn 锌	31 Ga 镓	32 Ge 锗	33 As 砷	34 Se 硒	35 Br 溴	36 Kr 氪
5	37 Rb 铷	38 Sr 锶	39 Y 钇	40 Zr 锆	41 Nb 铌	42 Mo 钼	43 Tc 锝	44 Ru 钌	45 Rh 铑	46 Pd 钯	47 Ag 银	48 Cd 镉	49 In 铟	50 Sn 锡	51 Sb 锑	52 Te 碲	53 I 碘	54 Xe 氙
6	55 Cs 铯	56 Ba 钡	7 － 7 镧系	72 Hf 铪	73 Ta 钽	74 W 钨	75 Re 铼	76 Os 锇	77 Ir 铱	78 Pt 铂	79 Au 金	80 Hg 汞	81 Tl 铊	82 Pb 铅	83 Bi 铋	84 Po 钋	85 At 砹	86 Rn 氡
7	87 Fr 钫	88 Ra 镭	9 －10 锕系	## Rf 𬬻	## Db Db	## Sg Sg	## Bh Bh	## Hs Hs	## Mt Mt	110 Uun	111 Uuu	112 Uub	113 Uut	114 Uuq	115 Uup	116 Uuh	117 Uus	118 Uuo

镧系	57 La 镧	58 Ce 铈	59 Pr 镨	60 Nd 钕	61 Pm 钷	62 Sm 钐	63 Eu 铕	64 Gd 钆	65 Tb 铽	66 Dy 镝	67 Ho 钬	68 Er 铒	69 Tm 铥	70 Yb 镱	71 Lu 镥
锕系	89 Ac 锕	90 Th 钍	91 Pa 镤	92 U 铀	93 Np 镎	94 Pu 钚	95 Am 镅	96 Cm 锔	97 Bk 锫	98 Cf 锎	99 Es 锿	## Fm 镄	## Md 钔	## No 锘	## Lr 铹

应收账款

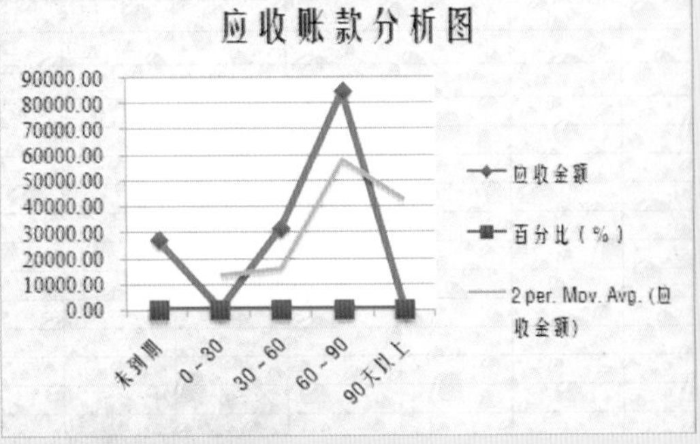

超值多媒体光盘
大容量、高品质多媒体教程
实例效果和素材库

- ✓ 总结了作者多年Excel应用和教学心得
- ✓ 系统讲解了Excel 2007的要点和难点
- ✓ 提供丰富的实验指导和习题
- ✓ 范例典型实用，图文并茂
- ✓ 配套光盘提供语音视频教程和数据库实例

■ 吴军希　毕小君　向方　孙岩　等编著

Excel 2007中文版
标准教程

清华大学出版社
北　京

内 容 简 介

本书全面介绍 Excel 2007 的数据管理和应用的操作方法及技巧。全书共分 11 章，介绍 Excel 2007 基础操作，应用公式和函数进行数据处理，使用图表展示数据关系；利用 Excel 方案管理器或规划求解等功能分析数据。本书每章提供了系列实验指导，并且最后提供了思考与练习题。附书光盘提供了本书实例完整素材文件和全程配音教学视频文件。

本书既适合作为高职高专院校学生学习 Excel 2007 数据管理的教材，也可作为计算机用户办公应用自学的参考资料。

图书在版编目（CIP）数据

Excel 2007 中文版标准教程 / 吴军希等编著. —北京：清华大学出版社，2008.12
ISBN 978-7-302-18654-0

Ⅰ. E…　Ⅱ. 吴…　Ⅲ. 电子表格系统，Excel 2007 – 教材　Ⅳ. TP391.13

中国版本图书馆 CIP 数据核字（2008）第 149759 号

责任编辑：冯志强
责任校对：徐俊伟
责任印制：孟凡玉
出版发行：清华大学出版社　　**地　址**：北京清华大学学研大厦 A 座
http://www.tup.com.cn　　**邮　编**：100084
社 总 机：010-62770175　　**邮　购**：010-62786544
投稿与读者服务：010-62776969，c-service@tup.tsinghua.edu.cn
质 量 反 馈：010-62772015，zhiliang@tup.tsinghua.edu.cn
印 刷 者：北京市清华园胶印厂
装 订 者：三河市金元印装有限公司
经　销：全国新华书店
开　本：185×260　**印　张**：20.75　**插　页**：1　**字　数**：487 千字
含光盘 1 张
版　次：2008 年 12 月第 1 版　　**印　次**：2008 年 12 月第 1 次印刷
印　数：1～5000
定　价：39.00 元

本书如存在文字不清、漏印、缺页、倒页、脱页等印装质量问题，请与清华大学出版社出版部联系调换。联系电话：(010)62770177 转 3103　　产品编号：031020-01

前　言

Excel 2007 是微软公司最新发布的 Office 2007 办公软件的一个重要组成部分，主要用于数据计算和数据统计。使用 Excel 2007 可以更加高效、便捷地完成各种中小型企业的数据统计和管理工作。Excel 2007 在继承以前版本优点的基础上，增加了许多新功能，并且工作界面也发生了翻天覆地的变化。

在 Excel 2007 中可以创建和编辑报表、表格，对报表或表格中的数据进行排序、筛选和数据汇总，有助于了解数据的意义从而做出明智的决策。通过数据的单变量求解、规划求解和方案管理器等功能，可以很方便地管理、分析数据，帮助用户完成很多复杂的工作，从而为企事业单位的决策管理提供可靠依据。

1. 本书主要内容

全书共分 11 章，介绍了 Excel 2007 基础知识和面向实际的应用知识。各章主要内容如下：

第 1 章　初识 Excel 2007，从 Excel 2007 的全新界面入手，了解其新增功能。讲述了电子表格基础知识，如 Excel 的创建、保存、打开等内容。

第 2 章　电子表格的基本操作，如何在单元格中输入数据及利用自动填充数据功能实现数据的快速输入等内容。

第 3 章　管理工作簿，包括对工作表的操作，如设置行高与列宽、隐藏行或列以及隐藏和恢复工作表。还介绍了工作簿的基本操作、查找与替换，以及保护工作表和工作簿的方法。

第 4 章　美化工作表，包括对单元格边框和颜色的设置、使用样式、条件格式的应用，以及对图片和 SmartArt 图形的操作。

第 5 章　使用公式和函数，包括公式的应用和创建，以及函数的功能和类型等，重点学习求和计算方法，还介绍了对 Excel 中的数据进行审核的知识。

第 6 章　介绍了图表的运用，包括图表的认识、创建、编辑等操作，以及图表的类型及格式设置。

第 7 章　管理数据，介绍数据有效性、数据的排序、筛选和分类汇总，以及如何使用数据透视表来分析数据等内容。

第 8 章　分析数据，包括使用数据表、单变量求解、规划求解、使用方案管理器，以及如何使用合并计算功能。

第 9 章　打印工作表，包括页面设置、打印预览、设置打印范围和打印工作表，以及如何使用分页符对工作表进行分页等内容。

第 10 章　宏与 VBA，包括宏的创建和基本操作、VBA 的基础知识和设计等功能。

第 11 章　Excel 综合实例，包括资产负债表、应收账款的处理、通信费年度计划表和销售报表。

2. 本书特色

本书操作详略得当、重点突出，理论讲解虚实结合，简明实用，是一本优秀的 Excel 2007 中文版教程。

- ❑ **实验指导** 本书安排了丰富的"实验指导"，以实例形式演示 Excel 2007 中文版的应用知识，便于读者模仿学习操作，同时方便教师组织授课内容。实验指导内容加强了本书的实践操作性。
- ❑ **实例丰富** 本书结合了 30 多个 Excel 2007 应用实例展开内容，涵盖了 Excel 的主要应用领域。
- ❑ **多媒体光盘** 随书光盘提供了全部的案例素材文件，能够为读者的实际操作提供一个完善的练习平台。

3. 读者对象

本书内容全面、结构完整、深入浅出、图文并茂、通俗易懂、可读性和可操作性强，配有多媒体光盘。本书既适合作为高职高专院校学生学习 Excel 2007 数据管理的教材，也可作为计算机用户办公应用自学的参考资料。

参与本书编写的除了封面署名人员外，还有王敏、马海军、祁凯、孙江玮、田成军、刘俊杰、赵俊昌、王泽波、张银鹤、刘治国、何方、李海庆、王树兴、朱俊成、康显丽、崔群法、倪宝童、王立新、王咏梅、辛爱军、牛小平、贾栓稳、赵元庆、郭磊、杨宁宁、郭晓俊、方宁、王黎、安征、亢凤林、李海峰等人。

由于时间仓促，水平有限，疏漏之处在所难免，欢迎读者朋友登录清华大学出版社的网站 www.tup.com.cn 与我们联系，帮助我们改进提高。

目　录

第 1 章

初识 Excel 2007

八月份产品销售表

货号	名称	产地	单价	销量（件）	总和
Q012	蓝色无袖连衣裙	武汉	￥298.00	18	￥5,364.00
K036	黑色长裤	北京	￥118.00	29	￥3,422.00
Q017	黑色短裙	北京	￥156.00	17	￥2,652.00
K005	白色七分裤	青岛	￥78.00	34	￥2,652.00
Y002	白色长袖衬衣	深圳	￥118.00	20	￥2,360.00
Y024	红色短袖衬衣	广州	￥108.00	21	￥2,268.00
Y007	白色短袖衬衣	上海	￥98.00	13	￥1,274.00

微软公司于 2006 年 11 月正式推出 Microsoft Office 2007，它是一个在家庭日常生活和小型企业工作中不可或缺的办公软件。而 Excel 2007 作为 Office 2007 办公软件中一个处理数据的电子表格组件，可用于分析、共享和管理信息，从而帮助用户做出更加明智的决策。

本章主要讲述该组件的新增功能和操作电子表格的基础知识，如 Excel 的创建、保存、打开等内容，还介绍了该工作环境中窗口的一些简单设置，以及获取帮助的方法及技巧。

本章学习要点

- 新增功能
- 界面介绍
- Excel 基本操作
- 窗口操作

1.1 Excel 2007 入门

Excel 2007 全新设计的用户界面、稳定安全的文件格式、无缝高效的沟通协作均为用户提供了功能强大的工作平台。本节介绍 Excel 2007 的全新工作环境及在继承以前版本优点的基础上新增的功能。

1.1.1 Excel 2007 工作界面

Excel 2007 组件的工作环境打破了传统界面的束缚，它采用了全新的人性化操作界面。

单击【开始】菜单按钮，执行【程序】|Microsoft Office|Microsoft Office Excel 2007 命令，即可启动 Excel 组件并显示其工作界面，如图 1-1 所示。

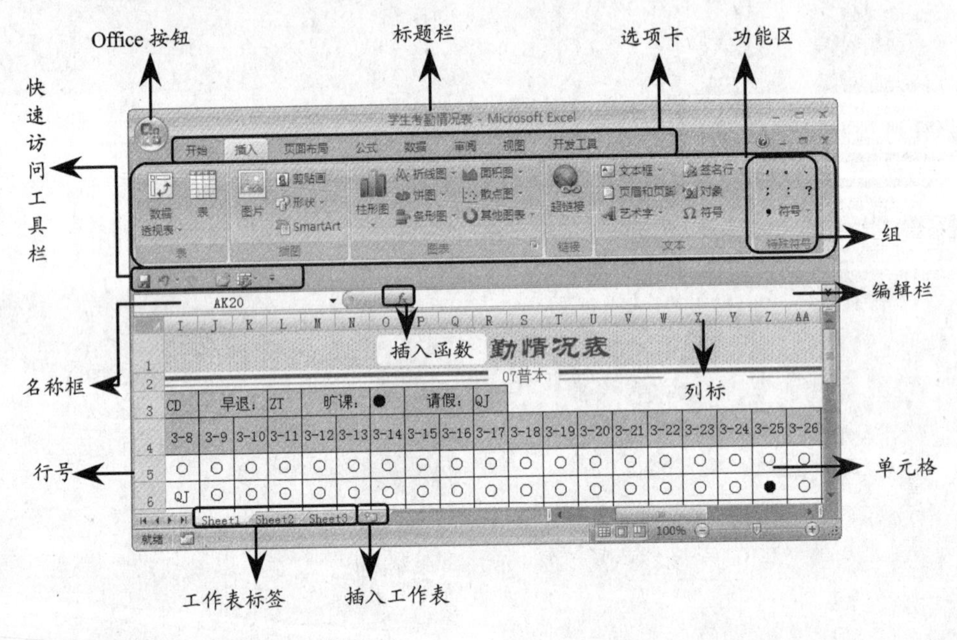

图 1-1 Excel 2007 工作界面

对于初学者来说，要更好地灵活掌握 Excel 2007 的应用，了解其工作界面是非常重要的。Excel 工作界面由多个部分组成，而每个部分都具有一定的功能。下面具体介绍其各组成部分的名称及作用。

❑ **Office 按钮**

Microsoft Office 按钮位于 Excel 窗口的左上角，并且取代了以前版本中的【文件】菜单。

通过单击该按钮，即可显示【打开】、【保存】和【打印】等命令内容。例如，执行【准备】命令，设置文档的属性、密码和权限；执行【发送】和【发布】命令，将文档以附件的形式来通过邮件发送、作为 Internet 的传真，以及将文档发布到博客上等，如

图 1-2 所示。

提 示

单击【Excel 选项】按钮，即可在弹出的【Excel 选项】对话框中设置公式的显示性能以及自动更正等功能。

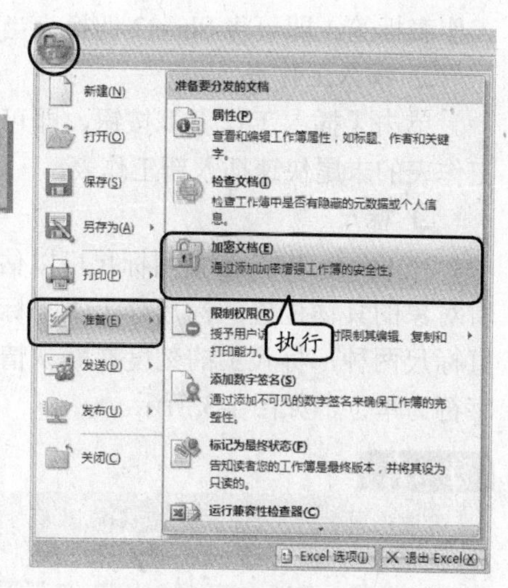

图 1-2 加密文档

❑ 标题栏

显示工作簿的名称。

❑ 功能区

功能区包含有多个选项卡，而每个选项卡中又包含多个组，并且在每个组中包含有完成某一任务所需的命令按钮。每个选项卡都与一种类型的活动（例如为页面编写内容或设计布局）相关。为了减少混乱，某些选项卡只在需要时才显示。例如，仅当选择图片后才显示【图片工具】选项卡。

❑ 名称框

位于编辑栏左端的框，用于指示选择的单元格、图表项或图形对象。用户只需单击【名称框】下拉按钮，选择要移动到的命名单元格即可选择该单元格。

❑ 插入函数

单击【插入函数】按钮，可以打开【插入函数】对话框，并显示不同类型的函数。

❑ 编辑栏

位于 Excel 窗口顶部的条形区域，用于输入或编辑单元格或图表中的值或公式。编辑栏中显示了存储于活动单元格中的常量值或公式。

❑ 快速访问工具栏

在默认状态下，快速访问工具栏位于 Office 按钮右侧，是一个可以自定义工具按钮的工具栏。它在默认状态下主要包含 3 个按钮，其名称和功能如表 1-1 所示。

表 1-1 快速访问工具栏上的按钮及功能

按 钮	名 称	功 能
	保存	快速保存 Word 文档
	撤销	撤销用户的上一步操作
	重复	重复用户的最后一步操作

❑ 列标

表示垂直数据的标识。

❑ 行号

表示水平数据的标识。

❑ 单元格

一行和一列的交叉处即为一个单元格，单元格是组成工作表的最小单位。

❑ 工作表标签

用于显示工作表的名称，以及在多个工作表之间进行切换操作。例如，选择 Sheet2

工作表标签，即可将 Sheet2 切换为当前活动工作表。

❑ **插入工作表**

单击【插入工作表】按钮，即可在现有工作表的末尾快速插入新工作表。

❑ **标尺**

在 Excel 2007 中使用标尺可以估算出编辑对象的具体位置。标尺分为水平标尺和垂直标尺两种，标尺上的刻度在默认情况下以字符为单位，如图 1-3 所示。

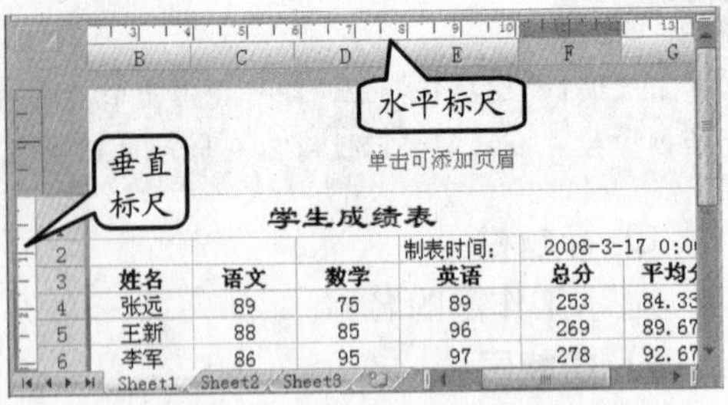

图 1-3　标尺

注　意

在普通视图和分页预览视图下不能显示标尺，只有在页面布局视图下才能同时显示水平标尺和垂直标尺。

❑ **滚动条**

默认情况下，在文档工作区内一屏只能显示 26 行×13 列的单元格区域。因此，为了查看工作表中的其他内容，可以拖动垂直滚动条或者水平滚动条。

❑ **文档工作区**

该区域位于文档水平标尺和状态栏之间，也是工作表的编辑区域，用于输入数字、计算数据、插入图形或者图片，以及编辑对象格式等操作。

❑ **状态栏**

位于窗口最下面，用于显示当前文档窗口的状态信息。状态栏包含了几个方便使用的新控件，如页面视图和显示比例及录制宏。

1.1.2　Excel 2007 新增功能

Excel 2007 经过重新设计后，用户可以更加容易地查找并使用程序的各项功能。它在继承以前版本（如 Excel 2003）的基础上新增加了许多功能。下面具体介绍这些功能。

1．新增视图方式

Excel 2007 提供了一种新的视图方式，即页面布局方式，如图 1-4 所示。这种视图方式可以轻松地添加页眉和页脚，它与其他的两种视图方式（普通视图和分页预览）不同，在这种视图下还可以对工作表进行编辑。

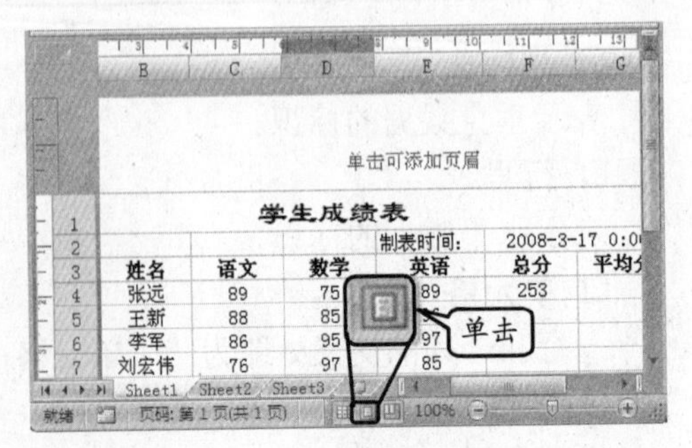

图 1-4　页面布局视图方式

2．扩展更多行和列

Excel 2007 具有更大的电子表格行列容量（每个工作表中支持最多有 1 000 000 行×16 000 列），从而方便了用户导入和处理大量数据。

具体来说，Excel 2007 网格为 1 048 576 行×16 384 列，与 Excel 2003 相比，可用行增加了 1 500%，可用列增加了 6 300%。用户可能会惊奇地发现，工作表中的列不是以 IV 结束的，而是以 XFD 结束的。如图 1-5 所示，显示了工作表的最后一个单元格为 XFD1048576。

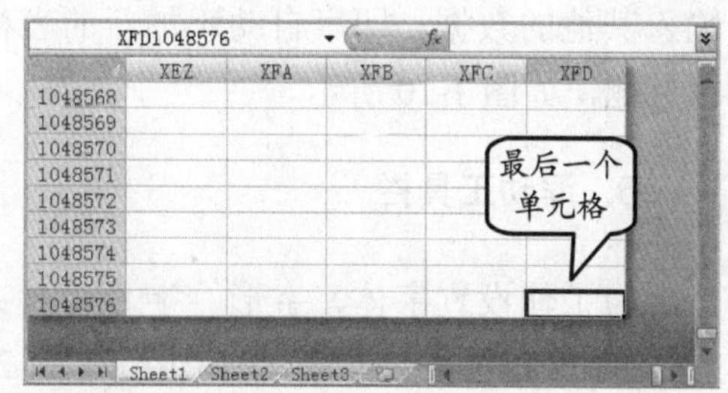

图 1-5　工作表中的行与列

3. Excel 主题和样式

以前的版本中设置表格总是给用户以死板、单一的感觉，而 Excel 2007 提供的主题和样式发生了很多的变化，使用户在视觉和感觉上受到了很大的撞击，而且，可以通过应用主题和使用特定样式在工作表中快速地设置数据格式。

❑ **应用主题**

为了使工作表具有风格一致的精美外观，并给人留下深刻的印象，可以应用文档主题。主题是一组颜色、字体和其他格式设置元素的组合，它们共同为工作表赋予了具有专业水准的精美设计。

用户可以在【主题】组中选择具有统一、专业外观的内置主题，并轻松快速地使文档别具一格，例如在工作表中应用【视点】主题，效果如图 1-6 所示。

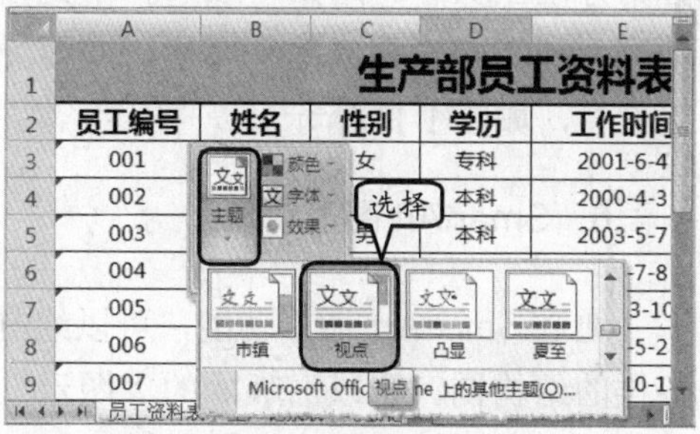

图 1-6　应用主题

❑ **应用样式**

样式可更改 Excel 表格、图表、数据透视表和形状的外观，是基于主题的一种预定义格式。并且，不同对象所使用的样式也不一样，如选择工作表中的形状，对其应用形状样式，如图 1-7 所示。

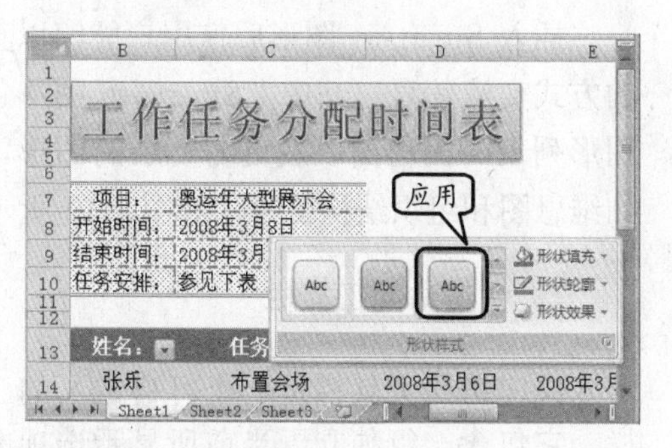

图 1-7　形状样式

当然，也可以通过选择预定义的表样式快速设置一组单元格的格式，如图 1-8 所示。

4. 自动添加表格字段标题

对一个表格应用套用表格样式后，只需在该表格右侧的空白单元格中输入数据，Excel 2007 将会自动为表格添加字段标题，并自动辨别和套用适当的名称与格式。

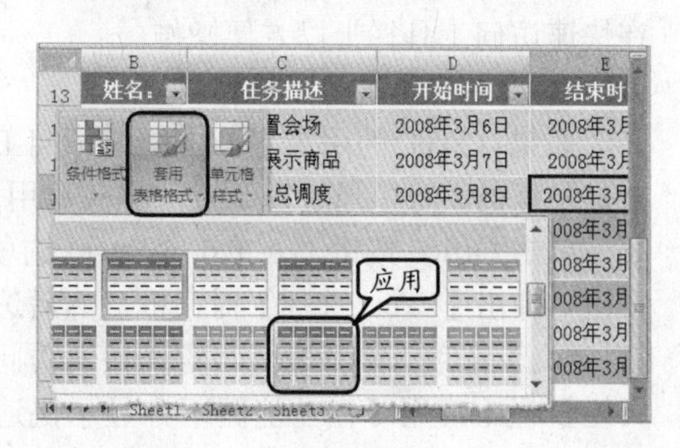

图 1-8　套用表格格式

例如，在工作表中已经输入了“星期一”的数据，再在工作表右侧空白处继续输入其他的数据时，Excel 2007 将为用户添加新字段

"星期二"的标题文字与格式设置，如图 1-9 所示。

运用相同的方法在其右侧的空白处继续输入其他的数据，即可自动添加新的表格字段标题，如图 1-10 所示。

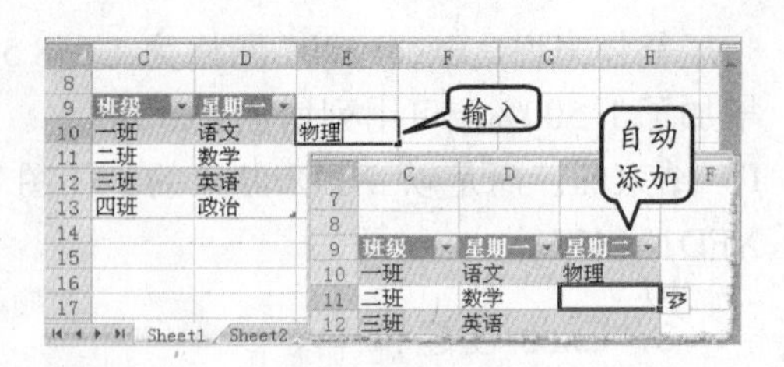

图 1-9 自动添加字段标题

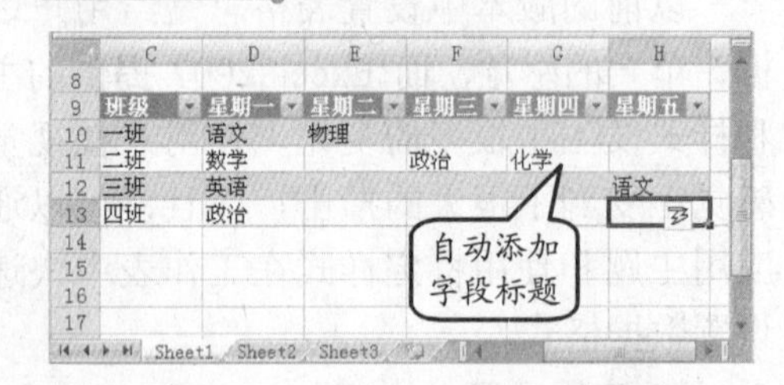

图 1-10 自动添加字段标题

5. 浮动工具栏

为了使设置字体、字形、字号、对齐方式、文本颜色等更为方便、快捷，在 Excel 2007 中提供了一个方便、微型、半透明的工具栏，称为浮动工具栏。用户可以选择单元格中的数据，或者右击相应的单元格，即会弹出该工具栏，如图 1-11 所示。

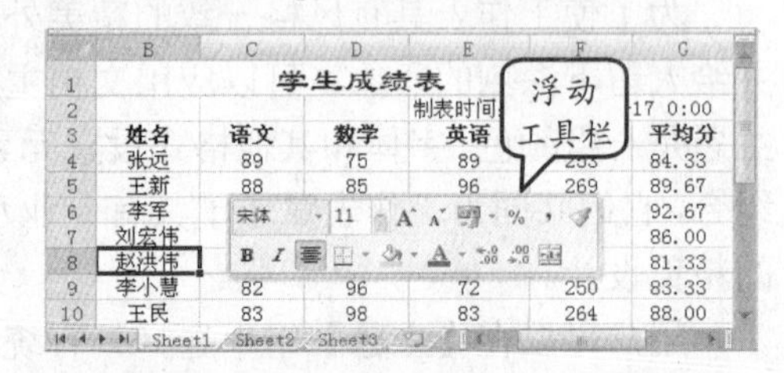

图 1-11 浮动工具栏

6. SmartArt 图形功能

通过 SmartArt 图形功能，可以绘制各式各样的结构图。它以旧版本的"图示"为基础演变而来。有了此功能，用户在做报告和简报时将不再为画一堆的示意图所困扰。

插入 SmartArt 图形后使用户能够以直观的方式交流信息。其中，SmartArt 图形包括图形列表、流程图以及更为复杂的图形，例如维恩图和组织结构图等，如图 1-12 所示。

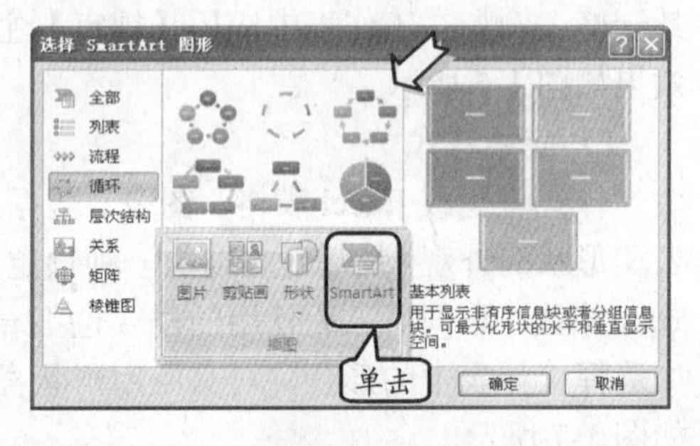

图 1-12 SmartArt 图形

7. 快速访问工具栏

快速访问工具栏是一个可自定义的工具栏，它包含一组独立于当前所显示选项卡的命令。用户可以将一些常用的工具按钮放置在快速访问工具栏上以方便操作。

❑ 启用快速访问工具栏

如果 Excel 的用户界面中快速访问工具栏是隐藏的，可以通过以下方法将其启用。

单击 Office 按钮，并单击【Excel 选项】按钮，弹出【Excel 选项】对话框，然后选择【自定义】选项卡，并在【自定义快速访问工具栏】栏中启用【在功能区下方显示快速访问工具栏】复选框，如图 1-13 所示。

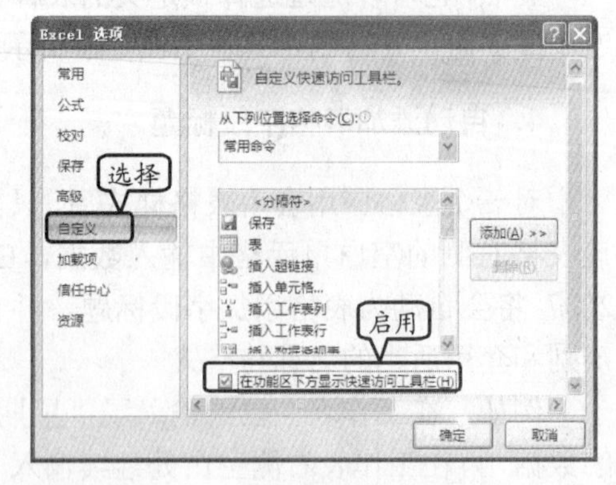

图 1-13 启用快速访问工具栏

❑ 移动快速访问工具栏

根据在操作过程中的使用习惯，用户可以改变快速访问工具栏的显示位置。例如，将快速访问工具栏放置在功能区的上方可以增大文档工作区，以便查看更多行的内容；若将其放置在功能区的下方，则可以使用户在操作过程中减少鼠标移动的距离，从而使操作更快捷，如图 1-14 所示。

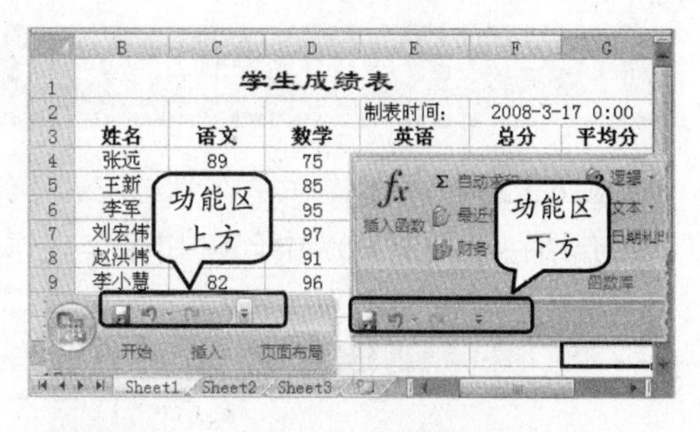

图 1-14 快速访问工具栏的位置

单击【自定义快速访问工具栏】下拉按钮，执行【在功能区上方显示】命令，即可将在功能区下方显示的该工具栏移至功能区上方，如图 1-15 所示。

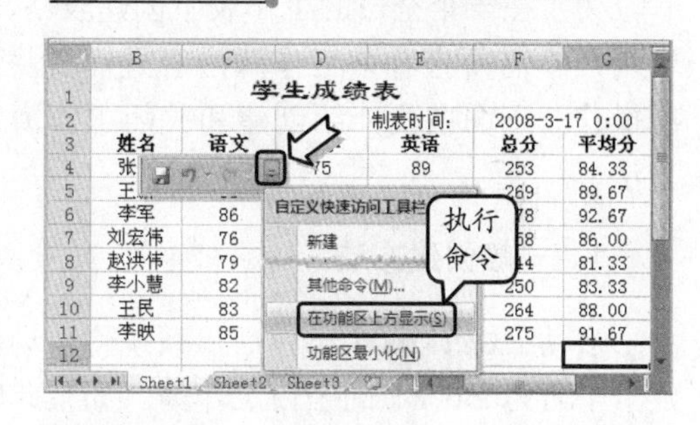

图 1-15 在功能区上方显示

反之，如果该工具栏位于功能区的上方，用户只需要单击【自定义快速访问工具栏】下拉按钮，执行【在功能区下方显示】命令即可。

❑ 向快速访问工具栏添加命令

为了方便操作，可以向快速访问工具栏中添加命令，当用户需要执行该命令时，只需单击该工具栏上的相应按钮即可。

在【Excel 选项】对话框中选择【自定义】选项卡，然后在【常用命令】下拉列表中选择【打开】选项，单击【添加】按钮，如图 1-16 所示。

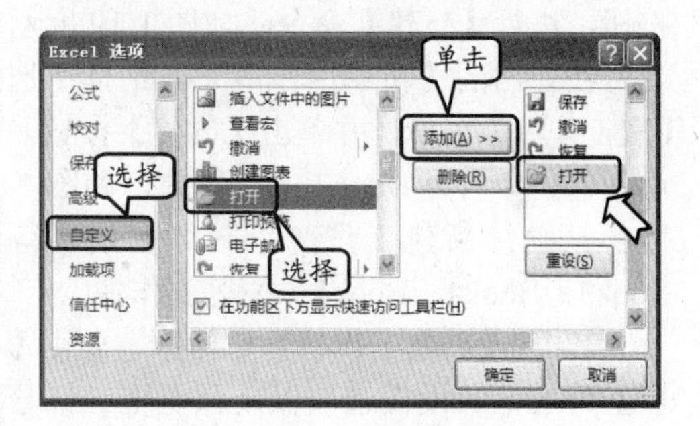

图 1-16 添加命令

单击【Excel 选项】对话框中的【确定】按钮，即可在快速访问工具栏中添加【打开】按钮，如图 1-17 所示。

另外，用户还可以在功能区上右击相应组中的按钮，如右击【字体】组中的【边框】按钮，执行【添加到快速访问工具栏】命令，如图 1-18 所示。

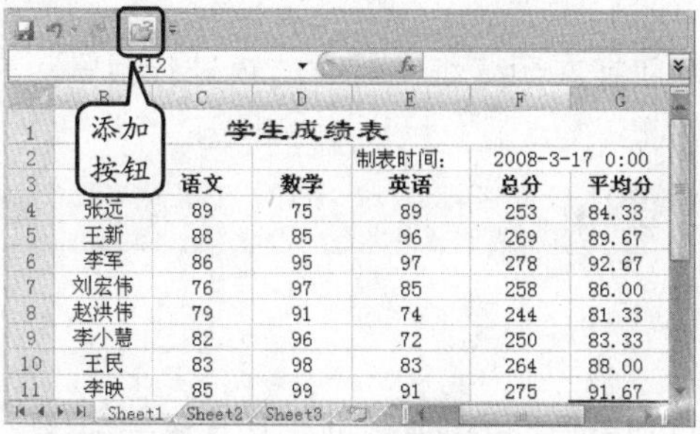

图 1-17 添加按钮至快速访问工具栏

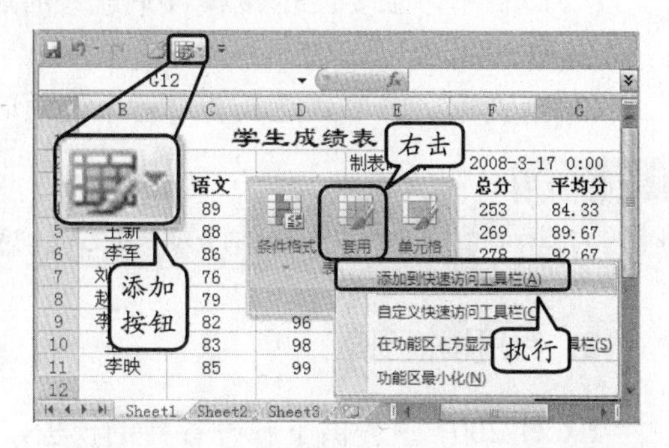

图 1-18 向快速访问工具栏中添加按钮

1.2　Excel 2007 基本操作

Excel 2007 基本操作是在学习 Excel 组件的过程中最基础、最常用的一些操作方法。下面介绍在 Excel 2007 中创建和保存工作簿，以及打开和关闭工作簿的方法和技巧等。

1.2.1　创建和关闭工作簿

为了在一个空白的工作表中创建表格、图表、图形等对象，可以创建一个新工作簿。当用户不需要查看该工作簿内容且需要将该工作簿从内存中清除时，可以对其进行关闭操作。下面主要介绍创建和关闭工作簿的方法。

1．一般创建方法

启动 Excel 2007 组件后，系统将自动创建一个名为 Book1 的空白工作簿。如果此时还需要创建另外的新文档，可以单击 Office 按钮，执行【新建】命令，如图 1-19 所示。

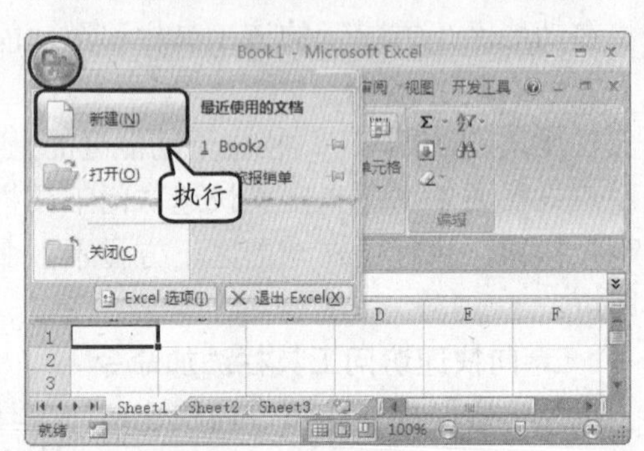

图 1-19　执行【新建】命令

在弹出的【新建工作簿】对话框中选择【空工作簿】图标，并单击【创建】按钮，即可创建一个名为 Book2 的工作簿，如图 1-20 所示。继续新建工作簿，则可以依次得到 Book3、Book4、Book5……等工作簿。

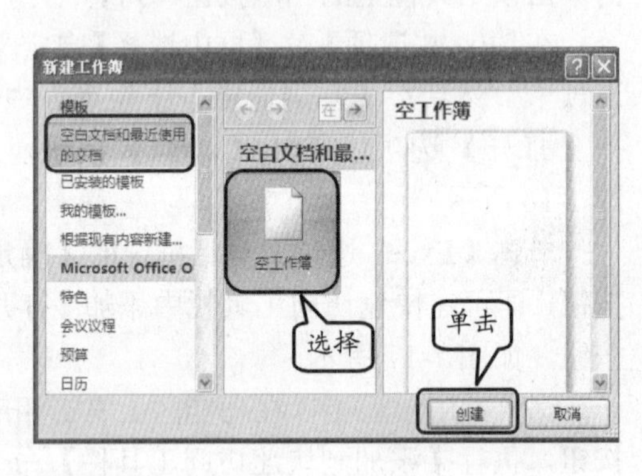

图 1-20　【新建工作簿】对话框

其中，【新建工作簿】对话框主要由【模板】列表框、模板选项以及预览框三部分构成，其功能如下：

- **模板**　用户可以根据需要在列表中选择不同的模板，如选择【特色】模板。
- **模板选项**　该功能出现在对话框的中间栏中，主要显示该模板中包含的所有模板。
- **预览框**　当用户选择其中一个选项时，即可在预览框中对该选项进行预览。

技　巧

可以在 Excel 窗口中按 Ctrl+N 组合键来直接创建新的工作簿。

2．利用模板创建

Excel 2007 中提供了各种各样的模板，可以帮助用户快速地创建具有统一规格、统一框架的工作簿（如会议议程、预算或者日历）。它是 Excel 预先设置好内容格式及样式的特殊工作簿。

在【新建工作簿】对话框中有两种模板：一种是Excel组件自带的模板；另一种是需要用户从Microsoft Office Online中下载的模板。

□ 利用已安装的模板创建工作簿

已安装的模板是在安装Excel 2007组件时即同时安装的模板，是Excel内置的模板样式。

选择【模板】列表中的【已安装的模板】选项，并在右侧【已安装的模板】列表中选择所需的模板。例如，选择【个人月预算】图标，如图1-21所示。单击【创建】按钮，即可创建如图1-22所示的工作簿。

另外，在用户也可以通过【我的模板】选项卡新建工作簿。该模板属自定义模板，是用户自己保存在计算机上的一种工作簿类型。一般存储在Templates文件夹中，该文件夹通常位于：C:\Documents and Settings\user_name\Application Data\Microsoft\Templates（在Microsoft Windows XP中）。

选择【模板】列表中的【我的模板】选项，然后，在弹出的对话框中选择用户创建好的模板，单击【确定】按钮即可创建工作簿，如图1-23所示。

注 意

在【我的模板】选项卡中，必须是用户已经保存过的模板文件才会出现在该对话框中。其保存的方法将在下面进行具体介绍。

□ 通过Microsoft Office Online模板创建

通过Microsoft Office Online模板创建即通过网络下载所需要的模板，该功能也是Excel 2007新增的一个功能，可以帮助用户创建更多、更专业的工作簿。

在Microsoft Office Online栏中选择【会议议程】选项，并选择【婚宴程序】选项，然后单击【下载】按钮即可新建一个工作簿，如图1-24所示。

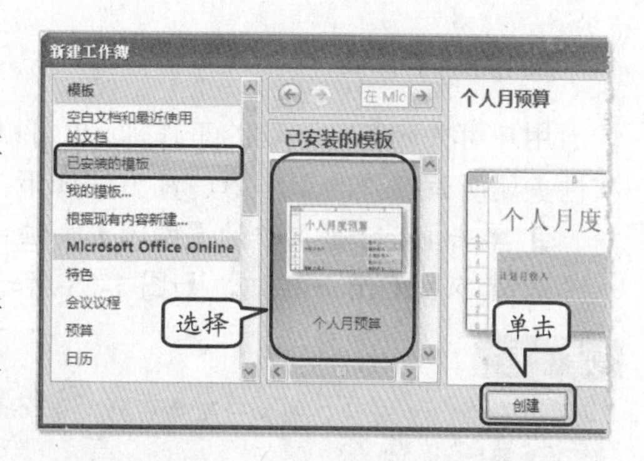

图1-21 选择【个人月预算】图标

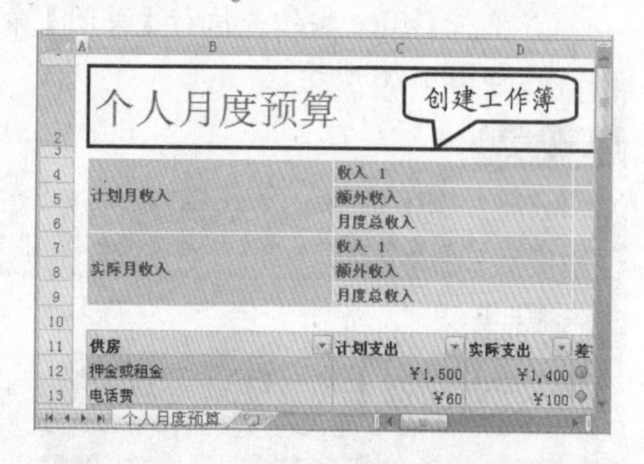

图1-22 创建“个人月度预算”表

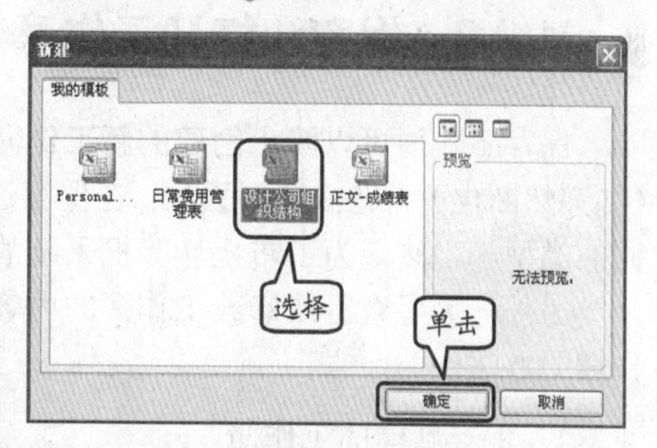

图1-23 通过【我的模板】选项卡创建工作簿

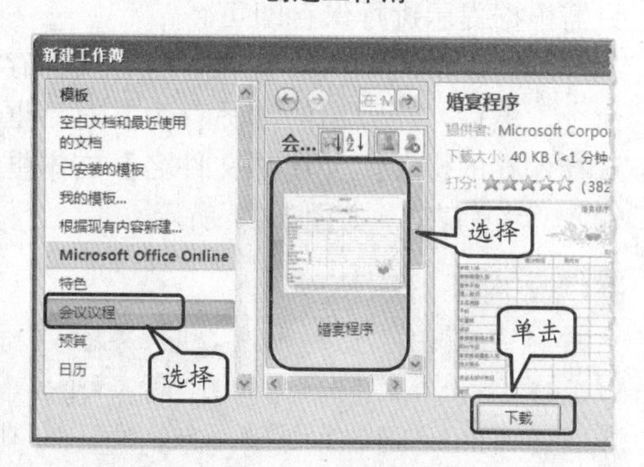

图1-24 创建工作簿

3. 关闭工作簿

用户可关闭当前活动的工作簿，也可以一次性关闭所有打开的工作簿，其方法如下：

- 单击 Excel 窗口中的【关闭】按钮，或者双击 Office 按钮，如图 1-25 所示。

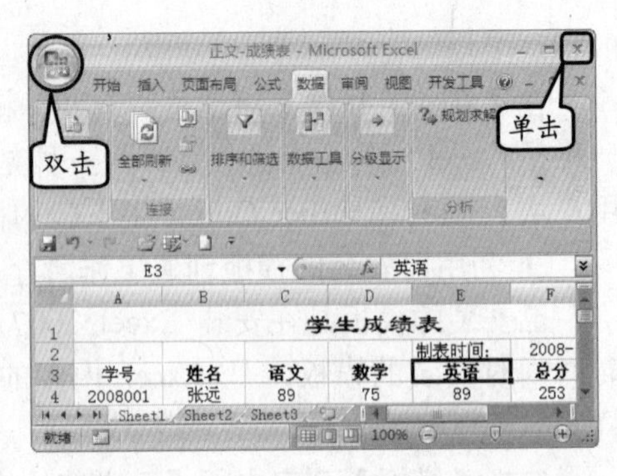

图 1-25 关闭工作簿

注 意

如果双击 Office 按钮，则会将所有打开的 Excel 工作簿全部关闭。

- 单击 Office 按钮并执行【关闭】命令，如图 1-26 所示。

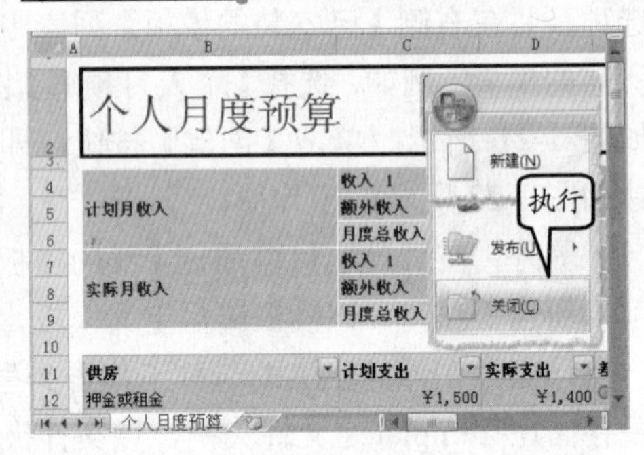

图 1-26 关闭工作簿

注 意

单击【退出 Excel】按钮与双击 Office 按钮的效果相同，则会将所有打开的 Excel 工作簿全部关闭。

提 示

单击 Office 按钮，并单击【退出 Excel】按钮，或者直接按 Alt+F4 组合键，均可关闭所有工作簿。

1.2.2 保存和打开工作簿

保存工作簿可以防止创建的新工作簿或者对现有的工作簿进行修改时，因外界因素（如突然断电）而造成数据丢失。在保存过程中，用户可以根据工作表文件的内容选择不同的类型。当然，为了防止计算机系统故障问题，可以设置间隔时间自动保存。

另外，为了查看或修改工作簿的内容，可以将其打开。本节主要介绍保存和打开工作簿的方法。

1. 保存新建的工作簿

对于新建的工作表来说，在进行保存的过程中会弹出一个【另存为】对话框，用户只需根据提示进行保存即可。

例如，单击 Office 按钮，执行【保存】命令，然后，在弹出的【另存为】对话框中选择保存的位置，并在【文件名】文本框中输入“考勤表”，如图 1-27 所示。

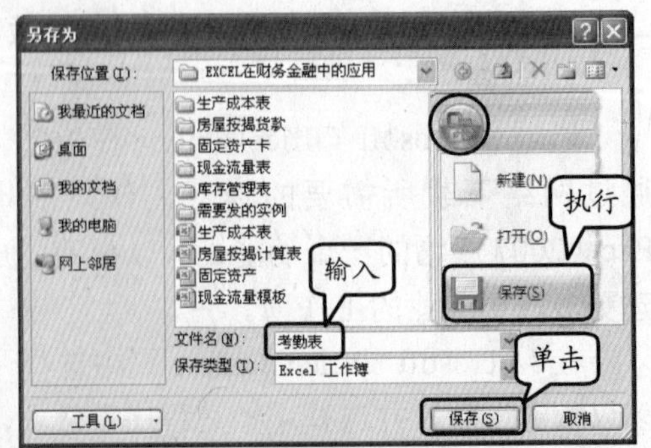

图 1-27 保存新建的工作簿

技 巧

用户可以按 Ctrl+S 组合键，会弹出【另存为】对话框，然后，选择文件保存的位置、输入文件名、选择保存类型，并单击【保存】按钮，也可以保存该工作簿。

在【保存类型】下拉列表中，用户可以根据实际工作的需要保存成不同的工作簿类型，下面主要介绍几种最常用的保存类型。

- **Excel 工作簿** 以默认文件格式保存工作簿。
- **Excel 启用宏的工作簿** 将工作簿保存为基于 XML 且启用宏的文件格式。当工作簿中使用了宏或 VBA 时，保存为该格式才能使宏及 VBA 代码生效。
- **Excel 97-2003 工作簿** 保存一个与 Excel 97-2003 完全兼容的工作簿副本。当用户的计算机上没有安装高版本（Excel 2007）组件时，保存成该格式，用户即可在低版本下查看高版本的工作簿。
- **单个文件网页或网页** 将工作簿保存为单个网页或保存为网页。
- **Excel 模板** 将工作簿保存为 Excel 模板类型。
- **Excel 启用宏的模板** 将工作簿保存为基于 XML 且启用宏的模板格式。
- **Excel 97-2003 模板** 保存为 Excel 97-2003 模板类型。

另外，用户还可以单击快速访问工具栏中的【保存】按钮，在弹出的【另存为】对话框中保存该工作簿，如图 1-28 所示。

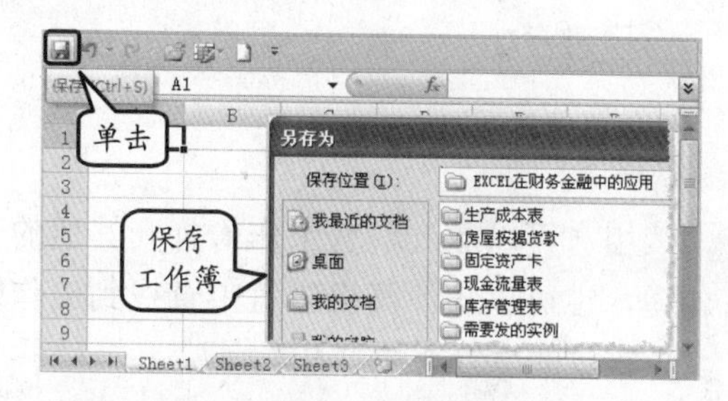

图 1-28 单击【保存】按钮

2. 保存已有的工作簿

如果用户需要重新命名或者备份修改后的工作簿，则可以使用保存已有的工作簿功能。在保存已有的工作簿的过程中将不再弹出【另存为】对话框，其保存的文件路径、文件名、文件类型与第一次保存工作簿时相同，且与保存新建的工作簿的方法也相同。

单击 Office 按钮，执行【另存为】命令，在弹出的【另存为】对话框中选择文件保存的位置，并修改文件名，如在【文件名】文本框中输入“学生成绩表”，如图 1-29 所示。

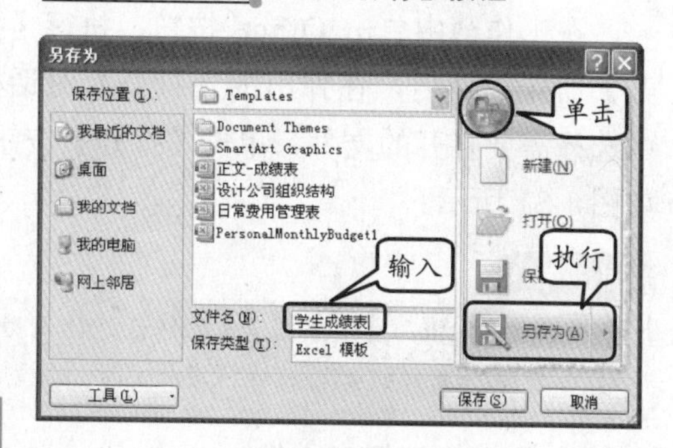

图 1-29 另存工作簿

提 示

按 Ctrl+S 组合键也可以直接进行保存，且不会弹出【另存为】对话框。

3. 自动保存工作簿

当发生断电现象或操作系统受到其他程序影响而变得不稳定时，可能会造成数据丢失。因此，用户可以利用 Excel 自动保存工作簿的功能，使工作簿在一段时间内自动进行保存，可防止数据的丢失。

单击 Office 按钮，并单击【Excel 选项】按钮，弹出【Excel 选项】对话框，然后，在该对话框中选择左侧的【保存】选项，并在【保存工作簿】栏中启用【保存自动恢复信息时间间隔】复选框，并修改其后文本框中的时间，如图 1-30 所示。

其中，该对话框提供的几项保存工作簿的功能如下：

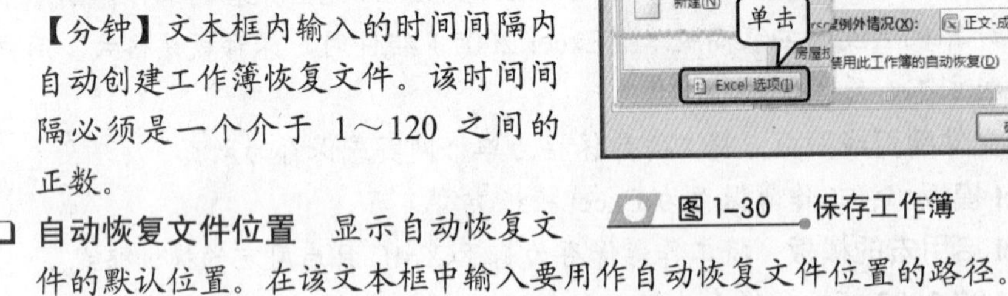

图 1-30　保存工作簿

- ❑ **将文件保存为此格式**　以此格式保存文件，设置保存工作簿时所使用的默认文件格式。
- ❑ **保存自动恢复信息时间间隔内**　在【分钟】文本框内输入的时间间隔内自动创建工作簿恢复文件。该时间间隔必须是一个介于 1～120 之间的正数。
- ❑ **自动恢复文件位置**　显示自动恢复文件的默认位置。在该文本框中输入要用作自动恢复文件位置的路径。
- ❑ **默认文件位置**　显示默认文件位置。在该文本框中输入要用作默认文件位置的路径。

4. 打开工作簿

用户可以通过现有工作簿打开其他的工作簿，也可以从计算机磁盘中查找到工作簿文件存放的位置直接打开。

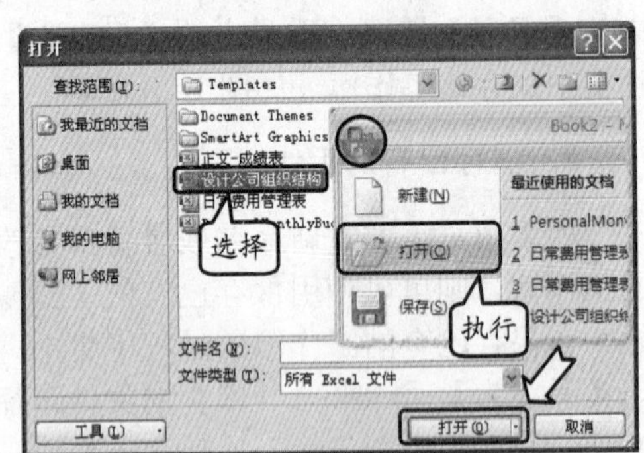

图 1-31　打开文件

❑ **通过现有工作簿打开其他工作簿**

在工作簿中单击 Office 按钮，执行【打开】命令，然后，在弹出的【打开】对话框中选择需要打开的文件，单击【打开】按钮，如图 1-31 所示。

> **提　示**
>
> 也可以单击 Office 按钮，在弹出的【最近使用的文档】栏中选择所需打开的最近使用的文档。

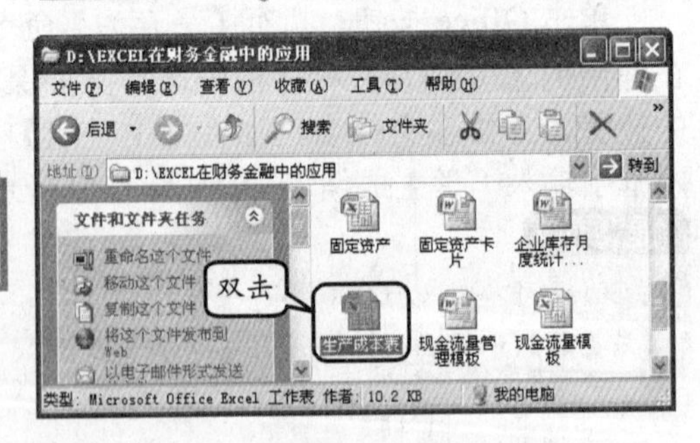

图 1-32　双击打开指定文件

❑ **直接打开指定文件**

在本地计算机中查找到需要打开的 Excel 工作簿文件时，双击该文件即可打开，如图 1-32 所示。

1.3　Excel 2007 功能介绍

Excel 之所以被广大用户所青睐，是因为它是一个数据计算与分析的平台。用户完全可以按照自己的思路来创建电子表格，并出色地完成工作任务。

1.3.1 创建更好的电子表格

Excel 2007 可以轻松地使用功能强大的增效工具，帮助用户完成电子表格的创建过程。本节主要介绍如何创建、美化等功能。

1. Excel 基本操作

当初学用户接触 Excel 时，可能会感觉到非常茫然，虽然已经了解了该组件的工作环境，但还是感觉无从下手。

因此用户可以从基本操作入手，并了解 Excel 基本单位——单元格。例如，选择单元格、输入数据、填充有序的数据，以及将多个单元格合并成一个单元格，如图 1-33 所示。

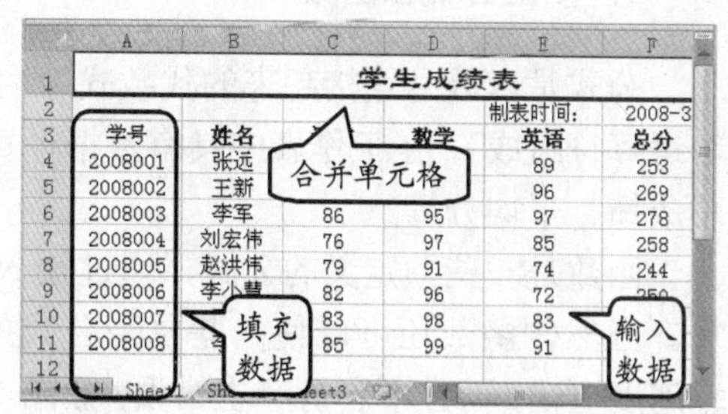

图 1-33　Excel 基本操作

2. 管理工作簿

在 Excel 中，用户所进行的每个操作都是在工作簿的某一个工作表中进行的，对工作表和工作簿进行有效的管理和操作，可以更好地完成各种表格和图形的设计，为用户提供良好的工作环境。例如，用户可以对工作表进行隐藏，或者在工作表中插入行或列等操作，如图 1-34 所示。

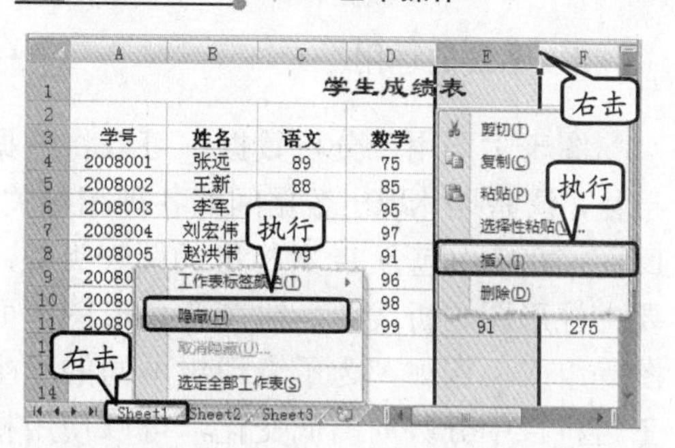

图 1-34　管理工作簿

3. 美化工作表

为了增强数据的可读性，并使打印出的表单更加美观大方，可以设置其数据的格式。例如，设置数据的类型、文字颜色、单元格的填充颜色、对齐方式等，如图 1-35 所示。

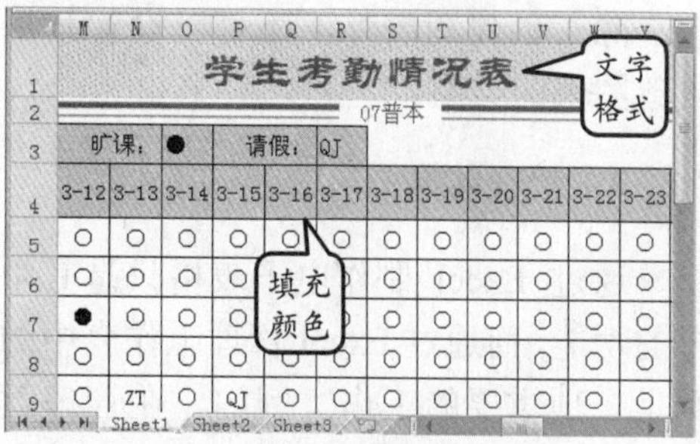

图 1-35　美化工作表

在 Excel 2007 中，还可以自由地编辑各种图片，并且为图片应用不同的图片样式。另外，用户还可以在 Excel 中插入各式各样的 SmartArt 图形，完成示意图的绘制，并能更有效地表达用户需要传达的信息，如图 1-36 所示。

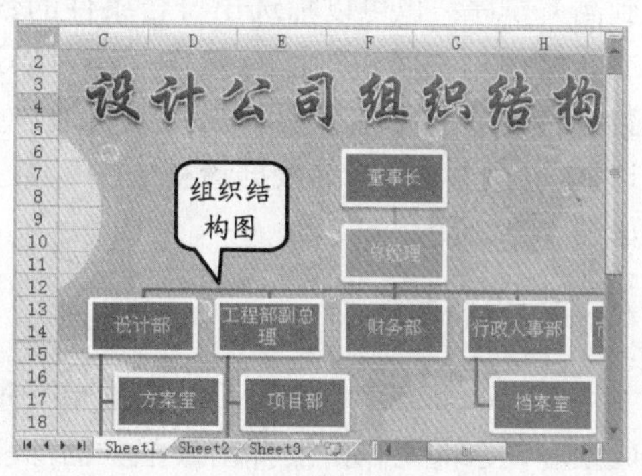

图 1-36　Excel 的绘图功能

1.3.2 电子表格的分析功能

新的数据分析和可视化工具可以帮助用

户更加轻松地分析数据，并根据数据预测发展趋势。本节主要介绍 Excel 中分析数据时最常使用的公式和函数，以及用于分析数据的图表功能。另外，还将介绍 Excel 中功能强大的管理数据及分析数据功能。

1. 使用公式和函数

公式是以等号连接起来的代数式（由数值和引用的单元格名称经过加、减、乘、除等运算符组成），在工作表中具有数据计算的重要作用。例如，通过公式可以计算学生的总成绩、平均分等。

函数是一些预定义的公式，通过输入函数的参数值，并按特定的顺序或结构进行计算。当然，函数还可以使一些复杂公式的计算速度更快，而且不容易产生错误，如图 1-37 所示。

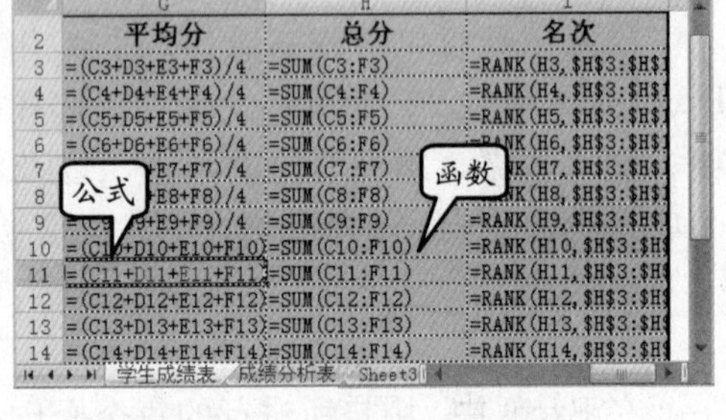

图 1-37 公式和函数

2. 图表的运用

图表主要用于分析数据，可以将数据图形化，清楚地体现出数据间的各种相对关系。Excel 2007 中包含 11 种标准的图表类型，主要由柱形图、折线图、饼图、条形图和面积图等组成。例如，为了表现出不同的学生在三门科目中分数的高低变化，可以使用柱形图来直观方便地进行说明，如图 1-38 所示。

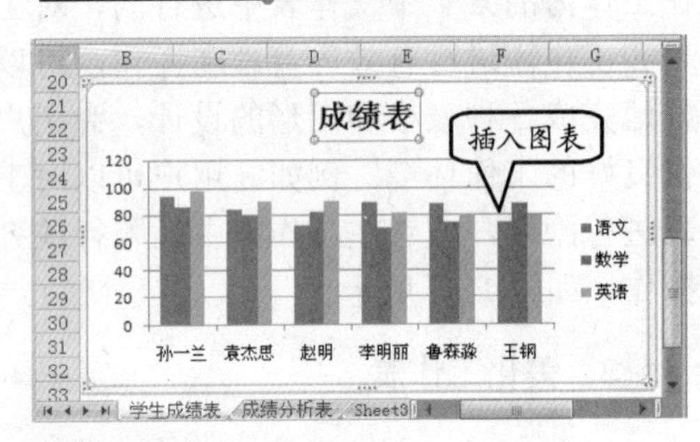

图 1-38 图表的运用

除了创建图表外，还可以设置其格式、更改图表的类型。

3. 管理数据

通过 Excel 制作电子表格只是其中一部分的功能，而通过 Excel 管理工作表中的数据则是一项重要的工作。例如，在管理数据的过程中，可以对数据进行由高到低（或由低到高）排序；也可以筛选出符合条件的数据；或者将数据按类进行汇总操作；还可以通过数据透视表来筛选重要数据，或者通过数据透视图来直观地查看数据透视表中的数据，如图 1-39 所示。

序号	时间	员工姓名	所属部门	
0003	2008-3-2	赵飞	设计部	
0005	2008-3-12	薛敏	设计部	餐饮
0010	2008-2-1	任丽娟	设计部	交通
			设计部 平均值	
0002	2008-3-11	王丹	市场研发部	办公用品
0006	2008-3-9	刘小凤	市场研发部	快递
0011	2008-2-3	宋玲玲	市场研发部	快递
			市场研发部 平均值	
0007	2008-1-1	闻小西	文秘部	餐饮
0008	2008-1-9	李晓波	文秘部	办公用品
0012	2008-2-25	王海峰	文秘部	办公用品

图 1-39 分类汇总

4. 分析数据

在 Excel 2007 中，利用数据的单变量求解、规划求解，或者方案管理器等，可以完成很多复杂的工作，发挥出最强大的功能。例如，已知房屋总额、贷款利率及年限，求每月还款金额等，如图 1-40 所示。

1.3.3 高级应用及打印

Excel 2007 还提供了宏与 VBA 等高级应用功能，以帮助用户完成一些重复性强的批量工作，从而使任务简单化、自动化。另外，学习了所有功能之后，可以将创建的工作表打印到纸上，以便审阅查看。

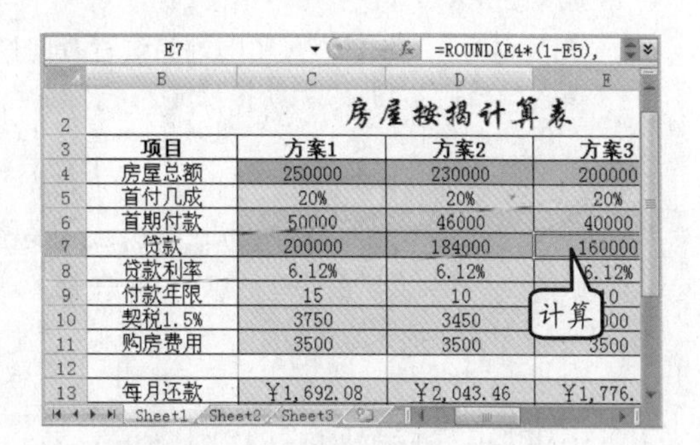

图 1-40 分析数据

1. 打印工作表

当用户创建工作表、设置工作表、美化工作表后，则可以对该工作表中的表格进行打印操作。

打印工作表的主要目的即将工作表中有用的数据打印到纸上，并以文稿的方式进行浏览。例如，打印“学成绩表”等。

打印 Excel 工作表与打印 Word 文档具有一定的区别。在 Excel 中，用户需要先设置工作表的打印区域，再进行页面设置操作，最后开始打印工作表的内容，如图 1-41 所示。

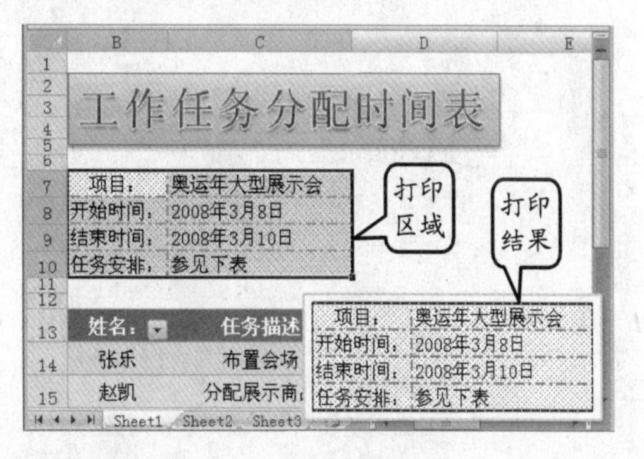

图 1-41 打印工作表

2. 工作簿高级应用

在 Office 2007 中，通过宏和 VBA 功能可以发挥该组件强大的自动化功能。例如，宏可以将常用任务简单化，并且自动化地完成复杂的工作。而通过 VBA 代码，可以创建自动化模块，并设计可视化的窗体对 Excel 数据进行间接操作。

因此，对于在工作中需要经常使用 Office 套装软件的用户来说，学用 VBA 有助于使工作自动化，提高工作效率，如图 1-42 所示。

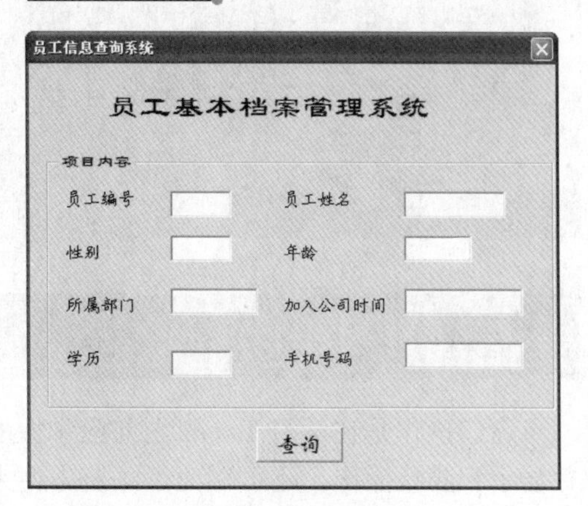

图 1-42 查询员工信息

而在输入 VBA 代码的编辑器中可以输入下列简单代码来完成上述功能。

```
Private Sub CommandButton2_Click()
Dim d As Long
'定义一个长整型变量 d
Dim e As Integer
'定义一个整型变量 e
If TextBox2.Value = "" Then
```

```
'如果文本框 2 为空
   MsgBox "请输入员工的姓名进行查询!", vbOKOnly
'单击"查询"按钮后,系统提示输入员工姓名后再查询
   Exit Sub
End If
Sheets("员工基本档案管理信息").Select
'激活"员工基本档案管理信息"工作表
d = 32
e = 8
Do Until Trim(Cells(e, 2).Value) = TextBox2.Value Or e = d
e = e + 1  '搜索员工信息
Loop
If Trim(Cells(e, 2).Value) = TextBox2.Value Then
       TextBox1.Value = Cells(e, 1).Value
       TextBox2.Value = Cells(e, 2).Value
       TextBox3.Value = Cells(e, 3).Value
       TextBox4.Value = Cells(e, 4).Value
       TextBox5.Value = Cells(e, 5).Value
       TextBox6.Value = Cells(e, 6).Value
       TextBox7.Value = Cells(e, 7).Value
       TextBox8.Value = Cells(e, 8).Value
   End If
   If TextBox1.Value = "" Then
       MsgBox "存储区内没有你需要的员工档案信息!", vbOKOnly
    '查询不到员工信息,弹出对话框,提示用户没有此员工
       Exit Sub
       End If
End Sub
```

1.4 窗口操作

窗口操作是在学习 Excel 之前应掌握的一项重要操作。用户可以对窗口中的元素进行显示和隐藏操作，还可以为了预览方便来设置屏幕的显示比例。另外，本节还将介绍一些最简单的窗口操作，如新建窗口、拆分冻结工作表等。

1.4.1 显示和隐藏窗口元素

对于 Excel 窗口中经常用到的编辑栏、网格线、标尺等元素，用户可以根据实际工作中的需要使其显示和隐藏，以使工作表操作更方便。

1. 在任务栏上显示或隐藏工作表

在实际工作中，由于打开的工作簿窗口过多而造成用户操作不便时，为了在任务栏

中只显示当前活动的工作簿，而将其他工作簿隐藏，可以使用下面的方法实现该功能。

单击Office按钮，并单击【Excel选项】按钮，在弹出的【Excel选项】对话框中选择【高级】选项卡，然后在【显示】栏中禁用【在任务栏中显示所有窗口】复选框，如图1-43所示。

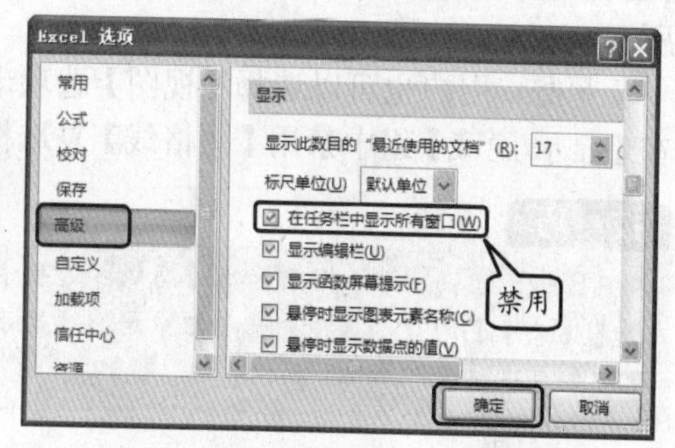

图1-43 禁用【在任务栏中显示所有窗口】复选框

技 巧

还可通过选择【视图】选项卡，单击【窗口】组中的【隐藏】按钮，即可隐藏工作表。若需显示只需单击【取消隐藏】按钮进行相应操作即可。

2. 最小化或还原功能区

为了使窗口显示更多的单元格区域，可以将功能区最小化，以显示更多的数据区域。若需要使用功能区中的相应命令时，还原功能区即可。

右击功能区的空白处，执行【功能区最小化】命令，即可隐藏功能区，如图1-44所示。

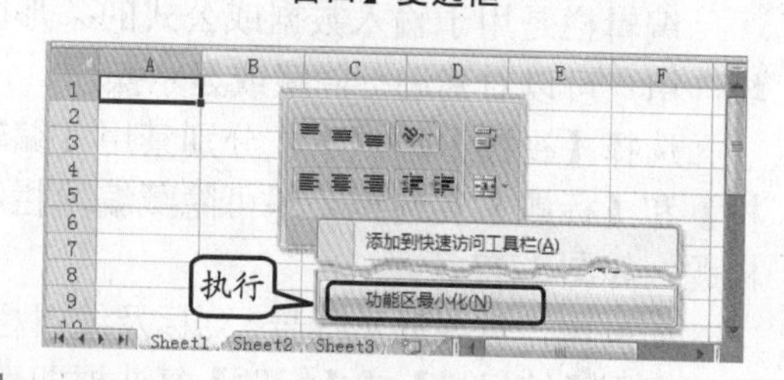

图1-44 隐藏功能区

技 巧

单击【自定义快速访问工具栏】下拉按钮，执行【功能区最小化】命令，也可隐藏功能区。

功能区处于最小化状态时，还可以将其还原。单击【自定义快速访问工具栏】下拉按钮，再次执行【功能区最小化】命令，即可恢复操作。

3. 显示或隐藏命令提示

命令提示是将指针停留在命令或控件上时，显示的描述性文本的小窗口。用户可以将该小窗口设置为显示或隐藏状态。

在【Excel选项】对话框中选择【常用】选项卡，然后单击【使用Excel时采用的首选项】栏中的【屏幕提示样式】下拉按钮，选择【不在屏幕提示中显示功能说明】选项，如图1-45所示。

其中，在【屏幕提示样式】下拉列表中共包含了3种类型的选项，分别为【在屏幕提示中显示功能说明】、【不在屏幕提示中显示功能说明】和【不显示屏幕提示】。

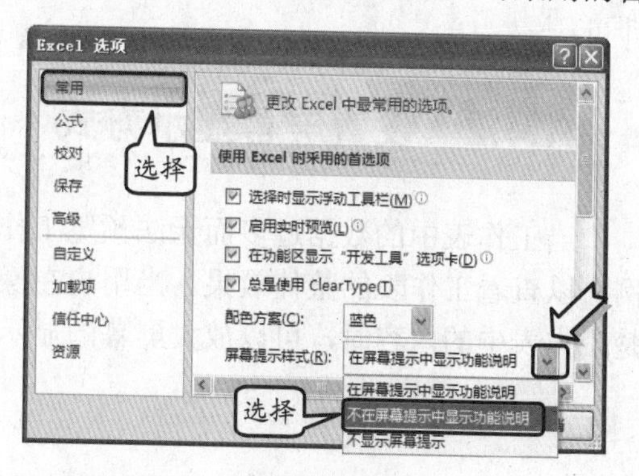

图1-45 隐藏屏幕提示样式

4. 显示或隐藏页面网格

为了使工作表看上去错落有致，并使

其实现无框线表格，可以对网格线进行隐藏操作。

选择【页面布局】选项卡，在【工作表选项】组中禁用【网格线】选项组中的【查看】复选框，即可隐藏网格线，如图 1-46 所示。

另外，用户也可以选择【视图】选项卡，在【显示/隐藏】组中禁用【网格线】复选框。

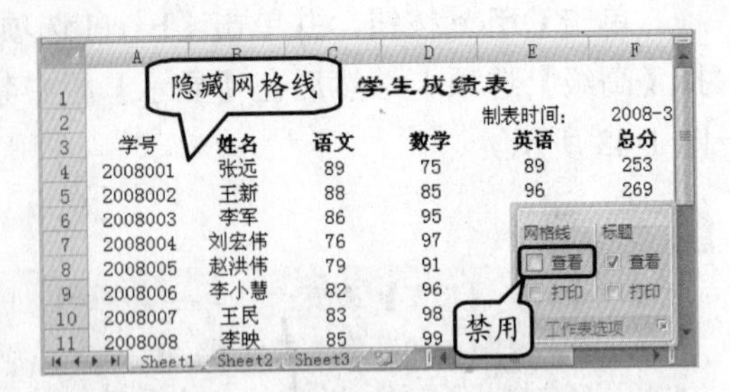

图 1-46 隐藏页面网格

技 巧

在【Excel 选项】对话框中选择【高级】选项卡，在【此工作表的显示选项】选项组中启用【显示网格线】复选框。

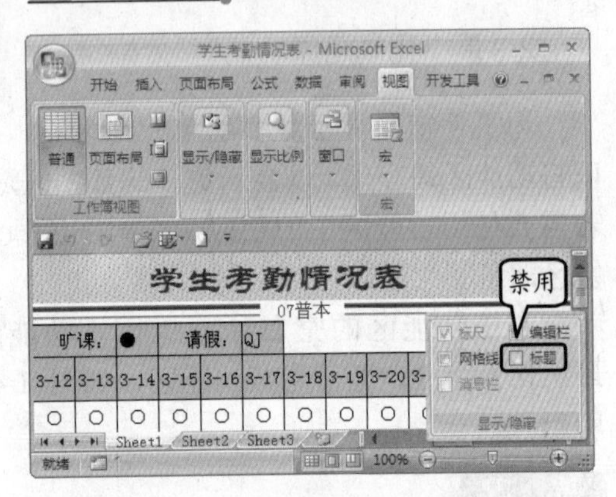

图 1-47 隐藏标题和编辑栏

5. 显示/隐藏标题或编辑栏

编辑栏是用于输入数据或公式的条形区域，用户可以对其进行隐藏或显示操作。

选择【视图】选项卡，分别禁用【编辑栏】和【标题】复选框，即可隐藏编辑栏和标题，如图 1-47 所示。

如果用户需要显示行号、列标及编辑栏，只需启用【编辑栏】或【标题】复选框即可。

6. 显示及隐藏标尺

标尺可以用于测量和对齐文档中的对象。在 Excel 的普通视图下，【显示/隐藏】组中的【标尺】复选框是灰色的，无法使用。

用户可以单击状态栏上的【页面布局】按钮，切换至页面布局视图下，此时只需启用【标尺】复选框即可显示标尺，如图 1-48 所示。若需要隐藏标尺，只需禁用该复选框即可。

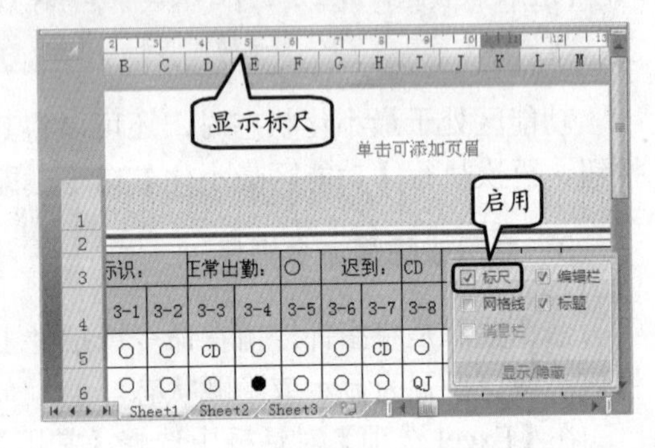

图 1-48 显示标尺

1.4.2 设置屏幕显示方式

当工作表中的数据过多而无法预览工作表中的全部内容时，可以缩小屏幕的显示比例，以查看工作表的整体效果。当用户在操作过程中，由于屏幕显示比例过小而看不清楚工作表中的内容时，可以放大屏幕的显示比例。

1. 设置显示比例

正常的显示比例为 100%，用户可以根据需要来放大或缩小窗口的显示比例。

例如，单击窗口下方状态栏中的【缩小】按钮，即可缩小屏幕的显示比例，如图 1-49 所示。单击【放大】按钮，即可放大屏幕的显示比例。另外，拖动其【缩小】按钮与【放大】按钮中间的滑块，也可调整屏幕的显示比例。

另外，用户可以选择【视图】选项卡，单击【显示比例】组中的【显示比例】按钮，在弹出的【显示比例】对话框中选择【75%】单选按钮，如图 1-50 所示。

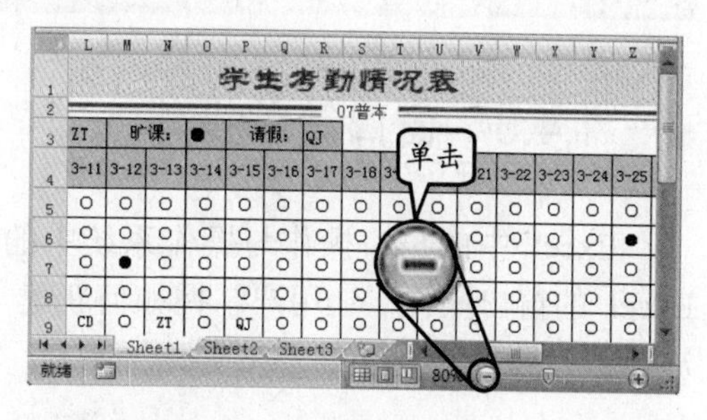

图 1-49　缩小比例

其中，在【显示比例】组中还包含两个按钮，其功能如下：

- ❑ 正常显示。
- ❑ 单击【100%】按钮，此时将文档缩放为正常大小（100%）。
- ❑ 缩放到选定区域。
- ❑ 调整工作表的显示比例，使当前所选单元格区域充满整个窗口。

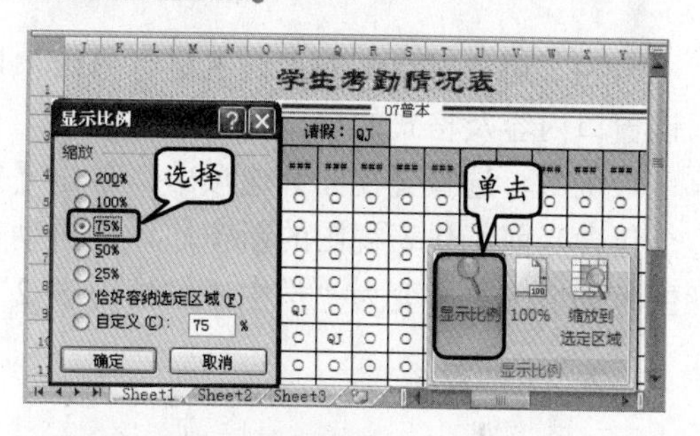

图 1-50　设置显示比例

2. 全屏显示

为了最大范围地查看工作表中的数据，用户可以只显示 Excel 标题、单元格行号与列标，以及单元格的内容，即将工作表进行全屏显示。

选择【视图】选项卡，单击【工作簿视图】组中的【全屏显示】按钮，如图 1-51 所示。

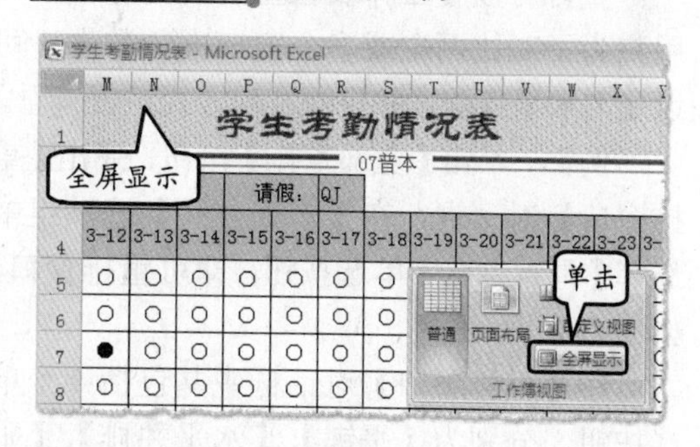

图 1-51　全屏显示

在【工作簿视图】选项组中，用户可以通过单击不同的按钮在视图间进行切换，其中，这 4 个按钮的功能如下：

- ❑ **普通**　单击该按钮，可在普通视图中查看工作表。
- ❑ **页面布局**　使用此视图可查看页面的起始位置和结束位置，并可查看页面上的页眉和页脚。
- ❑ **分布预览**　单击该按钮，预览此文档打印时的分页位置。
- ❑ **自定义视图**　单击该按钮，弹出【视图管理器】对话框，单击【添加】按钮，即可在弹出的【添加视图】对话框中输入视图名称，并设置视图选项，如图 1-52 所示。

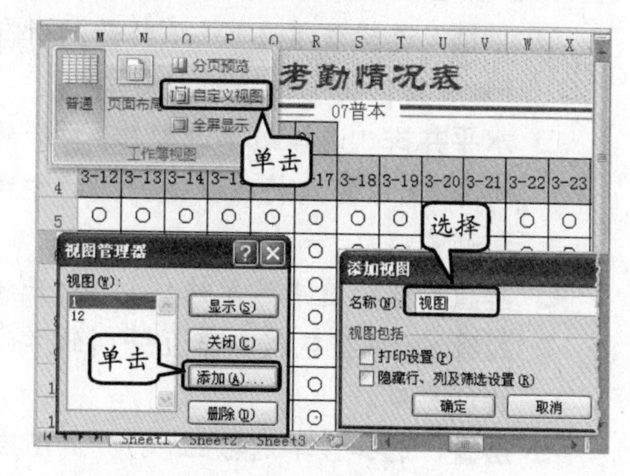

图 1-52　自定义视图

技　巧

取消全屏视图显示的方法为按快捷键 Esc 键，或双击标题栏空白处，或单击标题栏上的【向下还原】按钮，均可返回到普通视图中。

1.4.3　窗口简单操作

Excel 中的窗口操作与操作系统中的窗口操作有很多相似之处，下面来具体介绍 Excel 的窗口操作，让用户掌握如何新建一个包含当前工作表内容的窗口，以及拆分和冻结窗口的方法与技巧。

1. 新建窗口

为了避免对原有的工作表进行修改，以破坏原工作表中的数据，可以新建一个包含该窗口内容及格式的窗口。

例如，选择【视图】选项卡，单击【窗口】组中的【新建窗口】按钮，即可新建一个包含当前工作表视图的新窗口，并自动在标题文字后面添加数字。如原来的标题“学生考勤情况表”变为“学生考勤情况表-2”，如图 1-53 所示。

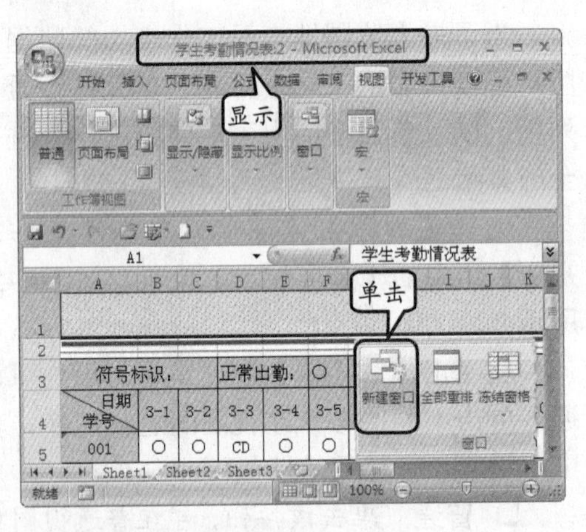

图 1-53　新建窗口

2. 全部重排

重排可以使工作表在查看时更方便，如用户为了对比两个或多个窗口中的数据，可以使用水平或垂直并排的排列方式进行查看。

例如，单击【全部重排】按钮，弹出【重排窗口】对话框，在【排列方式】选项组中选择【垂直并排】单选按钮，即可重排窗口，如图 1-54 所示。

在【重排窗口】对话框中共包括 4 个单选按钮，分别为【平铺】、【水平并排】、【垂直并排】和【重叠】。其作用如下：

- ❑ **平铺**　选择该单选按钮，打开的所有 Excel 窗口将平铺显示在窗口中。
- ❑ **水平并排**　选择该单选按钮，打开的所有 Excel 窗口将以水平并列的方式排列窗口。
- ❑ **垂直并排**　选择该单选按钮，打开的所有 Excel 窗口将以垂直并列的方式排列窗口。
- ❑ **层叠**　选择该单选按钮，打开的所有 Excel 窗口将以层叠方式显示。

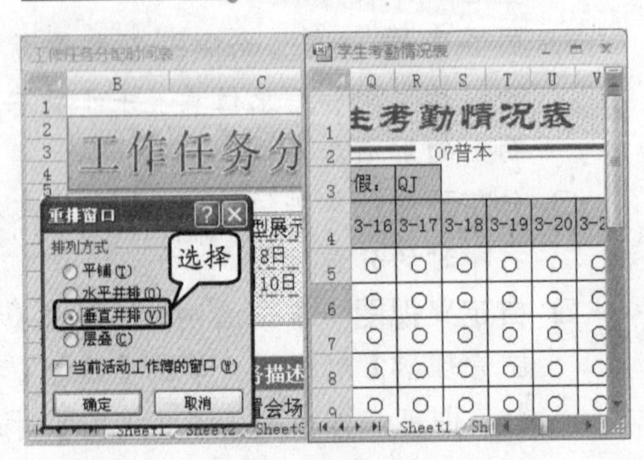

图 1-54　垂直并排窗口

另外，如果用户启用【当前活动工作簿的窗口】复选框，则用户无法对打开的多个窗口重新进行排列。

3. 拆分工作表窗口

使用拆分工作表窗口功能可以将一个窗口拆分成两个或4个窗口，以方便用户同时查看分隔较远的工作表部分。首先，应选择要拆分的单元格，并选择【视图】选项卡，单击【窗口】组中的【拆分】按钮，如图1-55所示。

拆分工作表窗口主要包含以下3种形式。

- **水平拆分**　选择要拆分的下一行或下一行的第一个单元格。
- **垂直拆分**　选择要拆分的后一列或后一列的第一个单元格。
- **水平/垂直拆分**　选择要拆分的下一行兼后一列的那个单元格。

另外，如果用户需要取消拆分，再次单击【拆分】按钮即可。

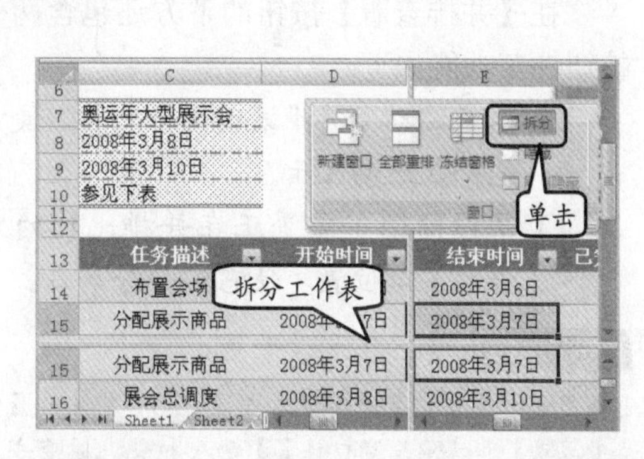

图1-55　拆分工作表

4. 冻结工作表窗口

冻结工作表与拆分工作表功能相同，都是将一个窗口拆分成两个或4个，以方便用户进行查看。例如，选择要冻结的单元格并选择【视图】选项卡，单击【窗口】组中的【冻结窗格】下拉按钮，执行【冻结拆分窗格】命令，如图1-56所示。

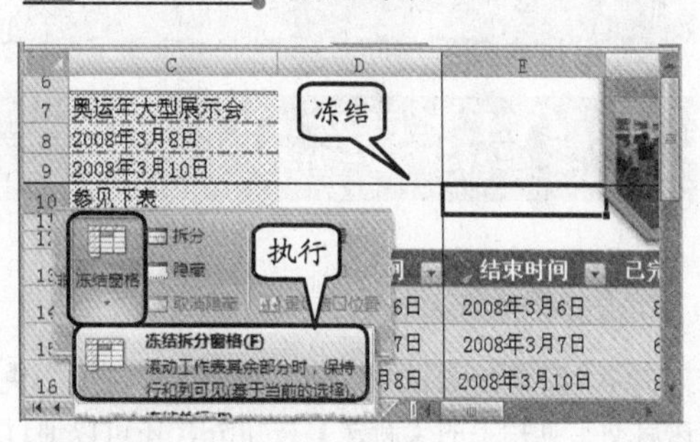

图1-56　冻结工作表

冻结与拆分类似，除包含水平、垂直和水平/垂直拆分外，还包含以下两种。

- **冻结首行**　滚动工作表其余部分时，保持首行可见。
- **冻结首列**　滚动工作表其余部分时，保持首列可见。

提　示

进行首行或列冻结的方法是单击【冻结窗格】下拉按钮，执行【冻结首行】或者【冻结首列】命令。

5. 隐藏或显示窗口

如果一个工作簿中的工作表过多，而有些工作表是用户不常使用的，此时可以将其隐藏。用户只需单击【窗口】组中的【隐藏】按钮即可。

为了对隐藏的窗口重新进行编辑，可取消对它的隐藏。例如，单击【窗口】组中的【取消隐藏】按钮，弹出【取消隐藏】对话框，选择要取消隐藏的工作簿即可，如图1-57所示。

6．并排查看

并排查看功能可以将两个或多个工作簿窗口并列排放，以方便用户比较工作簿中的数据。单击【窗口】组中的【并排查看】按钮，弹出【并排比较】对话框，选择要并排比较的工作簿即可，如图 1-58 所示。

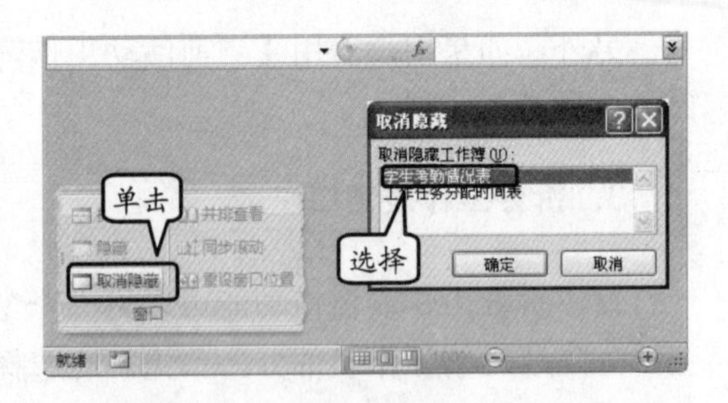

图 1-57　隐藏工作簿

在【并排查看】按钮的下方还包含两个按钮，其功能如下：

- ❑ **同步滚动**　同步滚动两个文档，使它们一起滚动显示。
- ❑ **重设窗口**　重置正在并排比较的文档的窗口位置，使它们平分屏幕。

提　示

当用户对窗口进行并排查看设置之后，将发现【同步滚动】和【重设窗口位置】两个按钮此时变成正常显示状态（蓝色）。

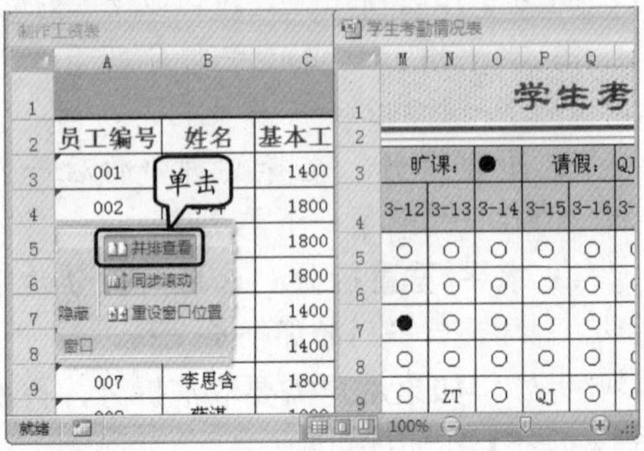

图 1-58　并排查看

1.5　思考与练习

一、填空题

1．新建 Excel 2007 的方法除了可以单击快速启动工具栏上的【新建】按钮外，还可以通过按__________组合键。

2．Excel 2007 的文件扩展名为__________，Excel 97-2003 工作簿的扩展名为__________。

3．默认的 Excel 工作簿有__________个工作表。

4．当启动 Excel 时，系统会自动创建一个工作簿，该工作簿的默认名称为__________。

5．选择【页面布局】选项卡，在【工作表选项】组中禁用【网格线】选项组中的__________复选框，即可隐藏网格线。

6．浏览较大的工作表时，用户可以缩小屏幕的__________，以查看工作表的整体效果。

7．打开工作簿的方法除了可以单击 Office 按钮，执行【打开】命令外，还可以按__________组合键。

8．一次性关闭所有打开的工作簿的方法为：单击 Office 按钮，执行__________命令。

二、选择题

1．Excel 模板文件扩展名为__________。

A．.xlsx　　B．.xltx
C．.xlw　　D．.xlp

2．下面哪个选项不是保存工作簿的正确操作？__________

A．单击 Office 按钮，执行【保存】命令
B．在快速启动工具栏中单击【保存】按钮
C．按 Ctrl+S 组合键
D．右击工作表区域，执行【保存】命令

3．一个 Excel 的工作簿中所包含的工作表的个数是__________。

A．只能是 1 个
B．可以超过 3 个工作表
C．只能是 3 个
D．只能是 2 个

4．在 Excel 中，B5 至 E7 单元格区域包含

__________个单元格。

A. 2　　　　　　B. 3

C. 4　　　　　　D. 12

三、上机练习

1. 窗口操作

打开“成绩表”工作簿，新建一个含有相同内容的工作簿，然后对其进行垂直并排操作，效果如图 1-59 所示。

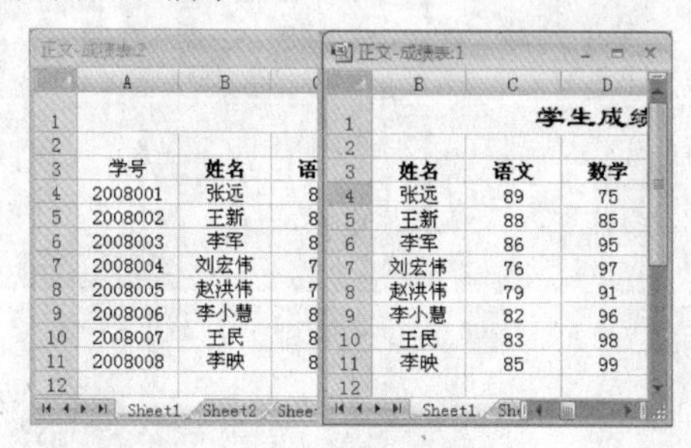

图 1-59　窗口操作

2. 隐藏窗口元素

隐藏窗口中的网格线、编辑栏和标题，然后为工作表添加页眉文字“高二年级成绩表”，效果如图 1-60 所示。

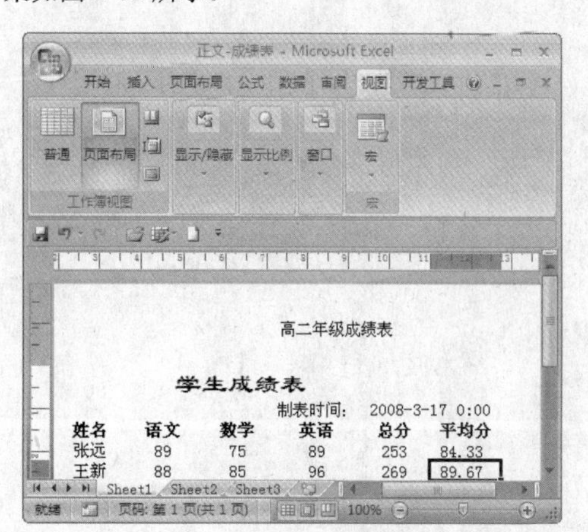

图 1-60　隐藏窗口元素

第 2 章

Excel 基本操作

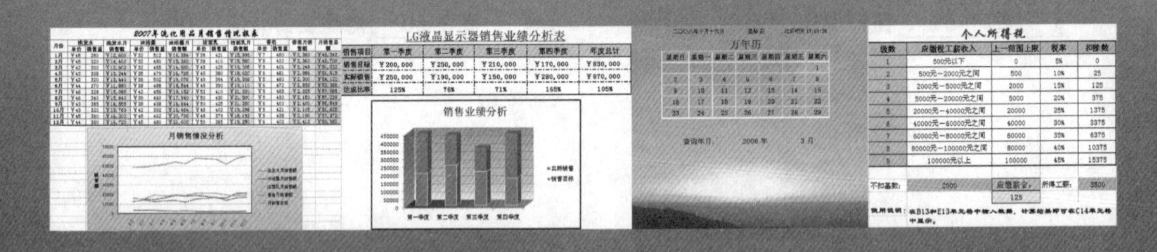

Excel 电子表格具有广泛的用途，如公司财务预算或者财务统计等。在处理这些庞大的数据信息的过程中，掌握其基本操作方法和了解一些使用技巧是快速操作（创建报表、修改数据、设置工作表格式等）工作表的基础。否则会花费更多的时间和精力。

通过本章的学习，主要掌握一些创建报表的基础内容，如向工作表中输入数据、调整工作表、设置工作表的格式等。

本章学习要点

- 输入工作表数据
- 快速输入数据
- 单元格的基本操作
- 设置单元格数据格式
- 设置单元格对齐方式
- 撤销和恢复操作

2.1 输入数据

在使用 Excel 处理数据之前，需要先将数据输入到工作表中，然后再进行相应的操作。在工作表中，一般可以存储文本、数字和日期，以及用于计算数据的公式和函数等内容。

2.1.1 输入文本

在单元格中输入以字母、汉字或其他字符开头的数据，称之为“文本”数据。其中，可以通过下列两种方法进行文本输入。

❑ **直接输入文本**

选择要输入文本的单元格输入文字内容，并按 Enter 键，即可直接在单元格中输入文本。

❑ **利用编辑栏输入文本**

选择要输入文本的单元格，单击编辑栏中的文本框并输入文本内容，然后，单击编辑栏中的【输入】按钮或按 Enter 键即可，如图 2-1 所示。

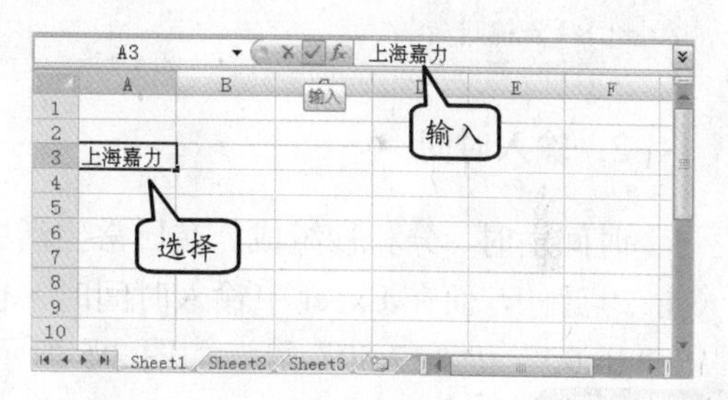

图 2-1 利用编辑栏输入文本

输入文本之后，若需要对文本进行修改，可以选择需要修改的单元格再次输入文本内容，即将覆盖原有的内容。也可以选择单元格，将光标定位于编辑栏中的适当位置修改文本内容。这也是两种输入方法之间的区别。

技 巧

另外，双击需要输入文本的单元格，使其进入编辑状态，也可以输入或修改文本，然后按 Enter 键即可。

2.1.2 输入数字

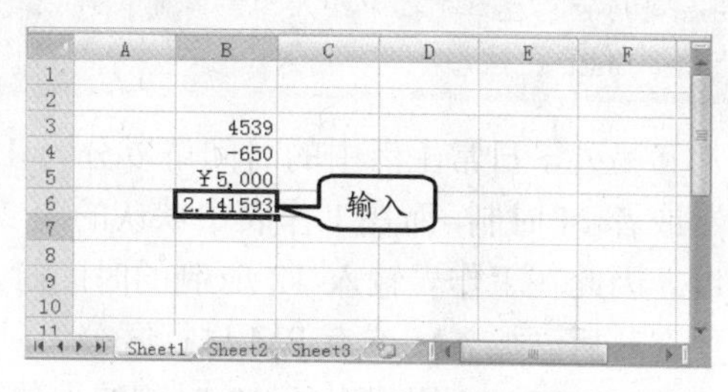

图 2-2 输入数字

在工作表中，数字型数据是数据处理的根本，也是最为常见的数据类型。用户可以利用键盘上的数字键和一些特殊符号在单元格中输入相应的数字内容。

例如，输入正数时，可以使用键盘上的数字键直接输入即可；输入小数时，可以利用键盘上的“.”小数点，如图 2-2 所示。

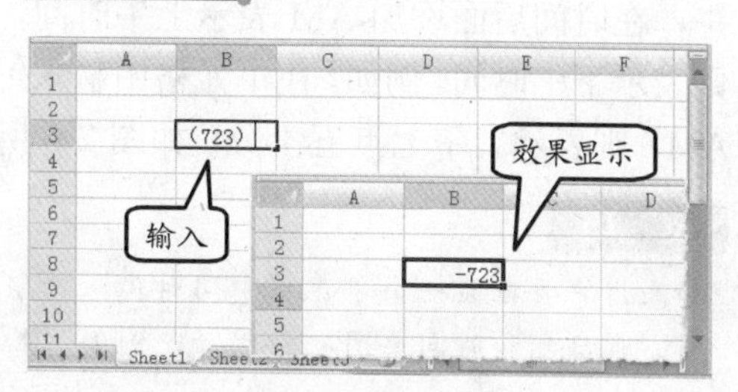

图 2-3 输入负数

如果需要在单元格中输入负数，可以先输入“－”减号，然后输入具体的数字；或者用括号将数字括起来，表示要输入的值为负数，如输入“(723)”表示–723，如图 2-3 所示。

2.1.3 输入日期和时间

通常情况下，Excel 会将日期和时间作为数字进行处理。因此，为避免这种情况，可以通过专用符号区分所输入的内容，而在输入日期和时间的过程中，其使用的符号也不相同。

1. 输入日期

在单元格中输入日期时，需要使用“/”反斜杠或者使用“-”连字符区分年、月、日等内容。例如，输入“2008/3/12”或者“2008-3-12”，如图 2-4 所示。若表示年、月、日的数字之间没有使用“/”反斜杠或者“-”连字符进行区分，则系统将其默认为数字型数据。

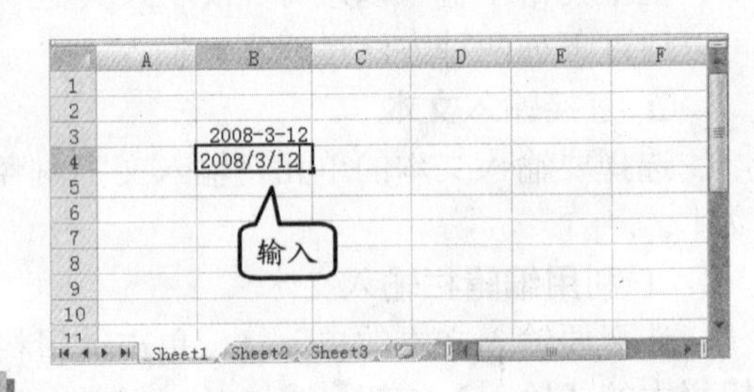

图 2-4 输入日期

提 示

如果用户要在单元格中输入当前日期，可以直接按 Ctrl+; 组合键进行输入。

2. 输入时间

时间由时、分和秒组成。在日常生活中，一般通过数字加冒号的方式表示，如 12:00（十二点钟），而在 Excel 中输入时间时，也是通过“:”冒号来分隔时、分、秒的，如输入“10:00”和“17:50”等，如图 2-5 所示。

提 示

如果用户要在单元格中输入当前时间，可以直接按 Ctrl+Shift+; 组合键进行输入。

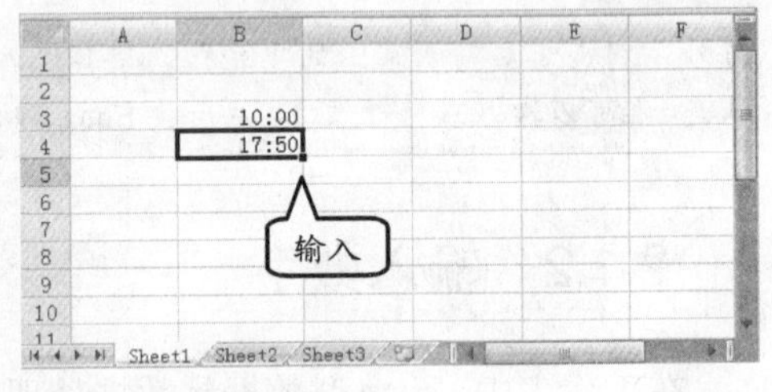

图 2-5 输入时间

另外，日常生活中的时间可以分为 12 时制或者 24 时制，而在工作表中默认的为 24 时制。因此在工作表输入 12 时制的时间时，需要在其后添加 AM 或者 PM 进行区分。

AM 和 PM 用于表示 12 时制的上午和下午，在时间后面添加 AM 表示上午时间，PM 则表示下午时间。例如，在单元格中输入“7:50 AM”则表示上午七点五十分，如图 2-6 所示。

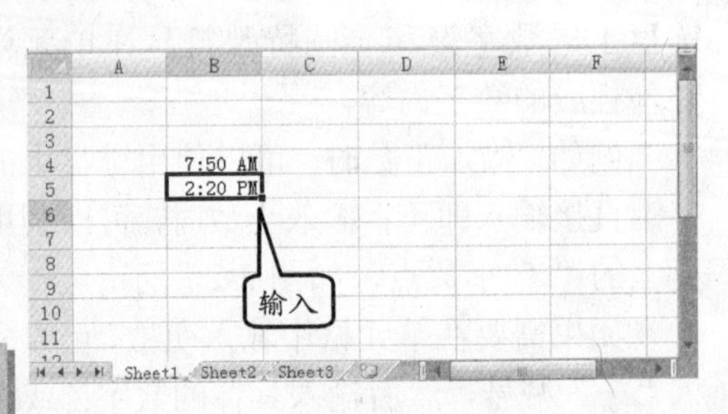

图 2-6 以 12 时制输入时间

技 巧

如果用户要在某一个单元格中同时输入日期和时间，则日期和时间要用空格隔开，例如 2007-7-1 13:30。

2.1.4 输入百分比和分数

在日常生活中，经常会使用分数和百分数用于显示调查统计或者分析比较等结果的比例值。在 Excel 中，分数格式通常以“/”反斜杠来分界分子和分母的数值，其格式为“分子/分母”(3/4)；而百分比则以“数字＋％”来表示，如 12%。

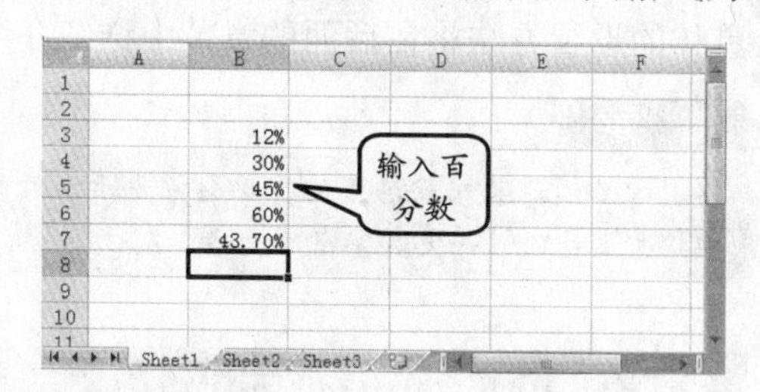

图 2-7 输入百分数

在单元格中输入百分数时，先输入具体的数值，再输入“％”百分号即可，如图 2-7 所示。

由于Excel中输入日期的方法也是用反斜杠“/”来区分年月日的，因此，为了避免将输入的分数和日期混淆，在输入分数时应在输入的分数前加 0，如输入“1/2”时，应输入“0 1/2”（0 与 1/2 之间应加一个空格），如图 2-8 所示。

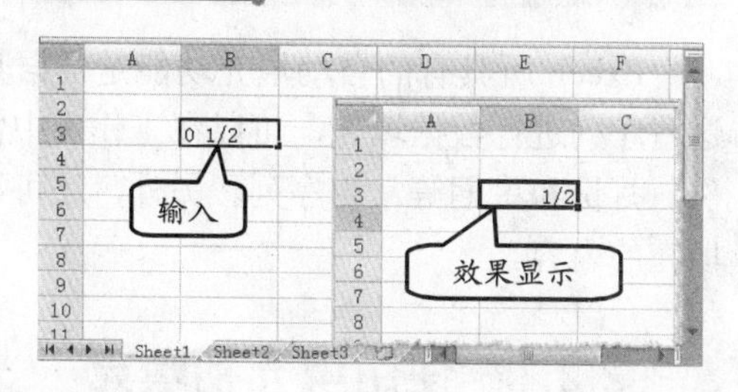

图 2-8 输入分数

注 意

在 Excel 中，输入分数时若不加 0 则按日期处理，如输入“1/2”则表示为 1 月 2 日。

2.1.5 输入专用数据

专用数据是指专业领域所处理的数据。例如，会计人员在处理财务报表时所使用的货币符号等。根据不同国家使用货币的不同，可以设置不同的货币符号来加以区别。

另外，还可以先输入特殊符号再输入数字，即可将值转换为文本型数据，以做特殊使用，如邮政编码等。

1. 输入货币值

Excel 支持大部分的货币值，如人民币（￥）、英镑（￡）等。当用户输入货币值时，Excel 会自动套用货币格式，并在单元格中将其显示出来。

例如，输入人民币的货币符号时，在数字之前输入“￥”货币符号即可，如图 2-9 所示。

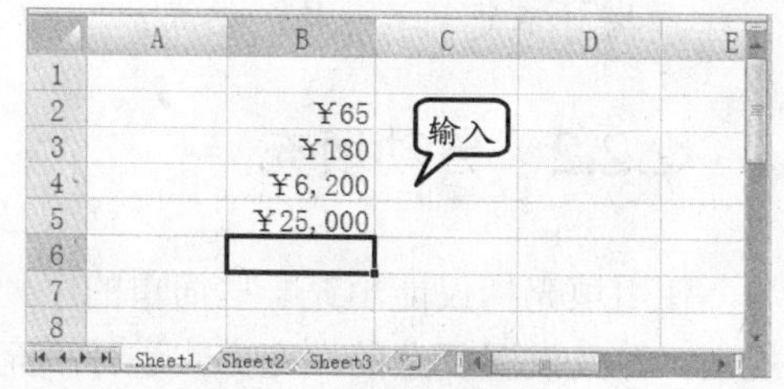

图 2-9 输入货币符号

2. 输入邮政编码

邮政编码都是由数字组所组成的，并且每个编码前面的零不可省略。因此，必须以文本格式输入编码数字信息。

在单元格中，先输入一个“'”单引号再

输入具体的数值。如输入“深圳”的邮政编码，只需输入“'518000”；输入“山东济南”的邮政编码，可以输入“'250000”，如图2-10所示。

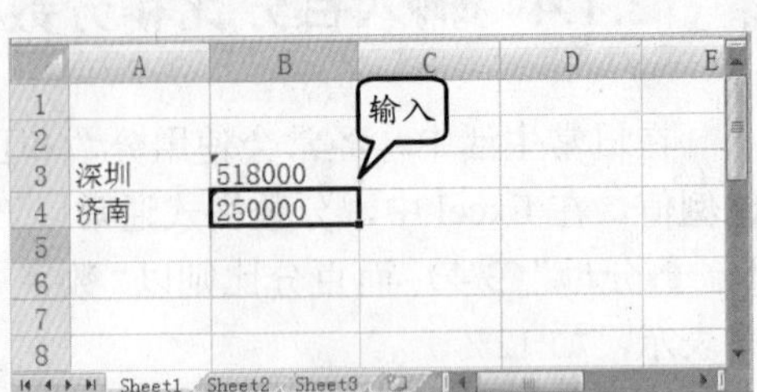

图 2-10 输入邮政编码

除此之外，用户还可以将输入编码的单元格设置为“文本”格式，也可实现其效果。其具体的设置方法将在后面的章节中详细介绍。

注 意

单引号必须是英文状态下的，单引号表示其后的数字按文本处理，并使数字在单元格中左对齐。

2.2 快速输入数据

Excel 所具有的自动填充功能是根据其系统内部定义好的序列而完成的。通过使用这些序列进行数据填充，可以在工作表中快速输入一些有规律的数据信息，如数字、年份、月份和星期等常用序列。另外，还可以通过添加或者修改自定义数据序列来改变所填充的内容。

2.2.1 使用填充柄填充

当用户选择单元格或者单元格区域时，位于右下角的黑色小方块即被称为填充柄。利用填充柄既可以快速输入整行或整列具有相同内容的数据，也可以输入带有一定规律的数据信息。

在单元格中输入数据后，将鼠标光标指向该区域的填充柄，当光标变成“实心十字”形状✚时，拖动鼠标至要填充的单元格区域即可，如图2-11所示。

利用填充柄填充数据之后，弹出【自动填充选项】下拉按钮，单击该按钮，用户可以在其列表中选择数据填充的方式。

- **复制单元格** 复制原始单元格的全部内容，包括单元格数据以及格式等。
- **仅填充格式** 只填充单元格的格式。
- **不带格式填充** 只填充单元格中的数据，不复制单元格的格式。

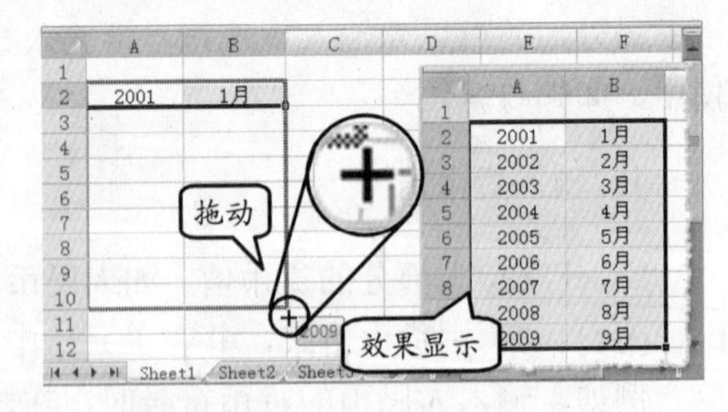

图 2-11 使用填充柄填充数据

2.2.2 自动填充

使用填充柄仅能填充一些简单的序列。当遇到复杂的数据时，需要寻找数据之间的规则，并且设置复杂的填充方式进行填充。例如，利用【填充】列表中的多个命令可完成成组工作表之间的填充或者等比、等差序列的填充。

1. 使用填充命令

单击【编辑】组中的【填充】下拉按钮，其列表中含有向上、下、左、右4个方向的填充命令。选择工作表中要填充的数据，并选择从该单元格开始的行或者列方向区域，执行相应的填充命令即可进行填充操作。

❑ 向下

在单元格中输入数据信息后，选择从该单元格向下的单元格区域，执行【向下】命令即可使单元格数据向下自动填充，如图2-12所示。

❑ 向右

在单元格中输入数据后，选择从该单元格开始向右的单元格区域，执行该命令即可使数据向右自动填充。

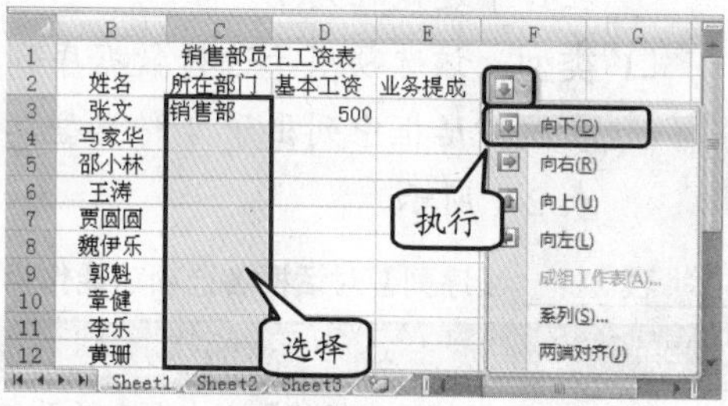

❑ 向上

在单元格中输入数据，然后选择该单元格开始向上的单元格区域，执行【向上】命令可使数据向上自动填充。

❑ 向左

在单元格中输入数据，然后选择该单元格开始向左的单元格区域，执行【向左】命令可使数据向左自动填充。

图2-12 向下填充

2. 填充成组工作表

利用成组工作表可以在多张不同的工作表中输入相同的数据，或者快速改变多张工作表的格式。

选择要填充的数据，同时选择多张工作表即可创建工作组，然后，单击【填充】下拉按钮，执行【成组工作表】命令，在弹出的【填充成组工作表】对话框中选择要填充的内容即可，如图2-13所示。

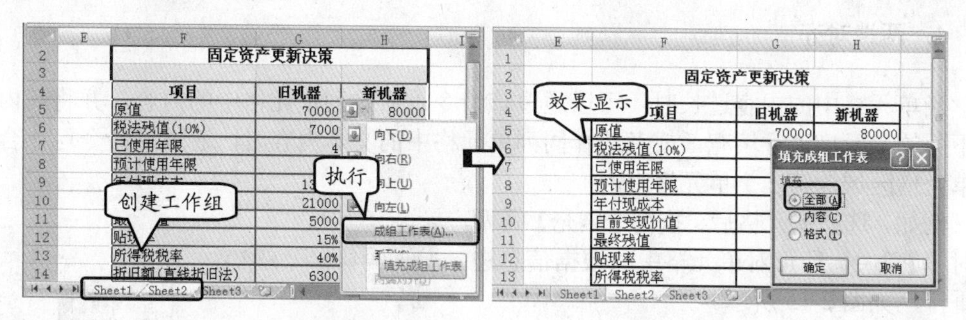

图2-13 填充成组工作表

提 示

在【填充成组工作表】对话框中选择【内容】单选按钮可以向同组工作表中填充数据内容；选择【格式】单选按钮可以填充数据格式。

3. 填充序列

在 Excel 工作表中需要输入有规律的数据时可以进行序列填充。例如，可以填充等差、等比或者指定步长值的数据，而自动填充一般可以填充累加或者等差类数据。

单击【填充】下拉按钮，执行【系列】命令，在弹出的【序列】对话框中选择某种数据序列填充到选择的单元格区域中，如图 2-14 所示。

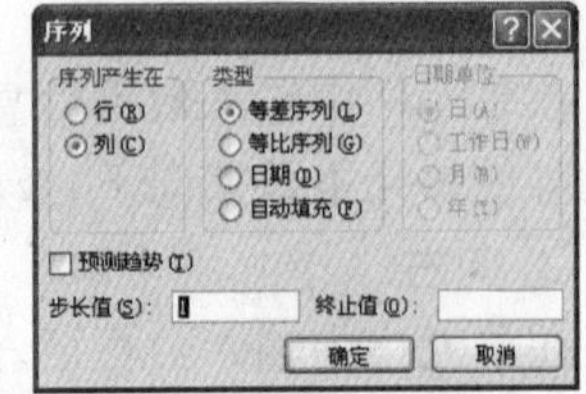

图 2-14 【序列】对话框

【序列】对话框中各选项的功能作用如下所示：

- **序列产生在** 该选项用于选择数据序列是填充在行中还是在列中。
- **类型** 该选项用于选择数据序列的产生规律。在该对话框中列出了 4 种类型，其详细说明如表 2-1 所示。

表 2-1 【序列】对话框各选项功能作用

类　型	说　明
等差级数	把【步长值】文本框内的数值依次加入到单元格区域的每一个单元格数据值上来计算一个序列。同等启用【趋势预测】复选框
等比级数	按照步长值依次与每个单元格值相乘而计算出的序列
日期	根据选择【日期】单选按钮计算一个日期序列
自动填充	获得与拖动填充柄产生相同结果的序列

- **预测趋势** 启用该复选框，可以让 Excel 根据所选单元格的内容自动选择适当的序列。
- **步长值和终止值** 步长值是指从目前值或默认值到下一个值之间的差。步长值可正可负，正步长值表示递增，负的步长值则为递减，一般默认的步长值是 1。在【终止值】文本框中，用户可以输入具体数值以设置序列的终止值。

4. 两端对齐

当单元格中的内容过长时，可以通过该命令重新排列单元格中的内容，并将其内容向下面的单元格进行填充；或者选择同列单元格中的文本内容时，通过该命令可以合并于单元格区域的第一个单元格中。

例如，选择单元格后，执行【填充】|【两端对齐】命令，即可对单元格中的数据信息进行重排，如图 2-15 所示。

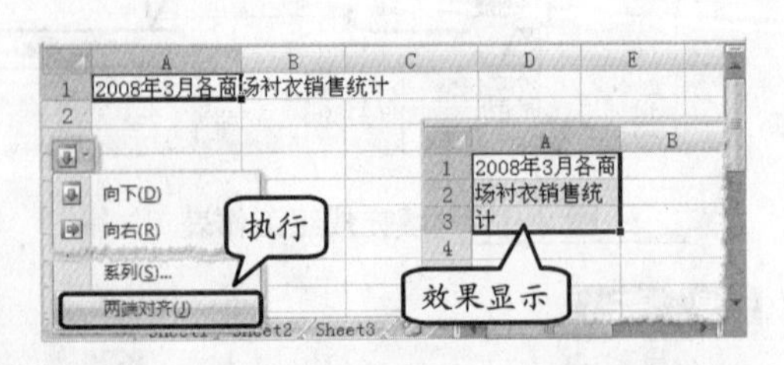

图 2-15 两端对齐

提　示

当单元格中的数据为数字或者公式时不能使用该命令，并且，在合并多个单元格时需要根据该单元格区域中第一个单元格的列宽而定。

2.2.3 自定义数据序列填充

针对不同领域，用户可以根据本行业中常用的一些数据或者逻辑序列添加到自定义序列中，这样可以大大减少用户输入数据的工作量，提高工作效率，并且操作起来也轻松、便捷。当然，也可将一些不常用的数据序列从自定义序列列表中删除。

1. 添加数据序列

要自定义数据序列，单击 Office 按钮，并单击【Excel 选项】按钮，在弹出的对话框中单击【使用 Excel 时采用的首选项】栏中的【编辑自定义列表】按钮，如图 2-16 所示。

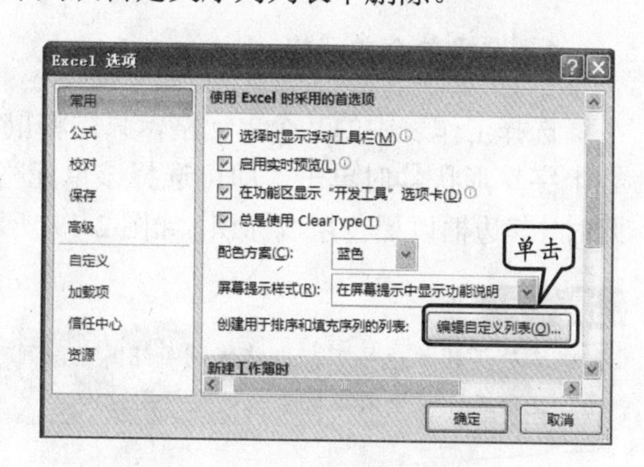

图 2-16 【Excel 选项】对话框

在【自定义序列】对话框中，可以在【输入序列】列表框中输入序列内容，单击【添加】按钮，即可将新的序列添至左侧的【自定义序列】列表框中，如图 2-17 所示。

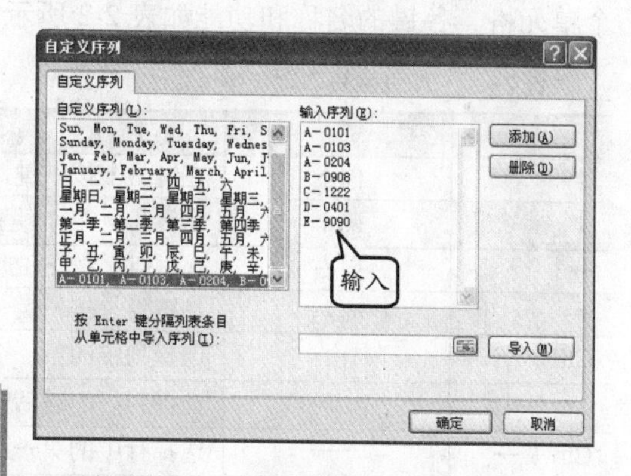

图 2-17 添加新序列

2. 导入数据序列

用户也可以先定义新序列，并选择该序列所在的单元格区域，则在【自定义序列】对话框下方将显示需要导入的单元格区域，单击【导入】按钮即可，如图 2-18 所示。

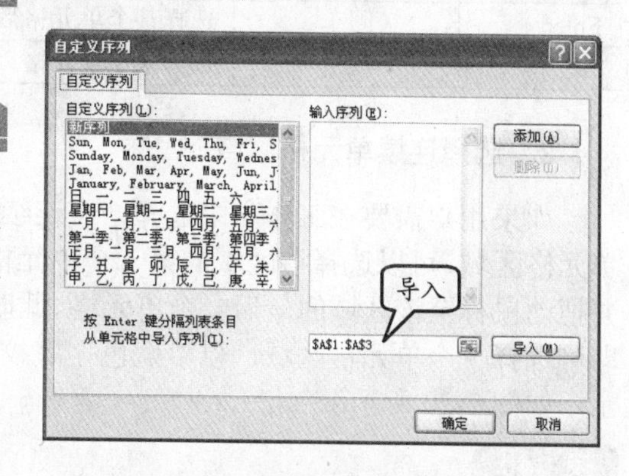

图 2-18 导入新序列

提 示

如果用户需要删除自定义填充序列，可以在【选项】对话框中选择需要删除的自定义序列，单击【删除】按钮即可。

2.3 单元格的基本操作

在利用 Excel 制作报表时，如果需要在不同的工作表中输入相同的信息，或者要改变数据的位置，可以通过复制和移动单元格数据来进行操作。

另外，当工作表中出现遗漏或者多余的数据时，还可以通过插入和删除单元格等操作对工作表进行修改。

2.3.1 选择单元格

在对单元格或单元格区域进行操作之前，需要先选择该单元格或单元格区域，然后再进行相应的编辑操作。用户可以借助鼠标或键盘根据需要选择不同的单元格或单元格区域。

1. 选择单个单元格

选择工作表中的某个单元格，只需将鼠标指向要选择的单元格上，当光标变成“空心十字”形状✚时单击，即可选择该单元格。此时，其边框以黑色粗线标识，如图 2-19 所示。

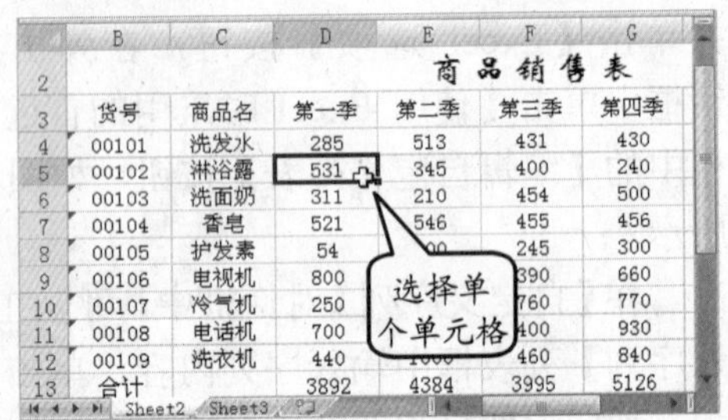

图 2-19 选择单个单元格

提 示

如果要选择的单元格不在当前的视图范围中，则可以通过拖动工作表中的滚动条来调整视图范围。

另外，还可以通过键盘上的方向键选择单个单元格。各键的名称和功能如表 2-2 所示。

表 2-2 方向键的功能

键	名 称	功 能
↑	向上	在键盘上按↑键，即可向上移动一个单元格
↓	向下	在键盘上按↓键，即可向下移动一个单元格
→	向右	在键盘上按→键，即可向右移动一个单元格
←	向左	在键盘上按←键，即可向左移动一个单元格
Ctrl+↑	——	选择列中的第一个单元格
Ctrl+↓	——	选择列中的最后一个单元格
Ctrl+→	——	选择行中的第一个单元格
Ctrl+←	——	选择行中的最后一个单元格
Enter	回车	选择某个单元格后，按 Enter 键可以选择该单元格的下一个单元格
Tab	跳格	选择某个单元格后，按 Tab 键可以选择该单元格的下一个单元格

2. 选择连续单元格区域

如果用户需要在工作表中选择一个连续的单元格区域，可以选择该区域的第一个单元格，并拖动鼠标至该区域的最后一个单元格。此时，即可选择一个单元格区域，以“蓝色”底纹显示，如图 2-20 所示。

图 2-20 选择连续单元格区域

技 巧

还可以选择该区域的第一个单元格后，按住 Shift 键不放，利用键盘上的方向键选择连续的单元格区域。

3. 选择不连续单元格区域

还可以选择一个不连续的单元格区域进行操作，按住 Ctrl 键的同时，逐一单击要选择的单元格即可，如图 2-21 所示。

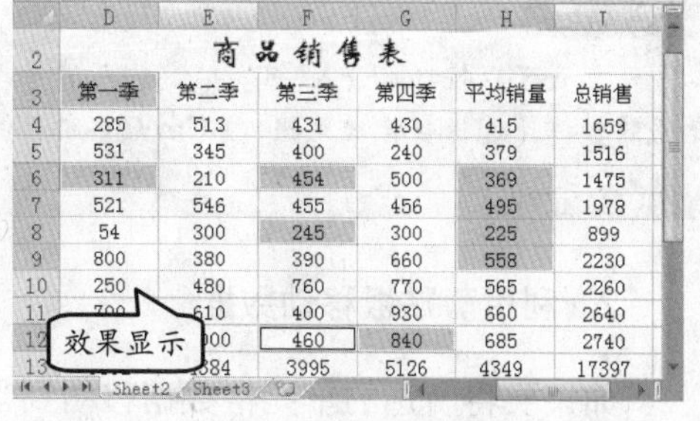

	D	E	F	G	H	I
2	商品销售表					
3	第一季	第二季	第三季	第四季	平均销量	总销售
4	285	513	431	430	415	1659
5	531	345	400	240	379	1516
6	311	210	454	500	369	1475
7	521	546	455	456	495	1978
8	54	300	245	300	225	899
9	800	380	390	660	558	2230
10	250	480	760	770	565	2260
11	[illegible]	610	400	930	660	2640
12	[illegible]	[illegible]	460	840	685	2740
13	[illegible]	[illegible]	3995	5126	4349	17397

图 2-21　选择不连续的单元格区域

4. 选择整行

如果用户需要选择工作表中的一行，可以将鼠标置于该行的行号上，当光标变成向右的箭头➡时单击，即可选择该行。另外，还可以选择一行后，按住 Ctrl 键不放，再依次单击其他行号，即可选择一个不连续的行区域，如图 2-22 所示。

	C	D	E	F	G	H
2	商品销售表					
3	商品名	第一季	第二季	第三季	第四季	平均销量
4	洗发水	285	513	431	430	415
5	淋浴露	531	345	400	240	379
6	洗面奶	311	210	454	500	369
7	香皂	521	546	455	456	495
8	护发素	54	300	245	300	225
9	电视机	800	380	390	660	558
10	冷气机	250	480	760	770	565
11	电话机	700	610	400	[illegible]	660
12	洗衣机	440	1000	460	[illegible]	[illegible]
13		3892	4384	3995	[illegible]	[illegible]

效果显示

图 2-22　选择整行

5. 选择整列

选择整列和选择整行的方法基本相同。只需将鼠标置于该列的列标上，当光标变成向下的箭头⬇时单击，即可选择该列。同样，也可以选择连续或不连续的多个区域，如图 2-23 所示。

	C	D	E	F	G	H
2	商品销售表					
3	商品名	第一季	第二季	第三季	第四季	平均销量
4	洗发水	285	513	431	430	415
5	淋浴露	531	345	400	240	379
6	洗面奶	311	210	454	500	369
7	香皂	521	546	455	456	495
8	护发素	54	300	245	300	225
9	电视机	800	380	390	660	558
10	冷气机	250	480	760	770	565
11	电话机	700	610	400	930	660
12	[illegible]	[illegible]	1000	460	840	685
13		[illegible]	4384	3995	5126	4349

效果显示

图 2-23　选择整列

6. 选择整个工作表

若用户要选择整个工作表，只需在工作表的左上角单击行号和列表相交处的【全部选定】按钮　即可，如图 2-24 所示。

技　巧

用户还可以按 Ctrl＋A 组合键选择整个工作表。

2.3.2　移动单元格

移动单元格是将当前单元格中的数据移至其他单元格中，而不保留原来单元格中的数据信息，并且单元格所应用的格式也将被一起移动。在移动单元格时，可以使用鼠标拖动的方法，或者利用 Excel 中的剪贴板进行操作。

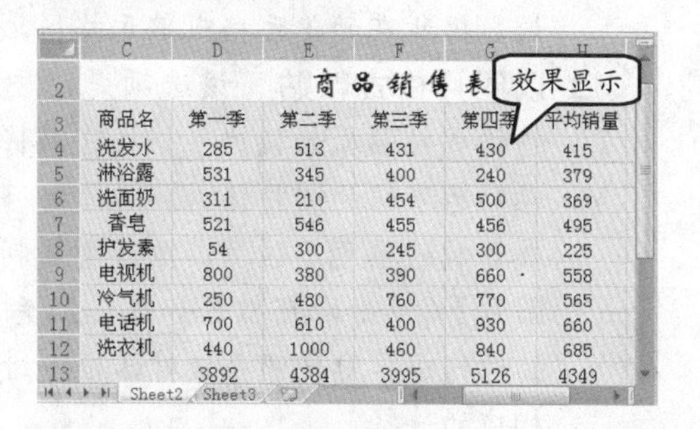

	C	D	E	F	G	H
2	商品销售表					
3	商品名	第一季	第二季	第三季	第四季	平均销量
4	洗发水	285	513	431	430	415
5	淋浴露	531	345	400	240	379
6	洗面奶	311	210	454	500	369
7	香皂	521	546	455	456	495
8	护发素	54	300	245	300	225
9	电视机	800	380	390	660	558
10	冷气机	250	480	760	770	565
11	电话机	700	610	400	930	660
12	洗衣机	440	1000	460	840	685
13		3892	4384	3995	5126	4349

图 2-24　选择整个工作表

1. 鼠标拖动

默认情况下，Excel 具有拖放编辑的功能，使用鼠标可以方便、快捷地将所选单元格中的数据拖动到其他单元格中。

首先，选择该单元格或单元格区域，将鼠标置于该区域的边缘线框上，当光标变成“四向”箭头时按住鼠标左键不放，拖动至指定的位置即可，如图 2-25 所示。

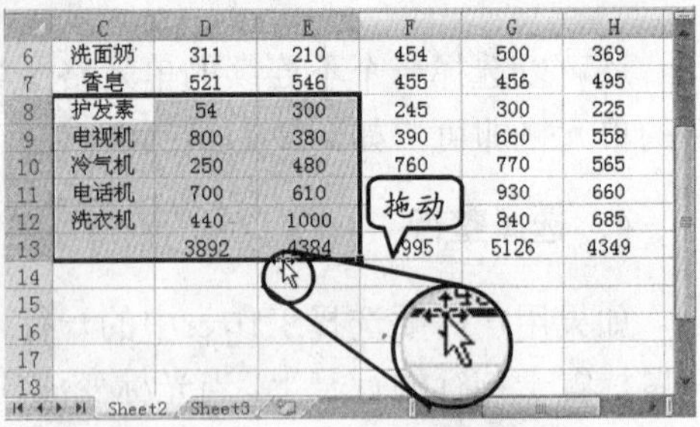

图 2-25　利用鼠标移动数据

技　巧

另外，还可以按 Ctrl+X 组合键剪切所选单元格区域的数据后选择目标单元格，按 Ctrl+V 组合键进行粘贴。

2. 利用剪贴板移动数据

如果要将所选的单元格数据移动到当前视图范围之外的单元格中，便可以利用剪贴板进行数据的移动。

利用剪贴板移动单元格中的数据，可以选择该单元格区域后，单击【剪贴板】组中的【剪切】按钮，以剪切当前所选内容，然后，选择目标单元格，单击【粘贴】按钮即可。也可以单击该下拉按钮，执行相应的命令，则可粘贴不同格式的数据。

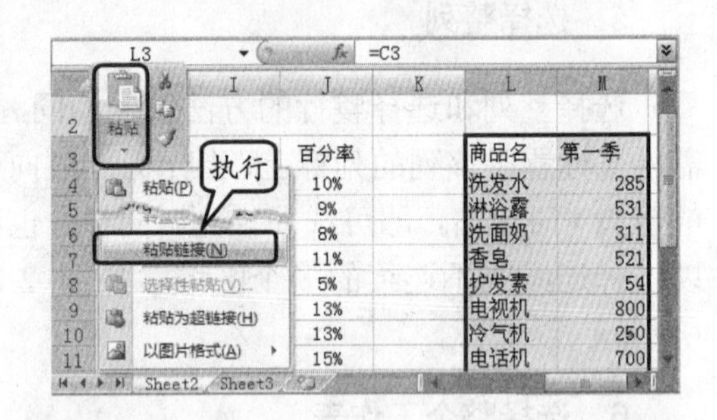

图 2-26　粘贴链接

【粘贴】下拉列表中各选项命令的功能如下：

- **粘贴**　执行该命令即可将剪贴板中的内容粘贴到当前所选的目标单元格中。
- **粘贴链接**　执行该命令即可将所粘贴的数据链接到活动工作表所复制的数据上，如图 2-26 所示。
- **粘贴为超链接**　该选项可以在复制的单元格或者单元格区域和原始数据之间建立超链接，如图 2-27 所示。当用户单击该单元格时，即可选择原始数据所在的单元格或单元格区域。
- **以图片格式粘贴**　该选项是以图片的格式粘贴原始数据，并且可以将其粘贴为不同的图片格式。选择要移动或复制的单元格区域，执行【复制为图片】命令，即可打开如图 2-28 所示的对话框，用户可在该对话框中进行相应的选择。

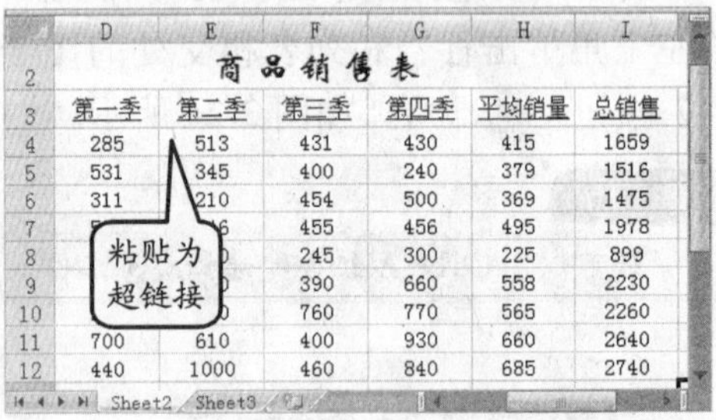

图 2-27　粘贴为超链接

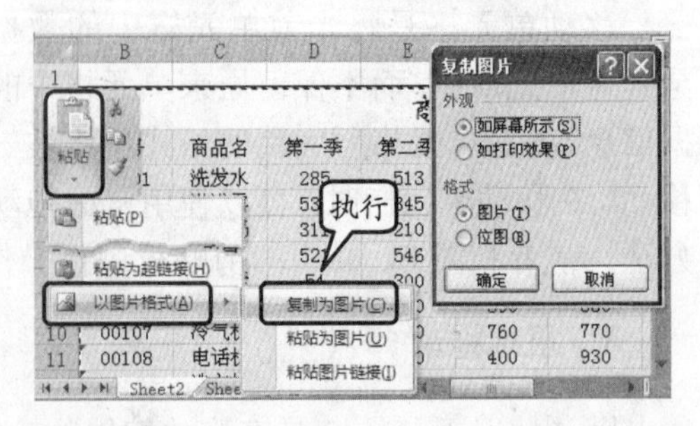

图 2-28　复制为图片

该对话框中的各单选按钮的功能如表 2-3 所示。

表 2-3 【复制图片】对话框单选按钮功能表

类型	名称	功能
外观	如屏幕所示	以屏幕上显示的效果粘贴为图片
	如打印所示	以打印效果粘贴为图片
格式	图片	以图片的格式进行粘贴
	位图	以位图的格式进行粘贴

执行【粘贴为图片】命令可将原始数据粘贴为图片，如图 2-29 所示。若执行【粘贴】|【以图片格式】|【粘贴图片链接】命令，那么对原始单元格区域所作的任何修改都会及时反映到图片当中。

2.3.3 复制单元格

图 2-29 粘贴为图片

复制单元格能够将单元格中的数据备份到其他单元格区域中，该操作可以在移动单元格的同时保留原始数据内容。同样，复制单元格也可以通过鼠标拖动和剪贴板来进行。

1. 利用鼠标复制

选择要复制的单元格区域，将光标移至该区域的边缘位置上，按住 Ctrl 键不放，拖动鼠标至目标单元格即可，如图 2-30 所示。

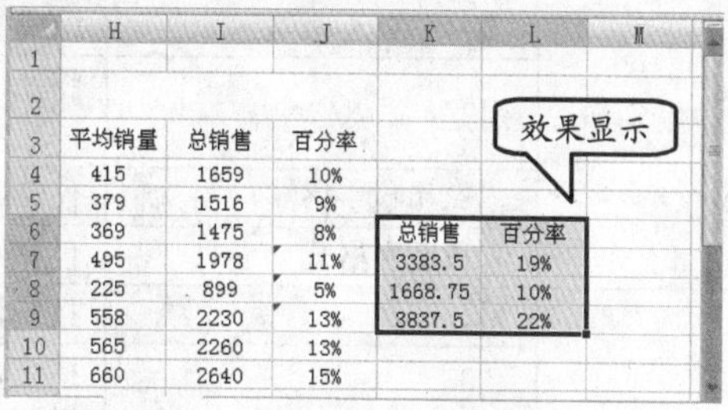

图 2-30 利用鼠标复制数据

技 巧

用户还可以按 Ctrl+C 组合键复制所选单元格数据，选择要进行粘贴的目标单元格后按 Ctrl+V 组合键即可。

2. 利用剪贴板复制

选择要复制的单元格区域，单击【复制】按钮，再选择要粘贴的单元格，单击【粘贴】下拉按钮，如图 2-31 所示。

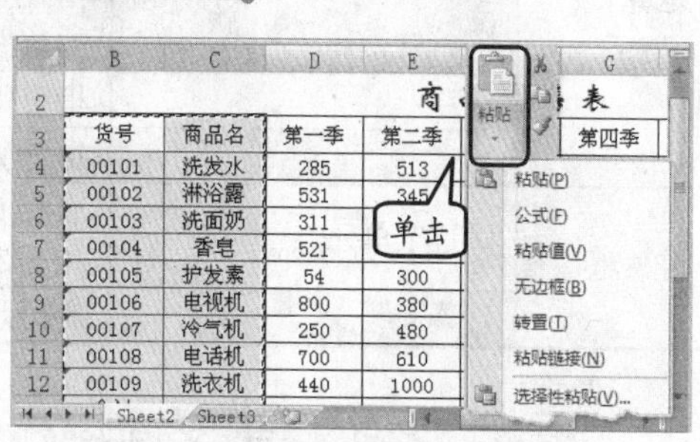

图 2-31 【粘贴】下拉列表

在【粘贴】下拉列表中，用户可以选择如下粘贴命令：

- **公式** 执行该命令可以粘贴所选单元格区域中的公式。
- **粘贴值** 执行该命令即可粘贴单元格中的值。
- **无边框** 当复制或移动目标有边框时，该选项可以清除粘贴后的单元格边框。
- **转置** 该命令可以将所选单元格区域的数据进行行列转换。
- **选择性粘贴** 复制单元格或单元格区域的数据后执行该命令，可以在弹出的【选择性粘贴】对话框中选择需要的选项，如图 2-32 所示。

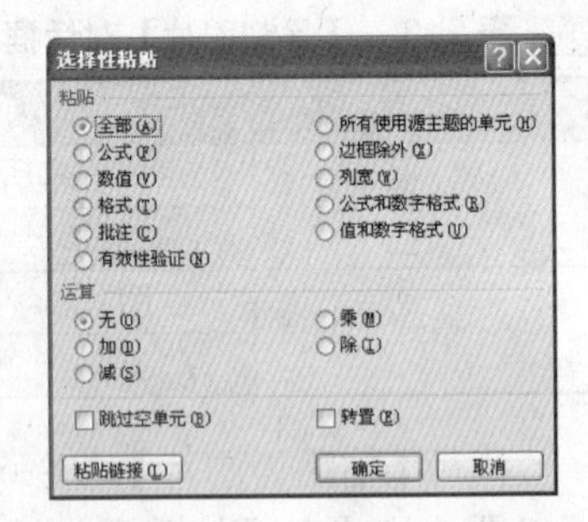

图 2-32　选择性粘贴

技　巧

另外，还可以选择单元格区域后右击，执行【选择性粘贴】命令，弹出【选择性粘贴】对话框。

在【选择性粘贴】对话框中包含有【粘贴】和【运算】两栏内容，每一栏都有不同的选项，其中各单选按钮的含义如表 2-4 所示。

表 2-4　【选择性粘贴】对话框各选项的功能说明

类　型	名　称	功　能
粘贴	全部	粘贴所复制的数据的所有单元格内容和格式
	公式	仅粘贴在编辑栏中输入的所复制数据的公式
	数值	仅粘贴在单元格中显示的所复制数据的值
	格式	仅粘贴所复制数据的单元格格式
	批注	仅粘贴附加到所复制的单元格的批注
	有效性验证	将所复制的单元格的数据有效性验证规则粘贴到粘贴区域
	所有使用源主题的单元	粘贴使用复制数据应用的文档主题格式的所有单元格内容
	边框除外	粘贴应用到所复制的单元格的所有单元格内容和格式，边框除外
	列宽	将所复制的某一列或某个列区域的宽度粘贴到另一列或另一个列区域
	公式和数字格式	仅粘贴所复制的单元格中的公式和所有数字格式选项
	值和数字格式	仅粘贴所复制的单元格中的值和所有数字格式选项
运算	无	指定没有数学运算要应用到所复制的数据
	加	指定要将所复制的数据与目标单元格或单元格区域中的数据相加
	减	指定要从目标单元格或单元格区域中的数据中减去所复制的数据
	乘	指定所复制的数据乘以目标单元格或单元格区域中的数据
	除	指定所复制的数据除以目标单元格或单元格区域中的数据
复选框	跳过空单元	启用此复选框，则当复制区域中有空单元格时，可避免替换粘贴区域中的值
	转置	启用此复选框时，可将所复制数据的列变成行，将行变成列

2.3.4　多工作表之间操作

复制和移动单元格数据，不仅可以在同一个工作表中进行，还可以在不同工作表之间进行。因此，当需要将数据移动或复制到其他工作表中时，可以利用【剪贴板】组中的命令按钮进行操作，其方法与在同一工作表中复制和移动的方法类似。

在不同工作表中移动单元格数据时，需要先选择该单元格，单击【剪贴板】组中的

【剪切】按钮，然后选择目标工作表中的目标单元格，单击【粘贴】按钮即可。

例如，要将 Sheet2 中的数据移至 Sheet3 工作表，可以剪切单元格数据后单击 Sheet3 工作表标签，在该工作表中选择 A1 单元格并单击【粘贴】按钮，如图 2-33 所示。

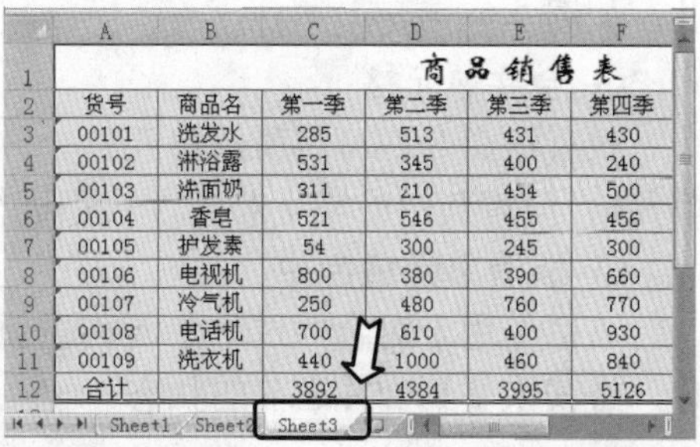

	A	B	C	D	E	F
1				商品销售表		
2	货号	商品名	第一季	第二季	第三季	第四季
3	00101	洗发水	285	513	431	430
4	00102	淋浴露	531	345	400	240
5	00103	洗面奶	311	210	454	500
6	00104	香皂	521	546	455	456
7	00105	护发素	54	300	245	300
8	00106	电视机	800	380	390	660
9	00107	冷气机	250	480	760	770
10	00108	电话机	700	610	400	930
11	00109	洗衣机	440	1000	460	840
12	合计		3892	4384	3995	5126

图 2-33 不同工作表间数据的移动

提 示

当用户需要移动多个单元格数据即移动单元格区域的数据时，其操作方法与移动单元格数据的方法类似，只需要选择该单元格区域，然后进行剪切和粘贴操作即可。

在不同工作表间复制单元格的数据，可以选择源工作表中要复制的单元格，单击【复制】按钮，然后在目标工作表中选择目标单元格，单击【粘贴】按钮即可。

技 巧

用户还可以按 Ctrl+X 和 Ctrl+C 组合键剪切或复制所选单元格数据，然后选择要进行粘贴的目标工作表按 Ctrl+V 组合键进行粘贴即可。

2.3.5 合并单元格

当某个单元格中的数据过长时，可以使用单元格的合并功能，将一行或一列中的多个单元格合并在一起。这样不仅可以完全显示单元格中的数据，而且还可以设计不规则的报表内容。

合并单元格应该先选择要合并的单元格区域，再单击【对齐方式】组中的【合并后居中】下拉按钮，在其列表中选择单元格的合并方式，如图 2-34 所示。

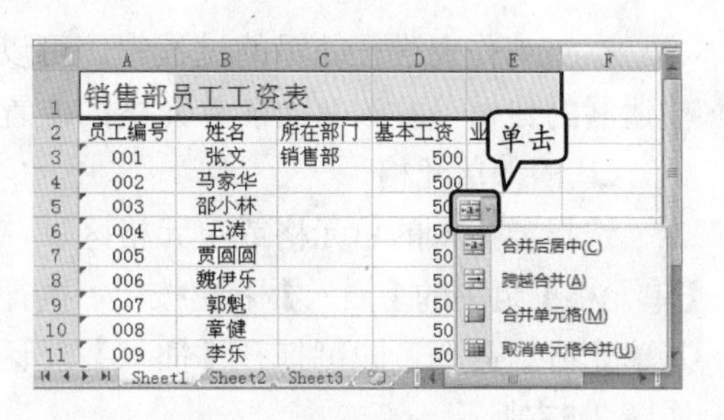

图 2-34 合并单元格

在【合并后居中】下拉列表中提供了 3 种合并单元格的方式，选择不同的方式会得到不同的合并效果。

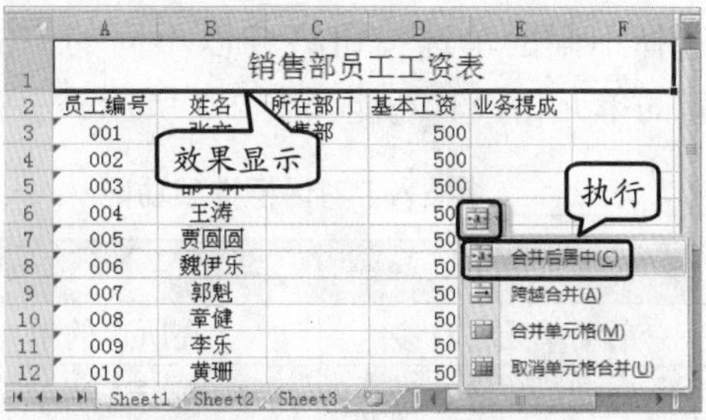

❑ **合并后居中**

执行【合并后居中】命令即可将选择的多个单元格合并成一个大的单元格，并使单元格内容居中，如图 2-35 所示。

图 2-35 合并后居中

❑ **跨越合并**

执行该命令可使所选单元格区域的行与

行之间相互合并，而上下单元格之间不参与合并，如图 2-36 所示。

❑ **合并单元格**

执行该命令即可将所选单元格合并为一个单元格，但对其中的文字对齐方式不进行控制。

❑ **取消单元格合并**

该命令用于对合并过的单元格重新进行拆分，将其恢复到合并之前的状态。

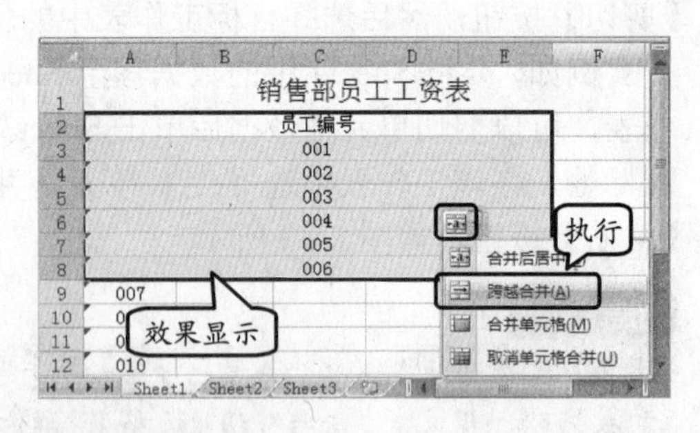

图 2-36 跨越合并

提　示

在合并单元格时，选择要合并的单元格区域后单击【合并后居中】按钮可将所选区域合并，再次单击该按钮即可将合并过的单元格拆分。

技　巧

用户还可以单击【对齐方式】组中的【对话框启动器】按钮，在弹出的【设置单元格格式】对话框中启用【文本控制】选项组中的【合并单元格】复选框，即可将所选单元格区域合并。

2.3.6 插入与删除操作

在 Excel 工作表中，用户可以根据需要在任意位置插入或删除单元格、行和列。当插入单元格后，现有的单元格将自动移动，并给新的单元格留出位置。当删除单元格时，周围的单元格也会随之移动来填补删除的空缺位置。

1. 插入单元格、行和列

在对工作表进行编辑的过程中，可以为工作表添加新单元格、行或者列，可以输入被遗漏的数据，并改变当前单元格的位置。

❑ **插入单元格**

选择要插入的单元格或单元格区域，单击【单元格】组中的【插入】下拉按钮，执行【插入单元格】命令，即可打开【插入】对话框，如图 2-37 所示。

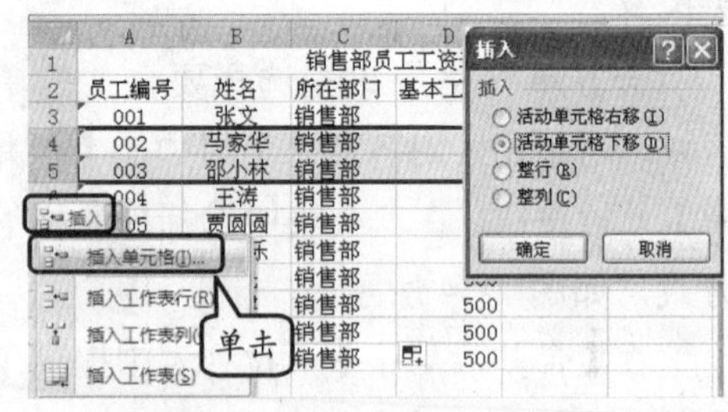

图 2-37 【插入】对话框

在【插入】对话框中包含有 4 个单选按钮，选择不同的单选按钮将会以不同的方式插入新的单元格。其功能如表 2-5 所示。

表 2-5 【插入】对话框选项功能

名　称	功　能
活动单元格右移	在所选的单元格左侧插入单元格
活动单元格下移	在所选的单元格上方插入单元格
整行	在所选的单元格下方插入与所选择单元格区域相同行数的行
整列	在所选的单元格左侧插入与所选择单元格区域相同列数的列

技　巧

另外，选择单元格区域后右击，执行【插入】命令，也可以打开【插入】对话框。

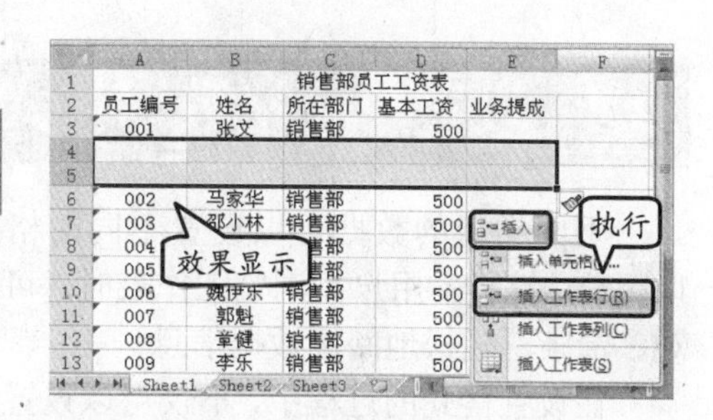

图 2-38　插入整行

❑ 插入行或列

要在工作表中插入整行或整列，除了可以在【插入】对话框中选择【整行】或【整列】单选按钮外，还可以单击【插入】下拉按钮，执行【插入工作表行】或【插入工作表列】命令插入相应的行或列，如图2-38和图2-39所示。

技　巧

另外，选择整行或整列并右击，执行【插入】命令，即可在所选行或列的上方或左侧插入新行或列。

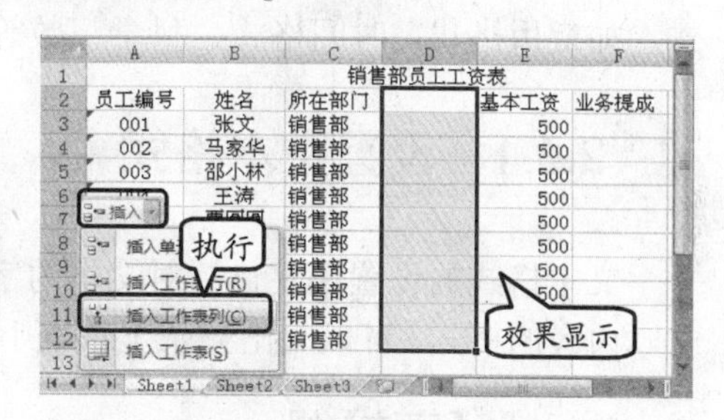

图 2-39　插入整列

2．删除单元格、行或列

如果工作表中存在多余的数据内容，可以通过删除单元格、行或列将多余的数据删除。

❑ 删除单元格

选择要删除的单元格或单元格区域，单击【单元格】组中的【删除】下拉按钮，执行【删除单元格】命令，在弹出的【删除】对话框中选择相应选项即可，如图 2-40 所示。

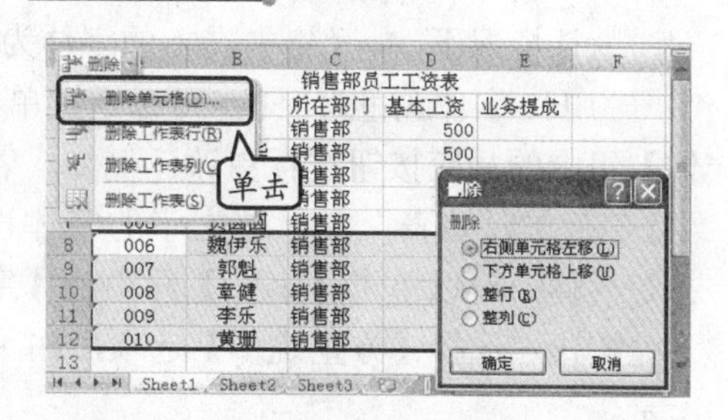

图 2-40　删除单元格

【删除】对话框中各选项的功能作用如表 2-6 所示。

表 2-6　【删除】对话框各选项功能作用

名　称	功　能
右侧单元格左移	将所选的单元格删除后，其右侧单元格向左移动
下方单元格上移	将所选的单元格删除后，其下方单元格向上移动
整行	将所选的单元格所在的整行删除
整列	将所选的单元格所在的整列删除

❑ 删除行或列

选择要删除的单元格或单元格区域，单击【删除】下拉按钮，执行【删除工作表行】或【删除工作表列】命令，即可删除相应的行或列，如图 2-41 和图 2-42 所示。

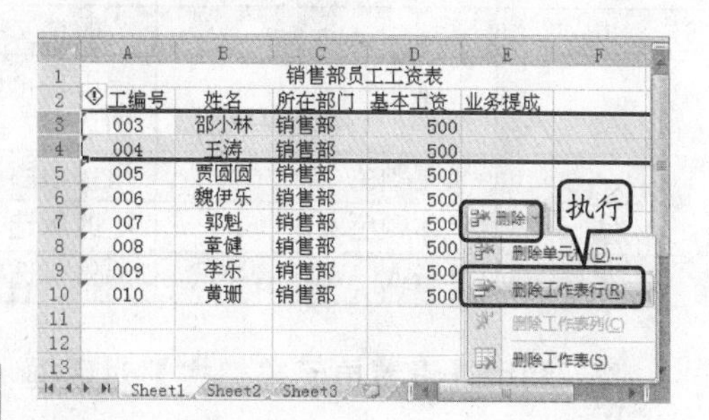

图 2-41　删除整行

技　巧

另外，选择整行或整列后右击，执行【删除】命令，也可以将所选行或列删除。

2.4 设置单元格数据格式

不同类型的数据可以设置不同的格式加以区分。这样，用户在浏览工作表时，可以直观、清晰、轻松地阅读数据信息。

在设置格式的过程中，不仅可以设置文字的文本格式，而且可以设置数字信息的数据格式，如货币格式、时间格式、科学记数等。

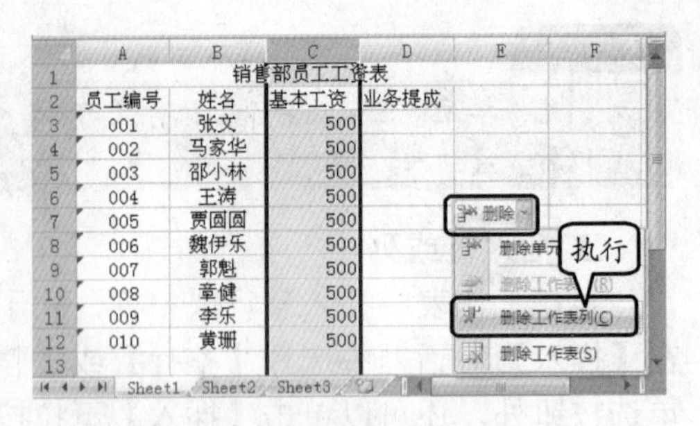

图 2-42 删除整列

2.4.1 设置文本格式

文本格式的设置主要包括对文本的字体、字号，以及特殊效果进行设置。通过改变文本内容的格式，可以突出显示工作表中的某些重要数据，也可以使整个版面更加丰富。

1. 利用【字体】组

默认情况下，单元格中文本的字体为宋体；字号为 11；字体颜色为黑色，可以通过单击【字体】组中的相应按钮进行更改。例如，若要将“员工工作时间表”中标题文字的字体设置为方正姚体，可以单击【字体】组中的【字体】下拉按钮，选择【方正姚体】选项，如图 2-43 所示。

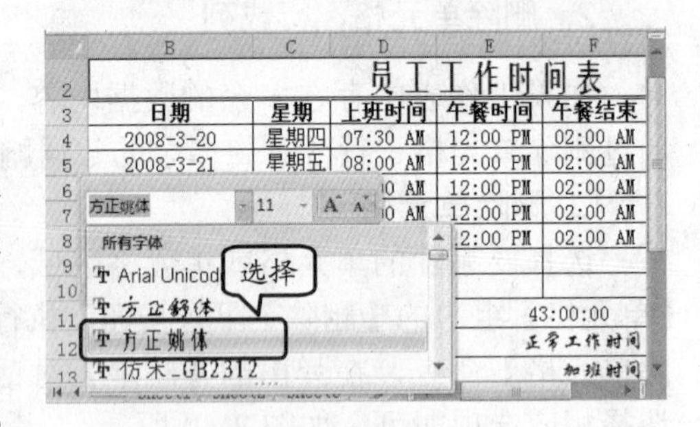

图 2-43 设置字体格式

在【字体】组中其他按钮的名称及功能如表 2-7 所示。

表 2-7 【字体】组其他按钮名称及功能

按　钮	名　称	功　能
11	字号	单击该下拉按钮，在其下拉列表选择所需的字号
A	增大字号	单击此按钮以增大所选文字的字体大小
A	减小字号	单击此按钮以减小所选文字的字体大小
B	加粗	将所选文字加粗
I	倾斜	将所选文字设置为倾斜
U	下划线	给所选文字加下划线
	框线	单击该下拉按钮，可以选择如何为所选单元格或单元格区域添加边框
	填充颜色	该按钮用于为所选单元格或单元格区域添加背景颜色
A	字体颜色	更改所选字体颜色
	显示或隐藏拼音字段	编辑所选字词拼音的显示方式

2. 利用【设置单元格格式】对话框

单击【字体】组中的【对话框启动器】按钮，打开如图 2-44 所示的【设置单元格格式】对话框。

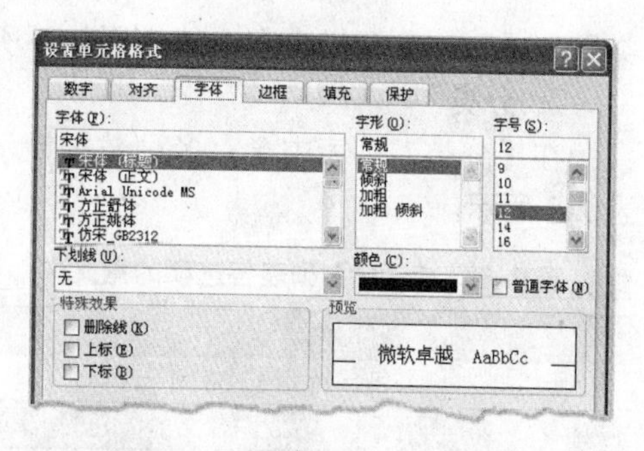

图 2-44 【设置单元格格式】对话框

在该对话框中，不仅可以对文本进行一些常用格式的设置，如字形、字号、字体颜色等，还可以进行一些特殊格式的设置，并对设置好的效果进行预览。

❑ 特殊效果

【特殊效果】选项组包含有 3 个复选框，启用不同的复选框可以为所选文字设置不同的特殊效果。各复选框的作用如表 2-8 所示。

表 2-8 【特殊效果】选项组中复选框的作用

名 称	功 能	示 例
删除线	为所选字符的中间添加一条线	~~白发三千丈，缘愁似个长~~
上标	提高所选文字的位置并缩小该文字	$3^3=9$
下标	降低所选文字的位置并缩小该文字	H_2O

❑ 预览

在【预览】框中，每当用户做出设置后，在该框中都可以对效果进行预先查看。

3. 利用浮动工具栏

利用浮动工具栏设置字体格式，应先选择要设置格式的文本，在弹出的浮动工具栏中即可设置文本的相应格式。

例如，要将标题文字的字形设置为加粗倾斜，用户可以选择标题文字后，在弹出的浮动工具栏中分别单击【加粗】和【倾斜】按钮，如图 2-45 所示。

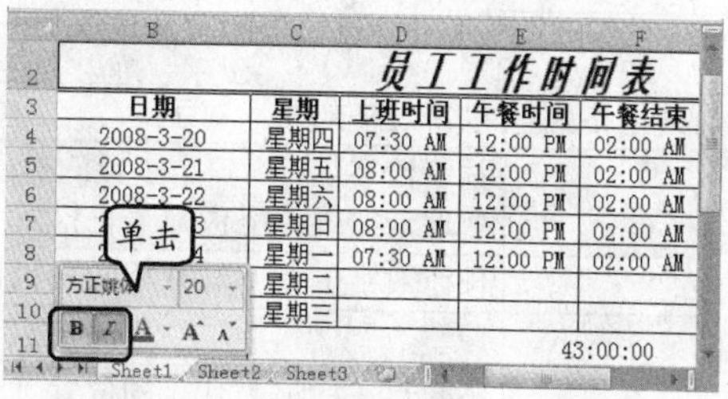

图 2-45 浮动工具栏

2.4.2 设置数据格式

默认情况下，单元格的数据显示格式均为常规格式。除此之外，Excel 还为用户提供了多种数字格式（如货币、百分比和分数等），所以可根据实际工作中不同的需求来设置数据的显示格式。

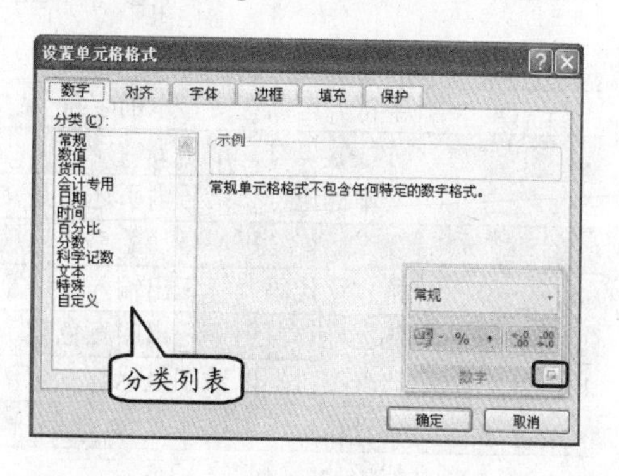

图 2-46 数字类型

选择要设置数据格式的单元格或单元格区域，单击【数字】组中的【对话框启动器】按钮，在如图 2-46 所示的【设置单元格格式】对话框中选择所需的数据格式即可。

在该对话框的【数字】选项卡中包含有【分

类】和【示例】两栏内容，其作用如下所示：

❑ 分类

在【分类】列表中含有多种数据显示格式，如数值、货币、日期。各选项的意义如表2-9所示。

表2-9 【分类】列表各选项的意义

分　类	功　能
常规	不包含特定的数字格式
数值	用于一般数字的表示，包括千位分隔符、小数位数以及不可以指定负数的显示方式
货币	用于一般货币值的表示，包括货币符号、小数位数以及不可以指定负数的显示方式
会计专用	与货币一样，但小数或货币符号是对齐的
日期	把日期和时间序列数值显示为日期值
时间	把日期和时间序列数值显示为日期值
百分比	将单元格乘以100并添加百分号，还可以设置小数点的位置
分数	以分数显示数值中的小数，还可以设置分母的位数
科学记数	以科学记数法显示数字，还可以设置小数点的位置
文本	在文本单元格格式中数字作为文本处理
特殊	用来在列表或数字数据中显示邮政编码、电话号码、中文大写数字和中文小写数字
自定义	用于创建自定义的数字格式

使用Excel提供的【自定义】选项还可以创建自己所需的特殊格式。在进行自定义数字格式之前，首先应了解各种数字符号的含义，常用的数字格式符号及其含义如表2-10所示。

表2-10 常用数字格式符号及其含义

符　号	含　义
G/通用格式	以常规格式显示数字
0	预留数字位置。确定小数的数字显示位置，按小数点右边0的个数对数字进行四舍五入处理，如果数字位数少于格式中的零的个数则将显示无意义的0
#	预留数字位数。与0相同，只显示有意义的数字，而不显示无意义的0
?	预留数字位置。与0相同，但它允许插入空格来对齐数字位，且除去无意义的0
.	小数点。标记小数点的位置
%	百分比。所显示的结果是数字乘以100并添加%符号
,	千位分隔符。标记出千位、百万位等位置
_（下划线）	对齐。留出等于下一个字符的宽度，对齐封闭在括号内的负数，并使小数点保持对齐
：￥-()	字符。可以直接显示的字符
/	分数分隔符。指示分数
“”	文本标记符。括号内引述的是文本
*	填充标记。用星号后的字符填满单元格的剩余部分
@	格式化代码。标识出输入文字显示的位置
[颜色]	颜色标记。用标记出的颜色显示字符
h	代表小时。以数字显示
d	代表日。以数字显示
m	代表分。以数字显示
s	代表秒。以数字显示

- ❑ 示例

该框可以按照所选的数字格式显示工作表上活动单元格中的数字。当用户在【分类】列表中选择所需选项时，【示例】框中就会得到相应的示例类型。例如，选择【日期】选项时，可以在【示例】框中设置相应的日期格式，如图 2-47 所示。

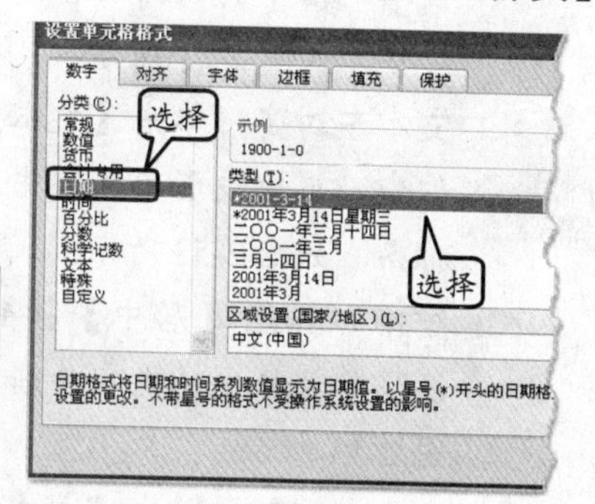

图 2-47 设置日期格式

提 示

用户可以先设置单元格或单元格区域的数据格式再输入数据；也可以先输入数据再设置其格式。

另外，单击【数字】组中的【数字格式】下拉按钮，在其列表中也可以选择所需的格式类型，如选择【短日期】选项，如图 2-48 所示。

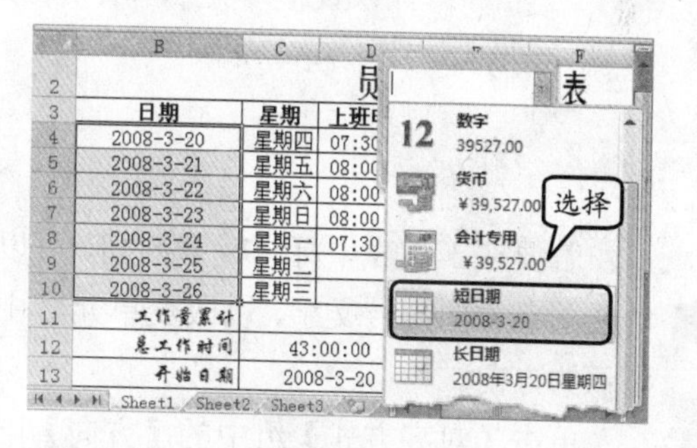

图 2-48 设置数据格式

2.5 设置数据的对齐方式

默认情况下，单元格中文本的对齐方式为左对齐，数字的对齐方式为右对齐，逻辑值和错误值为居中对齐。但是，为了使工作表看起来更加美观、整齐，可以为工作表中的数据设置一种合适的对齐方式，从而达到最佳的效果。

2.5.1 通过组设置

利用 Excel 中的【对齐方式】组，可以快速更改所选单元格或单元格区域中数据的对齐方式、显示方向和缩进量。另外，可以使用自动换行功能在单个单元格中显示较长的数据内容。

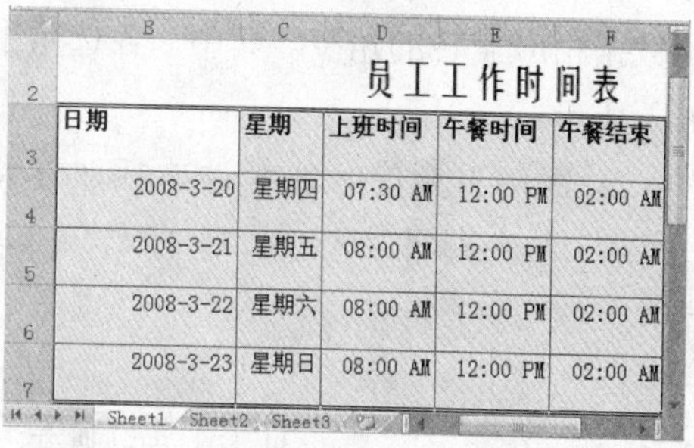

1. 对齐按钮

在【开始】选项卡的【对齐方式】组中，可以通过单击不同的按钮进行相应的设置。

- ❑ 顶端对齐　单击【对齐方式】组中的【顶端对齐】按钮，可以设置所选单元格或者单元格区域中的数据内容位于单元格顶端，如图 2-49 所示。

图 2-49 顶端对齐

- ❑ 垂直居中　单击【垂直居中】按钮，使单元格的数据内容在单元格中上下居中，如图 2-50 所示。

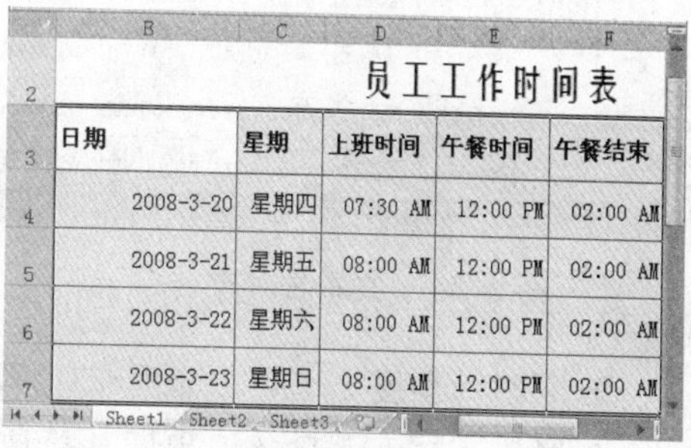

图 2-50 垂直居中

- **底端对齐** 单击【底端对齐】按钮，使单元格中的数据内容沿单元格底端对齐，如图 2-51 所示。
- **文本左对齐** 单击【文本左对齐】按钮，可以设置单元格中的内容为左对齐，如图 2-52 所示。
- **居中** 单击【居中】按钮，可以设置单元格中的内容为居中对齐，如图 2-53 所示。
- **文本右对齐** 单击【文本右对齐】按钮，可以设置单元格中的内容为右对齐，如图 2-54 所示。

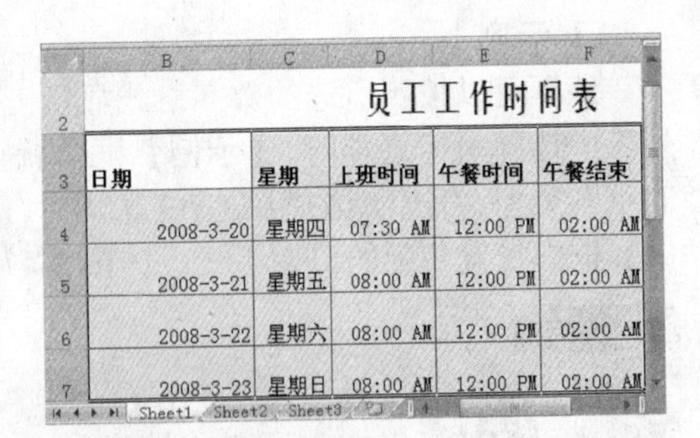

员工工作时间表

日期	星期	上班时间	午餐时间	午餐结束
2008-3-20	星期四	07:30 AM	12:00 PM	02:00 AM
2008-3-21	星期五	08:00 AM	12:00 PM	02:00 AM
2008-3-22	星期六	08:00 AM	12:00 PM	02:00 AM
2008-3-23	星期日	08:00 AM	12:00 PM	02:00 AM

图 2-51 底端对齐

员工工作时间表

日期	星期	上班时间	午餐时间	午餐结束
2008-3-20	星期四	07:30 AM	12:00 PM	02:00 AM
2008-3-21	星期五	08:00 AM	12:00 PM	02:00 AM
2008-3-22	星期六	08:00 AM	12:00 PM	02:00 AM
2008-3-23	星期日	08:00 AM	12:00 PM	02:00 AM

图 2-52 文本左对齐

员工工作时间表

日期	星期	上班时间	午餐时间	午餐结束
2008-3-20	星期四	07:30 AM	12:00 PM	02:00 AM
2008-3-21	星期五	08:00 AM	12:00 PM	02:00 AM
2008-3-22	星期六	08:00 AM	12:00 PM	02:00 AM
2008-3-23	星期日	08:00 AM	12:00 PM	02:00 AM

图 2-53 居中对齐

2. 方向

若要在工作表中标记较窄的列，可以沿对角或垂直方向旋转文字，以改变单元格中文本显示的方向。

单击【对齐方式】组中的【方向】下拉按钮，在其列表中选择所需选项即可使单元格中的数据相应旋转的角度。其中，各选项的意义如下所示：

- **逆时针角度** 选择该选项即可将所选单元格中的文本逆时针旋转，如图 2-55 所示。

员工工作时间表

日期	星期	上班时间	午餐时间	午餐结束
2008-3-20	星期四	07:30 AM	12:00 PM	02:00 AM
2008-3-21	星期五	08:00 AM	12:00 PM	02:00 AM
2008-3-22	星期六	08:00 AM	12:00 PM	02:00 AM
2008-3-23	星期日	08:00 AM	12:00 PM	02:00 AM

图 2-54 文本右对齐

员工工作时间表

日期	星期	上班时间	午餐时间	午餐结束	
2008-3-20	星期四	07:30 AM	12:00 PM	02:00 AM	06
2008-3-21	星期五	08:00 AM	12:00 PM	02:00 AM	05
2008-3-22	星期六	08:00 AM	12:00 PM	02:00 AM	06
2008-3-23	星期日	08:00 AM	12:00 PM	02:00 AM	07

图 2-55 逆时针角度旋转

- **顺时针角度** 选择该选项即可将所选单元格中的文本顺时针旋转，如图 2-56 所示。
- **竖排文字** 选择该选项即可将所选单元格中的文本以竖排的方式显示，如图 2-57 所示。

员工工作时间表

日期	星期	上班时间	午餐时间	午餐结束	下班时间
2008-3-20	星期四	07:30 AM	12:00 PM	02:00 AM	06:
2008-3-21	星期五	08:00 AM	12:00 PM	02:00 AM	05:
2008-3-22	星期六	08:00 AM	12:00 PM	02:00 AM	06:

图 2-56 顺时针角度旋转

员工工作时间表

日期	星期	上班时间	午餐时间	午餐结束	
2008-3-20	星期四	07:30 AM	12:00 PM	02:00 AM	06:
2008-3-21	星期五	08:00 AM	12:00 PM	02:00 AM	05:
2008-3-22	星期六	08:00 AM	12:00 PM	02:00 AM	06:

图 2-57 竖排文字

- ❑ **向上旋转文字** 选择该选项可以使所选单元格中的文字向上旋转，如图 2-58 所示。
- ❑ **向下旋转文字** 选择该选项可向下旋转所选单元格中的文字，如图 2-59 所示。

员工工作时间表

日期	星期	上班时间	午餐时间	午餐结束	下班时间
2008-3-20	星期四	07:30 AM	12:00 PM	02:00 AM	06:00
2008-3-21	星期五	08:00 AM	12:00 PM	02:00 AM	05:30
2008-3-22	星期六	08:00 AM	12:00 PM	02:00 AM	06:30

图 2-58 向上旋转文字

员工工作时间表

日期	星期	上班时间	午餐时间	午餐结束	下班时间
2008-3-20	星期四	07:30 AM	12:00 PM	02:00 AM	06:00
2008-3-21	星期五	08:00 AM	12:00 PM	02:00 AM	05:30
2008-3-22	星期六	08:00 AM	12:00 PM	02:00 AM	06:30

图 2-59 向下旋转文字

- ❑ **设置单元格对齐方式** 选择该选项可以打开【设置单元格格式】对话框中的【对齐】选项卡。

3. 缩进量

缩进量主要用于更改边框和单元格文字间的边距。在【对齐方式】组中，用户可以通过单击【减少缩进量】和【增加缩进量】按钮来调整文本与单元格边框的距离。例如，重复单击【增加缩进量】按钮即可增大文字与其边框之间的距离，如图 2-60 所示。

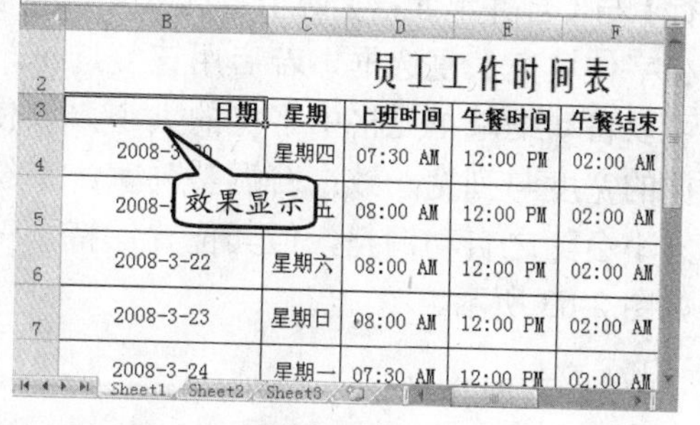

员工工作时间表

日期	星期	上班时间	午餐时间	午餐结束
2008-3-20	星期四	07:30 AM	12:00 PM	02:00 AM
2008-3-21	星期五	08:00 AM	12:00 PM	02:00 AM
2008-3-22	星期六	08:00 AM	12:00 PM	02:00 AM
2008-3-23	星期日	08:00 AM	12:00 PM	02:00 AM
2008-3-24	星期一	07:30 AM	12:00 PM	02:00 AM

图 2-60 增加缩进量

4. 自动换行

在输入过长的文本内容时，单击【自动换行】按钮即可使所选单元格中的文字自动换行，如图 2-61 所示。

员工工作时间表

星期	上班时间	午餐时间	午餐结束	下班时间	每天工作量
星期四	07:30 AM	12:00 PM	02:00 AM	06: AM	8:30
星期五	08:00 AM	12:00 PM	02:00		7:30
星期六	08:00 AM	12:00 PM	02:00 AM	06:30 AM	8:30
星期日	08:00 AM	12:00 PM	02:00 AM	07:00 AM	9:00

效果显示

图 2-61 自动换行

技 巧

另外，可以将光标置于要进行换行的单元格中，按 Alt+Enter 组合键即可进行换行操作。

2.5.2 通过对话框设置

利用【对齐方式】组中的各按钮只能对一些简单的对齐方式进行操作。如果需要设置较为复杂的对齐方式，可以在【设置单元格格式】对话框的【对齐】选项卡中完成。

1. 文本对齐方式

在【对齐】选项卡中，可以分别单击【文本对齐方式】栏中的【水平对齐】和【垂直对齐】下拉按钮，在其下拉列表中选择相应的对齐方式，如图 2-62 所示。

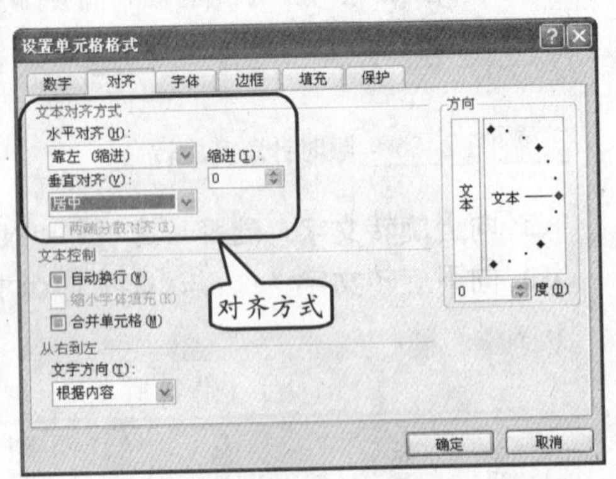

图 2-62 文本对齐方式

在【垂直对齐】下拉列表中含有以下两项特殊的对齐方式。

- ❑ **两端对齐** 只有当单元格中的内容是多行时，两端对齐方式才能够显示其效果。
- ❑ **分散对齐** 分散对齐是单元格中的内容以两端顶格方式与两边对齐。

2. 文本控制

在【文本控制】选项组中，除【自动换行】与【合并单元格】两个复选框外还有【缩小字体填充】复选框，若启用该复选框，则可以自动缩减单元格中字符的大小，以使数据的宽度与列宽一致；若调整列宽，字符的大小会随之自动调整，但其位置保持不变，如图 2-63 所示。

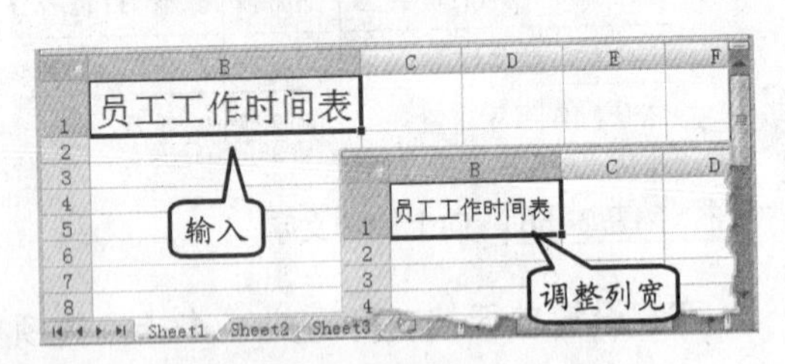

图 2-63 缩小字体填充

3. 方向

在【方向】框中，用户可以调整文本的显示方向。拖动【方向】框中的文本指针，或者直接在文本框中输入具体的值即可调整文本方向的角度，如图 2-64 所示。

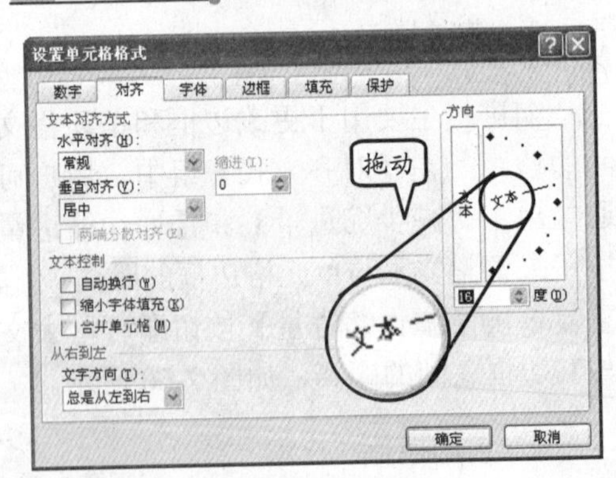

图 2-64 调整文本方向

2.6 撤销和恢复操作

在对工作表进行编辑的过程中，因操作失误而将重要的数据信息删除后，可以利用 Excel 中的撤销功能使工作表返回原始状态。这样，可以保护用户操作工作表中数据的安全性。

2.6.1 撤销操作

撤销操作可以挽回在实际工作中的操作失误，并使操作退回到上一步或前几步操作。在 Excel 中，可以撤销多达 100 项的操作，甚至在保存工作表之后，还可以进行撤销操作。

要撤销执行的操作，可以单击快速访问工具栏中的【撤销】按钮撤销上一步操作。如果要撤销多步操作，可以单击【撤销】下拉按钮，在其下拉列表中选择要撤销的操作，如图 2-65 所示。

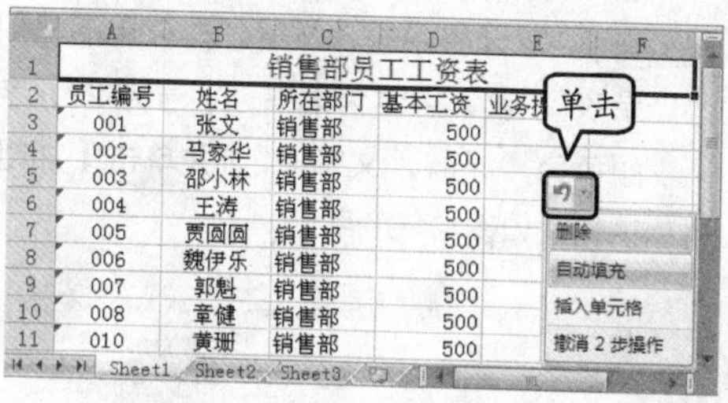

技 巧

另外，用户也可以按 Ctrl+Z 组合键撤销上一步的操作；重复按 Ctrl+Z 组合键，即可撤销多步操作。

图 2-65 撤销多步操作

2.6.2 恢复操作

恢复操作和撤销操作是相对应的，撤销是指取销用户上一步的操作，而恢复是对撤销的操作进行还原。

要恢复撤销的操作，可以单击快速访问工具栏中的【恢复】按钮，恢复撤销过的操作。如果要恢复撤销的多步操作，可以单击【恢复】下拉按钮，在其下拉列表中选择要恢复的操作即可，如图 2-66 所示。

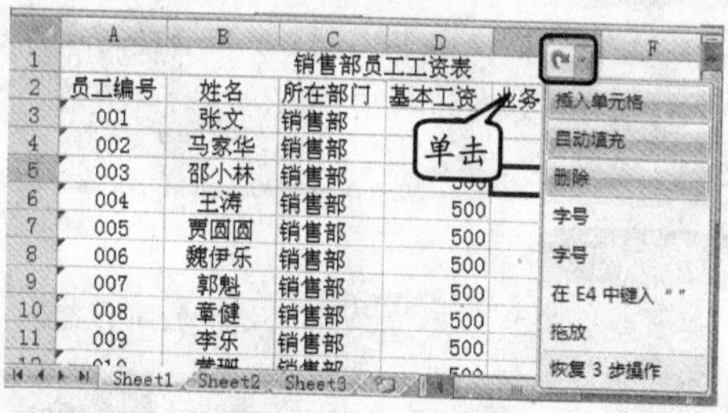

技 巧

另外，用户也可以按 Ctrl+Y 组合键恢复上一步的操作；重复按 Ctrl+Y 组合键，即可恢复多步操作。

图 2-66 恢复多步操作

2.7 实验指导：办公用品领用记录表

办公用品领用记录表是一种记录办公用品和领用部门的一种统计表格，通过该表格，可以使管理人员方便清晰地查看或记录各个部门或各个员工的领用情况。该表格中包括领用日期、领用物品和领用人签字等信息。下面介绍办公用品领用记录表的具体制作过程。

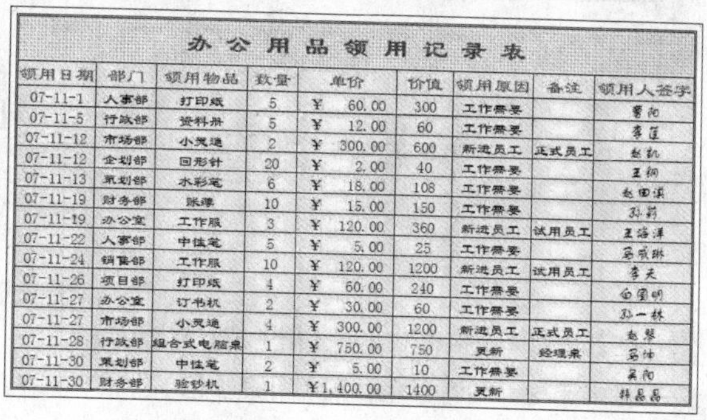

办公用品领用记录表

领用日期	部门	领用物品	数量	单价	价值	领用原因	备注	领用人签字
07-11-1	人事部	打印纸	5	¥ 60.00	300	工作需要		曹阳
07-11-5	行政部	资料册	5	¥ 12.00	60	工作需要		李莲
07-11-12	市场部	小灵通	2	¥ 300.00	600	新进员工	正式员工	赵凯
07-11-12	企划部	回形针	20	¥ 2.00	40	工作需要		王钢
07-11-13	策划部	水彩笔	6	¥ 18.00	108	工作需要		赵国滨
07-11-19	财务部	账簿	10	¥ 15.00	150	工作需要		孙莉
07-11-19	办公室	工作服	3	¥ 120.00	360	新进员工	试用员工	王海洋
07-11-22	人事部	中性笔	5	¥ 5.00	25	工作需要		马威琳
07-11-24	销售部	工作服	10	¥ 120.00	1200	新进员工	试用员工	李天
07-11-26	项目部	打印纸	4	¥ 60.00	240	工作需要		白国明
07-11-27	办公室	订书机	2	¥ 30.00	60	工作需要		孙一林
07-11-27	市场部	小灵通	4	¥ 300.00	1200	新进员工	正式员工	赵琴
07-11-28	行政部	组合式电脑桌	1	¥ 750.00	750	更新	经理桌	马帅
07-11-30	策划部	中性笔	2	¥ 5.00	10	工作需要		吴阳
07-11-30	财务部	验钞机	1	¥1,400.00	1400	更新		韩晶晶

实验目的

- ❑ 设置数字格式
- ❑ 设置数据有效性
- ❑ 运用公式
- ❑ 添加边框样式

操作步骤

1 在B2单元格中输入文字“办公用品领用记录表”，设置字体为隶书，字号为22，字体颜色为“深蓝，文字2”，并单击【加粗】按钮，如图2-67所示。

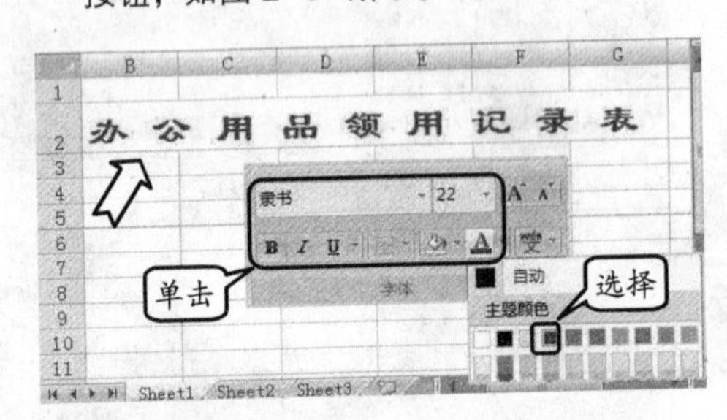

图2-67 设置字体格式

提 示

新建空白工作簿，按Ctrl+S组合键，在弹出的【另存为】对话框中将该工作簿保存为“办公用品领用记录表”。

提 示

在“办公用品领用记录表”文字之间各输入一个空格，即可增加文字间距。

2 选择B2至J2单元格区域，并单击【对齐方式】组中的【合并后居中】按钮，如图2-68所示。

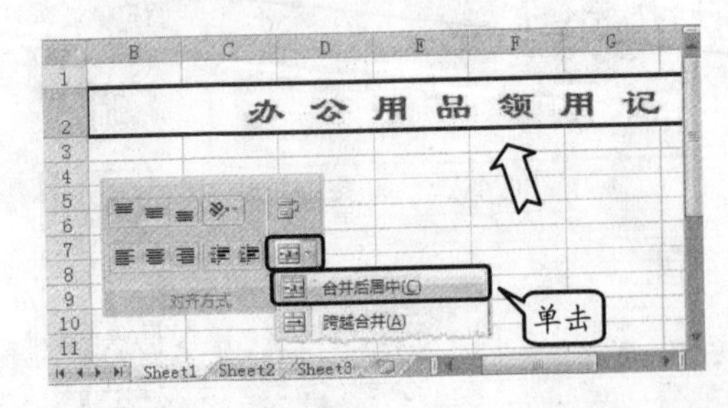

图2-68 合并单元格

3 在【设置单元格格式】对话框中的【背景色】栏中选择一种背景色，在【图案颜色】下拉列表中选择“白色，背景1”色块，并设置图案样式为“细 水平 剖面线”，如图2-69所示。

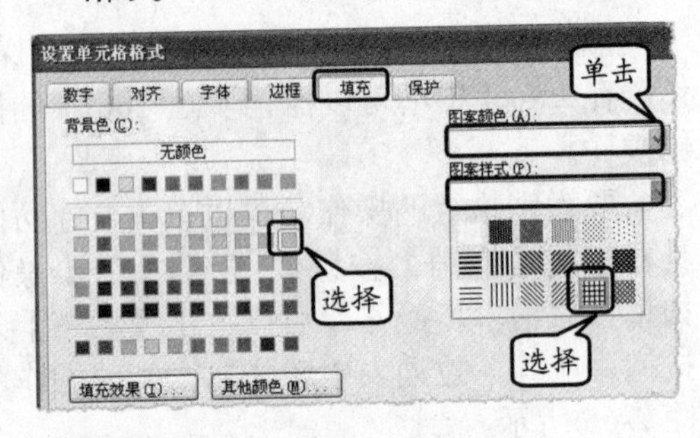

图2-69 设置单元格格式

提 示

选择B2至J2单元格区域并右击，执行【设置单元格格式】命令，打开【设置单元格格式】对话框。

4 在B3至J3单元格区域中输入相应的字段名，设置字体为隶书，字号为16，字体颜色为红色，并单击【居中】按钮，如图2-70所示。

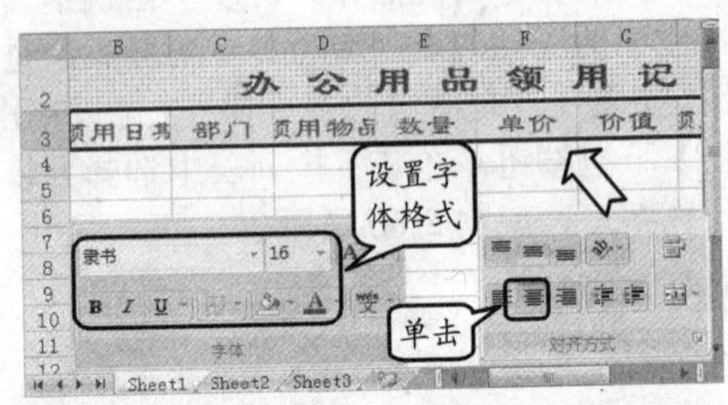

图2-70 设置字段名

5 选择B4至B18单元格区域，在【设置单元格格式】对话框中的【分类】列表框中，选择【日期】选项，然后在【类型】列表框中选择一种日期类型，如图2-71所示。

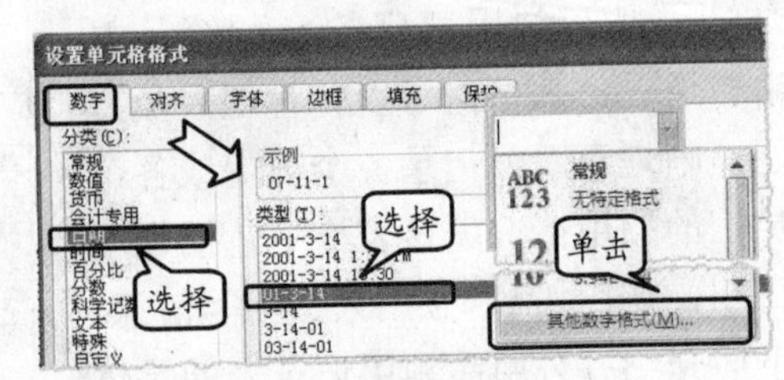

图2-71 设置数字格式

提 示

在 B4 至 B18 单元格区域中输入字段信息。单击【数字】组中的【数字格式】下拉按钮，执行【其他数字格式】命令，即可打开【设置单元格格式】对话框。

6 选择 C4 单元格，在【数据有效性】对话框中的【允许】下拉列表中选择【序列】选项，并在【来源】文本框中输入相应数据，如图 2-72 所示。

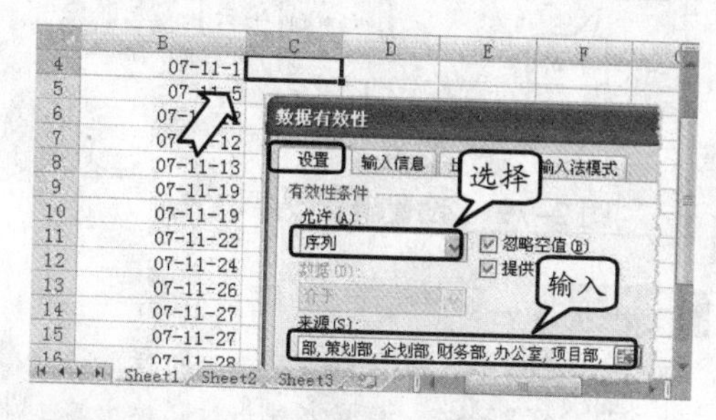

图 2-72 设置数据有效性

提 示

单击【数据工具】组中的【数据有效性】下拉按钮，执行【数据有效性】命令，即可打开【数据有效性】对话框。

提 示

在【来源】文本框中输入“市场部,销售部,行政部,人事部,策划部,企划部,财务部,办公室,项目部,”。

7 选择【数据有效性】对话框中的【输入信息】选项卡，并在【标题】和【输入信息】文本框中分别输入文字“部门名称”和“从下拉列表中选择”，如图 2-73 所示。

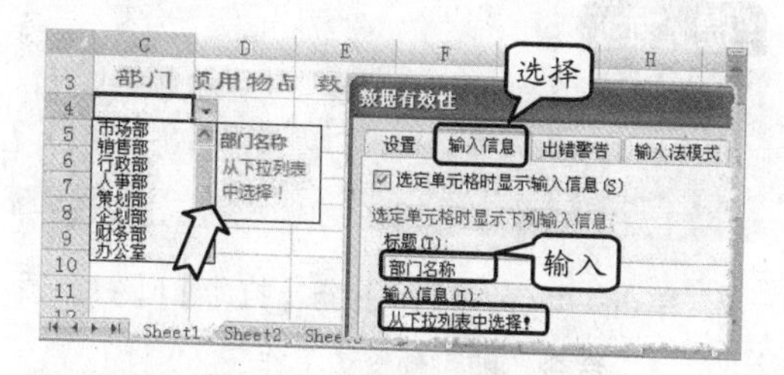

图 2-73 输入数据有效性信息

8 拖动 C4 单元格右下角的填充柄至 C18 单元格，并依次在下拉列表中选择相应的字段信息，如图 2-74 所示。

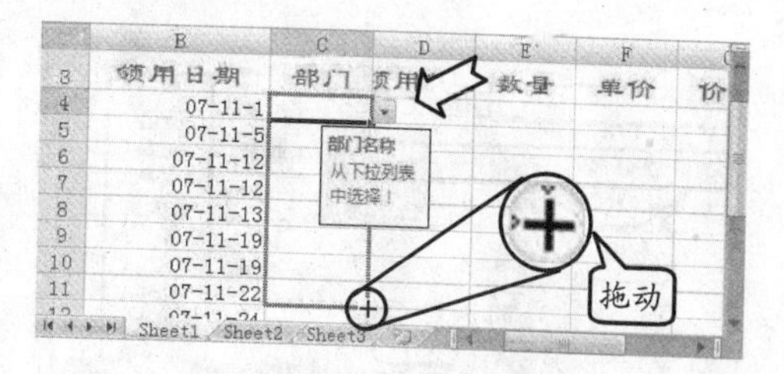

图 2-74 复制数据有效性格式

9 在 D4 至 F18 和 H4 至 J18 单元格区域中输入相应的字段信息。在 G4 单元格中输入公式“=PRODUCT(E4:F4)”，并拖动右下角的填充柄至 G18 单元格，如图 2-75 所示。

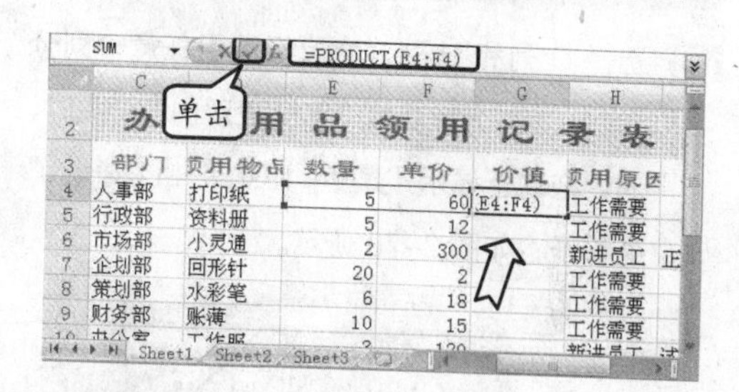

图 2-75 输入公式

提 示

选择 G4 单元格，在编辑栏中输入公式“=PRODUCT(E4:F4)”，并单击【输入】按钮。

10 拖动 G4 单元格右下角的填充柄至 G18 单元格，然后选择 F4 至 F18 单元格区域，并在【数字格式】下拉列表中选择【会计专用】选项，如图 2-76 所示。

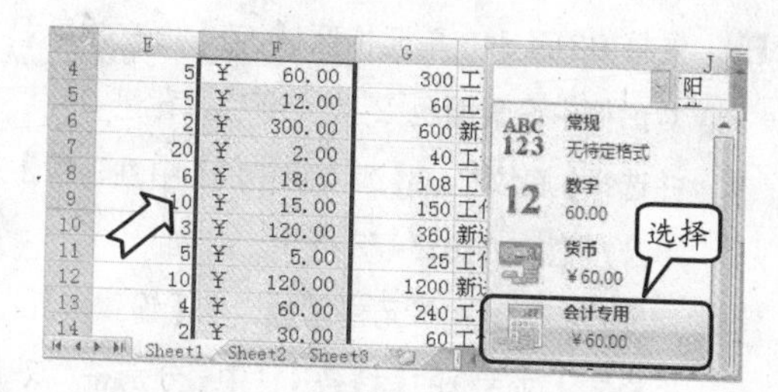

图 2-76 设置数字格式

11 设置 B4 至 J18 单元格区域的对齐方式为居中。设置 B4 至 I18 单元格区域的字体为隶书，字号为 13，如图 2-77 所示。

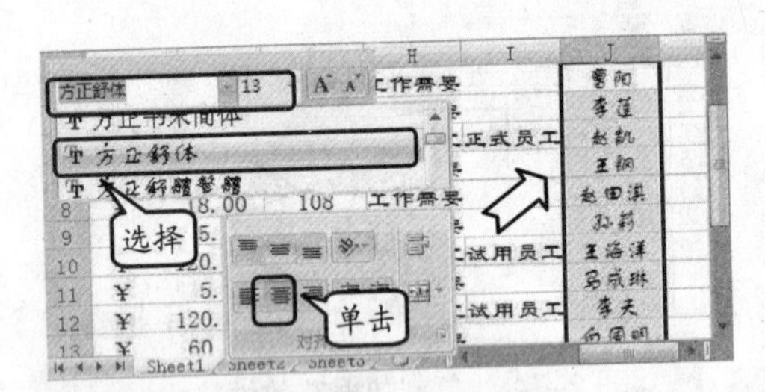

图 2-77 设置字体格式

提 示

选择 J4 至 J18 单元格区域，设置字体为方正舒体，字号为 13。

12 选择 D 列和 H 列，将鼠标置于任意一列分界线上，当光标变成“单横线双向”箭头时，向右拖动至显示“宽度：13.25（111 像素）”处松开，如图 2-78 所示。

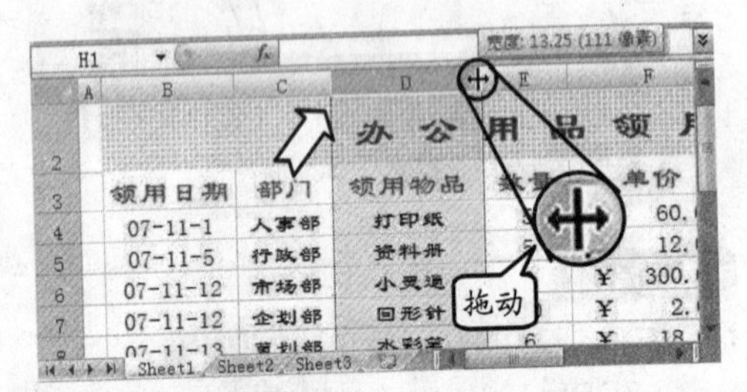

图 2-78 调整行高和列宽

提 示

依照相同的方法，分别调整其他行高和列宽至合适位置。

13 选择 B3 至 J18 单元格区域，在【填充效果】对话框中设置颜色 2 为“茶色，背景 2”，并选择【底纹样式】选项组中的【中性辐射】单选按钮，如图 2-79 所示。

14 选择 B2 至 J18 单元格区域，在【设置单元格格式】对话框的【线条】栏中，分别将“双横线”和“较细”线条样式预置为外边框和内部，如图 2-80 所示。

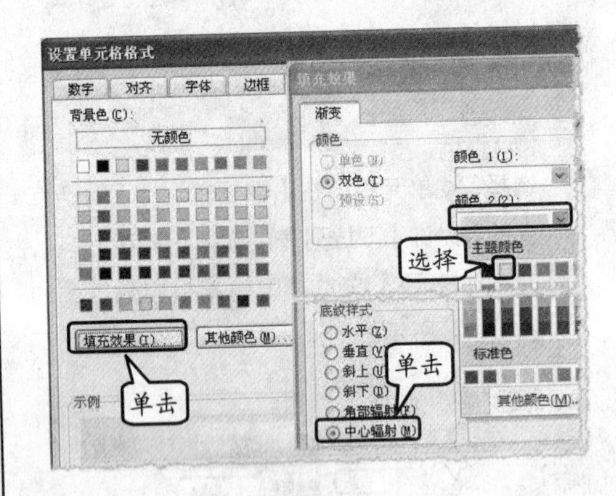

图 2-79 设置填充效果

提 示

在 B3 至 J18 单元格区域上右击，执行【设置单元格格式】命令，然后在弹出对话框中单击【填充效果】按钮，即可打开【填充效果】对话框。

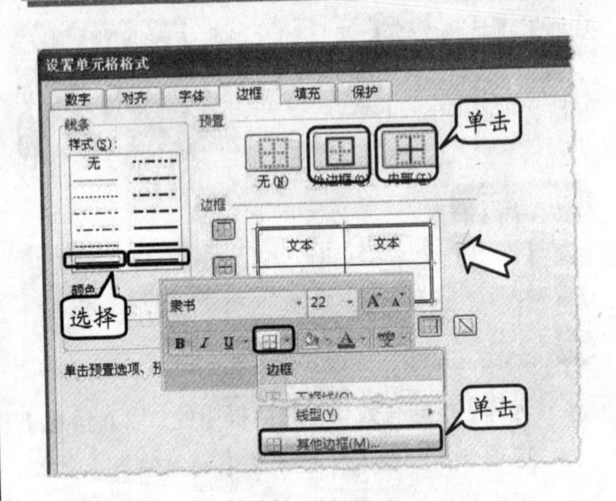

图 2-80 添加边框样式

提 示

单击【字体】组中的【边框】下拉按钮，执行【其他边框】命令，即可打开【设置单元格格式】对话框。

15 单击 Office 按钮，执行【打印】|【打印预览】命令，即可预览该工作表。

2.8 实验指导：客户档案信息表

客户档案信息表主要记录了客户的联系方式、通讯地址和交易方式等基本信息，方便公司与客户之间的联系和交易。本例运用合并单元格、添加边框样式和插入剪贴画等功能来制作一个既清晰又美观的“客户档案信息表”。

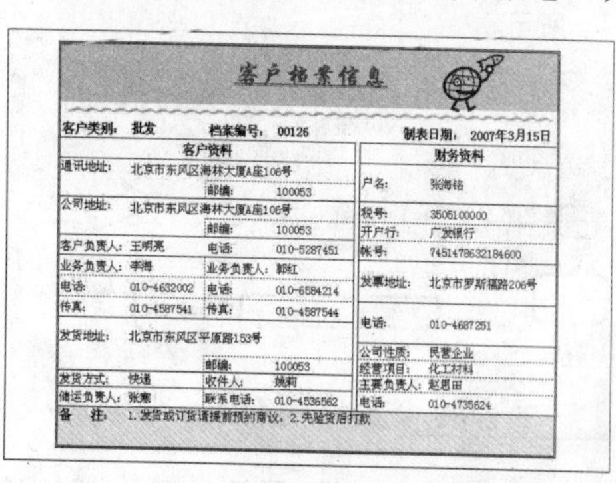

客户档案信息

客户类别：批发　档案编号：00126　制表日期：2007年3月15日

客户资料

通讯地址：北京市东风区海林大厦A座106号

邮编：100053

公司地址：北京市东风区海林大厦A座106号

邮编：100053

客户负责人：王明亮　电话：010-5287451

业务负责人：李海　业务负责人：郭红

电话：010-4632002　电话：010-6584214

传真：010-4587541　传真：010-4587544

发货地址：北京市东风区平原路153号

邮编：100053

发货方式：快递　收件人：姚莉

储运负责人：张寒　联系电话：010-4536562

财务资料

户名：张海铭

税号：3505100000

开户行：广发银行

帐号：7451478632184600

发票地址：北京市罗斯福路206号

电话：010-4687251

公司性质：民营企业

经营项目：化工材料

主要负责人：赵恩田

电话：010-4735624

备　注：1.发货或订货请提前预约商议。2.先验货后打款

实验目的

- ❑ 合并单元格
- ❑ 添加边框样式
- ❑ 插入剪贴画

操作步骤

1 在 A1 单元格中输入文字“客户档案信息”，设置字体为华文行楷，字号为 24，字体颜色为深红，并单击【加粗】和【双下划线】按钮，如图 2-81 所示。

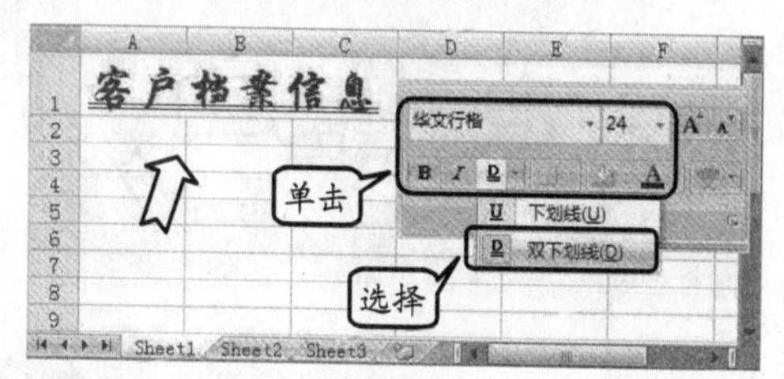

图 2-81　设置字体格式

提　示

新建空白工作簿，按 Ctrl+S 组合键，在弹出的【另存为】对话框中将该工作簿保存为“客户档案表”。

2 选择 A1 至 K1 单元格区域，设置该对齐方式为合并后居中。并设置填充颜色为“橄榄色，强调文字颜色 3，淡色 40%”，如图 2-82 所示。

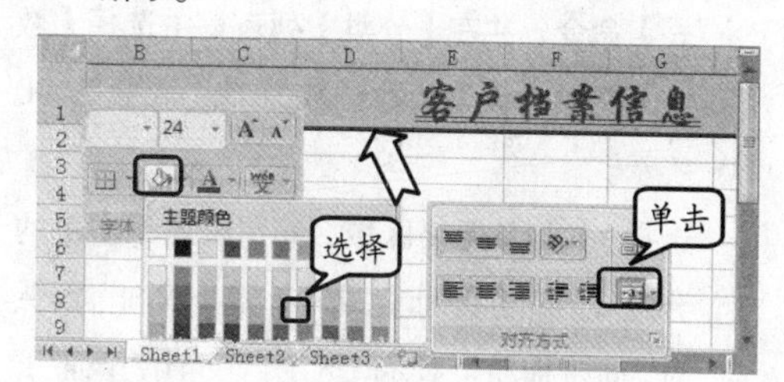

图 2-82　设置单元格格式

3 在 A3 至 K18 单元格区域中分别输入相应的字段名及字段信息，选择 E3 单元格，在【数字】组的【数字格式】下拉列表中选择【文本】选项，并输入相应信息，如图 2-83 所示。

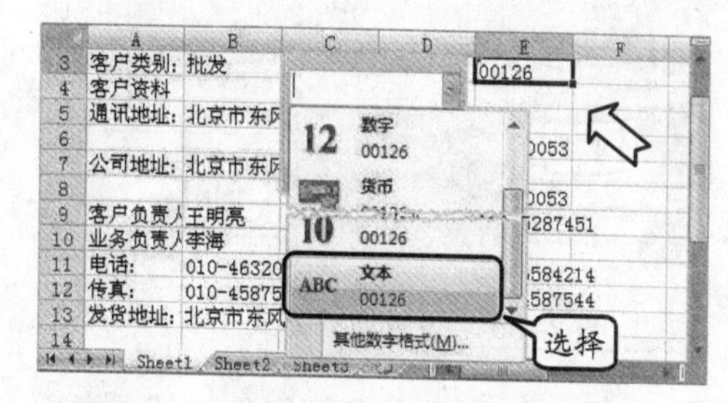

图 2-83　输入内容并设置数字格式

4 选择 A3、B3、D3、E3、H3、I3、A4、H4 和 A18 单元格，设置该字号为 12，并单击【加粗】按钮，如图 2-84 所示。

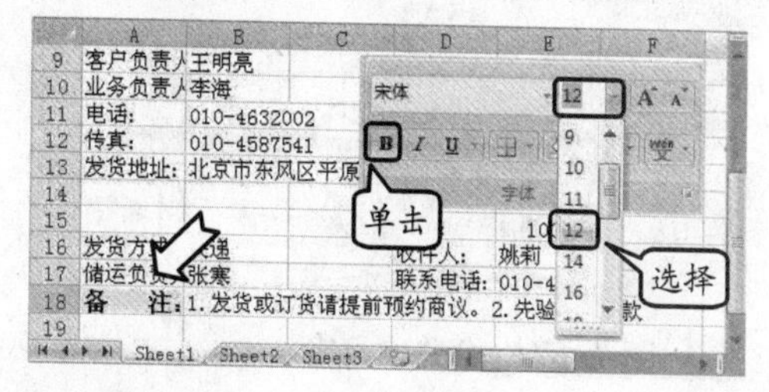

图 2-84　设置字体格式

提　示

双击 A18 单元格，在“备注”文字之间输入 3 个空格，使文字间距增大。

5 将B3至C3、E3至F3、J3至K3、B5至F5、I5至K6、E6至F6、B7至F7、I7至K7、E8至F8和I8至K8单元格区域合并，并单击【文本左对齐】按钮，如图2-85所示。

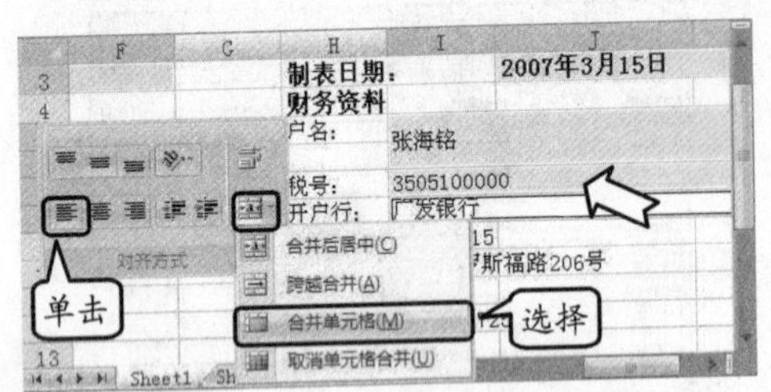

图2-85 合并单元格

6 设置B9至C9、E9至F9、I9至K9、B10至C10、E10至F10、I10至K11、B11至C11和E11至F11单元格区域为合并单元格和文本左对齐，如图2-86所示。

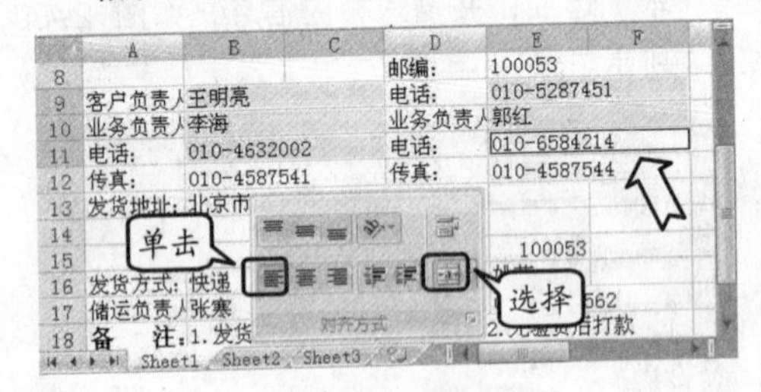

图2-86 设置对齐方式

7 将B12至C12、E12至F12、 I12至K13、B13至F14、I14至K14、E15至F15和I15至K15单元格区域合并，并将文本左对齐，如图2-87所示。

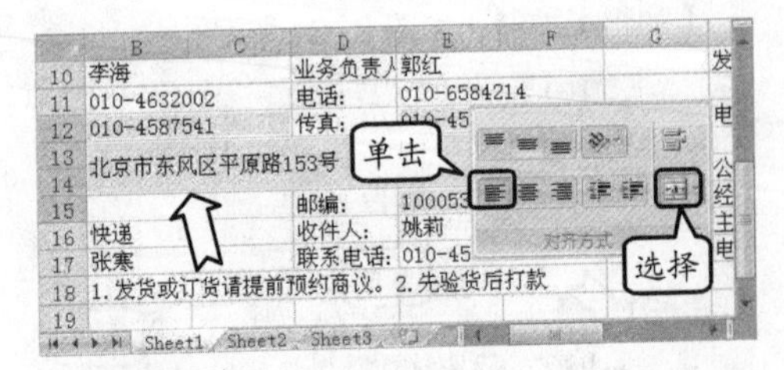

图2-87 合并单元格

提 示

将B16至C16、E16至F16、I16至K16、B17至C17、E17至F17和I17至K17单元格区域合并，并将文本左对齐。

8 将H3至I3单元格区域合并，并设置为文本右对齐，然后选择A4至F4和H4至K4单元格区域，设置为合并后居中，如图2-88所示。

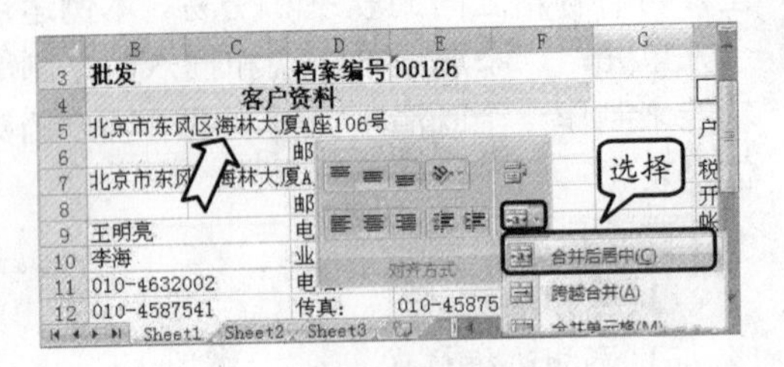

图2-88 合并单元格

9 选择A5至A6、A7至A8、A18至A19和B18至K19单元格区域，并单击【对齐方式】组中的【顶端对齐】按钮，如图2-89所示。

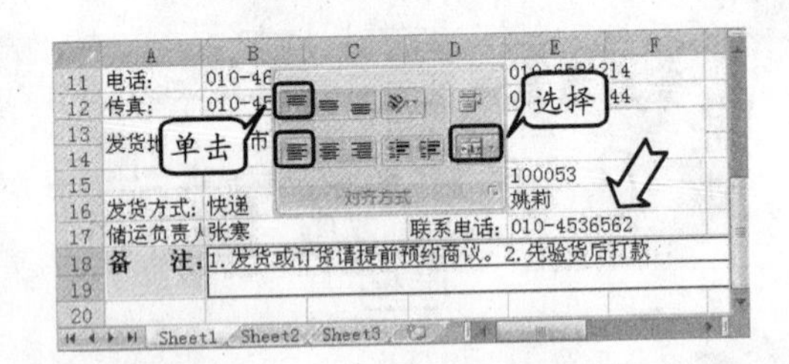

图2-89 设置对齐方式

提 示

将A5至A6、A7至A8、A13至A14、H5至H6、H10至H11、H12至H13、A18至A19和B18至K19单元格区域合并，并将文本左对齐。

10 选择I9至K9单元格区域，在【数字】组的【数字格式】下拉列表中执行【其他数字格式】命令，并在【分类】列表框中选择【数值】选项，设置小数位数为0，如图2-90所示。

11 选择G列单元格区域，将鼠标置于右侧的分界线上，当光标变成"单横向双向"箭头时，向左拖动至显示"宽度：0.54（7像素）"处松开，如图2-91所示。

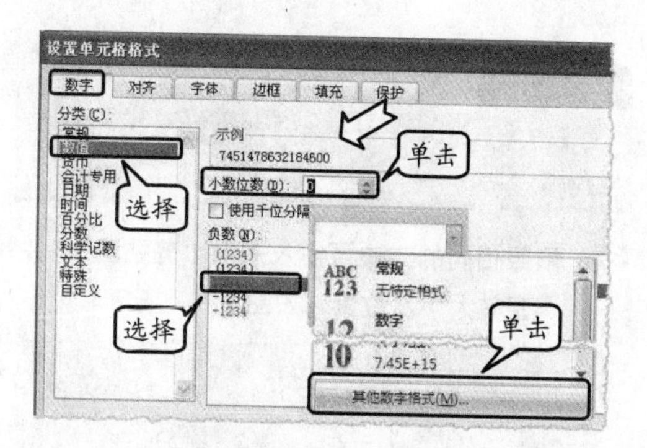

图 2-90 设置数字格式

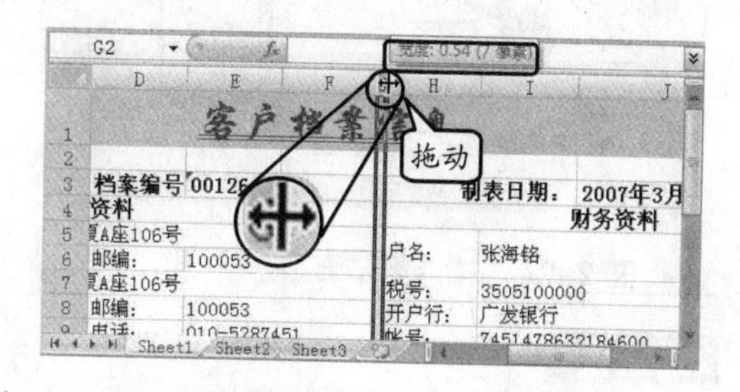

图 2-91 调整列宽

12 选择第 1 行单元格区域，将鼠标置于分界线上，当光标变成“单竖线双向”箭头时，向下拖动至显示“高度：54.75 (73 像素)”处松开，如图 2-92 所示。

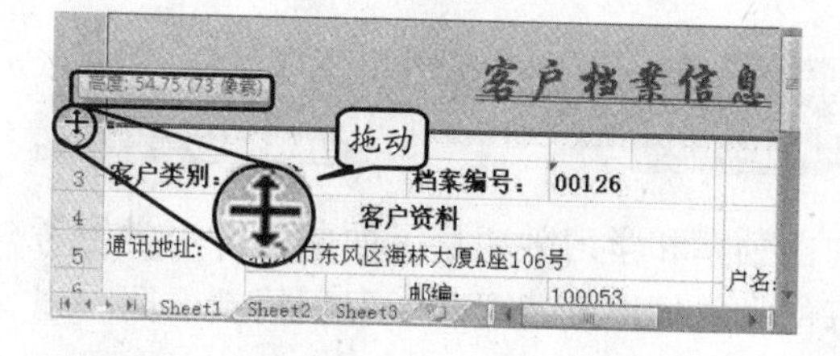

图 2-92 调整行高

提 示

依照相同的方法分别调整其他行高及列宽，使各个单元格中的内容都能完全显示。

13 选择 A4 至 F4、A5 至 F6、A7 至 F8、A9 至 F9、A10 至 F12、A13 至 F15、A16 至 F16 和 A17 至 F17 单元格区域，分别选择【边框】下拉列表中的【上下框线】和【右框线】选项，如图 2-93 所示。

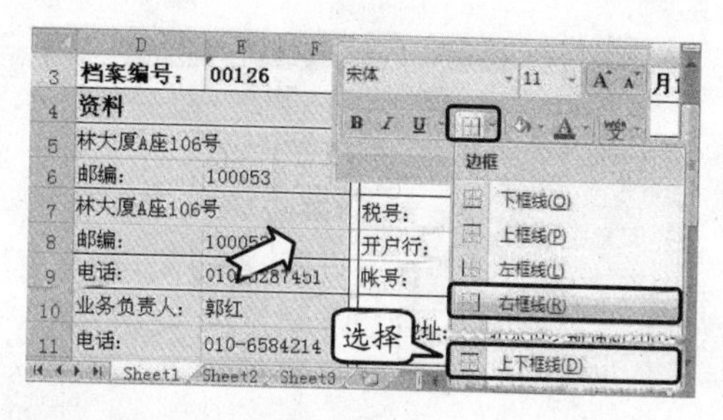

图 2-93 添加边框

提 示

依照相同的方法为 H4 至 K4、H5 至 K6、H7 至 K9、H10 至 K11、H12 至 K13、H14 至 K17 单元格区域添加上下框线和左框线。

14 选择 D6 至 F6、D8 至 F8、A11 至 F11、A12 至 F12 和 D15 至 F15 单元格区域，在【设置单元格格式】对话框中的【线条】栏中选择一种“虚线”样式，并单击【上框线】按钮，如图 2-94 所示。

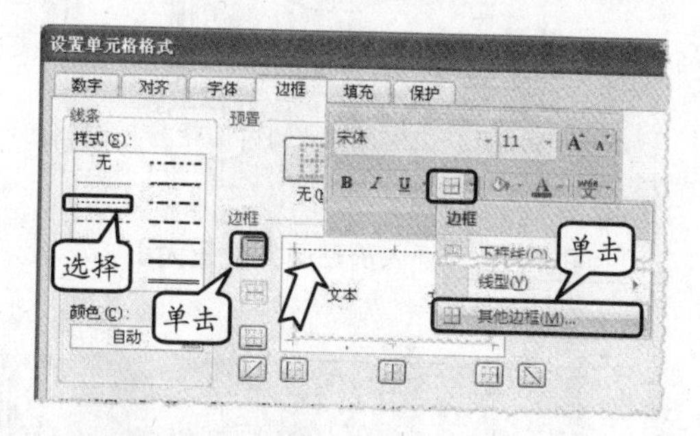

图 2-94 设置边框样式

提 示

依照相同的方法为 H8 至 K8、H9 至 K9、H15 至 K15、H16 至 K16 和 H17 至 K17 单元格区域添加“虚上框线”样式。

提 示

选择 D6、D8、D10 至 D12 和 D15 至 D17 单元格区域，在【线条】栏中选择“虚线”样式，并单击【左框线】按钮。

15 选择 A1 至 K19 单元格区域，在【线条】栏中选择“双横线”样式，并预置为外边框，如图 2-95 所示。

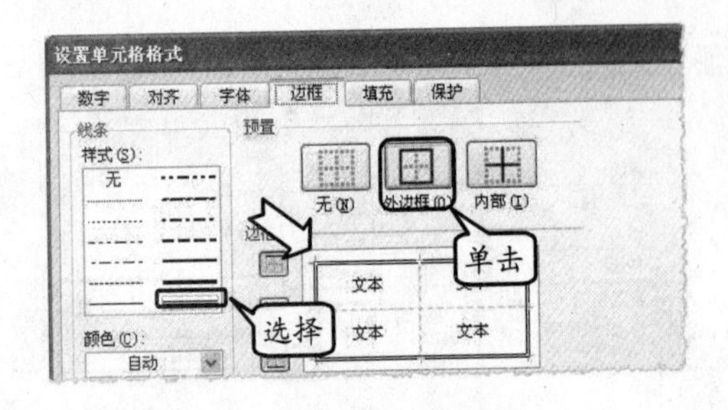

图 2-95 设置外边框样式

16 单击【剪贴画】任务窗格中的【搜索】按钮，在搜索结果中选择一种剪贴画并单击，将其插入工作表中，并在【大小】框中调整其大小及位置，如图 2-96 所示。

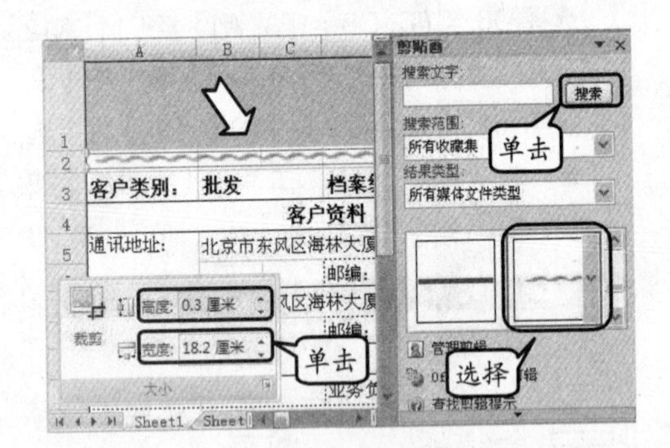

图 2-96 插入剪贴画并设置大小

提 示

在【插入】选项卡中单击【插图】组中的【剪贴画】按钮，即可打开【剪贴画】任务窗格。

17 依照相同的方法再插入一张"剪贴画"，并调整其大小及位置，如图 2-97 所示。

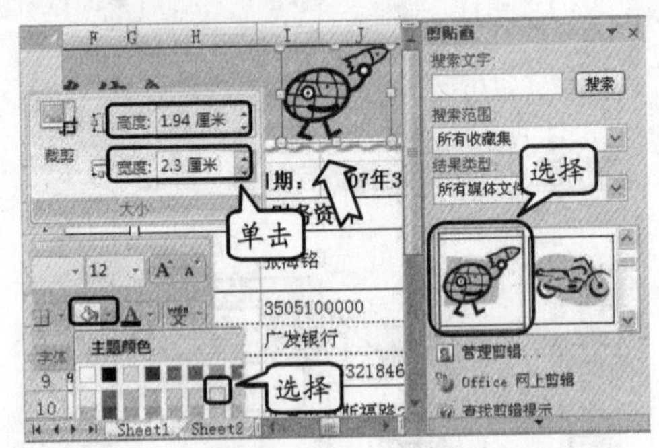

图 2-97 插入剪贴画

提 示

选择 A18 至 K19 单元格区域，设置其填充颜色为"橄榄色，强调文字颜色 3，淡色 80%"。

18 启用【显示/隐藏】组中的【网格线】复选框，将工作表中的网格线隐藏，然后单击 Office 按钮，执行【打印】|【打印预览】命令，可预览该工作表。

2.9 实验指导：学生考勤情况表

为了加强班级的责任制管理，提高学生的出勤率和学习效率，下面制作一个学生考勤情况表。通过此表，不仅可以清楚地了解每位学生的出勤情况和学习积极性，同时也方便相关工作人员进行查询和管理。

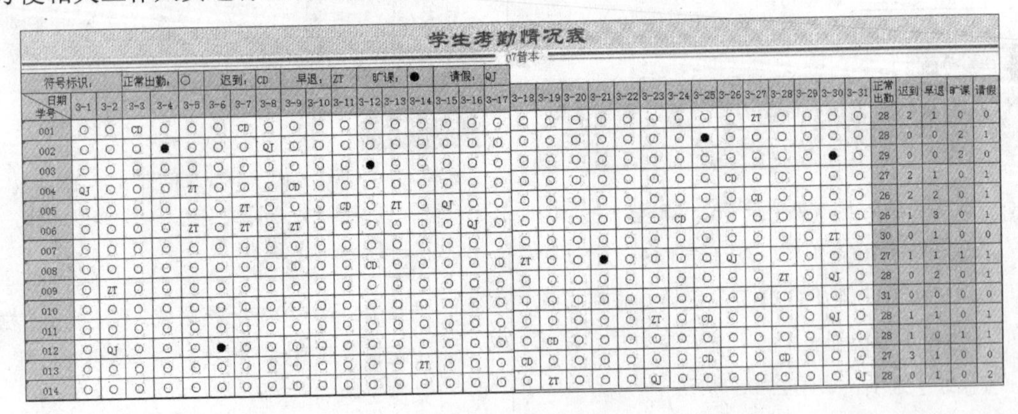

学生考勤情况表

07普本

符号标识：正常出勤：○ 迟到：CD 早退：ZT 旷课：● 请假：QJ

学号\日期	3-1	3-2	3-3	3-4	3-5	3-6	3-7	3-8	3-9	3-10	3-11	3-12	3-13	3-14	3-15	3-16	3-17
001	○	○	CD	○	○	○	CD	○	○	○	○	○	○	○	○	○	○
002	○	○	○	●	○	○	○	QJ	○	○	○	○	○	○	○	○	○
003	○	○	○	○	○	○	○	○	○	○	○	●	○	○	○	○	○
004	QJ	○	○	○	ZT	○	○	○	CD	○	○	○	○	○	○	○	○
005	○	○	○	○	○	○	ZT	○	○	○	CD	○	ZT	○	QJ	○	○
006	○	○	○	○	ZT	○	ZT	○	ZT	○	○	○	○	○	○	QJ	○
007	○	○	○	○	○	○	○	○	○	○	○	○	○	○	○	○	○
008	○	○	○	○	○	○	○	○	○	○	○	CD	○	○	○	○	○
009	○	ZT	○	○	○	○	○	○	○	○	○	○	○	○	○	○	○
010	○	○	○	○	○	○	○	○	○	○	○	○	○	○	○	○	○
011	○	○	○	○	○	○	○	○	○	○	○	○	○	○	○	○	○
012	○	QJ	○	○	○	●	○	○	○	○	○	○	○	○	○	○	○
013	○	○	○	○	○	○	○	○	○	○	○	○	○	ZT	○	○	○
014	○	○	○	○	○	○	○	○	○	○	○	○	○	○	○	○	○

学号\日期	3-18	3-19	3-20	3-21	3-22	3-23	3-24	3-25	3-26	3-27	3-28	3-29	3-30	3-31	正常出勤	迟到	早退	旷课	请假
001	○	○	○	○	○	○	○	○	○	ZT	○	○	○	○	28	2	1	0	0
002	○	○	○	○	○	○	○	●	○	○	○	○	○	○	28	0	0	2	1
003	○	○	○	○	○	○	○	○	○	○	○	○	●	○	29	0	0	2	0
004	○	○	○	○	○	○	○	○	CD	○	○	○	○	○	27	2	1	0	1
005	○	○	○	○	○	○	○	○	○	CD	○	○	○	○	26	2	2	0	1
006	○	○	○	○	○	○	CD	○	○	○	○	○	○	○	26	1	3	0	1
007	○	○	○	○	○	○	○	○	○	○	○	○	ZT	○	30	0	1	0	0
008	ZT	○	○	●	○	○	○	○	QJ	○	○	○	○	○	27	1	1	1	1
009	○	○	○	○	○	○	○	○	○	○	ZT	○	QJ	○	28	0	2	0	1
010	○	○	○	○	○	○	○	○	○	○	○	○	○	○	31	0	0	0	0
011	○	○	○	○	○	ZT	○	CD	○	○	○	○	QJ	○	28	1	1	0	1
012	○	CD	○	○	○	○	○	○	○	○	○	○	○	○	28	1	0	1	1
013	CD	○	○	○	○	○	○	CD	○	○	CD	○	○	○	27	3	1	0	0
014	○	ZT	○	○	○	QJ	○	○	○	○	○	○	○	QJ	28	0	1	0	2

实验目的

- ❑ 插入形状
- ❑ 插入特殊符号
- ❑ 数据有效性
- ❑ 应用公式

操作步骤

1 在 A1 单元格中输入文字"学生考勤情况表"，设置其字体为华文隶书，字号为 24，字体颜色为"红色"，并单击【加粗】按钮，如图 2-98 所示。

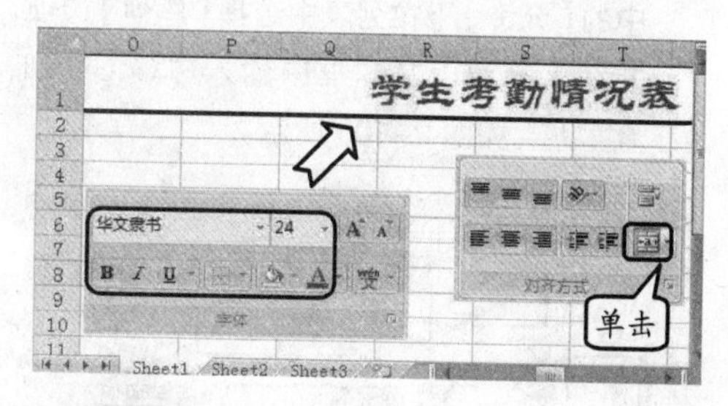

图 2-98 设置字体格式

提 示

新建空白工作簿。选择A1至AK1单元格区域，单击【对齐方式】组中的【合并后居中】按钮。

2 在【设置单元格格式】对话框中设置背景色为"水绿色，强调文字颜色 5，淡色 80%"，图案颜色为"白色，背景 1，深色 35%"，图案样式为 6.25%灰色，如图 2-99 所示。

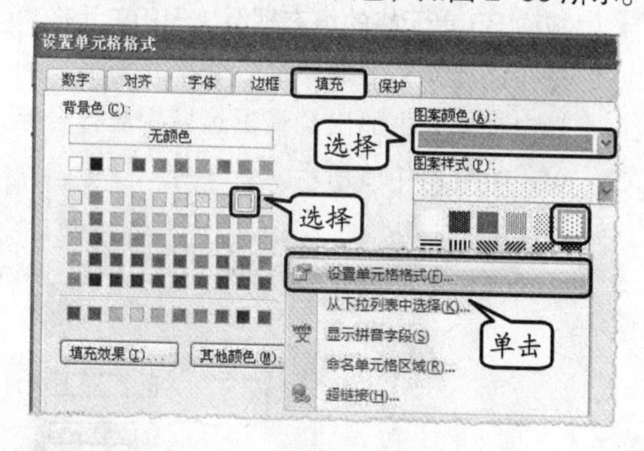

图 2-99 设置单元格格式

提 示

选择 A1 至 AK1 单元格区域并右击，执行【设置单元格格式】命令，即可打开【设置单元格格式】对话框。

3 在 R2 单元格中输入文字"07 普本"，设置其字号为 12，字体颜色为红色，并将 R2 至 T2 单元格区域合并后居中。

4 在 A3 至 R3 单元格区域中分别输入相应内容。选择 F3 单元格，在【插入特殊符号】对话框中单击【特殊符号】按钮，并选择"○"符号，如图 2-100 所示。

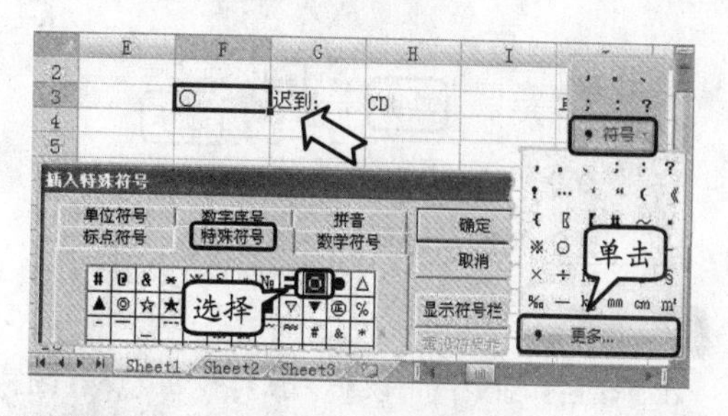

图 2-100 插入特殊符号

提 示

在【特殊符号】组的【符号】下拉列表中执行【更多】命令，即可打开【插入特殊符号】对话框。

5 依照相同的方法选择 O3 单元格，并在【插入特殊符号】对话框中选择插入"●"符号。

6 将 A3 至 C3、D3 至 E3、G3 至 H3、J3 至 K3、M3 至 N3 和 P3 至 Q3 单元格区域合并，并设置 A3 至 R3 单元格区域的字号为 12，如图 2-101 所示。

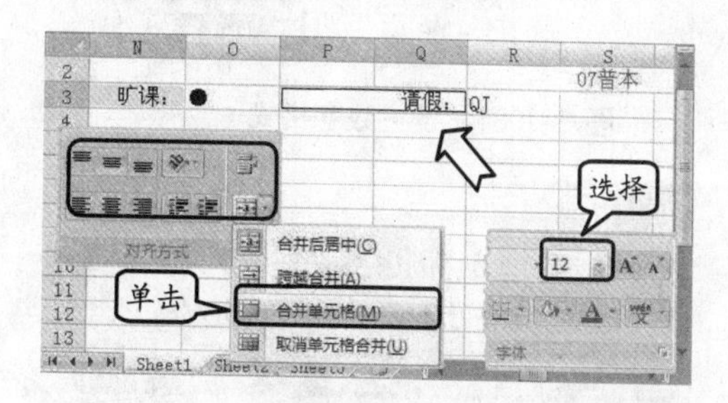

图 2-101 合并单元格

提 示

设置合并后的 D3、G3、J3、M3 和 P3 单元格区域为文本右对齐，设置 F、I、L、O 和 R 单元格为文本左对齐。

7 在 A4 单元格中输入文字“日期学号”，并选择该单元格，单击【自动换行】按钮。在“日期”文字前后各输入 4 个空格，如图 2-102 所示。

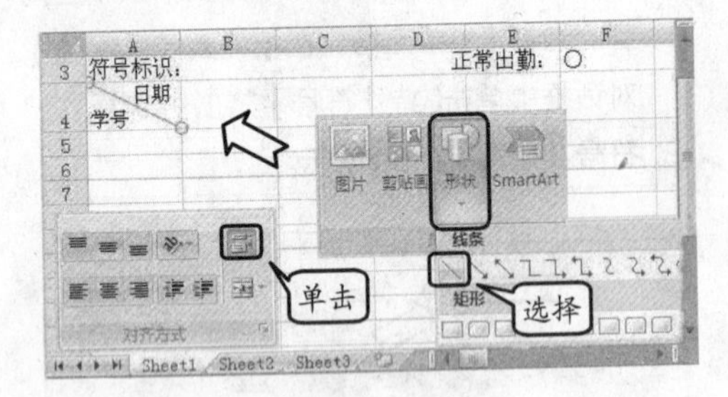

图 2-102 设置斜线表头

提 示

在【插图】组的【形状】下拉列表中选择【线条】栏中的“直线”形状，并在 A4 单元格中绘制该形状。

8 在 B4 单元格中输入文字“2007 年 3 月 1 日”，在【设置单元格格式】对话框中的【分类】列表框中选择【日期】选项，并在右侧选择日期类型，如图 2-103 所示。

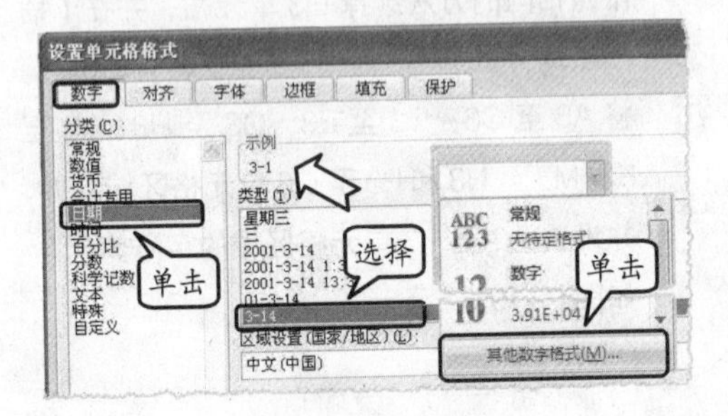

图 2-103 设置数字格式

提 示

在【数字】组的【数字格式】下拉列表中执行【其他数字格式】命令，即可打开【设置单元格格式】对话框。

9 拖动 B4 单元格右下角的填充柄至 AF4 单元格，设置 A5 单元格的数字格式为文本，并输入“001”，拖动该右下角的填充柄至 A19 单元格，如图 2-104 所示。

10 在 AG4 至 AK4 单元格区域中分别输入“正常出勤、迟到、早退、旷课、请假”等字段名，并设置 AG4 单元格为自动换行。

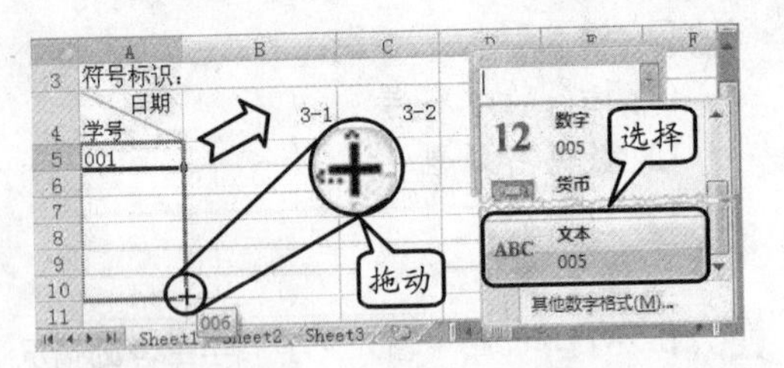

图 2-104 拖动并复制文本

11 选择 B5 单元格，在【数据有效性】对话框中的【允许】下拉列表中选择【序列】选项，并在【来源】文本框中输入“○,CD,ZT,●,QJ”，如图 2-105 所示。

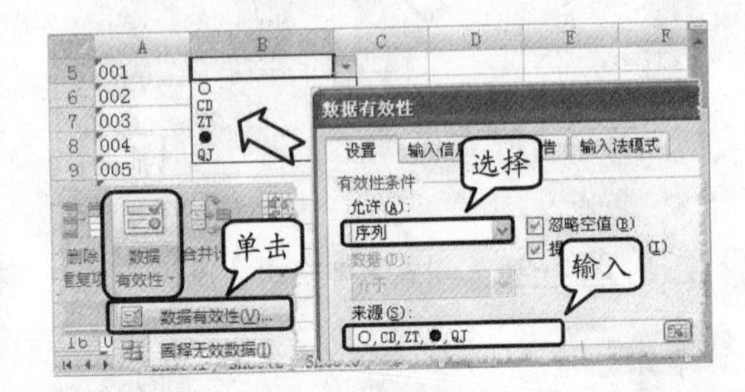

图 2-105 设置数据有效性

提 示

单击【数据工具】组中的【数据有效性】下拉按钮，执行【数据有效性】命令，即可打开【数据有效性】对话框。

12 拖动 B5 单元格的填充柄至 AF19 单元格，并在该单元格区域中的各个单元格下拉列表中根据学生的出勤情况选择相应符号标识，如图 2-106 所示。

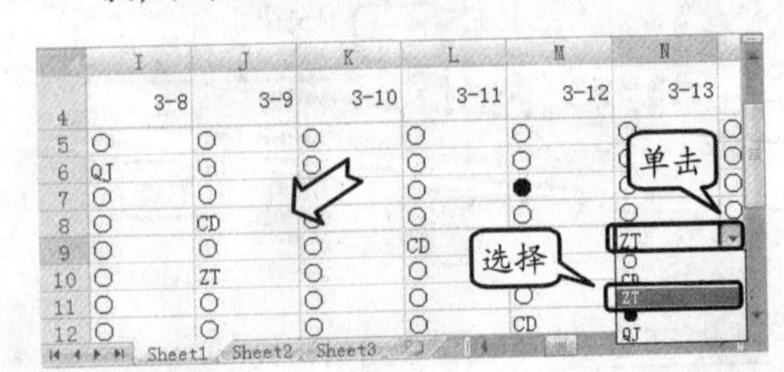

图 2-106 标识学生出勤情况

13 双击 AG5 单元格，输入公式“=COUNTIF(B5:AF5,"○")”，按 Enter 键输入，并拖动该单元格的填充柄至 AG19 单元格，如

图 2–107 所示。

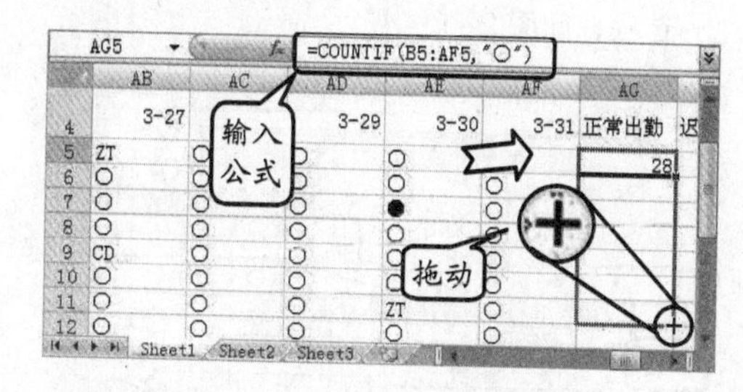

图 2–107　输入并复制公式

14 在 AH5、AI5、AJ5 和 AK5 单元格中分别输入公式“=COUNTIF(B5:AF5,"CD")”、=“COUNTIF(B5:AF5”,"ZT")、=“COUNTIF(B5:AF5,"●")”和“=COUNTIF(B5:AF5,"QJ")”，如图 2–108 所示。

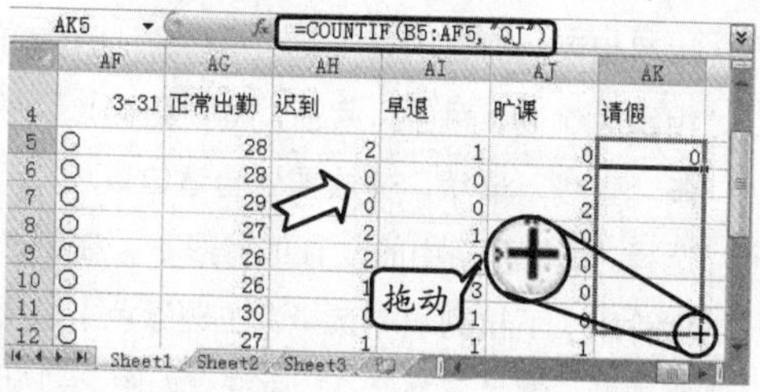

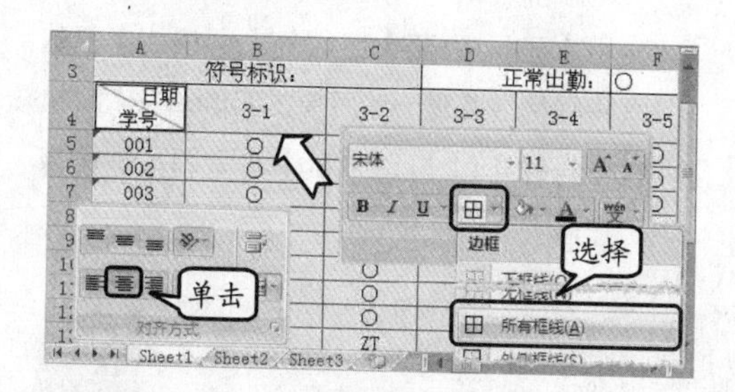

图 2–108　通过公式统计学生出勤情况

提　示

分别拖动 AH5、AI5、AJ5 和 AK5 单元格右下角的填充柄至 AH19、AI19、AJ19 和 AK19 单元格。

15 选择 A3 至 R3 和 A4 至 AK19 单元格区域，在【字体】组的【边框】下拉列表中执行【所有框线】命令，如图 2–109 所示。

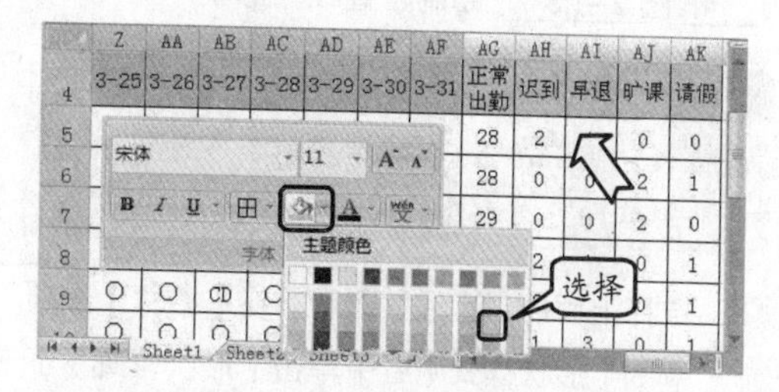

图 2–109　添加边框

提　示

选择 A3 和 A4 至 AK19 单元格区域，设置该对齐方式为居中。

16 选择 B 列至 AK 列，将鼠标置于任意一条分界线上，当光标变成“单横线双向”箭头时，向左拖动至显示“宽度：4.00（37 像素）”处松开，如图 2–110 所示。

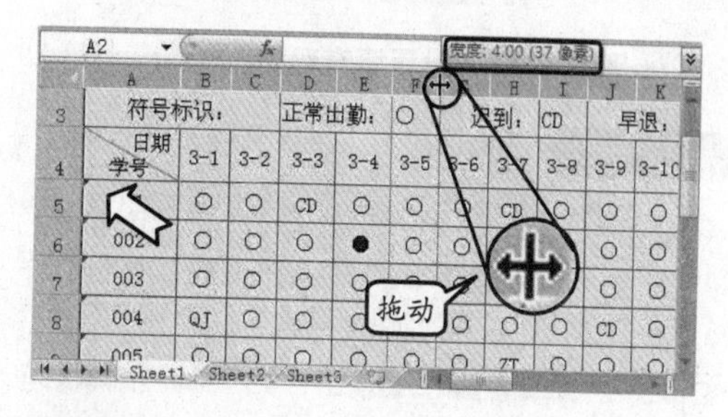

图 2–110　调整行高和列宽

提　示

选择第 3 行至第 19 行，将鼠标置于任意一行的分界线上，当光标变成“单竖线双向”箭头时，向下拖动至显示“高度：21.00（28 像素）”处松开。

提　示

分别调整第 4 行和 D 列至 E 列的行高和列宽，使 D3 和 A4 单元格中的内容完全显示。

17 选择 A3 至 R3、A4 至 AF4 和 A5 至 A19 单元格区域，设置该填充颜色为“水绿色，强调文字颜色 5，淡色 60%”，如图 2–111 所示。

选择

图 2–111　设置填充颜色

18 设置 AG5 至 AG19 和 AH5 至 AH19 单元格区域的填充颜色分别为“红色，强调文字颜色 2，淡色 60%”和“深蓝，文字 2，淡色 80%”，如图 2-112 所示。

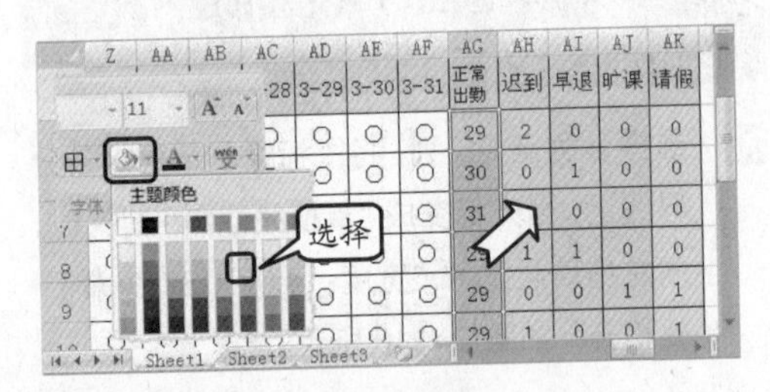

图 2-112 设置填充颜色

提 示

设置 AI5 至 AI19 和 AJ5 至 AJ19 单元格区域的填充颜色分别为“紫色，强调文字颜色 4，淡色 60%”和“橄榄色，强调文字颜色 3，淡色 40%”。

提 示

设置 AK5 至 AK19 单元格区域的填充颜色为“橙色，强调文字颜色 6，淡色 60%”。

19 在【插图】组的【形状】下拉列表中选择【线条】列表框中的“直线”形状，按住 Shift 键的同时绘制该形状，如图 2-113 所示。

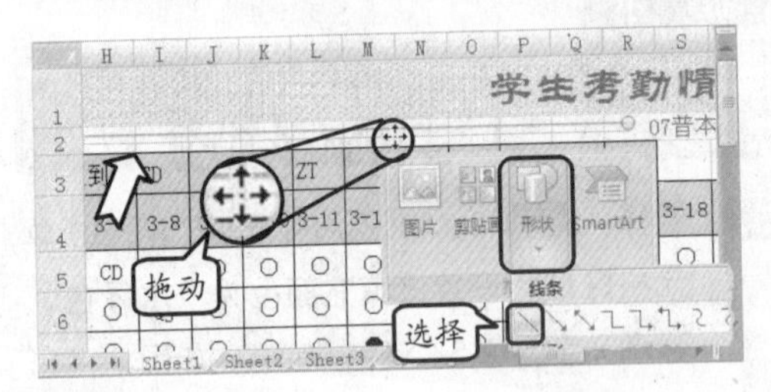

图 2-113 绘制“直线”形状

提 示

按住 Ctrl+Shift 组合键的同时向下拖动“直线”形状即可在垂直面上复制该形状。

20 选择上面的“直线”形状，在【格式】选项卡的【形状样式】组中单击【形状轮廓】下拉按钮，选择【粗细】级联菜单中的【3 磅】选项，如图 2-114 所示。

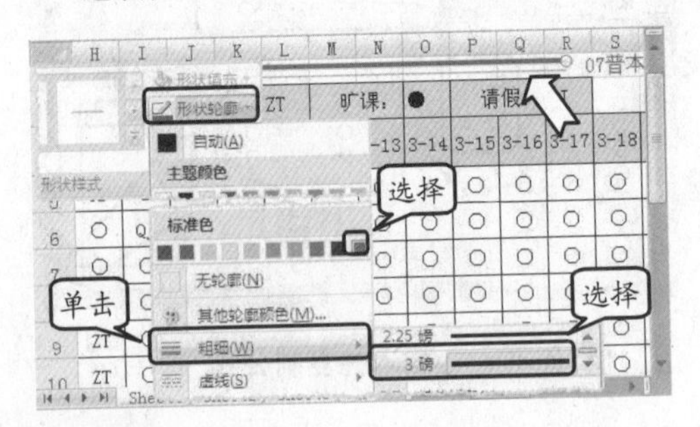

图 2-114 设置形状格式

提 示

选择上面的“直线”形状，在【形状轮廓】下拉列表中选择【标准色】选项组中的“紫色”色块。

21 依照相同的方法设置下面“直线”形状的粗细为 1 磅，颜色为紫色，然后复制上下两条“直线”形状，并放置到合适位置。

22 选择 A4 单元格中的“直线”形状，在【形状轮廓】下拉列表中选择【主题颜色】选项组中的“黑色，文字 1”色块，如图 2-115 所示。

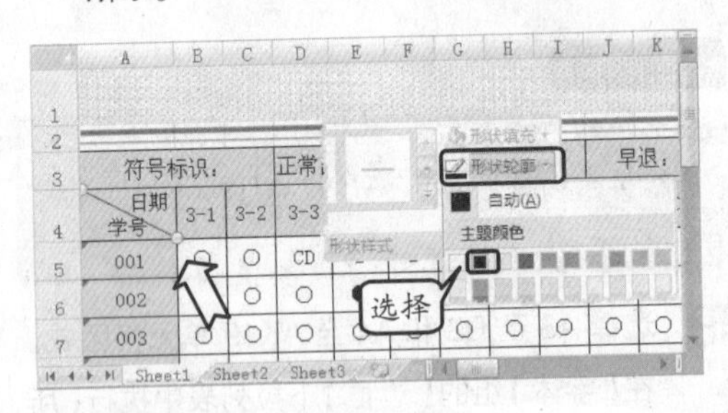

图 2-115 设置形状颜色

23 启用【显示/隐藏】组中的【网格线】复选框将网格线隐藏，然后单击 Office 按钮，执行【打印】|【打印预览】命令即可预览该工作表。

2.10 实验指导：员工薪资记录表

员工薪资记录表主要记录员工的基本信息和薪资上调幅度。通过该表可以清晰地查看每位员工的工资上调情况和实发工资，下面将通过设置数字格式、运用公式和添加边框样式等功能来具体介绍员工薪资记录表的操作步骤。

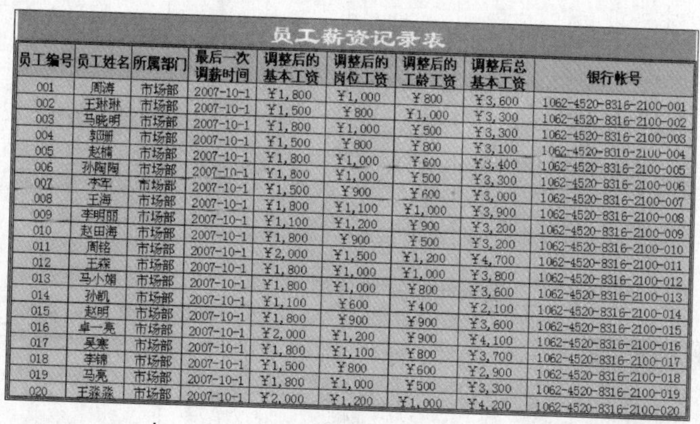

员工薪资记录表								
员工编号	员工姓名	所属部门	最后一次调薪时间	调整后的基本工资	调整后的岗位工资	调整后的工龄工资	调整后总基本工资	银行帐号
001	周涛	市场部	2007-10-1	¥1,800	¥1,000	¥800	¥3,600	1062-4520-8316-2100-001
002	王琳琳	市场部	2007-10-1	¥1,500	¥800	¥1,000	¥3,300	1062-4520-8316-2100-002
003	马晓明	市场部	2007-10-1	¥1,800	¥1,000	¥500	¥3,300	1062-4520-8316-2100-003
004	郭珊	市场部	2007-10-1	¥1,500	¥800	¥800	¥3,100	1062-4520-8316-2100-004
005	赵楠	市场部	2007-10-1	¥1,800	¥1,000	¥600	¥3,400	1062-4520-8316-2100-005
006	孙陶陶	市场部	2007-10-1	¥1,800	¥1,000	¥500	¥3,300	1062-4520-8316-2100-006
007	李军	市场部	2007-10-1	¥1,500	¥900	¥600	¥3,000	1062-4520-8316-2100-007
008	王海	市场部	2007-10-1	¥1,800	¥1,100	¥1,000	¥3,900	1062-4520-8316-2100-008
009	李明丽	市场部	2007-10-1	¥1,100	¥1,200	¥900	¥3,200	1062-4520-8316-2100-009
010	赵田海	市场部	2007-10-1	¥1,800	¥900	¥500	¥3,200	1062-4520-8316-2100-010
011	周铭	市场部	2007-10-1	¥2,000	¥1,500	¥1,200	¥4,700	1062-4520-8316-2100-011
012	王森	市场部	2007-10-1	¥1,800	¥1,000	¥1,000	¥3,800	1062-4520-8316-2100-012
013	马小娟	市场部	2007-10-1	¥1,800	¥1,000	¥800	¥3,600	1062-4520-8316-2100-013
014	孙凯	市场部	2007-10-1	¥1,100	¥600	¥400	¥2,100	1062-4520-8316-2100-014
015	赵明	市场部	2007-10-1	¥1,800	¥900	¥900	¥3,600	1062-4520-8316-2100-015
016	卓一亮	市场部	2007-10-1	¥2,000	¥1,200	¥900	¥4,100	1062-4520-8316-2100-016
017	吴寒	市场部	2007-10-1	¥1,800	¥1,100	¥800	¥3,700	1062-4520-8316-2100-017
018	李锦	市场部	2007-10-1	¥1,500	¥800	¥600	¥2,900	1062-4520-8316-2100-018
019	马亮	市场部	2007-10-1	¥1,800	¥1,000	¥500	¥3,300	1062-4520-8316-2100-019
020	王淼淼	市场部	2007-10-1	¥2,000	¥1,200	¥1,000	¥4,200	1062-4520-8316-2100-020

实验目的

- ❑ 设置数字格式
- ❑ 运用公式
- ❑ 添加边框样式

操作步骤

1 在 A1 单元格中输入文字“员工薪资记录表”，设置字体为隶书，字号为 22，并单击【加粗】按钮，如图 2-116 所示。

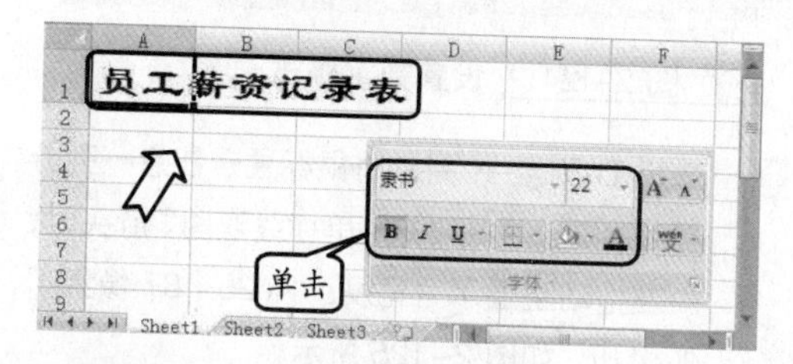

图 2-116　设置字体格式

提　示

新建空白工作簿，按 Ctrl+S 组合键，在弹出的【另存为】对话框中将该工作簿保存为“办公用品领用记录表”。

2 设置 A1 至 I1 单元格区域的对齐方式为合并后居中，并设置填充颜色为“橙色，强调文字颜色 6，深色 25%”，字体颜色为“白色，背景 1”，如图 2-117 所示。

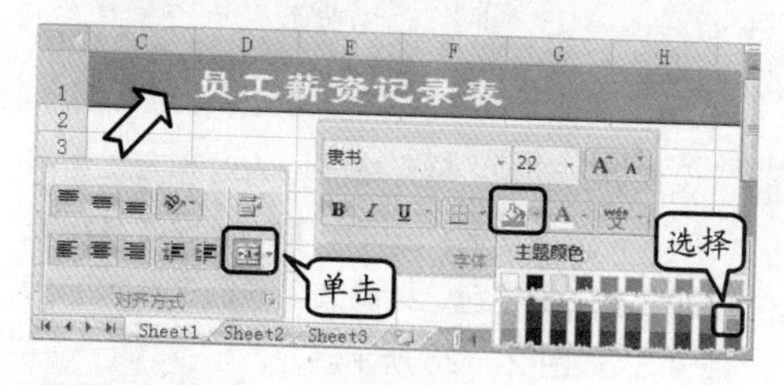

图 2-117　设置对齐方式

3 在 A2 至 I2 单元格区域中输入字段名，设置字号为 12，单击【加粗】和【居中】按钮。选择 D2、E2、F2、G2 和 H2 单元格，并单击【自动换行】按钮，如图 2-118 所示。

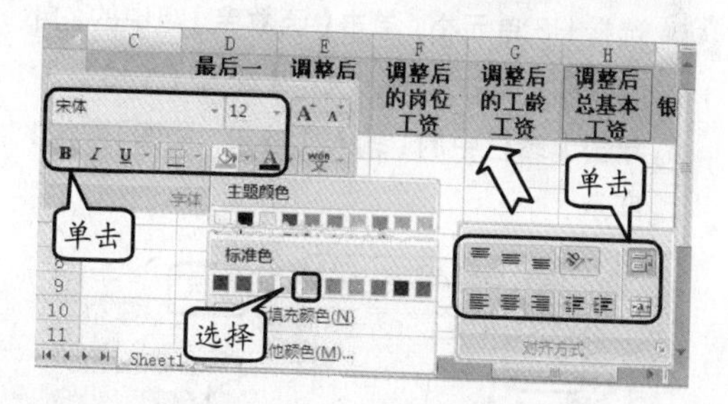

图 2-118　设置字段名格式

提　示

设置 A2 至 I2 单元格区域的填充颜色为浅绿。

4 选择 A3 单元格，单击【数字】组中的【数字格式】下拉按钮，选择【文本】选项，并输入“001”，拖动该单元格右下角的填充柄至 A22 单元格，如图 2-119 所示。

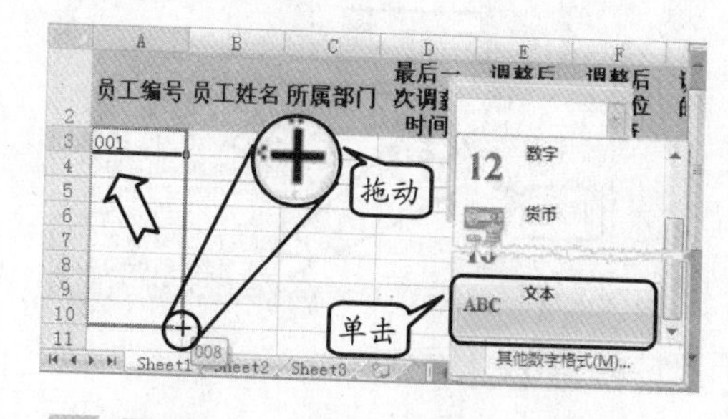

图 2-119　设置并复制数字格式

5 在 B3 至 I22 单元格区域中输入相应内容。在 D3 至 D4 单元格区域中输入内容，并拖动该区域右下角的填充柄至 D22 单元格，如图 2-120 所示。

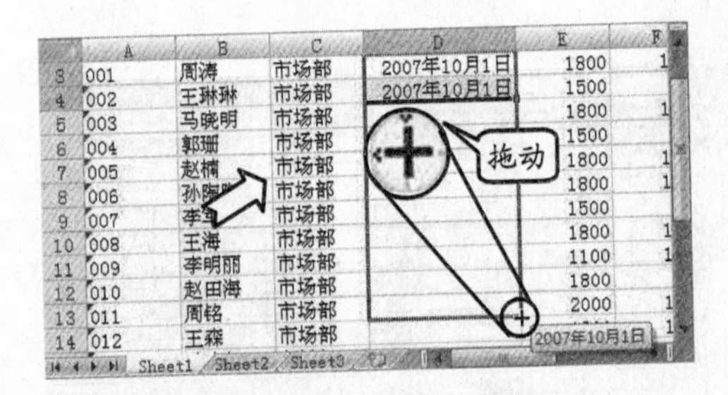

图 2-120 复制相应字段信息

提 示

在 C3 和 J3 单元格中输入相应内容，并分别拖动右下角的填充柄至 C22 和 J22 单元格中。

6 选择 H3 单元格，单击【函数库】组中的【自动求和】下拉按钮，执行【求和】命令，并单击编辑栏中的【输入】按钮，如图 2-121 所示。

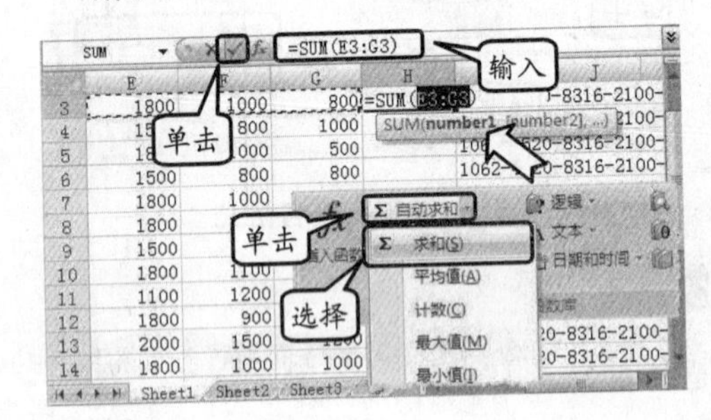

图 2-121 自动求和

7 选择 H3 单元格，并拖动右下角的填充柄至 H22 单元格，如图 2-122 所示。

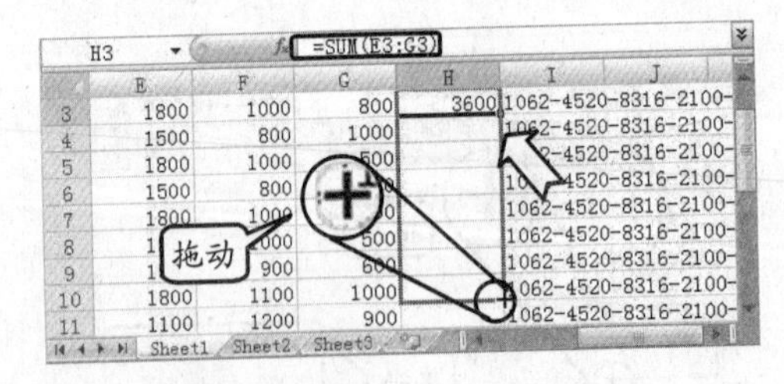

图 2-122 复制公式

8 选择 D3 至 D22 单元格区域，在【数字】组的【数字格式】下拉列表中选择【短日期】选项，如图 2-123 所示。

9 选择 E3 至 H22 单元格区域，在【数字】组的【数字格式】下拉列表中选择【货币】选项，并单击两次【减少小数位数】按钮，如图 2-124 所示。

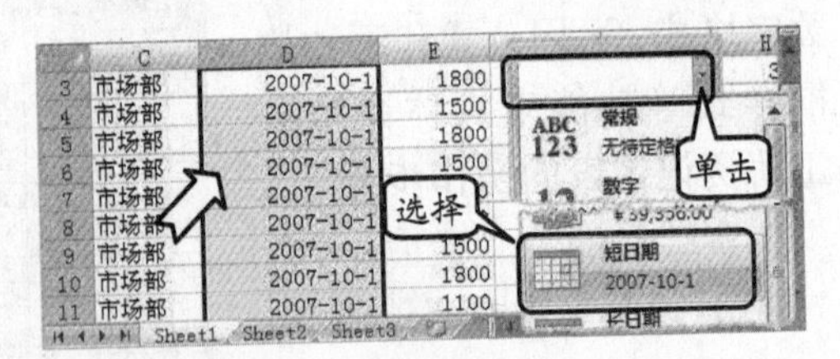

图 2-123 设置数字格式

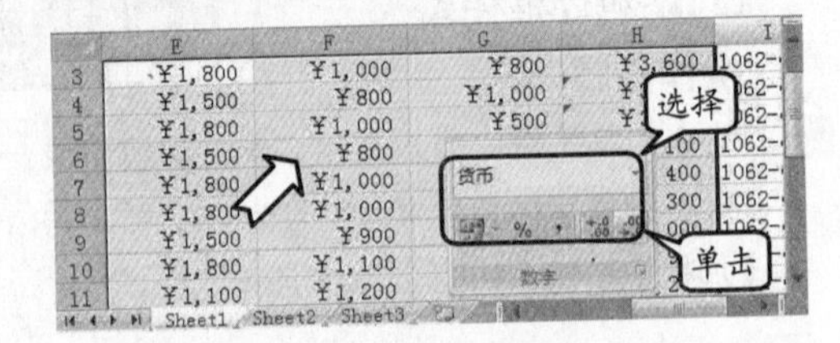

图 2-124 设置数字格式

10 选择 D 列至 H 列，将鼠标置于任意一列分界线上，当光标变成“单横线双向”箭头时，向左拖动至显示“宽度：10.25（87 像素）”处松开，如图 2-125 所示。

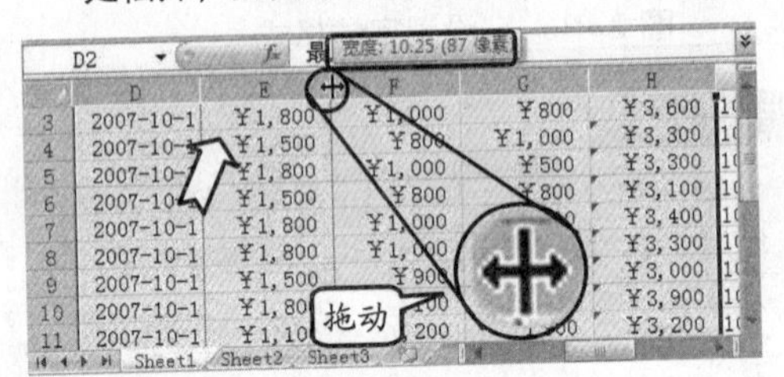

图 2-125 调整列宽

提 示

依照相同的方法选择 I 列，将鼠标置于该列右侧的分界线上，并向右拖动至显示“宽度：25.00（205 像素）”处松开。

11 设置 A3 至 I22 单元格区域的对齐方式为居中，并选择该区域中的奇数行，设置其填充颜色为“橄榄色，强调文字颜色 3，淡色 40%”，如图 2-126 所示。

提 示

选择 A3 至 I22 单元格区域中的偶数行，并设置其填充颜色为“橙色，强调文字颜色 6，淡色 40%”。

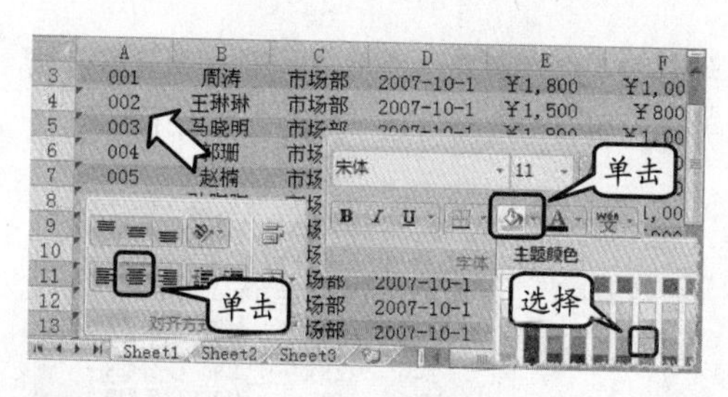

图 2-126　设置填充颜色

12 选择 A2 至 I22 单元格区域，在【设置单元格格式】对话框的【线条】栏中将"双"线条和"较细"线条样式分别预置为外边框和内部，如图 2-127 所示。

提　示

单击【字体】组中的【边框】下拉按钮，执行【其他边框】命令，即可打开【设置单元格格式】对话框。

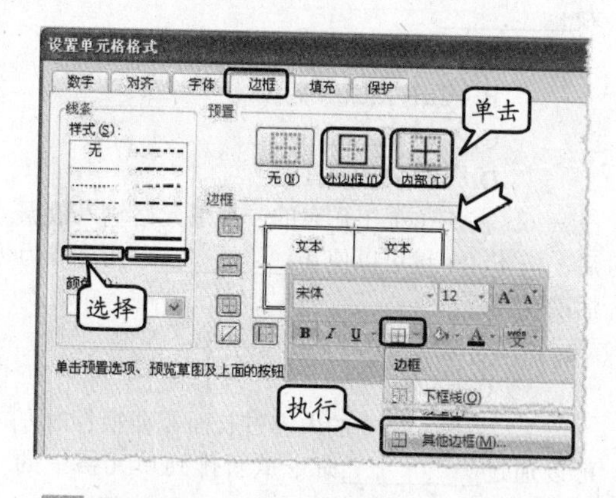

图 2-127　添加边框样式

13 启用【显示/隐藏】组中的【网格线】复选框，隐藏工作表中的网格线，然后单击 Office 按钮，执行【打印】|【打印预览】命令即可预览该工作表。

2.11　思考与练习

一、填空题

1. Excel 是以工作表的方式进行数据运算和分析的，因此，要使用 Excel 处理数据，应首先在单元格中__________，然后进行相应操作。

2. 在 Excel 工作表中输入当前日期应按__________组合键；输入当前时间应按__________组合键。

3. 在 Excel 工作表中单击__________可以选择整列；单击__________可以选择整行。

4. 在工作表中进行序列填充时填充结果为递减值，说明其步长值必定为__________。

5. 利用 Excel 中的__________和__________功能，可以使工作表返回到原始状态。

6. 当某个单元格中的数据过长时，可以使用单元格的__________功能将多个单元格合并在一起，从而起到美化的作用。

7. 如果要选择的单元格不在当前的视图范围中，可以通过拖动工作表中的__________来调整视图范围。

8. 在单元格中输入文本信息时，其默认的单元格对齐方式为__________。

二、选择题

1. 在 Excel 工作表中进行复制操作时，可以只复制单元格的部分特性，如格式、公式等，这必须通过__________来实现。

A. 部分粘贴　　B. 部分复制
C. 选择性粘贴　　D. 选择性复制

2. 一般情况下，Excel 默认的显示格式为右对齐的数据是__________。

A. 数值型数据　　B. 字符型数据
C. 逻辑型数据　　D. 不确定

3. Excel 的自动填充功能可以自动填充__________。

A. 公式
B. 文本
C. 日期
D. 以上几项均可

4. 在 Excel 工作表中，用户可以按住__________键选择一个不连续的单元格区域。

A. Ctrl　　B. Shift
C. Alt　　D. Ctrl+Shift

5. 在 Excel 中，撤销和恢复的组合键分别为__________。

A．Ctrl+C;Ctrl+V

B．Ctrl+X;Ctrl+V

C．Ctrl+Z;Ctrl+Y

D．Ctrl+F;Ctrl+H

6．在 Excel 工作表的一个单元格输入数据后，按 Enter 键可以使其__________单元格成为活动单元格。

A．下一个　　B．左侧

C．右侧　　D．上一个

7．当单元格中的内容过长而需要换行时，可以通过__________命令重新排列单元格中的内容。

A．【移动单元格】　　B．【居中】

C．【合并单元格】　　D．【两端对齐】

8．在【定位条件】对话框中选择__________单选按钮，即可在工作表中搜索最后一个含有数据或格式的单元格。

A．【公式】

B．【最后一个单元格】

C．【引用单元格】

D．【当前区域】

三、上机练习

1．输入数据信息

创建一个名为“新阳钢材厂第一季度产量统计表”的工作表，合并 B2 至 F2 单元格区域，并输入相应的数据信息，如图 2-128 所示。

	A	B	C	D	E	F
1						
2		新阳钢材厂第一季度产量统计表				
3			一月份	二月份	三月份	增长率
4		一分厂	3569	3810	3200	-10.86%
5		二分厂	4420	4550	4640	4.98%
6		三分厂	2240	1500	2180	-2.68%
7		四分厂	3500	3250	4120	17.71%
8		五分厂	7330	7430	8320	13.51%
9		六分厂	5560	5670	6410	15.29%
10						
11						

Sheet1 Sheet2 Sheet3

图 2-128　输入数据信息

2．插入列

在“新阳钢材厂第一季度产量统计表”的 G 列前插入一列，并输入文字“总常量”和相关数据，如图 2-129 所示。

	B	C	D	E	F	G
1						
2	新阳钢材厂第一季度产量统计表					
3		一月份	二月份	三月份	总产量	增长率
4	一分厂	3569	3810	3200	10579	-10.86%
5	二分厂	4420	4550	4640	13610	4.98%
6	三分厂	2240	1500	2180	5920	-2.68%
7	四分厂	3500	3250	4120	10870	17.71%
8	五分厂	7330	7430	8320	23080	13.51%
9	六分厂	5560	5670	6410	17640	15.29%
10						
11						

Sheet1 Sheet2 Sheet3

图 2-129　插入列

第3章 管理工作簿

元素属性查看

元素属性小测试

八月份产品销售表

货号	名称	产地	单价	销量（件）	总和
Q012	蓝色无袖连衣裙	武汉	￥298.00	18	￥5,364.00
K036	黑色长裤	北京	￥118.00	29	￥3,422.00
Q017	黑色短裙	北京	￥156.00	17	￥2,652.00
K005	白色七分裤	青岛	￥78.00	34	￥2,652.00
Y002	白色长袖衬衣	深圳	￥118.00	20	￥2,360.00
Y024	红色短袖衬衣	广州	￥108.00	21	￥2,268.00
Y007	白色短袖衬衣	上海	￥98.00	13	￥1,274.00

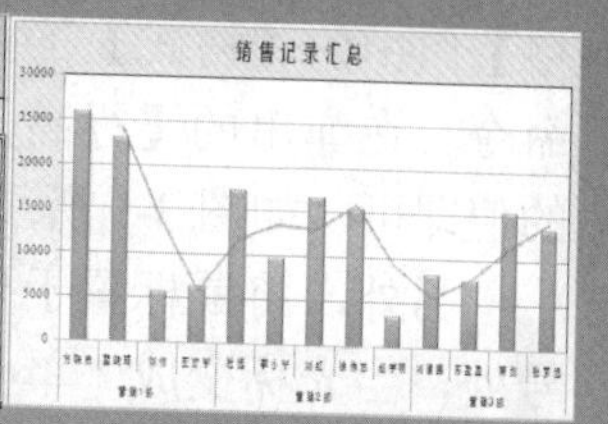

一个 Excel 工作簿即一个 Excel 文件。工作簿中可以包含一个或多个工作表，其默认情况下为 3 个工作表。因此，管理工作簿实际上是对其中的工作表进行操作。有效的对工作表进行管理能够为用户提供良好的工作环境。

本章主要介绍在 Excel 中，通过对工作表中行、列的设置，以及对整个工作表进行复制、移动或者删除等操作来组织各种相关数据。另外，当工作簿创建完成之后，还可以将其设置为保护对象。

本章学习要点

- 设置行高和列宽
- 隐藏行和列
- 显示行和列
- 隐藏或恢复工作表
- 操作工作表
- 重命名工作表
- 复制和移动工作表
- 改变工作表标签颜色

3.1 工作表操作

在对 Excel 工作表进行行编辑的过程中经常需要调整单元格的行高和列宽，以使单元格中的数据显示完整。另外，还可以在工作表中将某些存储着重要数据的行、列以及工作表隐藏起来，避免他人查看或者修改。

3.1.1 设置行高与列宽

默认情况下，Excel 每个工作表中的行高与列宽都是一个固定值（如行高为 13.5，列宽为 8.38）。当单元格中数据内容的字体过大或者文字太长时便需要适当地调整行高和列宽，以使工作表更加协调、美观。

1. 设置行高

选择需要设置行高的单元格，单击【单元格】组中的【格式】下拉按钮，执行【行高】命令，在弹出的【行高】对话框中输入要设置的值即可，如图 3-1 所示。

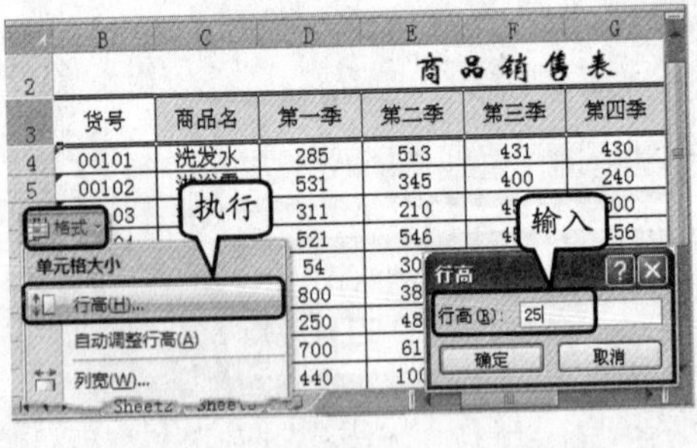

图 3-1 调整行高

另外，将鼠标置于要调整行高单元格的行号处，当光标变成“单竖线双向”箭头✢时按住鼠标拖动即可，如图 3-2 所示。

提 示

在 Excel 工作表中，调整某一个单元格的行高实际上就是调整该单元格所在行的行高。

提 示

也可以同时选择多行单元格，利用鼠标拖动的方法，或者在【行高】对话框中输入要设置的行高值可同时调整多行的行高。

商品销售表
高度: 26.25 (35 像素)
拖动

货号	商品名	第一季	第二季	第三季	第四季
00101	洗发水	285	513	431	430
00102	淋浴		345	400	240
00103	洗面	311	210	454	500
00104	香皂	521	546	455	456
00105		54	300	245	300
00106		800	380	390	660
00107		250	480	760	770
00108		700	610	400	930

Sheet2 Sheet3

图 3-2 利用鼠标调整行高

2. 设置列宽

调整列宽的方法与调整行高的方法基本相同。例如，选择需要调整列宽的单元格并单击【格式】下拉按钮，执行【列宽】命令，在弹出的【列宽】对话框中输入列宽值即可，如图 3-3 所示。

同样，也可以将鼠标置于两列相邻位置，当光标变成“单横线双向”箭头✢时拖动鼠标即可，如图 3-4 所示。

商品销售表
货号 商品名 第一季 第二季 第三季 第四季
格式 01 洗发水 285 513 431 430
单元格大小
行高(H)...
自动调整行高(A)
列宽(W)...
自动调整列宽(I)
默认列宽(D)...
执行
输入
列宽
列宽(C): 10
确定
取消
531 345 400 240
311 210 500
521 546 456
54
800
250
700
440
Sheet2 Sheet3

图 3-3 调整列宽

技 巧

另外，用户也可以将鼠标置于要调整列宽单元格的列标处，当光标变成“单横线双向”箭头时↔双击即可自动调整该列的列宽。

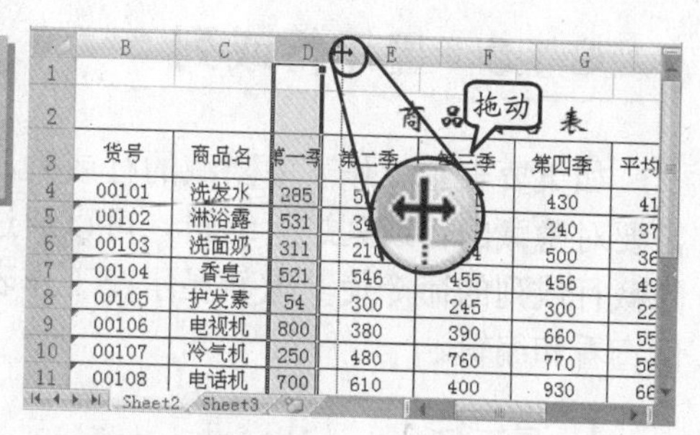

图 3-4 利用鼠标调整列宽

3.1.2 隐藏行或列

在对 Excel 工作表进行编辑的过程中，如果需要避免显示或使用某些行和列，但又不想将其删除时，可以通过隐藏行和列功能来实现。

1. 隐藏行

要隐藏工作表中的一行或多行，先选择单行或者多行，单击【格式】下拉按钮，执行【隐藏和取消隐藏】|【隐藏行】命令，即可将所选行隐藏，如图 3-5 所示。

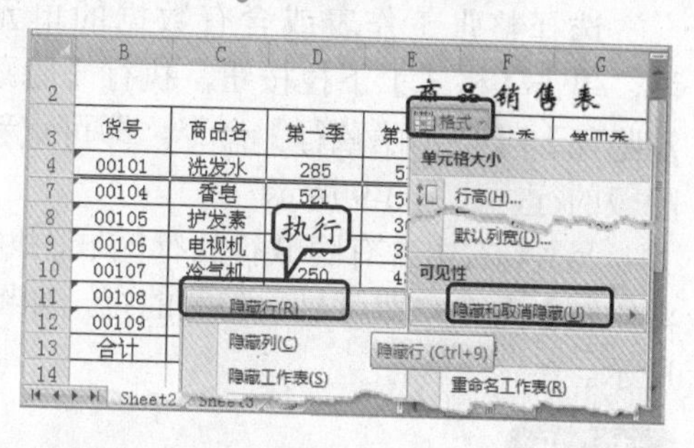

图 3-5 隐藏行

另外，右击要隐藏的行，执行【隐藏】命令，也可以将该行隐藏，如图 3-6 所示。

图 3-6 右击隐藏行

提 示

当工作表中的某些行和列被隐藏时不能对其进行合并、拆分以及格式化等操作；若要进行操作，必须先将其显示在工作表中。

技 巧

另外，用户也可以在选择要隐藏的一行或多行后，按 Ctrl+9 组合键将其隐藏。

2. 隐藏列

选择需要隐藏的列，单击【格式】下拉按钮，执行【隐藏和取消隐藏】|【隐藏列】命令即可将所选列隐藏，如图 3-7 所示。

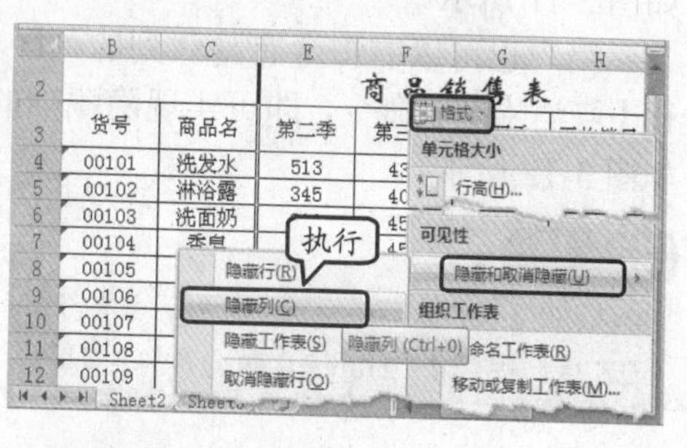

图 3-7 隐藏列

同样，用户也可以右击要隐藏的列，执行【隐藏】命令将所选列隐藏，如图 3-8 示。

技 巧

用户也可以在选择要隐藏的一行或多行后，通过按 Ctrl+0 组合键将其隐藏。

3.1.3 显示行或列

如果要查看工作表中隐藏的行或列，或者需要对隐藏的行或列进行编辑，可以通过取消隐藏行或列的命令使其重新显示在工作表中以供查看和编辑。

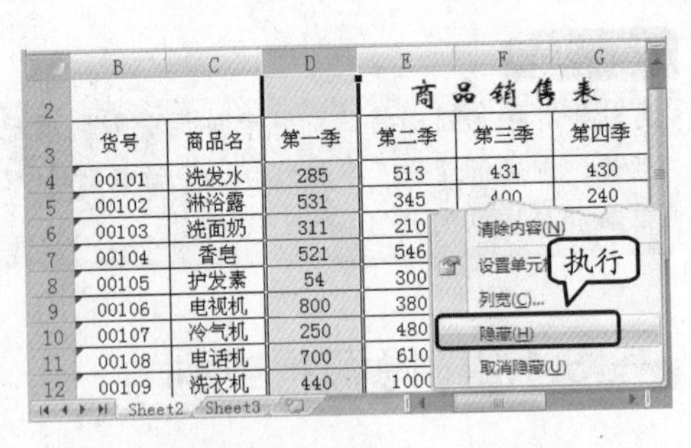

图 3-8 右击隐藏列

1. 显示行

选择整张工作表或含有数据的单元格区域，单击【格式】下拉按钮，执行【隐藏和取消隐藏】|【取消隐藏行】命令，即可重新显示隐藏的行，如图 3-9 所示。

另外，右击含有隐藏行的行区域，执行【取消隐藏】命令，即可显示隐藏的行，如图 3-10 所示。

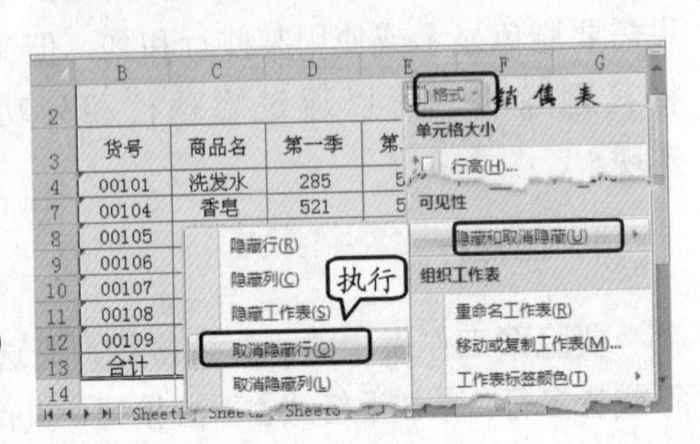

图 3-9 显示行

技 巧

用户也可以在选择工作表中含有数据的单元格区域后，按 Ctrl+Shift+9 组合键取消行的隐藏。

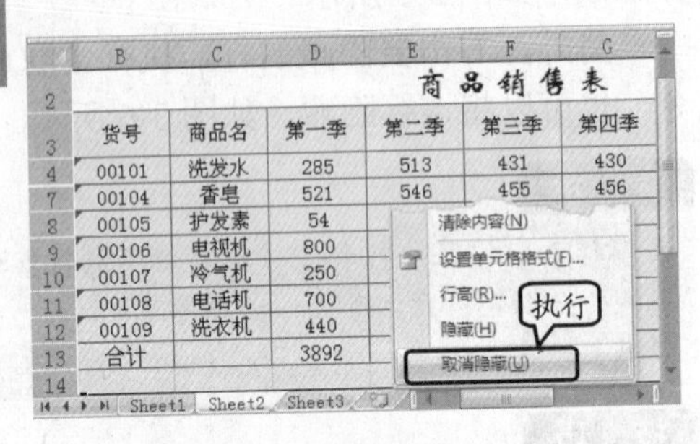

图 3-10 右击显示行

2. 显示列

要使隐藏的列重新显示在工作表中，可以选择整张工作表或含有数据的单元格区域，单击【格式】下拉按钮，执行【隐藏和取消隐藏】|【取消隐藏列】命令，即可重新显示隐藏的列，如图 3-11 所示。

用户也可以右击含有隐藏列的列区域，执行【取消隐藏】命令，即可实现隐藏列的显示，如图 3-12 所示。

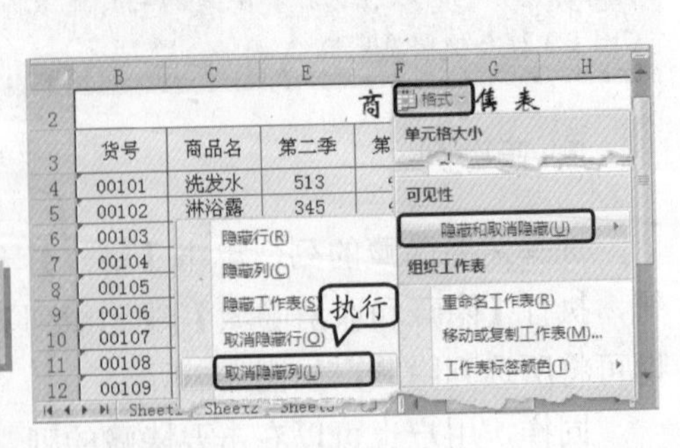

图 3-11 显示列

技 巧

同样，用户也可以在选择工作表中含有数据的单元格区域后，按 Ctrl+Shift+0 组合键取消列的隐藏。

3.1.4 隐藏和恢复工作表

隐藏和显示行、列是针对工作表中的部分数据而言的，而在工作簿中，还允许用户对整个工作表进行隐藏或者恢复操作。隐藏整个工作表，可以避免其他无关人员对该工作表中所有数据的查看或修改，也起到一定的保护作用。

1．隐藏工作表

选择要隐藏的工作表，单击【格式】下拉按钮，执行【隐藏和取消隐藏】|【隐藏工作表】命令即可。

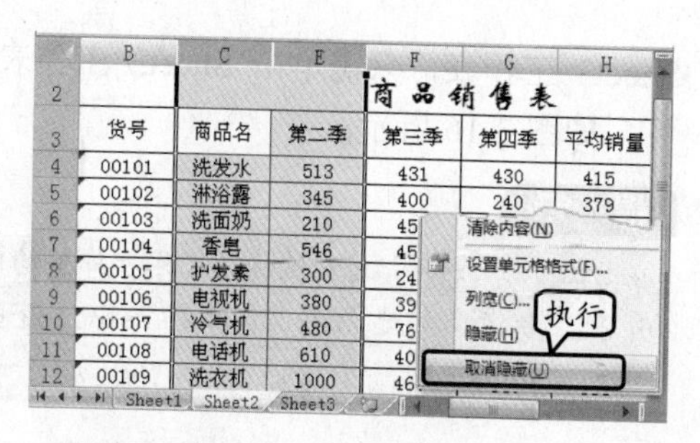

图 3-12 右击显示列

例如，选择 Sheet2 工作表，执行【隐藏和取消隐藏】|【隐藏工作表】命令，即可隐藏该工作表，如图 3-13 所示。

另外，选择要隐藏的工作表，右击其工作表标签，执行【隐藏】命令，也可以隐藏该工作表，如图 3-14 所示。

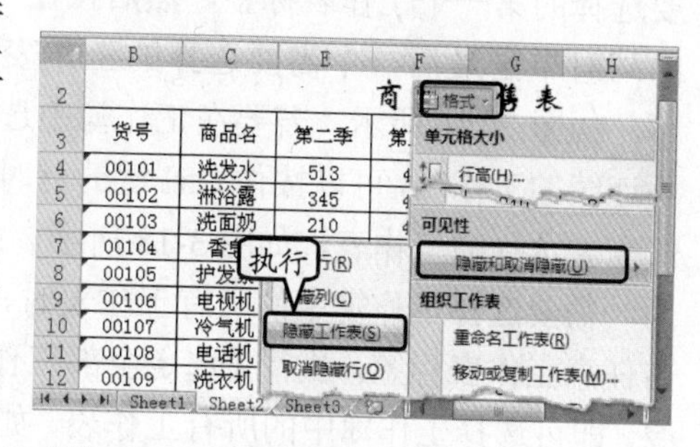

图 3-13 隐藏工作表

2．恢复工作表

要将隐藏的工作表恢复，单击【格式】下拉按钮，执行【隐藏和取消隐藏】|【取消隐藏工作表】命令，即可打开【取消隐藏】对话框，在该对话框的【取消隐藏工作表】下拉列表中选择要恢复的工作表即可，如图 3-15 所示。

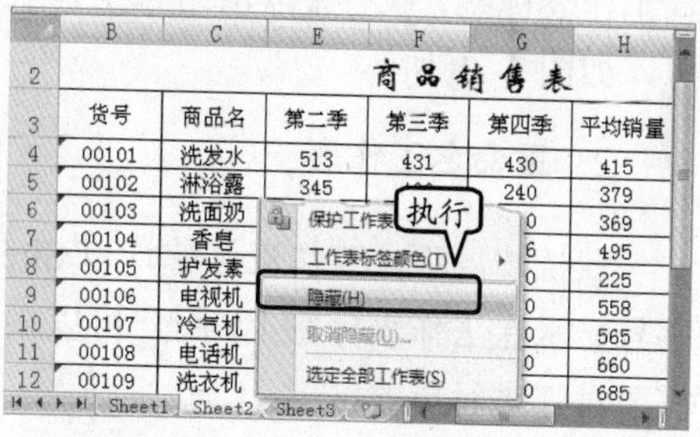

图 3-14 右击工作表标签隐藏工作表

技 巧

也可以右击工作簿中任意一个工作表标签，执行【取消隐藏】命令，打开【取消隐藏】对话框。

3.2 工作簿基本操作

在 Excel 中，每个工作簿中可以具有多张不同类型的工作表，用于存储不同的数据。用户可以插入新的工作表或者删除多余的工作表，并通过工作表的移动和复制功能来调整工作表的位置。另外，还可以为工作表标签添加颜色，以便在不同的工作表中进行查看。

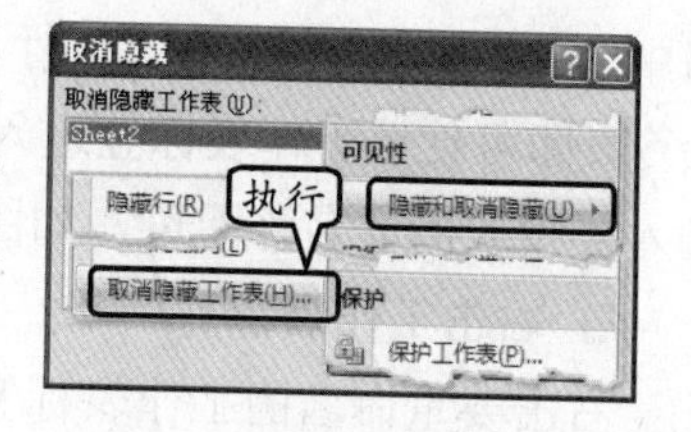

图 3-15 取消隐藏工作表

3.2.1 选择和重命名工作表

选择工作表是进行一切编辑操作的前提条件，而重命名工作表，可以帮助用户在众多工作表中查找并区分指定的工作表，从而更方便的对工作表进行管理。

1．选择工作表

在 Excel 工作簿中单击需要选择的工作表标签即可选择该工作表。例如，要选择

Sheet3 工作表，只需单击 Sheet3 工作表标签即可，如图 3-16 所示。

图 3-16　选择工作表

提　示

在 Excel 工作簿中，用户选择的工作表标签均以“白色”背景显示，没有选择的工作表标签以“蓝色”背景显示。

如果需要选择多张连续的工作表，可以单击要选择的第一个工作表标签，然后按住 Shift 键的同时单击最后一个需要选择的工作表标签即可，如图 3-17 所示。若要在工作簿中选择多张不连续的工作表，可以按住 Ctrl 键的同时逐一单击需要选择的工作表，如图 3-18 所示。

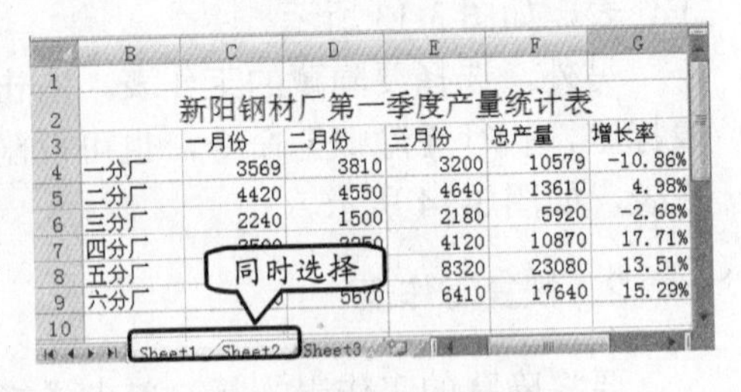

图 3-17　选择连续工作表

需要选择工作簿中的所有工作表时，可以右击任意工作表标签，执行【选定全部工作表】命令，即可选择工作簿中的所有工作表，如图 3-19 所示。若要取消工作表的选择，可以再次右击任意工作表标签，执行【取消组合工作表】命令即可，如图 3-20 所示。

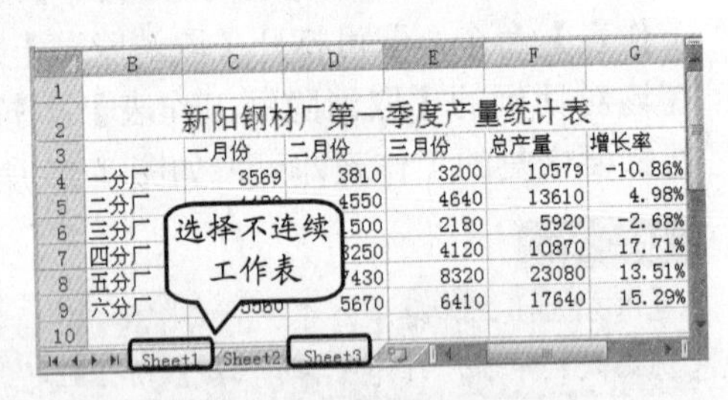

图 3-18　选择不连续工作表

2. 重命名工作表

默认情况下，工作表名称均以 Sheet 加数字序号显示在工作表标签上，用户可以根据自己的需要对其进行更改。

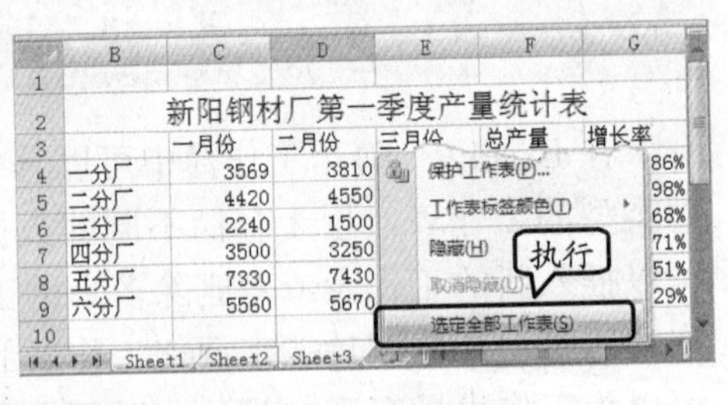

图 3-19　选择所有工作表

❑ 利用【格式】下拉按钮

选择要重新命名的工作表，单击【单元格】组中的【格式】下拉按钮，执行【重命名工作表】命令，即可使该工作表标签进入编辑状态，然后输入要设置的表名称即可，如图 3-21 所示。

❑ 右击工作表标签

右击要重命名的工作表标签，执行【重命名】命令，即可使该工作表标签进入编辑状态，然后输入要设置的工作表名称即可，如图 3-22 所示。

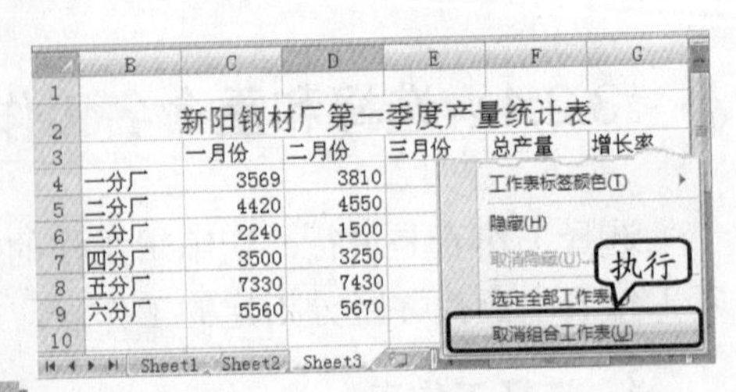

图 3-20　取消所有工作表的选择

技　巧

用户也可以双击要重新命名的工作表标签，使其进入编辑状态，然后输入要设置的工作表名称即可。

3.2.2 插入与删除工作表

在 Excel 工作簿中，若工作表不能满足所存储的数据量，便可以在工作簿中插入新的工作表，以记录不同类型的数据。其中，每个工作簿最多可以容纳 255 个工作表，而对于不需要的工作表来说，可以将其删除。

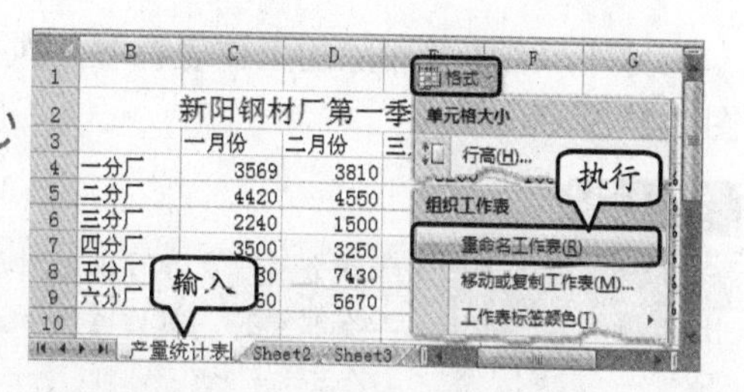

图 3-21 重命名工作表

1. 插入工作表

选择【开始】选项卡，单击【单元格】组中的【插入】下拉按钮，执行【插入工作表】命令，即可在工作簿中插入一个名为 Sheet4 的新工作表，如图 3-23 所示。

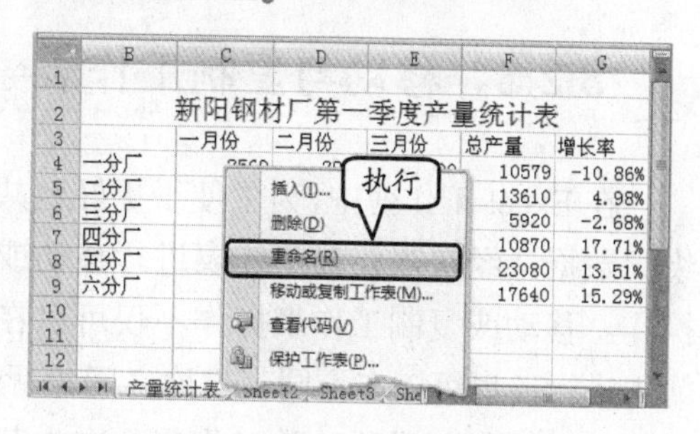

图 3-22 右击工作表标签

另外，单击工作表标签后的【插入工作表】按钮，如图 3-24 所示，或者按 Ctrl+F11 组合键，也可以插入新的工作表。

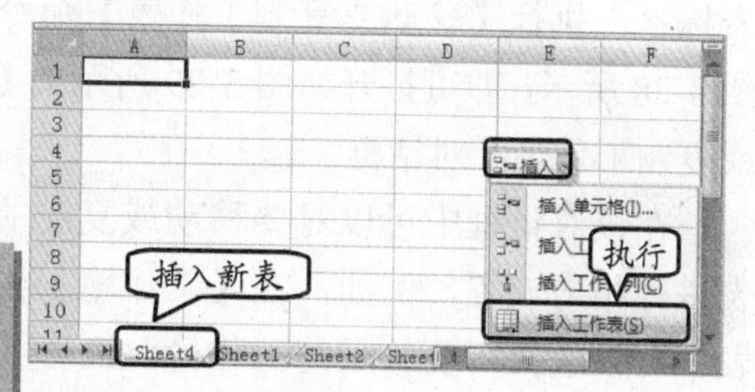

图 3-23 插入工作表

提 示

在 Excel 工作簿中插入新的工作表时，系统将以 Sheet 加上数字依次向后累加为其自动命名，如 Sheet4、Sheet5、Sheet6…

技 巧

还可以右击任意一个工作表标签，执行【插入】命令，在弹出的【插入】对话框中选择【工作表】选项即可。

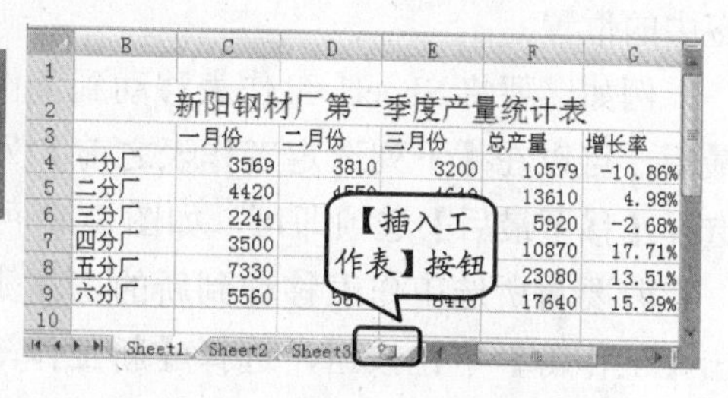

图 3-24 【插入工作表】按钮

如果要一次性插入多个工作表，可以按住 Shift 键选择多个工作表标签，并右击其中任意一个工作表标签，执行【插入】命令即可。例如，要在工作簿中同时插入两个新工作表，只需同时选择两个工作表，执行【插入】命令即可，如图 3-25 所示。

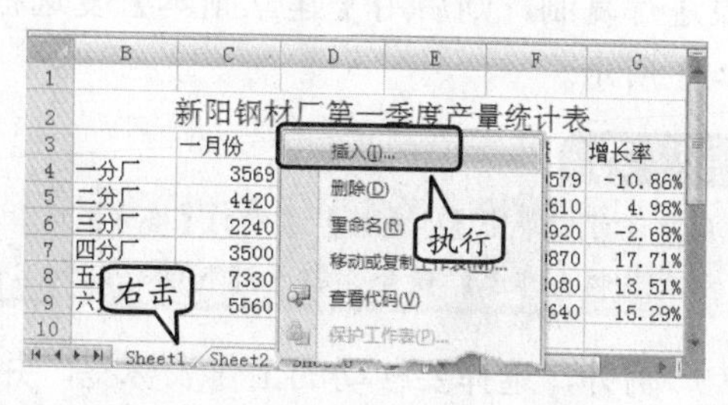

图 3-25 插入多个工作表

2. 删除工作表

若要将多余的工作表删除，可以选择要删除的工作表后，单击【单元格】组中的【删除】下拉按钮，执行【删除工作表】命令，如图 3-26 所示。

另外，右击要删除的工作表标签，执行【删除】命令，也可以将该工作表删除，如图 3-27 所示。

提 示

若用户希望一次性删除多个工作表，可以同时选择几张工作表，并右击其工作表标签，执行【删除】命令即可。

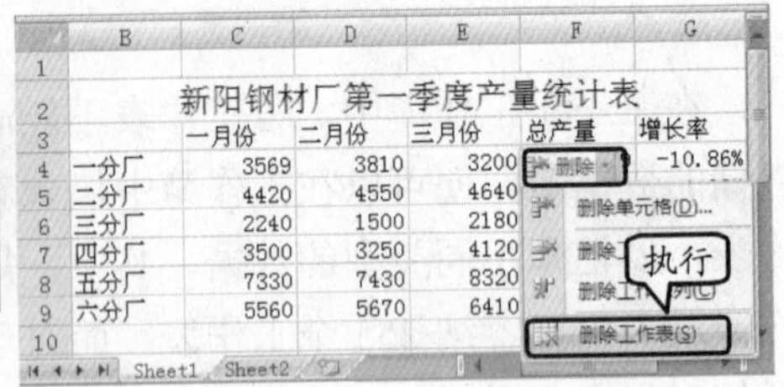

图 3-26 删除工作表

3.2.3 移动与复制工作表

在 Excel 工作簿中，为了便于更好地共享和组织数据，经常需要对工作表进行移动或复制操作。移动或复制工作表操作不仅可以在工作簿内进行，也可以在不同工作簿之间进行。

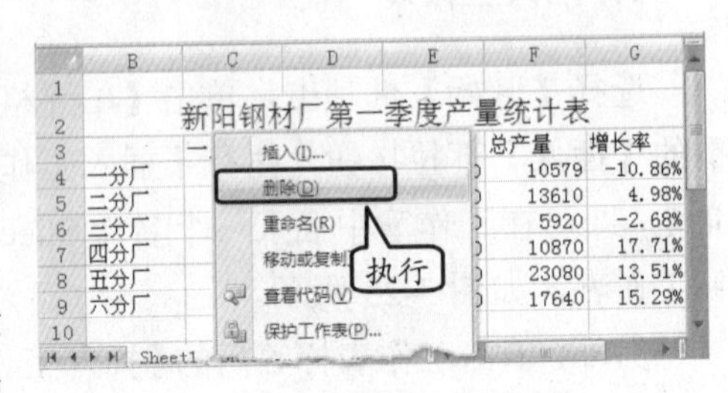

图 3-27 右击删除工作表

选择要复制或移动的工作表，右击其工作表标签，执行【移动或复制工作表】命令，如图 3-28 所示，即可打开如图 3-29 所示的【移动或复制工作表】对话框。

在该对话框中可以对要移动或复制的工作表进行相应设置。例如，在【工作簿】下拉列表中可以选择所要移至的工作簿，而在【下列选定工作表之前】列表中可以指定在工作表标签中的位置。

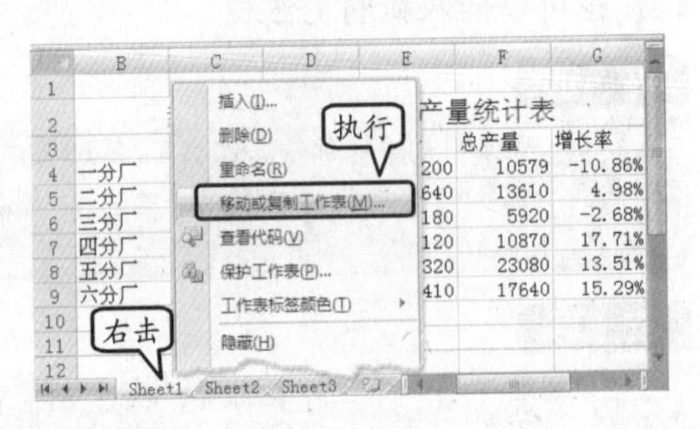

图 3-28 移动或复制工作表

例如，要将 Sheet1 工作表移动到工作簿的最后，可以在【下列选定工作表之前】列表中选择【移至最后】选项即可，如图 3-30 所示。

若要将所选工作表移动到新的工作簿中，可以单击【工作簿】下拉按钮，选择【新工作簿】选项，即可将所选工作表移动到新工作簿中；若要对所选工作表进行复制，则启用【建立副本】复选框即可，如图 3-31 所示。

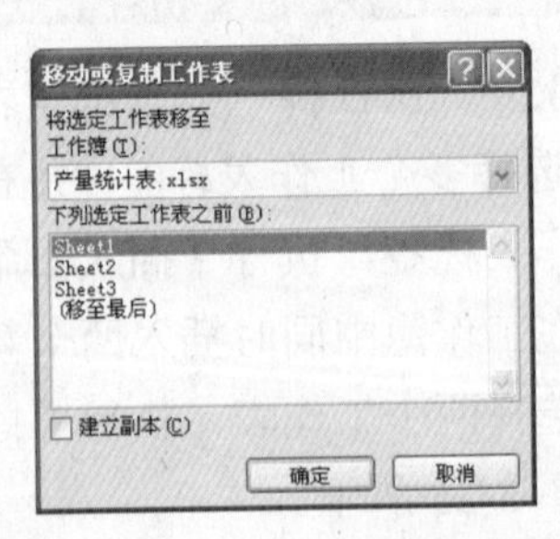

图 3-29 【移动或复制工作表】对话框

技 巧

用户还可以单击【单元格】组中的【格式】下拉按钮，执行【移动或复制工作表】命令，打开【移动或复制工作表】对话框。

另外，选择要移动的工作表标签，并拖动鼠标至合适的位置，也可以移动工作表，如图 3-32 所示。若在拖动工作表标签的同时按住 Ctrl 键，则可复制工作表。

3.2.4 切换工作表和更改标签颜色

在 Excel 工作簿中，为了查看每个工作表中不同的数据内容，经常需要在多个工作表之间进行切换。如果为不同的工作表标签添加不同的颜色，即可帮助用户在众多的工作表中辨别和分组相关工作表。

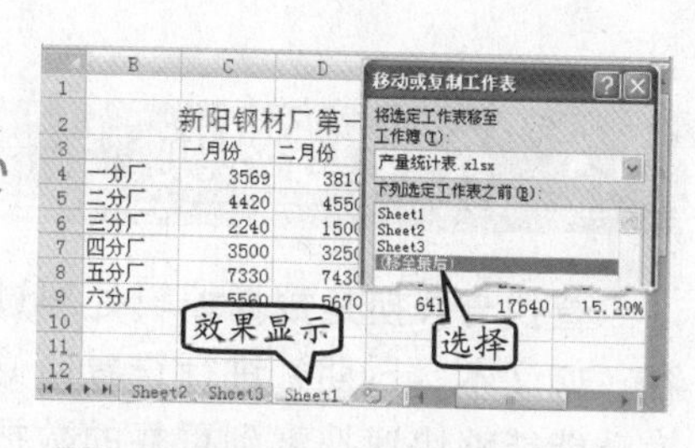

图 3-30 移动工作表

1. 切换工作表

要切换工作表，可以直接单击要查看的工作表标签，也可以单击工作表标签前的翻页按钮。其中，翻页按钮的各项功能如表 3-1 所示。

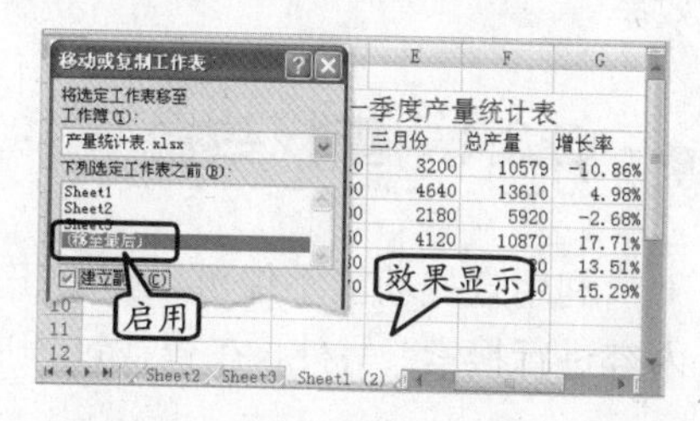

图 3-31 复制工作表

表 3-1 翻页按钮功能表

按　钮	名　称	功　能
⏮	首页工作表	单击此按钮可返回到工作簿中第一个工作表
◀	上一个工作表	单击此按钮可进入到上一个工作表
▶	下一个工作表	单击此按钮可进入到下一个工作表
⏭	尾页工作表	单击此按钮可进入到工作簿中最后一个工作表

技　巧

用户还可以按 Ctrl+PageDown 组合键进入当前页的后一页工作表；按 Ctrl+PageUp 组合键进入当前页的前一页工作表。

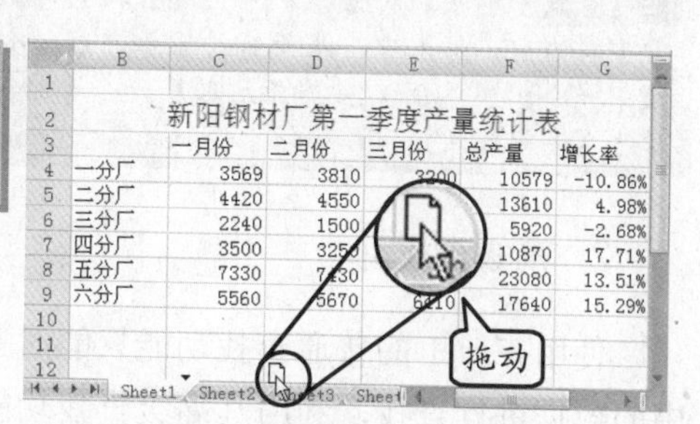

图 3-32 利用鼠标移动工作表

2. 更改标签颜色

默认情况下，工作表标签都是没有颜色的。若要为其添加颜色，可以选择要更改标签颜色的工作表，单击【单元格】组中的【格式】下拉按钮，在【工作表标签颜色】级联菜单中选择一种色块即可，如图 3-33 所示。

技　巧

也可以右击工作表标签，在【工作表标签颜色】级联菜单中选择一种色块。

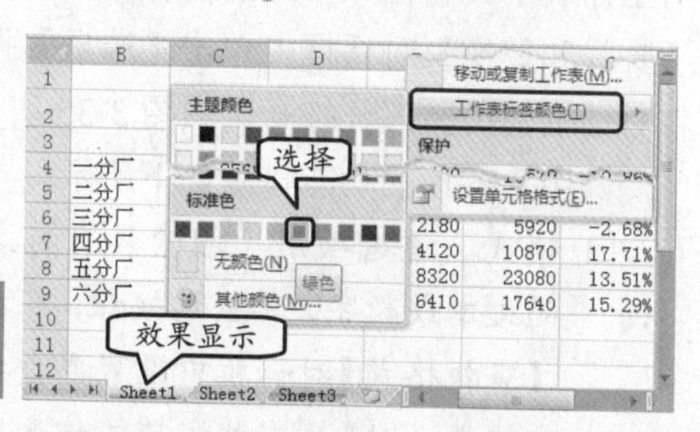

图 3-33 更改工作表标签颜色

提　示

如果希望同时为多个工作表标签添加同一种颜色，可以同时选择多个工作表为其添加颜色。

3.3 查找与替换

查找与替换是数据编辑处理过程中经常使用的操作。当需要对工作表中指定的内容（如文本、日期）进行查看或修改时，便可以使用查找与替换功能。利用查找和替换功能能够快速搜索到重复的数据，并统一进行替换，从而进一步提高了编辑处理的效率。

3.3.1 查找数据

利用查找功能不仅可以搜索工作表中的文本、数字、日期，还可以对公式、批注等内容进行搜索。另外，在查找过程中，还可以对查找范围和数据所具有的格式进行设置。

1. 普通查找

选择【开始】选项卡，单击编辑栏中的【查找和选择】下拉按钮，执行【查找】命令，即可打开如图 3-34 所示的对话框。只需在【查找内容】文本框中输入要查找的内容，单击【查找全部】或【查找下一个】按钮即可。

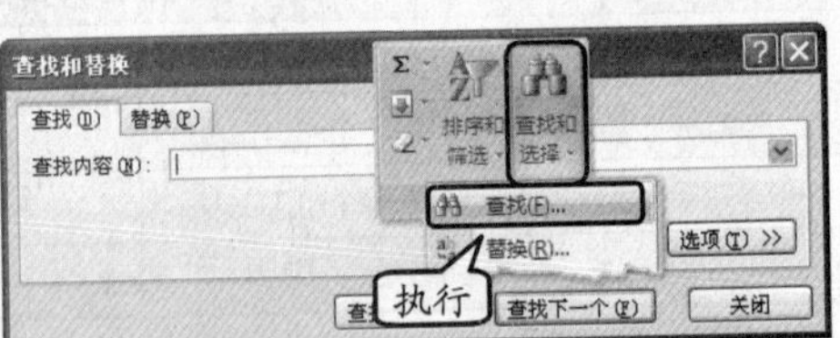

图 3-34 【查找和替换】对话框

提 示

在【查找和替换】对话框中单击【查找全部】按钮，即可在当前工作表中查找所有的输入内容；单击【查找下一个】按钮，可以按照先后顺序一个一个地查找；单击【关闭】按钮，即可结束查找。

2. 高级查找

使用 Excel 的普通查找功能只能对工作表中的数据进行查找，利用其高级查找功能可以对工作表中具有特殊格式的内容进行查找。在【查找和替换】对话框中单击【选项】按钮，将对话框的折叠部分打开，如图 3-35 所示。

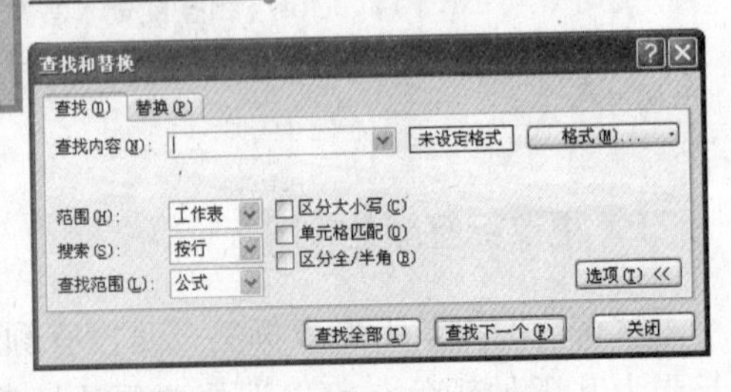

图 3-35 高级查找

其中，各项的功能作用如下所示：

- **格式** 该选项用于搜索具有特定格式的文本或数字。单击该按钮，在打开的【查找格式】对话框中设置要查找的文本格式。例如，查找当前工作表中字号为 11；字形为粗体的文字，单击【查找全部】按钮，即可在对话框中显示查找结果，如图 3-36 所示。

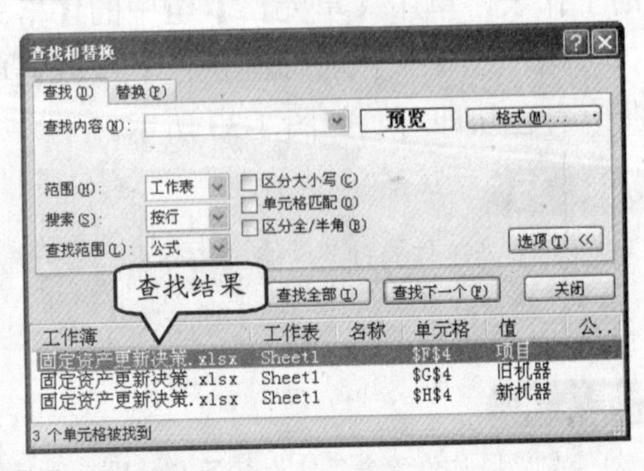

图 3-36 查找结果

- ❑ **范围** 该选项用于指定进行查找的范围。如果选择【工作表】选项，可将搜索范围限制为当前工作表；若选择【工作簿】选项，即可搜索当前工作簿中的所有工作表。
- ❑ **搜索** 该选项中包括【按行】和【按列】两个选项，用于设置查找的方向。
- ❑ **查找范围** 该选项用于指定搜索的是单元格的值，还是其中所隐含的公式或批注。
- ❑ **区分大小写** 启用该复选框，即可在查找中区分大小写字符。
- ❑ **单元格匹配** 启用该复选框，搜索与【查找内容】文本框中指定的内容完全匹配的字符。
- ❑ **区分全/半角** 启用该复选框，即可在查找文档内容时区分全角和半角。

3.3.2 替换数据

Excel 的替换功能与查找功能类似，查找功能只用于在文本中定位，对文本不做任何修改，而替换功能可以将查找到的文字替换为指定内容，从而更有效地修改文档。

要进行替换操作，除了可以在【查找和替换】对话框中直接选择【替换】选项卡外，还可以单击【查找和选择】下拉按钮，执行【替换】命令，打开【查找和替换】对话框，如图 3-37 所示。

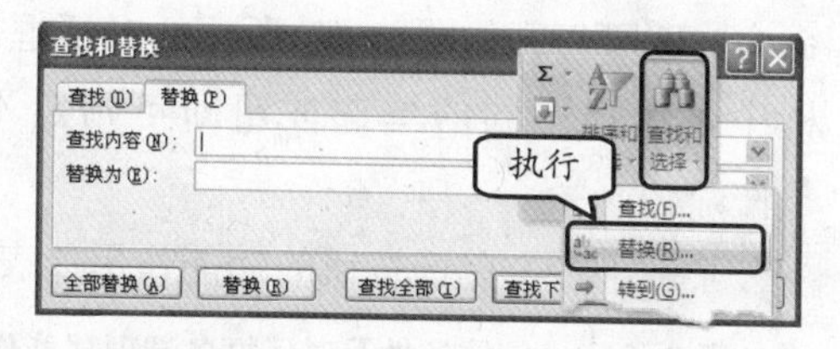

图 3-37 【替换】选项卡

在【替换】选项卡中，用户只需在【查找内容】文本框中输入要查找的内容，在【替换为】文本框中输入要替换的内容，单击【全部替换】或【替换】按钮即可，如图 3-38 所示。另外，用户也可以单击【选项】按钮，打开对话框的折叠部分，可为替换文本指定文本格式。

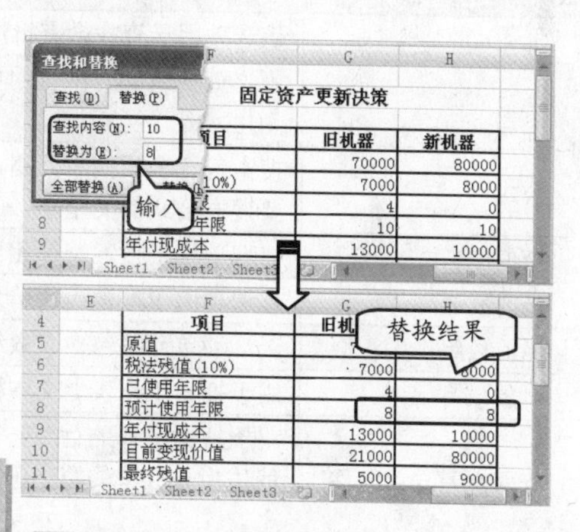

图 3-38 替换操作

技 巧

用户也可以按 Ctrl+F 组合键打开【查找和替换】对话框进行查找操作；按 Ctrl+H 组合键进行替换操作。

3.3.3 转到和定位

利用 Excel 的转到和定位功能，可以根据文档类型的不同定位到特定的页码、行号、脚注、表格、批注或其他对象，从而方便用户进行操作。

1. 转到功能

要使用 Excel 的转到功能，单击【查找和选择】下拉按钮，执行【转到】命令，即可打开【定位】对话框，在【引用位置】文本框中输入要查看的单元格，单击【确定】按钮即可，如图3-39所示。

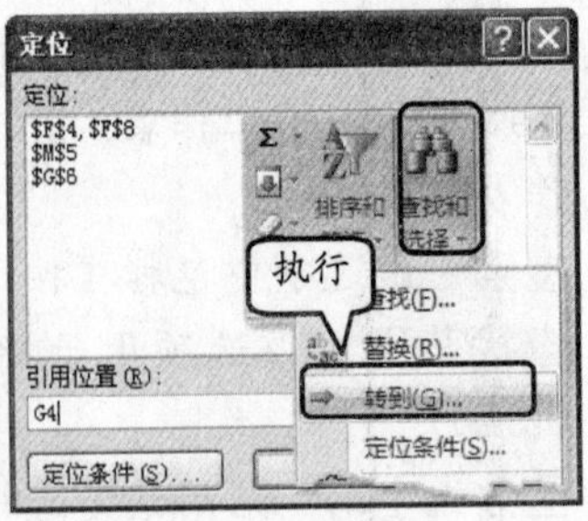

图3-39 【定位】对话框

提 示

在【定位】对话框中单击【定位条件】按钮，即可在打开的【定位条件】对话框中设置相应的定位条件。

2. 定位功能

使用Excel的定位功能，能够根据用户指定的定位条件快速选择符合条件的单元格或单元格区域。

在【查找和选择】下拉列表中执行【定位条件】命令，即可打开如图3-40所示的对话框。在该对话框中，选择不同的单选按钮即可指定不同的定位条件。

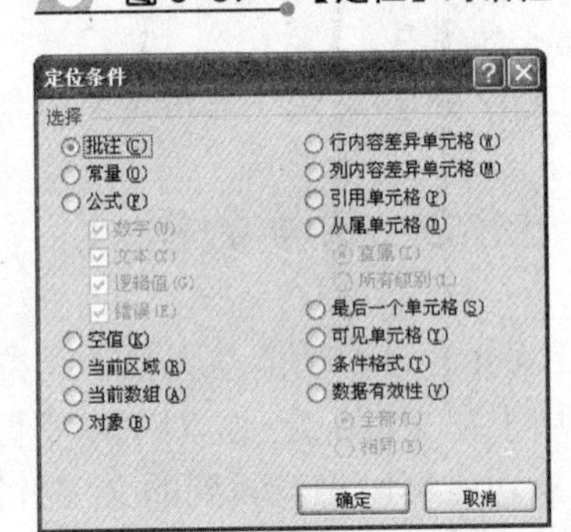

图3-40 【定位条件】对话框

其中，各个单选按钮的功能作用如表3-2所示。

表3-2 【定位条件】对话框各选项功能作用

名 称	功 能
批注	该选项用于查找含有批注的单元格
常量	用户查找包含有常量的单元格（常量是指不进行计算的值，因此也不会发生变化）
公式	搜索包含公式的单元格，选择该单选按钮，其下的多个复选框可以用于选择要搜索公式的类型
空值	该选项用于搜索空单元格
当前区域	该选项用于搜索当前单元格或单元格区域，即输入数据的单元格区域
当前数组	若活动单元格包含在数组中，则搜索整个数组
对象	用于搜索工作表上文本框中的图形对象，包括按钮和图表等
行内容差异单元格	用于搜索选择的行中与活动单元格内容存在差异的所有单元格。活动单元格默认为一行中的第一个单元格；如果选择了多行，则会对选择的每一行进行比较
列内容差异单元格	用于搜索选择的行中与活动单元格内容存在差异的所有单元格。活动单元格默认为一列中的第一个单元格；如果选择了多列，则会对选择的每一列进行比较
引用单元格	用于搜索由活动单元格中的公式所引用的单元格
从属单元格	搜索其公式引用了活动单元格的单元格。选择【直属】单选按钮，仅查找由公式直接引用的单元格；选择【所有级别】单选按钮，可查找选定区域内的单元格，直接或间接引用的所有单元格
最后一个单元格	该选项用于搜索工作表中最后一个含有数据或格式的单元格
可见单元格	仅查找包含隐藏行或隐藏列区域中的可见单元格

续表

名　称	功　能
条件格式	仅查找使用了条件格式的单元格。在【数据有效性】单选按钮下，选择【全部】单选按钮，可以查找所有应用了条件格式的单元格；若选择【相同】单选按钮，可查找条件格式与当前选择的单元格相同的单元格
数据有效性	该选项用于搜索仅应用了数据有效性规则的单元格

另外，在【查找和选择】下拉列表中还包含有【公式】、【批注】、【条件格式】、【常量】以及【数据有效性】5个命令，其功能与【定位条件】对话框中所对应的单选按钮相同，执行所需命令即可在工作表中进行相应内容的查找。

3.4 保护工作表和工作簿

工作表的创建完成之后，为了避免他人对重要数据信息进行修改或复制，可以利用Excel的保护功能为数据表建立有效的保护措施。

3.4.1 保护工作簿

Excel 为用户提供了多层安全和保护功能，以便控制权限用户访问或者修改工作表中的数据。

例如，选择【审阅】选项卡，单击【更改】组中的【保护工作簿】下拉按钮，执行【保护结构和窗口】命令，即可打开【保护结构和窗口】对话框，如图3-41所示。

在该对话框中包含有两个复选框和一个文本框，其功能作用如下所示：

- ❑ **结构**　启用该复选框可使工作簿的结构保持现有的格式，将不能进行如删除、移动、复制等操作。
- ❑ **窗口**　启用该复选框可以使工作簿的窗口保持当前形式。
- ❑ **密码**　该文本框用于设置当前工作簿的密码，以防止未授权的用户取消工作簿的保护。此密码是可选的，如果不提供密码，则任何用户都可以取消对工作表的保护或者对受保护的工作簿元素进行更改。

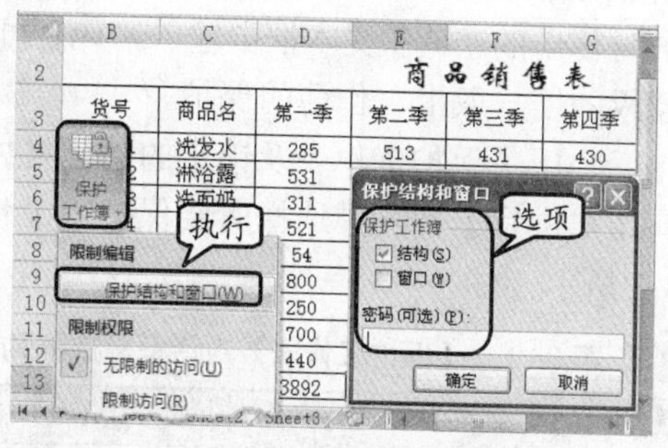

图3-41　保护工作簿结构和窗口

如果需要对工作簿中的窗口大小和布局结构进行更改，即可撤销对该工作簿的保护。单击【保护工作簿】下拉按钮，再次执行【保护结构和窗口】命令，在弹出的【撤销工作簿保护】对话框中输入密码即可，如图3-42所示。

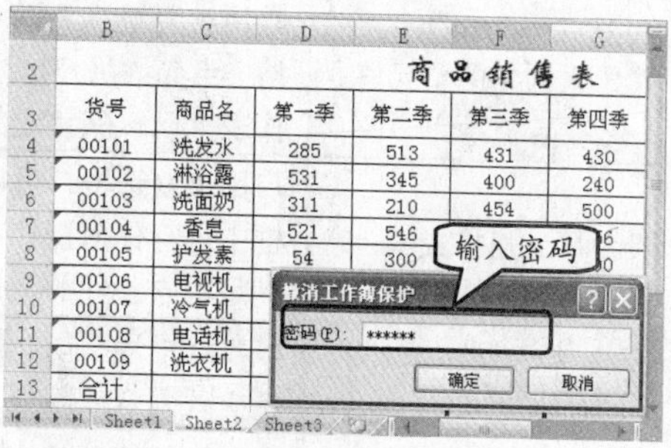

图3-42　撤销工作簿保护

3.4.2 保护工作表

保护工作簿是对其布局结构以及窗口大小进行保护，但允许对工作表中的数据进行修改或者删除，而对工作表的保护是针对当前活动工作表中的表元素进行保护。当对工作表保护之后，仍然可以对工作表的窗口大小进行调整，但不允许修改其中的数据或者单元格格式。

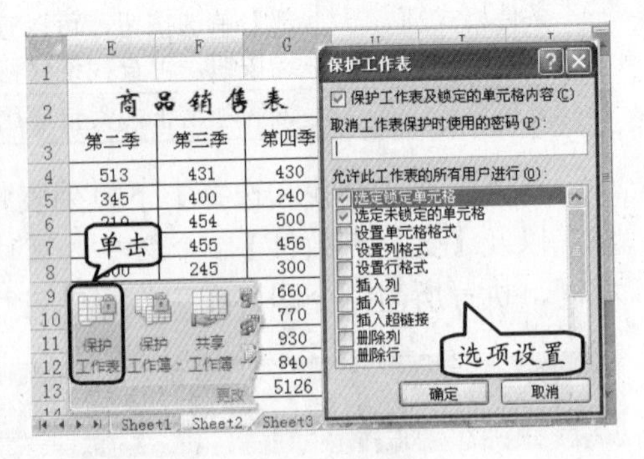

图 3-43 保护工作表

要对工作表进行保护，可以选择需要保护的工作表，单击【更改】组中的【保护工作表】按钮，即可打开【保护工作表】对话框，如图 3-43 所示。

另外，用户也可以在工作表中单击【格式】下拉按钮，执行【保护工作表】命令，打开【保护工作表】对话框，如图 3-44 所示。

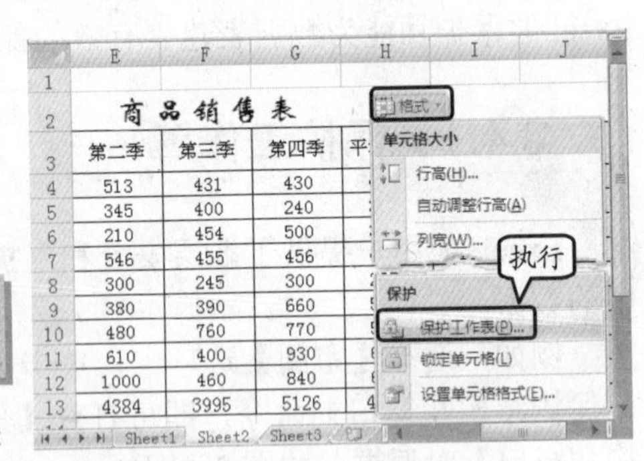

图 3-44 【保护工作表】命令

技 巧

用户也可以右击要保护的工作表标签，执行【保护工作表】命令，打开【保护工作表】对话框。

在【保护工作表】对话框的【取消工作表保护时使用的密码】文本框中输入密码，可防止未授权的用户取消工作簿的保护。

启用【保护工作表及锁定的单元格内容】复选框，可在其下的【允许此工作表的所有用户进行】列表中选择所要保护的工作表中的元素。其中，各复选框的功能作用如表 3-3 所示。

表 3-3 【保护工作表】对话框复选框的功能作用

名 称	功 能
选定锁定单元格	默认情况下，此复选框是启用的，当用户禁用该复选框时，可以防止用户将鼠标指向工作表中已经锁定的单元格
选定未锁定的单元格	禁用该复选框，可以防止用户将鼠标指向工作表中已经清除锁定的单元格。当允许用户选取解除锁定的单元格时，就可以按 Tab 键在受保护的工作表上已解除锁定的单元格之间移动
设置单元格格式	启用该复选框，可以防止用户在【设置单元格格式】和【条件格式】对话框中进行任何操作。如果在保护之前已经使用了条件格式，则当用户输入满足不同条件的数值时，该格式将继续变化
设置列格式	该复选框用于防止使用【格式】菜单下的【列】子菜单中的任何命令，包括更改列宽或隐藏列
设置行格式	该复选框用于禁止用户进行任何有关行格式的操作

续表

名　称	功　能
插入列	禁止用户插入列
插入行	禁止用户插入行
插入超链接	禁止用户插入超链接，即使在已解除锁定的单元格中也不能插入
删除列	禁止用户删除列
删除行	禁止用户删除行
排序	防止用户使用任何命令对数据进行排序
使用自动筛选	启用该复选框，可以防止用户在工作表的自动筛选区域中使用下拉箭头更改筛选
使用数据透视表	启用该复选框，可以防止用户对数据透视表设置格式、更改布局、刷新或修改数据，或者是创建新报表
编辑对象	启用该复选框，可以防止用户修改保护工作表之前未解除锁定的图形对象和嵌入图表，还能够防止用户添加或编辑批注
编辑方案	启用该复选框，可以防止用户查看已隐藏的方案、更改已设为不可更改的方案，以及删除这些方案。如果未对可变单元格实施保护，用户可以编辑这些单元格中的数据，并且可以添加新方案

如果用户要撤销对工作表的保护，可以选择受保护的工作表，右击其工作表标签，执行【撤销工作表标签】命令，如图3-45所示。若该工作表设置有密码，只需输入密码；若无密码，即可直接撤销对工作表的保护。

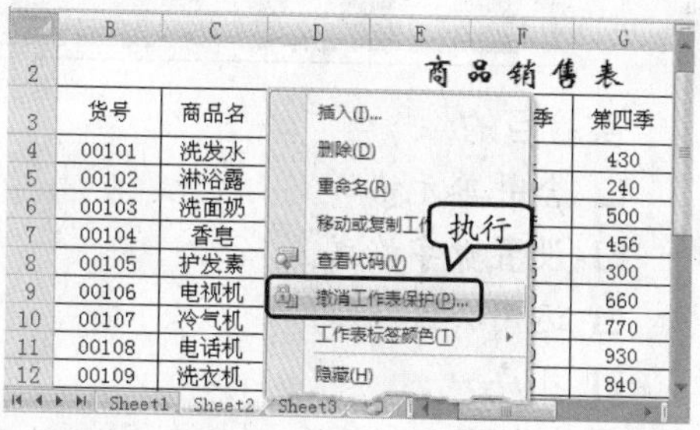

图3-45　撤销工作表保护

3.4.3　保护单元格

每个单元格都具有锁定和隐藏两个重要特性。默认情况下，保护工作表时该工作表中的所有单元格都会被锁定，用户不能对锁定的单元格进行任何更改。若使用单元格的隐藏功能，在选择单元格时，可以避免在编辑栏中显示该单元格中的公式，而只显示公式计算的结果。

另外，如果在保护工作表之前指定了允许修改的单元格或单元格区域，即可在受保护的工作表中对该单元格或单元格区域的数据进行修改。

例如，在工作表中指定单元格或单元格区域，并在【设置单元格格式】对话框中选择【保护】选项卡，禁用【锁定】复选框，即可禁止对该单元格或单元格区域的保护，如图3-46所示。

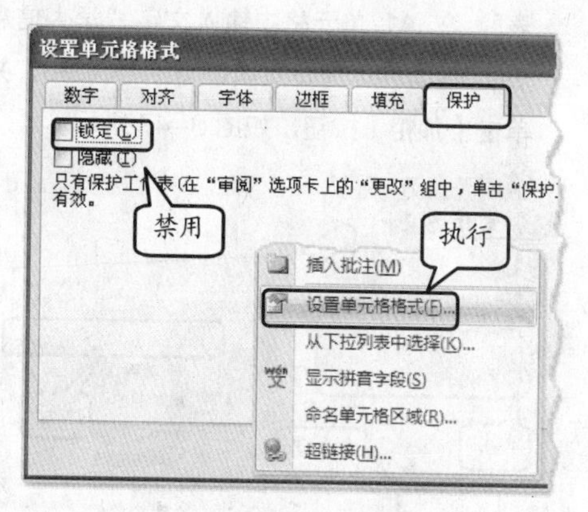

图3-46　取消单元格保护

提　示

对于所有单元格、图形对象、图表、方案以及窗口等，Excel 所设置的默认格式都是处于保护和可见状态的，即锁定状态，但只有当工作表的所有单元格设置保护后才生效。

3.5　实验指导：制作学生信息表

为了了解入校新生的一些基本信息和文化基础，可以靠计算平均成绩来为学生排列名次，以便根据学生的文化功底来进行有效的教学措施。下面通过运用合并单元格、设置数字格式、运用公式和排序等功能来制作学生信息表。

学生信息表

学号	姓名	性别	出生年月	政治面貌	贯籍	所在公寓	入学成绩	平均成绩	名次
004	李莉	女	Dec-98	团员	河北省唐山市	15#302	620	124	1
009	李新荣	女	Nov-98	团员	河南省安阳市	14#219	610	122	2
003	张铭心	男	Jan-99	党员	河南省开封市	18#204	609	121.8	3
006	张冰凌	女	Apr-98	团员	黑龙江省齐齐哈尔市	14#502	605	121	4
015	张照明	男	May-98	团员	江苏省杭州市	18#411	605	121	4
012	林琳	女	Jun-99	党员	江西省南昌市	15#314	604	120.8	5
001	马晓凡	女	Dec-98	团员	河南省开封市	15#201	602	120.4	6
011	孙一明	男	May-98	团员	江苏省杭州市	19#211	600	120	7
008	马峰	男	Mar-99	团员	河南省洛阳市	19#512	599	119.8	8
002	郭凯	男	Oct-98	团员	河南省洛阳市	18#604	598	119.6	9
005	赵海	男	Jul-98	团员	安徽省合肥市	18#303	598	119.6	9
013	吴迪	男	Dec-98	团员	山西省太原市	19#201	596	119.2	10
010	张田	男	Jan-98	团员	安徽省合肥市	18#209	588	117.6	11
007	孙凯淇	男	Feb-99	党员	山东省日照市	18#415	587	117.4	12
014	朱珊	女	Jun-98	团员	河南省焦作市	14#306	579	115.8	13

实验目的

- ❑ 合并单元格
- ❑ 设置数字格式
- ❑ 运用公式
- ❑ 排序

操作步骤

1 将 Sheet1 工作表标签重命名为“学生信息表”。在 A1 单元格中输入文字“学生信息表”，设置字体为华文新魏，字号为 18，并单击【加粗】按钮，如图 3-47 所示。

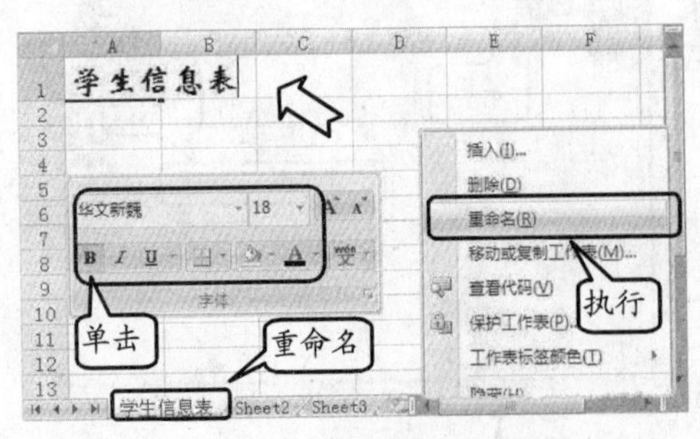

图 3-47　设置字体格式

提　示

新建空白工作簿，按 Ctrl+S 组合键，在弹出的【另存为】对话框中将该工作簿保存为“学生信息表”。

2 选择 A1 至 J1 单元格区域，设置对齐方式为合并后居中，并在 A2 至 J2 单元格区域中输入相应字段名，如图 3-48 所示。

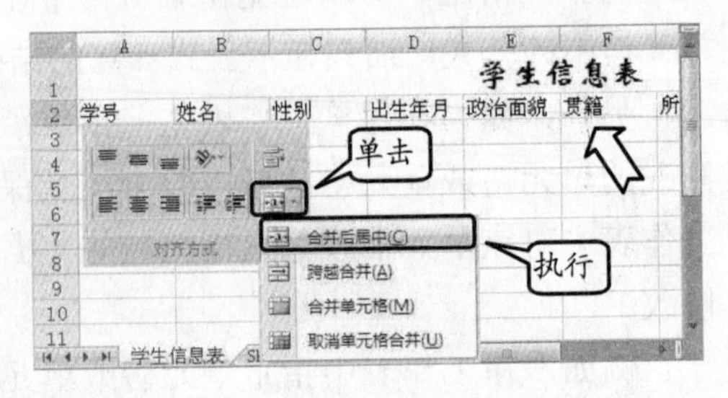

图 3-48　设置对齐方式

3 选择 A2 至 J2 单元格区域，设置字号为 12，字体颜色为深红，并单击【加粗】按钮，如图 3-49 所示。

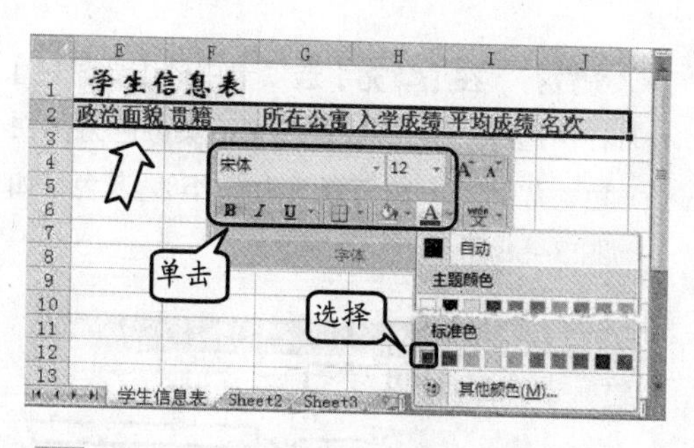

图 3-49　设置字段名格式

4 选择 A3 单元格，单击【数字】组中的【数字格式】下拉按钮，执行【文本】命令，然后，输入数字“001”，按 Enter 键输入即可，如图 3-50 所示。

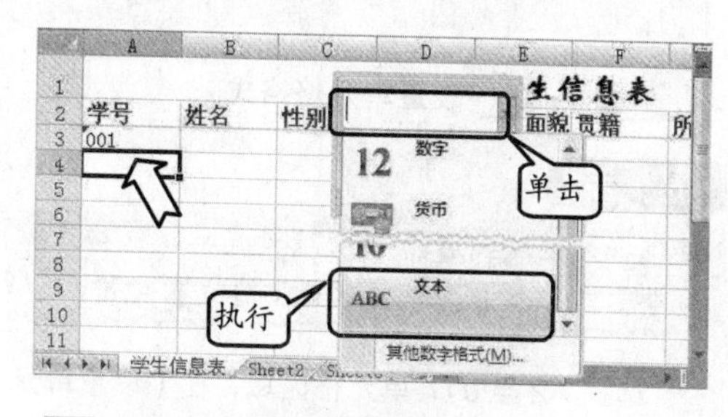

图 3-50　设置数字格式

5 将鼠标置于 A3 单元格的填充柄上，向下拖动至 A17 单元格，然后在 B3 至 H17 单元格区域中输入相应字段信息，如图 3-51 所示。

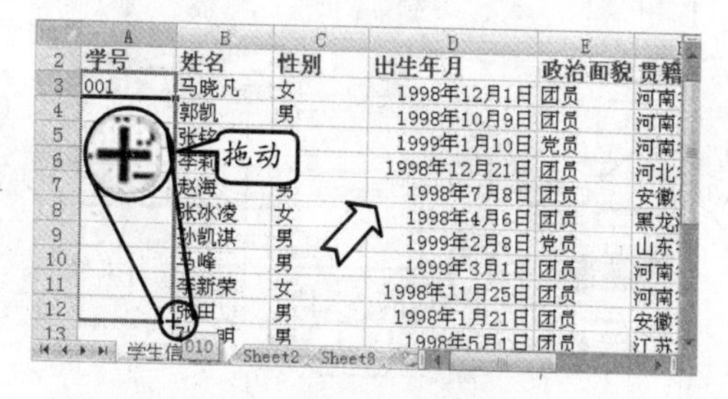

图 3-51　复制并输入信息

6 选择 D3 至 D17 单元格区域，在【设置单元格格式】对话框的【分类】列表框中选择【日期】选项，并在【类型】列表框中选择 Mar-01 类型，如图 3-52 所示。

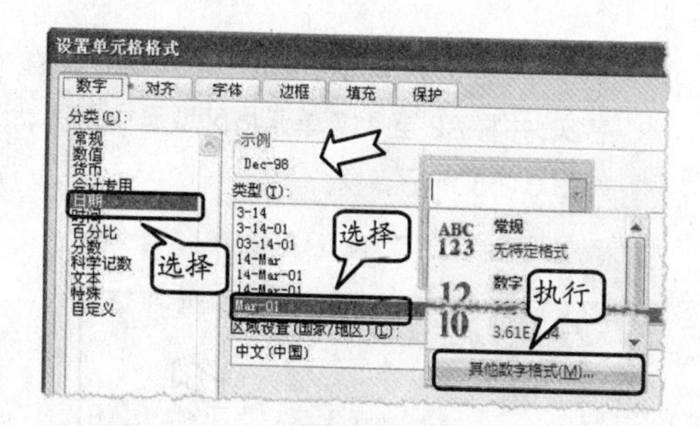

图 3-52　设置字体格式

提　示

单击【数字】组中的【数字格式】下拉按钮，执行【其他数字格式】命令，即可打开【设置单元格格式】对话框。

7 选择 I3 单元格，在编辑栏中输入公式“=H3/5”，并单击【输入】按钮，然后，拖动该单元格右下角的填充柄至 I17 单元格，如图 3-53 所示。

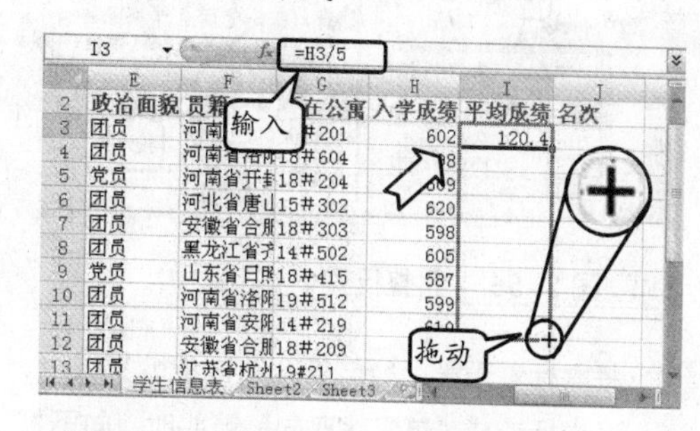

图 3-53　输入并复制公式

8 选择 I 列单元格区域，在【数据】选项卡中单击【排序和筛选】组中的【降序】按钮，在弹出的【排序提醒】对话框中直接单击【排序】按钮，如图 3-54 所示。

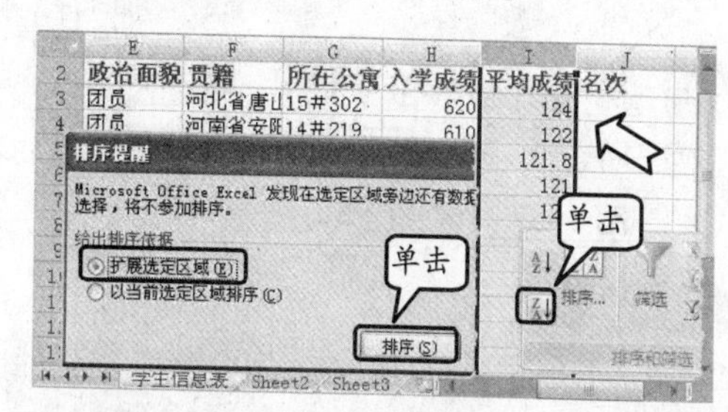

图 3-54　运用排序功能

9 依照“平均成绩”从高到低的排列顺序，分别在 J3 至 J17 单元格区域中输入相对应的名次，并将 A2 至 J17 单元格区域居中对齐，如图 3-55 所示。

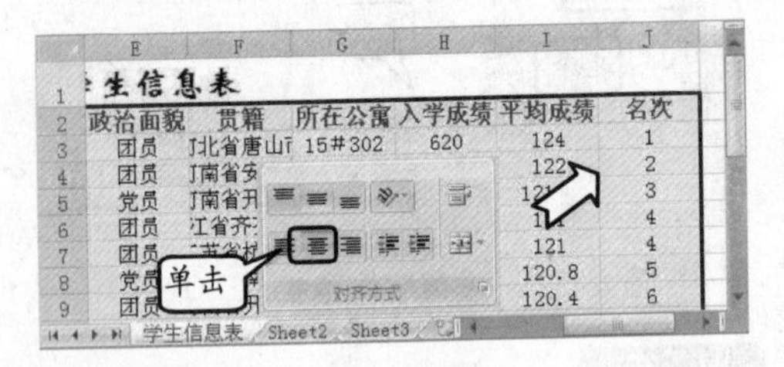

图 3-55 设置对齐方式

10 选择 F 列，将鼠标置于该列右侧的分界线上，当光标变成“单横线双向”箭头时，向右拖动至显示“宽度：17.88（148 像素）”处松开，如图 3-56 所示。

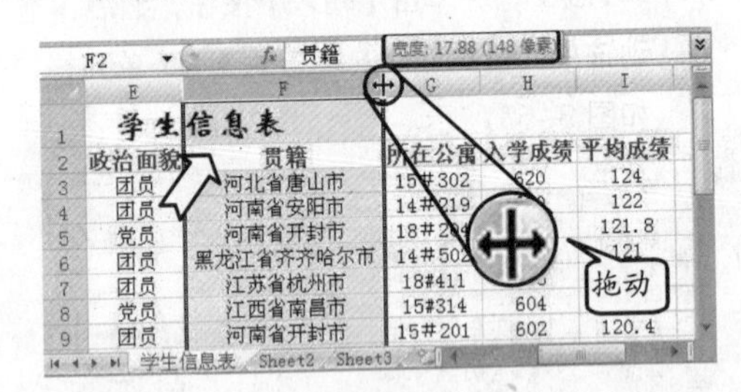

图 3-56 调整行宽

11 将鼠标置于第 2 行与第 3 行间的分界线上，当光标变成“单竖线双向”箭头时，向下拖动至显示“高度：21.00（28 像素）”处松开，如图 3-57 所示。

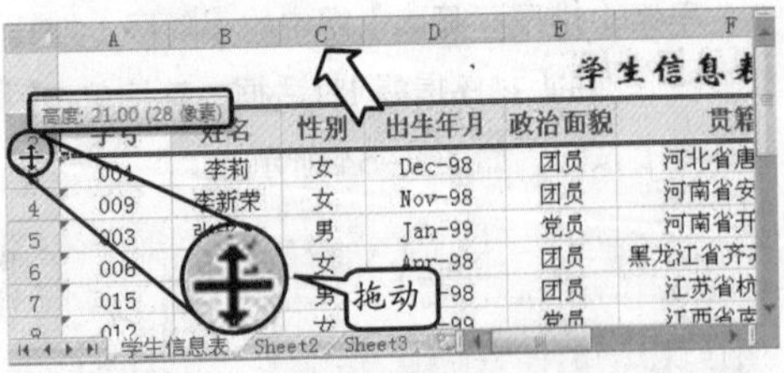

图 3-57 调整行高

提 示

依照相同的方法分别调整其他区域的行高和列宽。

12 选择 A2 至 J2 和 A3 至 J17 单元格区域中的奇数行，在【填充】选项卡中的【背景色】栏中选择一种颜色，并设置图案颜色为：“白色，背景 1”，图案样式为 6.25% 灰色，如图 3-58 所示。

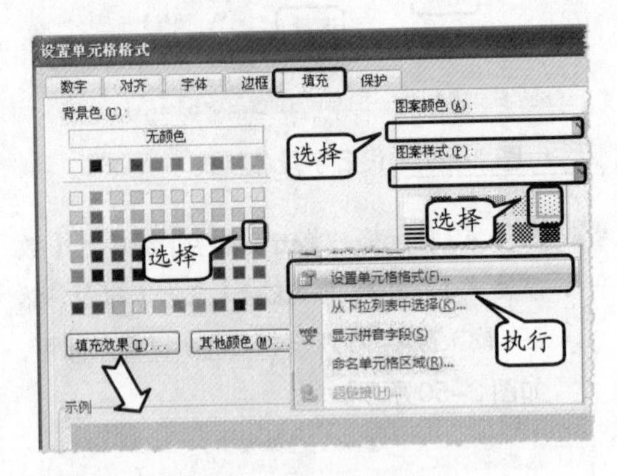

图 3-58 设置单元格格式

提 示

在选择的区域上右击，执行【设置单元格格式】命令，即可打开【设置单元格格式】对话框。

13 选择 A2 至 J17 单元格区域，在【设置单元格格式】对话框中的【线条】栏中选择“较细”线条样式，设置颜色为紫色，并单击【边框】栏中的【左框线】和【右框线】按钮，如图 3-59 所示。

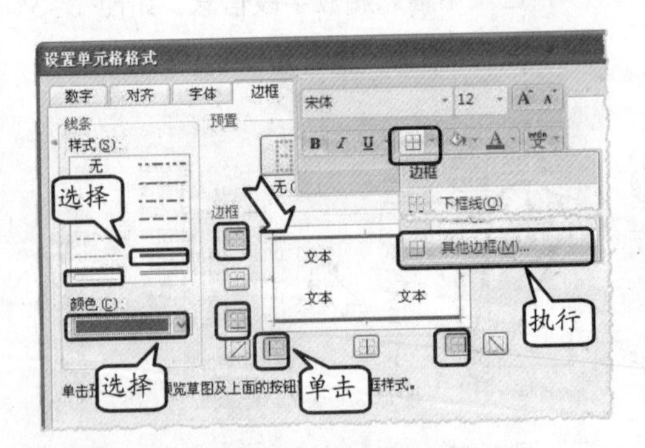

图 3-59 添加边框样式

提 示

设置【边框】栏中的上框线和下框线为“粗”线条样式，然后设置 A2 至 J2 单元格区域的下框线为“较细”线条样式。

14 启用【显示/隐藏】组中的【网格线】复选框，隐藏工作表中的网格线，然后单击 Office 按钮，执行【打印】|【打印预览】命令，即可预览该工作表。

3.6 实验指导：销售记录表

销售记录表是用来记录公司在某段时期的销售成绩和产品的销售趋势的，使公司可以对市场有一个进一步的了解。下面就通过合并单元格、隐藏行或列、改变工作表标签颜色等功能来制作公司二月份的销售记录表。为了避免外人修改销售记录单，还运用了保护工作表的功能。

二月份销售记录单

2008-3-24 9:52

订单编号	订货日期	发货日期	地区	城市	订货金额	联系人1	地址
10205	2008-2-2	2008-2-4	华北	北京	¥ 43.20	李先生	顺昌路 102号
10541	2008-2-3	2008-2-5	华北	北京	¥ 45.50	方先生	海里路 125号
10532	2008-2-6	2008-2-9	华北	北京	¥ 70.60	华小姐	东风街 84号
10854	2008-2-6	2008-2-7	华北	北京	¥ 56.50	白先生	高新技术开发区 102号
10245	2008-2-7	2008-2-7	华北	北京	¥ 26.78	李先生	大学路 3号
10302	2008-2-8	2008-2-9	华北	北京	¥ 42.30	白先生	铭心路 119号
10825	2008-2-10	2008-2-12	华北	北京	¥ 84.63	王小姐	赵李庄大道 8号
10352	2008-2-12	2008-2-13	华北	北京	¥ 59.69	张小姐	文明街 45号
10200	2008-2-16	2008-2-18	华北	北京	¥ 57.60	王小姐	方程路 12号
10304	2008-2-16	2008-2-18	华北	天津	¥ 85.20	王先生	卒中大街 147号
10541	2008-2-17	2008-2-20	华北	天津	¥ 86.93	李先生	方圆路 3号
10558	2008-2-13	2008-2-15	华北	天津	¥ 48.54	李小姐	金玉街 16号
10652	2008-2-14	2008-2-16	华北	北京	¥ 28.96	赵先生	安泰大道 106号
10895	2008-2-15	2008-2-17	华北	秦皇岛	¥ 35.40	白小姐	国安街 47号
10871	2008-2-16	2008-2-18	华北	秦皇岛	¥ 76.32	吴先生	明安中路 125号
10541	2008-2-17	2008-2-19	华北	秦皇岛	¥ 78.22	李先生	四方街 49号
10820	2008-2-20	2008-2-20	华北	秦皇岛	¥ 46.30	王先生	八大街 12号
10366	2008-2-21	2008-2-23	华北	秦皇岛	¥ 89.63	赵先生	槐仙路 79号
10845	2008-2-23	2008-2-25	华东	南昌	¥ 45.23	刘小姐	林山路 63号
10872	2008-2-23	2008-2-25	华东	南昌	¥ 75.51	吴小姐	方明路 102号
10250	2008-2-24	2008-2-26	华东	南昌	¥ 85.27	张先生	松林大道中段 169号

实验目的

- ❑ 合并单元格
- ❑ 调整行高和列宽
- ❑ 隐藏行或列
- ❑ 改变工作表标签颜色
- ❑ 保护工作表

操作步骤

1 右击 Sheet1 工作表标签，将其重命名为“销售记录单”。在 Sheet2 和 Sheet3 工作表标签上右击，执行【删除】命令删除工作表，如图 3-60 所示。

提　示

新建空白工作簿，按 Ctrl+S 组合键，在弹出的【另存为】对话框中将该工作簿保存为“销售记录单”。

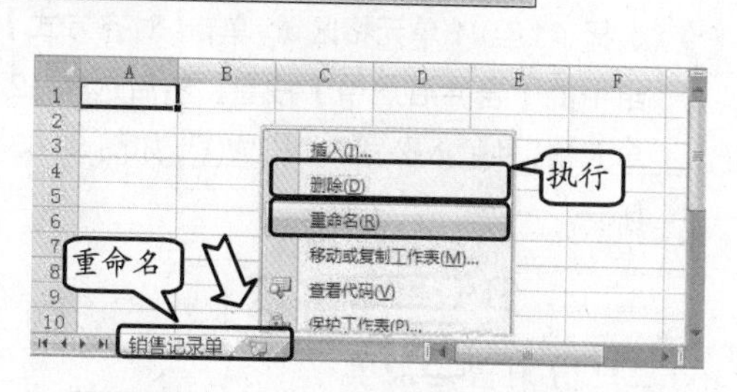

图 3-60　重命名并删除工作表标签

2 右击 Sheet1 工作表标签，执行【工作表标签颜色】|【其他颜色】命令，在弹出的【颜色】对话框的【标准】选项卡中选择一种颜色，如图 3-61 所示。

3 在 A1 单元格中输入文字“二月份销售记录单”，设置字号为 22，并单击【加粗】按钮，如图 3-62 所示。

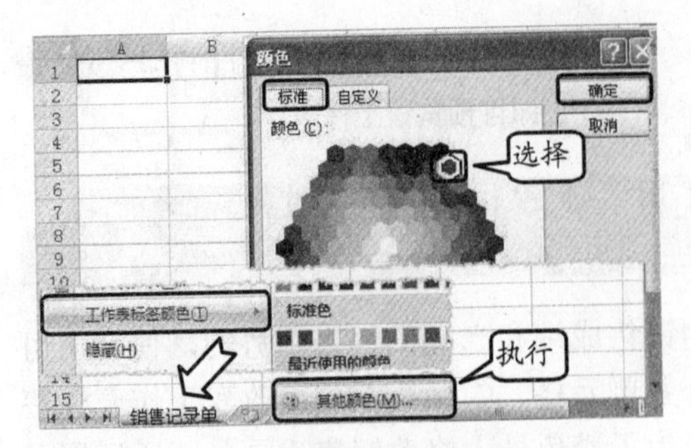

图 3-61 设置工作表标签颜色

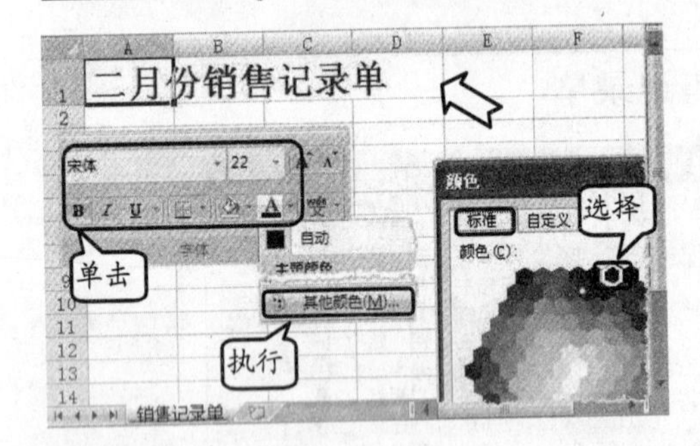

图 3-62 设置字体格式

提 示

在【字体颜色】下拉列表中执行【其他颜色】命令，并在【标准】选项卡的【颜色】选项组中选择一种"蓝色"色块。

4 选择 A1 至 I1 单元格区域，单击【对齐方式】组中的【合并后居中】按钮，然后选择 I2 单元格，并输入公式"=NOW()"，如图 3-63 所示。

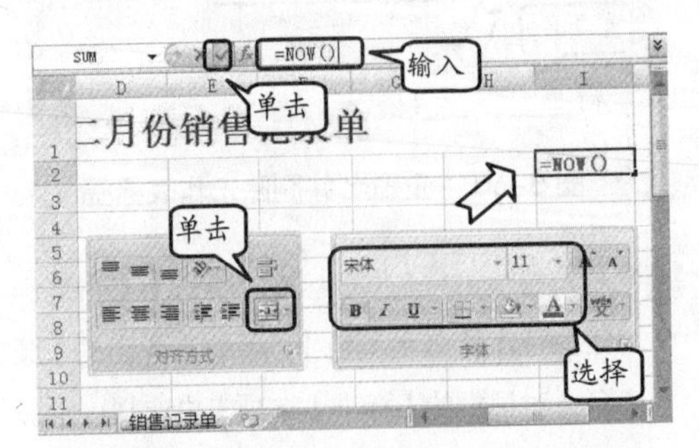

图 3-63 输入公式并设置对齐方式

提 示

设置 D2 至 F2 单元格区域的字体颜色为红色，并单击【加粗】按钮。

5 在 A3 至 I3 单元格区域中输入字段名，设置字号为 12，字体颜色为"白色，背景 1"，填充颜色为紫色，并单击【加粗】和【居中】按钮，如图 3-64 所示。

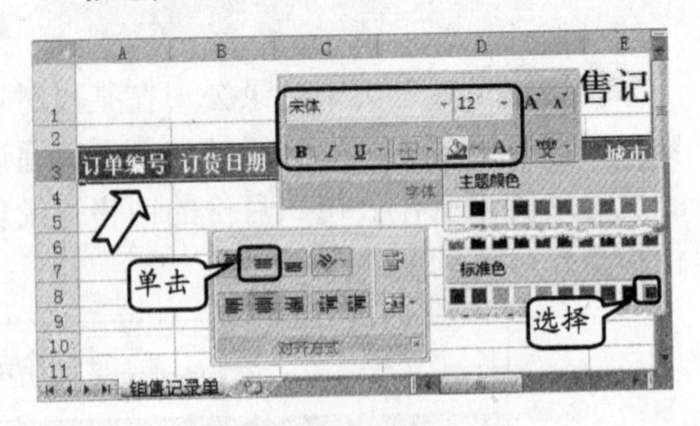

图 3-64 设置字体格式

6 在 A4 至 I33 单元格区域中输入相应字段信息。选择 B4 至 C33 单元格区域，在【数字】组中的【数字格式】下拉列表中执行【短日期】命令，如图 3-65 所示。

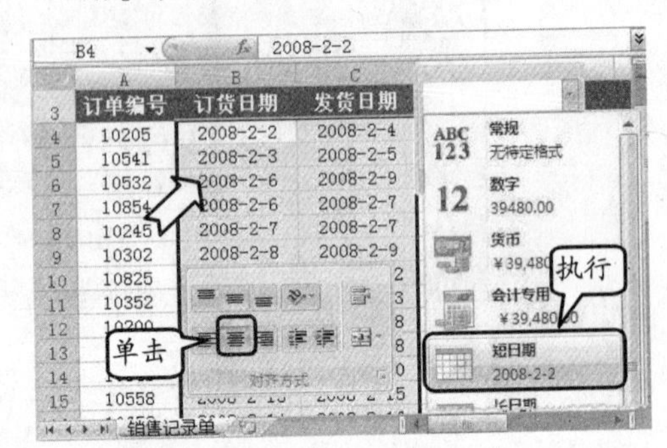

图 3-65 设置数字格式

提 示

选择 A4 至 H33 单元格区域，设置对齐方式为居中。

7 选择 F4 至 F33 单元格区域，设置其数字格式为会计专用。选择 H3 单元格并右击，执行【插入批注】命令，在弹出的文本框中输入文字，如图 3-66 所示。

8 选择 H 列区域并右击，执行【隐藏】命令将该列隐藏，如图 3-67 所示。

9 将鼠标置于 I 列右侧的分界线上，当光标变成"单横线双向"箭头时，向右拖动至显示"宽度：19.38（160 像素）"处松开，如图

3-68 所示。

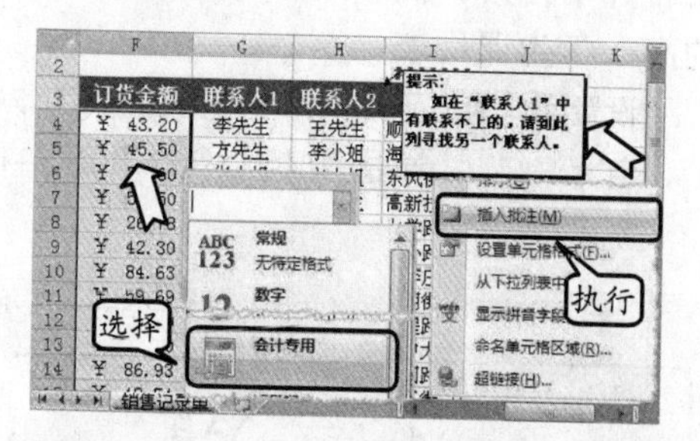

图 3-66　插入批注

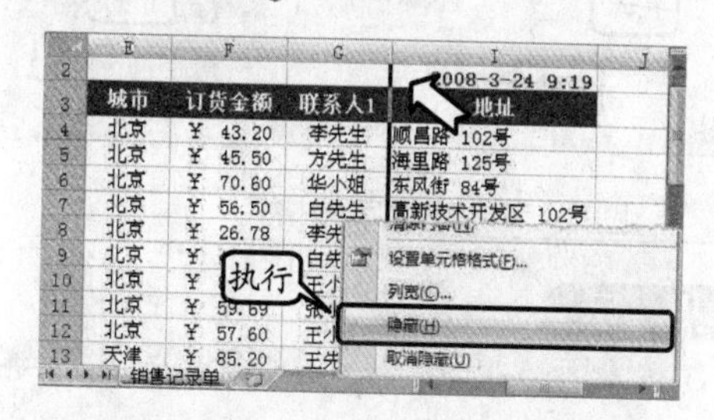

图 3-67　隐藏列

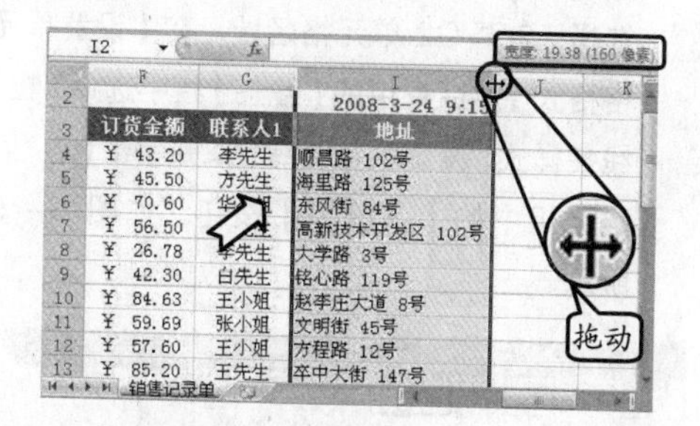

图 3-68　调整列宽

10　依照相同的方法分别调整其他区域的行高和列宽至合适位置，如图 3-69 所示。

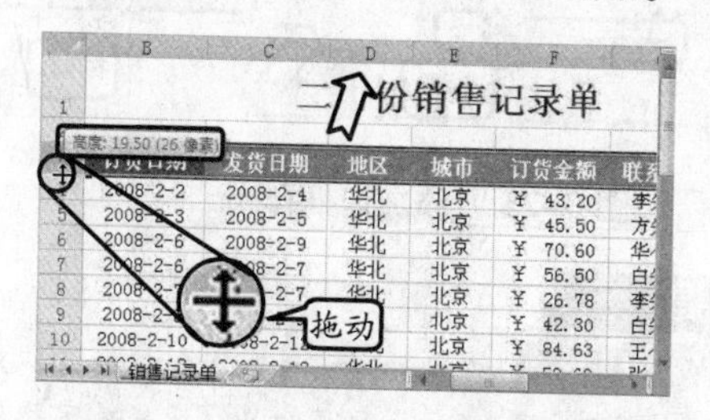

图 3-69　调整行高和列宽

11　按住 Ctrl 键的同时，依次选择 A4 至 I33 单元格区域中的偶数行，并设置其填充颜色为“水绿色，强调文字颜色 5，淡色 60%”，如图 3-70 所示。

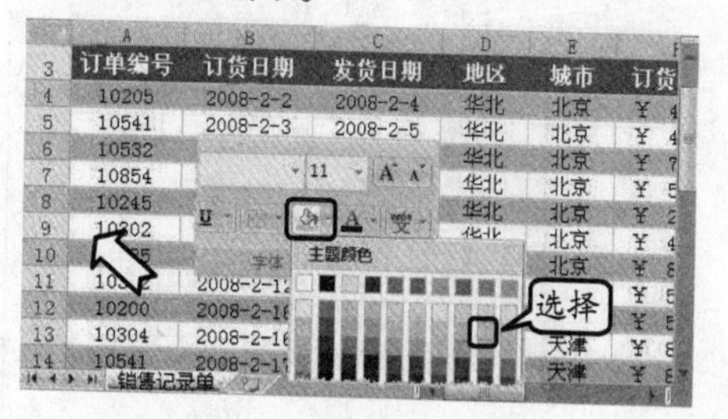

图 3-70　设置填充颜色

12　在【保护工作表】对话框的【取消工作表保护时使用的密码】文本框中输入自定义密码，并单击【确定】按钮，然后在弹出的【确认密码】对话框中重新输入密码，如图 3-71 所示。

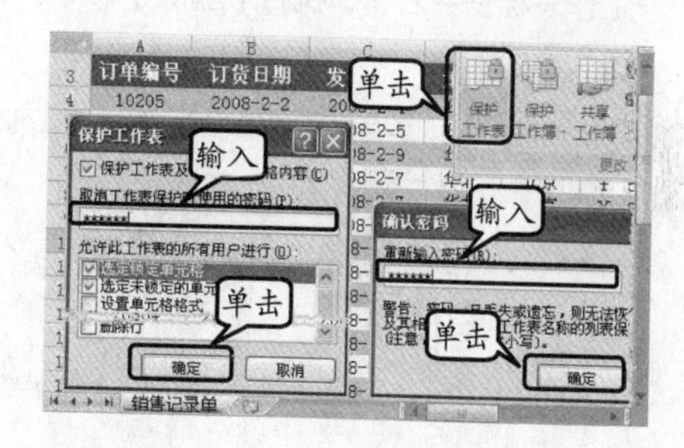

图 3-71　保护工作表

提　示

在【审阅】选项卡中单击【更改】组中的【保护工作表】按钮，即可打开【保护工作表】对话框。此表设置的密码是 123456。

13　启用【显示/隐藏】组中的【网格线】复选框，隐藏工作表中的网格线，然后单击 Office 按钮，执行【打印】|【打印预览】命令，即可预览该工作表。

3.7　实验指导：高一课程表

课程表是帮助学生了解每天或每星期课程安排的一种简单表格，使学生能够依据课程表来安排自己的学习。下面的例子主要运用了合并单元格、插入形状和添加边框样式等功能来详细介绍如何制作一个既清晰又美观的高一学生课程表。

高一课程表

课程＼星期		星期一	星期二	星期三	星期四	星期五
上午	1	数学	计算机	语文	政治	体育
	2	数学	自习	语文	政治	体育
	3	英语	政治	英语	数学	语文
	4	英语	政治	英语	数学	语文
下午	1	语文	数学	体育	历史	英语
	2	语文	数学	计算机	历史	英语
	3	体育	英语	数学	英语	数学
	4	体育	英语	数学	英语	数学
晚上	1	自习	历史	自习	自习	—
	2	自习	历史	自习	自习	—

实验目的

- ❑ 合并单元格
- ❑ 添加边框样式
- ❑ 插入形状

操作步骤

1 按住 Ctrl 键的同时，选择 Sheet2 和 Sheet3 工作表标签并右击，执行【删除】命令，如图 3-72 所示。

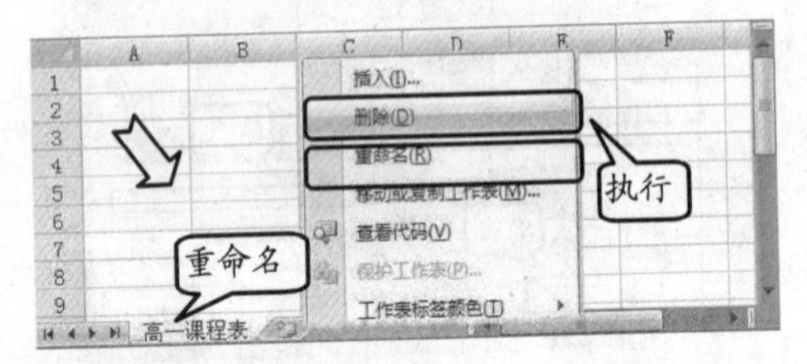

图 3-72 删除工作表

提 示

将 Sheet1 工作表标签重命名为“高一课程表”。

2 右击“高一课程表”工作表标签，在【工作表标签颜色】级联菜单中选择【标准色】选项组中的“深红”色块，如图 3-73 所示。

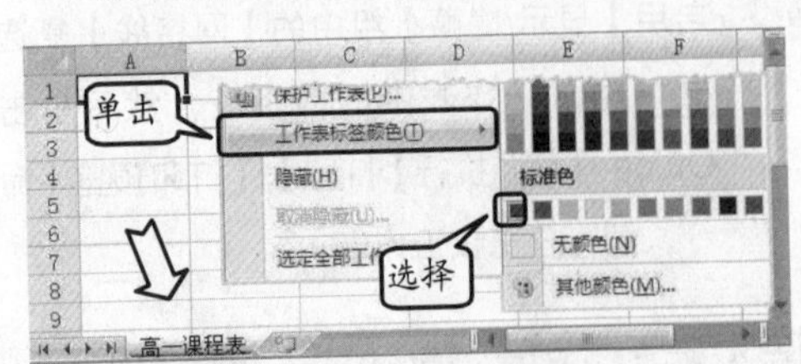

图 3-73 设置工作表标签颜色

3 在 A1 单元格中输入文字“高一课程表”，设置字体为方正姚体，字号为 22，字体颜色为深红，并单击【加粗】按钮，如图 3-74 所示。

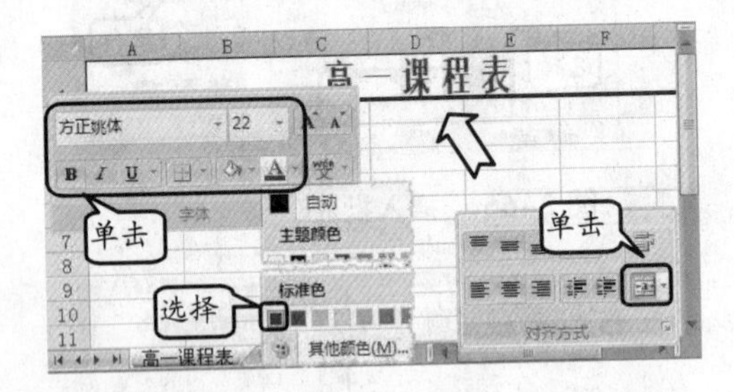

图 3-74 设置字体格式

提 示

设置 A1 至 G1 单元格区域的对齐方式为合并后居中。

4 选择 A2 至 G2 单元格区域，在【设置单元格格式】对话框中的【线条】栏中选择“粗”线条样式，设置颜色为绿色，并单击【边框】选项组中的【上框线】按钮，如图 3-75 所示。

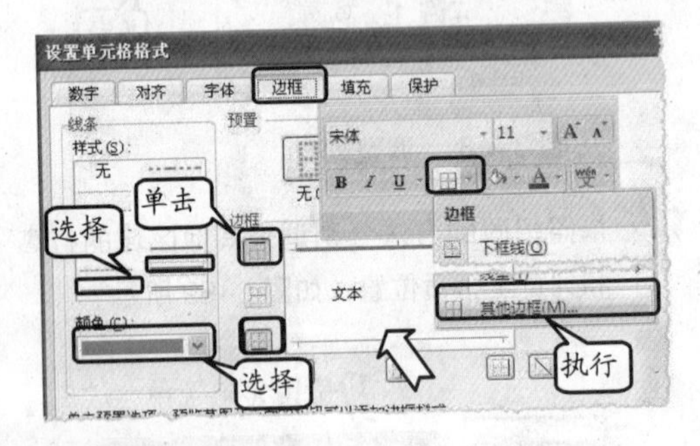

图 3-75 添加边框样式

提 示

单击【字体】组中的【边框】下拉按钮，执行【其他边框】命令，即可打开【设置单元格格式】对话框。

提 示

依照相同方法，在【线条】栏中选择“较细”线条样式，并单击【边框】栏中的【下框线】按钮。

5 选择第 2 列，将鼠标置于该列下方的分界线上，当光标变成“单竖线双向”箭头时，向上拖动至显示“高度：5.25（7 像素）”处松开，如图 3-76 所示。

图 3-76 调整行高

6 在 A4 至 G14 单元格区域中输入相应内容，并设置 A4 至 B4、A5 至 A8、A9 至 A12 和 A13 至 A14 单元格区域为合并后居中，如图 3-77 所示。

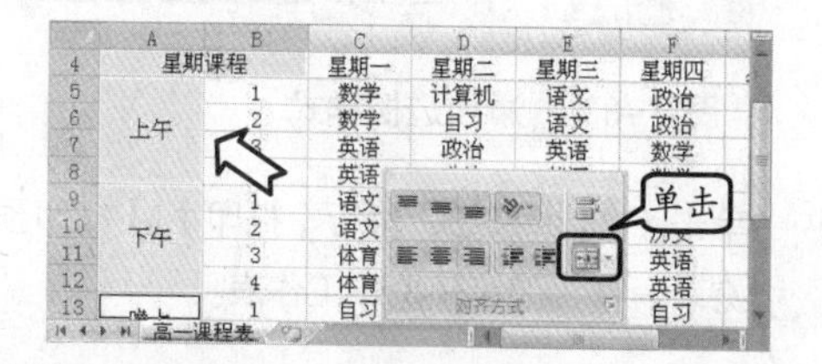

图 3-77 设置对齐方式

提 示

设置 C4 至 G4 和 B5 至 G14 单元格区域的对齐方式为居中。

7 选择第 4 列，并设置其行高为“高度：33.75（45 像素）”，然后选择 A4 至 B4 单元格区域，单击【对齐方式】组中的【自动换行】按钮，如图 3-78 所示。

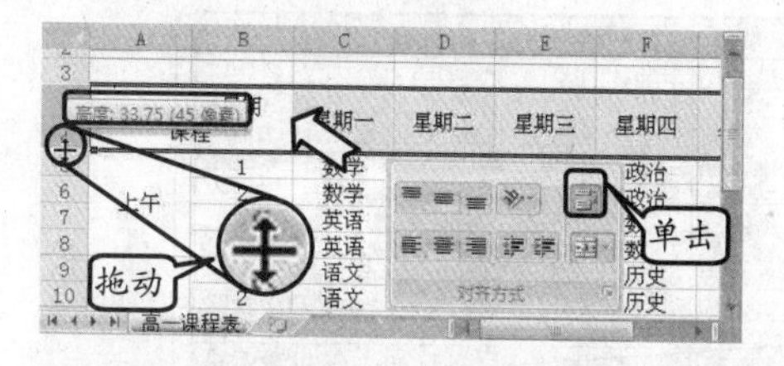

图 3-78 设置文字自动换行

提 示

在“星期”与“课程”文字间输入 12 个空格，在“星期”文字前输入 9 个空格，即可增加文字间距。

8 单击【插图】组中的【形状】下拉按钮，选择【线条】栏中的“直线”形状，在“星期、课程”文字间绘制，并在【形状样式】组中的【形状轮廓】下拉列表中单击【自动】按钮，如图 3-79 所示。

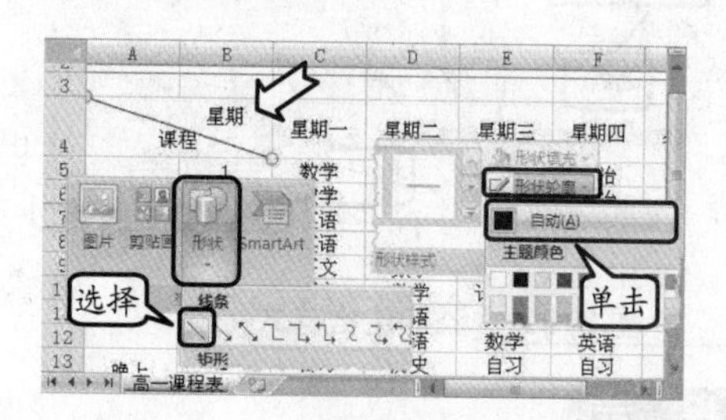

图 3-79 制作斜线表头

9 设置 C4 至 G4 单元格区域的字号为 12，字体颜色为深红，填充颜色为“白色，背景 1，深色 15%”，如图 3-80 所示。

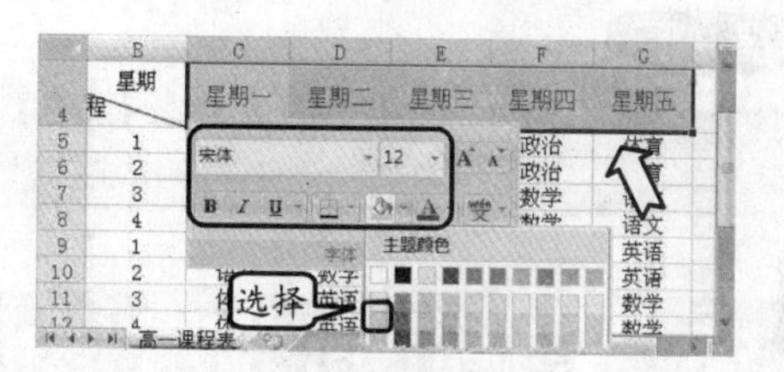

图 3-80 设置字体格式

10 分别设置 A5 至 A8、A9 至 A12 和 A13 至 A14 单元格区域的字体颜色为“红色、绿色和紫色”，设置 B5 至 B8 单元格区域的填充颜色为“红色，强调文字颜色 2，淡色 80%”，如图 3-81 所示。

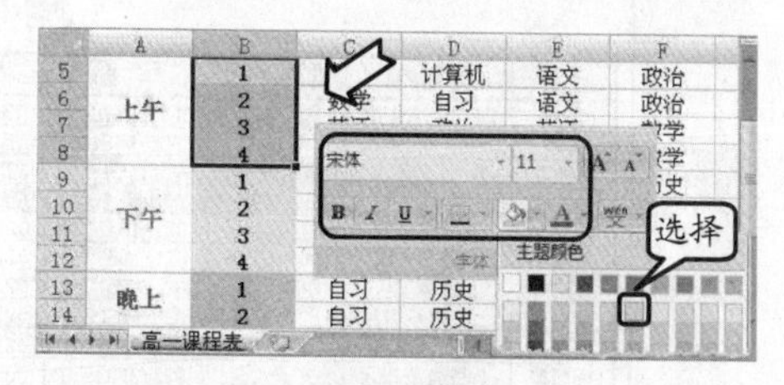

图 3-81 设置填充颜色

11 选择 A4 至 G14 单元格区域，在【设置单元格格式】对话框中的【线条】栏中分别选择“双横线”和“较细”线条样式，并预置为外边框和内部，如图 3-82 所示。

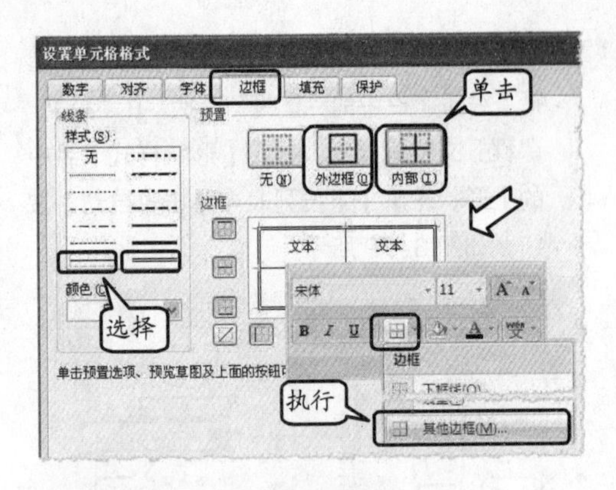

图 3-82 添加边框样式

提 示

分别设置 B9 至 B12 和 B13 至 B14 单元格区域的填充颜色为“橄榄色，强调文字颜色 3，淡色 80%”和“紫色，强调文字颜色 4，淡色 60%”。

提 示

选择 A5 至 B14 单元格区域，并单击【加粗】按钮。

提 示

单击【字体】组中的【边框】下拉按钮，执行【其他边框】命令，即可打开【设置单元格格式】对话框。

12 选择 A4 至 G4、A5 至 G8 和 A9 至 G12 单元格区域，在【字体】组的【边框】下拉列表中执行【粗底框线】命令，如图 3-83 所示。

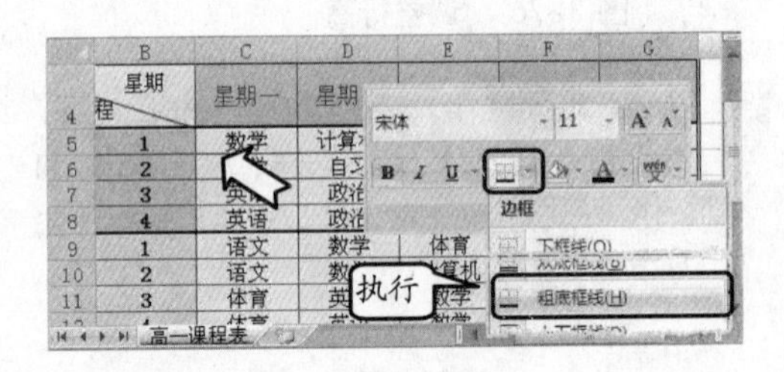

图 3-83 添加边框样式

13 单击 Office 按钮，执行【打印】|【打印预览】命令，即可预览该工作表。

3.8 实验指导：制作通讯录

通讯录主要用来记录姓名、家庭地址和电话等一些基本信息，通过这些信息，可以方便查找及与他人联系。本例主要运用插入艺术字、添加边框样式和设置数字格式等功能来介绍通讯录的制作步骤。

通讯录

更新日期：2008-03-26

姓名	家庭住址	工作单位	宅电	单位电话	邮编	手机号码	E-mail	生日
王涛	深圳南湾街道	医疗中心	0755-2576485	0755-6325802	518031	13652452130	wtao@163.com	1977-3-12
李靖	深圳新平村	电视台	0755-6584251	0755-1520301	518031	13152624002	lj@163.com	1980-12-1
张寒	深圳长岭村	医疗中心	0755-1548200	0755-4903802	518031	13342588152	zhzh@126.com	1979-10-8
徐袁峰	深圳布吉公园北	安平大厦	0755-7842014	0755-7238102	518031	13580064989	xuyf@163.com	1976-4-23
马琳	上海济阳路	百货公司	021-4845120	021-9363152	200436	13678453861	mll@126.com	1977-9-10
王建华	上海长宁区	华侨宾馆	021-3659330	021-6300280	200436	13526826540	wll@126.com	1982-9-1
王莉林	上海静安区	机械纺织厂	021-8951042	021-7051448	200436	13684572151	wang@163.com	1979-12-10
李一凡	上海浦东南路	医疗中心	021-4560203	021-3566380	200436	15846235875	liyf@163.com	1976-2-9
张天来	上海泸南路	老干所	021-7444201	021-5523612	200436	15081563002	zhangtl@163.com	1977-4-22
周盟盟	上海浦东新区	友谊大厦	021-3623630	021-2254832	200436	15072546258	zmm@126.com	1981-5-23
孙良	上海虹口区	万佳百货	021-8954212	021-4055160	200436	13658215007	zz@163.com	1980-8-12
张长	上海金海路	卫生院	021-3623512	021-8914733	200436	13645028952	mjming@126.com	1976-7-8
马景明	上海沙夏路	南方软件园	021-4512025	021-1513849	200436	13345002362	kjz@126.com	1976-6-18
珂建忠	上海罗山路	南方软件园	021-7845356	021-7815361	200436	13451258461	lml@163.com	1979-8-22
李明丽	珠海翠前新村	警察学校	0756-9820365	0756-8912005	519015	13546258001	limingl@163.com	1981-3-15
郭小华	珠海九州港	交通银行	0756-4503521	0756-9174520	519015	13425261522	guoxiaohua@126.com	1982-7-24
徐坤	珠海九州花园	海湾大酒店	0756-8029130	0756-6235329	519015	13546250036	xvkun@163.com	1980-12-11
武天国	珠海华景花园	人民医院	0756-1843790	0756-4258565	519015	13378499902	wtg@163.com	1979-9-9
赵凯淇	珠海银桦新村	医疗中心	0756-1358002	0756-1235262	519015	13948562550	zhaokq@126.com	1977-5-17
冯燕莉	珠海桃园新村	电视台	0756-4021852	0756-4360222	519015	13838254052	fyl@163.com	1976-8-18

实验目的

- ❑ 插入艺术字
- ❑ 添加边框样式
- ❑ 设置数字格式

操作步骤

1 单击【文本】组中的【艺术字】下拉按钮，并选择【渐变填充-强调文字颜色 4，映像】选项，然后在艺术字文本框中输入文字“通讯录”，如图 3-84 所示。

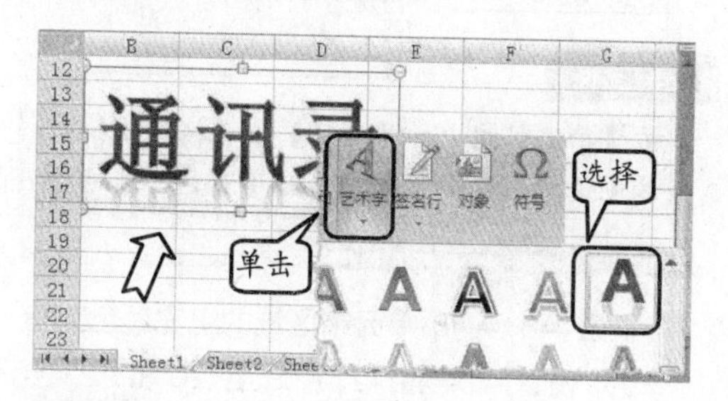

图 3-84 插入艺术字

提 示

新建空白工作簿，按 Ctrl+S 组合键，在弹出的【另存为】对话框中将该工作簿保存为“通讯录”。

2 选择艺术字，设置字号为 36。在【格式】选项卡中单击【形状样式】组中的【其他】下拉按钮，应用“细微效果-强调颜色 3”样式，如图 3-85 所示。

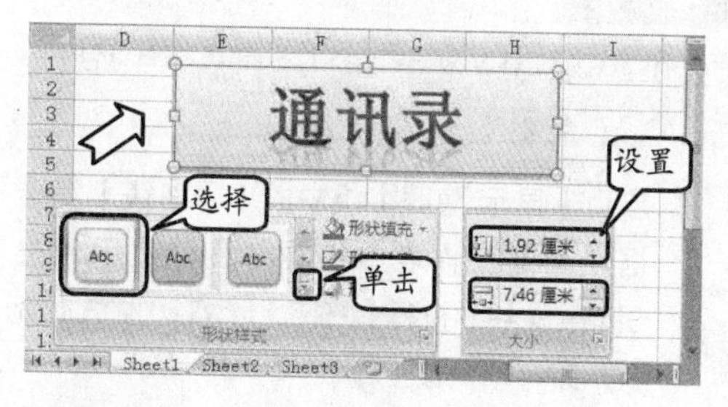

图 3-85 添加形状样式

提 示

选择艺术字，在【大小】组中分别设置形状高度和宽度为 1.92 厘米和 7.46 厘米，并将其放置于合适位置。

3 在 A6 单元格中输入公式“="更新日期："&TEXT(TODAY(),"yyyy-mm-dd")”，设置字体颜色为红色，并单击【加粗】按钮，如图 3-86 所示。

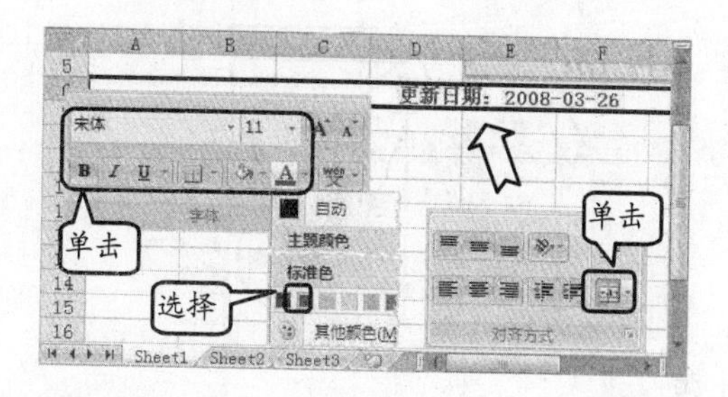

图 3-86 运用公式

提 示

选择 A6 至 I6 单元格区域，单击【对齐方式】组中的【合并后居中】按钮。

4 在 A8 至 I28 单元格区域中输入相应字段名及字段信息，设置对齐方式为居中，设置 A8 至 I8 单元格区域的字号为 12，并单击【加粗】按钮，如图 3-87 所示。

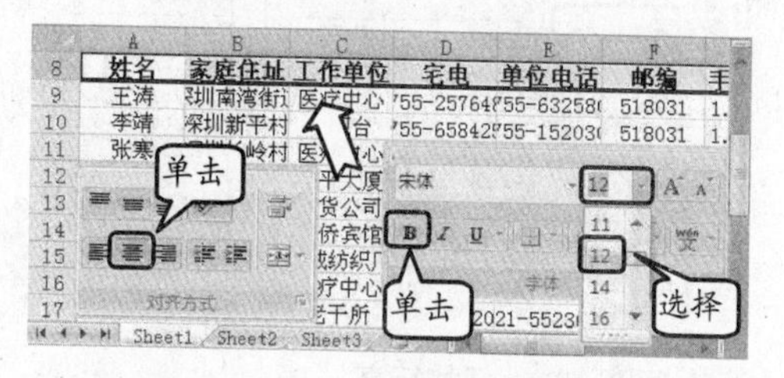

图 3-87 输入字段名及字段信息

5 选择 I9 至 I28 单元格区域，在【数字】组中的【数字格式】下拉列表中选择【短日期】选项，如图 3-88 所示。

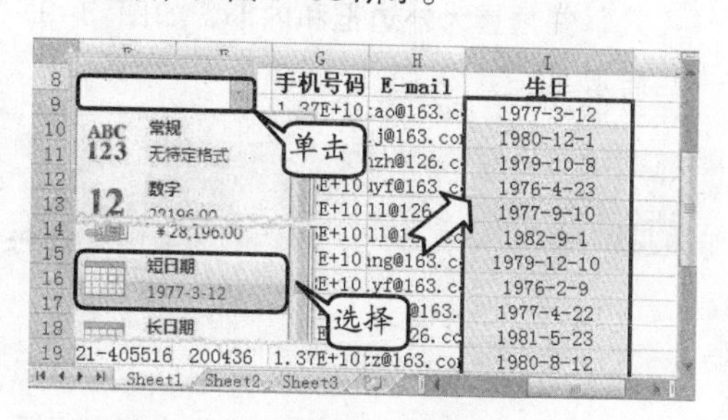

图 3-88 设置数字格式

6 选择 B 列，将鼠标置于该列右侧的分界线上，当光标变成“单横线双向”箭头时，向右拖动至显示“宽度：14.13（118 像素）”处松开，如图 3-89 所示。

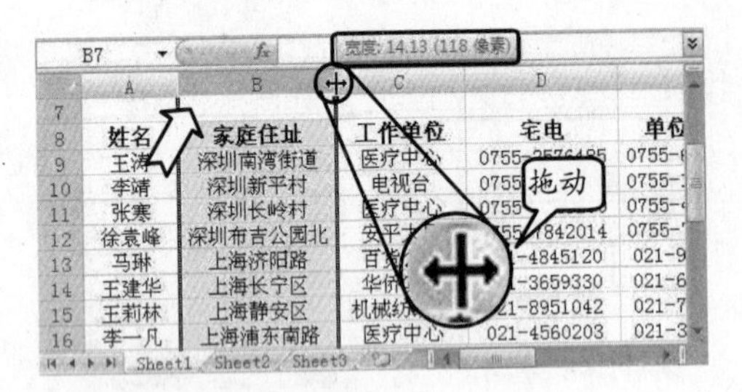

图 3-89 调整列宽

提 示

依照相同的方法分别调整其他区域的列宽，直至单元格中的内容完全显示。

7 将鼠标置于第 8 行下方的分界线上，当光标变成“单竖线双向”箭头时，向下拖动至显示“高度：19.50（26 像素）”处松开，如图 3-90 所示。

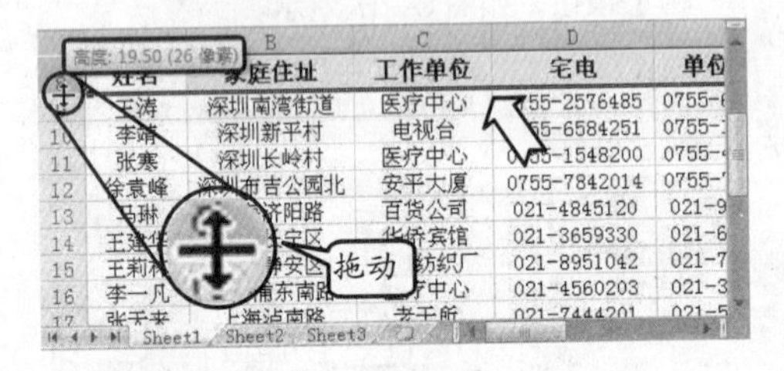

图 3-90 调整行高

8 选择 A8 至 I8 和 A9 至 I28 单元格区域，在【设置单元格格式】对话框中的【线条】栏中分别选择“较粗”和“较细”线条样式，并预置为外边框和内部，如图 3-91 所示。

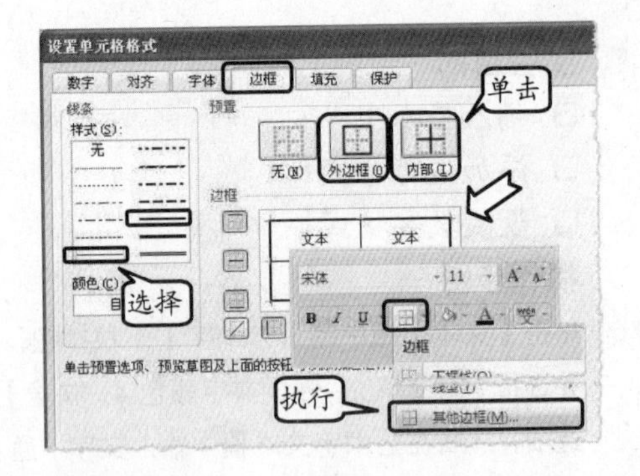

图 3-91 添加边框样式

提 示

单击【字体】组中的【边框】下拉按钮，执行【其他边框】命令，即可打开【设置单元格格式】对话框。

9 设置 A8 至 I8 单元格区域的填充颜色为橙色，设置 A11 至 I12、A19 至 I20 和 A27 至 I28 单元格区域的填充颜色为浅绿，如图 3-92 所示。

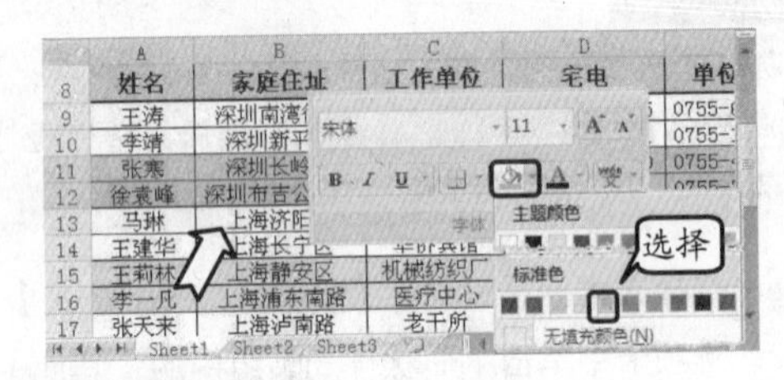

图 3-92 设置填充颜色

提 示

选择 A15 至 I16 和 A23 至 I24 单元格区域，设置填充颜色为黄色。

10 启用【显示/隐藏】组中的【网格线】复选框，隐藏工作表中的网格线，然后单击 Office 按钮，执行【打印】|【打印预览】命令，即可预览该工作表。

3.9 思考与练习

一、填充题

1. 要选定相邻的工作表，必须先单击想要选定的第一张工作表的标签，按住________键，然后单击最后一张工作表的标签即可。

2. 选定不相邻的工作表，先单击想要选定的第一张工作表的标签，按住________键，然后单击要选定的不相邻的工作表即可。

3．工作簿保护包括保护工作簿__________和__________两种形式。

4．当需要重新查看 Excel 工作表中的某一部分数据内容时，即可使用__________。

5．在 Excel 的新电子表格文件中，系统默认有 3 个工作表，当新建一个工作表后，其默认工作表名称为__________。

6. 用户可以在 Excel 工作簿中按__________组合键切换至当前页的后一页工作表；按__________组合键切换至当前页的前一页工作表。

7．查找功能不仅可以搜索文本、数值、日期，还可以对__________等内容进行查找。

8．查找的快捷键为__________；替换的快捷键为__________。

二、选择题

1．下列 Excel 工作表命名不合法的为__________。

A．ABC　　B．E123
C．123/ABC　　D．MYFILE

2．先单击第一张工作表标签，在按住 Ctrl 键后单击第五张工作表标签，则选中__________个工作表。

A．0　　B．1
C．2　　D．5

3．在 Excel 2007 新建的工作簿中，默认的工作表名分别为__________。

A．Sheet1、Sheet2 和 Sheet3
B．Book1、Book2 和 Book3
C．Table1、Table2 和 Table3
D．List1、List2 和 List3

4．在 Excel 中，每个工作簿最多可以容纳__________个工作表。

A．254　　B．255
C．256　　D．257

5．工作表创建完成之后，为防止他人修改或删除数据，用户可以利用 Excel 的__________功能为数据表创建有效的保护措施。

A．查找　　B．替换
C．撤销和恢复　　D．保护

6．当工作表中的某些行和列被__________时，不能进行合并、拆分、格式化等操作。

A．复制　　B．隐藏
C．移动　　D．自动填充

7．如果用户希望同时为多个工作表标签添加同一种颜色，可以按住__________键，同时选择多个工作表为其添加颜色。

A．Alt　　B．Ctrl
C．Ctrl＋Alt　　D．Ctrl＋Shift

8．在【保护工作表】对话框中，下列哪项可以防止用户进行任何有关行格式的操作？__________

A．设置单元格格式　　B．设置列格式
C．设置行格式　　D．插入行

三、上机练习

1．隐藏行和列

在 Sheet1 工作表中创建一个名为“学生成绩表”的工作表，输入相关数据信息，并设置各列的列宽均为 10。

然后，将 Sheet1 工作表更改为“学生成绩表”，并隐藏第 6、第 7 和第 8 行，如图 3-93 所示。

	A	B	C	D	E
1					
2	2008级高三(一班)学生成绩表				
3	姓名	班级	语文	数学	政治
4	马俊	2008级一班	86	85	75
5	李鹏飞	2008级一班	87	79	90
9	张华	2008级一班	70	84	87
10	李红	2008级一班	78	87	84
11	张南	2008级一班	85	80	85
12	胡新明	2008级一班	68	68	81
13	音梦	2008级一班	75	79	75
14					
15					
16					

学生成绩表　Sheet2　Sheet3

图 3-93　学生成绩表

2．保护工作簿

分别在 Sheet2 和 Sheet3 工作表中创建“新生登记表”和“学生住宿情况表”，并为其设置不同的工作表标签颜色，如图 3-94 所示。

然后，使用保护功能为该工作簿设置密码 123456。

	A	B	C	D	E
1					
2	2008级高三(一班)学生成绩表				
3	姓名	班级	语文	数学	政治
4	马俊	2008级一班	86	85	75
5	李鹏飞	2008级一班	87	79	90
9	张华	2008级一班	70	84	87
10	李红	2008级一班	78	87	84
11	张南	2008级一班	85	80	85
12	胡新明	2008级一班	68	68	81
13	音梦	2008级一班	75	79	75
14					
15					
16					

学生成绩表　新生登记表

图 3-94　更改工作表标签颜色

第 4 章

美化工作表

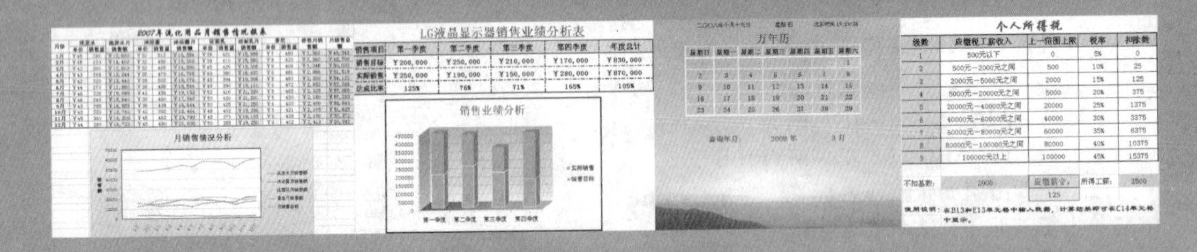

工作表创建完成后，需要对其整体进行一些调整，主要突出工作表中数据的清晰、逻辑合理、外观漂亮。为此，Excel 2007 为用户提供了一系列的样式，如单元格边框和底纹、条件格式，以及单元格样式等。同时，还可以根据不同的需要，为工作表中的数据设置不同的背景或者配以相关的图片和 SmarArt 图形进行说明。

本章主要学习美化工作表的操作方法和使用技巧，如使用格式刷、创建和应用样式的方法等。利用 Excel 中的样式和功能使工作表具有统一的格式，从而达到美化工作表的目的。

本章学习要点

- 使用格式刷
- 创建和应用样式
- 自动套用格式
- 添加边框与底纹
- 设置工作表背景
- 使用条件格式
- 插入图片
- 插入 SmartArt 图形

4.1 设置工作表的特殊效果

在 Excel 中，用户可以为工作表添加边框、底纹以及背景图片等特殊效果，从而使工作表看起来更加精美、大方。本节主要介绍在 Excel 工作表中如何添加边框效果，以及如何设置工作表的填充效果。

4.1.1 设置单元格边框

为工作表添加边框效果，可以使其整体结构清晰，层次分明，从而增强表格的视觉效果。可以通过以下 3 种方式设置单元格边框。

1. 利用框线列表添加边框

使用【框线】列表中内置的边框样式可以快速为单元格添加较为规则的边框效果。单击【字体】组中的【框线】下拉按钮，在其列表中提供了 13 种边框样式，用户只需选择一种样式即可。例如，选择“所有框线”样式，即可为所选单元格区域内部和外部添加边框，如图 4-1 所示。

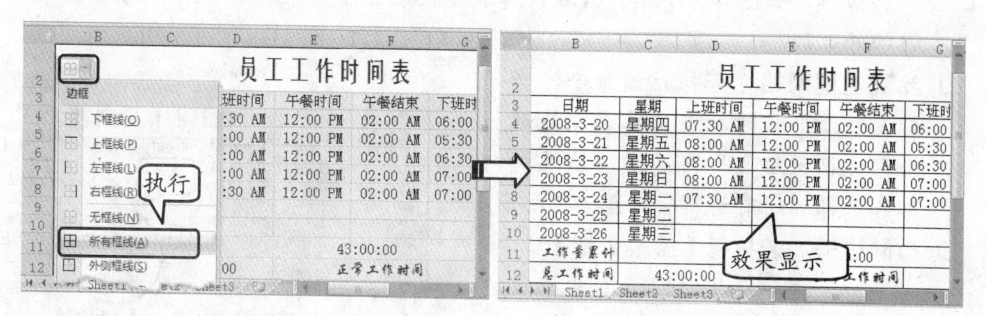

图 4-1 添加所有边框

通常情况下，【框线】按钮将显示最近使用过的边框样式，若要使用与上相同的边框样式，可以直接单击该按钮进行设置。另外，在其列表中选择其他框线样式可以在所选单元格区域的不同位置添加边框，各选项的作用如表 4-1 所示。

表 4-1 框线列表中各选项的作用

图　标	名　称	功　能
下框线(O)	下框线	为选择的单元格或单元格区域添加下框线
上框线(P)	上框线	为选择的单元格或单元格区域添加上框线
左框线(L)	左框线	为选择的单元格或单元格区域添加左框线
右框线(R)	右框线	为选择的单元格或单元格区域添加右框线
无框线(N)	无框线	清除选择的单元格或单元格区域的边框样式
所有框线(A)	所有框线	为选择的单元格或单元格区域添加所有框线
外侧框线(S)	外侧框线	为选择的单元格或单元格区域添加外部框线

续表

图 标	名 称	功 能
粗匣框线(T)	粗匣框线	为选择的单元格或单元格区域添加较粗的外部框线
双底框线(B)	双底框线	为选择的单元格或单元格区域添加双线条的底部框线
粗底框线(H)	粗底框线	为选择的单元格或单元格区域添加较粗的底部框线
上下框线(D)	上下框线	为选择的单元格或单元格区域添加上框线和下框线
上框线和粗下框线(C)	上框线和粗下框线	为选择的单元格或单元格区域添加上部框线和较粗的下框线
上框线和双下框线(U)	上框线和双下框线	为选择的单元格或单元格区域添加上框线和双下框线

2. 绘制边框

Excel 还允许用户在工作表中绘制特殊的边框效果。通过使用其绘制边框功能，可以根据自己不同的需要更改边框线条样式、线条颜色。另外，还可以将多余的线条擦除。

在【框线】列表的【绘制边框】栏中，还可以通过执行不同的命令，或者在不同的级联菜单中选择不同命令绘制所需的边框效果。

- **绘制边框** 执行该命令，当光标变成✎形状时单击单元格网格线，即可为单元格添加边框，如图 4-2 所示。若在工作表中拖动一个单元格区域，则可以为该区域添加外部边框。
- **绘制边框网格** 若执行该命令，当光标变成✎田形状时，在工作表中拖动一个单元格区域，即可为该区域添加内部和外部的所有边框，如图 4-3 所示。
- **擦除边框** 若执行【擦除边框】命令，当光标变成◇形状时，单击要擦除边框的单元格，即可清除该单元格边框。
- **线条颜色** 在【线条颜色】级联菜单中选择一种色块，则在绘制边框时可以绘制相应颜色的边框。
- **线型** 在【线条颜色】级联菜单中提供了 13 种线条样式，选择所需选项即可以该线条样式绘制边框。

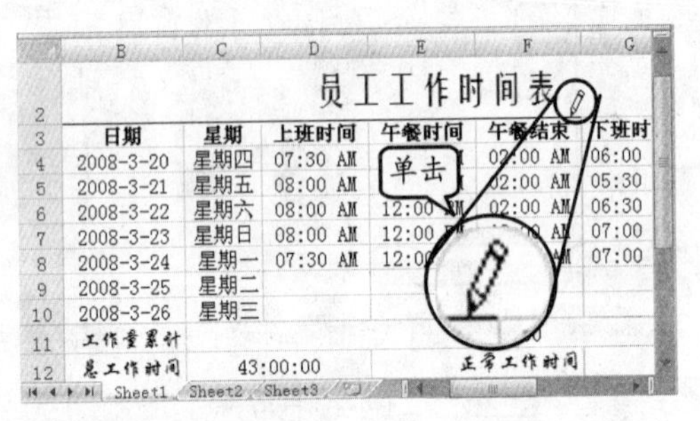

图 4-2 绘制边框

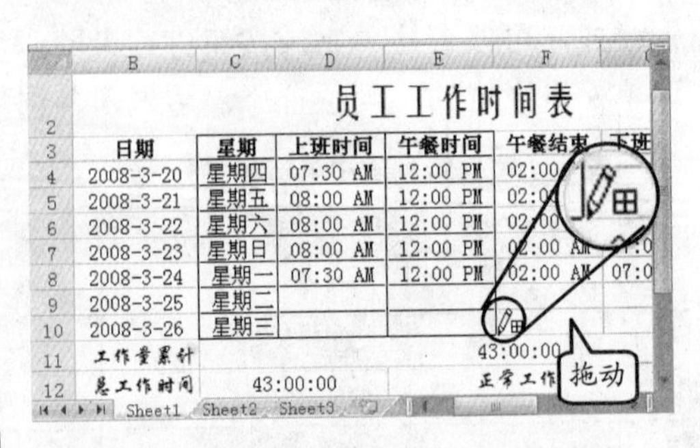

图 4-3 绘制边框网格

3. 利用对话框

要为单元格区域添加较为复杂的边框样式，如斜线表头，则可以在【设置单元格格式】对话框的【边框】选项卡中进行设置。例如，单击【框线】下拉按钮，执行【其他边框】命令，即可打开【设置单元格格式】对话框的【边框】选项卡，如图 4-4 所示。

在【边框】选项卡中包含以下 3 栏内容。

❑ **线条**

在该栏中主要包含【样式】和【颜色】列表。在【样式】列表中提供了 14 种线条样式，选择不同的样式即可添加相应的边框效果。另外，在【颜色】下拉列表中可以设置线条的颜色。当用户选择线条颜色后，【样式】列表中的线条颜色将随之更改。

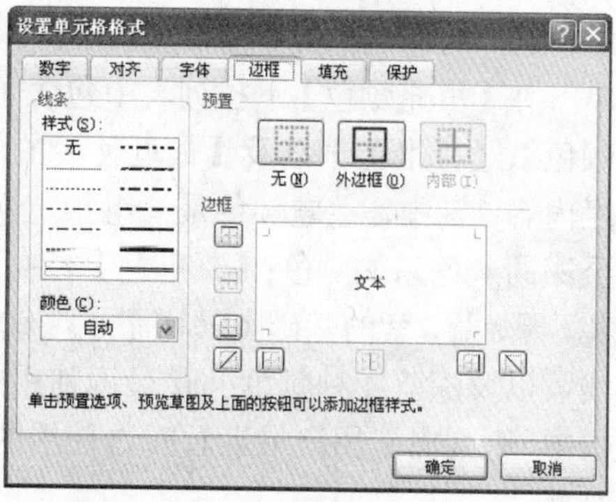

图 4-4 【边框】选项卡

❑ **预置**

在【预置】栏中主要包含【无】、【外边框】和【内部】3 种图标。选择【外边框】图标，可以为所选的单元格区域添加外部边框；选择【内部】图标，即可为所选单元格区域添加内部框线。若用户需要删除边框，只需选择【无】图标，如图 4-5 所示。

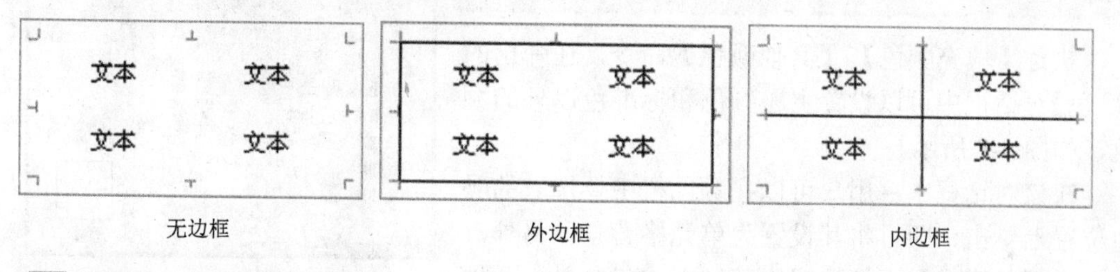

图 4-5 预置边框效果

❑ **边框**

在该栏中有 8 种边框样式，主要包含上框线、中间框线、下框线和斜线框线等。例如，选择“中间竖框线”样式，即可在所选单元格区域的内部添加竖边框，如图 4-6 所示。

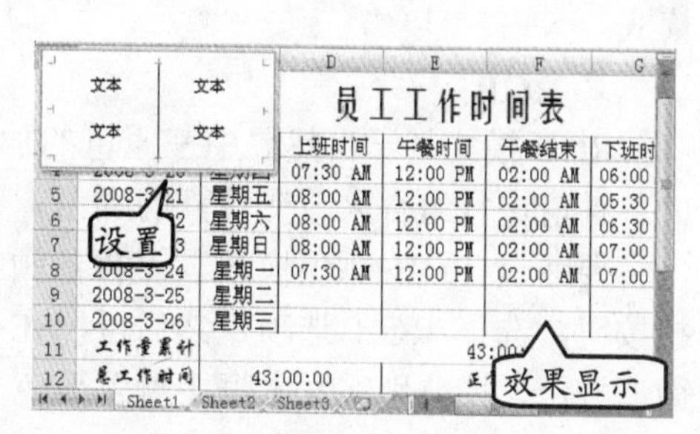

图 4-6 添加内部竖边框

4.1.2 设置填充颜色与图案

在制作工作表的过程中，为了能够突出显示且便于区分工作表中的重要数据或者美化工作表的外观，可以为单元格设置填充颜色和图案效果。其中，填充颜色可以为单元格填充纯色或渐变色，而填充图案可以为单元格填充一些条纹样式。

1. 设置填充颜色

在 Excel 中，默认的单元格填充颜色为无颜色填充。当然，也可以为单元格或单元格区域设置纯色填充，还可以为其设置渐变填充效果。

❑ **纯色填充**

为单元格添加纯色背景，可以选择该单元格或单元格区域，单击【字体】组中的【填充颜色】下拉按钮，在其列表中选择一种色块即可。例如，选择“橙色”色块，如图 4-7

所示。

在【填充颜色】下拉列表中包含了【主题颜色】、【标准色】以及【最近使用的颜色】3栏内容。其中，主题颜色是一组预定义、由浅至深同一色系的颜色；【标准色】栏在红、橙、黄、绿、蓝、紫的基础上又增添了深红、浅绿、浅蓝以及深蓝4种颜色；而【最近使用的颜色】栏中，则列出了用户最近时间内使用的自定义颜色。

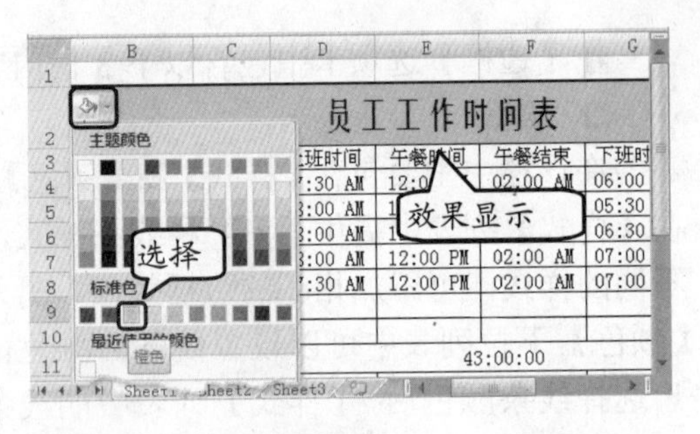

图4-7　纯色填充

提　示

如果用户想要清除设置好的填充颜色，可以选择该单元格或单元格区域，单击【填充颜色】下拉按钮，执行【无填充颜色】命令即可。

执行【填充颜色】|【其他颜色】命令，在弹出的【颜色】对话框中可以设置主题颜色和标准色以外的颜色，如图4-8所示。

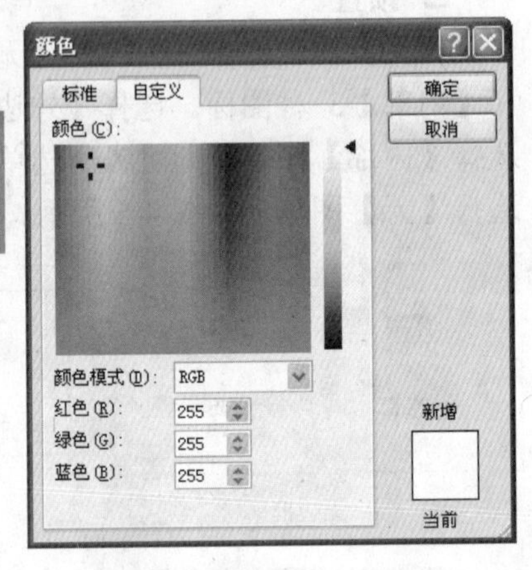

图4-8　【颜色】对话框

在该对话框中，用户可以在颜色栏中要选取的颜色位置上单击，即可将其设置为单元格背景。另外，单击【颜色模式】下拉按钮，其列表中包含以下两种模式。

➢ **RGB**

RGB模式基于自然界中三原色的加色混合原理，通过对红色、绿色和蓝色3种基色的各种值进行组合来改变像素的颜色。

要通过RGB颜色模式设置背景颜色，则在【颜色】对话框中单击【颜色模式】下拉按钮，选择RGB选项，然后可以在【红色】、【绿色】和【蓝色】文本框中分别单击微调按钮，或分别在文本框中输入颜色的具体值进行颜色设置。

➢ **HSL**

HSB颜色模式是一种基于人对颜色的心理感受的颜色模式，因此这种颜色模式比较符合人的视觉感受，让人觉得更加直观。

在【自定义】选项卡中单击【颜色模式】下拉按钮，选择HSL选项，然后将鼠标置于颜色栏右侧的“左三角”◀位置上，拖动鼠标调整颜色的色调、饱和度以及亮度，或者直接在【色调】、【饱和度】和【亮度】文本框中单击微调按钮（或输入数值）更改颜色值。

技　巧

在【颜色】对话框中，用户也可以选择【标准】选项卡，并在【颜色】栏中选择一种色块以设置背景颜色。

另外，用户也可以通过【设置单元格格式】对话框来设置单元格的填充颜色。在【设置单元格格式】对话框中选择【填充】选项卡，在【背景色】栏中选择一种色块即可，如图 4-9 所示。

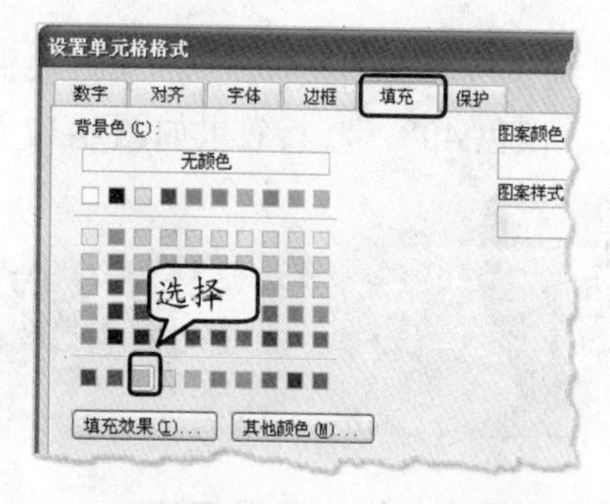

图 4-9 通过对话框设置纯色填充

❑ 渐变填充

渐变填充是指一种颜色向另外一种颜色的过渡填充。选择要设置渐变填充的单元格或单元格区域，在【设置单元格格式】对话框的【填充】选项卡中单击【填充效果】按钮，即可打开如图 4-10 所示的对话框。

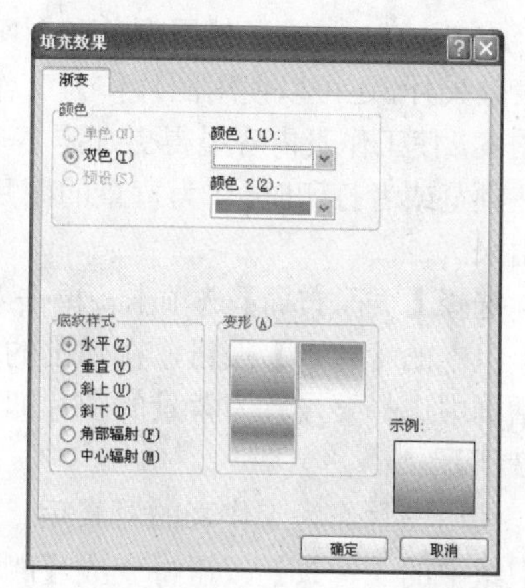

图 4-10 【填充效果】对话框

在【填充效果】对话框中，用户可以分别单击【颜色 1】和【颜色 2】下拉按钮指定渐变颜色，然后通过选择【底纹样式】选项组中的单选按钮和【变形】选项组中的变形方式设置渐变填充的方向和格式。在【底纹样式】选项组中，其他渐变方向的填充效果如表 4-2 所示。

在这 6 种底纹样式中，除“中心辐射”样式只有一种变形方式外，其余 5 种都提供了 3 种变形方式，选择不同的变形方式可以得到不同的渐变效果。例如【垂直】单选按钮，其所对应的 3 种变形方式可以得到如图 4-11 所示的渐变效果。

表 4-2 【底纹样式】选项组中渐变方向的填充效果

名　　称	填 充 效 果
水平	渐变颜色由上向下渐变填充
垂直	渐变颜色由左向右渐变填充
斜上	渐变颜色由左上角向右下角渐变填充
斜下	渐变颜色由右上角向左下角渐变填充
角部辐射	渐变颜色由某个角度向外扩散填充
中心辐射	由中间向四周扩散填充

2. 设置填充图案

图案即图形的设计方案，是采用点、线或图形等元素并配以某种背景颜色组合而成的一种填充效果。Excel 提供了 18 种图案样式，用户可以使用图案来填充单元格并设置其图案颜色。

在【设置单元格格式】对话框的【填充】选项卡中选择【图案样式】下拉列表中不同的选项将产生不同的纹理效果，另外，单击【图案颜色】下拉按钮，即可为图案设置颜色。

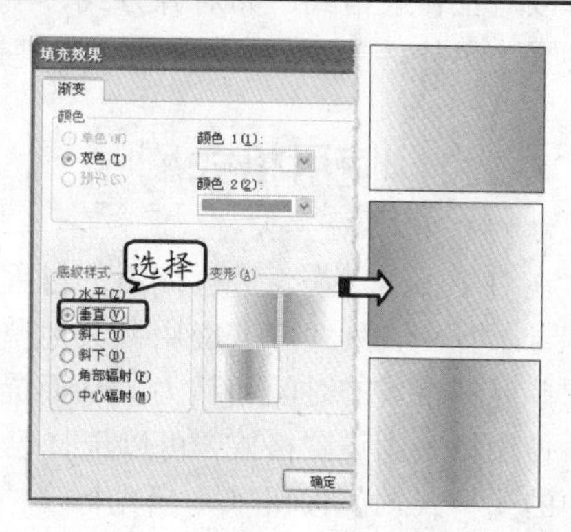

图 4-11 “垂直”样式的变形方式

例如，设置图案样式为“细 水平 条纹”样式；图案颜色为“水绿色，强调文字颜色 5，淡色 40%”，其效果如图 4-12 所示。

提 示

选择单元格或单元格区域右击，执行【设置单元格格式】命令，即可打开【设置单元格格式】对话框。

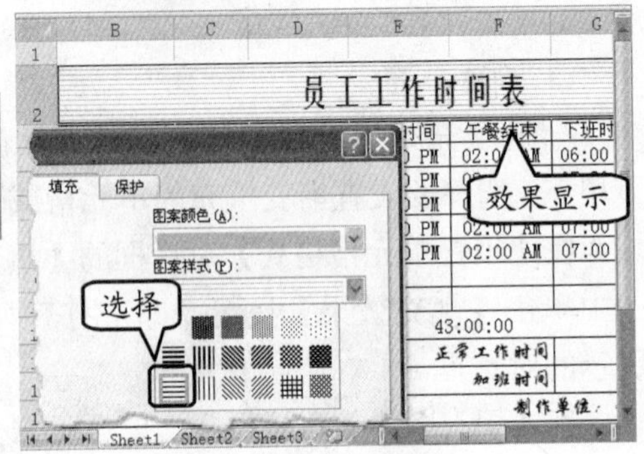

图 4-12 设置底纹样式

3. 设置工作表背景图片

在 Excel 中，除了使用颜色和图案填充工作表效果外，还可以使用图片作为工作表的背景图案，使工作表内容显得更加丰富多彩。但是在预览或者打印时，作为背景的图片不会显示出来。

选择【页面布局】选项卡，单击【页面设置】组中的【背景】按钮，在弹出的【插入】对话框中选择要设置为背景的图片即可，如图 4-13 所示。

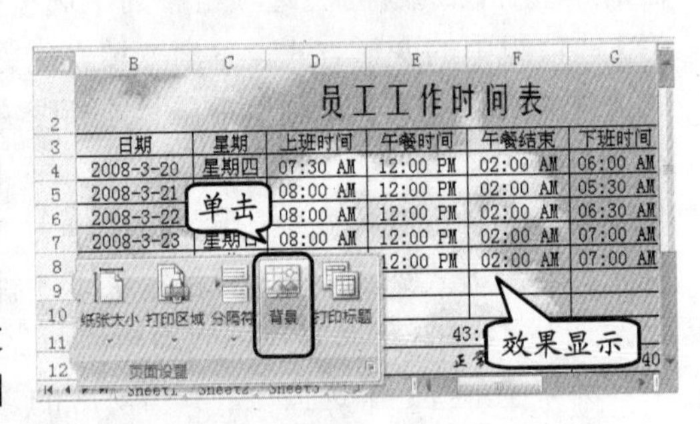

图 4-13 背景图片

使用图片作为工作表的背景后，【页面设置】组中的【背景】按钮将变成【删除背景】按钮，该按钮用于删除背景图案。

提 示

与颜色填充和图案填充不同的是，图片是将整张工作表作为填充对象，而使用颜色和图案填充时，填充对象可以是部分单元格区域。

4.2 使用样式

样式是基于主题的预定义格式，能够更改工作表的外观。利用 Excel 提供的多种样式可以对工作表格式，如对齐方式、字体和字号、填充颜色、边框和图案等内容进行快速设置。另外，在 Excel 中还可以创建新的表格样式。

4.2.1 使用格式刷

在对 Excel 工作表进行编辑的过程中，利用格式刷能够将某个单元格的格式（如字体字号、行高、列宽等）应用到其他单元格或单元格区域中。这样，可以帮助用户减少设置单元格格式的时间和精力，从而提高工作效率。

使用格式刷设置格式，可以选择已经设置好的单元格或单元格区域，单击【剪贴板】组中的【格式刷】按钮，当光标变成形状时再单击要应用格式的单元格或单元格区域即可，如图 4-14 所示。

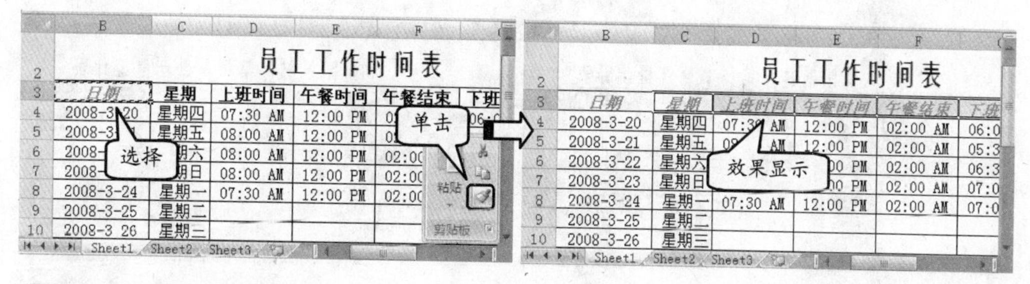

图 4-14 使用格式刷

另外，单击【格式刷】按钮时，其格式只能应用一次，若要重复使用格式刷，可以双击【格式刷】按钮。如果要退出格式刷的使用，只需再次单击该按钮或者按 Esc 键即可。

4.2.2 自动套用格式

Excel 提供了自动格式化的功能，它可以自动识别 Excel 工作表中的汇总层次以及明细数据的具体情况，然后根据系统预设的表格样式快速格式化报表。另外，还可以在原有格式的基础上创建新的表样式。

1. 使用内置格式

单击【样式】组中的【套用表格格式】下拉按钮，在其列表中含有 60 种深浅不一的内置格式，每种格式都具有不同的填充样式。

❑ **浅色**

在【浅色】栏中包括 7 种不同的色调，每一种色调又按照填充方式和边框效果的不同分为 3 种表格样式。例如，应用蓝色系中的“表样式浅色 9”和“表样式浅色 16”样式，如图 4-15 所示。

新阳钢材厂第一季度产量统计表

一月份	二月份	三月份	总产量	增长率
3569	3810	3200	10579	-0.1086
4420	4550	4640	13610	0.0498
2240	1500	2180	5920	-0.0268
3500	3250	4120	10870	0.1771
7330	7430	8320	23080	0.1351
5560	5670	6410	17640	0.1529

表样式浅色 9

新阳钢材厂第一季度产量统计表

一月份	二月份	三月份	总产量	增长率
3569	3810	3200	10579	-0.1086
4420	4550	4640	13610	0.0498
2240	1500	2180	5920	-0.0268
3500	3250	4120	10870	0.1771
7330	7430	8320	23080	0.1351
5560	5670	6410	17640	0.1529

表样式浅色 16

图 4-15 “浅色”表格样式

❑ **中等深浅**

在该栏中，表格样式同样按照填充方式和边框样式的不同进行分类，但其颜色比“浅色”样式略深。例如，应用“表样式中等深浅 3”和“表样式中等深浅 10”样式，如图 4-16 所示。

新阳钢材厂第一季度产量统计表

列1	一月份	二月份	三月份	总产量
一分厂	3569	3810	3200	10579
二分厂	4420	4550	4640	13610
三分厂	2240	1500	2180	5920
四分厂	3500	3250	4120	10870
五分厂	7330	7430	8320	23080
六分厂	5560	5670	6410	17640

表样式中等深浅 3

新阳钢材厂第一季度产量统计表

列1	一月份	二月份	三月份	总产量
一分厂	3569	3810	3200	10579
二分厂	4420	4550	4640	13610
三分厂	2240	1500	2180	5920
四分厂	3500	3250	4120	10870
五分厂	7330	7430	8320	23080
六分厂	5560	5670	6410	17640

表样式中等深浅 10

图 4-16 “中等深浅”表格样式

❑ 深色

【深色】栏中的表格样式是所有样式中填充颜色最重的一组，该栏共包括 11 种表格样式。例如，应用“表样式深色 6”表格样式，如图 4-17 所示。

提 示

当应用一种表样式之后，Excel 工作界面中将会自动出现一个【设计】选项卡，用户可以在该选项卡中进行相应的设置。

新阳钢材厂第一季度产量统计表

列1	一月份	二月份	三月份	总产量
一分厂	3569	3810	3200	10579
二分厂	4420	4550	4640	13610
三分厂	2240	1500	2180	5920
四分厂	3500	3250	4120	10870
五分厂	7330	7430	8320	23080
六分厂	5560	5670	6410	17640

图 4-17 “深色”表格样式

2. 创建表样式

如果认为 Excel 内置的表格样式仍然不能满足需要，此时，便可以创建并应用自定义的表样式。单击【套用表格格式】下拉按钮，执行【新建表样式】命令，即可打开如图 4-18 所示的对话框。

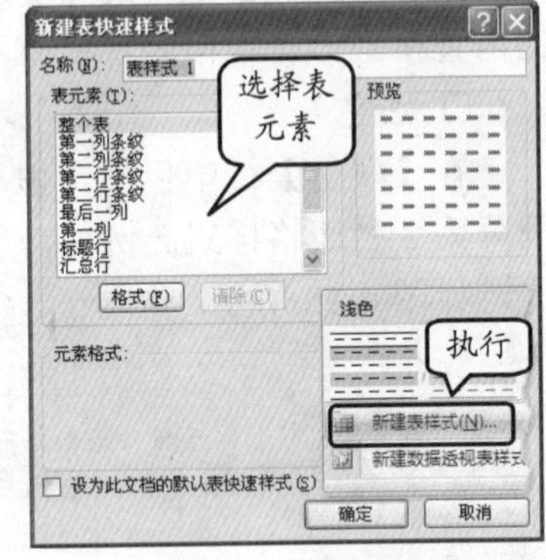

图 4-18 新建表格样式

在【新建表快速样式】对话框中，【名称】文本框用于设置新样式的名称，而在【表元素】列表中，可以针对不同的表格元素进行格式设置。

❑ 整个表

选择该选项，单击【格式】按钮，在弹出的对话框中所进行的格式设置将应用于整个表格。例如，为其内部设置边框样式，其效果如图 4-19 所示。

❑ 列条纹

若选择【第一列条纹】选项，即可从工作表的第一列开始应用格式；若选择【第二列条纹】选项，则从工作表的第二列开始应用格式。选择列条纹进行设置时，将激活【条纹尺寸】列表框，用于设置应用格式的列数。

例如，选择【第二列条纹】选项，设置填充颜色为“紫色，强调文字颜色 4，淡色 60%”，在【条纹尺寸】列表中选择【2】选项，即可在【预览】框中对效果进行查看，如图 4-20 所示。

❑ 行条纹

选择【第一行条纹】或者【第二行条纹】选项，可以从工作表的第一行或第二行开始应用格式。同样可以通过【条纹尺寸】列表控制应用格式的行数。例如，选择【第一行条纹】选项，设置填充颜色后，其预览效果如图 4-21 所示。

❑ 第一列和最后一列

在【表元素】列表中选择【最后一列】和【第一列】选项，可以设置工作表中最后一列和第一列的格式，如图 4-22 所示。

❑ 标题行和汇总行

选择【标题行】或者【汇总行】选项，即可对工作表的第一行或者最后一行应用格式，如图 4-23 所示。

❑ 标题单元格和汇总单元格

分别选择列表中的【第一个标题单元格】、【最后一个标题单元格】、【第一个汇总单元格】和【最后一个汇总单元格】选项，即可对工作表中第一行第一个和最后一个单元格，以及最后一行第一个和最后一个单元格进行格式设置，如图 4-24 所示。

提 示

如果用户希望清除定义好的元素格式，可以在【表元素】列表中选择该元素，单击【清除】按钮即可。

另外，如果要在当前工作簿中使用新表样式作为默认的表样式，可以启用【设为此文档的默认表快速样式】复选框。但是，用户自定义的表样式只存储在当前工作簿中，不能用于其他工作簿。

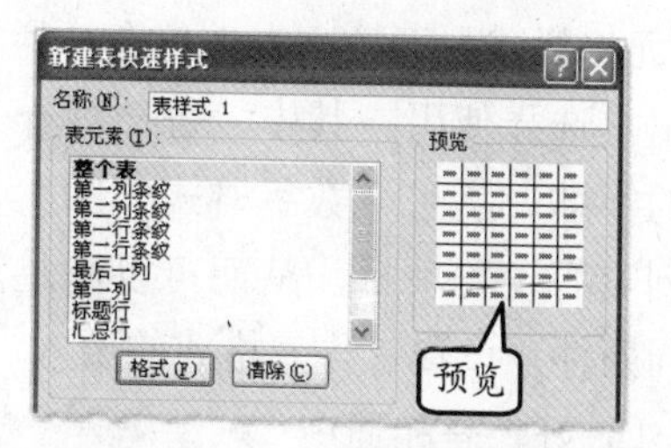

图 4-19 设置整个表格式

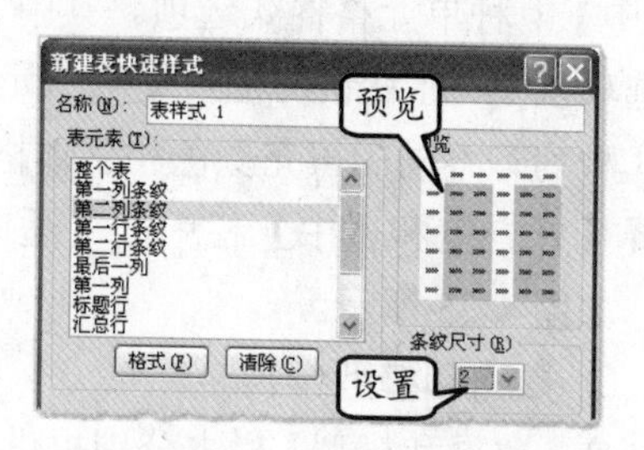

图 4-20 设置列条纹

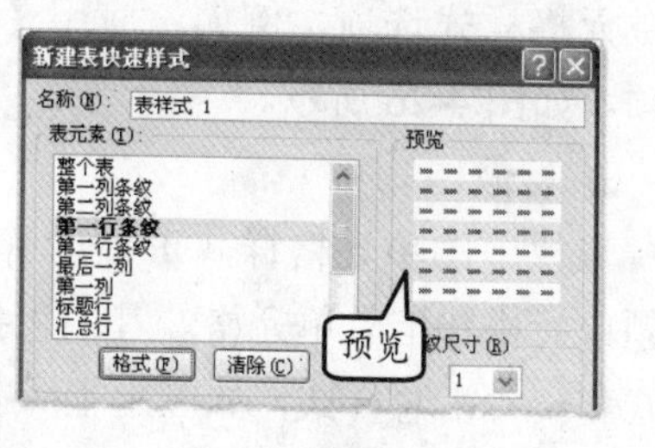

图 4-21 设置行条纹

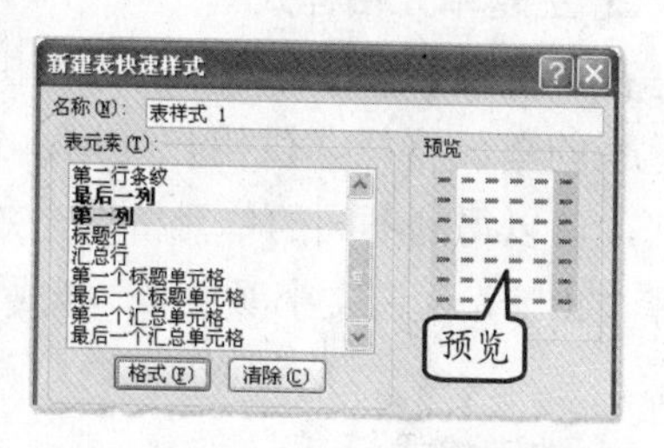

图 4-22 设置最后一列和第一列

4.2.3 单元格样式

自动套用表格格式，可以应用 Excel 内置的或自定义的表格样式快速设置一组单元格的格式，并将其转换成表。除此之外，如果要在一个步骤中应用几种格式，并确保单元格格式一致，可以使用单元格样式。

1. 应用样式

单元格样式是一组已经定义好的格式特征，在

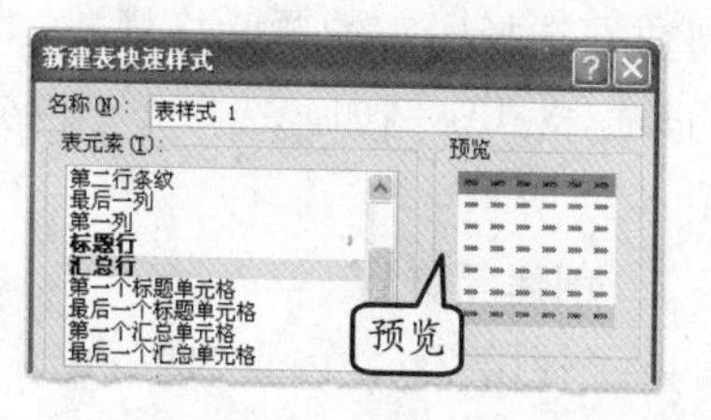

图 4-23 设置标题和汇总行

【单元格样式】下拉列表中包含 5 栏单元格样式供用户选择使用。其中，每一种样式都具有不同的字体、字号、数字格式、图案、边框，以及列宽等设置项目，从而可以满足用户在各种不同条件下设置工作表格式的要求。

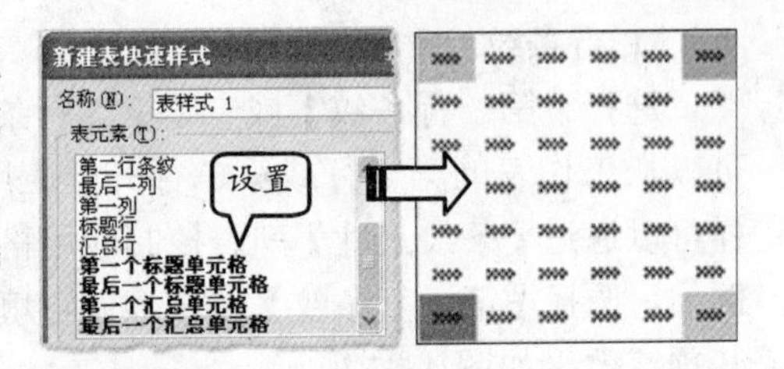

图 4-24 标题和汇总单元格

❑ 好、差和适中

在该栏中包含有【常规】、【差】、【好】和【适中】4 种单元格样式选项。其中【常规】样式选项以 Excel 默认的格式显示单元格数据，其余 3 种均有不同的填充颜色和字体格式。例如，选择【好、差和适中】栏中的【适中】样式选项，如图 4-25 所示。

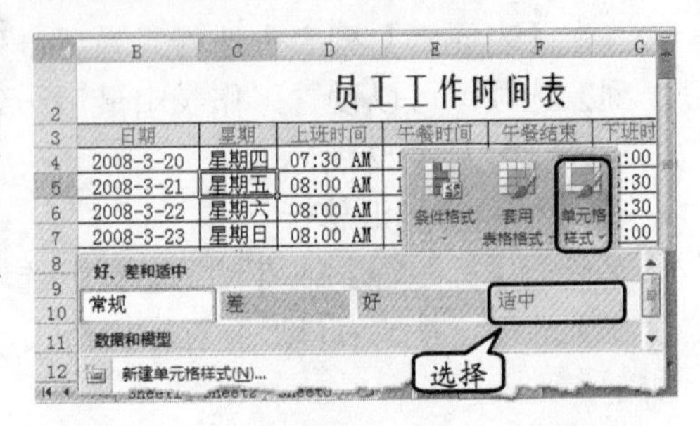

图 4-25 【适中】单元格样式选项

❑ 数据和模型

在【数据和模型】栏中分别提供了【计算】、【警告文本】、【解释性文本】以及【注释】等 8 种单元格样式选项。例如，应用【输入】样式选项，如图 4-26 所示。

新阳钢材厂第一季度产量统计表

	一月份	二月份	三月份	总产量	增长率
一分厂	3569	3810	3200	10579	-10.86%
二分厂	4420	4550	4640	13610	4.98%
三分厂	2240	1500	2180	5920	-2.68%
四分厂	3500	3250	4120	10870	17.71%
五分厂	7330	7430	8320	23080	13.51%
六分厂	5560	[illegible]	6410	17640	15.29%

效果显示

图 4-26 “输入”样式

❑ 标题

该栏中的单元格样式可以用于工作表中的标题单元格和汇总单元格。其中包括 5 种标题样式和一种汇总样式，如应用【标题 1】样式选项，如图 4-27 所示。

新阳钢材厂第一季度产量统计表

	[illegible]	二月份	三月份	总产量	增长率
[illegible]	[illegible]	3810	3200	10579	-10.86%
[illegible]	[illegible]	4550	4640	13610	4.98%
三分厂	2240	1500	2180	5920	-2.68%
四分厂	3500	3250	4120	10870	17.71%
五分厂	7330	7430	8320	23080	13.51%
六分厂	5560	5670	6410	17640	15.29%

效果显示

图 4-27 “标题 1”样式

❑ 主题单元格样式

在【主题单元格样式】栏中提供了 24 种不同色系的单元格样式供用户使用。选择不同的样式，可以得到不同的单元格填充效果。例如，选择“20%，强调文字颜色 4”样式，如图 4-28 所示。

新阳钢材厂第一[illegible]计表

	一月份	二月份	[illegible]月份	总产量	增长率
一分厂	3569	3810	3200	10579	-10.86%
二分厂	4420	4550	4640	13610	4.98%
三分厂	2240	1500	2180	5920	-2.68%
四分厂	3500	3250	4120	10870	17.71%
五分厂	7330	7430	8320	23080	13.51%
六分厂	5560	5670	6410	17640	15.29%

效果显示

图 4-28 主题单元格样式

❑ 数字格式

在该栏中，用户可以根据工作表中输入的不同数据选择所需的单元格样式，即可应用相应的数据格式。例如，选择【千位分隔】选项，如图 4-29 所示。

2. 创建新样式

除了使用 Excel 内置的单元格样式外，用户还可以修改或者复制单元格样式，以便创建新的单元格样式。

单击【单元格样式】下拉按钮，执行【新建单元格样式】命令，弹出【样式】对话框，如图4-30所示。在该对话框的【样式名】文本框中可以设置新样式的名称，单击【格式】按钮，即可在【设置单元格格式】对话框的各个选项卡中进行设置。

	B	C	D	E	F	G
1						
2	新阳钢材厂第一季度产量统计表					
3		一月份	二月份	三月份	总产量	增长率
4	一分厂	3569	3810	3200	10,579.00	-10.86%
5	二分厂	4420	4550	4640	13,610.00	4.98%
6	三分厂	2240	1500	2180	5,920.00	-2.68%
7	四分厂	3500	3250	4120	10,870.00	17.71%
8	五分厂	7330	7430	8320	23,080.00	13.51%
9	六分厂	5560	[illegible]	[illegible]	17,640.00	15.29%

图4-29 数字格式

例如，设置新样式的名称为“我的样式”，设置字体为方正姚体，字体颜色为白色，填充颜色为橙色，并为其添加下边框，设置线条颜色为“橙色，强调文字颜色为6，深色25%”。

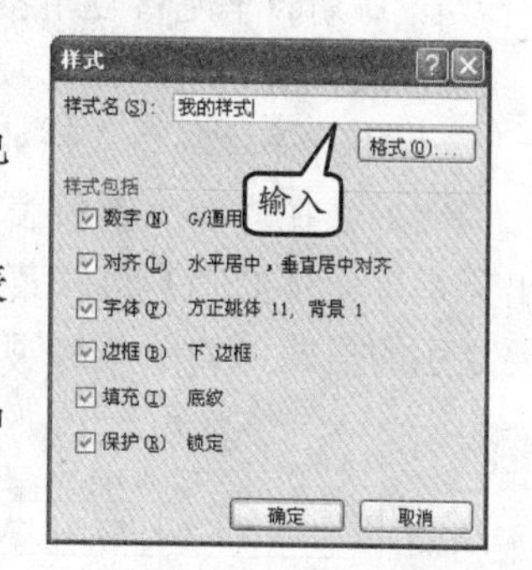

图4-30 创建新样式

创建样式后，该样式将出现在【单元格样式】下拉列表的【自定义】栏中，选择该样式即可应用，如图4-31所示。另外，在【包括样式（例子）】栏中可以清除在单元格样式中不需要的格式复选框。

提　示

如果用户希望清除应用过的单元格样式，可以单击【单元格样式】下拉按钮，选择【好、差和适中】栏中的【常规】选项。

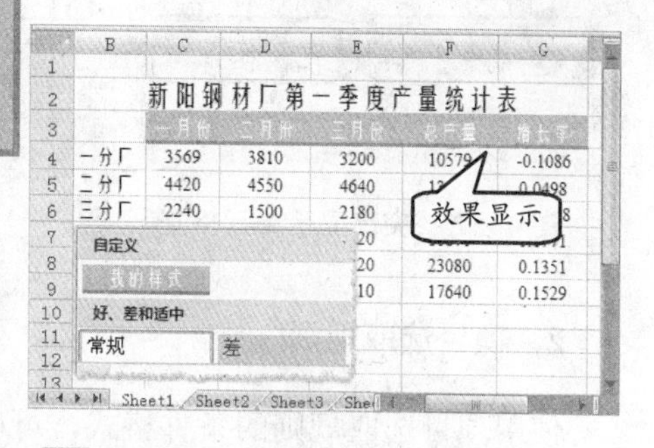

图4-31 应用自定义样式

4.3 条件格式的应用

使用条件格式功能可以在工作表中根据单元格内容有选择的自动应用格式。本节主要学习在Excel中如何使用条件规则来筛选数据，以及创建、管理与清除规则的方法和技巧。

4.3.1 条件规则

利用Excel中内置的多种条件规则，可以在单元格中添加颜色，并将其突出显示在工作表中。要使用条件格式筛选数据，只需单击【样式】组中的【条件格式】下拉按钮，选择所需的规则即可。其列表中提供了以下5种条件规则。

1. 突出显示单元格规则

使用该类型的条件格式，可以对所选区域中指定的值、文本、日期以及重复值应用格式。在【突出显示单元格规则】级联菜单中选择所需选项进行相应设置即可。其中，各选项的作用如下：

- ❑ **大于** 选择该选项，可以在弹出的对话框中为大于指定值的单元格设置格式。
- ❑ **小于** 选择该选项，可以为小于指定值的单元格设置格式。
- ❑ **介于** 选择该选项，可以为在指定值之间的单元格设置格式。
- ❑ **等于** 选择该选项，可以为与指定值相等的单元格设置格式。
- ❑ **文本包含** 选择该选项，可以在弹出的对话框中指定文本，并对工作表中包含该文本的单元格应用条件格式。
- ❑ **发生日期** 选择该选项，可以在弹出的对话框中指定日期，并对工作表中包含该日期的单元格应用条件格式。
- ❑ **重复值** 选择该选项，可以在弹出的对话框中选择【重复值】或者【唯一值】选项，并对符合条件的单元格应用格式。

例如，在“商品销售表”中，要筛选“平均销售”量超过400的商品，可以在【突出显示单元格规则】级联菜单中选择【大于】选项，并在弹出的【大于】对话框中设置要显示的格式，如图4-32所示。

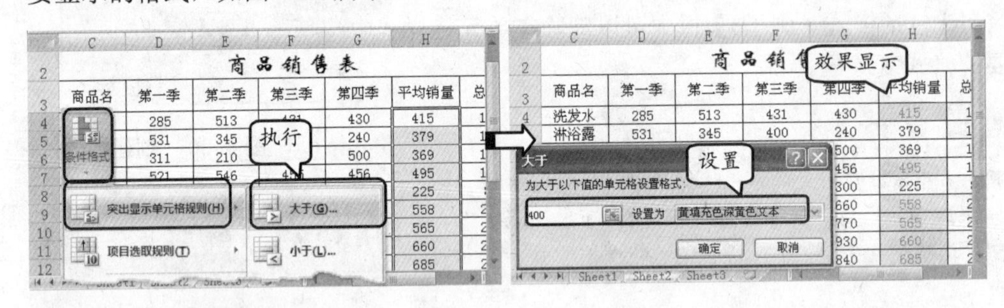

图4-32 突出显示单元格规则

2. 项目选取规则

使用项目选取规则的条件格式，可以根据指定的截止值查找所选单元格区域中的最大值、最小值或者平均值。

选择要设置项目选取规则的单元格区域，执行【条件格式】|【项目选取规则】命令，在其级联菜单中选择相应的选项并进行相应设置即可。其中，各选项的作用归纳如下：

- ❑ **值最大的10项** 选择该选项，在弹出的【10个最大项】对话框中设置所选单元格区域中最大的几项数值。
- ❑ **值最大的 10%项** 选择该选项，将按照百分比筛选单元格区域中数值最大的几项数值。
- ❑ **值最小的10项** 该选项用于筛选所选单元格区域中数值最小的几项。
- ❑ **值最小的 10%项** 选择该选项，将按照百分比筛选单元格区域中数值最小的几项数值。
- ❑ **高于平均值** 选择该选项，可以针对选定区域为高于平均值的单元格设置格式。
- ❑ **低于平均值** 选择该选项，可以针对选定区域为低于平均值的单元格设置格式。

例如，在“商品销售表”中，筛选“总销售”值低于平均值的数据，只需在其级联菜单中选择【低于平均值】选项即可，如图 4-33 所示。

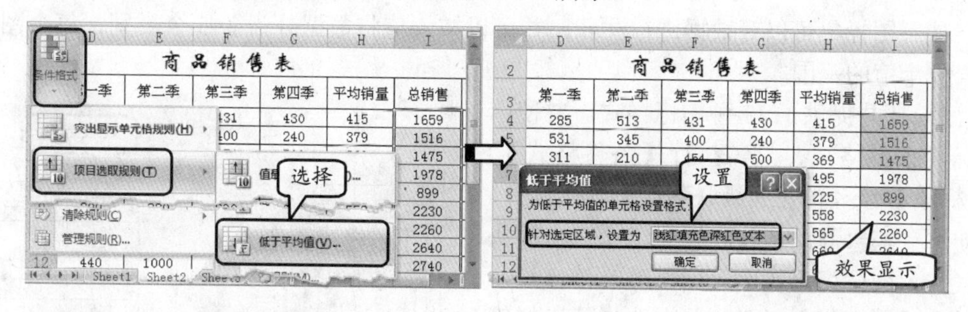

图 4–33 项目选取规则

3. 数据条

数据条可以帮助用户查看某个单元格相对于其他单元格的值。在该级联菜单中共包含蓝色、绿色、红色、橙色、浅蓝色以及紫色 6 种颜色的数据条。其中，数据条的长度代表单元格中的值。数据条越长，表示值越高，数据条越短，则表示值越低。

使用数据条筛选数据，只需执行【条件格式】|【数据条】命令，在其级联菜单中选择所需选项即可。例如，在“商品销售表”中要以橙色数据条显示各产品的销售百分率，只需选择【橙色数据条】选项即可，如图 4-34 所示。

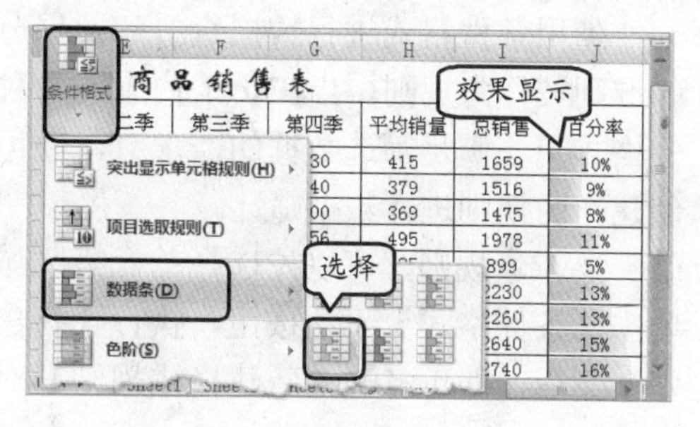

图 4–34 数据条

4. 色阶

色阶作为一种直观的指示，可以帮助用户了解数据的分布和变化，在其级联菜单中又分为双色刻度与三色刻度两种，不同颜色的底纹代表单元格中不同的值。

选择要使用色阶的单元格区域，执行【条件格式】|【色阶】命令，在其级联菜单中选择相应的选项即可。例如，在“商品销售表”中分别以三色刻度和双色刻度显示第一季度和第三季度的产品销售量，如图 4-35 所示。

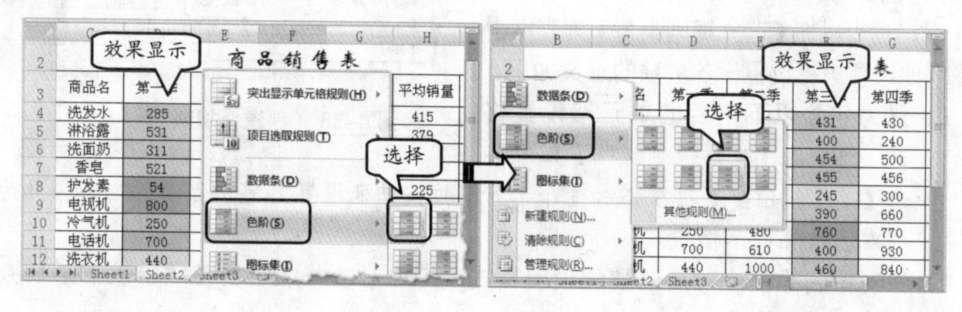

图 4–35 色阶

5. 图标集

使用图标集可以对数据进行注释，并可以按阈值将数据分为 3~5 个类别，每个图标代表一个值的范围。

Excel 共提供了 17 种图标样式，要使用图标集条件格式，只需执行【条件格式】|【图标集】命令，再在其级联菜单中进行选择。例如，要在“商品销售表”中以【三向箭头（灰色）】图标突出显示第三季度的销售量，可以在【图标集】级联菜单中选择【三向箭头（灰色）】选项，如图 4-36 所示。

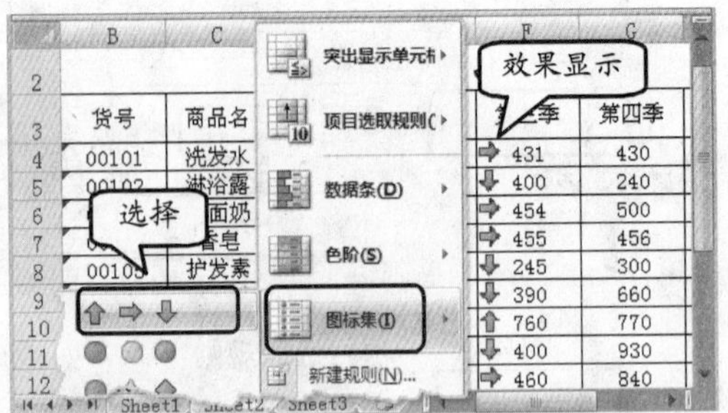

图 4-36 图标集

4.3.2 新建规则

使用条件格式进行数据查看和数据分析的准则被称为规则。当 Excel 内置的几种条件格式无法满足筛选数据的需求时，便可以创建新的规则进行数据筛选。

要新建规则，可以先选择单元格区域，单击【条件格式】下拉按钮，执行【新建规则】命令，即可打开【新建格式规则】对话框，如图 4-37 所示。

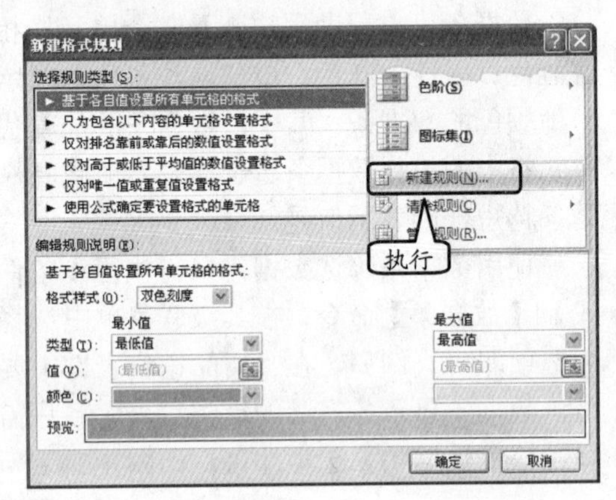

图 4-37 【新建格式规则】对话框

在该对话框的【选择规则类型】列表框中默认选择【基于各自值设置所有单元格的格式】选项，用户可以在对话框的【编辑规则说明】栏中分别单击各个下拉按钮设置条件规则。

例如，单击【格式样式】下拉按钮，选择【数据条】选项，并设置数据条颜色为黄色，其效果如图 4-38 所示。

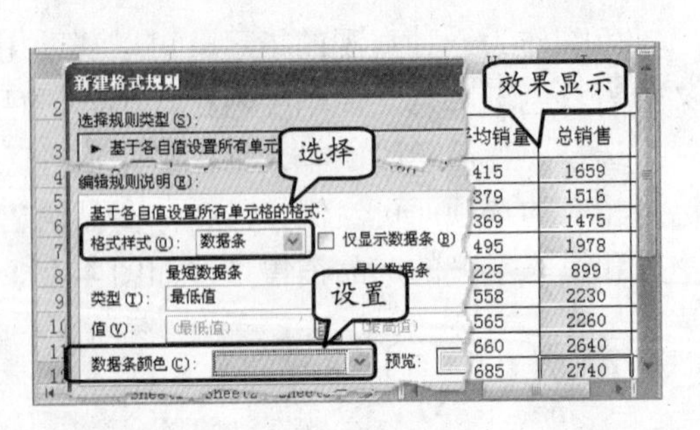

图 4-38 创建新规则

用户也可以在【选择规则类型】列表框中选择其他选项进行设置。各选项的意义如下：

- ❑ **只为包含以下内容的单元格设置格式** 可以在【编辑规则说明】栏中单击【单元格值】下拉按钮和【介于】下拉按钮来设置要突出显示的内容，并为这些内容设置显示格式。
- ❑ **仅对排名靠前或靠后的数值设置格式** 可以对工作表中其值靠前或靠后的数值项设置显示格式。
- ❑ **仅对高于或低于平均值的数值设置格式** 可以对工作表中其值高于或低于平均

值的数值项设置显示格式。

- **仅对唯一值或重复值设置格式** 可以对工作表中仅有唯一的一个值或具有多个相同值的数据项设置显示格式。
- **使用公式确定要设置格式的单元格** 在【编辑规则说明】栏的【为符合此公式的值设置格式】文本框中输入公式来选择要突出显示的单格，并设置其显示格式。

提 示

在【新建格式规则】对话框中选择不同的规则，其【编辑规则说明】栏中的设置参数也各不相同。

4.3.3 清除和管理规则

在 Excel 中，用户可以将不需要的条件格式删除，也可以使用条件格式的管理功能编辑或查看工作簿中的所有条件格式规则。本节主要介绍对条件格式进行清除的方法，以及管理规则的用法。

1. 清除规则

选择要清除条件格式的单元格或单元格区域，单击【条件格式】下拉按钮，执行【清除规则】|【清除所选单元格的规则】命令，即可将所选单元格区域中的条件格式删除，如图 4-39 所示。

提 示

如果用户要删除工作表中所有的条件格式，可以执行【清除规则】|【清除整个工作表的规则】命令。

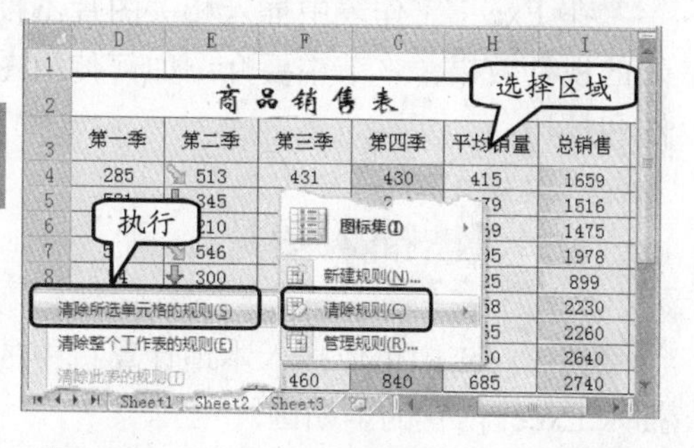

图 4-39 清除条件格式

2. 管理规则

使用管理规则功能可以对工作表中所应用的条件格式重新进行编辑。单击【条件格式】下拉按钮，执行【管理规则】命令，即可打开【条件格式规则管理器】对话框，如图 4-40 所示。

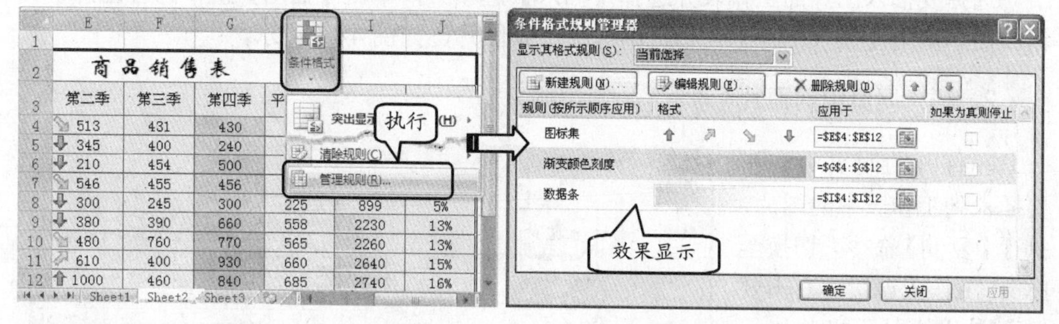

图 4-40 【条件格式规则管理器】对话框

在该对话框中，各部分参数介绍如下：

- **显示其格式规则** 单击该下拉按钮，可以在其下拉列表中选择应用格式的对象，可以是当前选择的单元格或单元格区域、当前工作表，也可以是该工作簿中的其他工作表。
- **新建规则** 单击该按钮，可以在弹出的对话框中新建选取规则。
- **编辑规则** 可在下面的列表框中选择某个格式规则。单击该按钮，可在弹出的对话框中编辑修改规则。
- **删除规则** 在列表框中选择某个格式规则，单击该按钮，则可以将该格式规则删除。
- **规则列表** 在该列表框中显示了所选内容中的所有格式规则的名称、格式和应用的范围。

提 示

在【条件格式规则管理器】对话框中选择规则列表中的格式规则，单击【上移】按钮或【下移】按钮，即可调整所选规则在对话框中的顺序。

4.4 在工作表中使用图片功能

在 Excel 工作表中插入相关图片不仅可以表达工作表的主题内容，更能够增强工作表的视觉效果。本节主要介绍如何使用图片功能来美化工作表，以及设置图片格式的方法和技巧。

4.4.1 插入图片

在 Excel 中可以插入本地计算机中的图片，也可以插入网页中的图片，还可以直接插入 Excel 内置的剪贴画。

1. 插入文件中的图片

选择要插入图片的工作表并选择【插入】选项卡，单击【插图】组中的【图片】按钮，在弹出的【插入图片】对话框中选择一张图片，如图 4-41 所示。

2. 插入网页中的图片

在打开的网页中右击要插入到工作表中的图片，执行【复制】命令，切换至 Excel 工作表窗口，右击要插入图片的单元格并执行【粘贴】命令即可，如图 4-42 所示。

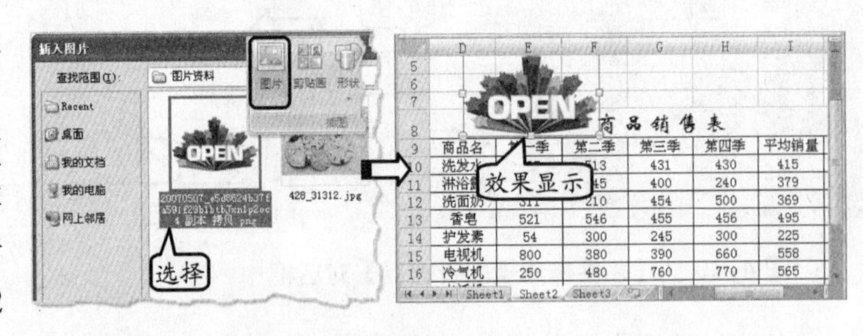

图 4-41 插入文件中的图片

提 示

在 Excel 中插入网页中的图片后，单击该图片即可链接到该图片所在的网页上。

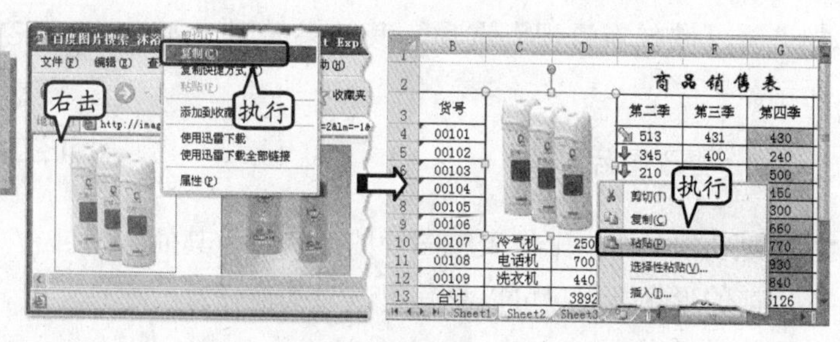

图 4-42 插入网页中的图片

3. 插入剪贴画

剪贴画是系统自带的一种图片格式，用户可以将剪贴画插入到文档中，包括绘图、影片、声音或库存照片，以展示特定的概念。

单击【插图】组中的【剪贴画】按钮，在弹出的【剪贴画】任务窗格的【搜索文字】文本框中输入要搜索图片的关键字，如输入文字“计算机”，单击【搜索】按钮，在搜索结果中单击要插入的剪贴画即可，如图 4-43 所示。

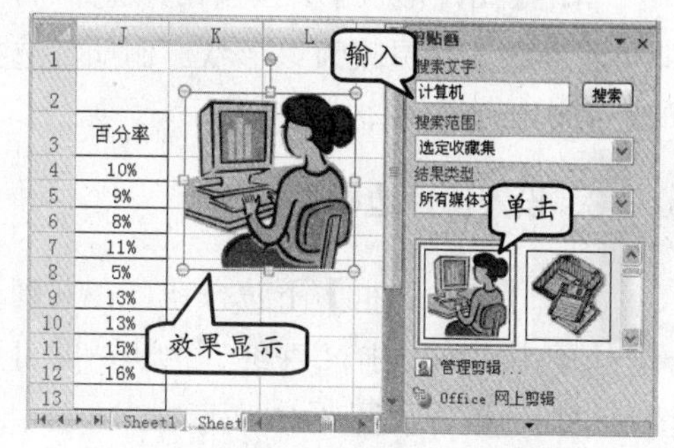

图 4-43 插入剪贴画

【剪贴画】任务窗格中各组成部分的作用如表 4-3 所示。

表 4-3 【剪贴画】任务窗格各部分作用

名 称	作 用
搜索文字	在该文本框中输入需要搜索的剪贴画的描述文字
搜索	单击该按钮即可搜索【搜索文字】文本框中的内容
搜索范围	搜索结果限制于剪贴画的特定集合。例如，可以搜索“我的收藏集”和“Office 收藏集”中的剪贴画
结果类型	单击【结果类型】下拉按钮，还可以搜索照片、电影和声音
预览栏	在该栏中可以预览搜索到的剪贴画
管理剪辑	单击该按钮，即可在【收藏夹-Microsoft 剪辑管理器】窗口中查找需要的剪贴画
Office 网上剪辑	单击该按钮，可以在弹出的网页窗口中下载所需要的剪贴画

4.4.2 应用图片样式

插入图片后，用户不仅可以使用 Excel 内置的图片样式，还可以通过更改图片的形状，或者设置边框和特殊效果等操作为图片自定义样式，从而美化工作表的外观。

1. 应用内置样式

Excel 为用户提供了 28 种图片样式，使用内置样式可以避免设置图片格式的繁琐过程。单击【图片样式】组中的【其他】下拉按钮，在其列表中选择要应用的样式，如选择【映像右透视】选项，其效果如图 4-44 所示。

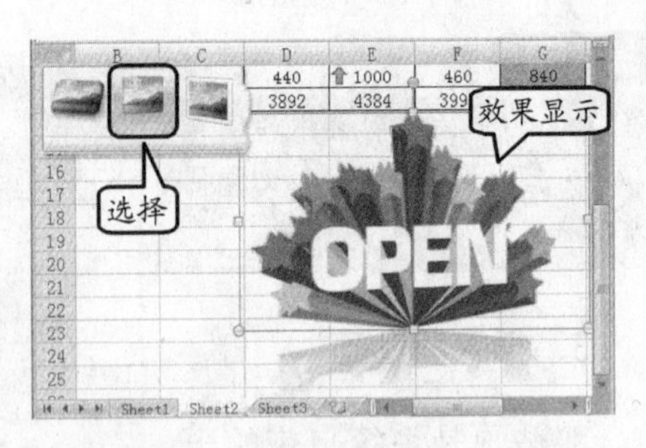

图 4-44 应用样式

2. 更改图片形状

默认情况下，工作表中图片的形状均为其插入以前的形状，用户可以将其更改为其他任意一种形状。

单击【图片形状】下拉按钮，选择一种形状，即可将所选图片更改为该形状。例如，选择“菱形”形状，如图 4-45 所示。

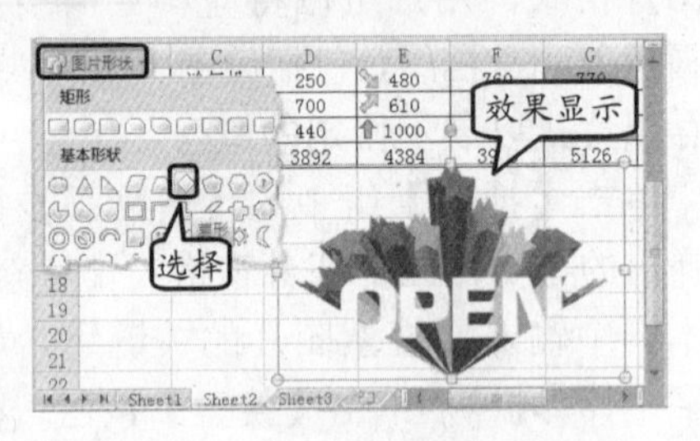

图 4-45 更改图片形状

3. 设置图片边框

单击【图片边框】下拉按钮，在其列表中选择一种色块，如选择“深红”色块，即可为所选图片添加边框，如图 4-46 所示。

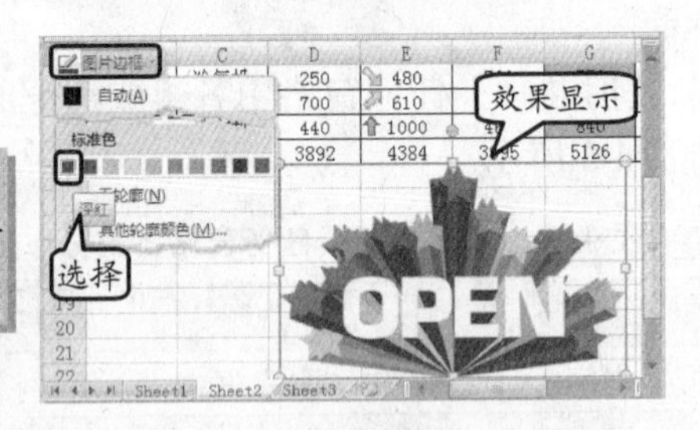

图 4-46 添加图片边框

提 示

单击【图片边框】下拉按钮，在【粗细】和【虚线】级联菜单中，可以对边框的粗细和边框的线型进行更改。

4. 设置图片效果

单击【图片样式】组中的【图片效果】下拉按钮，在其下拉列表中可以添加图片的阴影、棱台、映像、发光等效果。例如，在【阴影】级联菜单中选择【透视】栏中的【左上对角透视】选项，如图 4-47 所示。

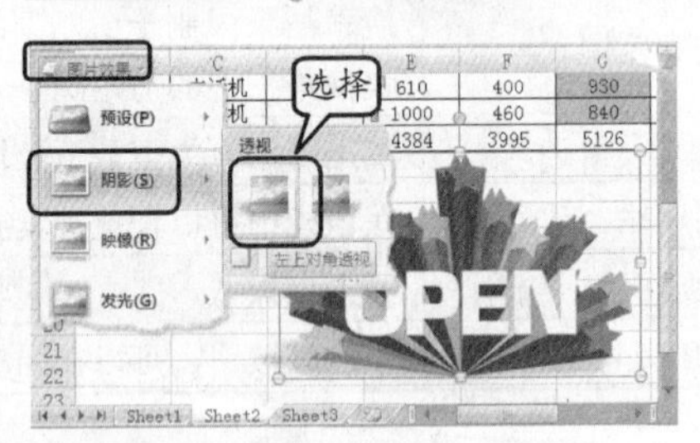

图 4-47 添加图片阴影

其中，【图片效果】列表中各级联菜单的功能如表 4-4 所示。

表 4-4 【图片效果】列表各级联菜单功能

名　称	功　能
预设	在该级联菜单中，主要包含【无预设】和【预设】两栏内容，其中，在【预设】栏中包含了 12 种内置的预设效果
阴影	在该级联菜单中，主要包含【无阴影】、【外部】、【内部】和【透视】4 栏共 22 个选项（包含【无阴影】选项
映像	在该级联菜单中，主要包含【无映像】和【映像变体】两栏内容，其中，在【映像变体】栏中包含了 9 种内置的映像效果

续表

名　称	功　能
发光	在该级联菜单中，主要包含【无发光】和【发光变体】两栏内容，其中，在【发光变体】栏中包含了24种内置的发光效果
柔化边缘	在该级联菜单中，主要包含7个选项，分别为【无柔化边缘】、【1磅】、【2.5磅】、【5磅】、【10磅】、【25磅】和【50磅】
棱台	在该级联菜单中主要包含【无棱台项】和【棱台项】两栏内容，其中，在【棱台】栏中共包含12种内置的棱台效果
三维旋转	在该级联菜单中主要包含【无旋转】、【平行】、【透视】和【倾斜】4栏共25种旋转样式（包含【无旋转】选项）

4.4.3 调整图片大小

若要调整工作表中图片的大小，可以利用【格式】选项卡中的【大小】组进行设置，或者使用鼠标拖动的方法调整图片大小。

1. 利用【大小】组调整

利用【大小】组，可以将工作表中的图片设置为固定的尺寸。选择要调整大小的图片，在【大小】组的【高度】和【宽度】文本框中输入具体的值即可，如设置其高度为5，宽度为8，如图4-48所示。

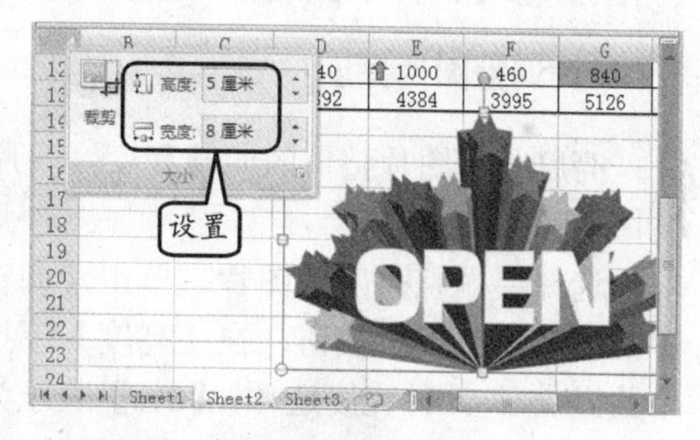

图 4-48　调整图片大小

另外，使用【裁剪】工具可以直接删除图片中不需要的部分。单击【裁剪】按钮，此时，光标变成形状，将鼠标置于图片周围的裁剪标记上并向内拖动即可，如图4-49所示。

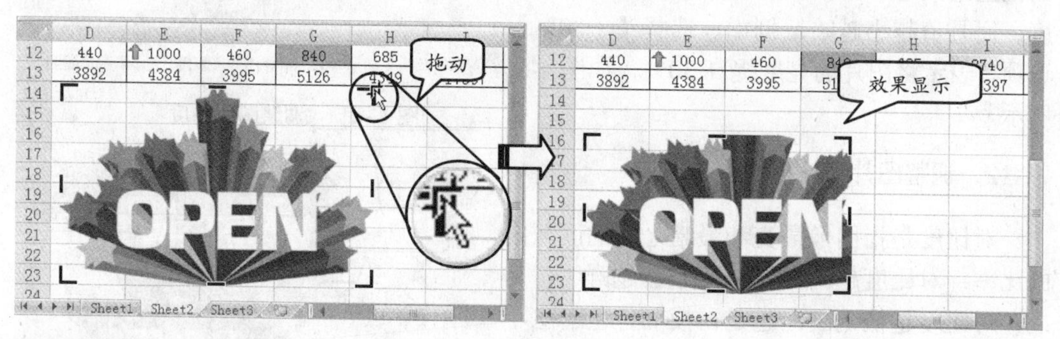

图 4-49　图片裁剪

技　巧

单击【大小】组中的【对话框启动器】按钮，在弹出的【大小和属性】对话框中也可以调整图片的大小。

2. 利用鼠标调整

若图片不需要指定具体尺寸，则可以利用鼠标拖动的方法，快速、便捷地调整图片的大小。选择要调整大小的图片，将鼠标置于该图片周围的控制块上，当光标变成“双向箭头”时，拖动鼠标即可更改图片的大小，如图4-50所示。

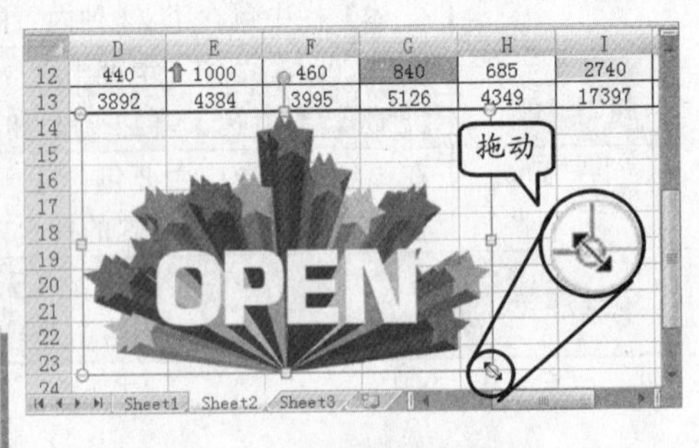

图 4-50 利用鼠标调整图片大小

提 示

利用鼠标调整图片大小时，将鼠标置于不同位置的控制块上，光标将显示不同方向的“双向箭头”形状。

4.4.4 设置图片效果

如果工作表中的图片效果由于色彩暗淡等原因而没有达到满意的效果，可以利用【格式】选项卡中的【调整】组设置图片的亮度和对比度，或者对其颜色效果进行更改。

1. 调整图片亮度

亮度是指图片整体的明暗程度，图片亮度越高，则图片颜色越浅；图片亮度越低，则图片颜色越深。

选择要调整亮度的图片，单击【调整】组中的【亮度】下拉按钮，在【亮度】下拉列表中共提供了 9 种亮度选项。【0%】表示为正常的图片亮度；大于0%时，表示提高图片亮度，而且值越大越亮；小于0%时，表示降低图片亮度，而且值越小越暗。例如，选择【+30%】选项，表示将图片的亮度提高30%，如图4-51所示。

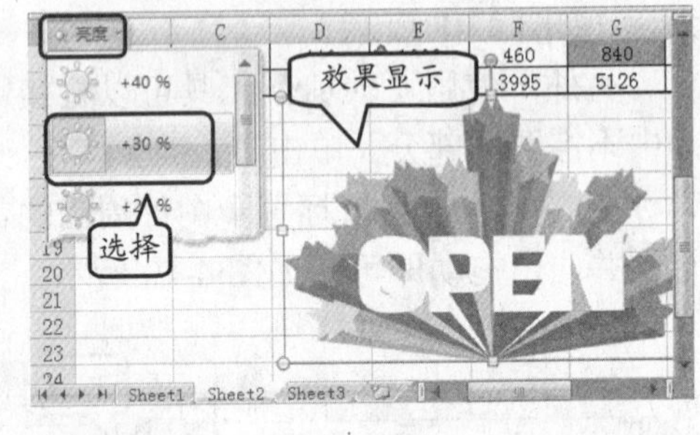

图 4-51 调整图片亮度

2. 调整图片对比度

对比度是指图像最亮和最暗之间的区域间的比率，对比度越高，图像色彩会越鲜明；反之，对比度越低则画面越显得模糊，色彩也不鲜明。

单击【对比度】下拉按钮，在其列表中选择需要的选项，以提高或降低图片的对比程度，如选择【+20%】选项，即可将图片的对比度提高20%，如图4-52所示。

图 4-52 调整图片对比度

3. 重新着色

对图片重新进行着色，可以使图片具有独特的风格。单击【重新着色】下拉按钮，在其列表中包含【不重新着色】、【颜色模式】、【深色变体】和【浅色变体】4 种效果选项。选择不同的选项，可以得到不同的效果，如选择【浅色变体】栏中的【强调文字颜色 2 浅色】选项，如图 4-53 所示。

提 示

单击【重新着色】下拉按钮，在【其他变体】级联菜单中还可以选择其他色块来设置图片的颜色效果。

另外，用户还可以执行【设置透明色】命令，当光标变为✐形状时，单击需要设置为透明色的位置，即可将图片中的某一颜色设置为透明色。

图 4-53 重新着色

4.5 应用 SmartArt 图形

SmartArt 图形是信息与观点的视觉表现形式。在工作表中使用 SmartArt 图形，可以快速、轻松、有效地传达信息。本节主要介绍插入 SmartArt 图形的方法，以及如何对工作表中的图形进行编辑。

4.5.1 创建 SmartArt 图形

SmartArt 图形可以在工作表中演示流程、层次结构以及循环关系等。Excel 中共包含有列表、流程、循环、矩阵等 7 种 SmartArt 类型。另外，创建图形后还可以输入文字，以传递更明确的信息。

1. 插入 SmartArt 图形

要在工作表中插入 SmartArt 图形，可以单击【插图】组中的 SmartArt 按钮，弹出如图 4-54 所示的【选择 SmartArt 图形】对话框。

在该对话框的左侧列表中选择不同的类型，右侧会显示相应的图形选项。其中，各类型的说明如表 4-5 所示。

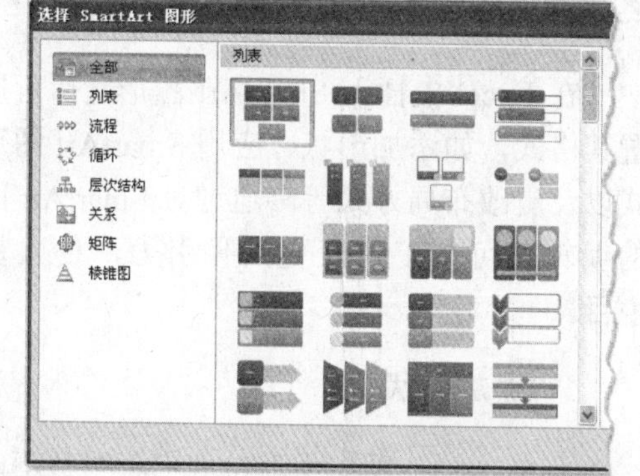

图 4-54 【选择 SmartArt 图形】对话框

表 4-5 SmartArt 图形各类型说明

类 型	说 明
列表	显示无序信息
流程	在流程或时间线中显示步骤

续表

类　型	说　明
循环	显示连续的流程
层次结构	显示决策树
关系	对连接进行图解
矩形	显示各部分与整体的关系
棱锥图	显示与顶部或底部最大一部分之间的比例关系

例如，选择“循环”类型中的【基本循环】选项，单击【确定】按钮，即可在工作表中插入相应的图形，如图4-55所示。

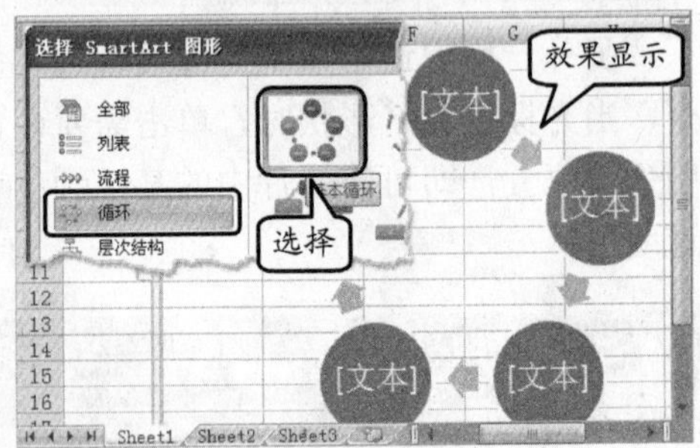

图4-55　插入SmartArt图形

2. 在SmartArt图形中输入文字

在图形中输入文字，能够更清楚地表达该图形所要传达的信息。选择图形中的形状即可直接输入文字，如图4-56所示。

另外，选择SmartArt图形并选择【设计】选项卡，单击【创建图形】组中的【文本窗格】按钮，即可在弹出的【文本】窗格中输入相应的文本内容，如图4-57所示。

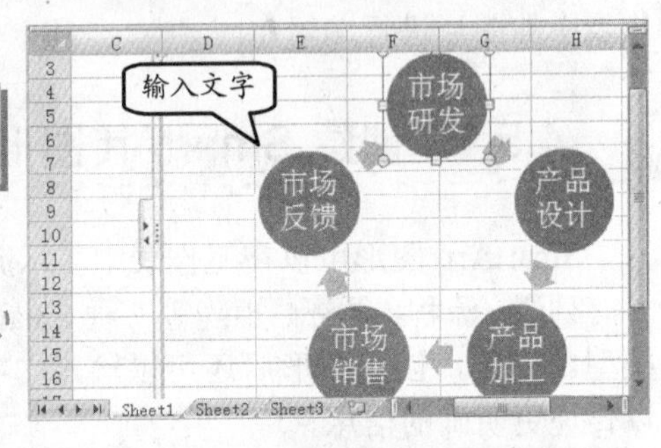

图4-56　在图形中直接输入文字

提　示

选择SmartArt图形中各个形状中的文本内容后可以对其格式进行设置。

4.5.2　编辑SmartArt图形

在Excel中插入SmartArt图形之后可以设置其格式，如添加形状、应用SmartArt图形样式以及更改布局方式等。通过对SmartArt图形的编辑，可使工作表更具吸引力，使人赏心悦目。

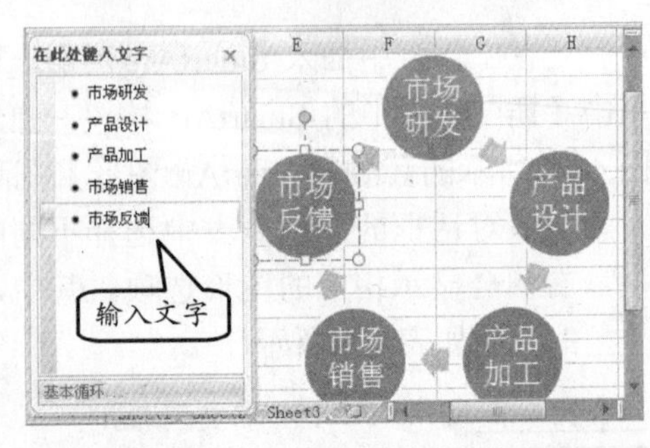

图4-57　利用文本窗格输入文字

1. 添加形状

当SmartArt图形中默认的形状个数不能满足需要时，可以在该图形的基础上添加形状，以便使用。

选择SmartArt图形，并选择【设计】选项卡，单击【创建图形】组中的【添加形状】下拉按钮，在其列表中执行所需命令，即可在相应位置添加形状。【添加形状】列表中各命令的作用如下所示：

- ❑ **在后面添加形状**　执行该命令，即可在所选形状之后添加一个形状。
- ❑ **在上方添加形状**　执行该命令，可以在所选形状的上一层添加一个形状。
- ❑ **在下方添加形状**　执行该命令，可以在所选形状的下一层添加一个形状。
- ❑ **形状助理**　执行该命令，可以在组织结构图中添加助理形状，只有选择“层次结构”类型中的组织结构图布局时该命令才可用。

例如，执行【在前面添加形状】命令，即可在所选形状之前添加一个形状，如图 4-58 所示。

技　巧

右击 SmartArt 图形中的形状，在【添加形状】级联菜单中执行相应命令也可以添加形状。

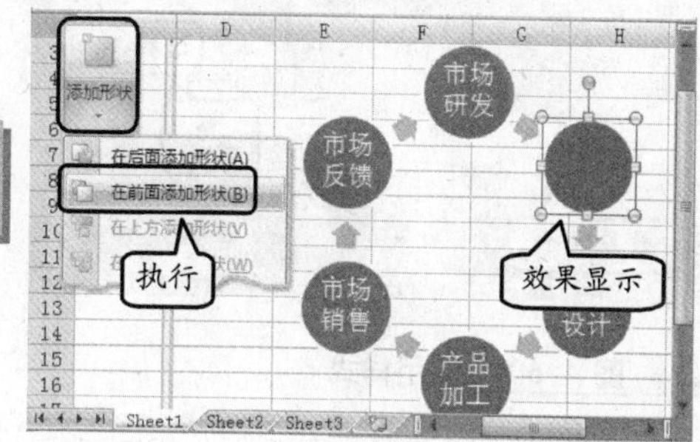

图 4-58　添加形状

2. 更改布局方式

创建 SmartArt 图形时，可以从 SmartArt 图形的类别或类型中选择一种布局方式。由于每种布局方式包含的形状个数是固定不变的。例如，“关系”类型中的“平衡箭头”布局用于表示只有两个对立的观点或概念，因此只有两个形状可以包含文字。当要表达两种以上的观点时，则需要切换到具有两个以上可用于文字的形状布局，如“棱锥型列表”布局。

选择 SmartArt 图形，单击【布局】组中的【其他】下拉按钮，在其列表中选择所需的布局方式即可，如选择【分段循环】选项，如图 4-59 所示。

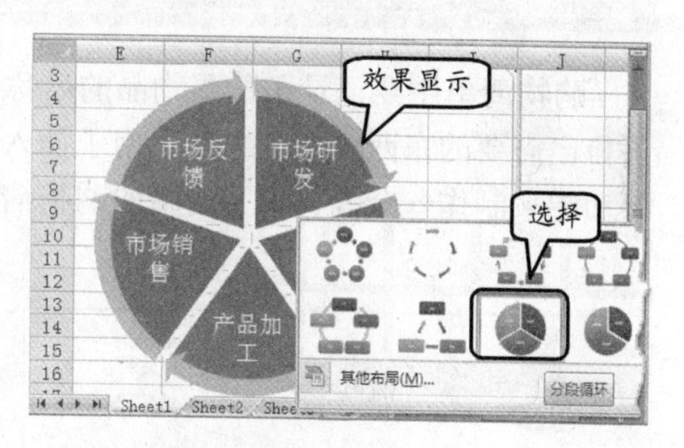

图 4-59　更改布局

提　示

如果执行【其他布局】命令，即可打开【选择 SmartArt 图形】对话框，在该对话框中也可以选择所需图形。

注　意

当用户选择不同类型的 SmartArt 图形时，在【布局】组中显示的内容将会随之改变。

3. 应用样式

SmartArt 图形的快速样式包括边缘、阴影、线型、渐变和三维透视，用户可以根据不同的需要进行相应的选择。通过应用 SmartArt 图形样式，可以使该图形产生立体感，从而具有更强烈的视觉享受。

单击【SmartArt 样式】组中的【其他】下拉按钮，在其列表中包含【文档的最佳匹配对象】和【三维】两栏内容，选择要应用的样式即可。例如，选择【三维】栏中的【优雅】选项，如图 4-60 所示。

另外，单击【SmartArt 样式】组中的【更改颜色】下拉按钮，在其列表中包含【主题颜色】、【彩色】、【强调文字颜色 1】、【强调文字颜色 2】和【强调文字颜色 3】5 栏内容，选择所需选项即可更改所选图形的颜色。

例如，选择【彩色】栏中的【彩色范围-强调文字颜色 2 至 3】选项，如图 4-61 所示。

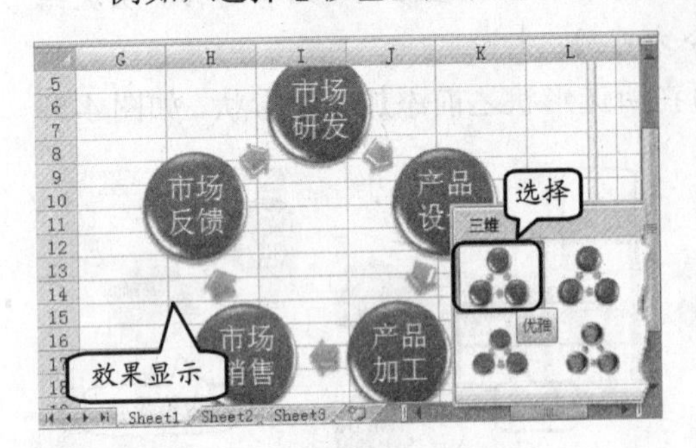

图 4-60 应用样式

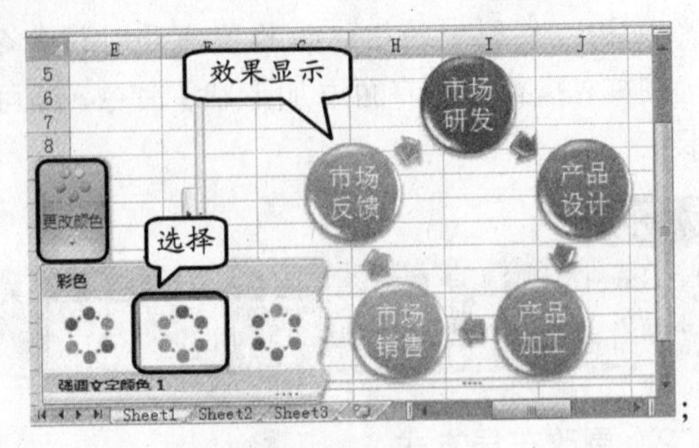

图 4-61 更改颜色

4.6 实验指导：制作购物清单

购物清单主要记录了购买物品的名称和数量，通过此清单可以有目的、有计划地购买自己需要的东西。本例主要运用了插入形状、图片、调整行高及列宽和添加边框样式等功能来制作一个既美观又清晰的购物清单。

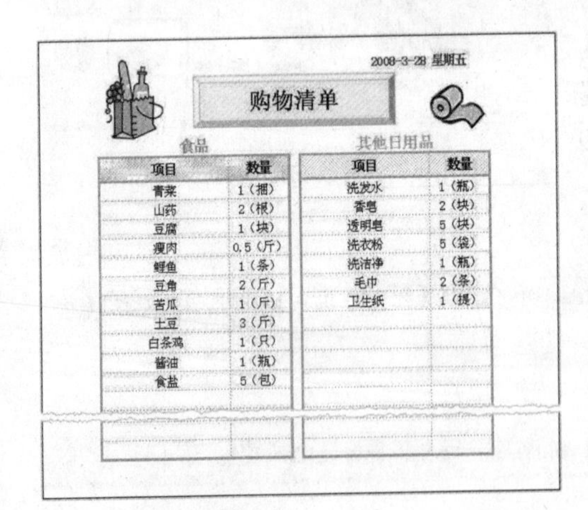

2008-3-29 星期五

购物清单

食品

项目	数量
青菜	1（捆）
山药	2（根）
豆腐	1（块）
瘦肉	0.5（斤）
鲤鱼	1（条）
豆角	2（斤）
苦瓜	1（斤）
土豆	3（斤）
白条鸡	1（只）
酱油	1（瓶）
食盐	5（包）

其他日用品

项目	数量
洗发水	1（瓶）
香皂	2（块）
透明皂	5（块）
洗衣粉	5（袋）
洗洁净	1（瓶）
毛巾	2（条）
卫生纸	1（提）

实验目的

- ❑ 插入形状
- ❑ 合并单元格
- ❑ 插入图片
- ❑ 设置数字格式
- ❑ 添加边框样式

操作步骤

1 分别选择 F1 和 G1 单元格，并在编辑栏中输入公式“=NOW()”，单击【输入】按钮，如图 4-62 所示。

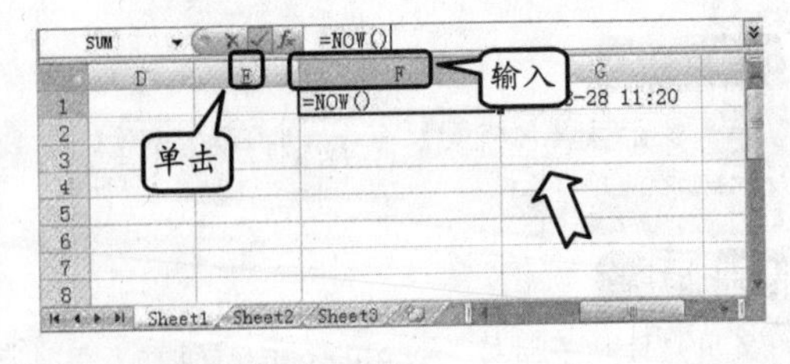

图 4-62 运用公式

提 示

新建空白工作簿，按 Ctrl+S 组合键，在弹出的【另存为】对话框中将该工作簿保存为“购物清单”。

2 选择 F1 单元格，在【设置单元格格式】对话框中的【分类】列表框中选择【日期】选项，并在【类型】列表框中选择一种日期类型，如图 4–63 所示。

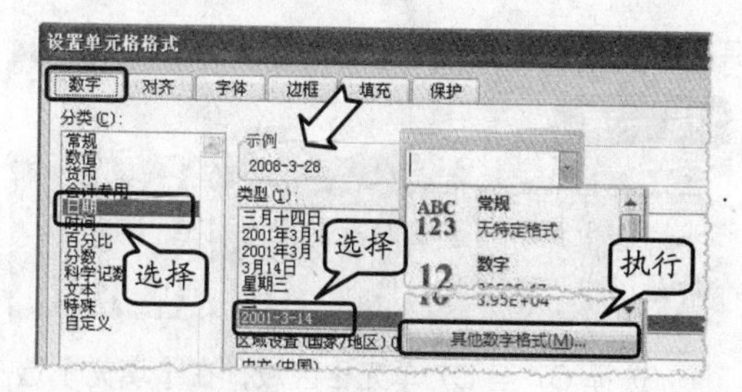

图 4–63　设置数字格式

提　示

单击【数字】组中的【数字格式】下拉按钮，执行【其他数字格式】命令，即可打开【设置单元格格式】对话框。

3　依照相同的方法，设置 G1 单元格的数字格式为星期五，并设置该对齐方式为文本左对齐，然后设置 F1 至 G1 单元格区域的字体颜色为深红，单击【加粗】按钮，如图 4–64 所示。

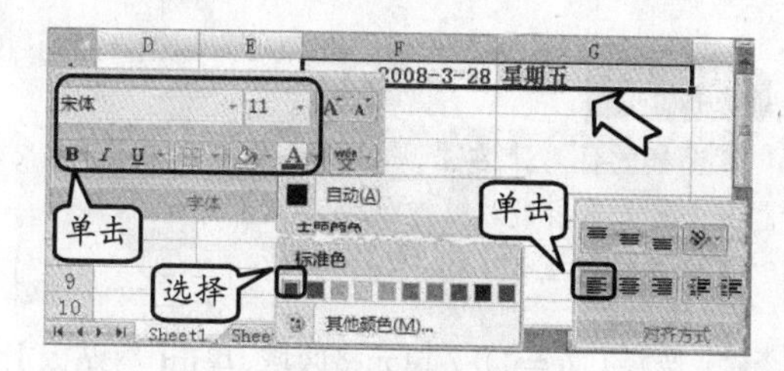

图 4–64　设置字体格式

4　在【插图】组中的【形状】下拉列表中选择【基本形状】栏中的【棱台】选项，并绘制该形状。在【大小】组中分别设置其高度和宽度为 1.6 厘米和 7 厘米，如图 4–65 所示。

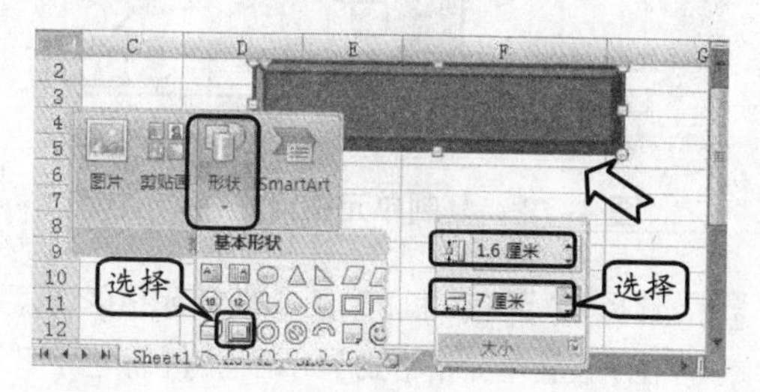

图 4–65　插入形状

5　选择该形状，在【颜色】对话框的【标准】选项卡中选择一种颜色，在【形状轮廓】下拉列表中选择“橙色”色块，并在【粗细】级联菜单中选择【0.75 磅】选项，如图 4–66 所示。

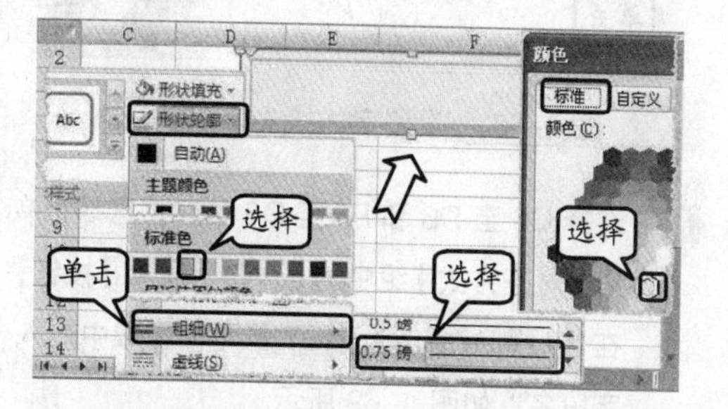

图 4–66　设置形状格式

提　示

在【形状样式】组中的【形状填充】下拉列表中执行【其他填充颜色】命令，即可打开【颜色】对话框。

6　选择形状，在【插入形状】组中的【绘制横排文本框】下拉列表中执行【横排文本框】命令，在形状上单击并输入文字“购物清单”，如图 4–67 所示。

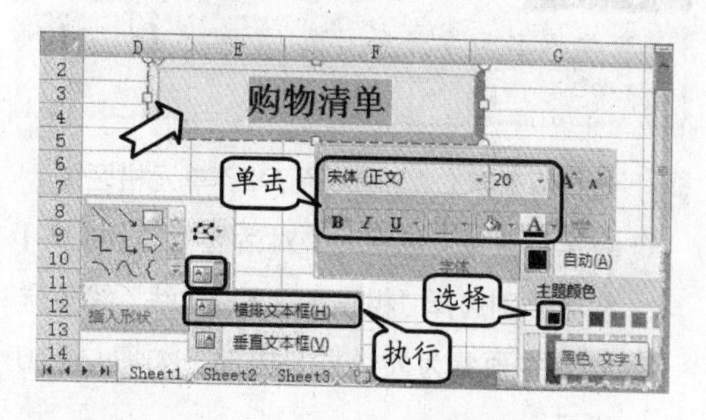

图 4–67　插入文本框

提　示

设置其字号为 20，字体颜色为“黑色，文字 1”，并单击【加粗】按钮。

7　分别在 C6 和 F6 单元格中输入文字“食品和其他日用品”，设置其字号为 14，并单击【加粗】按钮。然后在【颜色】对话框中分别设置其字体颜色，如图 4–68 所示。

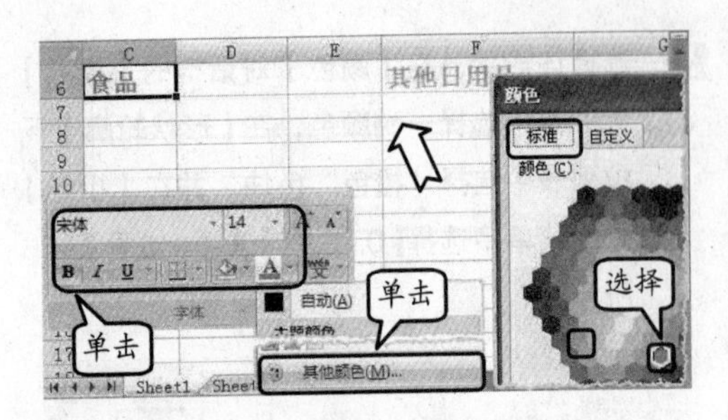

图 4-68 设置字体格式

8 选择 C6 至 D6 和 F6 至 G6 单元格区域，单击【对齐方式】组中的【合并后居中】按钮，在 C7 至 D7 和 F7 至 G7 单元格区域中输入字段名，如图 4-69 所示。

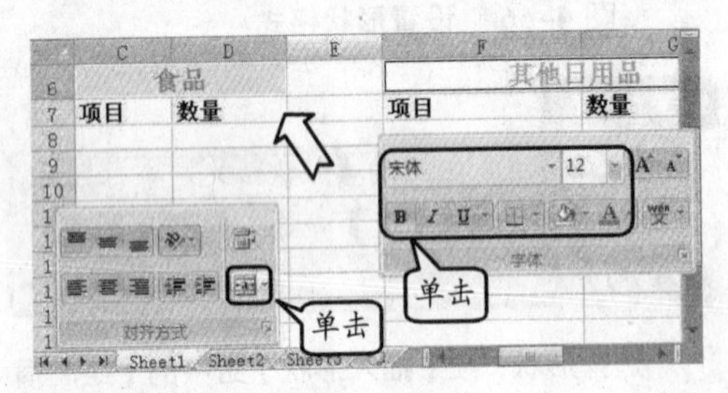

图 4-69 设置对齐方式

提 示

设置字段名的字号为 12，并单击【加粗】按钮。

9 选择 C7 至 D7 和 C8 至 D27 单元格区域，在【设置单元格格式】对话框中的【线条】栏中分别选择“粗线条”和“虚线”线条样式，并预置为外边框和内部，如图 4-70 所示。

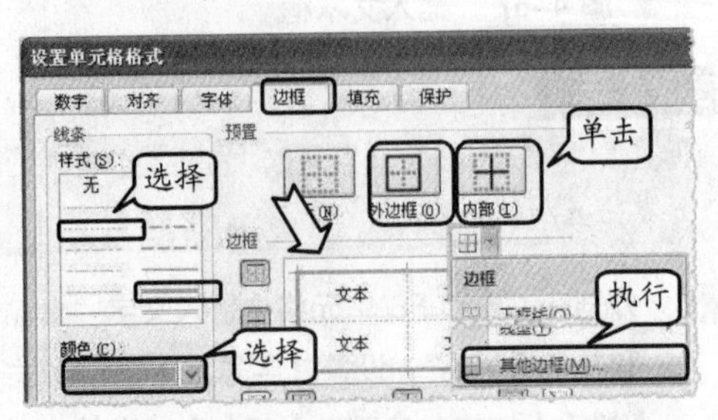

图 4-70 添加边框样式

提 示

单击【字体】组中的【边框】下拉按钮，执行【其他边框】命令，即可打开【设置单元格格式】对话框。

提 示

在【设置单元格格式】对话框中的【颜色】下拉列表中执行【其他颜色】命令，在【颜色】对话框中选择一种颜色。

10 选择 C7 至 D7 单元格区域，在【填充】选项卡中设置图案颜色为“橙色，强调文字颜色 6，淡色 40%”，图案样式为“细 对角线 剖面线”，如图 4-71 所示。

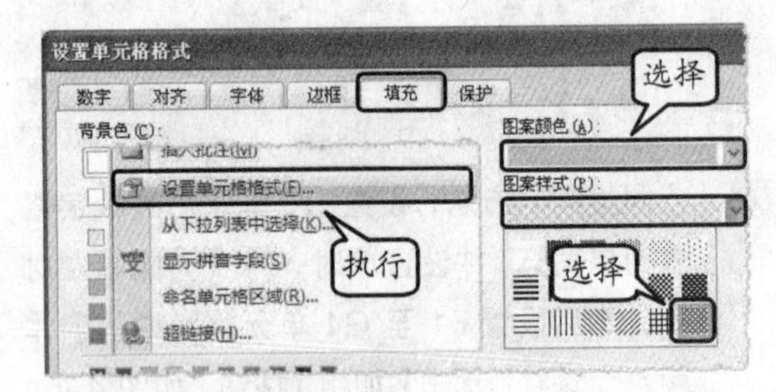

图 4-71 设置单元格格式

提 示

在选择的区域上右击，执行【设置单元格格式】命令，并选择【设置单元格格式】对话框中的【填充】选项卡。

11 选择 C7 至 D27 单元格区域，单击【剪贴板】组中的【格式刷】按钮，并选择 F7 至 G27 单元格区域，如图 4-72 所示。

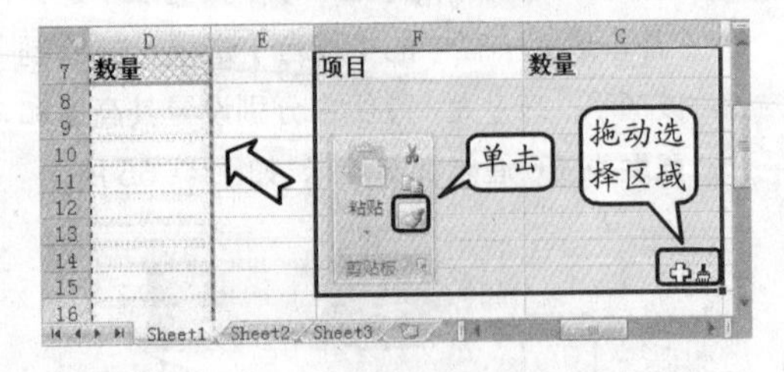

图 4-72 复制单元格格式

12 选择 F7 至 G7 和 F8 至 G27 单元格区域，在【设置单元格格式】对话框的【颜色】下拉列表中选择【最近使用的颜色】栏中的“绿色”色块，更改其线条颜色，如图 4-73 所示。

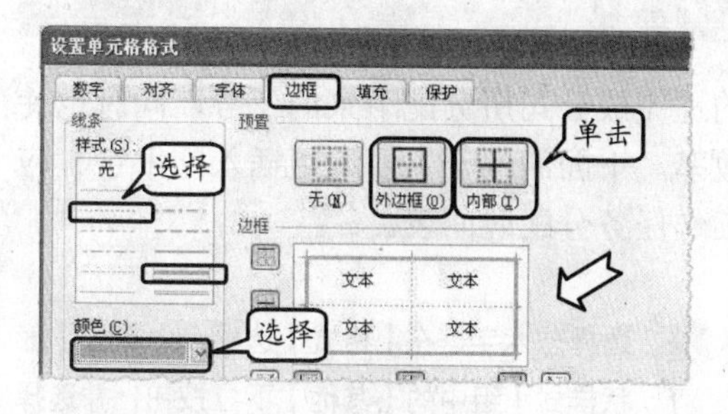

图 4-73 更改边框颜色

13 在【填充】选项卡中更改 F7 至 G7 单元格区域的图案颜色，并将图案样式改为“对角线 剖面线”样式，如图 4-74 所示。

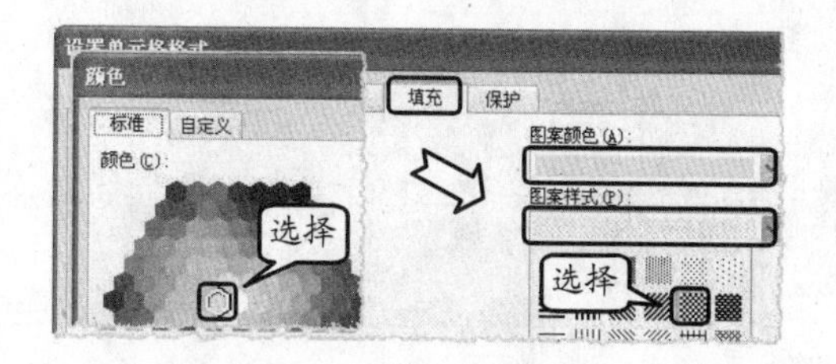

图 4-74 更改单元格格式

14 在 C8 至 D27 和 F8 至 G27 单元格区域中输入相应内容，并设置 C7 至 D27 和 F7 至 G27 单元格区域的对齐方式为居中，如图 4-75 所示。

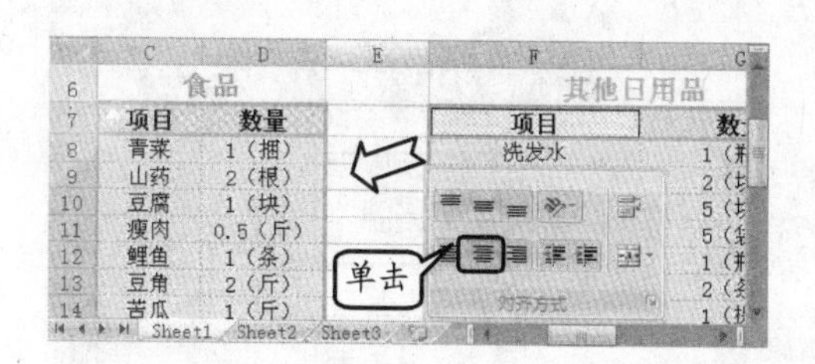

图 4-75 设置对齐方式

15 将鼠标置于 E 列右侧的分界线上，当光标变成“单横线双向”箭头时，向左拖动至显示“宽度：1.13（14 像素）”处松开，如图 4-76 所示。

16 选择第 7 列，当光标变成“单竖线双向”箭头时，向下拖动至显示“高度：21.00（28 像素）”处松开，如图 4-77 所示。

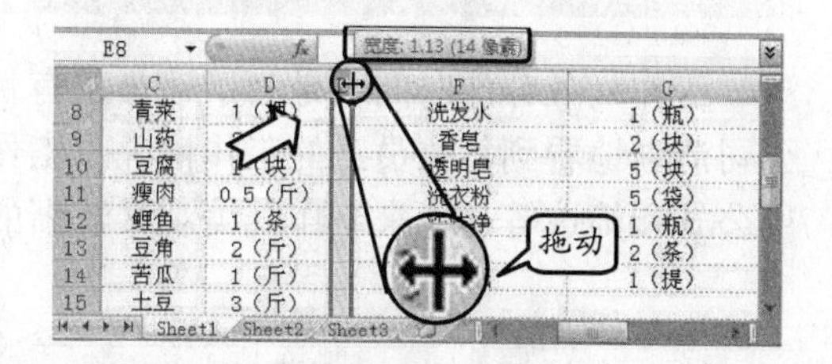

图 4-76 调整列宽

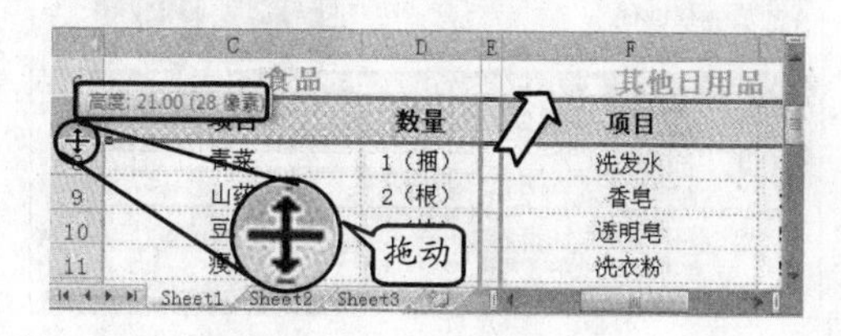

图 4-77 调整行高

提 示

依照相同的方法分别调整 C、D、F、G 和第 8 列至第 27 列区域的行高和列宽至合适位置。

17 单击【插图】组中的【图片】按钮，在弹出的【插入图片】对话框中选择并插入图片，然后调整图片大小及位置，如图 4-78 所示。

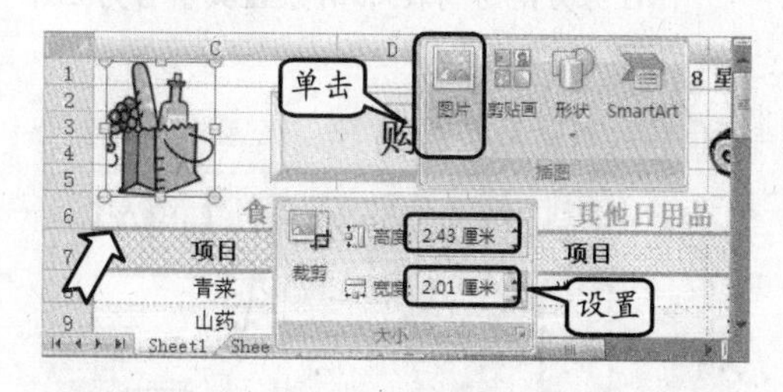

图 4-78 插入并设置图片

提 示

依照相同的方法插入另一张图片，并调整其大小和位置。

18 单击 Office 按钮，执行【打印】|【打印预览】命令，即可预览该工作表。

4.7 实验指导：制作工作任务分配时间表

工作任务分配时间表是为了让员工有目的地完成公司所分配下来的任务，同时也使公司清晰地看到每位员工的工作情况及工作效率。下面的例子主要运用插入艺术字、应用公式和筛选等功能来制作既美观又清晰的工作任务分配时间表。

工作任务分配时间表

项目：	奥运年大型展示会
开始时间：	2008年3月8日
结束时间：	2008年3月10日
任务安排：	参见下表

姓名：	任务描述	开始时间	结束时间	已完成%	已持续（天）	还需工作日
张乐	布置会场	2008年3月6日	2008年3月6日	86%	0.86	0.14
赵凯	分配展示商品	2008年3月7日	2008年3月7日	65%	0.65	0.35
王浩	展会总调度	2008年3月8日	2008年3月10日	80%	2.41	0.59
王三	安排入场及退场	2008年3月8日	2008年3月10日	59%	1.76	1.24
雷琳	展示会主持	2008年3月8日	2008年3月10日	42%	1.27	1.73
李晨	维持展会秩序	2008年3月8日	2008年3月10日	65%	1.94	1.06
张丽	展会后勤补给	2008年3月8日	2008年3月10日	92%	2.77	0.23
孙思田	计算展会损益	2008年3月11日	2008年3月12日	10%	0.20	1.80

实验目的

- ❑ 插入艺术字
- ❑ 应用公式
- ❑ 启用筛选功能
- ❑ 套用表格格式

操作步骤

1 单击【文本】组中的【艺术字】下拉按钮，选择【填充-强调文字颜色 2，粗糙棱台】选项，然后在弹出的文本框中输入文字“工作任务分配时间表”，并设置其字号为 28，如图 4-79 所示。

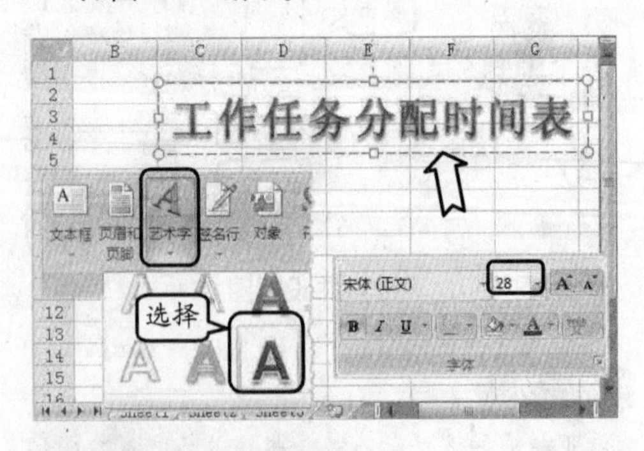

图 4-79 插入艺术字

提 示

新建空白工作簿，按 Ctrl+S 组合键将工作簿保存为“工作任务分配时间表”。

2 选择艺术字，在【格式】选项卡中单击【形状样式】组中的【其他】下拉按钮，并选择“细微效果-强调颜色 4”样式，然后将该艺术字放置到合适位置，如图 4-80 所示。

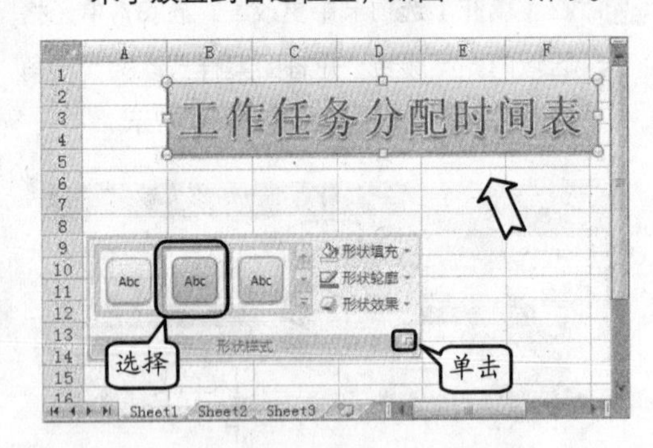

图 4-80 为艺术字添加形状样式

3 在 B7 至 C10 单元格区域中分别输入相应的内容，并设置其字号为 12，然后选择 C7 至 C10 单元格区域，设置其对齐方式为文本左对齐，如图 4-81 所示。

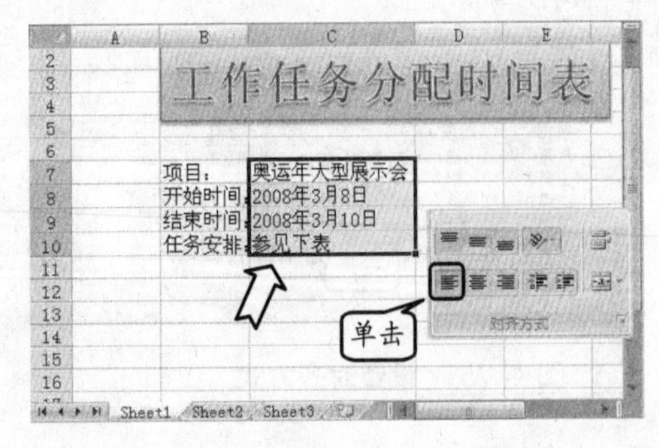

图 4-81 输入内容

4 在 B7 至 C10 单元格区域上右击，执行【设置单元格格式】命令，在弹出对话框的【边框】选项卡中选择【线条】栏中的“双横线”线条样式，设置其颜色为“橙色，强调文字颜色 6，深色 25%”，如图 4-82 所示。

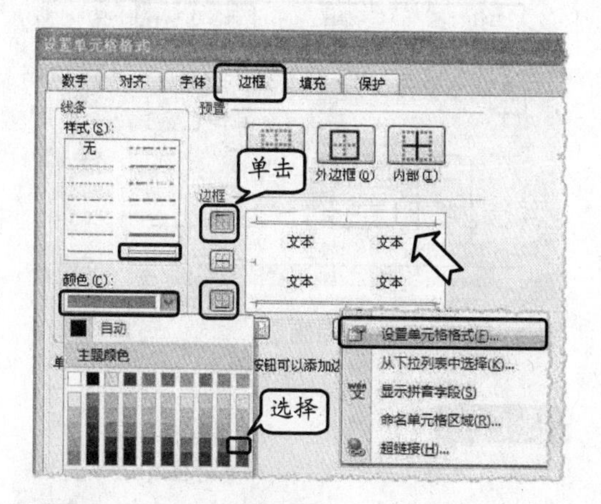

图 4-82 设置边框样式

提 示

选择【线条】栏中的“双横线”线条样式，并在【边框】栏中设置其为上框线和下框线。

5 在【线条】栏中选择一种“虚线”线条样式，将其预置为内部，然后选择【填充】选项卡，在【图案颜色】下拉列表中选择“水绿色，强调文字颜色 5，深色 25%”色块，如图 4-83 所示。

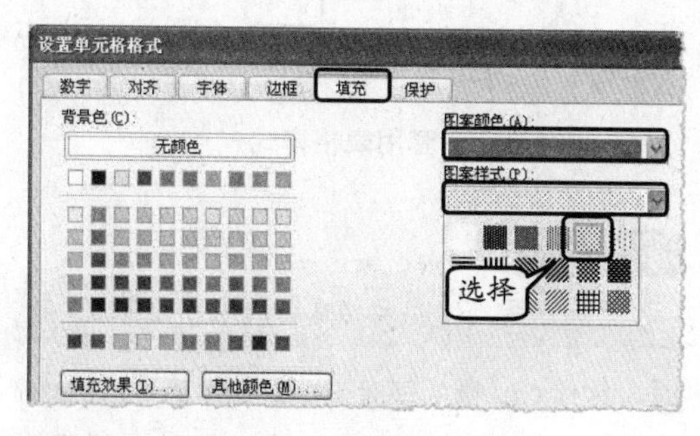

图 4-83 设置单元格格式

6 在 B13 至 H21 单元格区域中输入字段名及字段信息，然后选择 D 列与 E 列单元格区域，将鼠标置于两列间的边界线上，当光标变成“双向”箭头时，向右拖动至显示“宽度：15.00（125 像素）”处松开，如图 4-84 所示。

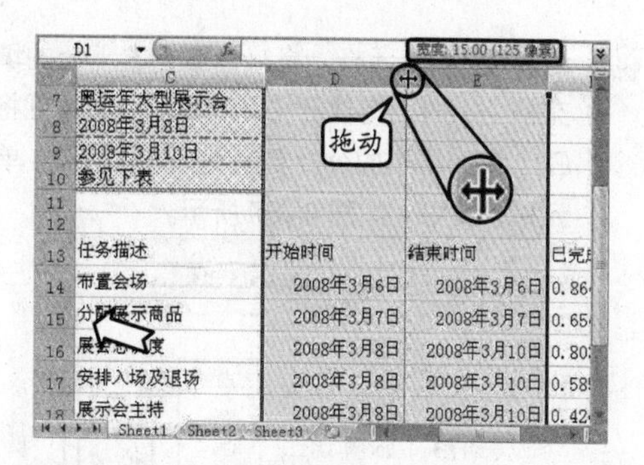

图 4-84 调整行高与列宽

提 示

依照相同的方法分别调整其他单元格区域的行高与列宽。

7 选择 F14 至 F21 单元格区域，在【数字】组中的【数字格式】下拉列表中执行【其他数字格式】命令，在弹出对话框的【分类】列表框中选择【百分比】选项，并设置其小数位数为 0，如图 4-85 所示。

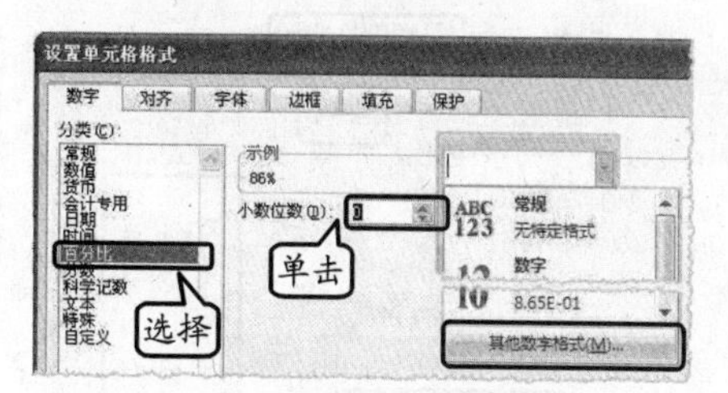

图 4-85 设置数字格式

8 选择 G14 单元格，在编辑栏中输入公式“=IF(F14="",0,(E14-D14+1)*F14)”，并单击【输入】按钮，然后设置其数字格式为数字，如图 4-86 所示。

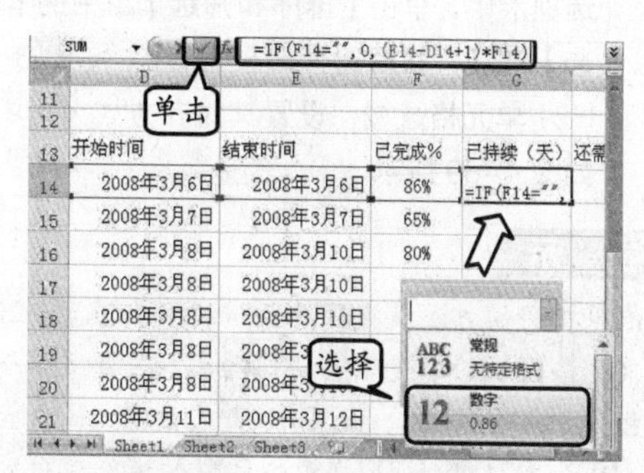

图 4-86 应用公式

9 选择 G14 单元格，将鼠标置于右下角的填充柄上，向下拖动至 G21 单元格，即可将 G14 单元格中的公式复制到 G15 至 G21 单元格区域中，如图 4-87 所示。

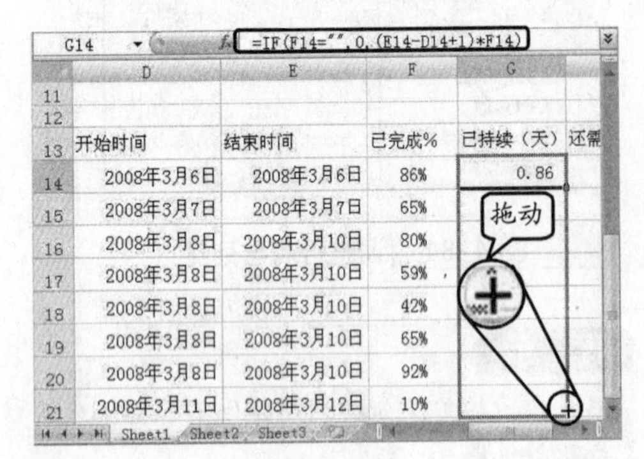

图 4-87 复制公式

10 选择 H14 单元格，输入公式"=E14-D14+1-G14"，并设置其数字格式为数字，然后拖动右下角的填充柄至 H21 单元格，如图 4-88 所示。

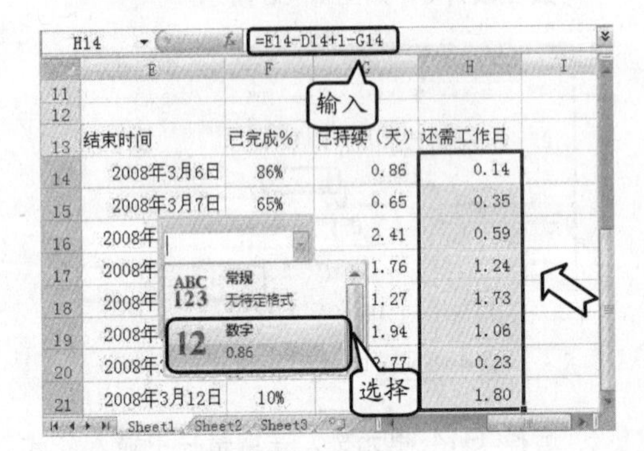

图 4-88 运用并复制公式

11 选择 B13 至 H13 单元格区域，在【数据】选项卡中，单击【排序和筛选】组中的【筛选】按钮，然后选择 B7 至 B10 和 B13 至 H21 单元格区域，设置其对齐方式为居中，如图 4-89 所示。

提 示

依照相同的方法设置 B15 至 H15 和 B20 至 H20 单元格区域的填充颜色为"橙色，强调文字颜色 6，淡色 80%"；设置 B17 至 H17、B19 至 H19 和 B21 至 H21 单元格区域的填充颜色为"紫色，强调文字颜色 4，淡色 60%"。

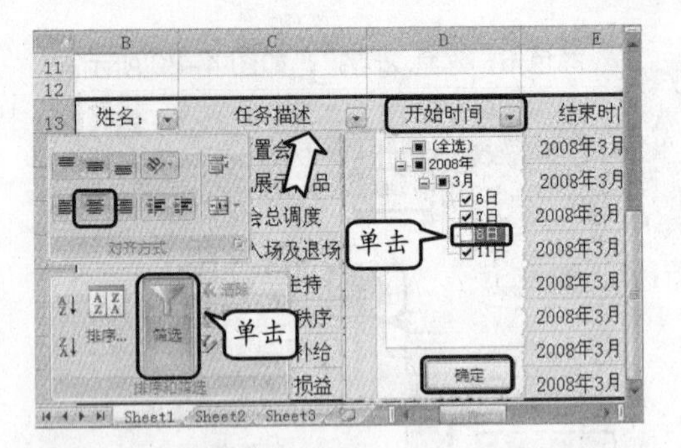

图 4-89 运用筛选

提 示

单击字段中的下拉按钮，可查看任务的相关信息。如：单击【开始时间】下拉按钮，在其下拉列表中选择【8 日】复选框，即可将 2008 年 3 月 8 日的所有数据隐藏。

12 选择 B13 至 H21 单元格区域，在【样式】组中选择【套用表格格式】下拉列表中的"表样式中等深浅 3"样式，如图 4-90 所示。

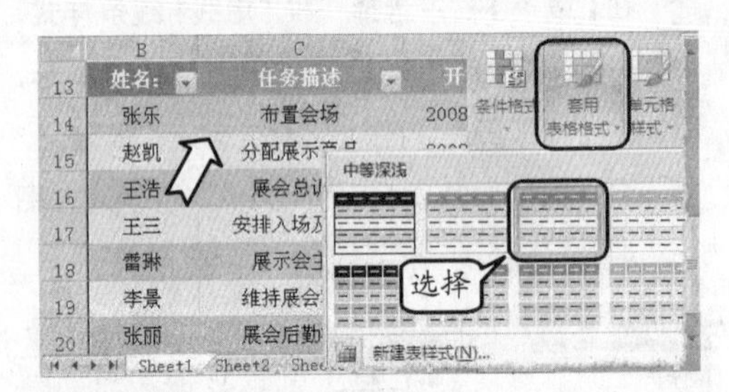

图 4-90 套用表格样式

提 示

设置 B13 至 H21 单元格区域的字号为 12。

13 按住 Ctrl 键的同时，选择 B14 至 H14、B16 至 H16 和 B18 至 H18 单元格区域，设置其填充颜色为"水绿色，强调文字颜色 5，淡色 80%"，如图 4-91 所示。

14 在【插图】组中单击【图片】按钮，在弹出的对话框中选择一张图片并插入，然后在【大小】组中设置其高度为 4.7，宽度为 7，如图 4-92 所示。

15 选择图片，单击【格式】选项卡中的【图片样式】下拉按钮，并在其下拉列表中选择“剪裁对角线，白色”样式，如图 4-93 所示。

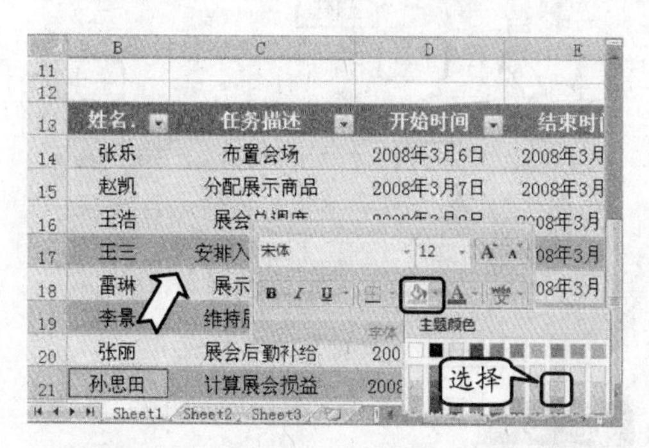

图 4-91 设置填充颜色

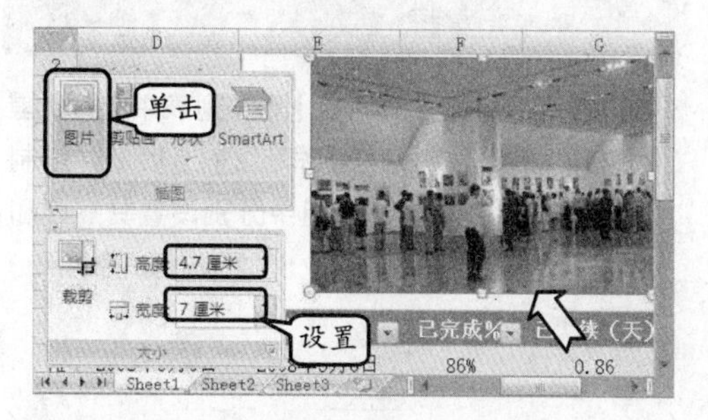

图 4-92 设置图片大小

16 选择图片，并单击【图片样式】组中的【图片边框】下拉按钮，选择【主题颜色】栏中的“紫色，强调文字颜色 4，淡色 40%”色块，并将该图片放置于合适位置，如图 4-94 所示。

图 4-93 设置图片样式

图 4-94 设置图片边框样式

17 在【显示/隐藏】组中启用【网格线】复选框，将工作表中的网格线隐藏。

4.8 实验指导：制作最新台式电脑配置单

台式电脑配置单主要记录了电脑配件、配件型号和价格等一些重要的信息，通过该表单可以看出电脑配置的高低。本例主要运用了插入艺术字、形状、图片、设置数字格式和添加边框样式等功能来介绍最新台式电脑配置单的制作步骤。

最新台式 电脑 配置

配件	产品图片	产品型号	价格
内存		金士顿 1GB DDR2 667	135元
主板		华硕 P5B SE	599元
网卡		英特尔Intel PILA8472	144元
鼠标		双飞燕 R7-70MD省电红军	155元
键盘		双飞燕 KLS-25MU	48元
音响		漫步者 R101T06	130元
合计			6573元

设备名称	产品图片	产品型号	价格
打印机		三星 SAMSUNG ML-2570	2200元
传真机		兄弟 FAX-418	750元
扫描仪		中晶 Microtek phantom v7 PLUS	1099元
摄像头		奥尼 Q818A飞䴘	179元

实验目的

- ❑ 插入艺术字
- ❑ 插入形状
- ❑ 插入图片
- ❑ 设置数字格式
- ❑ 添加边框样式

操作步骤

1 在【插入】选项卡的【文本】组中单击【艺术字】下拉按钮，选择【渐变填充-强调文字颜色 4，映像】选项。并在艺术字文本框中输入文字“最新台式配置”，如图 4-95 所示。

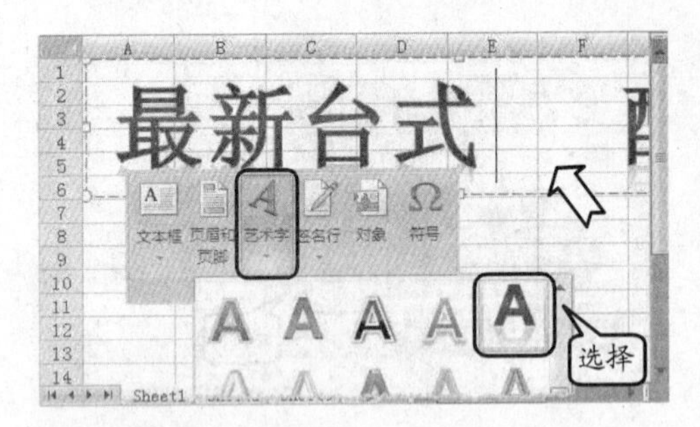

图 4-95　插入艺术字

提　示

新建空白工作簿，按 Ctrl+S 组合键，在弹出的【另存为】对话框中将该工作簿保存为“最新台式电脑配置”。

提　示

在“最新台式”和“配置”文字间输入空格，即可增加文字间距。

2　选择艺术字，单击【艺术字样式】组中的【文本效果】下拉按钮，选择【转换】级联菜单中的“槽形”效果，如图 4-96 所示。

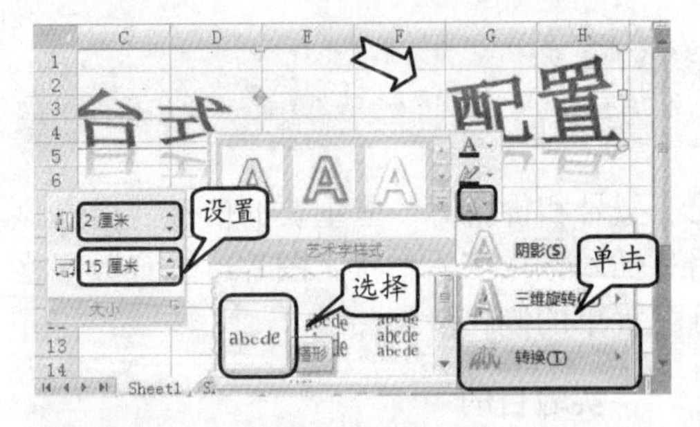

图 4-96　设置艺术字格式

提　示

选择艺术字，分别在【格式】选项卡的【大小】组中设置高度和宽度为 2 厘米和 15 厘米。

3　选择艺术字，在【设置文本效果格式】对话框的【文本填充】选项卡中选择【预设颜色】下拉列表中的【彩虹出岫】选项，并设置类型为路径，如图 4-97 所示。

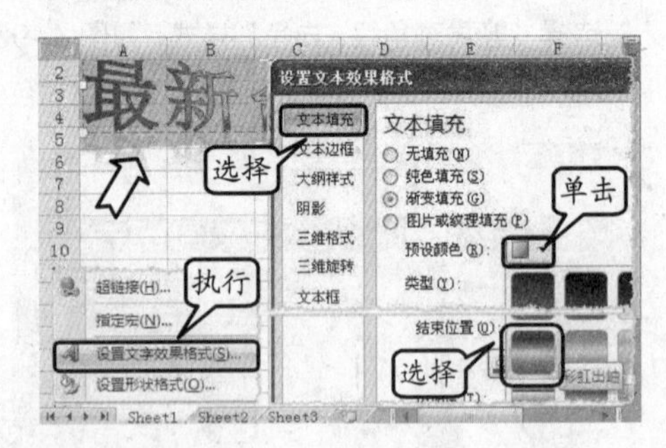

图 4-97　设置艺术字格式

提　示

选择艺术字并右击，执行【设置文本效果格式】命令，即可打开【设置文本效果格式】对话框。

4　在【插图】组的【形状】下拉列表中选择【星与旗帜】栏中的【爆炸形 2】选项，并绘制该形状，在【大小】组中分别设置其高度和宽度为 2.2 厘米和 5.5 厘米，如图 4-98 所示。

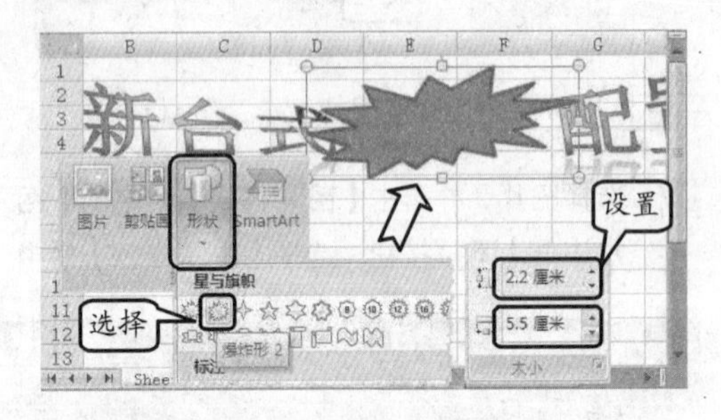

图 4-98　插入形状

5　选择该形状，在【形状样式】组中的【形状填充】下拉列表中选择“橄榄色，强调文字颜色 3”色块，在【形状轮廓】下拉列表中选择“黄色”色块，如图 4-99 所示。

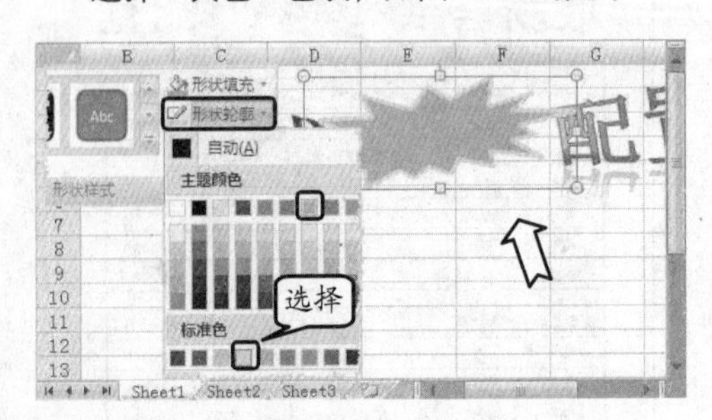

图 4-99　设置形状样式

6 选择形状，在【插入形状】组的【绘制横排文本框】下拉列表中选择【横排文本框】选项，并在形状上输入文字“电脑”，设置字号为 26，单击【加粗】按钮，如图 4-100 所示。

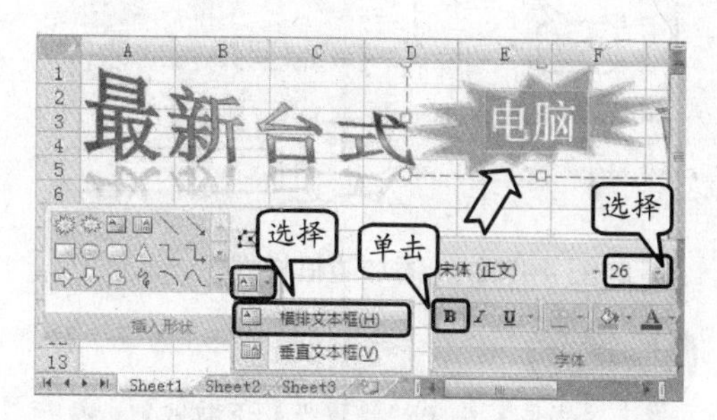

图 4-100 插入文本框

7 选择形状中的文字，在【设置文本效果格式】对话框的【文本填充】选项卡中选择【渐变填充】单选按钮，并设置预设颜色为宝石蓝，如图 4-101 所示。

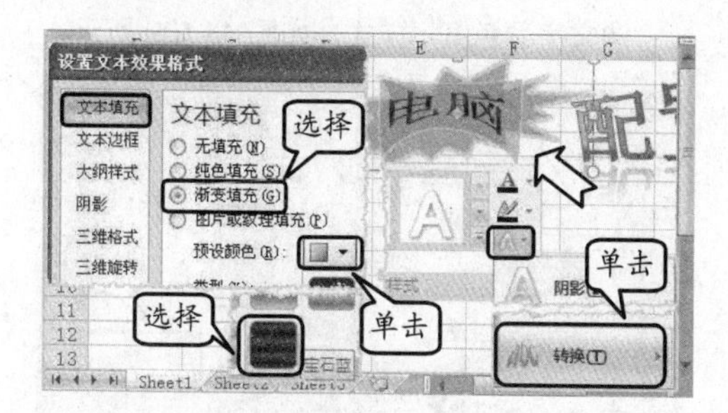

图 4-101 设置文本格式

提 示

选择形状中的文字，单击【艺术字样式】组中的【文本效果】下拉按钮，选择【转换】级联菜单中的“桥形”效果。

8 在 A6 至 D6 单元格区域中输入字段名，设置字体为华文楷体，字号为 14，并单击【加粗】按钮，如图 4-102 所示。

9 在 A7 至 D22 单元格区域中输入字段信息。选择 C 列，将鼠标置于该列右侧的分界线上，当光标变成“单横线双向”箭头时，向右拖动至显示“宽度：41.25（335 像素）”处松开，如图 4-103 所示。

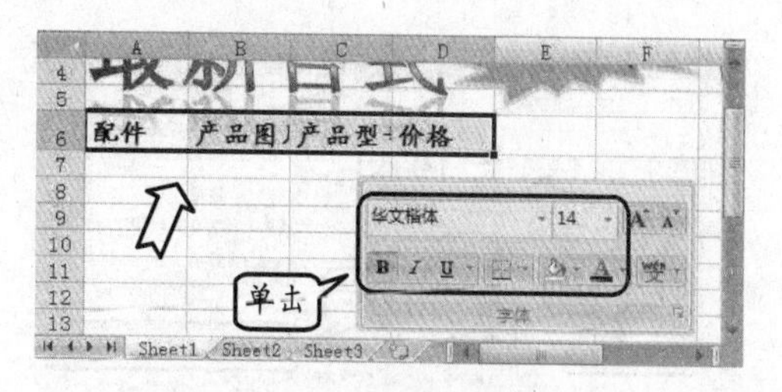

图 4-102 设置字体格式

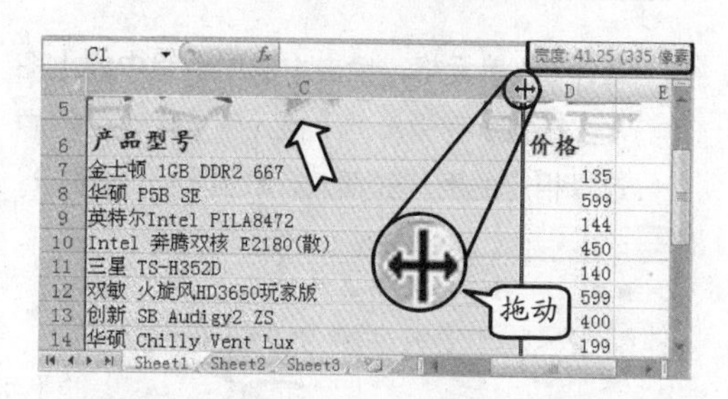

图 4-103 调整列宽

10 选择第 6 列至第 22 列，将鼠标置于任意两列间的分界线上，当光标变成“单竖线双向”箭头时，向下拖动至显示“高度：25.50（34 像素）”处松开，如图 4-104 所示。

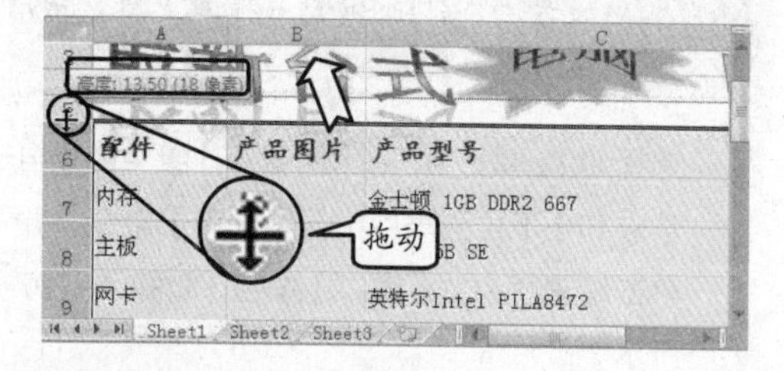

图 4-104 调整行高

提 示

依照相同的方法分别调整其他区域的行高和列宽。

11 选择 D7 至 D22 单元格区域，在【设置单元格格式】对话框的【分类】列表框中，选择【自定义】选项，在【类型】文本框中输入“####"元"”，如图 4-105 所示。

提 示

单击【数字】组中的【数字格式】下拉按钮，执行【其他数字格式】命令，即可打开【设置单元格格式】对话框。

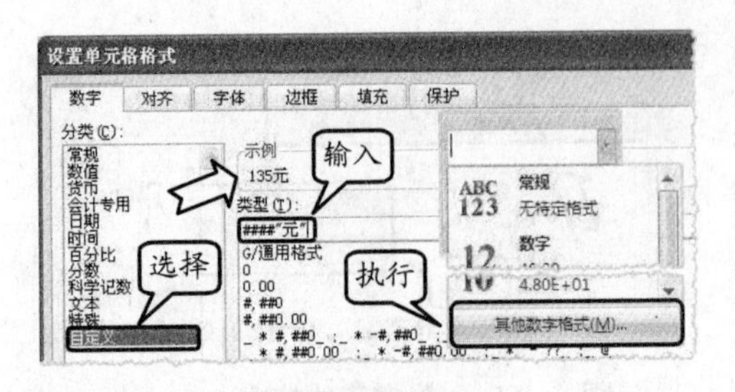

图 4-105 设置数字格式

12 选择 B7 单元格，单击【插图】组中的【图片】按钮，在弹出的【插入图片】对话框中选择相应的图片并插入，如图 4-106 所示。

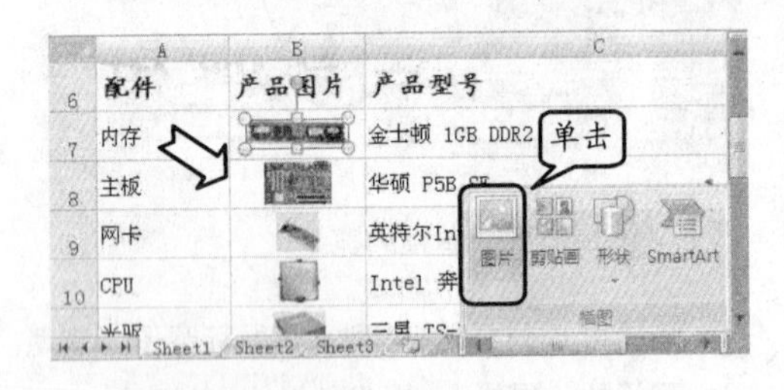

图 4-106 插入图片

提 示

依照相同的方法分别在 B8 至 B21 单元格区域中插入相应图片，并调整图片大小及位置。

13 选择 D22 单元格，在【函数库】组中的【自动求和】下拉列表中执行【求和】命令，并单击编辑栏中的【输入】按钮，如图 4-107 所示。

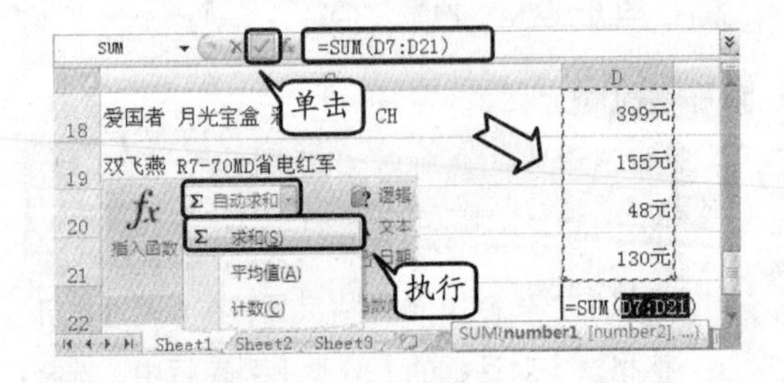

图 4-107 自动求和

14 选择 A6 至 D22 单元格区域，在【设置单元格格式】对话框中的【线条】栏中分别选择"双线条"和"虚线"线条样式，并预置为外边框和内部，如图 4-108 所示。

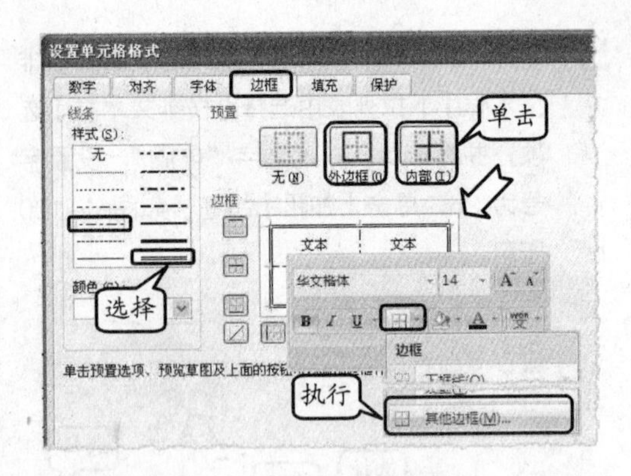

图 4-108 添加边框样式

提 示

单击【字体】组中的【边框】下拉按钮，执行【其他边框】命令，即可打开【设置单元格格式】对话框。

15 选择 A6 至 D22 单元格区域中的偶数行，在【样式】组中的【单元格样式】下拉列表中选择【主题单元格样式】栏中的"20%-强调文字颜色 5"样式，如图 4-109 所示。

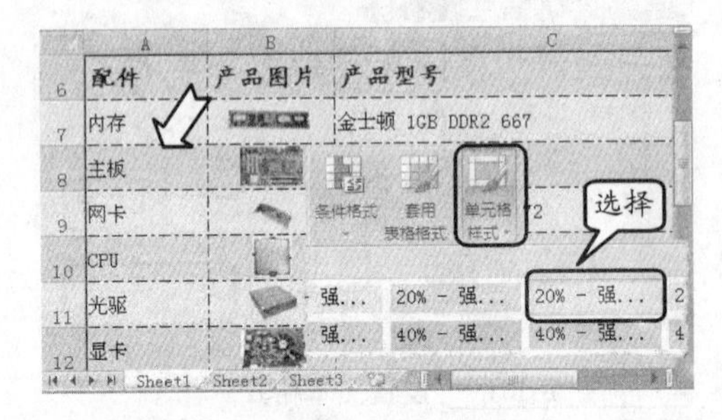

图 4-109 设置单元格样式

提 示

依照相同的方法选择 A6 至 D22 单元格区域中的奇数行，并设置单元格样式为"20%-强调文字颜色 6"。

16 选择 A6 至 D22 单元格区域，设置对齐方式为居中，设置 A22 和 D22 单元格的字体为华文楷体，字号为 14，并单击【加粗】按钮，如图 4-110 所示。

17 在 A24 至 D28 单元格区域中输入字段名及字段信息，设置 A24 至 D24 单元格区域的字体为华文新魏，字号为 14，并单击【加粗】按钮，如图 4-111 所示。

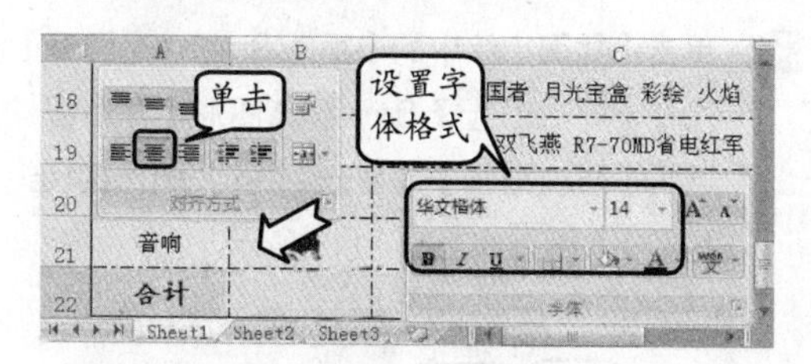

图 4-110 设置对齐方式

图 4-111 设置字体格式

18 选择 D25 至 D28 单元格区域，在【设置单元格格式】对话框的【分类】列表框中选择【自定义】选项，并选择“####"元"”类型，如图 4-112 所示。

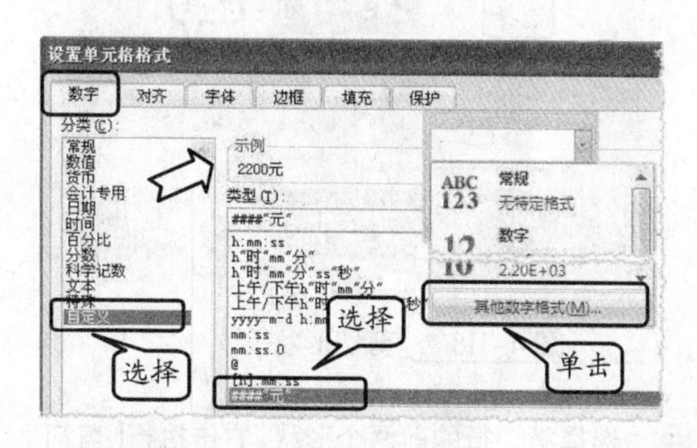

图 4-112 设置数字格式

19 调整第 24 列至第 28 列区域的行高，并分别在 B5 至 B28 单元格区域中插入相应图片，然后将 A24 至 D28 单元格区域居中显示，如图 4-113 所示。

图 4-113 调整行高

20 选择 A24 至 D24 单元格区域，在【颜色】对话框的【标准】选项卡中选择一种色块，如图 4-114 所示。

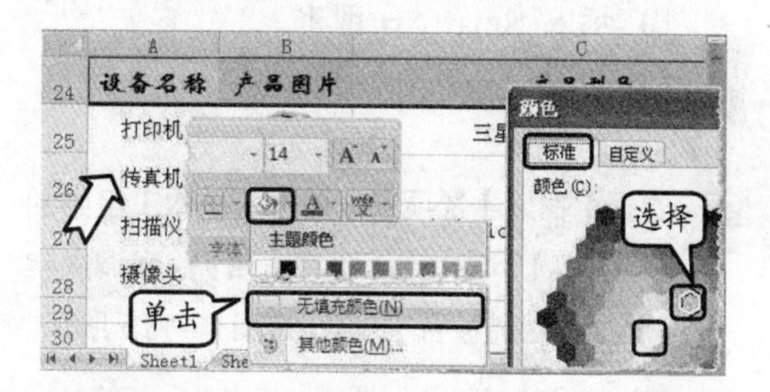

图 4-114 设置填充颜色

提 示

单击【字体】组中的【填充颜色】下拉按钮，执行【其他颜色】命令，即可打开【颜色】对话框。

提 示

依照相同的方法选择 A25 至 A28 单元格区域，并在【颜色】对话框中为该区域选择填充颜色。

21 选择 A24 至 D28 单元格区域，在【设置单元格格式】对话框中的【线条】栏中分别选择“较粗”和“较细”线条样式，并预置为外边框和内部。

22 单击 Office 按钮，执行【打印】|【打印预览】命令，即可预览该工作表。

4.9 实验指导：设计公司组织结构图

组织结构图是表明单位、部门、人员之间关系的示意框图。下面运用 Excel 2007 中的插入艺术字功能来制作简单大方的组织结构图标题，并运用 Excel 2007 中的插入

SmartArt 图形功能来插入一个组织结构图。

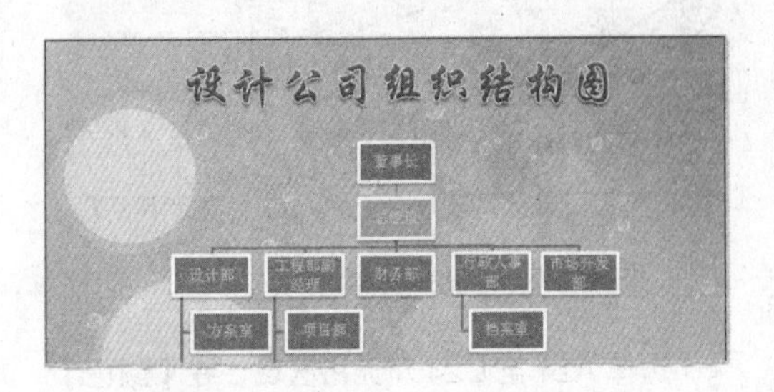

实验目的

- ❑ 插入艺术字
- ❑ 插入 SmartArt 图形
- ❑ 设置 SmartArt 图形格式

操作步骤

1 选择【插入】选项卡，单击【文本】组中的【艺术字】下拉按钮，选择【填充-强调文字颜色 2，粗糙棱台】选项，如图 4-115 所示。

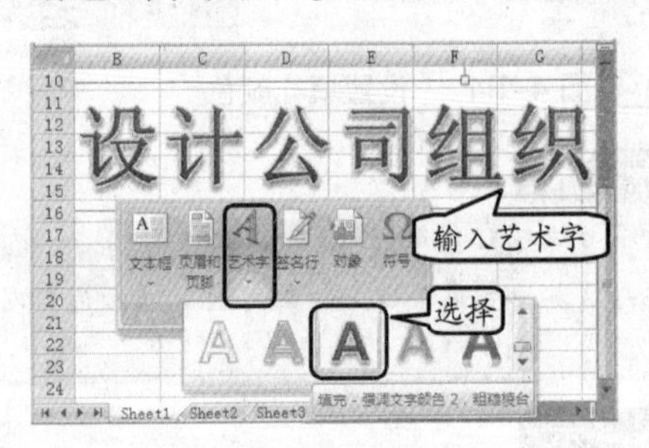

图 4-115 插入艺术字

2 选择插入的艺术字，设置其字体格式，然后将光标置于艺术字的边框上，当光标变成“四向”箭头时拖动艺术字，即可调整艺术字的位置，如图 4-116 所示。

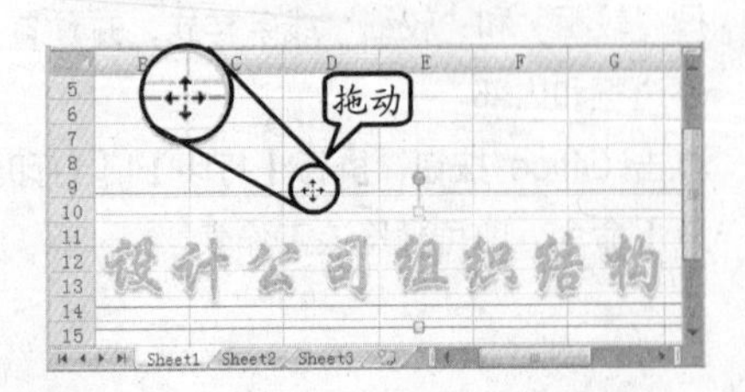

图 4-116 调整艺术字位置

提 示

选择插入的艺术字，在【字体】组中设置字体为华文行楷，字号为 40。

3 单击【插图】组中的【插入 SmartArt 图形】按钮，弹出【选择 SmartArt 图形】对话框，选择【层次结构】选项卡，并选择【组织结构图】图标，如图 4-117 所示。

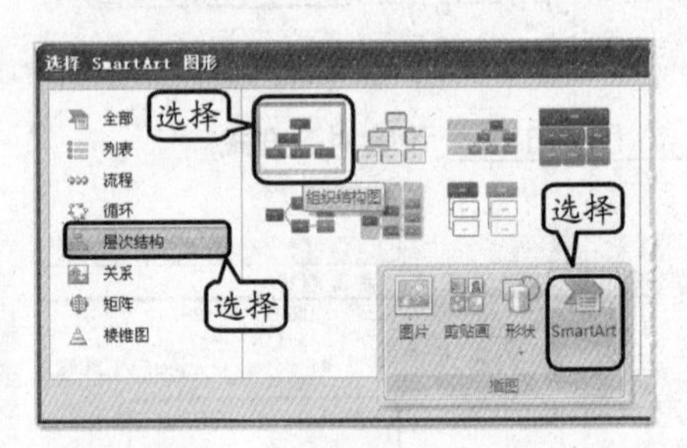

图 4-117 选择【组织结构图】图标

4 单击【选择 SmartArt 图形】对话框中的【确定】按钮，即可插入一个组织结构图，然后选择第二个形状，右击执行【剪切】命令，如图 4-118 所示。

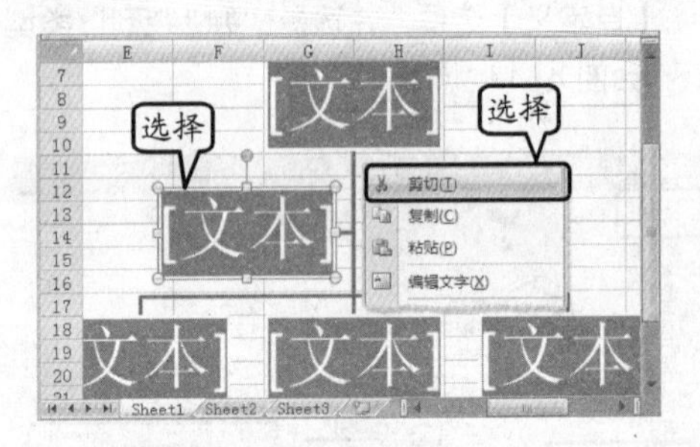

图 4-118 剪切形状

5 选择第二行的前两个形状，右击执行【剪切】命令即可删除这两个形状，如图 4-119 所示。

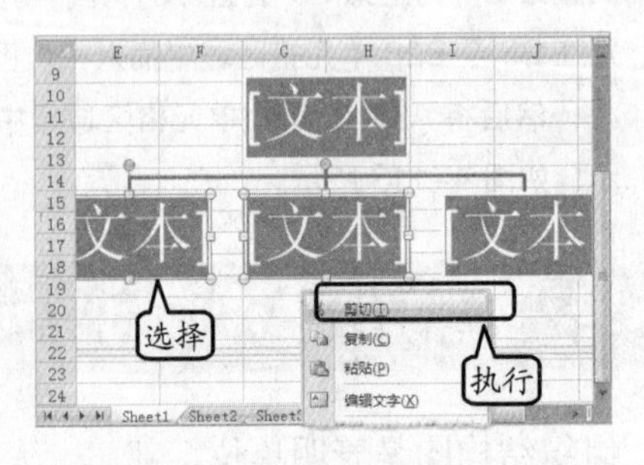

图 4-119 剪切形状

提 示

选择一个形状后，按住 Ctrl 键的同时选择另一个形状，即可同时选择多个形状。

6 选择第二个形状，并选择【设计】选项卡，单击【创建图形】组中的【添加形状】下拉按钮，执行【在下方添加形状】命令，如图 4-120 所示。然后运用相同的方法在第二个形状的下方再添加 4 个形状。

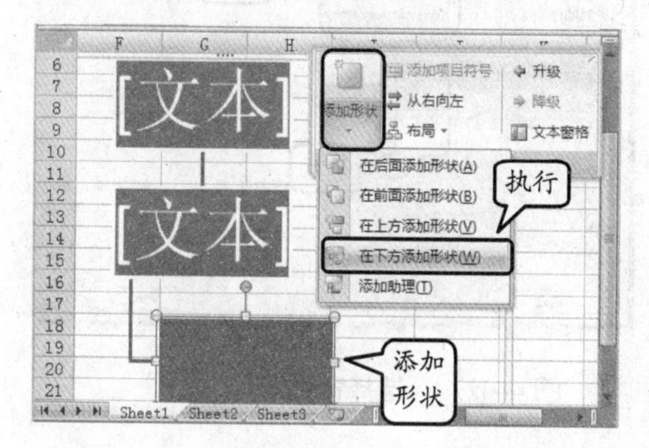

图 4-120 添加形状

技 巧

选择形状，右击执行【添加形状】|【在下方添加形状】命令也可以在该形状下方添加一个形状。

7 选择第三个形状，右击执行【添加形状】|【在下方添加形状】命令，即可在其下方添加形状，如图 4-121 所示。然后运用相同的方法在该形状下方再添加 3 个形状。

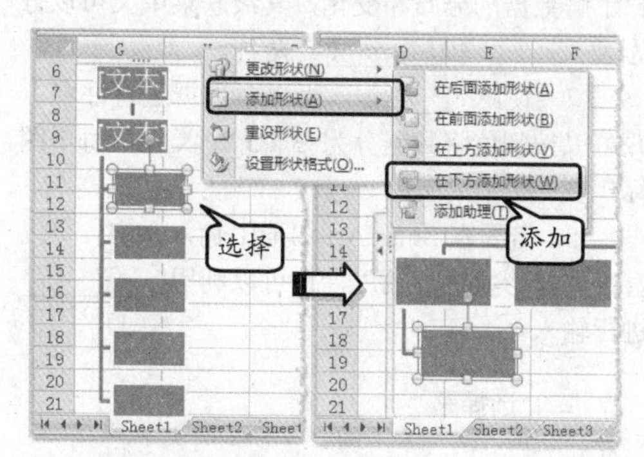

图 4-121 添加形状

8 选择第 3 行第二个形状，在其下方添加 3 个形状，然后选择第 3 行第四个形状，在其下方添加一个形状，如图 4-122 所示。

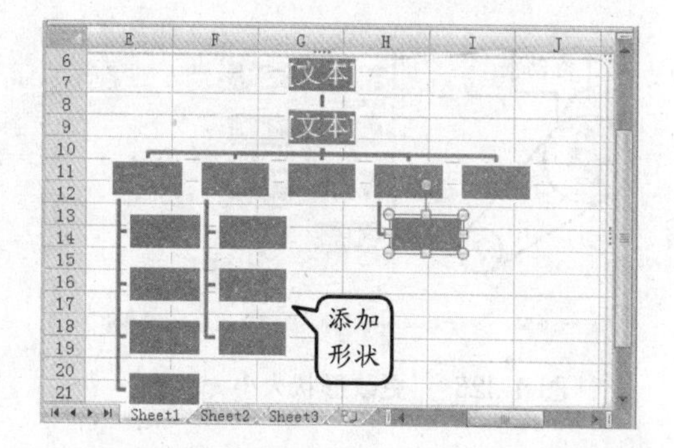

图 4-122 添加形状

9 分别选择形状输入相应的文字，然后选择 SmartArt 图形并选择【设计】选项卡，在【SmartArt 样式】组中单击【更改颜色】下拉按钮，选择【彩色范围–强调文字颜色 5 至 6】选项，如图 4-123 所示。

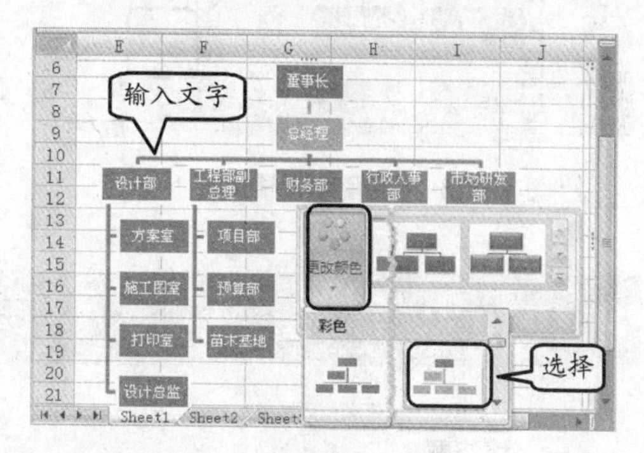

图 4-123 更改颜色

10 选择 SmartArt 图形并选择【设计】选项卡，在【SmartArt 样式】组中应用“白色轮廓”样式，如图 4-124 所示。

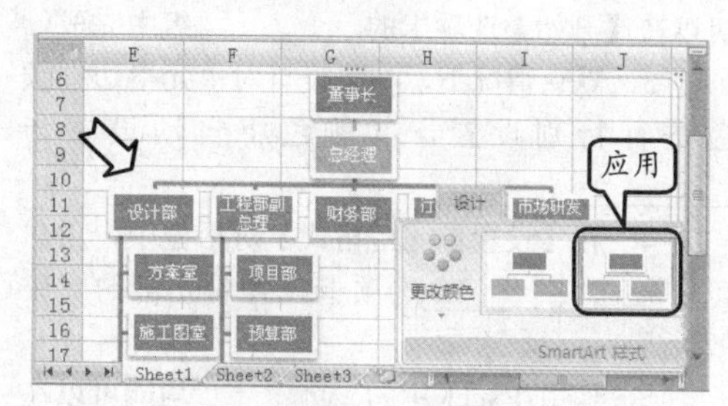

图 4-124 应用样式

11 选择 SmartArt 图形，将鼠标置于该图形的左下角，当光标变成“双向”箭头时向左下角拖动，即可放大形状，如图 4-125 所示。

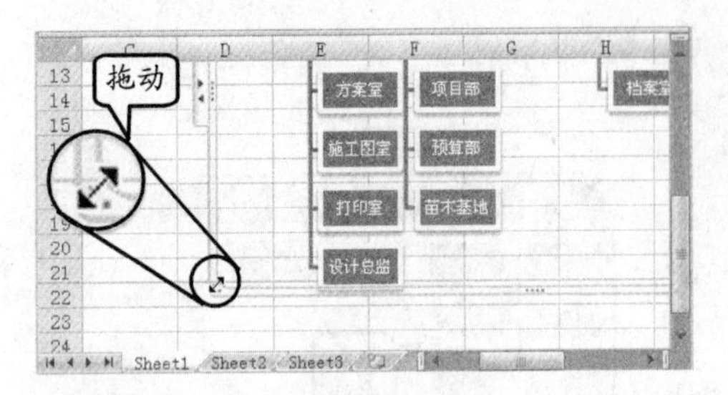

图 4-125 更改形状大小

12 选择 SmartArt 图形，在【字体】组中设置字号为 11，字体颜色为黄色，如图 4-126 所示。

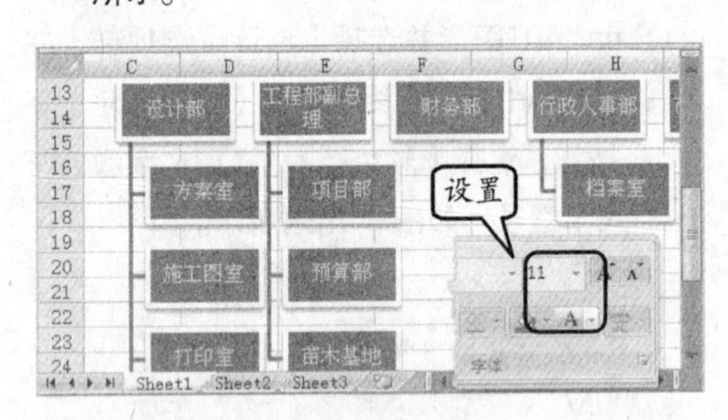

图 4-126 设置字体格式

13 选择【页面布局】选项卡，单击【页面设置】组中的【背景】按钮，打开【工作表背景】对话框，选择一张背景图片，如图 4-127 所示。

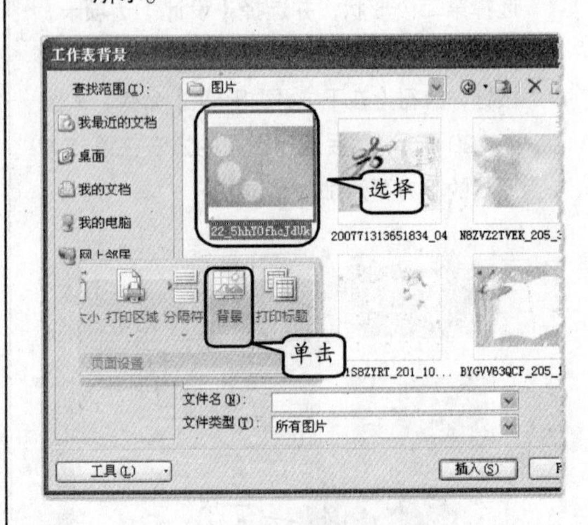

图 4-127 选择背景图片

14 选择【页面布局】选项卡，禁用【工作表选项】组中的【网格线】栏中的【查看】按钮，即可查看组织结构图的制作效果。

4.10 思考与练习

一、填空题

1. 在编辑 Excel 工作表时，利用________能够将某个单元格的格式应用到其他单元格或单元格区域中。

2. 若希望利用功能区为单元格添加边框，可以在【开始】选项卡的________组中完成。

3. 默认情况下，如果没有对单元格边框颜色进行特别设置，其颜色将自动设置为________。

4. 在【设置单元格格式】对话框中，用户可以通过________选项卡设置单元格的底纹效果。

5. 使用 Excel 中的________功能可以在工作表中根据单元格内容有选择的自动应用格式。

6. 色阶作为一种直观的指示，可以帮助用户了解数据的分布和变化，其级联菜单又可以分为________和________两种。

7. 使用________可以对数据进行注释，并可以按阈值将数据分为 3～5 个类别，每个图标代表一个值的范围。

8. 若要在 SmartArt 图形中输入文字，可以直接选择形状进行输入，也可以利用________进行输入。

二、选择题

1. ________【剪贴板】组中的【格式刷】按钮，即可重复使用格式刷进行操作。

A. 单击　　B. 双击

C. 右击　　　　D. 选择

2. 要在【设置单元格格式】对话框中设置单元格边框颜色，可以选择__________选项卡。

A. 字体　　　　B. 边框

C. 填充　　　　D. 对齐

3. 在 Excel 2007 中，为单元格添加边框、颜色的操作中，线条样式不可能是下列哪一种？__________

A. 细直实线　　B. 粗直实线

C. 细弧线　　　D. 粗直虚线

4. 在 Excel 中，若要使用图片作为工作表的背景图案，可以选择__________选项卡来完成。

A. 插入　　　　B. 页面布局

C. 视图　　　　D. 开始

5. 在 Excel 内置的 5 种条件规则中，下列哪种规则可以帮助用户查看某个单元格相对于其他单元格的值？__________

A. 数据条

B. 色阶

C. 突出显示单元格规则

D. 图标集

6. 要设置工作表中靠前或靠后的数值项显示格式，可以在【新建格式规则】对话框中选择__________选项。

A. 只为包含以下内容的单元格设置格式

B. 仅对排名靠前或靠后的数值设置格式

C. 仅对高于或低于平均值的数值设置格式

D. 仅对唯一值或重复值设置格式

7. 在 Excel 中，其预定义的图片样式共有__________种。

A. 25　　　　B. 26

C. 27　　　　D. 28

8. 在 Excel 工作表中，__________可以用来演示流程、层次结构以及循环关系等。

A. 图片　　　　B. 形状

C. SmartArt 图形　　D. 图表

三、上机练习

1. 美化工作表

创建一个名为“员工档案表”的工作表，并输入相关数据，然后，为其添加边框效果，设置 B2 单元格的填充颜色为浅绿；B3 至 G14 单元格区域的填充颜色为“白色，背景 1，深色 5%”，如图 4-128 所示。

员工档案表

员工编号	姓名	性别	出生年月	婚否	基本工资
2008001	吴花	女	1963-3-8	已婚	1400
2008002	鲁海	女	1964-7-21	已婚	1100
2008003	陈骅	男	1962-7-30	已婚	900
2008004	沈海景	女	1969-5-11	已婚	1300
2008005	盛新苹	女	1987-3-14	未婚	1150
2008006	王凡	男	1964-8-3	已婚	1500
2008007	汪萍	女	1984-8-9	未婚	850
2008008	樊文亚	女	1961-9-28	已婚	700
2008009	钟林涛	男	1958-6-9	已婚	960
2008010	方州	女	1988-10-24	未婚	500
2008011	方州	女	1981-5-6	未婚	500

图 4-128 员工档案表

2. 设置条件格式

在“员工档案表”中分别使用条件格式功能，以黄色背景显示性别为女的员工；以橙色到白色的渐变填充效果显示未婚的员工；以蓝色背景显示基本工资高于 1000 的员工，其效果如图 4-129 所示。

员工档案表

员工编号	姓名	性别	出生年月	婚否	基本工资
2008001	吴花	女	1963-3-8	已婚	1400
2008002	鲁海	女	1964-7-21	已婚	1100
2008003	陈骅	男	1962-7-30	已婚	900
2008004	沈海景	女	1969-5-11	已婚	1300
2008005	盛新苹	女	1987-3-14	未婚	1150
2008006	王凡	男	1964-8-3	已婚	1500
2008007	汪萍	女	1984-8-9	未婚	850
2008008	樊文亚	女	1961-9-28	已婚	700
2008009	钟林涛	男	1958-6-9	已婚	960
2008010	方州	女	1988-10-24	未婚	500
2008011	方州	女	1981-5-6	未婚	500

图 4-129 条件格式

第5章 使用公式和函数

元素属性查看

元素属性小测试

八月份产品销售表

货号	名称	产地	单价	销量（件）	总和
Q012	蓝色无袖连衣裙	武汉	￥298.00	18	￥5,364.00
K036	黑色长裤	北京	￥118.00	29	￥3,422.00
Q017	黑色短裙	北京	￥156.00	17	￥2,652.00
K005	白色七分裤	青岛	￥78.00	34	￥2,652.00
Y802	白色长袖衬衣	深圳	￥118.00	20	￥2,360.00
Y024	红色短袖衬衣	广州	￥108.00	21	￥2,268.00
Y007	白色短袖衬衣	上海	￥98.00	13	￥1,274.00

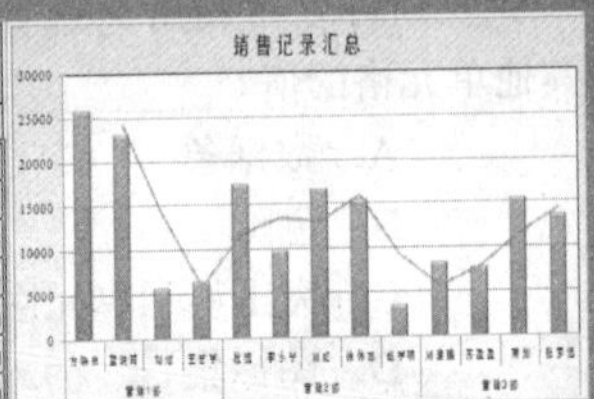

公式和函数在数据分析与处理过程中可以有效地提高工作效率，因此，用户必须更好地掌握公式和函数的应用能力。其中，函数是一些预定义的公式，通过输入函数的参数值，并按特定的顺序或结构进行计算。当然，函数还可以使一些复杂公式的计算速度更快，而且不容易发生错误。

另外，为避免公式中的常见错误，Excel 2007还提供了公式审核功能。通过它可以检测工作表中的公式，并显示错误内容。

本章主要学习用于数据分析计算的公式和函数的应用，以及Excel 2007的公式审核功能。

本章学习要点

- 公式
- 函数
- 单元格引用
- 使用名称
- 公式审核

5.1 公式的应用

在工作表中，通过使用公式可以对数据进行运算分析。下面主要介绍公式的组成结构和公式运算符的使用方法，以及如何更改公式的运算顺序。另外，还将介绍如何对公式进行编辑操作。

5.1.1 公式概述

公式通常由运算符和参与计算的元素（操作数）组成。其中操作数可以是常量、单元格地址、名称和函数，而运算符则是指用于运算的加、减、乘、除和一些比较运算符等符号。如图 5-1 所示，列举了一个常用公式的应用方法。

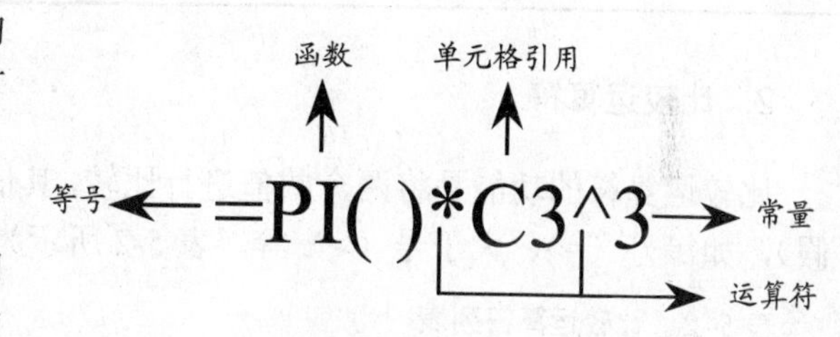

图 5-1 常用公式组成结构

其中，公式通常由下述几部分组成：

- **等号“=”** 输入公式时，必须以等号“=”开头，然后再输入运算元素和运算符。该等号“=”为英文输入法下的等号，表示正在输入公式，而不是其他数据。
- **单元格引用** 引用某一单元格或单元格区域中的数据，即引用单元格的地址。
- **运算符** 运算符主要由加号（+）、减号（–）、乘号（*）、除号（/）、幂符号（^），以及圆括号()等构成。
- **常量** 常量是不用计算的值。例如，日期（2008-3-9）、数字（如 2、6、8 等）以及文本（如季度、成绩等）都是常量。

注 意

所有参与公式运算的数值与符号都必须是英文输入法下的字符，否则 Excel 可能会将用户输入的数据判断成为一个字符串，从而得不到公式的计算结果。

在工作表中，应用公式时主要包含以下 3 个特征。理解这些特征的含义更有助于掌握公式。

- 全部公式以等号开始。
- 输入公式后，其计算结果显示在单元格中。
- 当选择一个含有公式的单元格后，该单元格的公式就显示在编辑栏中。

5.1.2 公式中的运算符

运算符在公式运算中占有重要的地位，可以指明用户要完成什么运算，以及公式元素的计算类型。由于公式中运算符存在的位置及类型不同，产生的结果也会有所差别。因此，在应用公式之前，学习不同类型的运算符以及运算符的优先级显得尤为重要。

1. 算术运算符

在 Excel 中，算术运算符除数学中常用的四则运算符（如加、减、乘和除）之外，还包含有其他一些运算符，如百分号、幂等，如表 5-1 所示。

表 5-1 算术运算符列表

算术运算符	含义及示例	算术运算符	含义及示例
+（加号）	加法运算（5+5）	/（除号）	除法运算（64/16）
–（减号）	减法运算（23–12）	%（百分号）	百分比（67%）
*（乘号）	乘法运算（4*7）	^（幂运算符）	幂的运算（7^2）

2. 比较运算符

比较运算符的功能是将两个数值进行比较，其值是一个逻辑值 TRUE（真）或 FALSE（假），如等号（=）、大于号（>）等。表 5-2 所示为比较运算符。

表 5-2 比较运算符列表

比较运算符	含义和示例	比较运算符	含义和示例
=（等号）	等于（B1=C2）	>=（大于等于号）	大于等于（B1>=C2）
>（大于号）	大于（B1>C2）	<=（小于等于号）	小于等于（B1<=C2）
<（小于号）	小于（B1<C2）	<>（不等于号）	不等于（B1<>C2）

3. 文本连接运算符

该运算符使用“&”来表示。它的功能是将两个文本连接成一个文本。在同一个公式中，可以使用多个“&”符号将数据连接在一起。

例如，在单元格中输入公式“="清华大学"&"物理系"”，其值为“清华大学物理系”，如图 5-2 所示。

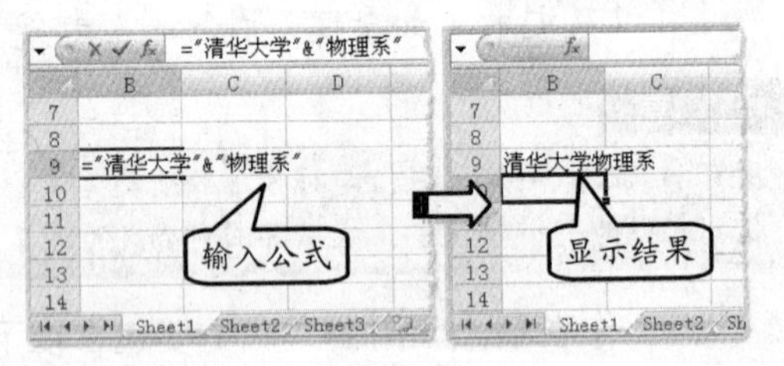

图 5-2 运用连接运算符

4. 引用运算符

该运算符指可以将单元格区域引用合并计算的运算符号。该运算符可以产生一个包括两个区域的引用。

❑ 冒号（:）

区域运算符对两个引用之间包括这两个引用在内的所有单元格进行引用。如在名称框中输入“A1：F3”，则表示将引用 A1 至 F3 单元格区域，如图 5-3 所示。

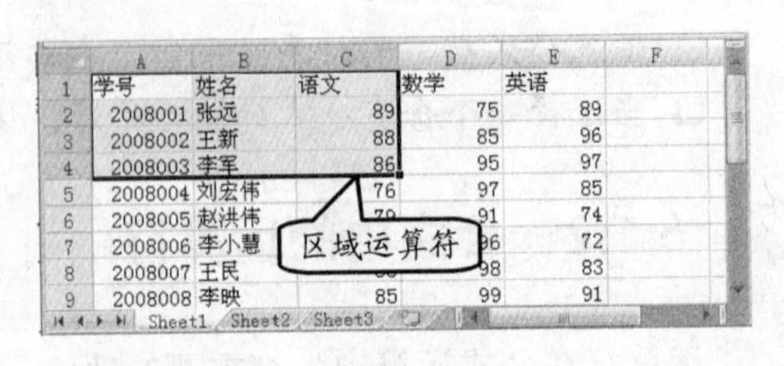

图 5-3 冒号的用法

❑ 逗号（,）

联合运算符将多个引用合并为一个引用。如在名称框中输入“A1：F1，B2：E2”区域，则将选择 A1 至 F1 单元格区域和 B2

至 E2 单元格区域，如图 5-4 所示。

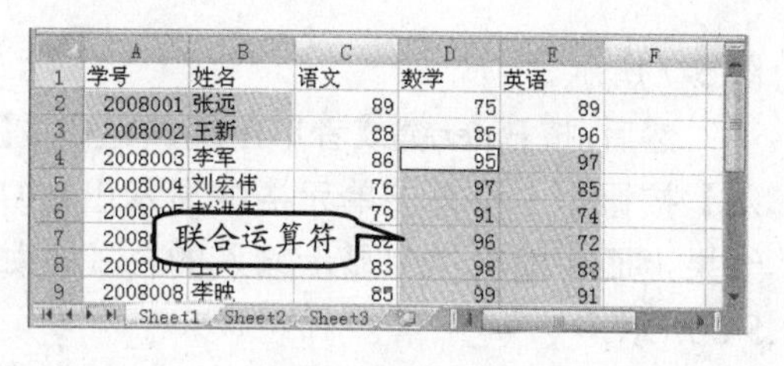

图 5-4　逗号的用法

❑ 空格

交叉运算符产生同时属于两个引用的单元格区域的引用。例如，在名称框中输入“A3：B6　B4：G6”单元格区域，则将选择 B4 至 B6 单元格区域，如图 5-5 所示。

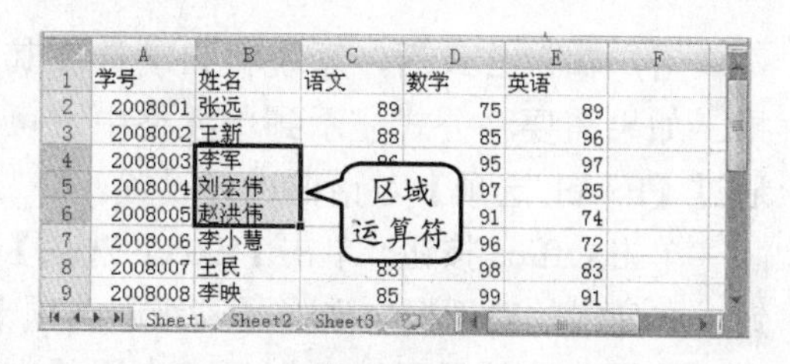

图 5-5　空格的用法

5.1.3　运算符优先级

在使用一个有混合运算的公式时必须了解公式的运算顺序，也就是运算的优先级。Excel 中的运算优先级与数学公式计算中的优先级相同，即对于不同优先级的运算，按照优先级从高到低的顺序进行计算；对一同优先级的运算，按照从左到右的顺序进行计算。表 5-3 所示为各种运算符的优先级。

表 5-3　运算符优先级介绍

运算符（优先级从高到低）	说　　明	运算符（优先级从高到低）	说　　明
：（冒号）	区域运算符	^（脱字符）	乘幂
，（逗号）	联合运算符	*和/	乘和除
（空格）	交叉运算符	+和–	加和减
–（负号）	例如–5	&	文本运算符
%（百分号）	百分比	=，>，<，>=，<=，<>	比较运算符

当要改变运算的顺序时，可以使用括号将公式中需要先计算且优先级低的部分用括号()括起来。

例如，在 Excel 工作表中输入公式“=3+12/3”，其结果是 7，因为 Excel 先进行除法运算再进行加法运算。如果用括号对该语法进行更改，如输入公式“=（3+12）/3”，则结果变为 5，因为 Excel 强制先计算括号内的 3 加 12 的和，再用结果除以 3 得 5，如图 5-6 所示。

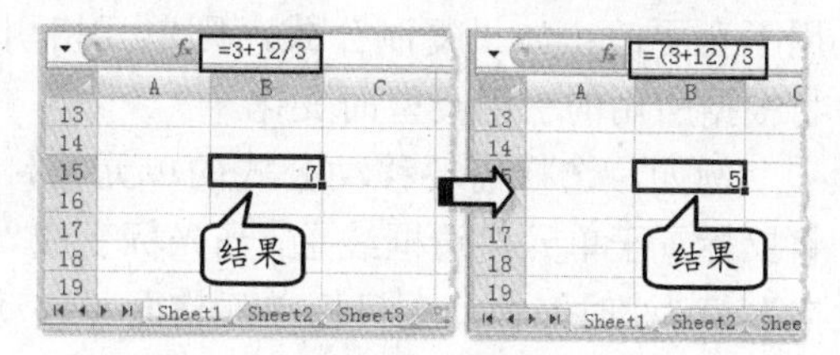

图 5-6　改变运算的顺序

5.1.4　编辑公式

掌握了公式的组成结构和运算顺序后，下面来介绍公式的输入方法，以及如何移动和复制公式，以提高 Excel 工作表的操作速率。

1．输入公式

选择要输入公式的单元格，直接输入“=”号，并在等号后面输入一个表达式，如

图 5-7 所示。

然后，按Enter键或者单击编辑栏中的【输入】按钮，将在该单元格中显示出计算的结果，而在编辑栏中显示输入的公式，如图 5-8 所示。

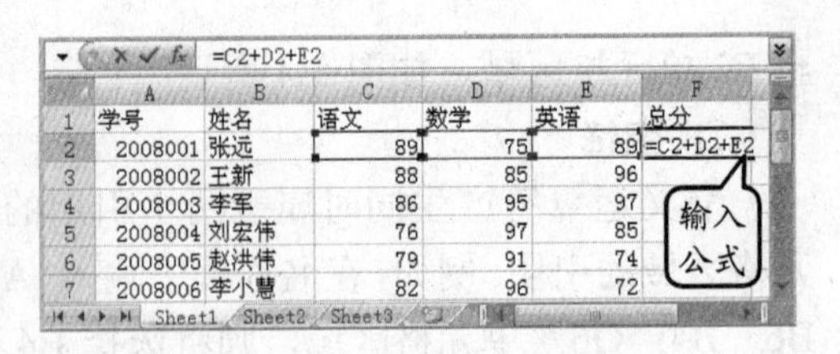

图 5-7 输入表达式

2．显示公式

用户输入公式后，系统将自动计算其结果。如果需要将公式显示到单元格中，可以通过【Excel 选项】对话框进行设置。

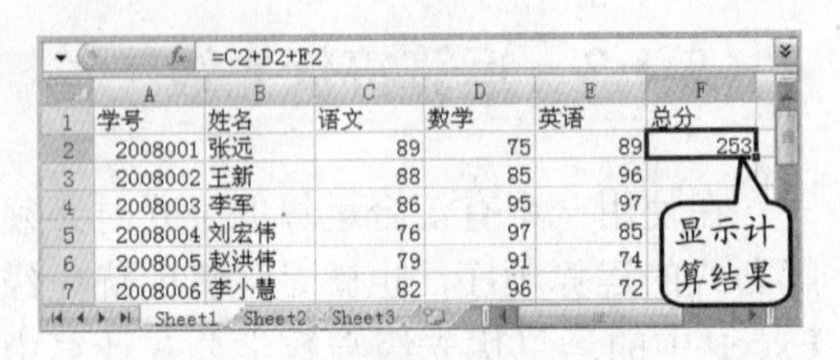

图 5-8 输入显示结果

单击 Office 按钮，单击【Excel 选项】按钮，在弹出的对话框中选择【高级】选项卡，在【此工作表的显示选项】栏中启用【在单元格中显示公式而非计算结果】复选框，如图 5-9 所示。单击【确定】按钮，即可在单元格中显示公式，如图 5-10 所示。

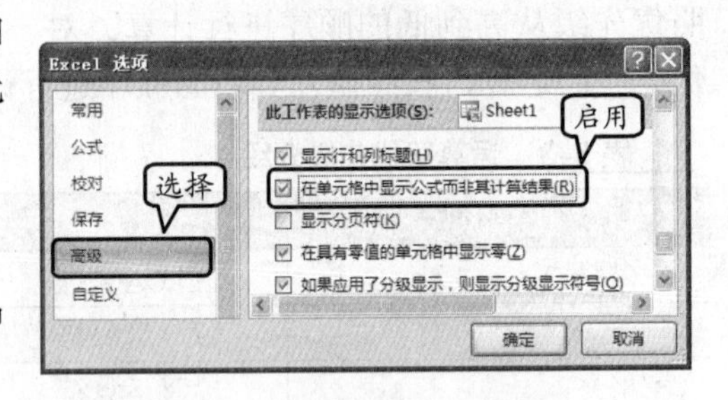

图 5-9 启用显示公式复选框

用户还可以选择要显示公式的单元格，并选择【公式】选项卡，单击【公式审核】组中的【显示公式】按钮，即可在单元格中显示公式而不是结果，如图 5-11 所示。

3．移动和复制公式

在工作表中，用户可以输入公式并计算出结果。如果在多个单元格中所使用的表达式相同时，即可通过移动和复制公式来解决。

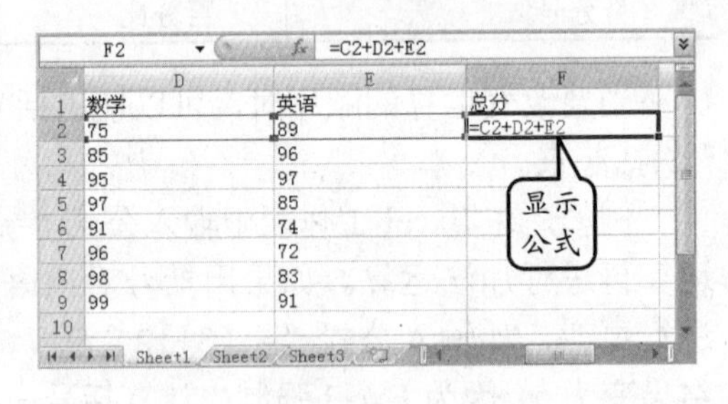

图 5-10 显示公式

如果用户移动公式，公式内的单元格引用不会更改；如果复制公式，则单元格引用将根据所用的引用类型而变化。

例如，选择需要移动公式的单元格，并将鼠标置于单元格边框线上，当光标变成“四向”箭头时，拖动至目标单元格即可移动公式，如图 5-12 所示。

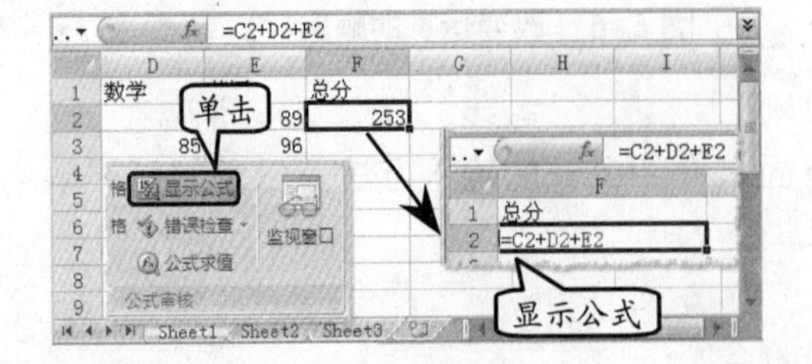

图 5-11 显示公式

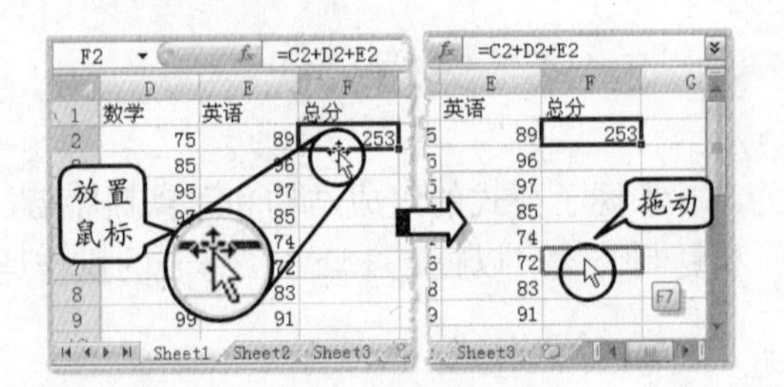

图 5-12 移动公式

选择单元格，将鼠标置于填充柄上，向下拖动至 F6 单元格，如图 5-13 所示，即可将公式复制到 F3 至 F6 单元格区域中。

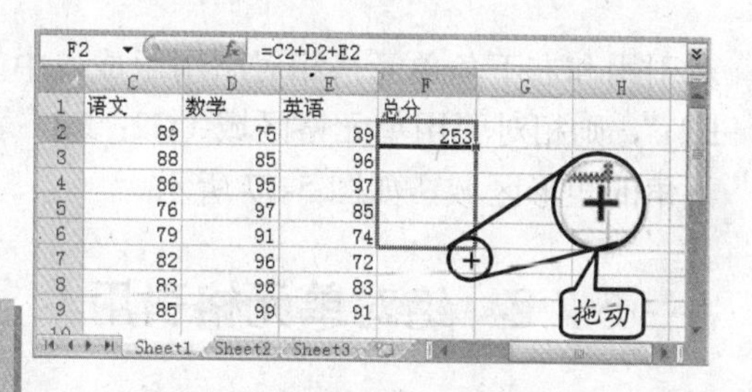

图 5-13　复制公式

提　示

选择单元格，将鼠标置于该单元格的右下角，当光标变成"实心十字"形状+时，该位置被称为单元格的填充柄位置。

另外，选择公式所在的单元格，按 Delete 键即可删除公式，单元格中的计算结果也同时被删除，如图 5-14 所示。

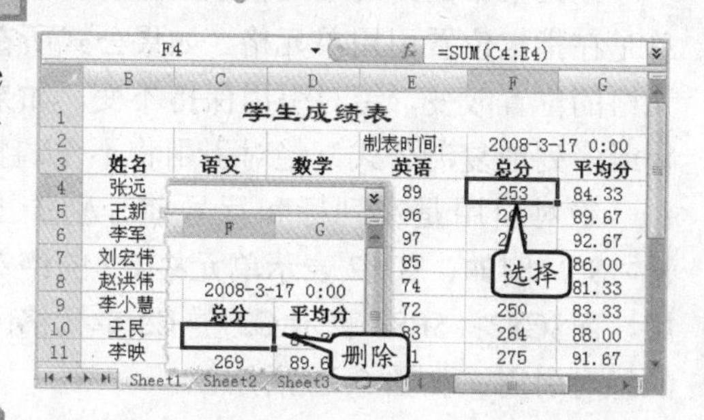

图 5-14　删除公式

选择要删除的单元格，右击执行【清除内容】命令即可，如图 5-15 所示。

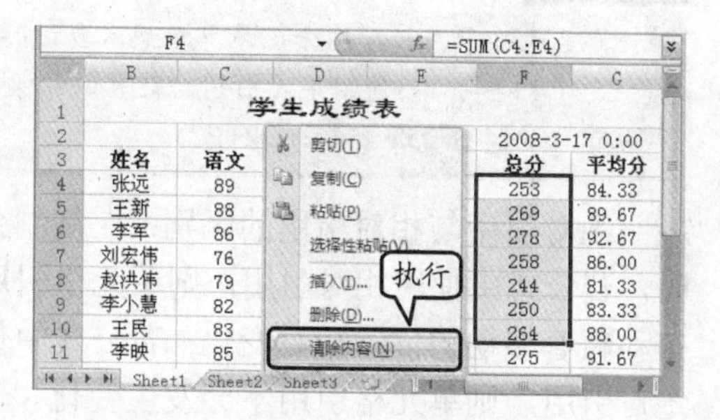

图 5-15　删除公式

5.2　单元格的引用

在公式和函数中经常要引用某一单元格或单元格区域中的数据，即引用单元格的地址。其中，单元格的引用主要是引用工作表中的列标和行号，并指明公式中所使用数据的位置。

通过单元格引用，可以在公式中使用工作表中不同部分的数据，或者在多个公式中使用同一单元格或区域的数值。还可以引用同一个工作簿中不同工作表中的单元格和其他工作簿中的数据。

5.2.1　相对引用

相对引用指公式的计算结果随着存放结果的单元格的变化而变化。如果公式所在单元格的位置改变，引用也随之改变。如果多行或多列地复制公式，引用会自动调整。相对引用主要包含两种方式，一种为单元格的相对引用，另一种为单元格区域的相对引用。

1．单元格相对引用

单元格相对引用是指将单元格所在的列标和行号作为其引用。如 C5 引用了第 C 列与第 5 行交叉处的单元格，如图 5-16 所示。

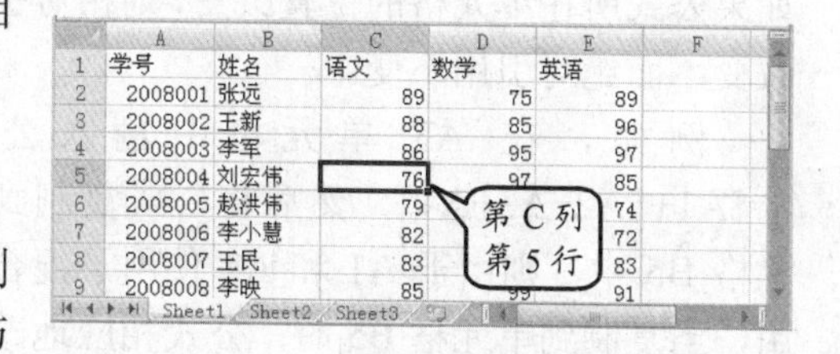

图 5-16　单元格相对引用

2．单元格区域相对引用

单元格区域相对引用是指引用了一个矩形区域，即由单元格区域的左上角单元格相对引用和右下角单元格相对引用组成，中间用冒号分隔。例如，输入公式"=SUM(C2:E2)"，则相对引用单元格区域（C2：E2）表示以单元格 C2 为左上角，以单元格 E2 为右下角的矩形区域，如图 5-17 所示。

5.2.2 绝对单元格引用

单元格中的绝对单元格引用（例如$A$1）总是在指定位置引用单元格。如果公式所在单元格的位置改变，绝对引用保持不变。如果多行或多列地复制公式，绝对引用将不作调整。

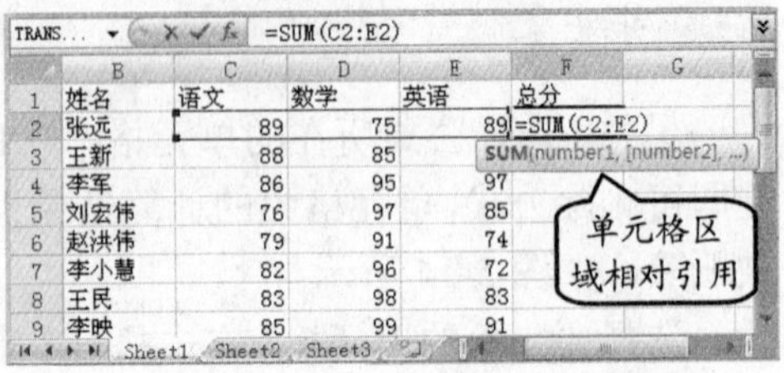

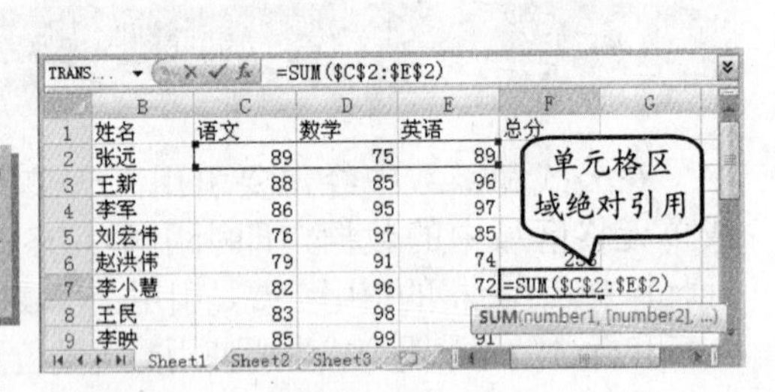

图 5-17 单元格区域的相对引用

绝对引用是在列标和行号前分别加上符号"$"。例如，$C$2 表示单元格 C2 的绝对引用，而$C$2：$E$2 表示 C2 至 E2 单元格区域的绝对引用，如图 5-18 所示。

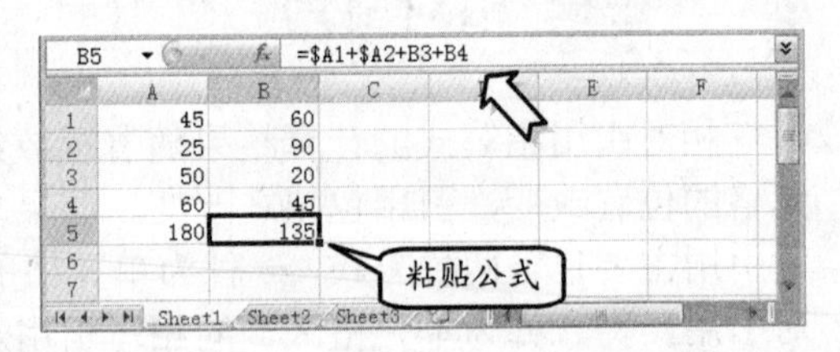

图 5-18 绝对引用

提 示

在 F7 单元格中，其"总分"计算结果本应该为 250（=C7+D7+E7），而使用绝对引用后计算的结果则是"张远"的总分 253（=C2+D2+E2）。

绝对引用与相对引用的区别：在复制公式时，若公式中使用相对引用，则单元格引用会自动随着移动的位置相对变化；若公式中使用绝对引用，则单元格引用不会发生变化。

5.2.3 混合单元格引用

单元格混合引用是指行采用相对引用而列采用绝对引用；或行采用绝对引用而列采用相对引用。绝对引用列采用$A1、$B1 等形式。如果公式所在单元格的位置改变，则相对引用改变，而绝对引用不变。

图 5-19 粘贴了含有混合引用的公式

例如，在 A5 单元格中输入公式"=$A1+$A2+A3+A4"，然后将公式复制到单元格 B5 中，则由于 A1 和 A2 使用了混合引用，当复制到单元格 B5 时，公式相应地改变为"=$A1+$A2+B3+B4"，如图 5-19 所示。

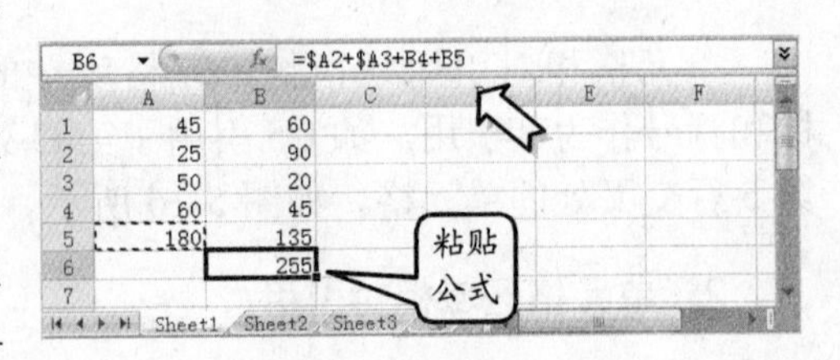

图 5-20 粘贴了含有混合引用的公式

如果将 A5 单元格中的公式复制到 B6 单元格，则公式相应地改变为"=$A2+$A3+B4+B5"，如图 5-20 所示。此时由于$A2、$A3 中的列号为绝对引用，故列号不变；又由于行号为相对引用，故行号随之发生变化。

5.2.4　三维地址引用

所谓三维地址引用是指在一个工作簿中从不同的工作表中引用单元格。三维引用的一般格式为“工作表名!+单元格地址”。工作表名后的“!”是系统自动加上的。

例如，在除Sheet1工作表以外的工作表中输入公式“=Sheet1!E2+Sheet2!B4”，则表明要引用工作表Sheet1中E3单元格的内容和该工作表中B4单元格的内容相加，如图5-21所示。因此，利用三维地址引用可以一次性的将指定工作表中特定的单元格进行汇总。

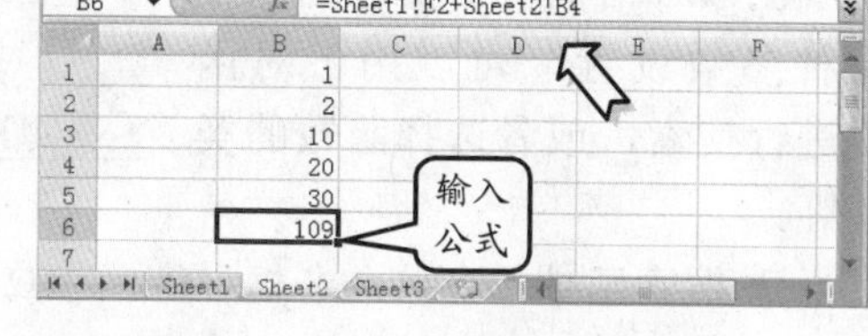

图5-21　同一工作簿中三维地址引用

另外，要引用的数据来自另一个工作簿，如工作簿Book1中的SUM函数要绝对引用工作簿Book2中的数据，其公式为“=SUM([Book2]Sheet1!C2:[Book2]Sheet1!E2)”，如图5-22所示，也就是在原来单元格引用的前面加上“[Book2]Sheet1!”，中括号内是工作簿的名称。

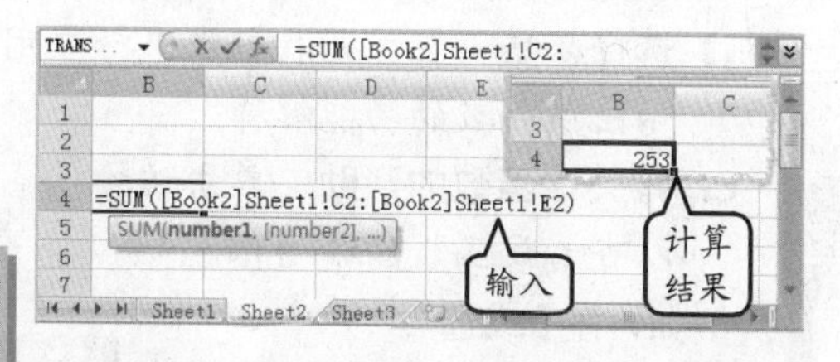

图5-22　不同工作簿中三维地址引用

注　意

三维引用要受到较多的限制，例如不能使用数组公式等。

5.3　使用函数

函数可以使数据在计算过程中更快捷、更方便。本节主要学习函数的结构，以及常用函数的使用范围及操作方法。另外，还将学习最常用的自动求和功能，并让用户快速掌握求和、平均值和最大值等的计算方法。

5.3.1　输入函数

函数是预定义的特殊公式，它们使用参数进行计算，然后返回一个计算值，其结构如图5-23所示。

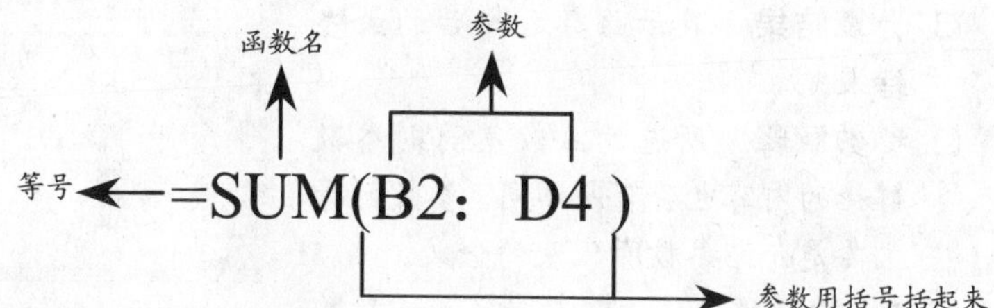

图5-23　常用函数结构

函数的参数可以是常量、公式或其他函数。函数的结构以函数名称开始，后面是左圆括号、以逗号分隔的参数和右圆括号。如果函数以公式的形式出现，应该在函数名称前面输入等号（=）。Excel 函数的一般形式为：= 函数名（参数 1，参数 2，......）。例如，函数=SUM(B2：D4)，其中 SUM 为函数名，B2：D4 为参数。

当用户插入函数公式时，可以先选择需要计算的单元格，再单击编辑栏中的【插入函数】按钮，弹出【插入函数】对话框，如图 5-24 所示。

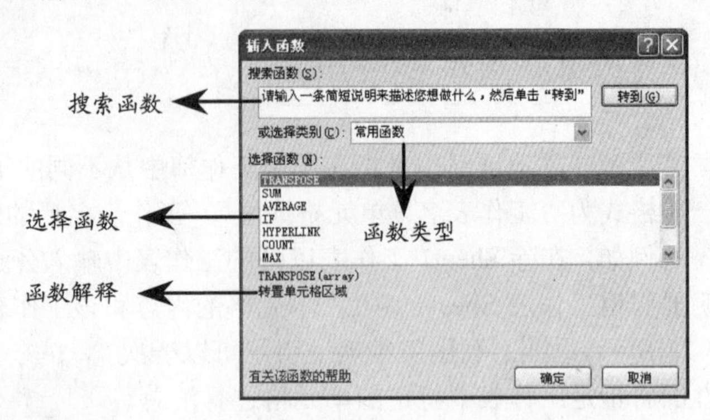

图 5-24 【插入函数】对话框

在该对话框中主要包含以下几种参数设置，可以用于对函数进行搜索，或者选择函数的类型等。

- **搜索函数** 在该文本框中输入相应的函数，单击【转到】按钮，即可查找到所需要的函数。
- **或选择类别** 单击该下拉按钮，即可在弹出的下拉列表中选择所需的函数类别。
- **选择函数** 在该列表框中选择应用的函数。用户选择函数后，将在列表框下面显示出该函数的功能解释。
- **有关该函数的帮助** 单击该按钮，即可打开【Excel 帮助】窗口，在该窗口中可以查看该函数的帮助信息。

例如，在【或选择类别】下拉列表中选择【常用函数】选项，在【选择函数】列表框中选择 SUM 选项，单击【确定】按钮，即可打开【函数参数】对话框，如图 5-25 所示。

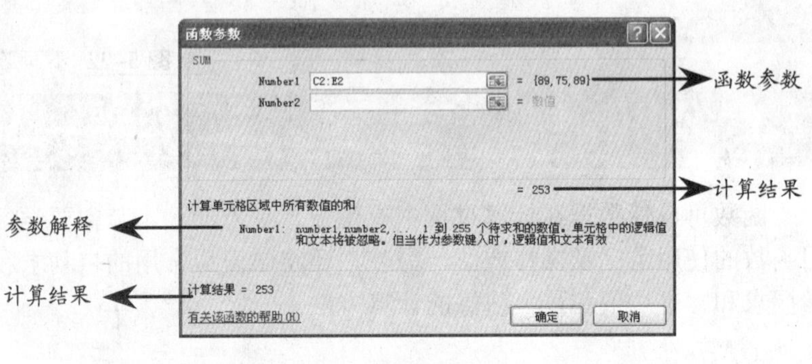

图 5-25 【函数参数】对话框

在【函数参数】对话框中主要包含以下几种参数设置，其功能如下：

- **函数参数** 所选择的函数不同，则函数的参数也将会发生变化。
- **计算结果** 表示函数运算后的最终结果。
- **参数解释** 所选的函数不同则参数解释的内容也会有所不同。参数解释主要是介绍参数所代表的含义。

在【函数参数】对话框中选择函数参数的单元格区域，单击【确定】按钮，即可求出函数结果，如图 5-26 所示。

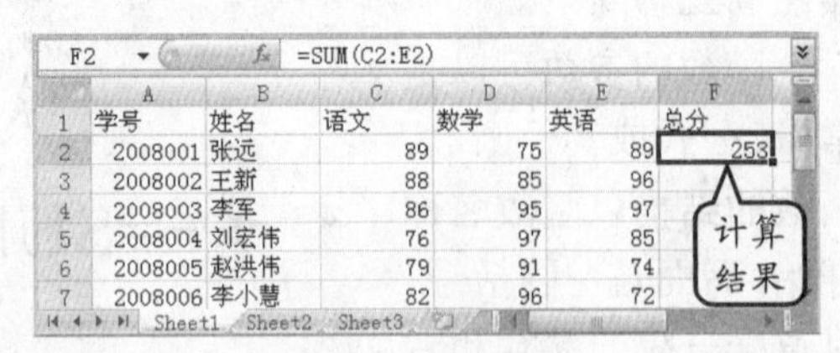

	A	B	C	D	E	F
1	学号	姓名	语文	数学	英语	总分
2	2008001	张远	89	75	89	253
3	2008002	王新	88	85	96	
4	2008003	李军	86	95	97	
5	2008004	刘宏伟	76	97	85	
6	2008005	赵洪伟	79	91	74	
7	2008006	李小慧	82	96	72	

图 5-26 计算函数结果

5.3.2 常用的函数

函数是处理数据的一个重要工具，在日常工作中有时需要用到许多函数来解决复杂的数据。一些常用函数可以简化数据的复杂性，为运算带来方便。例如：求和函数（SUM()）、平均数函数（AVERAGE()）、求最大值函数（MAX()）、求最小值函数（MIN()）等，如表 5-4 所示。

表 5-4 常用函数

函　数	格　式	功　能
SUM	=SUM（number1,number2,...）	返回单元格区域中所有数字的和
AVERAGE	=AVERAGE（number1,number2,...）	计算所有参数的平均数
IF	=IF（logical_test,value_if_true,value_if_false）	执行真假值判断，根据对指定条件进行逻辑评价的真假而返回不同的结果
COUNT	=COUNT（value1，value2,...）	计算参数表中的参数和包含数字参数的单元格个数
MAX	=MAX（number1，number2，...）	返回一组参数的最大值，忽略逻辑值及文本字符
SUMIF	=SUMIF（range，criteria，sum_range）	根据指定条件对若干单元格求和
PMT	=PMT（rate，nper，fv，type）	返回在固定利率下投资或贷款的等额分期偿还额
STDEV	=STDEV（number1，number2,...）	估算基于给定样本的标准方差
SIN	=SIN（number）	返回给定角度的正弦

函数按照其功能可分为以下几类，具体功能如下：

❑ **数据库函数**

当需要分析数据清单中的数值是否符合特定条件时，可以使用数据库工作表函数。

❑ **日期与时间函数**

通过日期和时间函数，可以在公式中分析或处理日期值和时间值。例如：NOW 函数和 DATE 函数。

NOW 函数的含义是返回当前系统日期和时间所对应的序列号。例如，单击【函数库】组中的【日期和时间】下拉按钮，执行 NOW 命令，弹出【函数参数】对话框，即可计算出当前的日期，如图 5-27 所示。

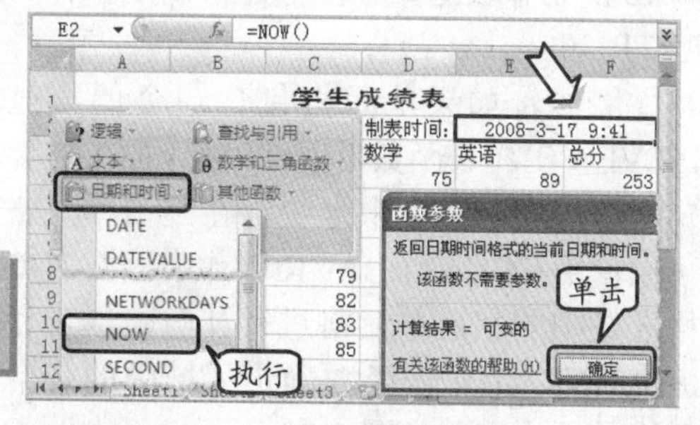

图 5-27 NOW 函数

提　示

如果在输入函数前单元格的格式为常规格式，则使用 NOW 函数后，该单元格的格式变为日期格式。

DATA(year,month,day)函数的含义是返回在 Microsoft Office Excel 日期时间代码中代表日期的数字。单击【日期和时间】下拉按钮，执行 DATE 命令，在弹出的【函数参数】

对话框中输入相应的数据，如图 5-28 所示，即可计算出日期的值。

❑ 工程函数

工程工作表函数用于工程分析，主要对数据进行各种工种上的运算和分析。这类函数中的大多数可分为 3 种类型：对复数进行处理的函数、在不同的数字系统（如十进制系统、十六进制系统、八进制系统和二进制系统）间进行数值转换的函数、在不同的度量系统中进行数值转换的函数。

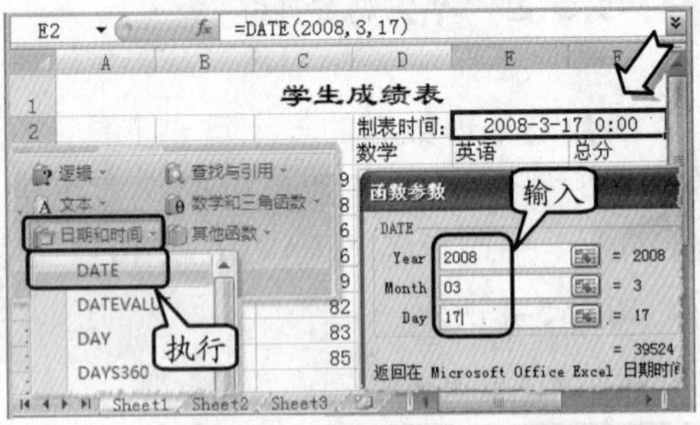

图 5-28 DATE 函数

❑ 财务函数

财务函数可以进行一般的财务计算，如确定贷款的支付额、投资的未来值或净现值，以及债券或息票的价值。财务函数中常见的参数如表 5-5 所示。

表 5-5 财务函数常见参数功能

参　数	功　能
未来值（fv）	在所有付款发生后的投资或贷款的价值
期间数（nper）	投资的总支付期间数
付款（pmt）	对于一项投资或贷款的定期支付数额
现值（pv）	在投资期初的投资或贷款的价值。例如，贷款的现值为所借入的本金数额
利率（rate）	投资或贷款的利率或贴现率
类型（type）	付款期间内进行支付的间隔，如在月初或月末

例如，基于固定利率及等额分期付款方式，返回贷款的每期付款额，其语法为：PMT(rate,nper,pv,fv,type)。选择 C13 单元格，并选择财务函数 PMT，然后，在【函数参数】对话框中进行相应的参数设置即可计算每月还款的金额，如图 5-29 所示。

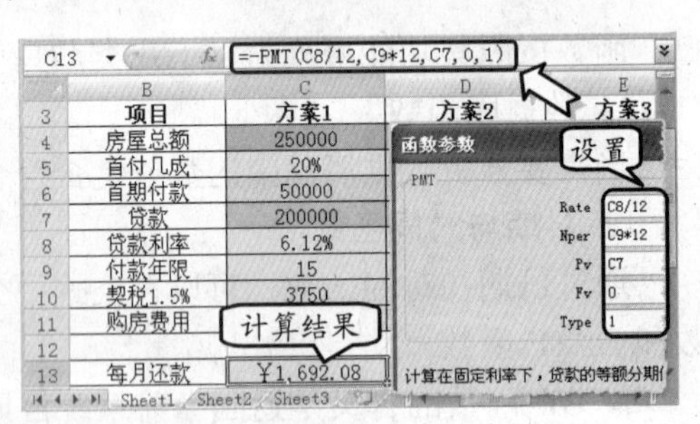

图 5-29 财务函数

❑ 信息函数

可以使用信息工作表函数确定存储在单元格中的数据的类型。信息函数包含一组称为 IS 的工作表函数，在单元格满足条件时返回 TRUE。

例如，如果单元格包含一个偶数值，ISEVEN 工作表函数返回 TRUE。如果需要确定某个单元格区域中是否存在空白单元格，可以使用 COUNTBLANK 工作表函数对单元格区域中的空白单元格进行计数，或者使用 ISBLANK 工作表函数确定区域中的某个单元格是否为空，如图 5-30 所示。

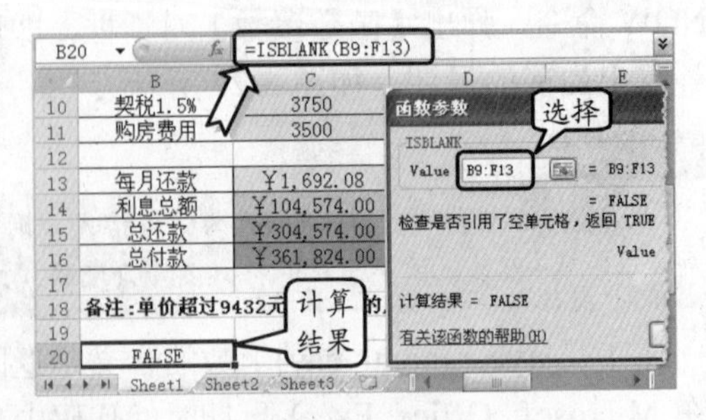

图 5-30 信息函数

❑ 逻辑函数

逻辑函数主要用来判断、检查条件是否

成立。逻辑函数主要包含 7 种函数类型，其功能如表 5-6 所示。

表 5-6 逻辑函数功能表

类　型	功　能
AND	将多个条件式一起进行判断
FALSE	返回 FALSE 的逻辑值
IF	判断是否满足某个条件，如果满足返回一个值，如果不满足则返回另一个值
IFERROR	如果公式计算出错误值，则返回指定的值；否则返回公式的结果
NOT	将参数的逻辑值取反
OR	如果任一参数为 TRUE，则返回 TRUE
TRUE	返回逻辑值 TRUE

例如，可以使用 IF 函数确定条件为真还是假，并由此返回不同的数值。选择 G5 单元格，在编辑栏中输入"=IF（F4>=250,"达标","没有达标"）"函数公式，如图 5-31 所示。

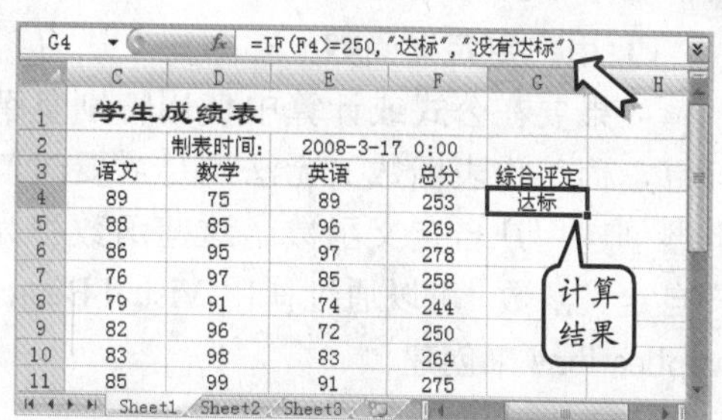

图 5-31 输入函数公式

❑ 查询和引用函数

当需要在数据清单或表格中查找特定的数值时，或者需要查找某一单元格的引用时，可以使用查询和引用工作表函数。例如，如果需要在表格中查找与第一列中的值相匹配的数值，可以使用 VLOOKUP 工作表函数；如果需要确定数据清单中数值的位置，可以使用 MATCH 工作表函数。

❑ 数学和三角函数

数学和三角函数就是进行各种数学操作和几何运算的函数，常见的数学和三角函数有求和函数、绝对值函数等。

单击【数学和三角函数】下拉按钮，在该下拉列表中选择 SUM 函数，然后在【函数参数】对话框中设置函数的参数，如图 5-32 所示。

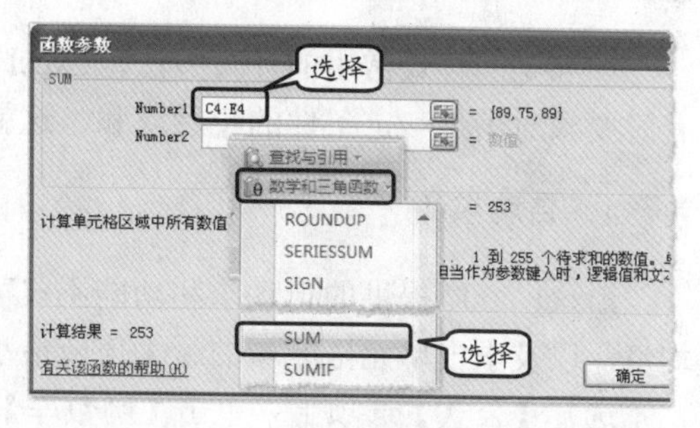

图 5-32 【函数参数】对话框

❑ 统计函数

统计工作表函数用于对数据区域进行统计分析，包括概率、取样分布、方差、求平均值、工程统计等。例如，统计工作表函数可以提供由一组给定值绘制出的直线的相关信息，如直线的斜率和 y 轴截距，或构成直线的实际点数值。

例如，单击【其他函数】下拉按钮，在【统计】级联菜单中选择 AVERAGE 选项，即可在弹出的【函数参数】对话框中对函数进行统计，如图 5-33 所示。

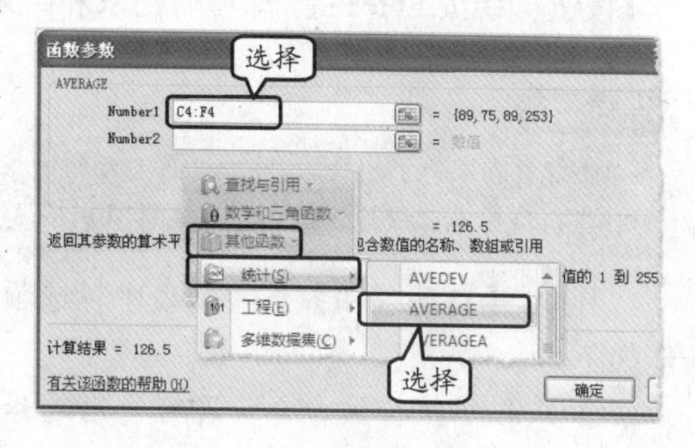

图 5-33 统计函数

❑ **文本函数**

通过文本函数，可以在公式中处理文字串。下面的公式为一个示例，借以说明如何使用函数 TODAY 和函数 TEXT 来创建一条信息，该信息包含当前日期并将日期以“dd-mm-yy”的格式表示。

Excel 中的文本函数主要用来取得单元格中的文本，用于文本处理工作，文本函数所要完成的功能是文本的“搜索”和“替换”，也可以改变大小写或确定字符串的长度，还可以将日期插入字符串或连接在字符串上。

LEFT 函数指的是从一个文本字符串的第一个字符开始返回指定个数的字符。例如，单击【文本】下拉按钮，执行 LEFT 命令，在弹出的【函数参数】对话框中设置函数的参数，如图 5-34 所示。

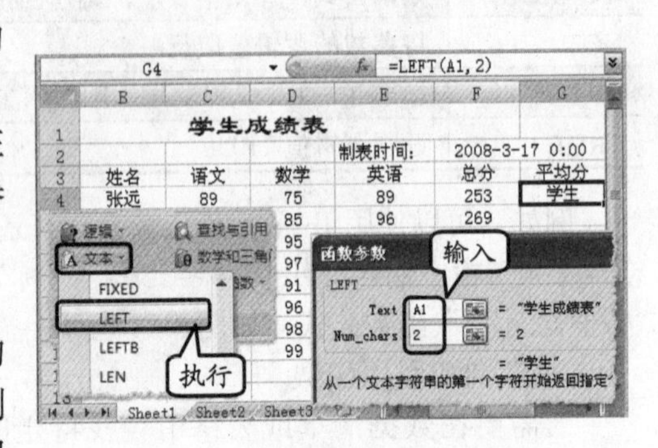

图 5-34 文本函数

❑ **用户自定义函数**

如果要在公式或计算中使用特别复杂的计算，而工作表函数又无法满足需要时，则需要创建用户自定义函数。这些函数称为用户自定义函数，可以通过使用 Visual Basic for Applications 来创建。

5.3.3 求和功能

求和是一种最常用的计算方法，Excel 提供了快捷的求和方法。另外在实际工作中，有时要求对满足一定条件的记录求和，这就需要使用 Excel 提供的条件求和功能。

1. 自动求和

Excel 2007 提供的自动求和功能不仅可以快速求出单元格区域的和，还可以计算平均值，以及求出单元格区域的最大值或最小值。

选择【公式】选项卡，单击【函数库】组中的【自动求和】下拉按钮，执行【求和】命令，如图 5-35 所示。单击编辑栏中的【输入】按钮✓或按 Enter 键，即可得出求和结果。

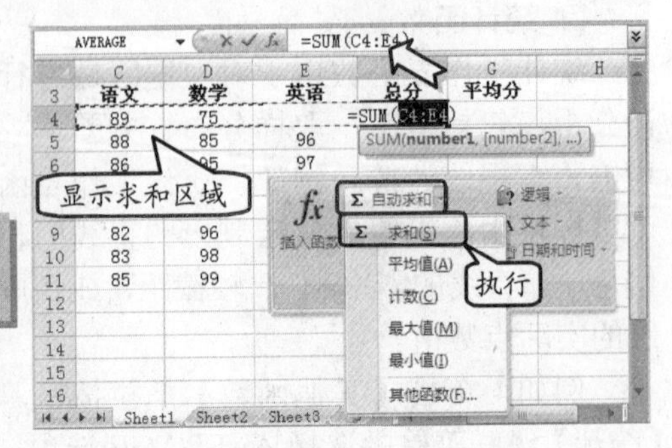

图 5-35 自动求和

提　示

在单击【自动求和】按钮时，Excel 将自动给出求和的数据区域，也可以拖动鼠标重新选择求和区域。

其中，【自动求和】下拉列表中各选项功能如下：

❑ **求和**　执行该命令，即可自动选择求和区域（单元格左边或上面的数据），按 Enter 键即可完成求和操作。

- **平均值** 执行该命令，即可自动选择求平均值的区域，用户也可以手动选择计算的区域。
- **计数** 执行该命令，即可自动选择计数的单元格范围，也可手动选择计数范围，并返回一个单元格个数的值。
- **最大值** 执行该命令并选择单元格区域，即可求出该区域中最大的那个数值。
- **最小值** 执行该命令并选择单元格区域，即可求出该区域中最小的那个数值。
- **其他函数** 执行该命令，即可打开【插入函数】对话框，在该对话框中可以完成所有的函数计算。

另外，也可以单击【编辑】组中的【求和】下拉按钮，执行【求和】命令，Excel 将自动对活动单元格上方或左侧的数据进行计算，如图 5-36 所示。

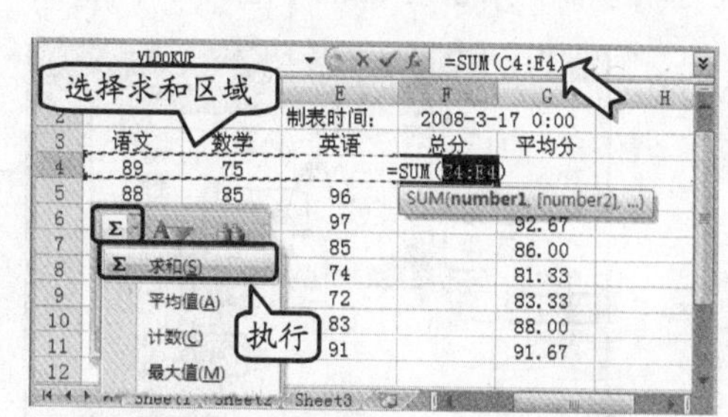

图 5-36 自动求和

2. 条件求和

在一份数据众多的工作表中，若需要同时对符合若干条件的数据进行求和，可以使用条件求和功能。条件求和就是根据条件对若干单元格进行求和，通常使用 SUMIF 函数进行条件求和计算。

基于一个条件求和

选择需要进行条件求和的单元格或单元格区域，并选择【公式】选项卡，单击【插入函数】按钮，在弹出的【函数参数】对话框中选择“数学和三角函数”类别中的 SUMIF 函数，如图 5-37 所示。

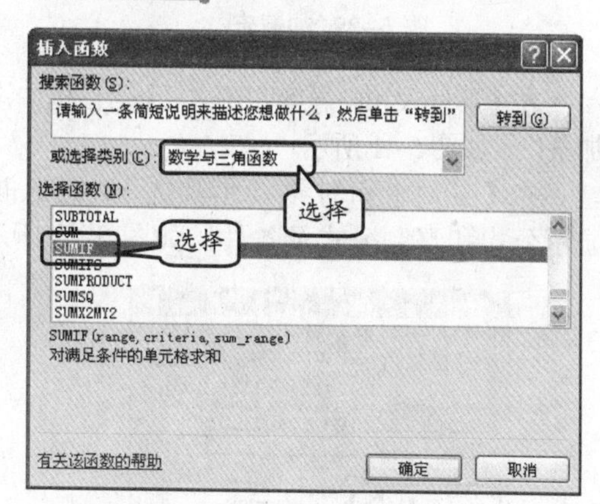

图 5-37 选择 SUMIF 函数

单击【确定】按钮，即可打开【函数参数】对话框，在该对话框中设置函数的条件即可，如图 5-38 所示。

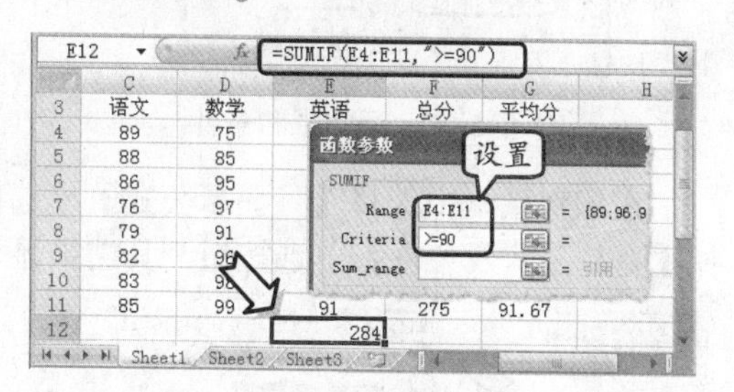

图 5-38 设置函数参数

【函数参数】对话框中各参数含义如表 5-7 所示。

表 5-7 【函数参数】对话框参数功能表

名称	功能	名称	功能
Range	是用于判断条件的单元格区域	Sum_range	是需要求和的实际单元格
Criteria	是确定哪些单元格被作为求和条件		

❑ 基于多条件求和

如果要基于特定条件对单元格区域求和，那么可以使用条件求和向导。

单击 Office 按钮，再单击【Excel 选项】按钮，在弹出的对话框中选择【加载项】选项，并在加载项列表中选择【Excel 加载项】选项卡单击【转到】按钮，在弹出的【加载宏】对话框中启用【条件求和向导】复选框，如图 5-39 所示。

选择【公式】选项卡，在【解决方案】组中单击【条件求和】按钮，在【条件求和向导-4 步骤之 1】对话框中选择求和区域，单击【下一步】按钮，如图 5-40 所示。

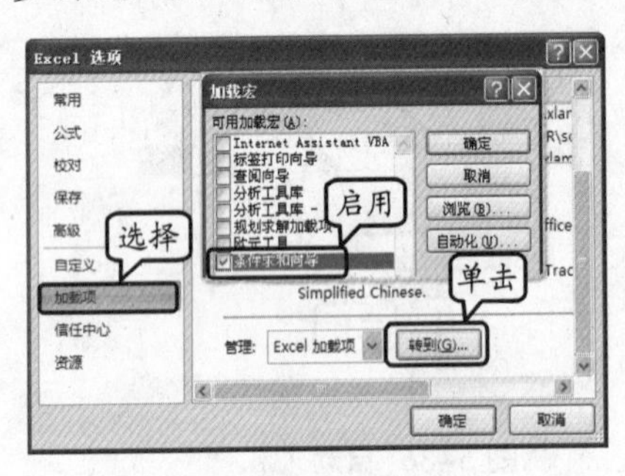

图 5-39 加载宏

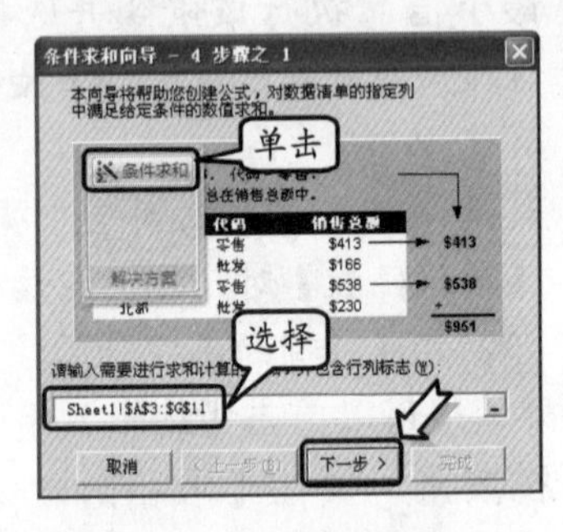

图 5-40 条件求和向导

在【条件求和向导-4 步骤之 2】对话框中设置求和条件，并单击【添加条件】按钮，即可添加条件，如图 5-41 所示。

在【条件求和向导–4 步骤之 3】对话框中包含两种求和方式的显示结果，分别为只显示公式和复制公式及条件，如图 5-42 所示。

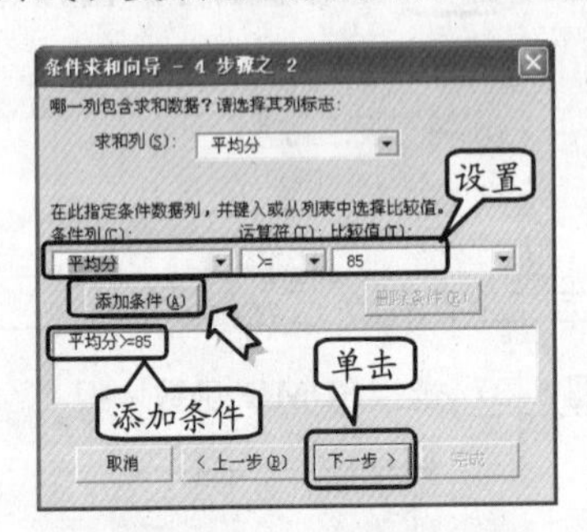

图 5-41 添加求和条件

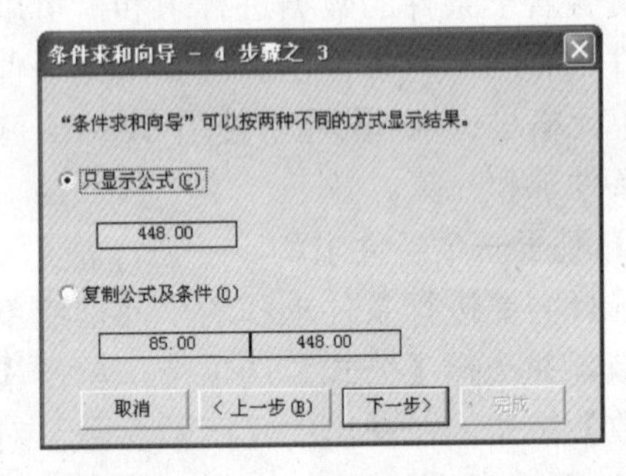

图 5-42 求和方式显示结果

在该对话框中选择【只显示公式】单选按钮，其结果只显示公式，如图 5-43 所示。选择【复制公式及条件】单选按钮，其结果显示求和的条件及求和的公式，如图 5-44 所示。

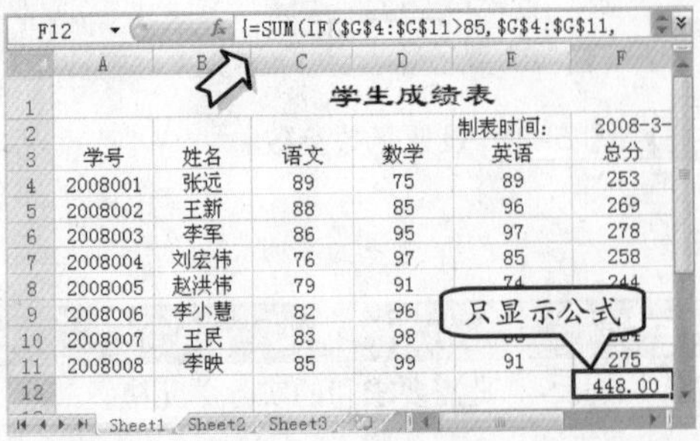

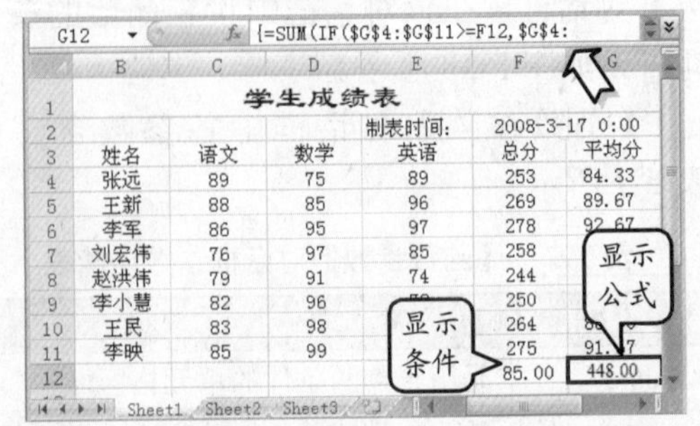

图 5-43 只显示公式

图 5-44 显示公式及条件

5.4 使用名称

为了便于对一个单元格区域进行操作，或在输入公式时操作方便，可以使用名称。名称就是给出单元格或单元格区域易于辨认和记忆的标记。在使用名称时通常要使用名称框，名称框位于工作区上方编辑栏的左边，用于显示单元格的位置。

5.4.1 创建和使用名称

创建名称即命名单元格，以便可在公式中使用该名称引用单元格，使公式更易于理解。

1. 通过对话框创建名称

选择需要定义的单元格或单元格区域，选择【公式】选项卡，在【定义的名称】组中单击【定义名称】下拉按钮，执行【定义名称】命令，在弹出【新建名称】对话框中输入名称并设置引用位置，如图5-45所示。

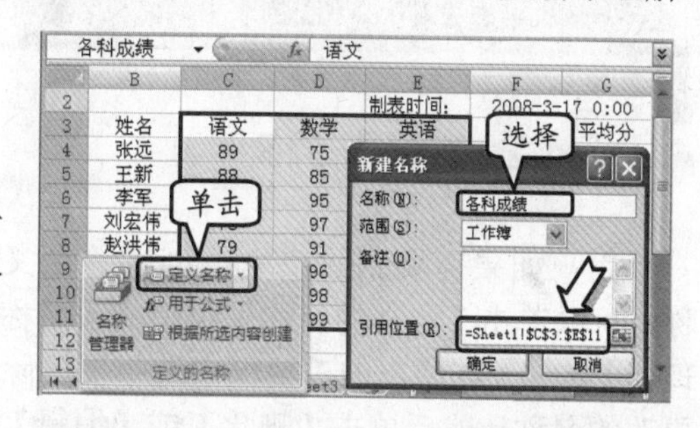

图5-45 新建名称

用户也可以单击【定义名称】组中的【名称管理器】按钮，在弹出的对话框中单击【新建】按钮，弹出【新建名称】对话框，新建名称即可，如图5-46所示。

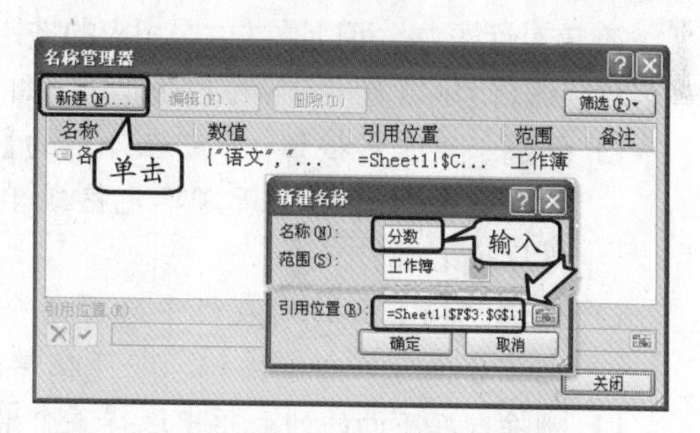

图5-46 运用名称管理器新建名称

2. 根据所选内容创建

选择需要创建名称的单元格区域，在【定义的名称】组中单击【根据所选内容创建】按钮，弹出【以选定区域创建名称】对话框，在该对话框中选择要定义的内容，如启用【首行】复选框，则将用工作表中第一行的内容来定义其所在的单元格或单元格区域，如图5-47所示。

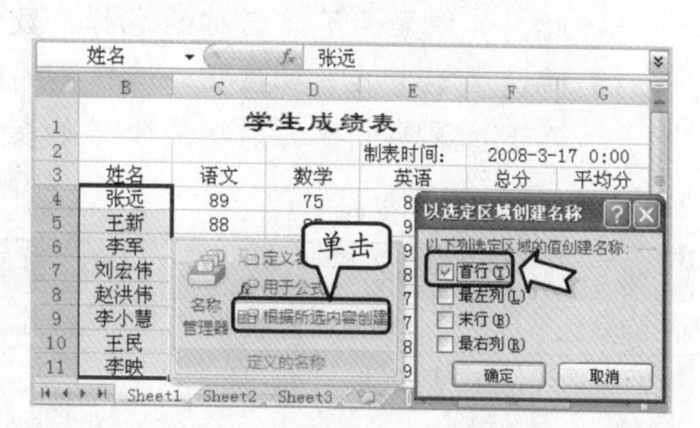

图5-47 根据所选内容创建

在【以选定区域创建名称】对话框中包含4个复选框，各复选框详细功能介绍如下：

- ❑ **首行** 启用该复选框，则将以工作表中所选单元格区域中首行中的内容来定义其所选的单元格区域的名称。
- ❑ **最左列** 启用该复选框，则将以工作表中所选单元格区域中最左边一列中的内容来定义其所选的单元格区域的名称。
- ❑ **末行** 启用该复选框，则将以工作表中所选单元格区域中最后一行中的内容来定义其所选的单元格区域的名称。

- ❑ **最右列** 启用该复选框，则将以工作表中所选单元格区域中最左边一列中的内容来定义其所选的单元格区域的名称。

3. 在公式中使用名称

输入公式时，首先输入等号“=”，单击【定义的名称】组中的【用于公式】下拉按钮，并在该下拉列表中选择定义名称，最后公式显示为“语文+数学+英语”，如图 5-48 所示。

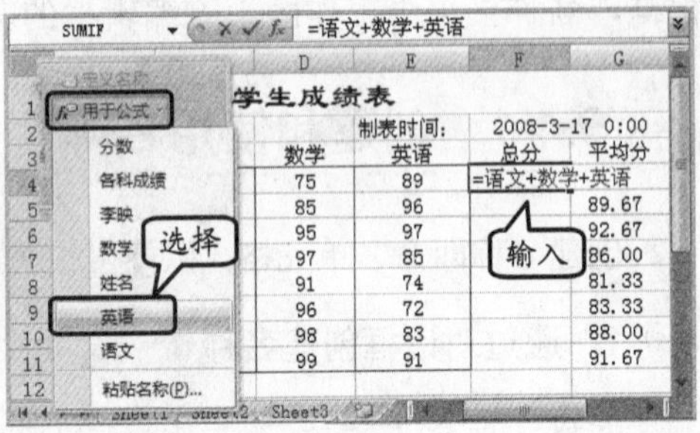

提 示

在公式中如果含有多个定义名称，则用户在输入公式时，依次单击【用于公式】列表中的定义名称即可。

图 5-48 输入公式

5.4.2 管理名称

用户如果需要删除或更改创建的定义名称，可以单击【定义的名称】组中的【名称管理器】按钮，在弹出的对话框中选择要删除或更改的名称，然后单击【删除】或【编辑】按钮进行操作，如图 5-49 所示。

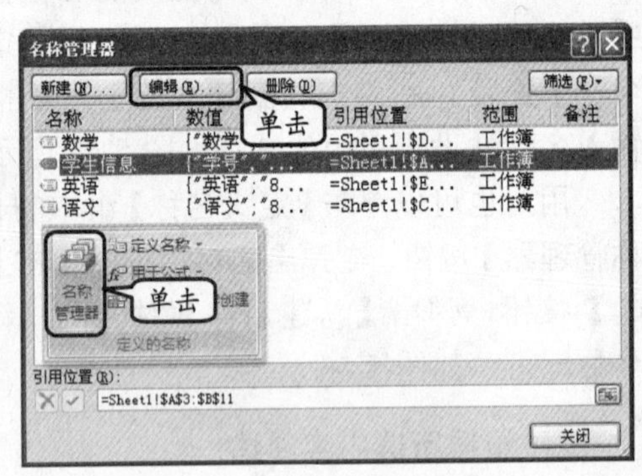

图 5-49 【名称管理器】对话框

在该对话框中，可以通过单击相应的按钮新建名称或编辑名称。其中，各参数功能介绍如下：

- ❑ **新建** 单击该按钮，即可在弹出的【新建名称】对话框中新建单元格或单元格区域名称。
- ❑ **编辑** 在下面的列表框中选择某个单元格名称后单击该按钮，即可在弹出的【编辑名称】对话框中编辑该名称。
- ❑ **删除** 在下面的列表框中选择某个单元格名称后单击该按钮，即可将该名称删除。
- ❑ **列表框** 在该列表中显示了工作表中定义的所有单元格或单元格区域定义的名称。其中显示了该名称的名称、数值、引用位置、范围以及备注。
- ❑ **筛选** 单击该下拉按钮，选择不同的选项，则可以在列表框中显示指定的名称，其下拉菜单中各选项功能介绍如表 5-8 所示。

表 5-8 筛选功能表

名 称	功 能	名 称	功 能
清除筛选	将定义的名称中的筛选清除	没有错误的名称	显示定义的没有错误的名称
名称扩展到工作表范围	显示工作表中定义的名称	定义的名称	显示定义的所有名称
名称扩展到工作簿范围	显示整个工作簿中定义的名称	表名称	显示定义的工作表的名称
有错误的名称	显示定义的有错误的名称		

❑ **引用位置** 显示上面列表框中选择的名称，其功能为引用表和单元格。

5.5 审核工作表

可以使用审核工作表功能对工作表中单元格内的公式进行显示或隐藏操作，或者进行追踪显示，从而方便查看使用的公式结果是由哪些单元格中的数据得出的。

5.5.1 显示错误信息

在用户输入计算公式后经常会因为输入错误使系统不能识别该公式，从而在单元格中显示错误信息。常见的错误信息和解决方法如表 5-9 所示。

表 5-9 错误信息及解决方法

显示信息	错误原因	解决方法
#####	当列不够宽，或使用了负日期或时间	适当增加列宽
#DIV/0!	当数字除以零时将出现此错误	如果工作表中某些单元格暂时没有数值，在这些单元格中输入#N/A，公式在引用这些单元格时，将不进行数值计算，而返回#N/A
#NAME?	当 Excel 不识别公式中的文本	更正拼写，在公式中插入正确的函数名称，或工作表中的名称没有被列出时添加相应的名称
#NULL!	如果指定两个并不相交的区域的交点	引用两个不相交的区域，使用联合运算符号“,”（逗号）
#NUM!	公式或函数中使用了无效的数值	确保函数中使用的参数是数字，检查数字是否超出限定区域
#REF!	当单元格引用无效时会出现此错误	更改公式。在删除或粘贴单元格内容之后立即单击【撤销】按钮以恢复工作表中单元格的内容
#VALUE!	当使用错误的参数或运算对象类型时，或当自动更改公式功能不能更正公式时将产生该错误值	确认公式或函数所需的参数或运算符是否正确，并且确认公式引用的单元格所包含的均为有效的数值

例如，在 G10 单元格中输入公式，其被除数为 0，则将出现如图 5-50 所示的错误信息。

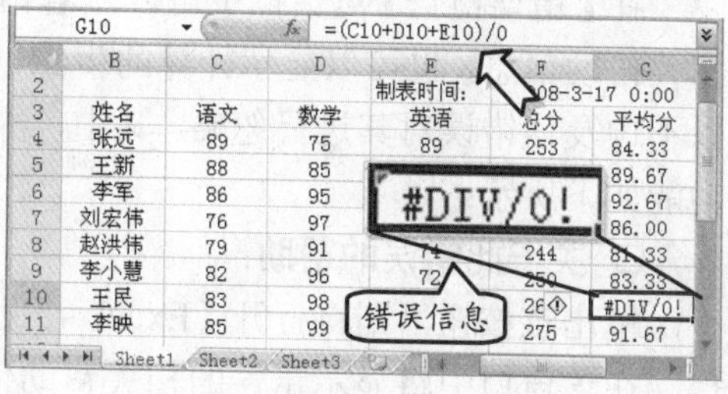

5.5.2 使用审核工具

利用审核工具可以跟踪选定单位内公式的引用或从属单元格，同时也可以显示错误信息。

图 5-50 错误信息

1. 查找与单元格相关的单元格

追踪引用单元格，并在工作表上显示追踪箭头表明追踪的结果，其用于指示影响当前所选单元格值的单元格。例如，选择 G11 单元格，在【公式审核】组中单击【追踪引用单元格】按钮即可，如图 5-51 所示。

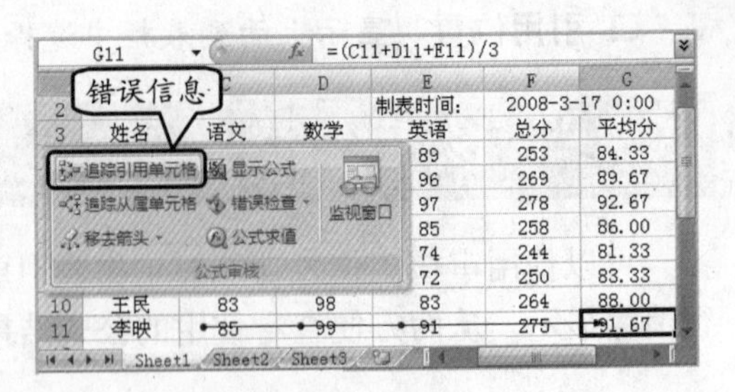

图 5-51 追踪引用单元格

追踪从属单元格是显示箭头，指向受当前所选单元格影响的单元格。单击【追踪从属单元格】按钮即可显示追踪结果，如图 5-52 所示。

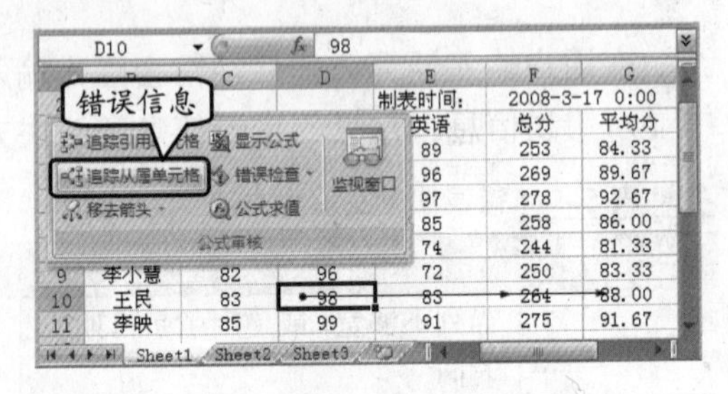

图 5-52 追踪从属单元格

2. 移去箭头

单击【移去箭头】按钮，可以删除工作表上的所有追踪箭头。

在【公式审核】组中单击【移去箭头】按钮，即可将工作表中的追踪引用单元格和追踪从属单元格箭头取消，如图 5-53 所示。

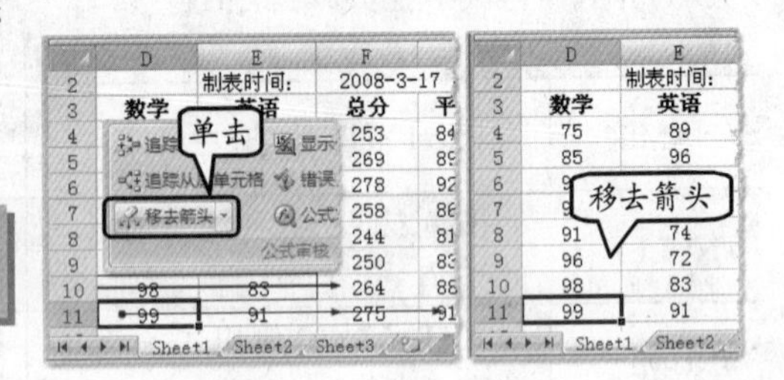

图 5-53 移去箭头

提 示

当在单元格中显示为公式时再次单击【显示公式】按钮，即可显示结果的值，而不是公式。

3. 错误检查

单击该按钮，可以检查公式中的常见错误。

在【公式审核】组中单击【错误检查】下拉按钮，执行【错误检查】命令，如图 5-54 所示，即可打开【错误检查】对话框，在该对话框中可以显示错误的信息，如图 5-55 所示。

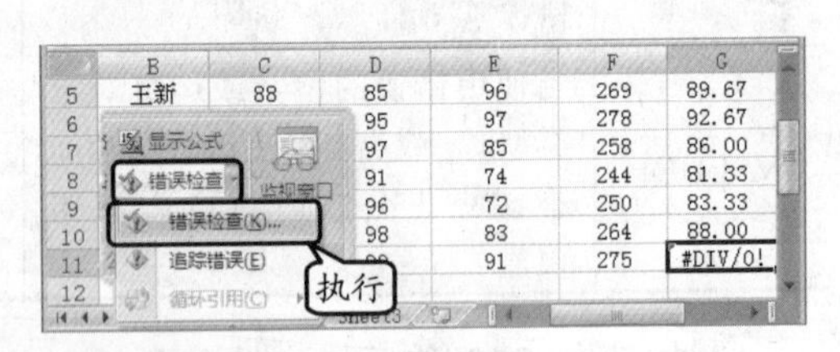

图 5-54 执行【错误检查】命令

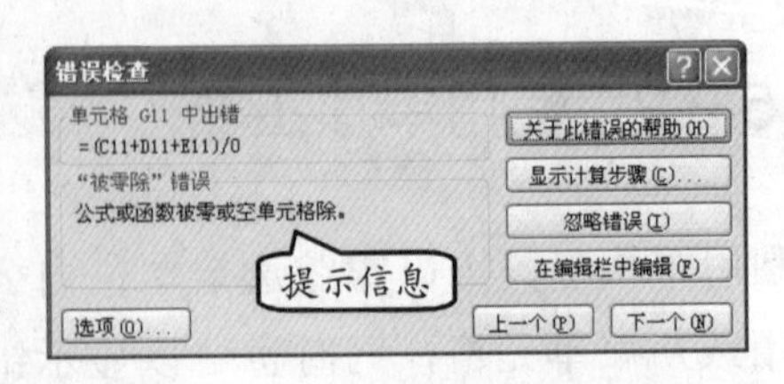

图 5-55 【错误检查】对话框

在【错误检查】对话框中可以查看错误的相关帮助信息，也可以显示计算的步骤，还可以不顾及该错误对其进行忽略。其中，各按钮功能如下所示：

- ❑ **关于此错误的帮助**

单击该按钮，则将打开【Excel 帮助】窗口，在该窗口中将显示错误的相关帮助信息，如图 5-56 所示。

❑ 显示计算步骤

单击该按钮，即可打开【公式求值】对话框，单击【求值】按钮后单击【重新启动】按钮，然后单击【步入】按钮，即可在该对话框中显示出公式计算的结果，并自动更改引用的错误单元格，如图 5-57 所示。如果需要返回上一操作，单击【步出】按钮即可。

❑ 忽略错误

单击【忽略错误】按钮，即可打开“已完成对整个工作表的错误检查”提示对话框，如图 5-58 所示。

❑ 在编辑栏中编辑

单击【在编辑栏中编辑】按钮，即可打开【错误检查】对话框，提示错误的公式信息，并且光标将自动定位在编辑栏中，可以对公式进行修改，如图 5-59 所示。

图 5-56 Excel 帮助信息

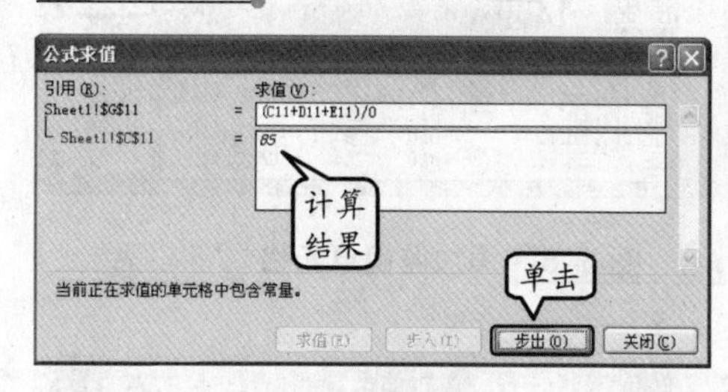

图 5-57 显示计算步骤

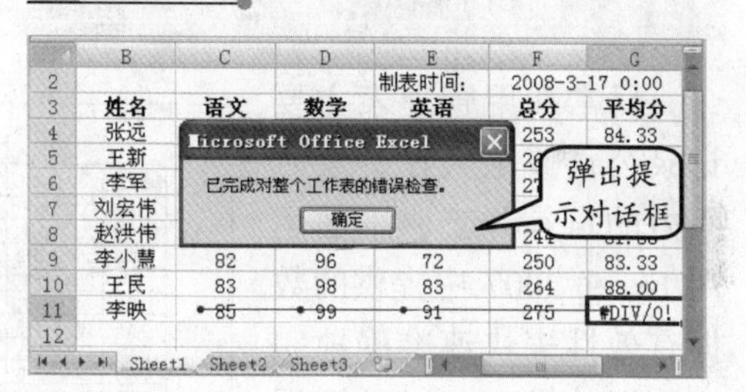

图 5-58 忽略错误

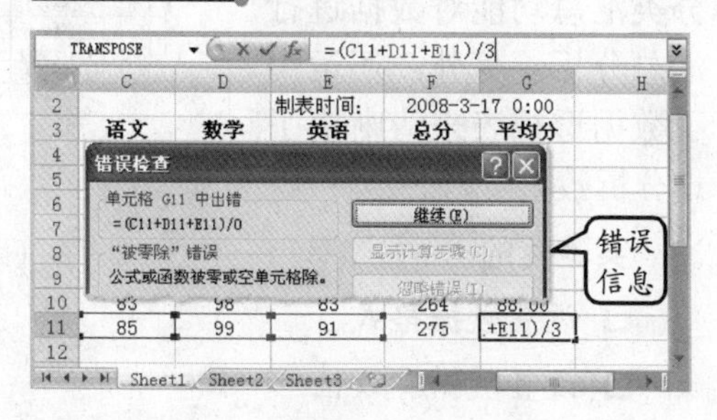

图 5-59 在编辑栏中编辑公式

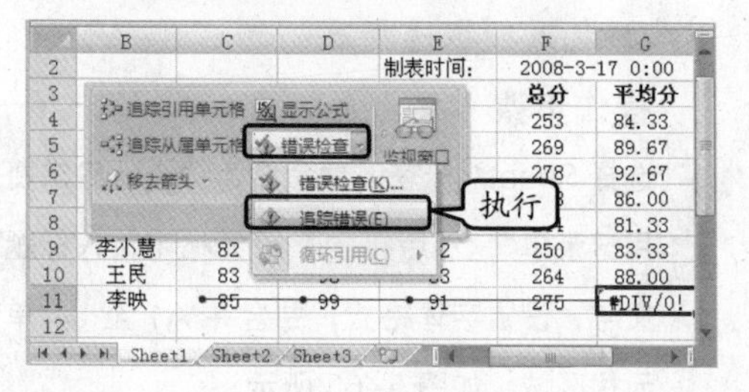

图 5-60 追踪错误信息

4. 追踪错误

单击该按钮，显示指向出错源的追踪箭头。

单击【错误检查】下拉按钮，执行【追踪错误】命令，即可在工作表中显示错误公式的追踪箭头信息，如图 5-60 所示。

单击【公式审核】组中的【公式求值】按钮，即可打开【公式求值】对话框。在该对话框中对公式的每个部分单独求值以调试公式，其操作功能与前面介绍的“显示计算步骤”相同。

5.5.3 添加或删除监视点

使用监视窗口，可以在更改工作表时监视某些单元格的值，也可以在工作表中进行检查、审核或确认公式计算及其结果。这些被监视到的单元格的值在单独的窗口中显示，无论工作簿显示的是哪个区域，该窗口将始终可见。

1. 在【监视窗口】对话框中添加单元格

选择需要监视的单元格，单击【公式审核】组中的【监视窗口】按钮，在弹出的【监视窗口】对话框中单击【添加监视】按钮，即可添加监视单元格，如图 5-61 所示。

2. 删除【监视窗口】对话框中的单元格

在【监视窗口】对话框中选择该窗口中需要删除的单元格选项，单击【删除监视】按钮即可，如图 5-62 所示。

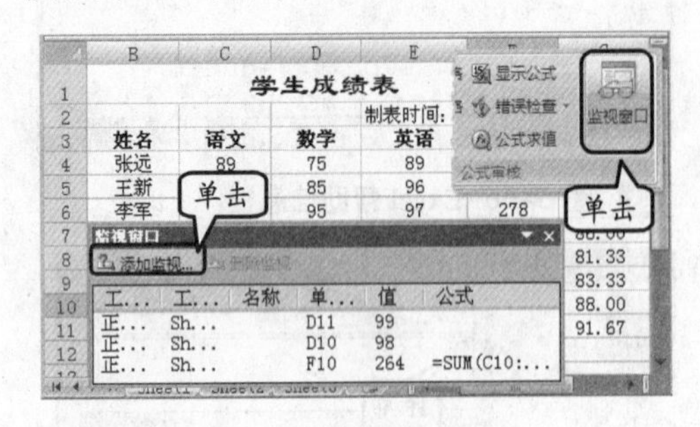

图 5-61 添加监视单元格

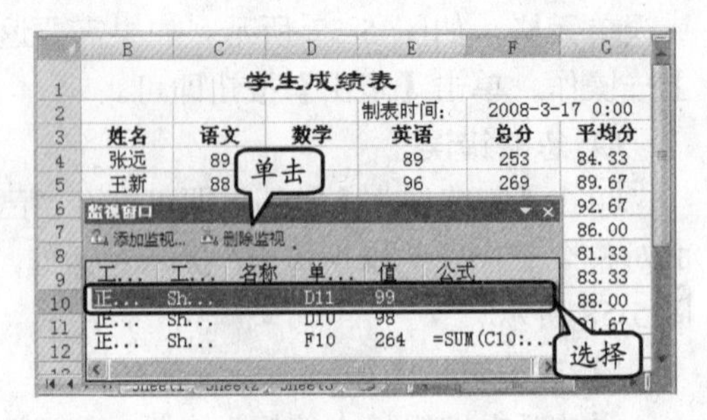

图 5-62 删除监视单元格

5.6 实验指导：日常费用管理表

日常费用管理表主要记录公司或个人在一段时间内的日常开支。下面运用 Excel 2007 中提供的数据有效性来快速准确地完成数据的录入，以及运用分类汇总功能对数据进行汇总分析。另外，还运用了数据透视表来清晰明了地分析数据。

企业日常费用记录单

序号	时间	员工姓名	所属部门	费用类别	人数	入额	出额	报销日期	负责人
0001	2008-3-10	张鸿烨	销售部	交通	4	10000	50	2008-3-15	寇佐龙
0002	2008-3-11	王丹	市场研发部	办公用品	3	10000	600	2008-3-20	寇佐龙
0003	2008-3-2	赵飞	设计部	办公用品	3		400	2008-3-2	王秀娟
0004	2008-2-25	刘永	销售部	餐饮	2	15000	1500	2008-3-1	王秀娟
0005	2008-3-12	薛敏	设计部	餐饮	6		150	2008-3-15	寇佐龙
0006	2008-3-9	刘小凤	市场研发部	快递	1	20000	20	2008-3-15	寇佐龙
0007	2008-1-1	闻小西	文秘部	餐饮	5		300	2008-1-15	寇佐龙
0008	2008-1-9	李晓波	文秘部	办公用品	9		180	2008-3-4	王秀娟
0009	2008-2-19	张海丽	销售部	办公用品	9	15000	190	2008-3-20	王秀娟
0010	2008-2-1	任丽娟	设计部	交通	4		90	2008-3-1	寇佐龙
0011	2008-2-3	宋玲玲	市场研发部	快递	2		50	2008-3-15	寇佐龙
0012	2008-2-25	王海峰	文秘部	办公用品	3		280	2008-3-2	寇佐龙
0013	2008-3-5	申璐	销售部	会议	10	18000	2000	2008-3-10	王秀娟
0014	2008-3-6	许明现	销售部	其他	2		6000	2008-3-15	寇佐龙
0015	2008-3-8	李春明	销售部	福利	15		3500	2008-3-10	寇佐龙

实验目的

- ❑ 设置数据格式
- ❑ 设置数据有效性
- ❑ 分类汇总
- ❑ 插入数据透视表

操作步骤

1. 选择 Sheet1 标签，重命名为“企业日常费用记录单”，然后在 A1 单元格中输入标题文字，设置字体格式，并合并 A1 至 J1 单元格区域，如图 5-63 所示。

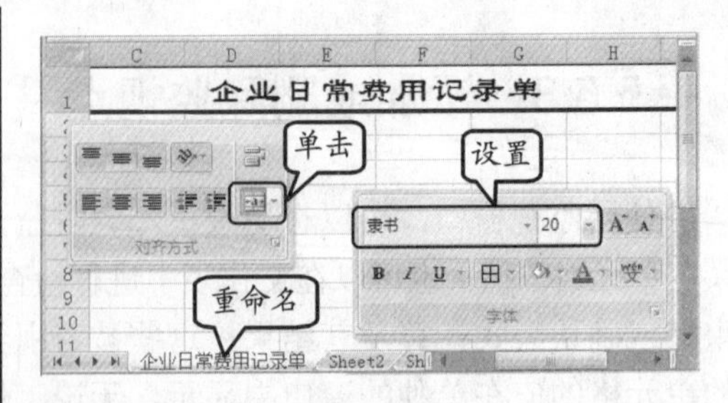

图 5-63 设置标题格式

提 示

选择 Sheet1 标签，右击执行【重命名】命令，即可在标签处输入要重命名的文字。

2 在 A2 至 J2 单元格区域中分别输入相应的字段信息，在 A3 至 A17 单元格区域中，输入 1~15 之间的数字，选择该区域，并在【设置单元格格式】对话框中进行相应设置，如图 5-64 所示。

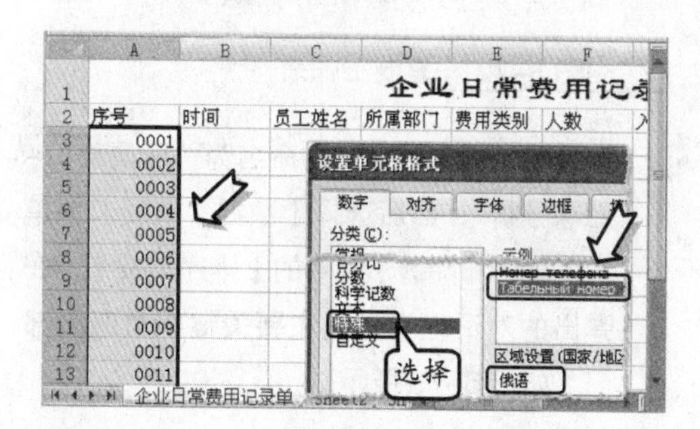

图 5-64 设置数据格式

提 示

单击【数字】组中的【对话框启动器】按钮，即可打开【设置单元格格式】对话框。

3 选择【数据】选项卡，单击【数据工具】组中的【数据有效性】下拉按钮，执行【数据有效性】命令，在弹出的对话框中选择【输入信息】选项卡，并设置【标题】和【输入信息】文本框，如图 5-65 所示。

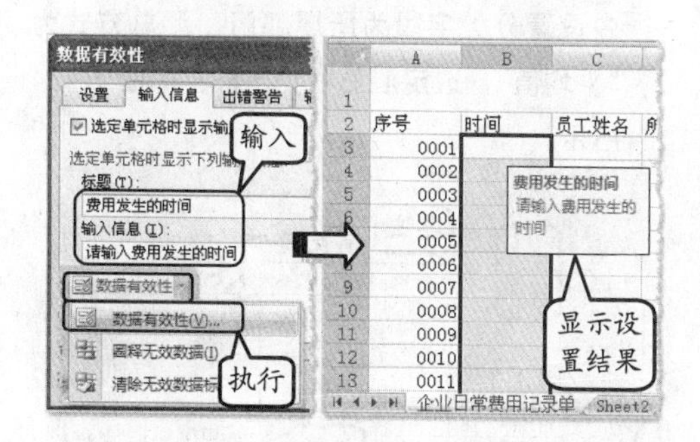

图 5-65 设置数据有效性

4 在 C3 至 C17 单元格区域中输入相应的员工姓名，选择 D3 至 D17 单元格区域，在【数据有效性】对话框中设置有效性条件为序列，并在【来源】文本框中输入相应的信息，如图 5-66 所示。

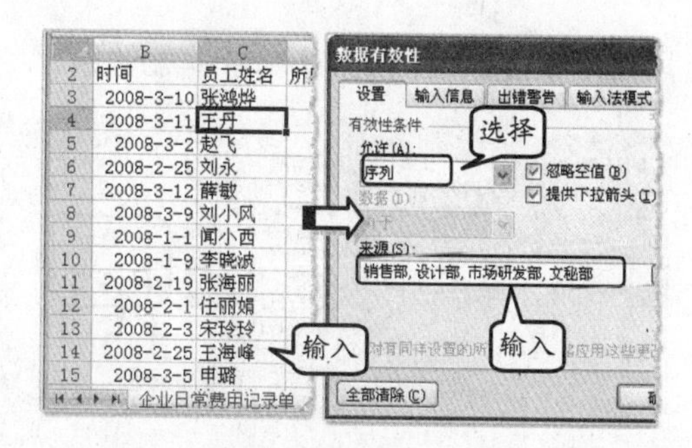

图 5-66 设置数据有效性

5 运用相同的方法设置 E3 至 E17 单元格区域的数据有效性，并分别选择相应的选项，如图 5-67 所示。

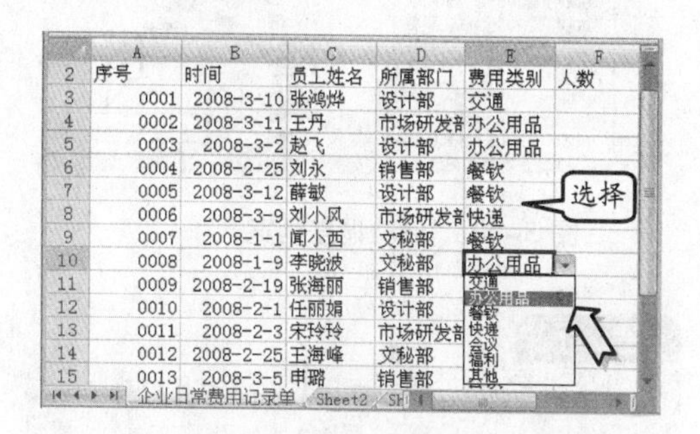

图 5-67 设置数据有效性

6 选择 I3 至 I17 单元格区域，设置数据的有效性信息，然后分别在 I3G 至 I17 单元格区域中输入相应的报销日期信息，如图 5-68 所示。

图 5-68 输入报销日期

7 选择 J3 至 J17 单元格区域，设置数据的有效性，然后分别选择相应的字段信息，如图 5-69 所示。

8 选择 A2 至 J2 单元格区域，设置其字体格式，然后选择 A2 至 J17 单元格区域，单击【单元格】组中的【格式】下拉按钮，执行

【自动调整列宽】命令，如图 5-70 所示。

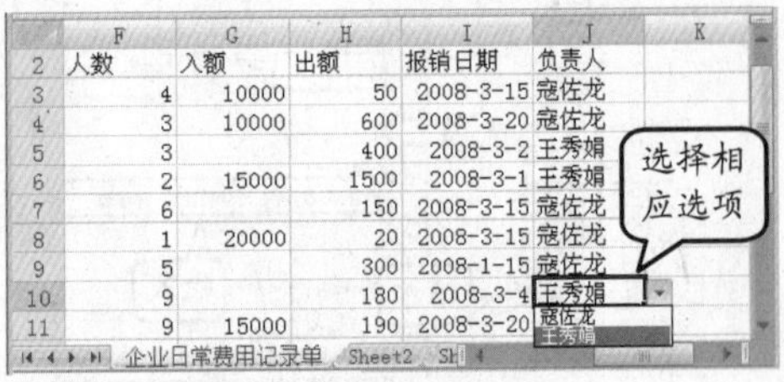

图 5-69　设置数据有效性

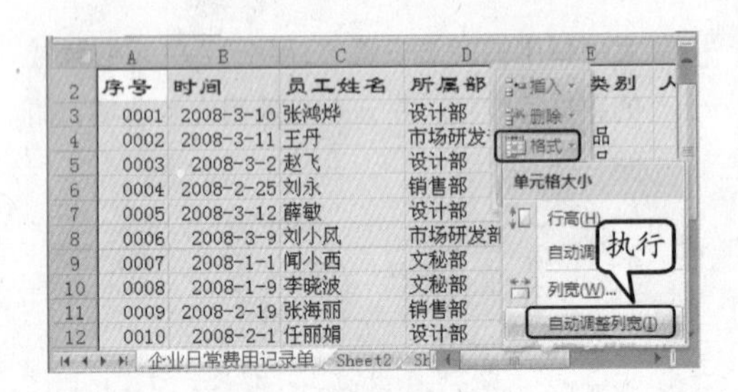

图 5-70　自动调整列宽

提　示

选择 A2 至 J2 单元格区域，在【字体】组中设置字体为隶书；字号为 14。

9　选择 A2 至 J17 单元格区域，单击【对齐方式】组中的【居中】按钮，然后单击【字体】组中的【边框】下拉按钮，执行【所有框线】命令，如图 5-71 所示。

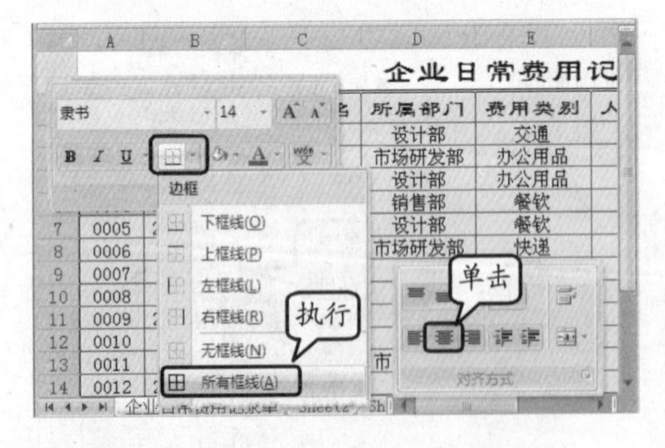

图 5-71　添加边框

10　选择“企业日常费用记录单”工作表标签，按住 Ctrl 键的同时向右拖动即可复制一个名为“企业日常费用记录单(2)”的工作表，如图 5-72 所示。

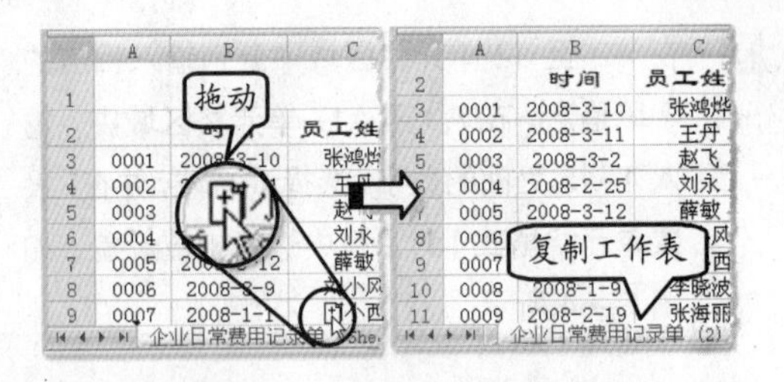

图 5-72　复制工作表

11　选择复制的工作表，重命名为“所属部门-汇总分析”，然后选择【数据】选项卡，单击【排序和筛选】组中的【排序】按钮，在弹出的对话框中设置主要关键字为所属部门，如图 5-73 所示。

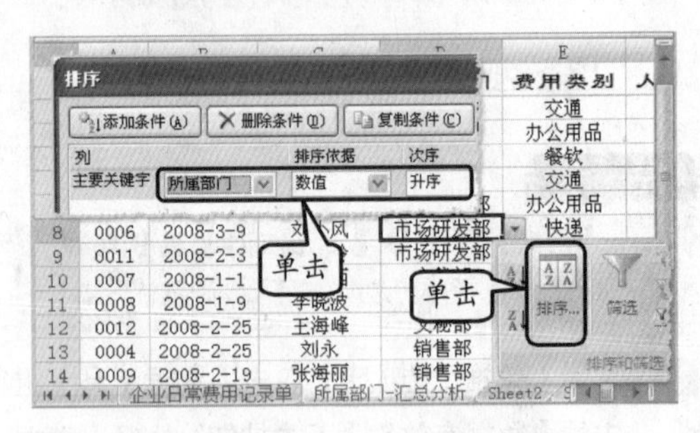

图 5-73　排序

12　选择【数据】选项卡，单击【分级显示】组中的【分类汇总】按钮，在弹出的对话框中设置分类字段为所属部门，汇总方式为“平均值”，选定汇总项为出额，如图 5-74 所示。

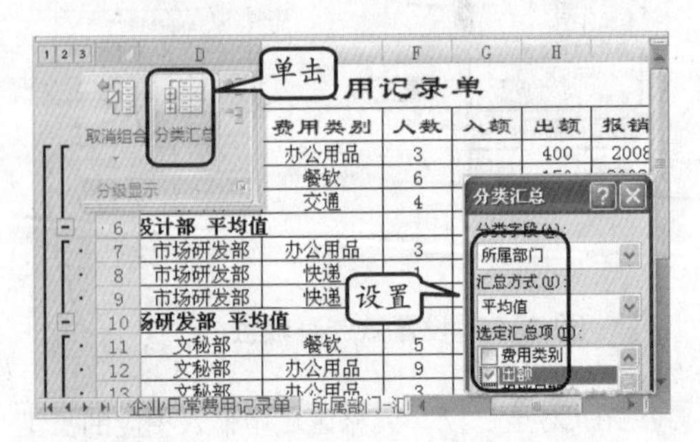

图 5-74　分类汇总

13　选择“企业日常费用记录单”工作表，并选择【插入】选项卡，单击【表】组中的【数据透视表】下拉按钮，执行【数据透视表】

命令，在弹出的对话框中设置相应选项，如图 5-75 所示。

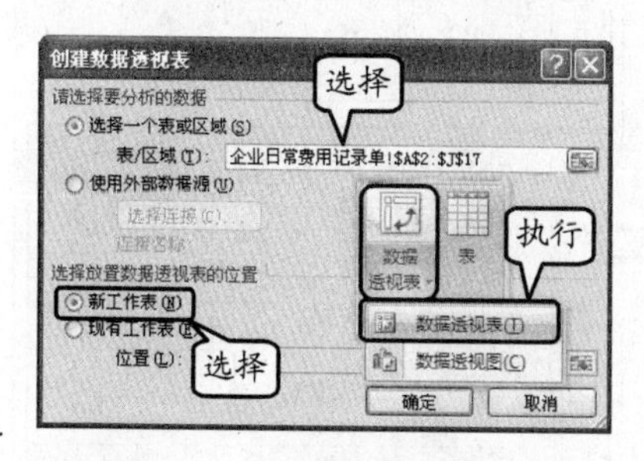

图 5-75　插入数据透视表

14　选择插入的新工作表 Sheet4，重命名为“所属部门-时间数据透视表”，右击该工作表标签，执行【移动或复制工作表】命令，在弹出的对话框中设置下列选定工作表之前项为 Sheet2，如图 5-76 所示。

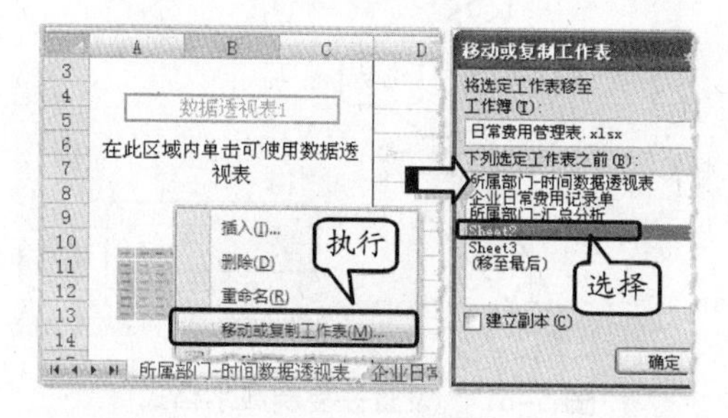

图 5-76　移动工作表

15　在【数据透视表字段列表】任务窗格中启用【时间】复选框，启用【所属部门】复选框，将其拖动至【列标签】栏中，如图 5-77 所示。

16　启用【选择要添加到报表的字段】栏中的【出额】复选框，即可完成数据透视表的操作，如图 5-78 所示。

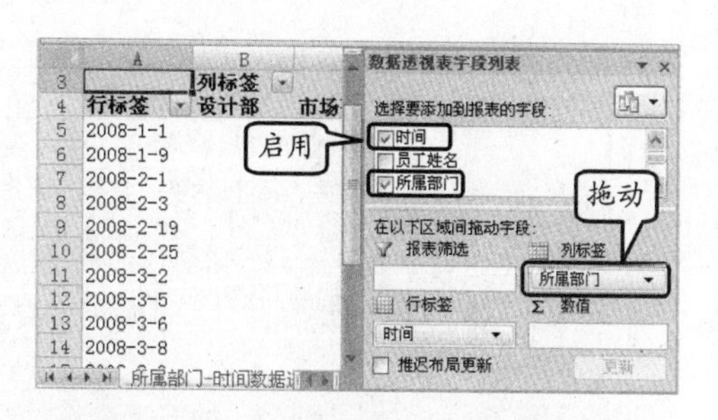

图 5-77　添加数据透视表字段

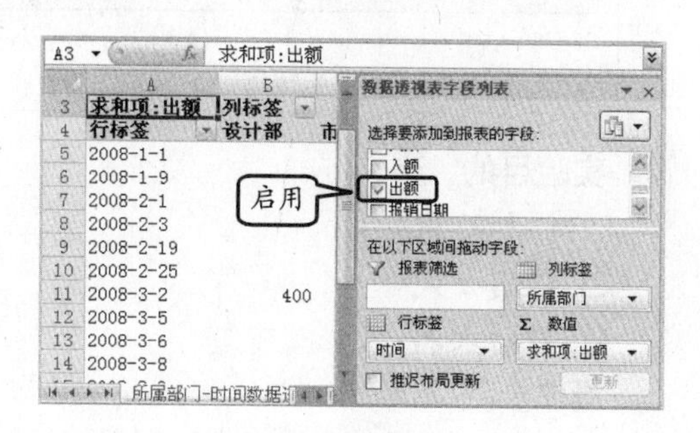

图 5-78　数据透视表

17　选择 Sheet2 标签，右击执行【删除】命令，即可删除该工作表，如图 5-79 所示。然后运用相同的方法删除 Sheet3 工作表。

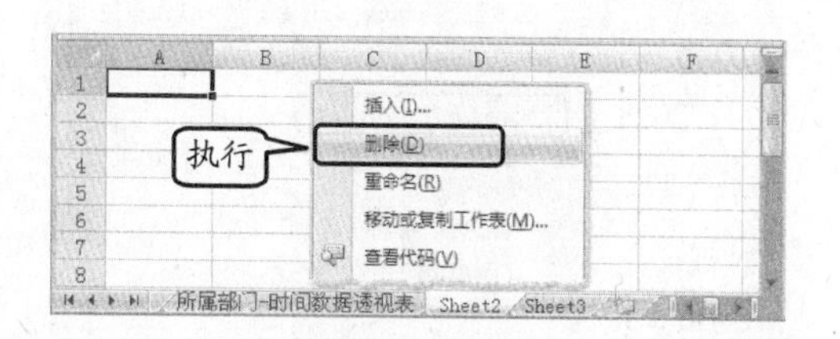

图 5-79　删除工作表

18　选择要预览的工作表，单击 Office 按钮，执行【打印】|【打印预览】命令，即可预览工作表。

5.7　实验指导：学生成绩管理

学生成绩表一般由学号、姓名、各科成绩以及计算出来的平均分和总分组成。本例将运用公式和自动求和功能来快速有效地计算出学生的总成绩和平均分，并为每位学生排列名次。有了这些信息就可以快捷方便的对学生成绩进行管理了。

学生成绩管理

学号	姓名	语文	数学	英语	大综合	平均分	总分	名次
070701005	孙一兰	94	86	98	88	91.5	366	1
070701002	袁杰思	84	79	90	84	84.25	337	2
070701014	赵明	73	82	90	76	80.25	321	3
070701004	李明丽	89	71	81	79	80	320	4
070701009	鲁森淼	88	75	80	72	78.75	315	5
070701001	王钢	75	88	79	65	76.75	307	6
070701012	李子凯	77	68	82	75	75.5	302	7
070701013	郭新新	89	85	90		66	264	8
070701006	朱达		82	91	77	62.5	250	9
070701003	吴启迪	83	75	86		61	244	10
070701011	王珊	76		89	78	60.75	243	11
070701015	李钢		84	78	59	55.25	221	12
070701007	李珂	72		83	60	53.75	215	13
070701008	赵林	72	69	71		53	212	14
070701010	钱凯	70	61		60	47.75	191	15

成绩分析表

最值		语文	数学	英语	大综合
各科成绩	最高	94	88	98	88
	最低	70	61	71	59

学生缺考明细表	姓名	语文	数学	英语	大综合
	孙一兰	无	无	无	无
	袁杰思	无	无	无	无
	赵明	无	无	无	无
	李明丽	无	无	无	无
	鲁森淼	无	无	无	无
	王钢	无	无	无	无
	李子凯	无	无	无	无
	郭新新	无	无	无	缺考
	朱达	缺考	无	无	无
	吴启迪	无	无	无	缺考
	王珊	无	缺考	无	无
	李钢	缺考	无	无	无
	李珂	无	缺考	无	无
	赵林	无	无	无	缺考
	钱凯	无	无	缺考	无

实验目的

- ❑ 添加边框样式
- ❑ 应用公式
- ❑ 自动求和

操作步骤

1 新建空白工作簿，重命名为“学生成绩表”，在 A1 单元格中输入文字“学生成绩管理”，在 A2 至 I2 单元格中分别输入相应字段信息，如图 5-80 所示。

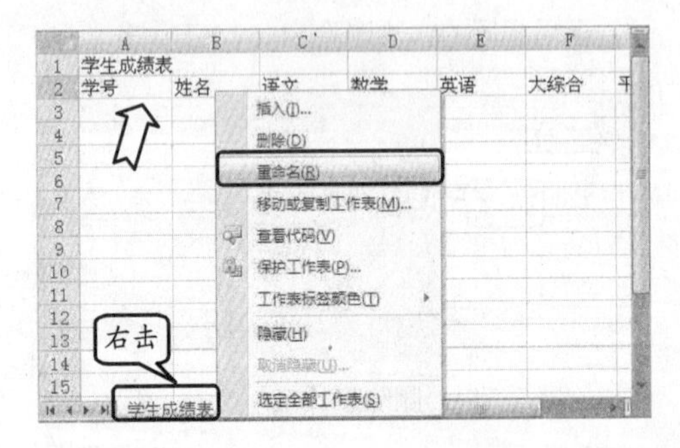

图 5-80 输入表头及字段名

提 示

选择 Sheet1 工作表标签并右击，执行【重命名】命令，并输入文字“学生成绩表”。

2 选择 A3 单元格，设置其数字格式为文本，并在该单元格中输入“070701001”，然后将鼠标置于该单元格右下角的填充柄上，向下拖动至 A17 单元格，如图 5-81 所示。

3 在 C3 至 F17 单元格区域中分别输入相应的字段信息，然后选择 G3 单元格，在编辑栏中输入公式“=(C3+D3+E3+F3)/4”，并单击【输入】按钮，求出第一位学生的平均分，如图 5-82 所示。

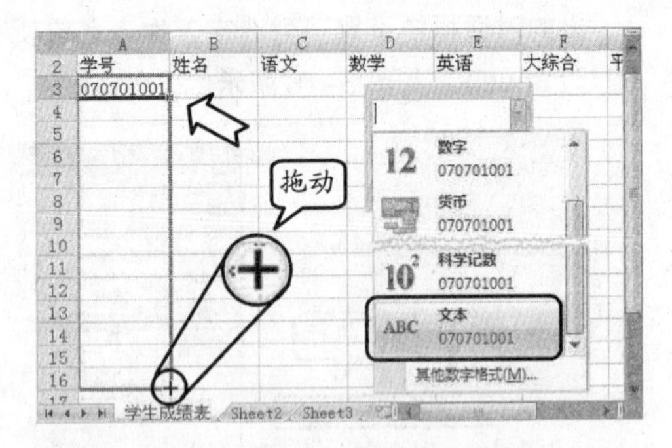

图 5-81 设置并复制数字格式

=(C3+D3+E3+F3)/4

	B	C	D	E	F	G
2	姓名	语文	数学	英语	大综合	平均分
3		75	88	79	65	3+F3)/4
4		84	79	90	84	
5	吴启迪	83	75	86		
6	李明丽	89	71	81	79	
7	孙一兰	94	86	98	88	
8	朱达		82	91	77	
9	李珂	72		83	60	
10	赵林	72	69	71		
11	鲁森淼	88	75	80	72	
12	钱凯	70	61		60	
13	王珊	76		89	78	
14	李子凯	77	68	82	75	
15	郭新新	89	85	90		
16	赵明	73	82	90	76	

单击

图 5-82 运用公式计算平均分

4 选择 G3 单元格，并拖动右下角的填充柄至 G17 单元格，即可得出其他学生的平均分，如图 5-83 所示。

5 选择 H3 单元格，在【公式】选项卡中执行【自动求和】下拉列表中的【求和】命令，并选择 C3 至 F3 单元格区域，按 Enter 键确认，即可求出总成绩，如图 5-84 所示。

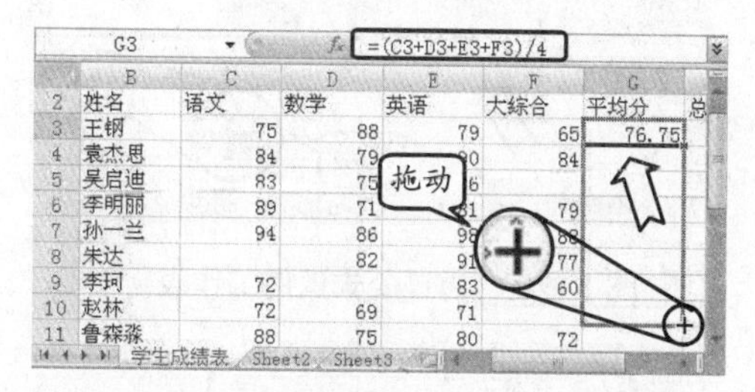

图 5-83　复制公式

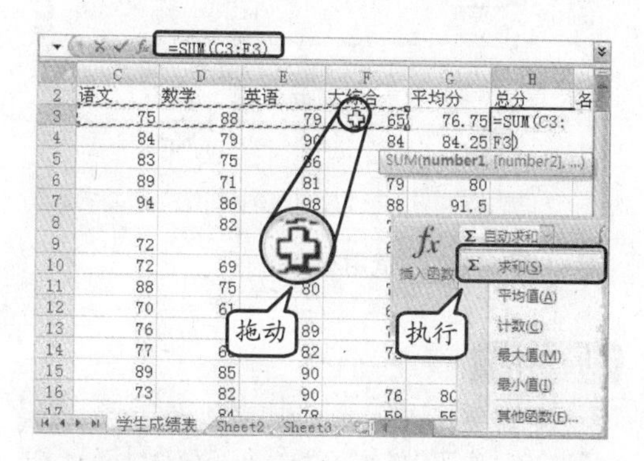

图 5-84　自动求和

提　示

拖动 H3 右下角的填充柄至 H17 单元格，求出其他学生的总成绩。

6 选择 H 列单元格区域，在【数据】选项卡中单击【排序和筛选】组中的【降序】按钮，在弹出的【排序提醒】对话框中选择【扩展选定区域】单选按钮，并单击【排序】按钮，如图 5-85 所示。

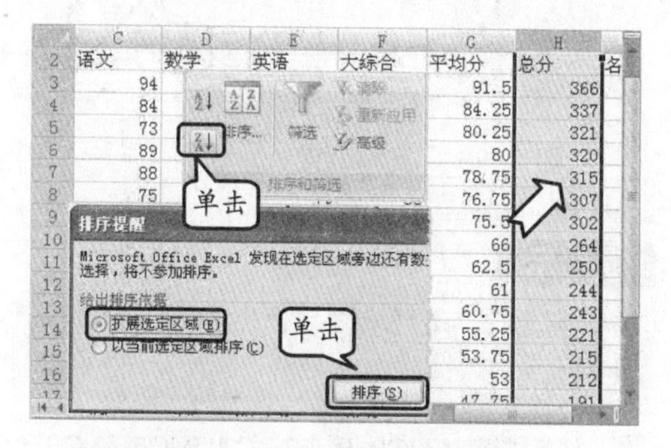

图 5-85　将总分从高到低排列

7 在 I3 单元格中输入公式"=RANK(H3,$H$3:$H$17)"，并拖动右下角的填充柄至 I17 单元格为学生排列名次，如图 5-86 所示。

图 5-86　运用公式排列名次

8 设置 A1 至 I1 单元格区域为合并后居中，字体为华文行楷，字号为 24，填充颜色为"水绿色，强调文字颜色 5，淡色 80%"，如图 5-87 所示。

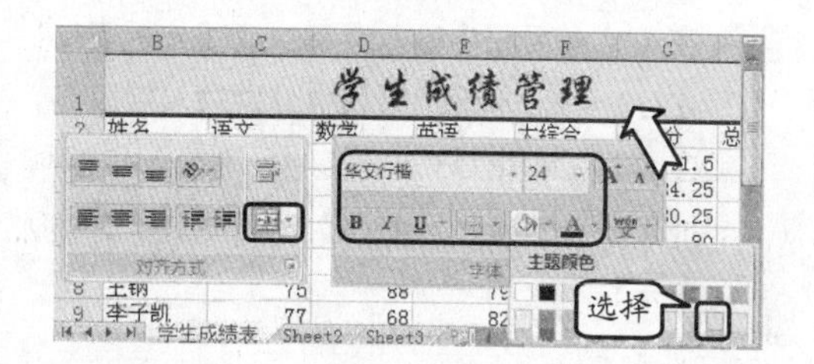

图 5-87　设置表头

9 设置 A2 至 I2 单元格区域的字号为 14，并单击【加粗】按钮，然后选择 A2 至 I17 单元格区域，单击【居中】按钮，如图 5-88 所示。

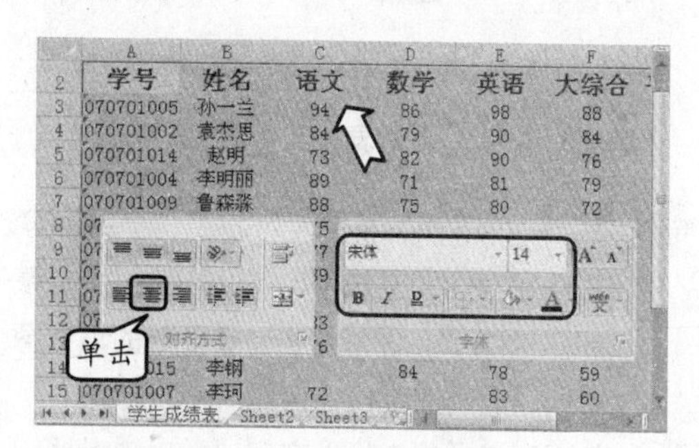

图 5-88　设置单元格格式

提　示

选择 A2 至 I17 单元格区域，设置其填充颜色为"橄榄色，强调文字颜色 3，淡色 40%"。

10 在 A1 至 I17 单元格区域上右击，执行【设置单元格格式】命令，在弹出对话框的【边框】选项卡中选择“较粗”和“虚线”线条样式，分别预置为外边框和内部，如图 5-89 所示。

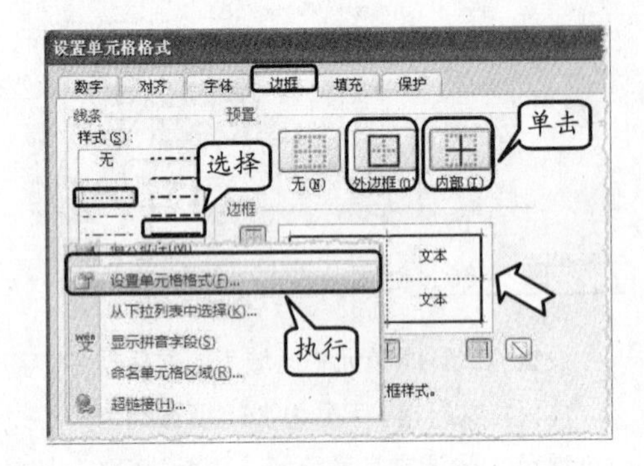

图 5-89 添加边框样式

11 在 C1 单元格中输入文字“成绩分析表”，在 C3 至 H3 单元格区域中分别输入字段名，在 C4、D4 和 D5 单元格中分别输入“各科成绩”、“最高”和“最低”，如图 5-90 所示。

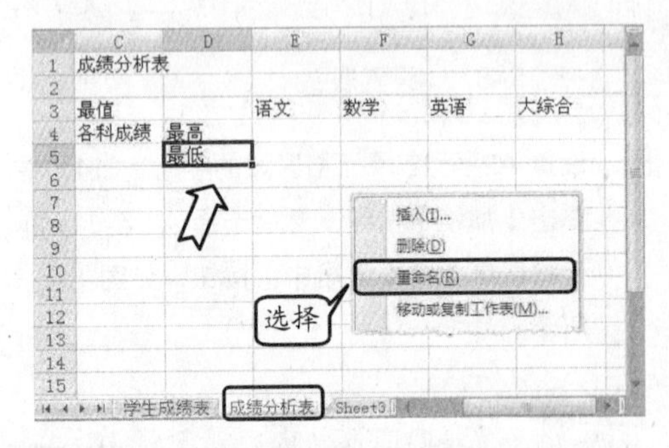

图 5-90 输入表头及字段名

12 在 E4 和 E5 单元格中输入公式“=MAXA(学生成绩表!C3:C17) 和 =MINA(学生成绩表!C3:C17)”，并分别拖动右下角的填充柄至 H4 和 H5 单元格，如图 5-91 所示。

13 在 C8 单元格中输入文字“学生缺考明细表”，在 E8 至 I8 和 E9 至 E23 单元格区域中分别输入字段名及字段信息，在 F9 单元格中输入公式“=IF(学生成绩表!C3=0,"缺考","无")”，如图 5-92 所示。

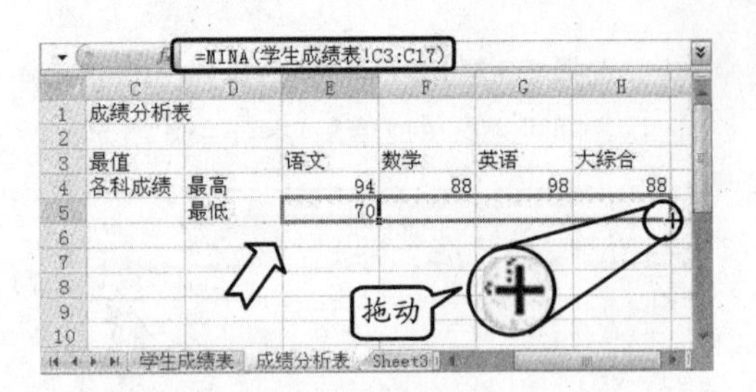

图 5-91 通过公式调用工作表

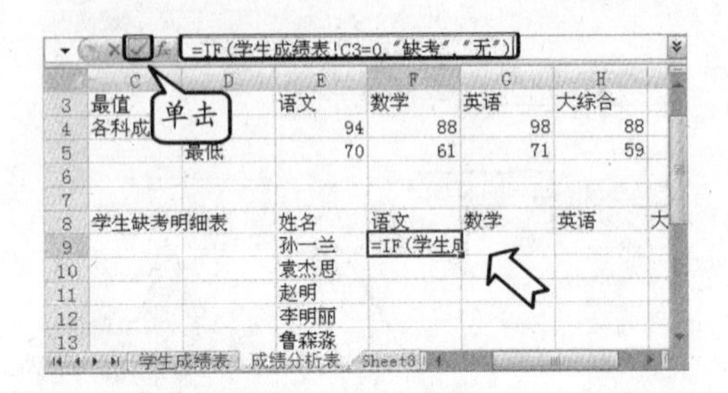

图 5-92 运用公式

提 示

分别设置单元格区域的填充颜色为“红色，强调文字颜色 2，淡色 80%”和“橙色，强调文字颜色 6，淡色 80%”。

14 选择 F9 单元格，拖动其右下角的填充柄至 I9 和 F23 单元格，依照相同的方法分别拖动 G9、H9 和 I9 单元格右下角的填充柄至 G23、H23 和 I23 单元格，如图 5-93 所示。

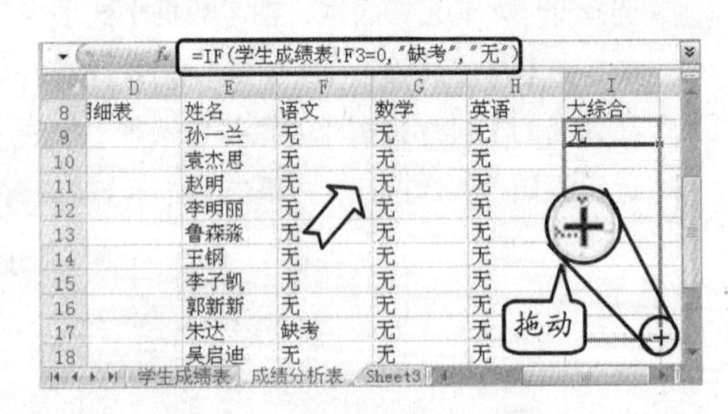

图 5-93 复制公式

提 示

右击 Sheet2 工作表标签，将其重命名为“成绩分析表”。

15 将 C1 至 I1、C3 至 D3、C4 至 C5 和 C8 至 D23 单元格区域合并单元格，然后选择 C4

至 C5、D4、D5 和 C8 至 D23 单元格区域，设置该文字方向为竖排文字，如图 5-94 所示。

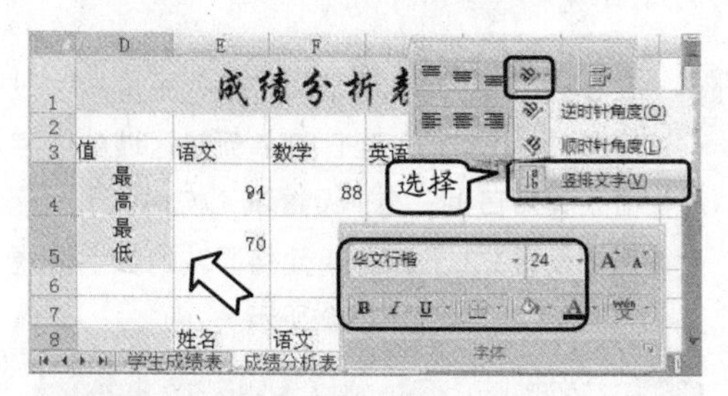

图 5-94 设置文字方向

提 示

选择 C1 至 I1 单元格区域，设置其字体为华文行楷，字号为 24，填充颜色为“水绿色，强调文字颜色 5，淡色 80%”。

16 将 C3 至 H5 和 C8 至 I23 单元格区域的内容居中显示，并在【边框】下拉列表中执行【所有框线】和【粗闸框线】命令，然后分别设置单元格区域的填充颜色，如图 5-95 所示。

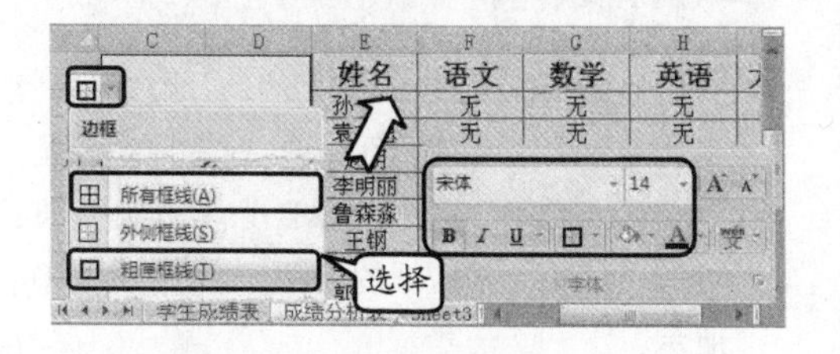

图 5-95 添加边框样式

提 示

选择 C3 至 H3、E8 至 I8 和 C8 至 D23 单元格区域，设置其字号为 14，并单击【加粗】按钮。

17 将鼠标置于 C 列与 D 列之间的分隔线上，当光标变成“双向”箭头时，向左拖动至显示“宽度：5.00（45 像素）”处松开。依照相同的方法调整其他行高或列宽，如图 5-96 所示。

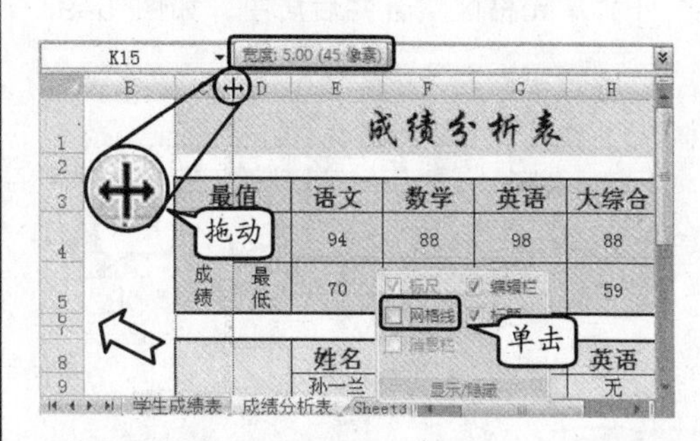

图 5-96 调整行高和列宽

提 示

在【显示/隐藏】组中启用【网格线】复选框，分别将“学生成绩表”和“成绩分析表”中的网格线隐藏。

18 单击 Office 按钮，执行【打印】|【打印预览】命令，即可预览该工作表。

5.8 实验指导：制作工资表

工资表主要根据员工的基本信息，以及每位员工的考勤和公司的补助情况，最终计算员工的实发工资。下面通过运用 Excel 的数据有效性、添加边框样式及公式等功能来制作工资表。

三月份考勤记录表

员工编号	姓名	性别	迟到	早退	旷工	加班
001	汪琳	女	1			2
002	李坤	男		2		1
003	赵海洋	男	2		1	
004	王莉	女	1			3
005	张涛	男				2
006	张韵	女			1	1
007	李思含	女	1	1		2
008	薛淇	男		1	1	
009	林光	男	2		1	1
010	赵琴琴	女		1		4

三月份生产部工资表

员工编号	姓名	基本工资	收入提成	住房补助	应扣考勤费	三金	加班费	实发工资
001	汪琳	1400	450	140	30	90	200	2070
002	李坤	1800	390	140	60	90	100	2280
003	赵海洋	1800	345	140	260	90	0	1935
004	王莉	1800	290	140	30	90	300	2410
005	张涛	1400	360	140	0	90	200	2010
006	张韵	1400	245	140	200	90	100	1595
007	李思含	1800	435	140	60	90	200	2425
008	薛淇	1000	455	140	230	90	0	1275
009	林光	1400	310	140	260	90	100	1600
010	赵琴琴	1400	385	140	30	90	400	2205

实验目的

- ❑ 设置数据有效性
- ❑ 添加边框样式
- ❑ 应用公式
- ❑ 调用工作表

操作步骤

1 新建空白工作簿，将 Sheet1 工作表标签重命名为“员工资料表”，在 A1 单元格中输入文字“生产部员工资料表”，并将 A1 至 F1 单元格区域合并后居中，如图 5-97 所示。

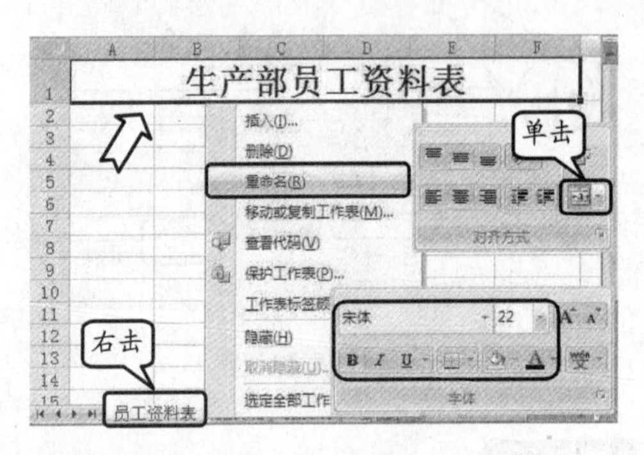

图 5-97 设置字体格式

提 示

选择合并后的单元格，设置其字号为 22，并单击【加粗】按钮。

2 在 A2 至 F2 单元格区域中输入字段名，选择 A3 单元格，设置其数字格式为文本，并输入“001”，然后拖动该单元格右下角的填充柄至 A12 单元格中，如图 5-98 所示。

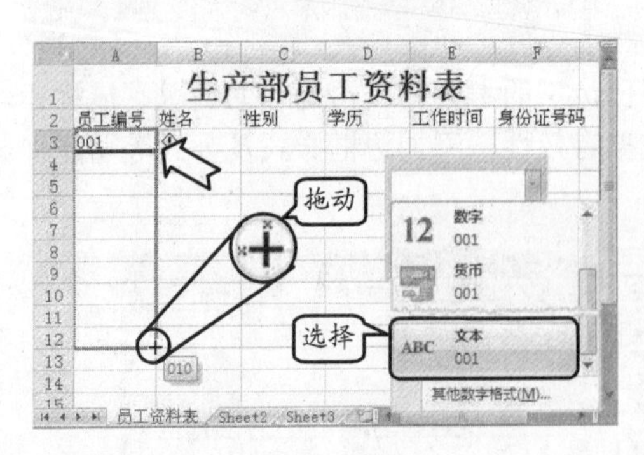

图 5-98 设置数字格式

提 示

依照相同的方法分别调整 A 列和第 2 行至第 12 行单元格区域的行高及列宽。

3 在 B3 至 F12 单元格区域中输入相应的字段信息，并设置 E3 至 E12 单元格区域的数字格式为短日期，在【设置单元格格式】对话框中设置 F3 至 F12 单元格区域的数字格式为自定义，如图 5-99 所示。

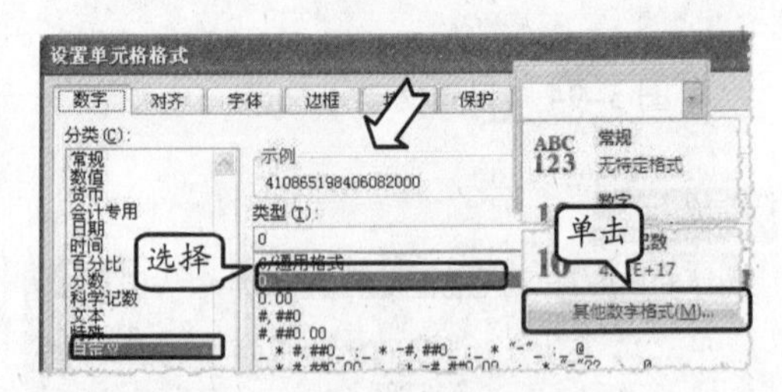

图 5-99 设置数字格式

提 示

在【数字】组中单击【数字格式】下拉按钮，并执行【其他数字格式】命令，在弹出的【设置单元格格式】对话框中设置其数字格式即可。

4 将鼠标置于 F 列与 G 列之间的分隔线上，当光标变成“双向”箭头时，向右拖动至显示“宽度：20.25（167 像素）”处松开，即可调整该单元格区域的列宽，如图 5-100 所示。

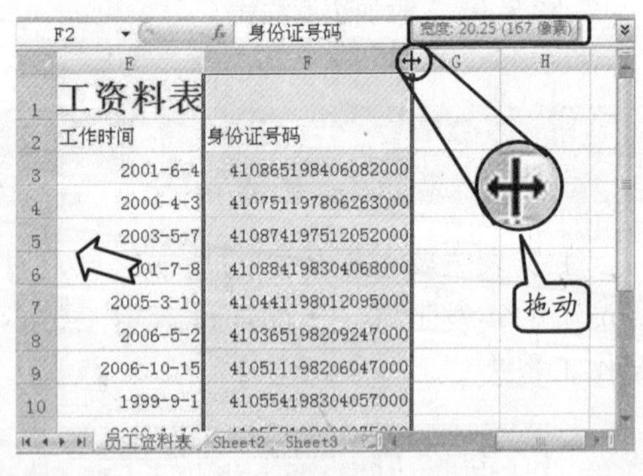

图 5-100 调整行高与列宽

5 选择 D3 单元格，在【数据工具】组中执行【数据有效性】下拉列表中的【数据有效性】命令，在弹出对话框的【允许】下拉列表中选择【序列】选项，在【来源】文本框中输入“高中，专科，本科，高中以下”，如图 5-101 所示。

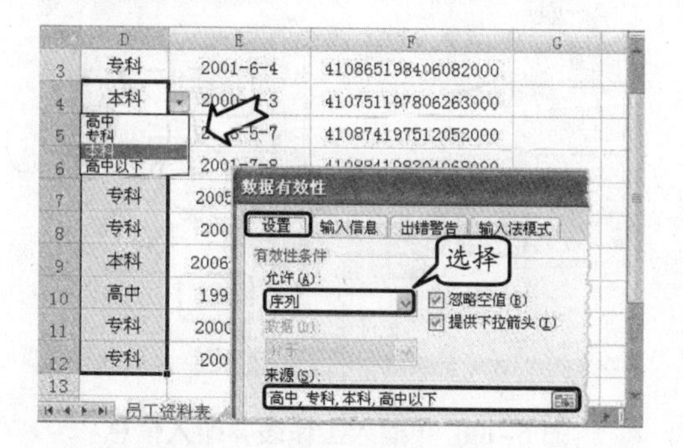

图 5-101 设置数据有效性

提 示

依照相同的方法选择 D4 至 D12 单元格区域，并在【数据有效性】对话框的【允许】下拉列表中选择【序列】选项，在【来源】文本框中输入“高中,专科,本科,高中以下”，即可为选择的区域添加数据有效性。

6 设置 A1 至 F1 单元格区域的填充颜色为“紫色，强调文字颜色 4，淡色 40%”，设置 A2 至 F2 单元格区域的字号为 14，并单击【加粗】按钮，然后设置 A2 至 F12 单元格区域的对齐方式为居中，如图 5-102 所示。

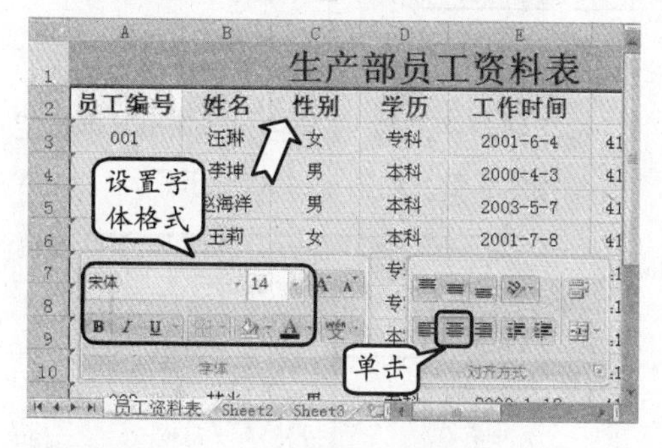

图 5-102 设置单元格格式

7 选择 A2 至 F12 单元格区域，在【字体】组中的【边框】下拉列表中执行【其他边框】命令，在弹出对话框的【线条】栏中选择“较粗”线条样式，将其预置为外边框，如图 5-103 所示。

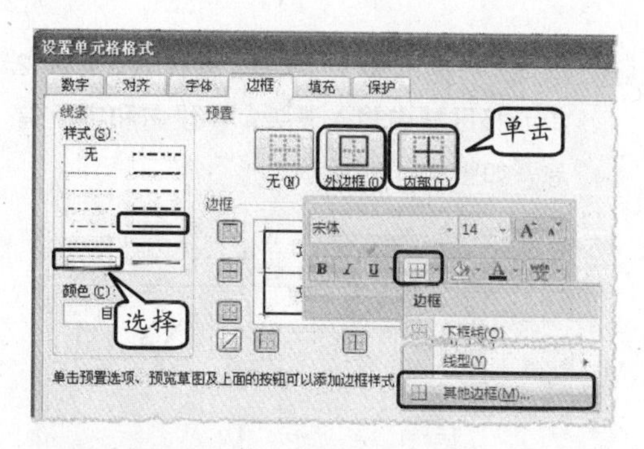

图 5-103 添加边框

提 示

选择一种“较细”的线条样式，将其预置为内部。

8 创建“生产记录表”表格，并在 A1 至 D12 单元格区域中分别输入表头、字段名和字段信息，然后将 A1 至 D1 单元格区域合并后居中，并设置其格式，如图 5-104 所示。

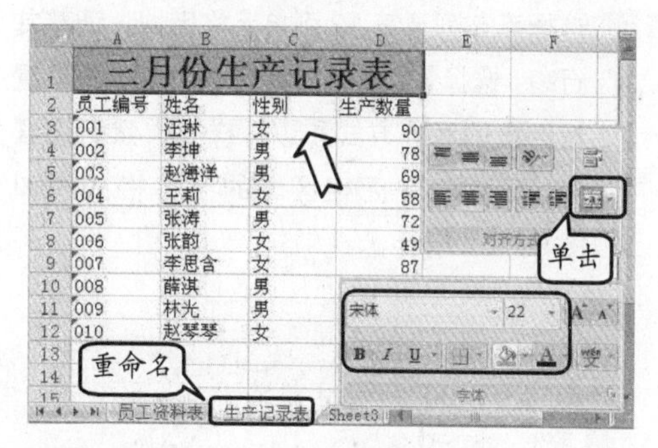

图 5-104 设置表头格式

9 将 A2 至 D12 单元格区域的对其方式设置为居中，并为该区域添加边框样式，然后调整该区域的行高与列宽，如图 5-105 所示。

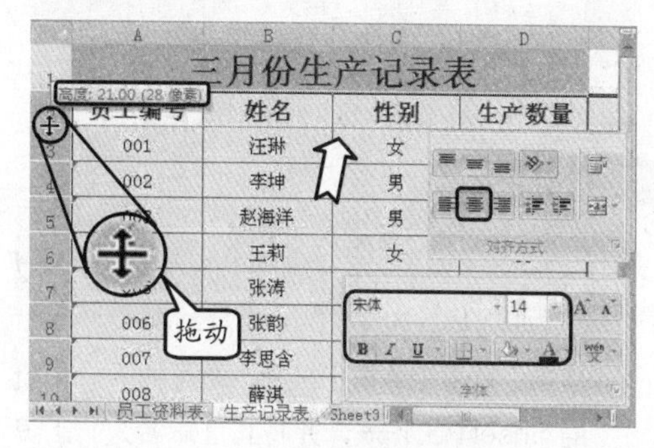

图 5-105 调整行高与列宽

10 创建“考勤记录表”表格，并在 A1 至 G12 单元格区域中输入表头、字段名和字段信息，如图 5-106 所示。

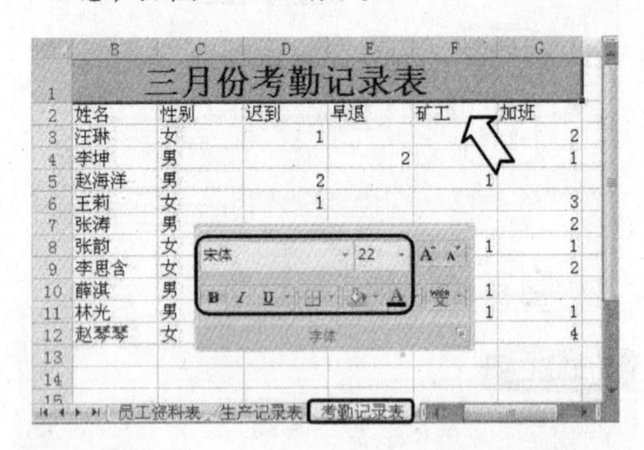

图 5-106　在工作表中输入相关信息

提　示

选择 A1 至 G1 单元格区域，设置其对齐方式为合并后居中，并设置该格式。

11 选择第 2 列至第 12 列单元格区域，调整其行高，选择 A2 至 G12 单元格区域，并设置该区域的对齐方式和边框样式，然后设置 A2 至 G2 单元格区域的字体格式，如图 5-107 所示。

三月份考勤记录表					
员工编号	姓名	性别	迟到	早退	矿工
001	汪琳	女	1		
002	李坤	男		2	
003	赵海洋	男	2		1
004	王莉	女			
005	张涛	男			
006	张韵	女			
007	李思含	女			
008	薛淇	男		1	1

图 5-107　设置单元格格式

提　示

在 C3 单元格中，通过调用“员工资料表”中员工的“学历”来计算该员工的基本工资。

12 单击【插入工作表】按钮，即可插入一个新的 Sheet1 工作表，并将其重命名为“工资表”，然后在 A1 至 I12 单元格区域中输入表头、字段名以及字段信息，如图 5-108 所示。

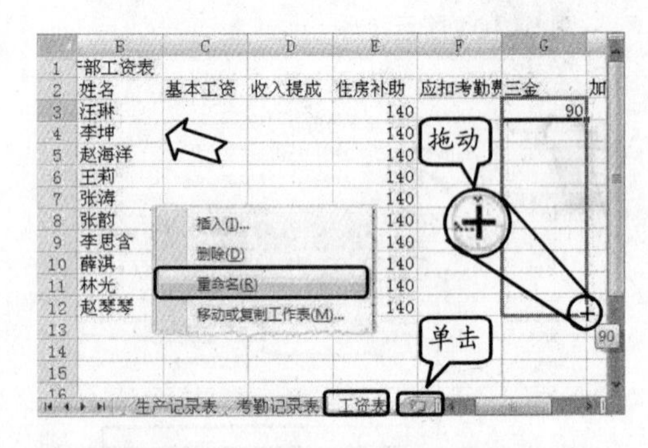

图 5-108　插入工作表并输入信息

13 选择 C3 单元格，在编辑栏中输入公式“=600+(MATCH(员工资料表!D3,{"高中以下","高中","专科","本科"},0)-1)*400”，并单击【输入】按钮输入，如图 5-109 所示。

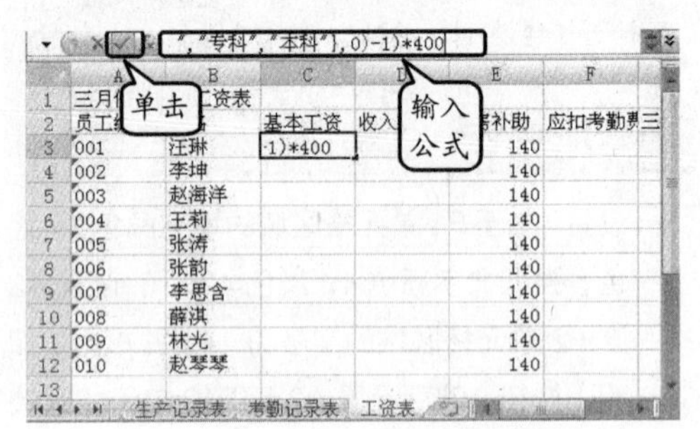

图 5-109　调用工作表

14 将鼠标置于 C3 单元格右下角的填充柄上，向下拖动至 C12 单元格，计算出其他员工的基本工资，如图 5-110 所示。

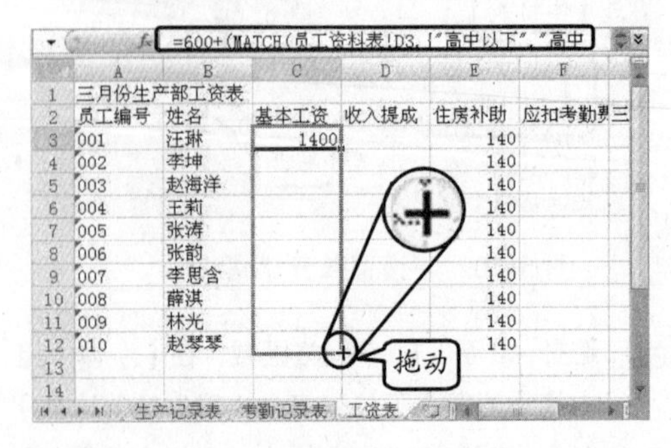

图 5-110　复制公式

15 依照相同的方法分别在 D3 、F3 和 H3 单元格中输入公式“=生产记录表!D3*100*5%、=(考勤记录表!D3+考勤记录表!E3)*30+考勤记录表!F3*200 和 =考勤记录表!G3*100”，如图 5-111 所示。

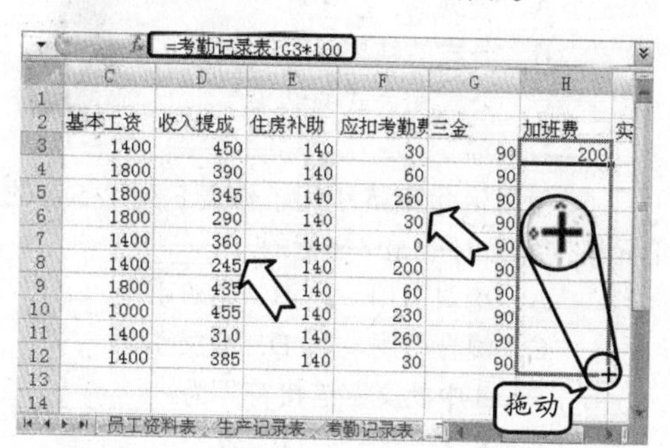

图 5-111 输入并复制公式

提 示

在 D3、F3 和 H3 单元格中输入公式后，依次拖动右下角的填充柄至 D12、F12 和 H12 单元格。

16 在 I3 单元格中输入公式“=C3+D3+E3-F3-G3+H3”，并拖动填充柄至 I12 单元格，即可计算出每位员工的实发工资，然后选择 A1 至 I1 单元格区域，设置其字体格式，如图 5-112 所示。

17 设置 A2 至 I2 单元格区域的字号为 14，字体颜色为深红，并单击【加粗】按钮，然后设置 I3 至 I12 单元格区域的字体颜色为深红，填充颜色为“紫色，强调文字颜色 4，淡色 80%”，如图 5-113 所示。

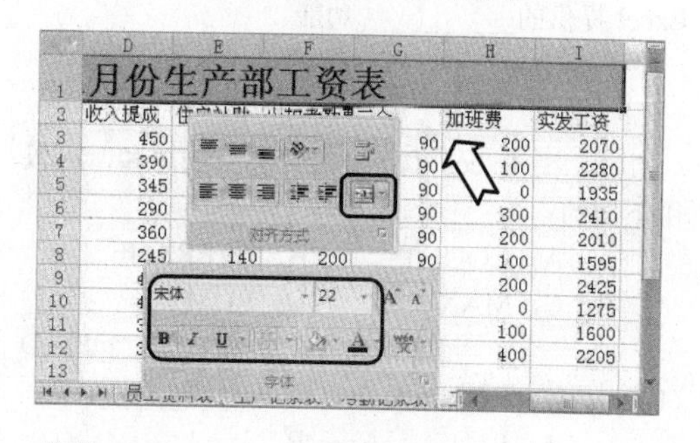

图 5-112 设置表头格式

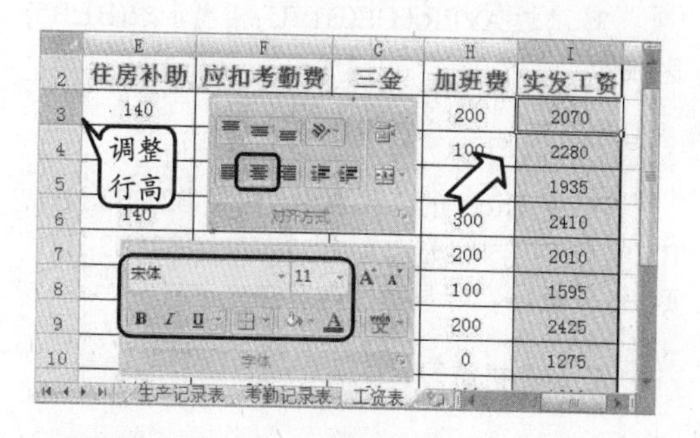

图 5-113 设置字体格式

提 示

选择 A2 至 I12 单元格区域，设置其对齐方式为居中，并分别设置该区域的行高、列宽和边框样式。

18 单击 Office 按钮，执行【打印】|【打印预览】命令，即可预览该工作表。

5.9 思考与练习

一、填空题

1. __________是在工作表中对数据进行分析的等式，用于对工作表进行加、减、乘、除等运算。

2. 数学中所学到加、减、乘、除等运算符是 Excel 中的__________运算符。

3. __________是指公式的计算结果随着存放结果的单元格的变化而变化。若公式中使用__________，则单元格引用不会发生变化。

4. __________引用是指在一个工作簿中从不同的工作表中引用单元格。

5. 函数的结构以__________开始，后面是左圆括号、以逗号分隔的参数和右圆括号。

6. 命名单元格又称__________，以便可在公式中使用该名称引用这些单元格，使公式更易于理解。

7. 当数字除以零时，将出现__________错误信息；当公式或函数中使用了无效的数值时，将出现__________错误信息。

8. 求和是一种最常用的计算方法，Excel

提供了快捷的求和方法。在实际工作中，有时要求对满足一定条件的记录求和，这就需要使用Excel提供的__________功能。

二、选择题

1. 在 Excel 中，要统计数值的总和，可以用下面的__________函数。

A. COUNT　　B. AVERAGE
C. MAX　　D. SUM

2. 在 Excel 中，函数@FIND("AB","ABABGF",1)的结果是__________。

A. 0　　B. 1
C. 2　　D. #VALUE!

3. 函数AVERAGE(B1:B5)相当于求(B1:B5)区域的__________。

A. 平均值　　B. 和
C. 计数　　D. 最大值

4. 在Excel的工作表中，如果B2、B3、B4、B5单元格的内容分别为4、3、5、=B2*B3-B4，则B5单元格实际显示的内容是__________。

A. 8　　B. 7
C. 5　　D. 6

5. 默认情况下在工作表中，如果选择了输入有公式的单元格，则单元格显示________。

A. 公式
B. 公式的结果
C. 公式和公式的结果
D. 零

6. 使用坐标$F$5引用工作表F列第5行的单元格，称为对单元格坐标的__________。

A. 绝对引用　　B. 相对引用
C. 混合引用　　D. 交叉引用

7. Excel中的文字连接符号为__________。

A. $　　B. &
C. %　　D. @

8. 在 Excel 中，输入文字的方式除直接输入外，还可使用__________函数。

A. TEXT()　　B. SUM()
C. AVERAGE()　　D. COUNT()

三、上机练习

1. 成绩统计

制作学生成绩表，并运用SUM、AVERAGE和RANK函数计算总分、平均分和名称，如图5-114所示。

学生成绩表

学号	姓名	语文	数学	英语	政治	历史	地理	生物	总分	平均分	名次
2008001	张丽	72	89	65	78	71	74	56			
2008002	王芳	89	90	91	78	92	85	88			
2008003	李小明	79	82	87	89	87	86	82			
2008004	王华	78	95	96	92	93	99	85			
2008005	宋金	65	82	96	98	52	45	50			
2008006	张芳	78	98	56	52	87	88	77			
2008007	刘晓红	89	90	91	92	93	95	89			
2008008	张宏伟	72	62	87	78	63	69	40			
2008009	薛丽敏	60	82	96	79	72	78	62			
2008010	王艳	77	88	85	96	53	45	85			

Sheet1 Sheet2 Sheet3

图5-114 计算名称

2. 分数段人数

用户还可以利用上述“学生成绩表”中的数据，通过相应的函数计算各字段中学生各科的人数，如图5-115所示。

学生成绩表

学号	姓名	语文	数学	英语	政治	历史	地理	生物	总分	平均分	名次
2008001	张丽	72	89	65	78	71	74	56			
2008002	王芳	89	90	91	78	92	85	88			
2008003	李小明	79	82	87	89	87	86	78			
2008004	王华	78	95	96	92	93	45	85			
2008005	宋金	65	82	96	98	52	45	50			
2008006	张芳	78	98	56	52	87	88	77			
2008007	刘晓红	89	90	91	92	93	95	89			
2008008	张宏伟	72	62	87	78	63	69	78			
2008009	薛丽敏	60	82	96	79	72	78	62			
2008010	王艳	77	88	85	96	53	45	85			
分数段人数	0-59										
	60-69										
	70-79										
	80-89										
	90-100										

Sheet1 Sheet2 Sheet3

图5-115 成绩分段计算

第 6 章

图表的运用

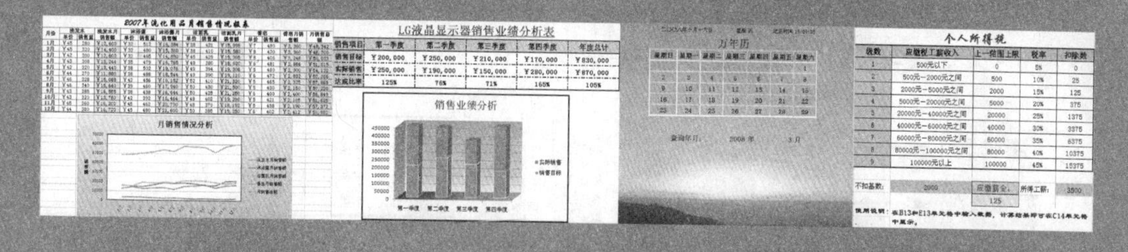

企业中数据的统计信息是错综复杂、千变万化的，为了更好地展示这些数据及数据之间内在的关系，需要对这些数据进行抽象化分析研究。因此，需要借助图表将数据直观地表现出来。

在 Excel 2007 中，可以使用图表功能轻松地创建具有专业水准的图表，且可以使数据层次更分明、条理更清楚、更易于理解。

图表可以对数据进行分析，并将数据图形化，从而清楚地表现出数据之间的各种对应关系及内在的联系。图表还能帮助用户查看数据的差异、走势及预测其发展趋势。

本章首先介绍图表的创建方法，并通过制作一些简单的图表实例使用户掌握图表数据的编辑和图表格式的设置方法。

本章学习要点

- 创建图表
- 编辑图表
- 设置图表类型
- 设置图表格式

6.1 认识和创建图表

图表（Chart）是一种将数据直观、形象地“可视化”的手段。图表的建立是与工作表中的数据紧密相关的，当改变工作表中的数据时，图表会随之改变。Excel 2007 中，用户可以根据数据创建各种统计图表，以便直观地分析数据。本节主要介绍图表的组成元素，以及图表的创建方法。

6.1.1 认识图表

用户可以使用单元格区域中的数据创建自己所需的图表。工作表中的每一个单元格数据在图表中都有与之相对应的数据点。图表主要由图表区域及区域中的图表对象（例如：标题、图例、垂直（值）轴、水平（分类）轴）组成。下面以柱形图为例向用户介绍图表的各个组成部分，如图 6-1 所示。

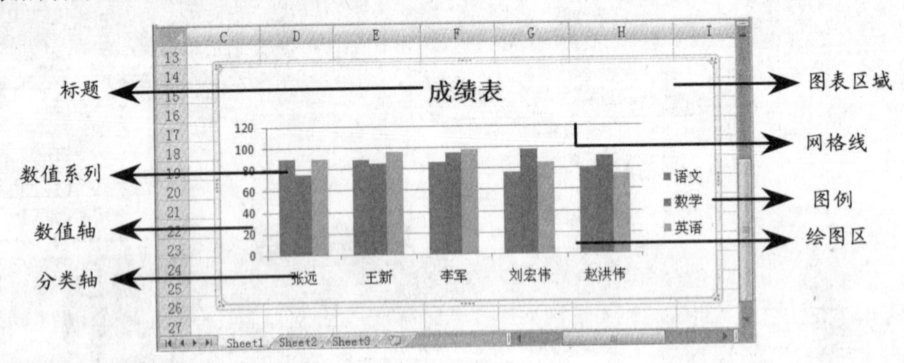

图 6-1 图表的组成结构

了解图表的结构后，下面具体介绍图表元素的含义。

❑ **图表区域**

整个图表及全部图表元素。

❑ **坐标轴**

界定图表绘图区的线条，用作度量的参照框架，主要包含 Y 轴和 X 轴。Y 轴（数值轴）通常为垂直坐标轴并包含数据，X 轴（分类轴）通常为水平坐标轴包含数据的类型。

❑ **网格线**

网格线以坐标轴的刻度为参考，贯穿整个绘图区。网格线同坐标轴一样也可分为水平和垂直网格线。

❑ **绘图区**

在二维图表中通过轴来界定的区域包括所有数据系列。在三维图表中同样通过轴来界定的区域，包括所有数据系列、分类名、刻度线标志和坐标轴标题。

❑ **图例**

图例是一个方框，用于标识为图表中的数据系列或分类指定的图案或颜色。

❑ 数值系列

可在图表中绘制相关数据点，这些数据源来自数据表的行或列。图表中的每个数据系列具有唯一的颜色或图案，并且都在图表的图例中表示。用户可以在图表中绘制一个或多个数据系列。其中，饼图只有一个数据系列。

6.1.2 创建图表

在 Excel 2007 中提供了多种图表类型。在创建图表时，只需选择系统提供的图表样式即可方便、快捷地创建图表。可以通过【图表】组或者【插入图表】对话框来创建图表。

1. 使用【图表】组创建

选择需要创建图表的单元格数据区域，并选择【插入】选项卡，在【图表】组中单击相应的图表类型下拉按钮，选择所需的图表样式即可。

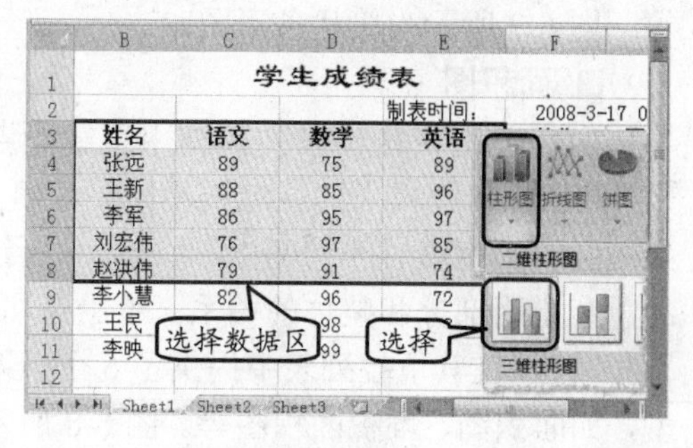

图 6-2 选择图表类型

例如，选择需要创建图表的数据，并选择【插入】选项卡，选择如图 6-2 所示的【柱形图】下拉列表中的【簇状柱形图】选项，即可创建图表，效果如图 6-3 所示。

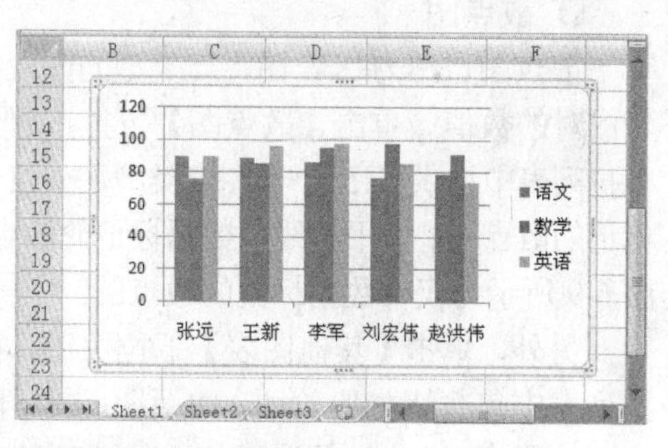

图 6-3 创建图表

【图表】组中主要包含 6 种常用的图表类型，其功能如下：

❑ 柱形图

柱形图是 Excel 默认的图表类型，用于比较相交于类别轴上的数值大小。在【柱形图】下拉列表中包含 19 个子图表类型，如簇状柱形图、堆积柱形图和百分比堆积圆锥图等。图 6-4 所示为百分比堆积圆锥图。

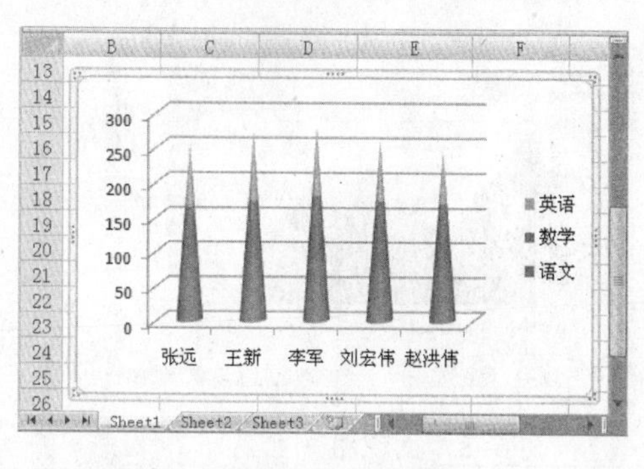

图 6-4 百分比堆积圆锥图

❑ 折线图

折线图是将同一系列的数据在图中表示成点并用直线连接起来，主要用于显示随时间变化的趋势。单击【折线图】下拉按钮，其下拉列表中主要包含 7 个子图表类型，如折线图、堆积折线图、百分比堆积折线图等。图 6-5 所示为折线图。

❑ 饼图

饼图是把一个圆面划分为若干个扇形面，每个扇面代表一项数据值。饼图只适用于单个数据系列间各数据的比较，显示每个值占总值的比例。在【饼图】下拉列表中包含

6 个子图表类型，如分离型饼图和三维饼图等。图 6-6 所示为饼图。

❑ 条形图

条形图类似于柱形图，主要强调各个数据项之间的差别情况。一般把分类项在竖轴（Y 轴）上标出，把数据的大小在横轴（X 轴）上标出。单击【条形图】下拉按钮，在其下拉列表中包含 15 个子图表类型，如簇状条形图、堆积条形图等。图 6-7 所示为簇状条形图。

❑ 面积图

面积图是将每一系列数据用直线段连接起来，并将每条线以下的区域用不同颜色填充。面积图强调幅度随时间的变化，通过显示所绘数据的总和说明部分和整体的关系。单击【面积图】下拉按钮，在其下拉列表中提供了 6 个子图表类型，如面积图、堆积面积图等。图 6-8 所示为面积图。

❑ 散点图

散点图也称为 XY 图，此类型的图表用于比较成对的数值。单击【散点图】下拉按钮，在其下拉列表中提供了 5 个子图表类型，如仅带数据标记的散点图、带平滑线和数据标记的散点图等。图 6-9 所示为仅带数据标记的散点图。

另外，单击【其他图表】下拉按钮，在其下拉列表中包含诸如股价图、曲面图、圆环图及气泡图等图表类型。只需选择相应的选项即可插入不同类型的图表。

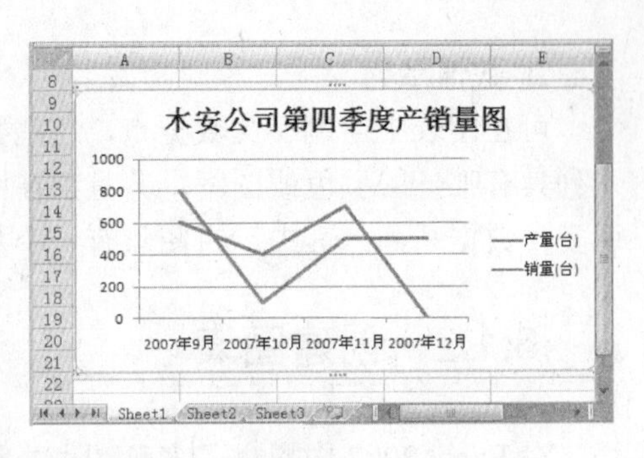

图 6-5 折线图

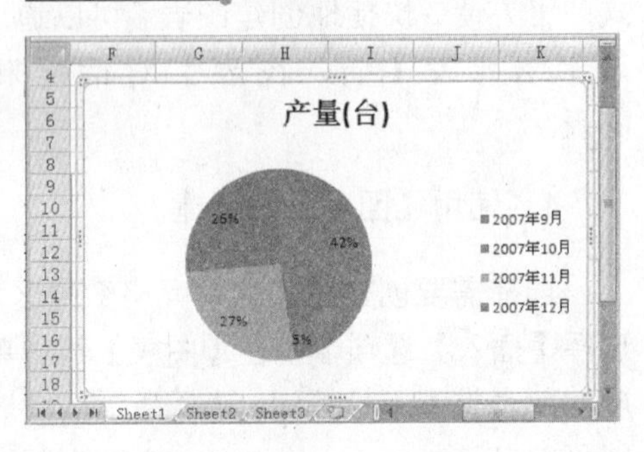

图 6-6 饼图

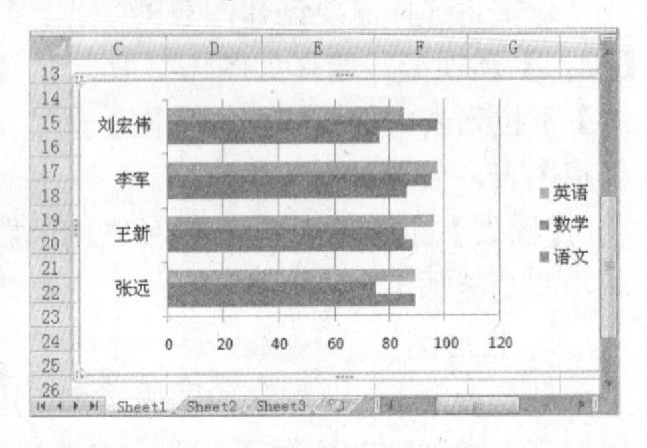

图 6-7 簇状条形图

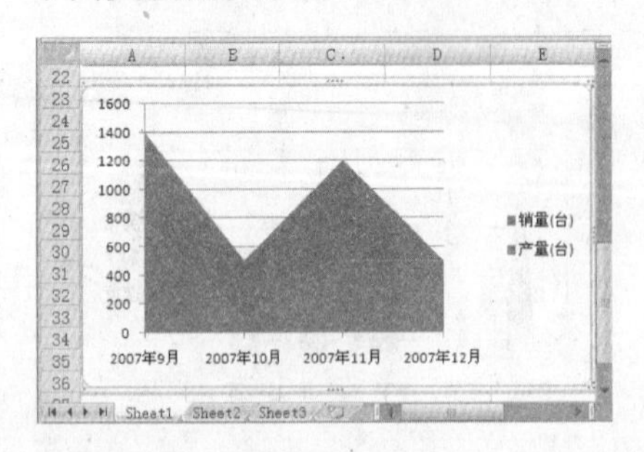

图 6-8 面积图

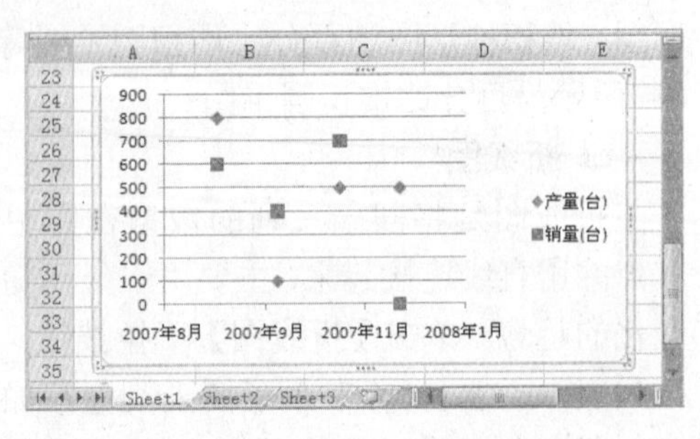

图 6-9 仅带数据标记的散点图

2. 使用【插入图表】对话框创建

在工作表中选择要创建图表的单元格数据区域，并单击如图 6-10 所示的【图表】组中的【对话框启动器】按钮，在弹出的【插入图表】对话框中选择一种图表样式，如选择【柱形图】栏中的【堆积棱锥图】选项即可插入一个“堆积棱锥图”图表，如图 6-11 所示。

图 6-10 【插入图表】对话框

在弹出的【插入图表】对话框左侧主要提供了如柱形图、折线图、饼图等 11 种图表类型。只需选择左侧的相应选项，则在对话框的右侧将显示其相应类型的图表。该对话框与【图表】组中的图表类型相同，只是多了一个【模板】文件夹，该文件夹中，可以保存用户从 Internet 上下载的图表模板，也可保存用户自己创建的图表模板。

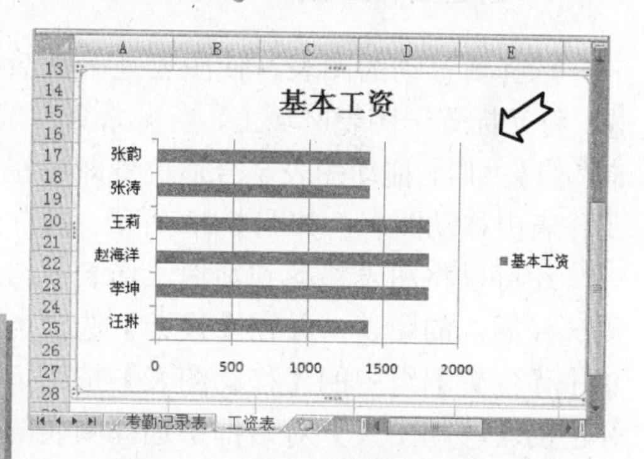

图 6-11 插入“堆积棱锥图”图表

提 示

在【插入图表】对话框中单击【设置为默认图表】按钮，即可将选择的图表样式设置为默认图表。单击【管理模板】按钮，即可在弹出的对话框中对 Microsoft 提供的模板进行管理操作。

6.2 编辑图表

插入图表后，图表的位置、大小及显示的内容并非理想中所希望显示的内容，所以对于插入的图表来说，还需要进行编辑操作。例如，当图表中显示数据不完整时，可以向图表中添加图表元素。

6.2.1 激活图表或图表对象

激活图表即选择图表或图表中的对象。该操作是对图表进行一切编辑操作的前提，只有选择要编辑的对象后，才能对其进行相应的编辑操作。例如，对于图表中的对象进行操作时，可以直接单击图表中的图表元素。

还可以运用 Excel 提供的一种快速选择图表对象的方法进行选择。例如，选择图表，并选择【布局】选项卡，然后在【当前所选内容】组中单击【图表元素】下拉按钮，选择所需要的图表元素，如选择【图表标题】选项，即可选择图表中的图表标题，如图 6-12 所示。

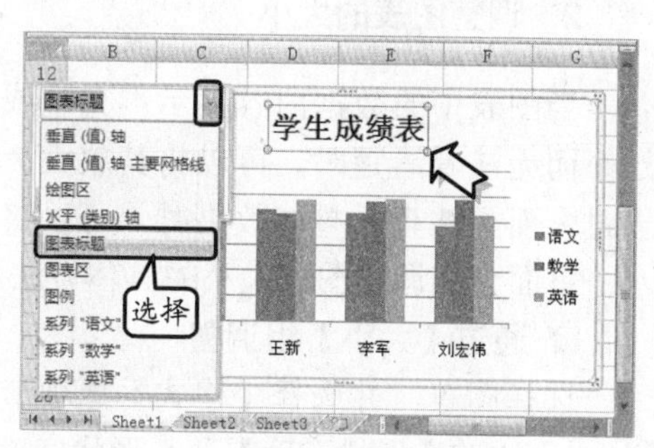

图 6-12 选择图表对象

6.2.2 调整图表

图表的位置主要有两种，一种是作为新工作表插入，另一种是插入到当前活动的工作表中，可以根据需要对其进行适当的更改。另外，当图表的大小不合适时，将会造成数据显示不完全或图表不易阅读等现象，所以可以调整图表至合适的大小。

1. 调整图表位置

选择要移动的图表，使图表处于激活状态，将光标置于图表区域上，当光标变为“四向”箭头时，拖动图表至合适位置即可在该工作表中移动图表，如图 6-13 所示。

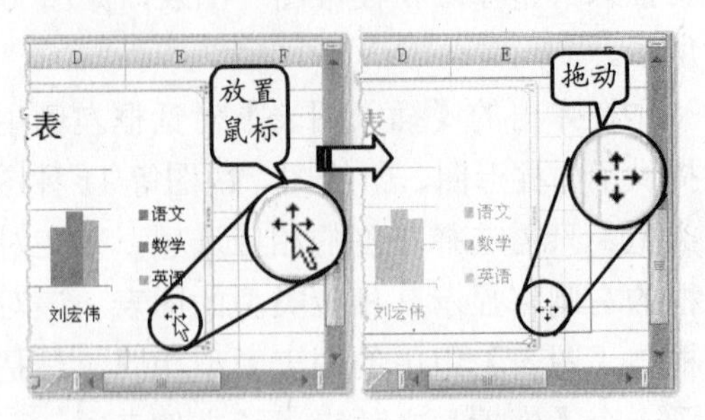

图 6-13 运用鼠标移动图表位置

还可以将图表移动到其他工作表中。只需选择插入的图表，并在【设计】选项卡中单击【位置】组中的【移动图表】按钮，在弹出的【移动图表】对话框中选择图表的位置即可，如图 6-14 所示。

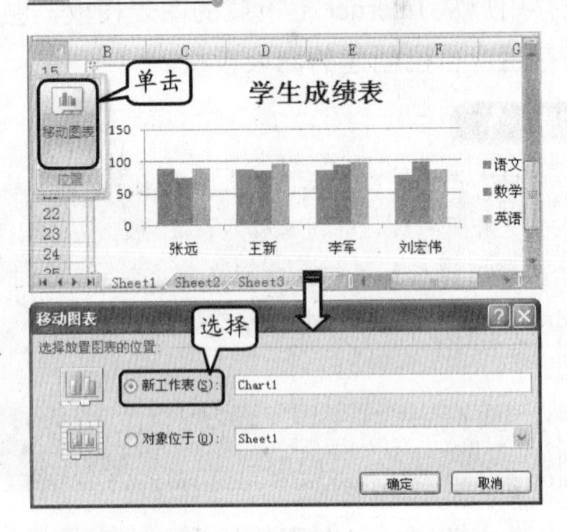

图 6-14 移动图表

在【移动图表】对话框中包含两个可以对图表的位置进行更改的单选按钮，其功能如下：

- ❑ **新工作表** 建立的图表单独放在新工作表中，从而创建一个图表工作表。
- ❑ **对象位于** 建立的图表对象被插入到当前工作表中。

另外，也可以右击图表，执行【移动图表】命令，在弹出的【移动图表】对话框中选择【对象位于】单选按钮，并在其下拉列表中选择所需选项即可，如图 6-15 所示。

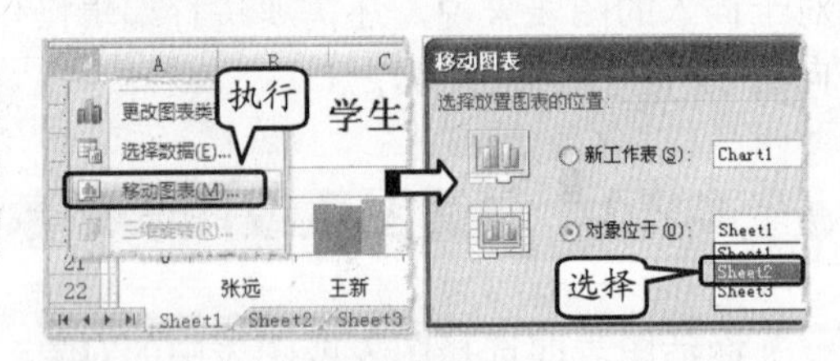

图 6-15 移动图表

2. 调整图表的大小

当图表中的数据内容显示不完整或由于过小而无法看清楚时，可以将其放大；当图表过大而无法查看整体效果时，可以将其缩小。下面介绍调整图表大小的具体方法。

❑ **通过【大小】组调整**

选择图表，并选择【格式】选项卡，在【大小】组的【形状高度】和【形状宽度】文本框中分别输入具体数值，如图 6-16 所示。

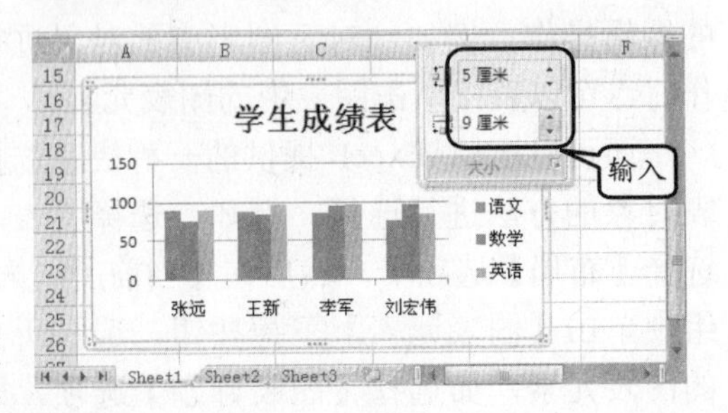

图 6-16 调整图表大小

❑ 通过【大小和属性】对话框调整

也可以单击【大小】组中的【对话框启动器】按钮，在弹出的【大小和属性】对话框中选择合适大小即可，如图 6-17 所示。

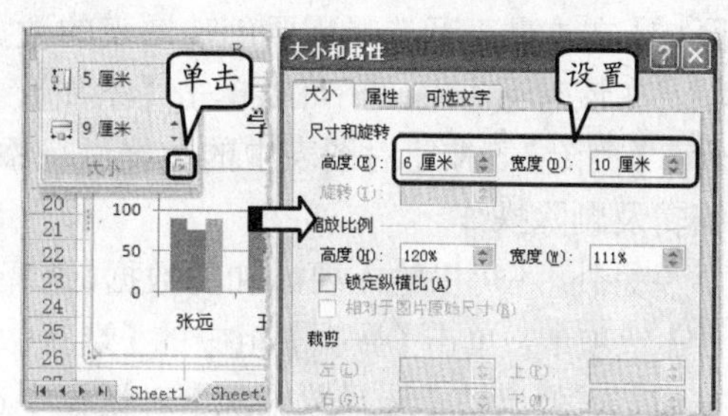

图 6-17 调整图表大小

❑ 通过鼠标调整

还可以选择图表，此时，在图表的边框上会出现 8 个控制点。当移动鼠标到图表的 4 个角的控制点上，光变为“双向”箭头↘时，拖动鼠标，即可同时改变图表的高度和宽度，如图 6-18 所示。

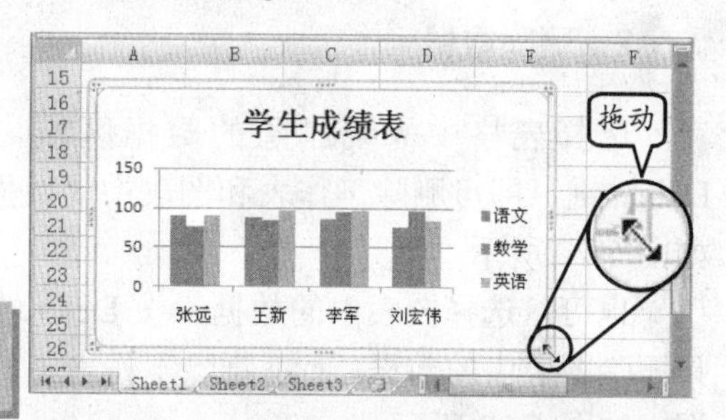

图 6-18 运用鼠标调整图表大小

当鼠标移动到图表的上、下边框上，光标变为“单竖线双向”箭头↕时，拖动鼠标即可改变图表的高度；当鼠标移动到图表的左、右边框上，光标变为“单横线双向”箭头↔时，即可改变图表的宽度。

提 示

删除图表的方法很简单，选择要删除的图表后按 Delete 键即可。

6.2.3 添加或删除数据

当选择的单元格区域不连续，或者需要向工作表中添加新记录时，用户可以向图表中添加需要的列或者记录内容。相反，当图表中的数据是多余的时，也可以将其删除。

1. 添加数据

选择图表，此时，数据区域被自动选择，将光标置于右下角，向下拖动数据区域即可为图表添加数据，如图 6-19 所示。

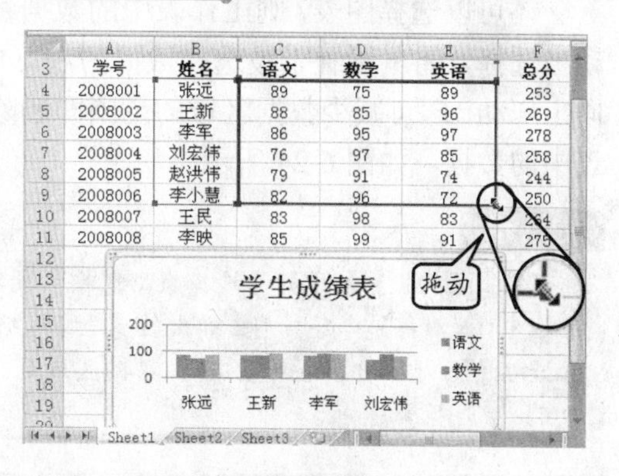

图 6-19 添加数据

提 示

如果 Excel 表格中无需要添加的数据，则可以在 Excel 表格中先输入添加的数据，然后再选择图表，拖动数据区域也可以将数据添加到图表中。

也可以选择图表，右击执行【选择数据】命令，单击【选择数据源】对话框中的【折叠】按钮，如图 6-20 所示。然后重新选择数据区域，单击【展开】按钮，按 Enter 键后即

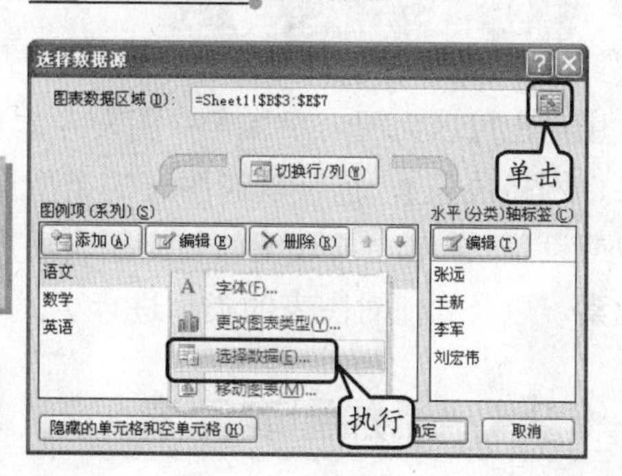

图 6-20 【选择数据源】对话框

可添加数据，如图 6-21 所示。

在【选择数据源】对话框中，【图表数据区域】文本框表示选择需要创建图表的数据区域。在该对话框中，还可以单击【添加】、【编辑】、【删除】等按钮对图表中的数据进行添加、编辑及删除操作。

另外，还可以输入要添加的数据，选择【设计】选项卡，单击【数据】组中的【选择数据】按钮，在弹出的【选择数据源】对话框中选择添加的数据区域即可。

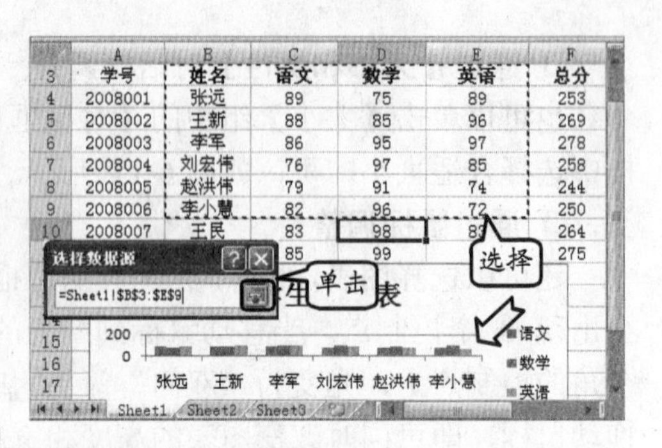

图 6-21 添加数据

2. 删除数据

选择表格中需要删除的数据区域，按 Delete 键，即可删除工作表和图表中的数据，如图 6-22 所示。

也可以选择图表中的数据，按 Delete 键，只删除图表中的数据，而不删除工作表中的数据，如图 6-23 所示。

还可以选择图表，则工作表中的数据将自动被选择，将鼠标置于被选择数据的右下角，向上拖动，即可减少数据区域的范围即删除图表中的数据，如图 6-24 所示。

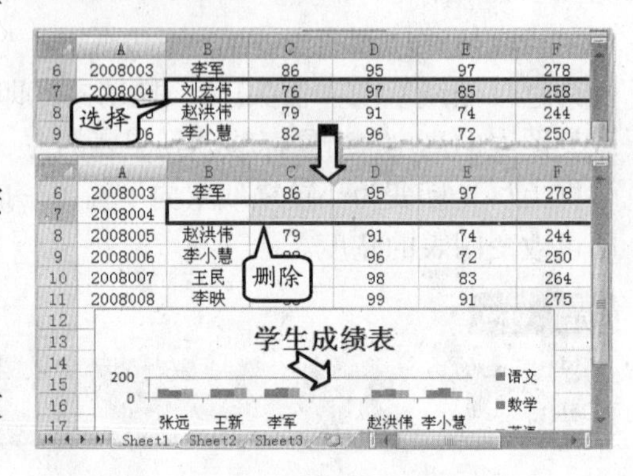

图 6-22 删除数据

提 示

也可单击【数据】组中的【选择数据】按钮或右击执行【选择数据】命令，单击弹出的【选择数据源】对话框中的【折叠】按钮，减少数据区域的范围即可。

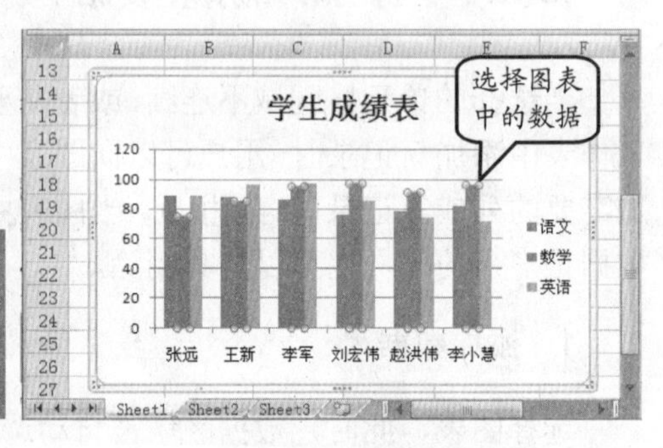

图 6-23 删除图表中的数据

6.3 操作图表

用户也可以为图表添加一些图表元素（坐标轴、网格线等），也可以对图表的类型进行更改或设置。本节主要介绍如何为图表添加图表元素，以及如何对图表的类型进行更改。

6.3.1 添加图表元素

创建图表后，不仅可以对图表区域进行编

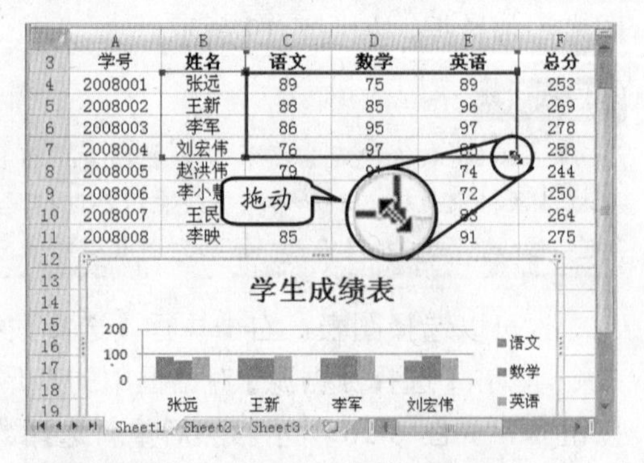

图 6-24 删除图表中的数据

辑，还可以选择图表中的不同图表对象进行修饰。例如，添加坐标轴、网格线、图例、图表标题等元素，使图表表现数据的能力更直观、更强大。

1. 坐标轴

激活图表，选择【布局】选项卡，在【坐标轴】组中单击【坐标轴】下拉按钮，在该下拉列表中提供了主要横坐标轴和主要纵坐标轴两大类坐标轴样式，用户只需选择其中一种坐标轴样式，如选择【显示无标签坐标轴】选项，即可更改坐标轴的显示方式，如图 6-25 所示。

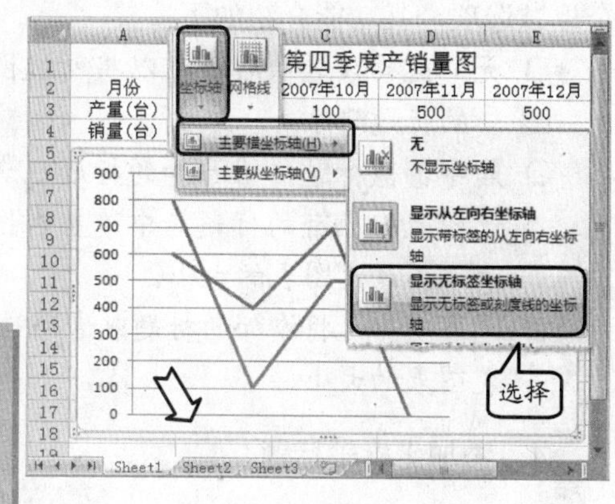

图 6-25 设置坐标轴

提 示

在【主要横坐标轴】或【主要纵坐标轴】级联菜单中执行【其他主要横坐标轴选项】命令，或者执行【其他主要纵坐标轴选项】命令，可以在弹出的【设置坐标轴格式】对话框中设置坐标轴的刻度。

2. 网格线

单击【坐标轴】组中的【网格线】下拉按钮，在其下拉列表中包含 8 种网格线类型。表 6-1 所示为网格线显示类型介绍及功能说明。

表 6-1 网格线类型介绍及功能说明

名称		说明
主要横网格线	无	选择该选项后，则不显示横网格线
	主要网格线	选择该选项，则在图表中显示主要刻度单位的横网格线（默认显示）
	次要网格线	选择该选项，则在图表中显示次要刻度单位的横网格线
	主要网格线和次要网格线	选择该选项，则在图表中显示主要和次要刻度的横网格线
主要纵网格线	无	选择该选项后，则不显示纵网络线
	主要网格线	选择该选项，则在图表中显示主要刻度单位的纵网格线
	次要网格线	选择该选项，则在图表中显示次要刻度单位的纵网格线
	主要网格线和次要网格线	选择该选项，则在图表中显示主要和次要刻度的纵网格线

3. 图表标题

图表标题即使用最简短的语句概括图表表达的主要含义及主题。创建完图表后可以添加图表标题。单击【标签】组中的【图表标题】下拉按钮，选择一种标题选项，在图表中选择“图表标题”文字所在的文本框，更改其名称，如图 6-26 所示。

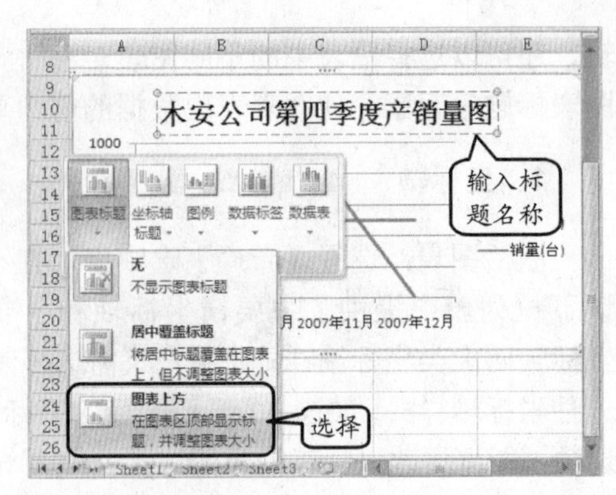

图 6-26 添加图表标题

其中，在【图表标题】下拉列表中包含 3 个标题选项，其功能介绍如下：

- ❑ **无** 选择该选项后，可以将所选图表中的标题删除。
- ❑ **居中覆盖标题** 将添加的标题或者所选图表中已有的标题居中覆盖在图表上，不改变图表的大小。
- ❑ **图表上方** 将添加的标题或者所选图表中已有的标题显示在图表区的顶部，并改变图表的大小。

4．添加坐标轴标题

坐标轴标题主用于表示坐标轴（X 轴和 Y 轴）代表的意义，让用户一目了然地观察到该坐标轴上数据的含义。

单击【坐标轴标题】下拉按钮，在该下拉列表中包含两种坐标轴标题格式：主要横坐标轴标题和主要纵坐标轴标题。只需在其相应的级联菜单中选择合适的坐标轴标题格式即可。

例如，在【主要纵坐标轴标题】级联菜单中选择【竖排标题】选项，然后在图表中即可添加一个【坐标轴标题】文本框，将其名称更改为纵坐标的标题（如“分数”），如图 6-27 所示。

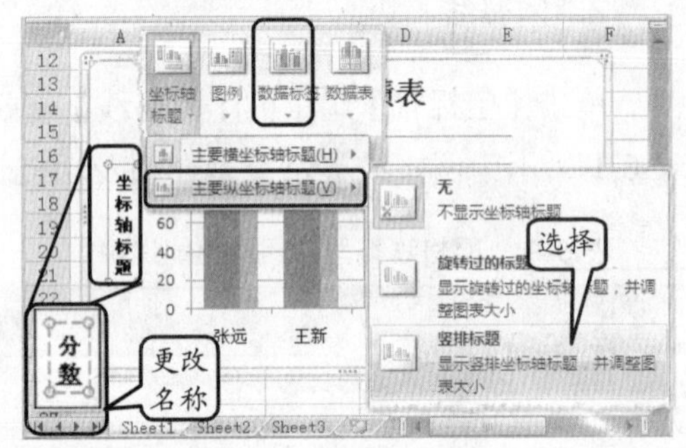

图 6-27 添加坐标轴标题

提　示

若要删除添加的坐标轴标题，只需在其相应的级联菜单中选择【无】选项即可。

5．更改图例位置

在图表中，图例使用一个带颜色的小方块来表示图表中的数据信息，其默认的图例位于图表的右侧。可以根据实际工作中的需要更改图例的位置，如将其置于左侧或顶部等。

单击【图例】下拉按钮，选择【在顶部显示图例】选项，效果如图 6-28 所示。

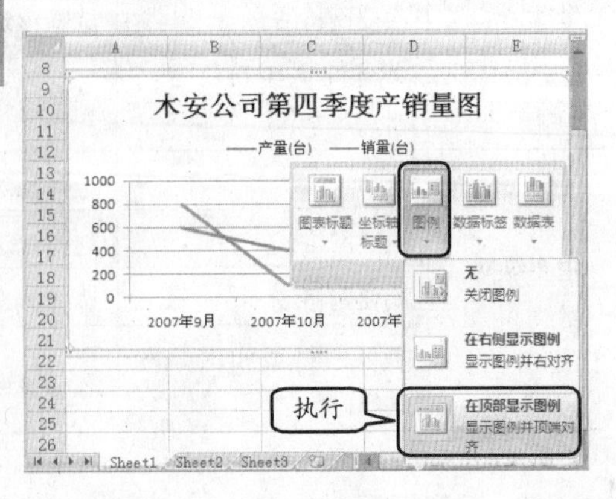

图 6-28 更改图例显示方式

其中，在【图例】下拉列表中包含 7 种图例样式，其功能如下：

- ❑ **无** 关闭图例。

❑ 在右侧显示图例　显示图例并右对齐。
❑ 在顶部显示图例　显示图例并顶端对齐。
❑ 在左侧显示图例　显示图例并左对齐。
❑ 在底部显示图例　显示图例并底端对齐。
❑ 在右侧覆盖图例　在图表右侧显示图例，但不调整大小。
❑ 在左侧覆盖图例　在图表左侧显示图例，但不调整大小。

6．数据标签

数据标签即在选择的标签位置上显示各项数据值，能与工作表中数据密切联系。选择图表，单击【数据标签】下拉按钮，选择相应选项，即可为图表添加标签。例如选择【左】选项，效果如图 6-29 所示。

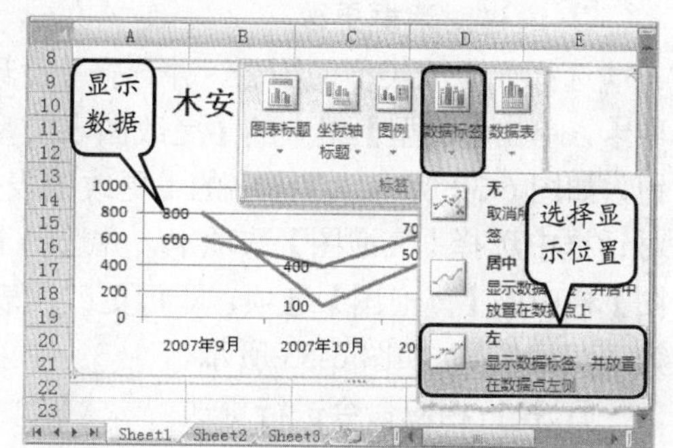

图 6-29　显示数据标签

其中，在【数据标签】下拉列表中包含 5 种标签类型，其功能如下：
❑ 无　取消所选内容的数据标签。
❑ 居中　显示数据标签，并居中放置在数据点上。
❑ 数据标签内　显示数据标签，并放置在数据点结尾之内。
❑ 轴内侧　显示数据标签，并放置在数据点基础之内。
❑ 数据标签外　显示数据标签，并放置在数据点结尾之外。

7．显示图表数据

图表中的点与工作表中的数据是一一对应的，为了避免在查看两者对应的数据时所带来的麻烦，可以将数据显示在图表中。

单击【数据表】下拉按钮，选择【显示数据表】选项，则在图表区中将显示数据表，效果如图 6-30 所示。

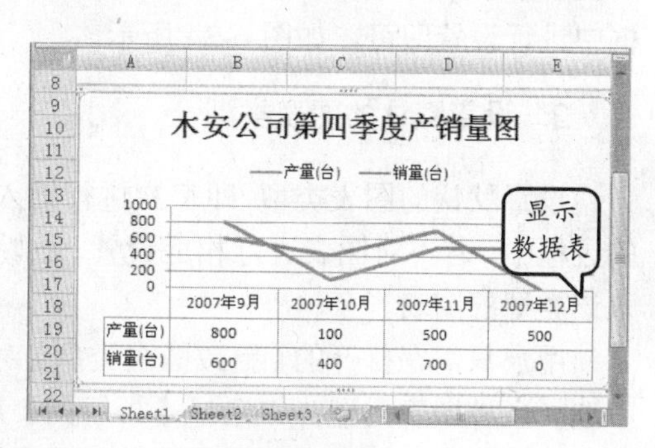

	2007年9月	2007年10月	2007年11月	2007年12月
产量(台)	800	100	500	500
销量(台)	600	400	700	0

图 6-30　显示数据表

其中，在【数据表】下拉列表中包含 3 种数据表类型，其功能如下：
❑ 无　不显示数据表。
❑ 显示数据表　在图表下方显示数据表，但不显示图例项标示。
❑ 显示数据表和图例　在图表下方显示数据表，并显示图例项标示。

6.3.2　设置图表类型

Excel 2007 提供了 11 种标准的图表类型，每种图表类型又包含若干个子图表类型。创建图表后，可以在多种图表类型之间进行相互转换。还可以将自己喜欢的类型设置为默认图表类型。

1. 更改图表类型

可以更改已有图表的图表类型。例如，将一个柱形图更改为折线图或更改为气泡图等。下面具体介绍更改图表类型的方法。

❑ **通过【图表】组更改**

选择需要更改类型的图表，并选择【插入】选项卡，单击【图表】组中的【柱形图】下拉按钮，选择【簇状柱形图】选项，即可将柱形图更改为折线图，如图 6-31 所示。

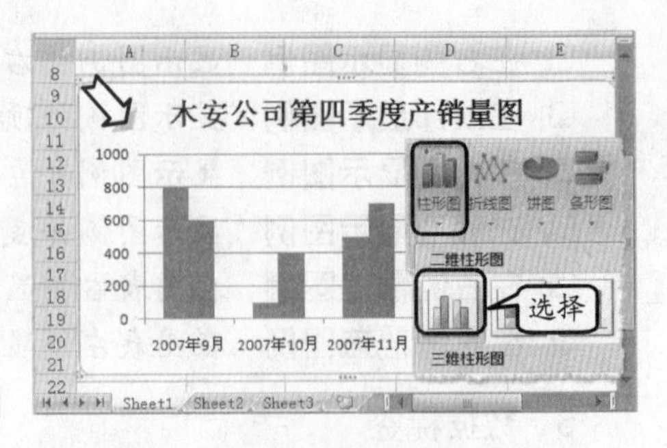

图 6-31 更改图表类型

❑ **通过对话框更改**

选择要更改类型的图表，并选择【设计】选项卡，单击【类型】组中的【更改图表类型】按钮，如图 6-32 所示。在弹出的【更改图表类型】对话框中选择【气泡图】选项卡，并选择【气泡图】栏中的【气泡图】选项，即可更改图表类型为“气泡图”，如图 6-33 所示。

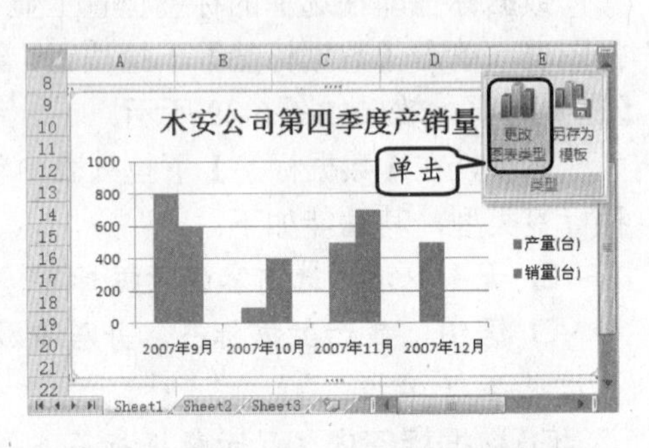

图 6-32 单击【更改图表类型】按钮

❑ **执行相应命令进行更改**

选择要更改类型的图表，右击执行【更改图表类型】命令，在弹出的【更改图表类型】对话框中进行设置即可，如图 6-34 所示。

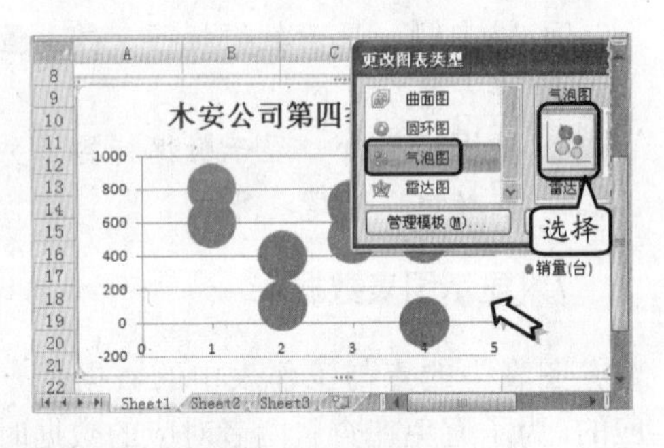

图 6-33 更改图表类型

2. 设置默认的图表类型

设置默认的图表类型，即每次进行插入图表的过程中，若不对图表进行相应设置，则默认插入该类型的图表。

用户只需在打开的【更改图表类型】对话框中选择一种图表类型，如选择【折线图】选项，再选择【折线图】栏中的【带数据标记的折线图】选项，单击【设置为默认图表】按钮即可，如图 6-35 所示。

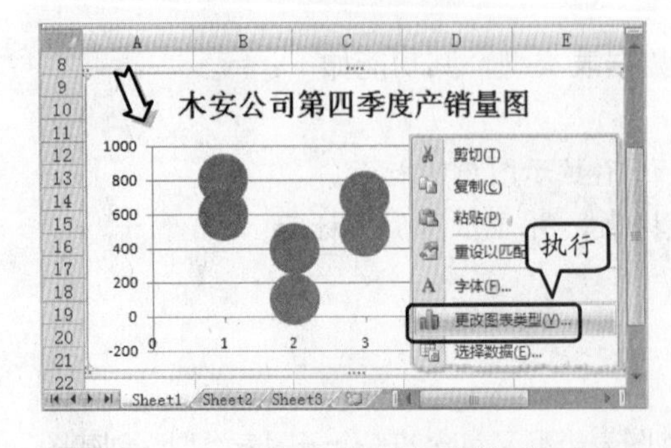

图 6-34 执行【更改图表类型】命令

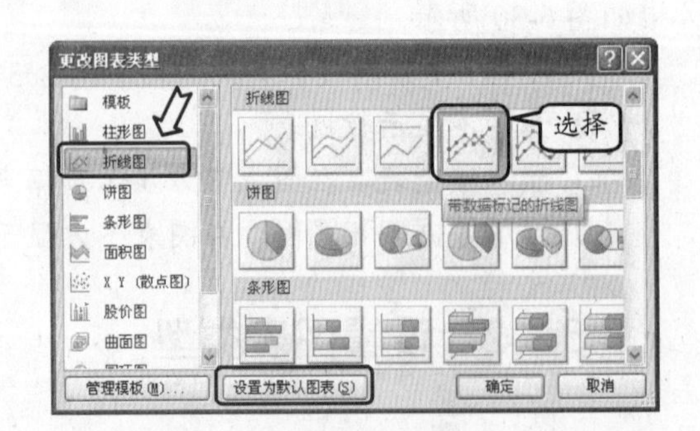

图 6-35 设置为默认图表

6.4 设置图表格式

可以用颜色、图案、对齐方式以及其他格式属性设置图表的格式，还可以更改图表的布局格式。这样，输出的图表将更加美观，并且与漂亮的工作表具有相同的风格。

6.4.1 设置图表区

图表区是指整个图表及全部图表元素。设置图表区的格式主要包含对图表区的背景进行填充、对图表区的边框进行设置，以及三维格式的设置等。

1. 填充图表区颜色

右击图表区域，执行【设置图表区域格式】命令，在弹出的对话框中进行设置。例如，选择【填充】选项卡，并选择【图片或纹理填充】单选按钮，效果如图 6-36 所示。

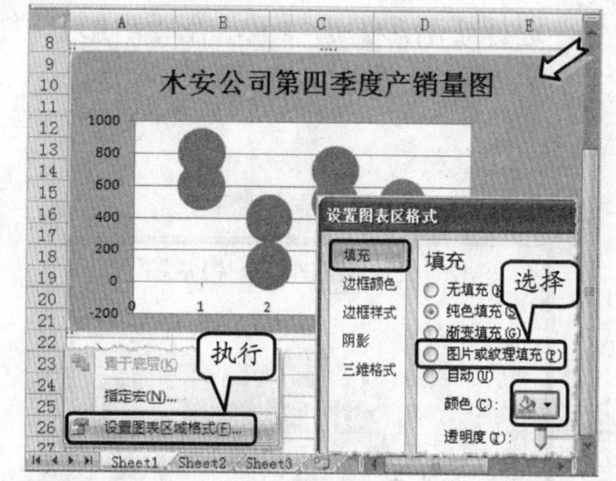

图 6-36 设置图表区格式

其中，在【填充】栏中主要包含 5 个单选按钮，其功能如表 6-2 所示。

表 6-2 填充功能

按钮名称	功能
无填充	选择该单选按钮，则图表区将被设置为无颜色填充（透明）
纯色填充	选择该单选按钮，则可以为图表区添加一种纯色，如蓝色或绿色等
渐变填充	选择该单选按钮，则可以使图表区的背景从一种颜色过渡到另一种颜色
图片或纹理填充	选择该单选按钮，则可以为图表区添加图片背景或纹理样式
自动	选择该单选按钮，则图表区的所有设置将恢复到默认的状态

2. 设置图表区边框颜色

选择【边框颜色】选项卡，可以通过选择不同的选项设置线条为无、实线或渐变线等。例如，选择【实线】单选按钮，并在【颜色】下拉列表中选择一种颜色，如“红色”色块，如图 6-37 所示。

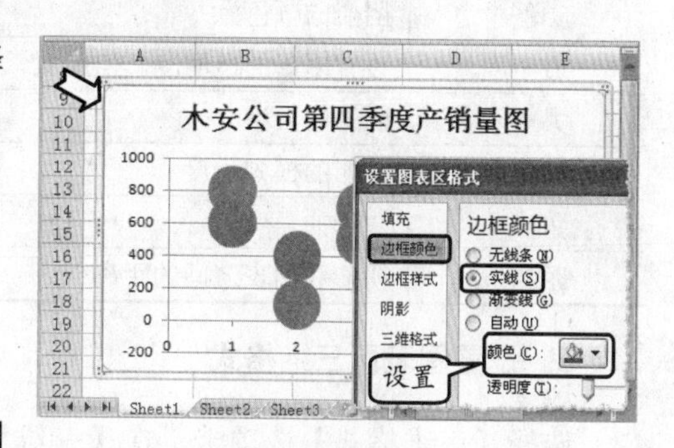

图 6-37 设置边框颜色

3. 设置图表区边框样式

选择【边框样式】选项卡，在【边框样式】栏中设置宽度为 5.5 磅，并在【复合类型】下拉列表中选择一种类型样式，如图 6-38 所示。

其中，在【边框样式】栏中各选项的功能如表 6-3 所示。

表 6-3 边框样式功能表

边框样式	功能
宽度	调整图表边框线的宽度
复合类型	在该下拉列表中提供了 5 种类型的复合线条，可以根据需要进行选择
短划线类型	在该下拉列表中提供了 8 种类型的短划线类型，如实线、圆点、方点等
圆角	启用该复选框，则图表的边框将变为圆角形

4. 设置图表区阴影

选择【阴影】选项卡，在【阴影】栏中设置预设为右上对角透视，透明度为 53%，大小为 100%，如图 6-39 所示。

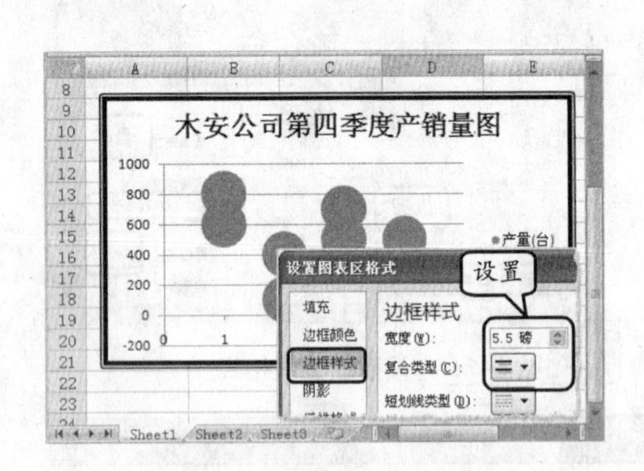

图 6-38 设置边框样式

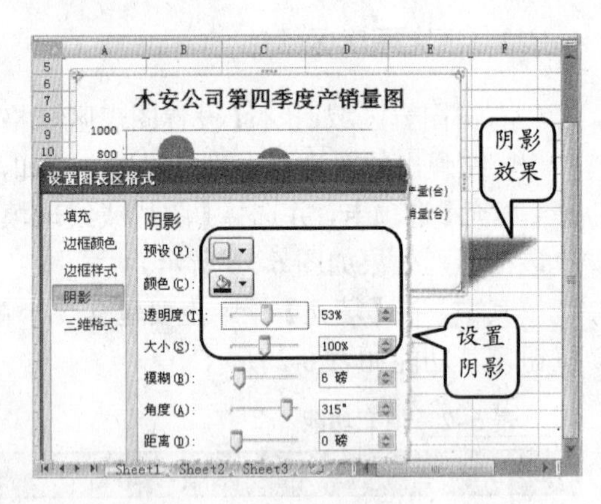

图 6-39 添加图表阴影

其中，在【阴影】栏中各选项功能如表 6-4 所示。

表 6-4 阴影选项设置

阴影选项	功能
预设	阴影的类型，共包含 24 种阴影，如右下斜偏移、内部左上角和左上对角透视等
颜色	阴影的颜色
透明度	设置阴影的透明度，值越大，阴影越模糊。如透明度为 100%，阴影为完全透明
大小	阴影的大小
模糊	阴影的模糊程度
角度	阴影的角度
距离	阴影和图表之间的距离

5. 设置图表区三维格式

选择【三维格式】选项卡，在【三维格式】栏中设置顶端为艺术装饰，并设置其宽度与高度，然后在【表面效果】栏中设置材料为亚光效果，照明为日出，效果如图 6-40 所示。

6.4.2 设置绘图区格式

绘图区指通过轴来界定的区域，包括所有数据系列的图表区。绘图区也可以像图表区一样进行填充颜色、边框颜色及阴影效果的设置，其操作方法相同。

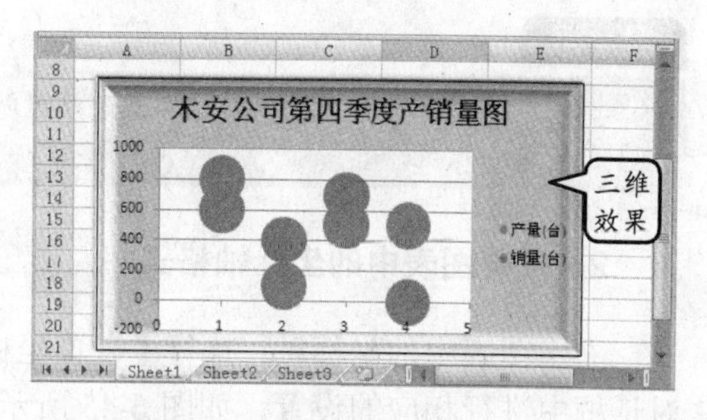

图 6-40 三维效果

选择图表的绘图区域，右击执行【设置绘图区格式】命令，在弹出的【设置绘图区格式】对话框中进行绘图区格式的设置。例如，选择【填充】选项卡，选择【纯色填充】单选按钮，并设置颜色为“橙色，强调文字颜色 6，淡色 80%”，如图 6-41 所示。

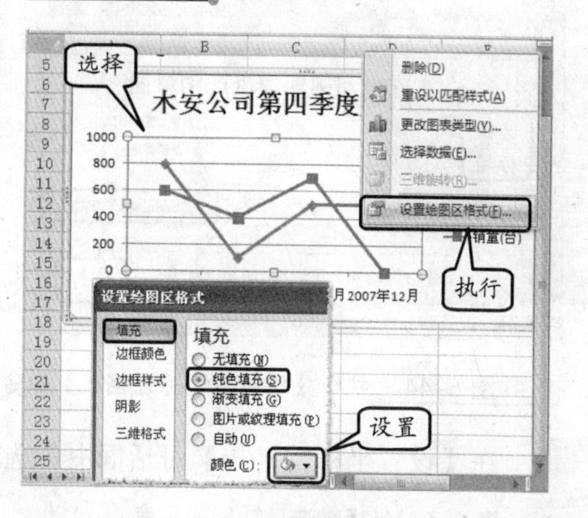

图 6-41 设置绘图区格式

另外可以选择图表，并选择【布局】选项卡，单击【背景】组中的【绘图区】下拉按钮，执行【其他绘图区选项】命令，在弹出的【设置绘图区格式】对话框中进行设置即可，如图 6-42 所示。

6.4.3 设置标题的格式

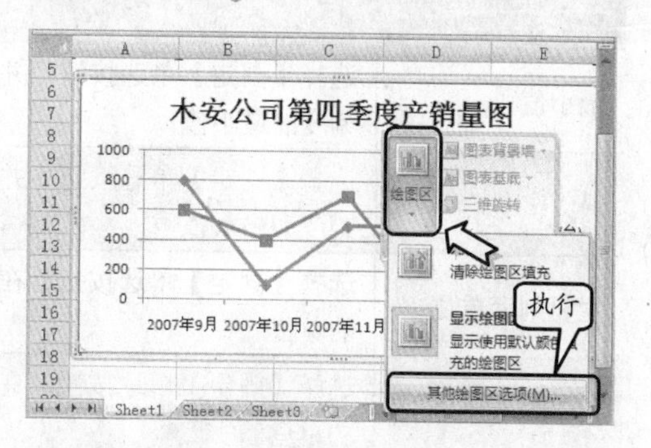

图 6-42 执行【其他绘图区选项】命令

图表的标题主要用来描述该图表的主题内容。本节主要介绍图表标题和坐标轴标题格式的设置。不仅可以通过【标签】组进行设置，也可以右击相应标题，执行相关命令进行设置。

1. 设置图表标题格式

选择图表，并选择【布局】选项卡，单击【标签】组中的【图表标题】下拉按钮，执行【其他标题选项】命令，在弹出的【设置图表标题格式】对话框中进行格式设置即可。例如，选择【渐变填充】单选按钮，并设置预设颜色为麦浪滚滚，效果如图 6-43 所示。

图 6-43 设置图表标题格式

也可以右击图表标题，执行【设置图表标题格式】命令，在弹出的【设置图表标题格式】对话框中进行标题设置，如图 6-44 所示。

提　示

设置标题字体格式的方法是：选择图表标题中的文字，在弹出的浮动工具栏上进行设置或者在【字体】组中进行设置。

2．设置图表中的坐标轴格式

右击图表中的坐标轴，执行【设置坐标轴格式】命令，在弹出的【设置坐标轴格式】对话框中进行相应的设置，如图 6-45 所示。

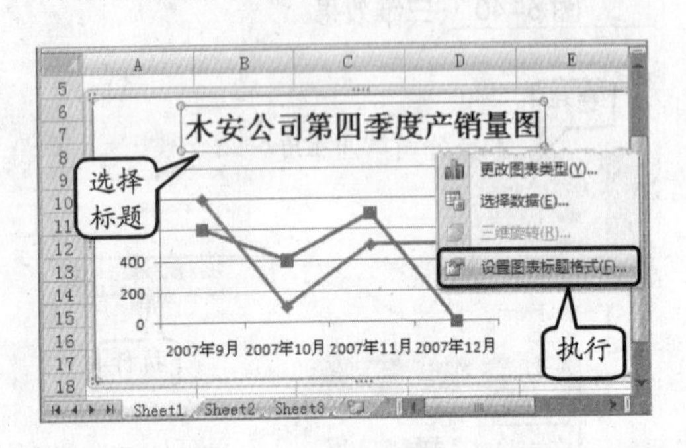

图 6-44　执行【设置图表标题格式】命令

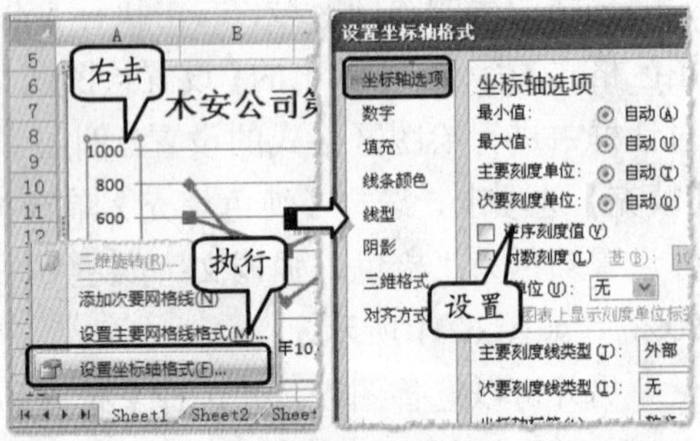

图 6-45　设置坐标轴格式

在【设置坐标轴格式】对话框中各选项的功能作用如表 6-5 所示。

表 6-5　坐标轴选项功能作用表

选　项	功　能
最小值	选择【固定】单选按钮，并在其后的文本框中输入具体数值，即可设置坐标轴刻度的最小值
最大值	选择【固定】单选按钮，并在其后的文本框中输入具体数值，即可设置坐标轴刻度的最大值
主要刻度单位	选择【固定】单选按钮，在其后的文本框中输入具体值，可以设置主要刻度线的单位
次要刻度单位	选择【固定】单选按钮，在其后的文本框中输入具体值，可以设置次要刻度线的单位
逆序刻度值	启用该复选框，可以使刻度线上的值逆向显示
对数刻度	启用该复选框，即可使坐标轴以对数刻度显示数值
显示单位	在其列表中选择一种选项，即可设置坐标轴的单位
主要刻度线类型	可以设置主要刻度线型为“内部”、“外部”或者为“交叉”
次要刻度线类型	可以设置次要刻度线型为“内部”、“外部”或者为“交叉”
坐标轴标签	单击该下拉按钮，可以设置坐标轴标签的位置
自动	选择该单选按钮，设置图表中数据系列与横坐标轴之间的距离为默认值
坐标轴值	选择该单选按钮，并在其后的文本框中输入值，即可设置数据系列与横坐标轴之间的距离
最大坐标轴值	选择该单选按钮，可以使数据系列与横坐标轴之间的距离最大显示

6.4.4 图表的其他设置

图例是图表上表示数据变化的符号。图表样式可以快速地设置图表的整体效果。图表布局可以更改图表的元素组成及元素之间的位置。本节主要介绍设置图例的格式，以及为图表应用图表样式和更改布局等知识。

1. 设置图例格式

选择图表，并选择【布局】选项卡，单击【标签】组中的【图例】下拉列表，执行【其他图例选项】命令，在弹出的【设置图例格式】对话框中设置格式，如图 6-46 所示。

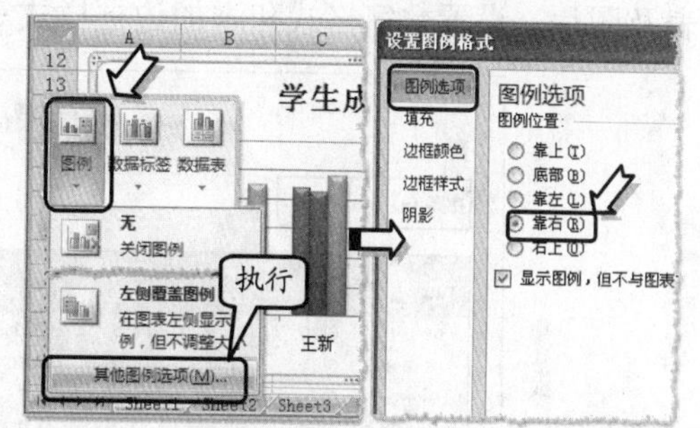

图 6-46 设置图例格式

其中，在【设置图例格式】对话框中各选项功能如表 6-6 所示。

表 6-6 图例格式功能设置

选　　项	作　　用
靠上	选择该单选按钮，可以将图例置于图表的上部
底部	选择该单选按钮，可以将图例置于图表的底部
靠左	选择该单选按钮，可以使图例位于图表的左边
靠右	选择该单选按钮，可以使图例位于图表的右边
右上	选择该单选按钮，可以使图例位于图表右上角

2. 图表样式

要使用预定义的图表样式，可以选中要更改样式的图表。选择【设计】选项卡，单击【图表样式】组中的【其他】下拉按钮，在弹出的【图表样式】下拉列表中选择要使用的图表样式，如选择【样式 26】选项，效果如图 6-47 所示。

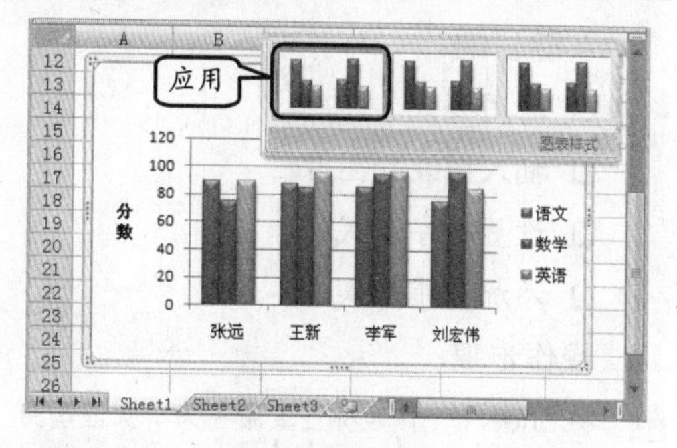

图 6-47 应用图表样式

3. 图表布局

要使用预定义的图表布局，单击已创建的图表，选择【设计】选项卡，在【图表布局】组中选择一种图表布局即可。如选择【布局 5】选项，如图 6-48 所示。

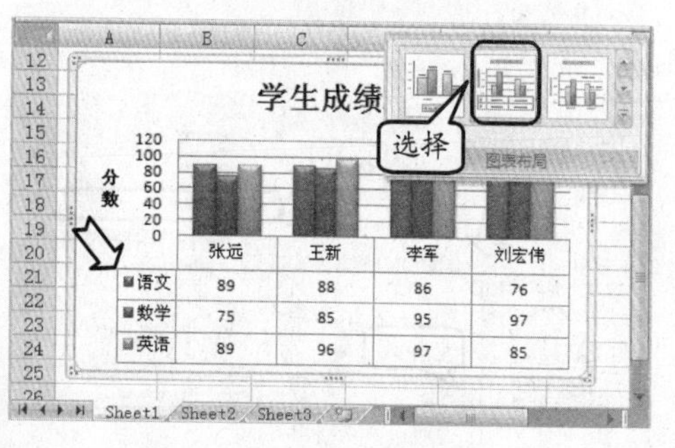

图 6-48 更改图表布局

注　意

更改过图表布局后，可对图表中的对象进行适量的更改，如在此图表中可以选择图表中的“图表标题”文字，将其修改为“成绩表”。

6.5 实验指导：女性塑身进度图表

女性塑身进度图表用来查看塑身的进度和效果。主要记录了日期、体重和个别部位的尺度，通过这些基本信息可估计出脂肪重量和体重指数。本例主要运用公式、插入图表及图片、设置数字格式和添加边框样式等功能来介绍女性塑身进度图表的制作步骤。

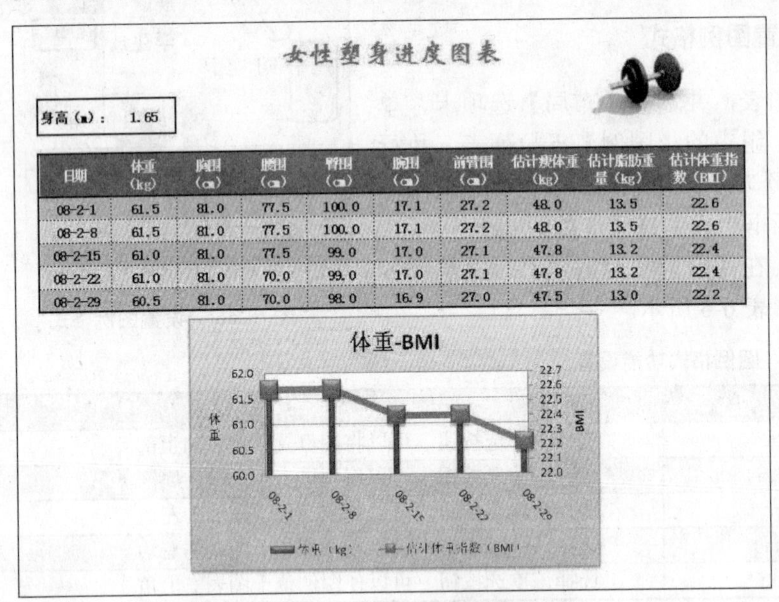

女性塑身进度图表

身高（m）： 1.65

日期	体重（kg）	胸围（cm）	腰围（cm）	臀围（cm）	腕围（cm）	前臂围（cm）	估计瘦体重（kg）	估计脂肪重量（kg）	估计体重指数（BMI）
08-2-1	61.5	81.0	77.5	100.0	17.1	27.2	48.0	13.5	22.6
08-2-8	61.5	81.0	77.5	100.0	17.1	27.2	48.0	13.5	22.6
08-2-15	61.0	81.0	77.5	99.0	17.0	27.1	47.8	13.2	22.4
08-2-22	61.0	81.0	70.0	99.0	17.0	27.1	47.8	13.2	22.4
08-2-29	60.5	81.0	70.0	98.0	16.9	27.0	47.5	13.0	22.2

实验目的

- ❑ 运用公式
- ❑ 插入图表和图片
- ❑ 设置数字格式
- ❑ 添加边框样式

操作步骤

1 将 Sheet1 工作表标签重命名为“女性塑身进度图表”，并在该工作表中输入相应的表头、字段名和字段信息，如图 6-49 所示。

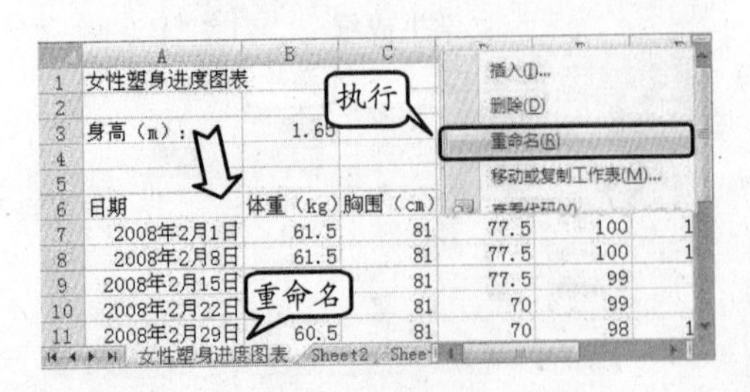

图 6-49 输入相应内容

提 示

新建空白工作簿，按 Ctrl+S 组合键，在弹出的【另存为】对话框中将该工作簿保存为“女性塑身进度图表”。

2 在 H7 单元格中输入公式“=(1.07*B7)-128*(B7^2/(100*$B$3)^2)”，按 Enter 键确认，并拖动该单元格右下角的填充柄至 H11 单元格，如图 6-50 所示。

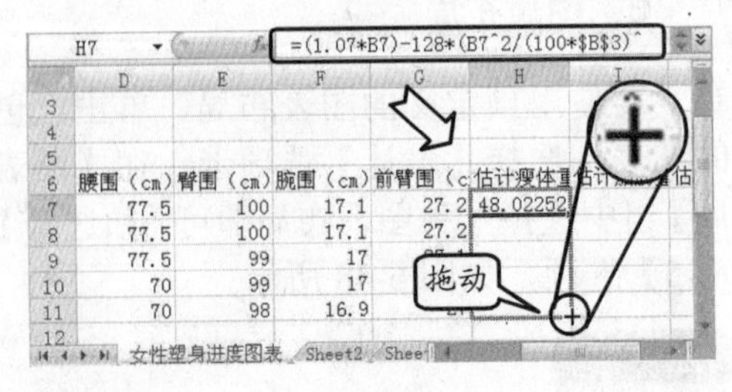

图 6-50 运用公式

3 依照相同的方法分别在 I7 和 J7 单元格中输

入公式“=B7-H7 和=(B7)/($B$3^2)”，并拖动填充柄至 I11 和 J11 单元格。

4 选择 A7 至 A11 单元格区域，在【设置单元格格式】对话框中的【分类】栏中选择【日期】选项，并在【类型】栏中选择一种日期类型，如图 6-51 所示。

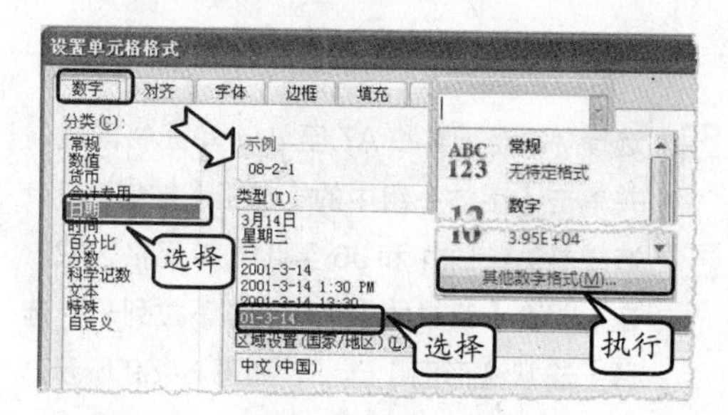

图 6-51 设置数字格式

提 示

单击【数字】组中的【数字格式】下拉按钮，执行【其他数字格式】命令，即可打开【设置单元格格式】对话框。

5 选择 B7 至 J11 单元格区域，分别单击【数字】组中的【减少小数位数】和【增加小数位数】按钮，使该区域的数据为自定义，只保留一位小数，如图 6-52 所示。

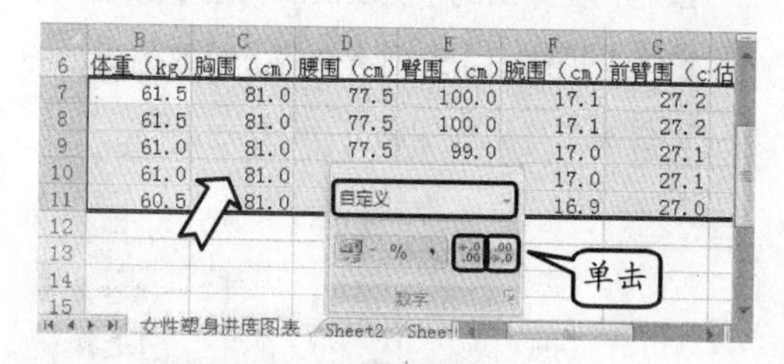

图 6-52 设置数字格式

6 选择 A 列至 G 列，将鼠标置于任意一列分界线上，当光标变成“单横线双向”箭头时，向右拖动至显示“宽度：9.00（77 像素）”处松开，如图 6-53 所示。

提 示

选择 A6 至 J6 单元格区域，单击【对齐方式】组中的【自动换行】按钮。

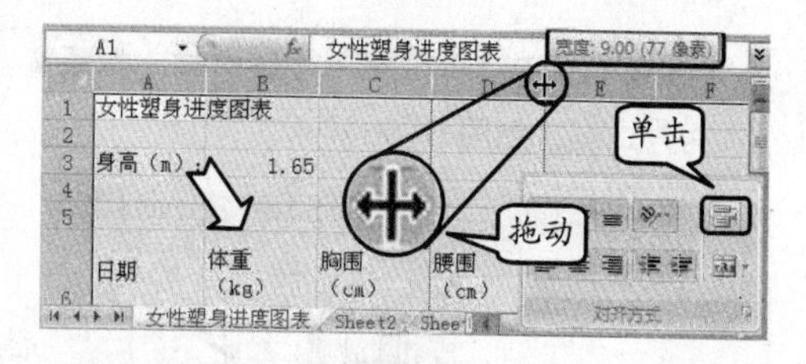

图 6-53 调整列宽

7 依照相同的方法分别调整其他区域的行高和列宽至合适位置，然后设置 A1 至 J1、A3 至 A4 和 B3 至 B4 单元格区域的对齐方式为合并后居中，如图 6-54 所示。

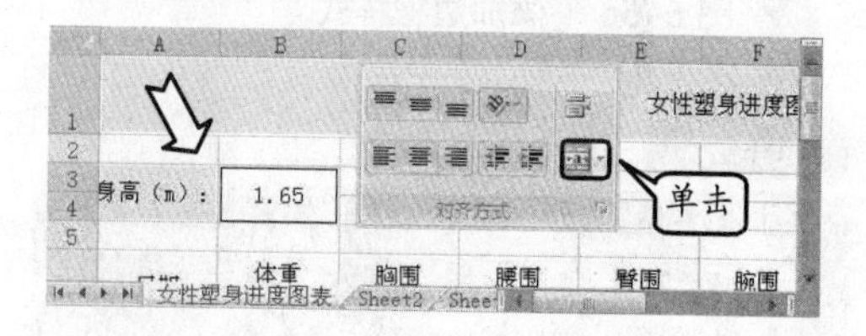

图 6-54 合并单元格

提 示

设置 A6 至 J11 单元格区域的对齐方式为居中。

8 在【主题】组中的【颜色】下拉列表中选择【内置】栏中的【华丽】选项，然后设置 A1 至 J1 单元格区域的字体格式，如图 6-55 所示。

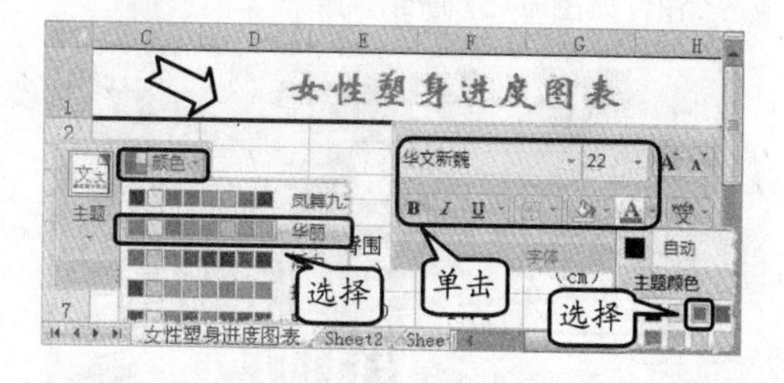

图 6-55 设置主题颜色

提 示

设置 A1 至 J1 单元格区域的字体为华文新魏，字号为 22，字体颜色为“粉红，文字 2”，并单击【加粗】按钮。

9 选择 A3 至 B4、A6 至 J6 和 A7 至 J11 单元格区域，在【设置单元格格式】对话框中的

【线条】栏中选择“粗”线条样式，并预置为外边框，如图 6-56 所示。

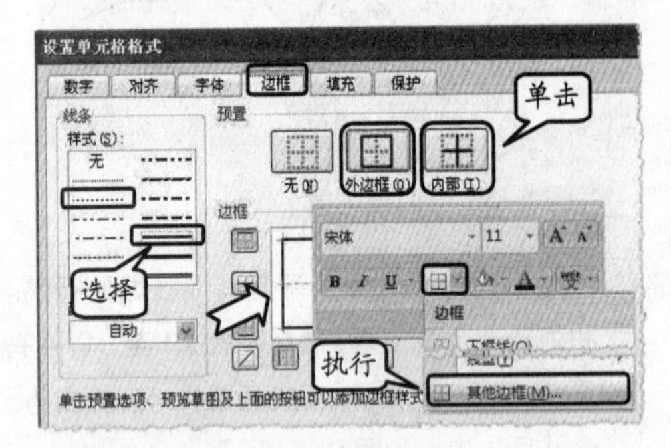

图 6-56 添加边框样式

提 示

单击【字体】组中的【边框】下拉按钮，执行【其他边框】命令，即可打开【设置单元格格式】对话框。

提 示

依照相同的方法选择 A7 至 J11 单元格区域，并在【线条】栏中选择一种“虚线”线条样式，将其预置为内部。

10 设置 A6 至 J6 单元格区域的字体颜色为“白色，背景 1”，填充颜色为“粉色，强调文字颜色 5，深色 25%”，并单击【加粗】按钮，如图 6-57 所示。

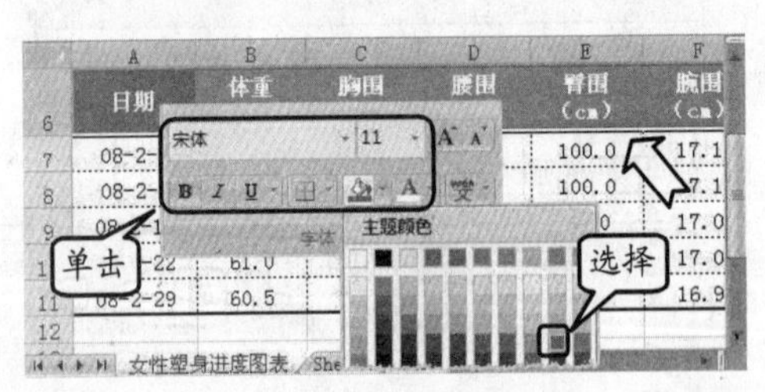

图 6-57 设置字体格式

11 选择 A7 至 J11 单元格区域的奇数行，设置填充颜色为“紫色，强调文字颜色 2，淡色 60%”，如图 6-58 所示。

提 示

设置该区域偶数行的填充颜色为“粉红，强调文字颜色 5，淡色 80%”。

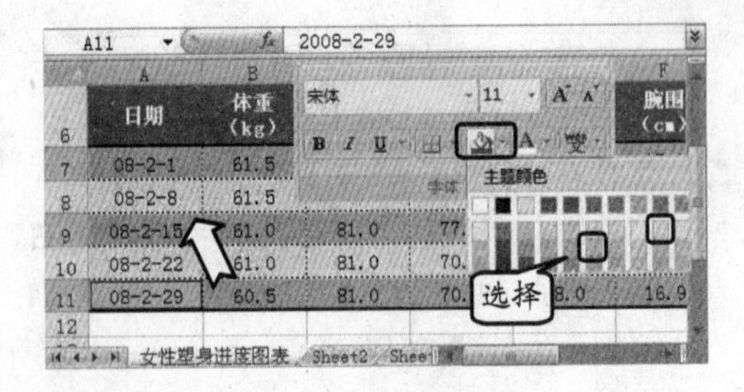

图 6-58 设置单元格格式

12 选择 A3 至 B4 和 A7 至 J11 单元格区域，并单击【字体】组中的【加粗】按钮。

13 选择 A6 至 B11 和 J6 至 J11 单元格区域，在【图表】组中的【柱形图】下拉列表中选择【簇状柱形图】选项，如图 6-59 所示。

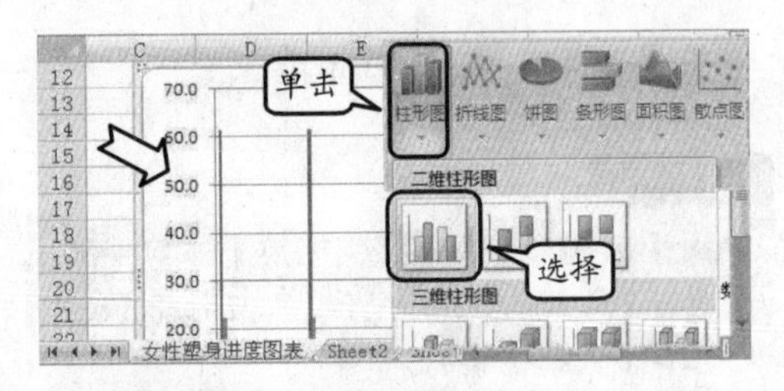

图 6-59 插入柱形图表

14 在图表中选择“估计体重指数（BMI）”系列，单击【类型】组中的【更改图表类型】按钮，在弹出的【更改图表类型】对话框中选择【折线图】选项卡中的【带数据标记的折线图】选项，如图 6-60 所示。

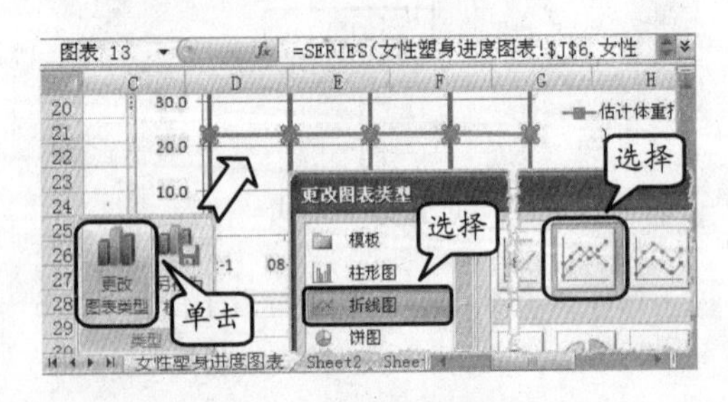

图 6-60 更改图表类型

15 选择“估计体重指数（BMI）”系列，在【设置数据系列格式】对话框的【系列选项】选项卡中选择【次坐标轴】单选按钮，如图 6-61 所示。

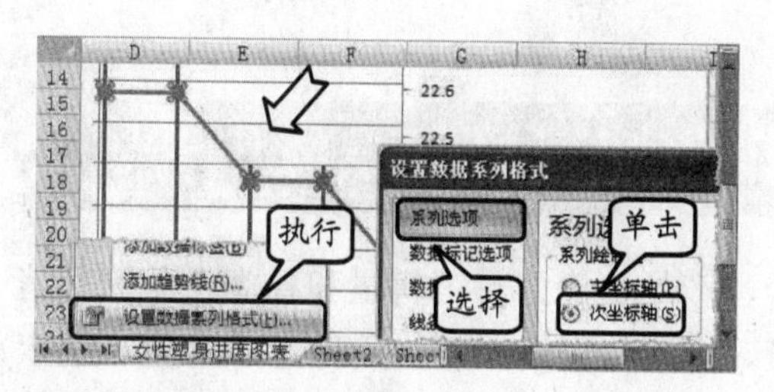

图 6-61　设置数据系列格式

提　示

在选择的区域上右击，执行【设置数据系列格式】命令，即可打开【设置数据系列格式】对话框。

16 选择图表，在【图表布局】组中的【其他】下拉列表中选择【布局 3】选项，并在【图表标题】文本框中输入文字“体重-BMI”，如图 6-62 所示。

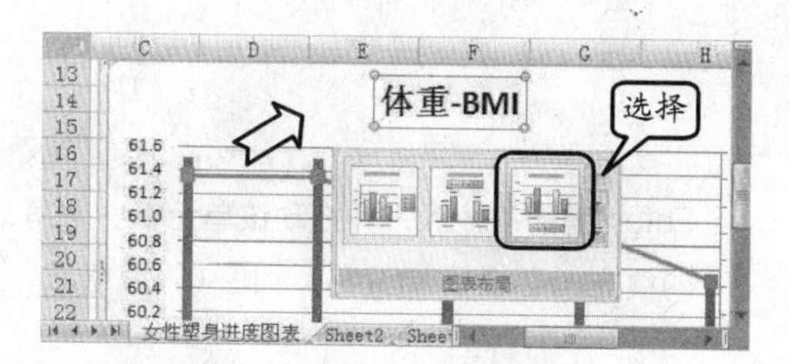

图 6-62　设置图表布局

17 选择图表，在【图表样式】组中的【其他】下拉列表中选择【样式 26】选项，在【形状样式】组中的【其他】下拉列表中选择【细微效果-强调颜色 2】选项，如图 6-63 所示。

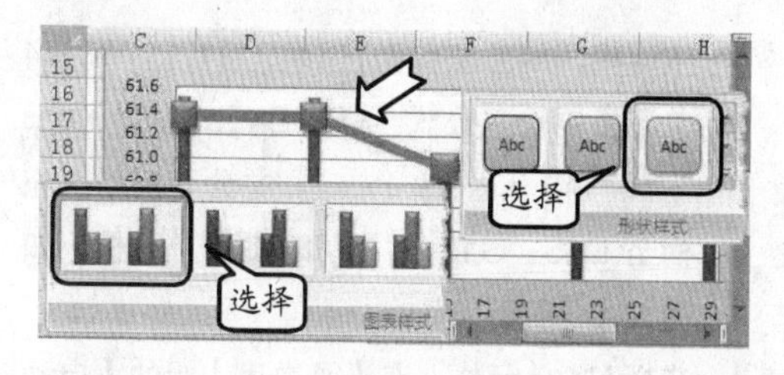

图 6-63　设置图表形状样式

18 选择图表，在【标签】组的【坐标轴标题】下拉列表中选择【主要纵坐标轴标题】级联菜单中的【竖排标题】选项，并在【坐标轴标题】文本框中输入文字“体重”，如图 6-64 所示。

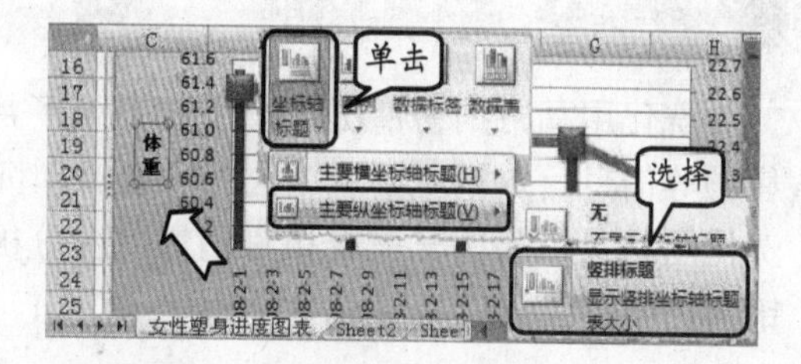

图 6-64　添加坐标轴标题

提　示

依照相同的方法在【坐标轴标题】下拉列表中的【次要纵坐标轴标题】级联菜单中选择【旋转过的标题】选项，并输入文字“BMI”。

19 选择水平（类别）轴，在【设置坐标轴格式】对话框的【对齐方式】选项卡中设置文字方向为横排，自定义角度为 50°，如图 6-65 所示。

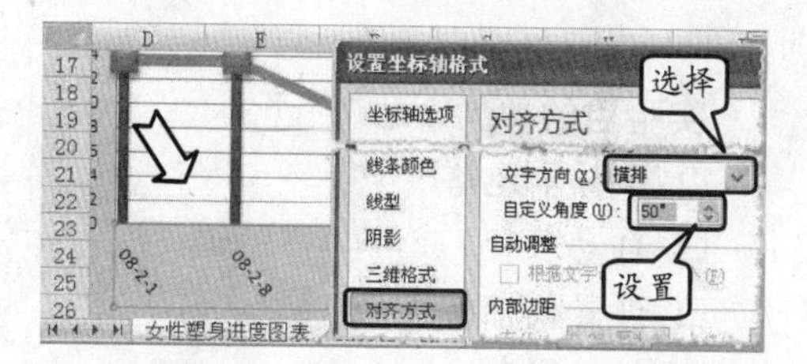

图 6-65　设置水平（类别）轴格式

20 单击【插图】组中的【图片】按钮，在弹出的【插入图片】对话框中选择并插入图片，并设置图片大小及位置，如图 6-66 所示。

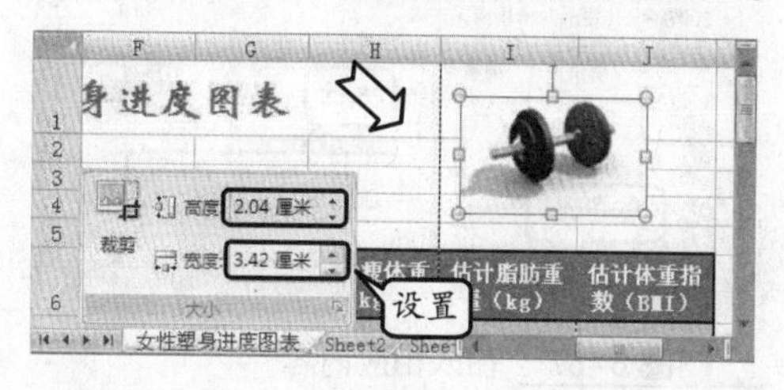

图 6-66　插入图片

21 启用【显示/隐藏】组中的【网格线】复选框隐藏工作表中的网格线，然后单击 Office 按钮，执行【打印】|【打印预览】命令，即可预览该工作表。

6.6 实验指导：洗化用品月销售情况报表

洗化用品月销售情况报表主要记录了月份、产品单价、月销售量和各类产品的月销售额等信息。本例主要运用公式、合并单元格、设置数字格式和插入图表等功能来制作洗化用品月销售情况报表和月销售情况分析图表。通过该图表，可以清楚地看出每月的销售情况。

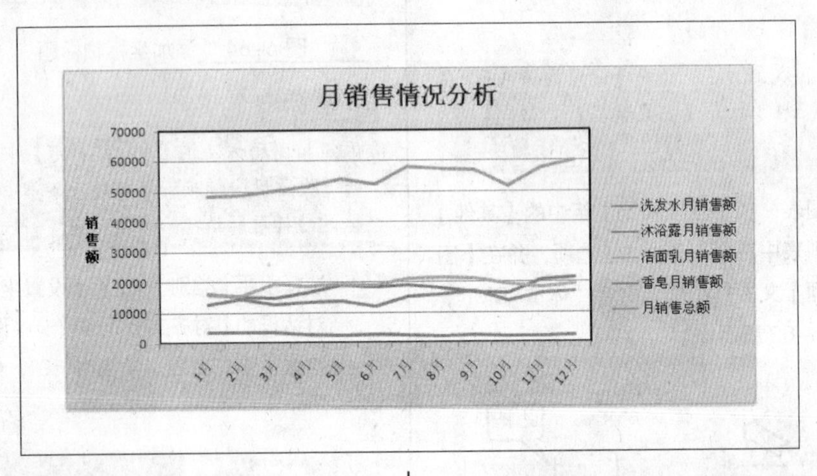

实验目的

- ❑ 合并单元格
- ❑ 自动求和
- ❑ 设置数字格式
- ❑ 插入图表

操作步骤

1 在 A1 至 N15 单元格区域中输入相应的表头、字段名及字段信息，如图 6-67 所示。

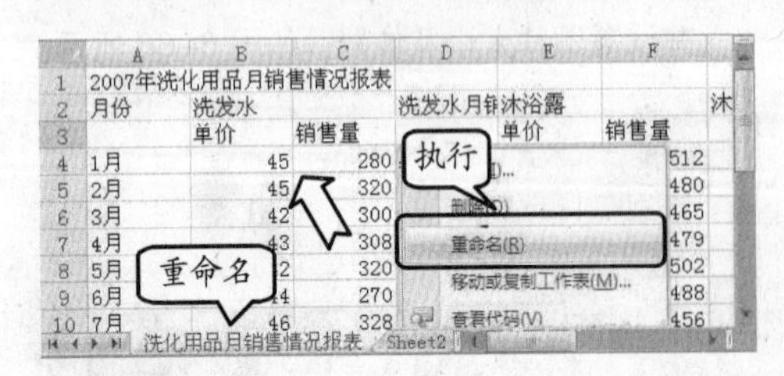

图 6-67 输入相应内容

提 示

新建空白工作簿，将 Sheet1 工作表标签重命名为“洗化用品月销售情况报表”。

2 选择 D4 单元格，输入公式“=B4*C4”，按 Enter 键确认输入，并拖动该单元格右下角的填充柄至 D15 单元格，如图 6-68 所示。

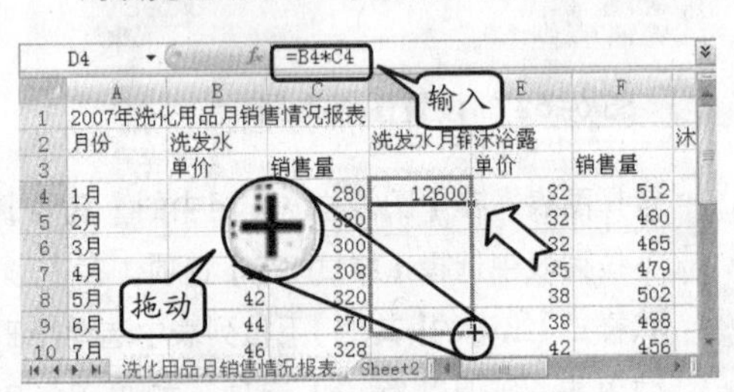

图 6-68 输入并复制公式

3 依照相同的方法分别在 D4、G4、J4 和 M4 单元格中输入公式“=B4*C4”、“=E4*F4”、“=H4*I4”和“=K4*L4”。并分别拖动填充柄至 D15、G15、J15 和 M15 单元格，如图 6-69 所示。

4 选择 N4 单元格，在【函数库】组的【自动求和】下拉列表中执行【求和】命令，并选择 D4、G4、J4 和 M4 单元格，单击编辑栏中的【输入】按钮，如图 6-70 所示。

5 拖动 N4 单元格右下角的填充柄至 N15 单元

格，如图6-71所示。

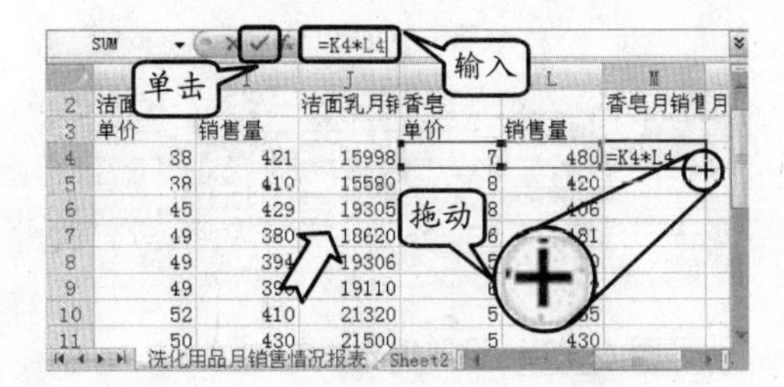

图6-69　运用公式计算月销售额

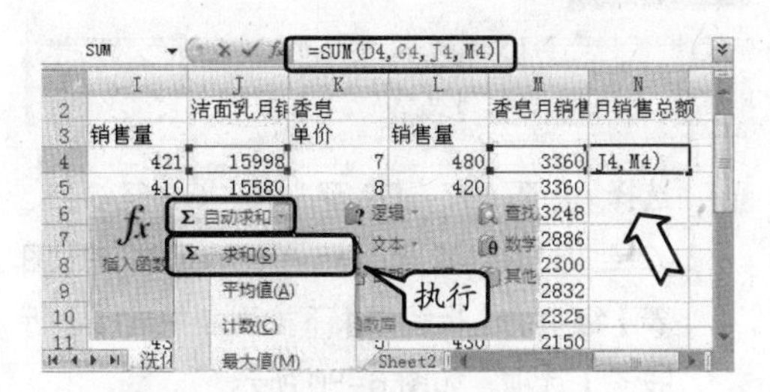

图6-70　运用自动求和公式

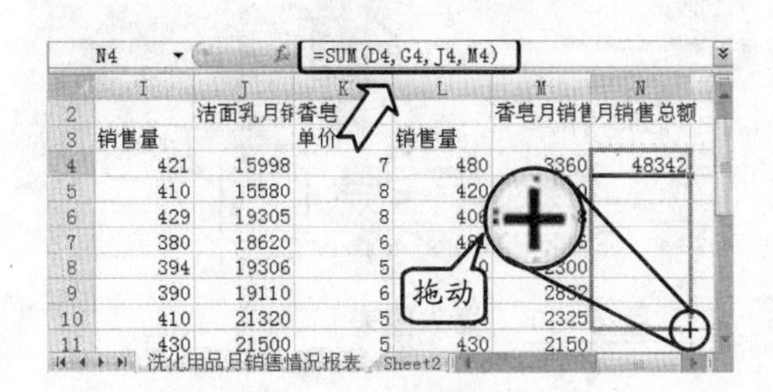

图6-71　复制求和公式

6 选择A1至N1、A2至A3、B2至C2、D2至D3、E2至F2、G2至G3、H2至I2、J2至J3、K2至L2、M2至M3和N2至N3单元格区域，设置对齐方式为合并后居中，如图6-72所示。

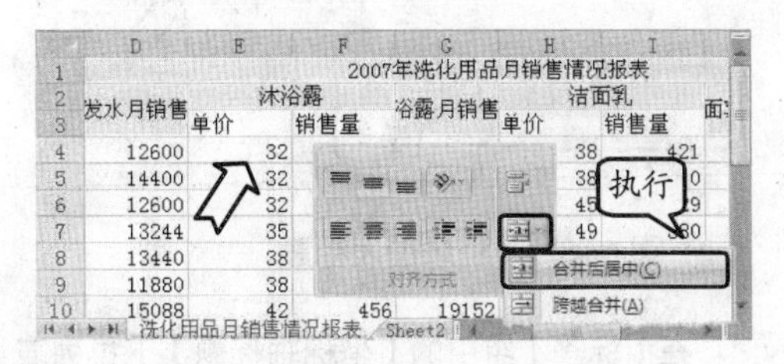

图6-72　合并单元格

7 设置A1至N1单元格区域的字体为华文行楷，字号为20，并单击【加粗】按钮，如图6-73所示。

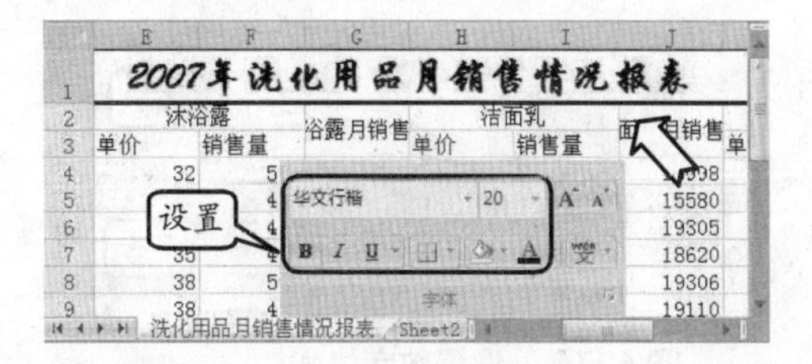

图6-73　设置字体格式

8 选择A2至N3和A4至A15单元格区域，并单击【加粗】按钮，将A3、C3、E3、F3、H3、I3、K3、L3单元格和A4至N15单元格区域居中显示，如图6-74所示。

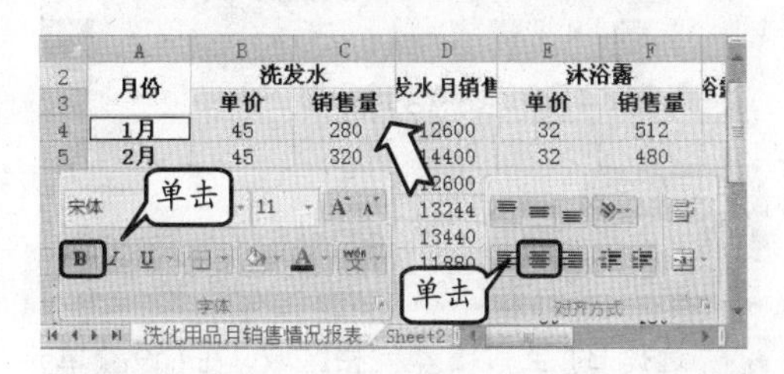

图6-74　设置对齐方式

9 选择D2、G2、J2、M2和N2单元格，单击【对齐方式】组中的【自动换行】按钮，如图6-75所示。

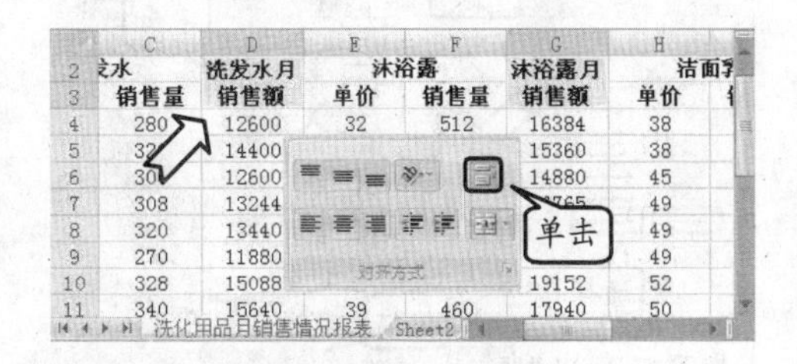

图6-75　设置自动换行

10 选择B4至B15、D4至E15、G4至H15、J4至K15和M4至N15单元格区域，在【数字】组中的【数字格式】下拉列表中选择【货币】选项，并单击两次【减少小数位数】按钮，如图6-76所示。

11 选择D、G、J、M和N列，将鼠标置于任意一列分界线上，当光标变成"单横线双向"箭头时，向左拖动至显示"宽度：9.50（81

像素）”处松开，如图 6-77 所示。

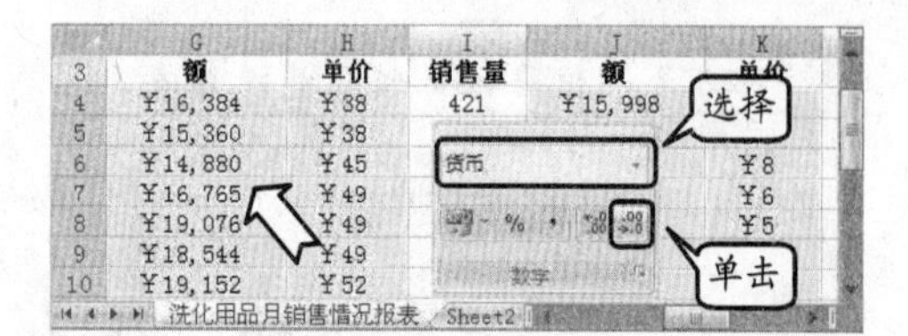

图 6-76 设置数字格式

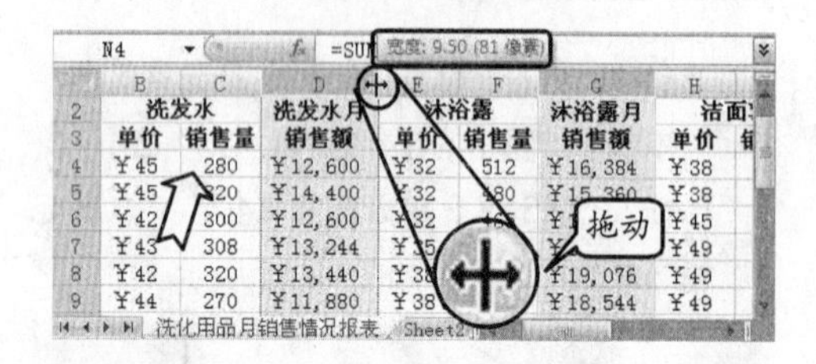

图 6-77 调整列宽

提 示

依照相同的方法设置其他列区域至合适位置。

12 选择 B1 至 N15 单元格区域，在【设置单元格格式】对话框中的【线条】栏中选择“双线条”和“较细”线条样式，分别预置为外边框和内部，如图 6-78 所示。

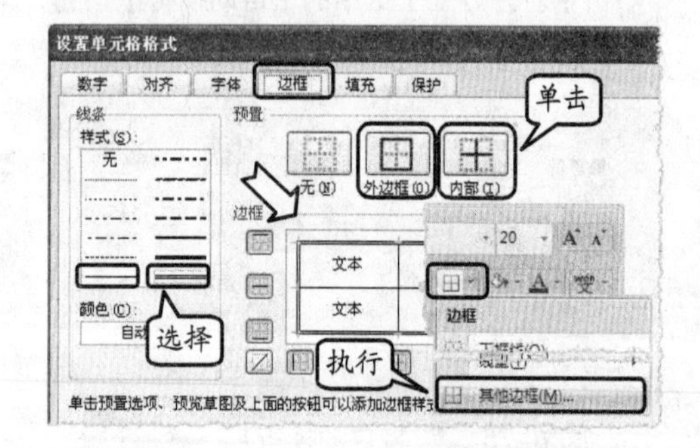

图 6-78 添加边框样式

提 示

单击【字体】组中的【边框】下拉按钮，执行【其他边框】命令，即可打开设置单元格格式对话框。

13 设置 D4 至 D15、G4 至 G15、J4 至 J15 和 M4 至 M15 单元格区域的填充颜色为“橙色，强调文字颜色 6，淡色 80%”，如图 6-79 所示。

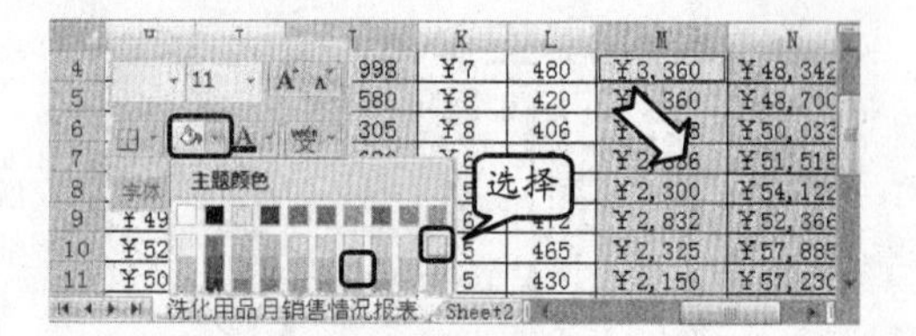

图 6-79 设置填充颜色

提 示

设置 N4 至 N15 单元格区域的填充颜色为“橄榄色，强调文字颜色 3，淡色 60%”。

14 选择 A2 至 A15、D2 至 D15、G2 至 G15、J2 至 J15 和 M2 至 N15 单元格区域，在【图表】组中的【折线图】下拉列表中选择【折线图】选项，如图 6-80 所示。

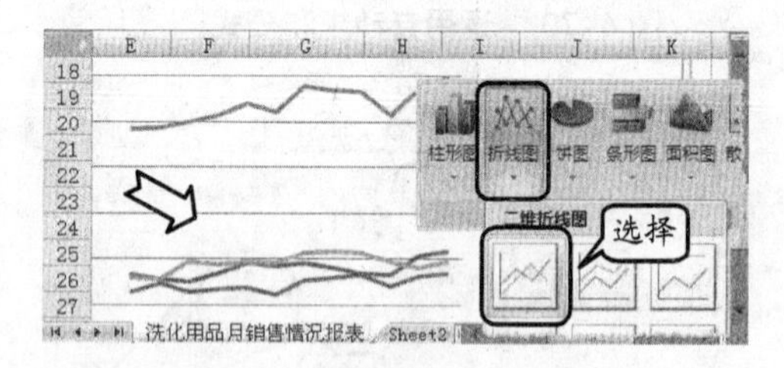

图 6-80 插入图表

15 选择图表，在【标签】组中的【图表标题】下拉列表中选择【图表上方】选项，在【图表标题】文本框中输入文字“月销售情况分析”，如图 6-81 所示。

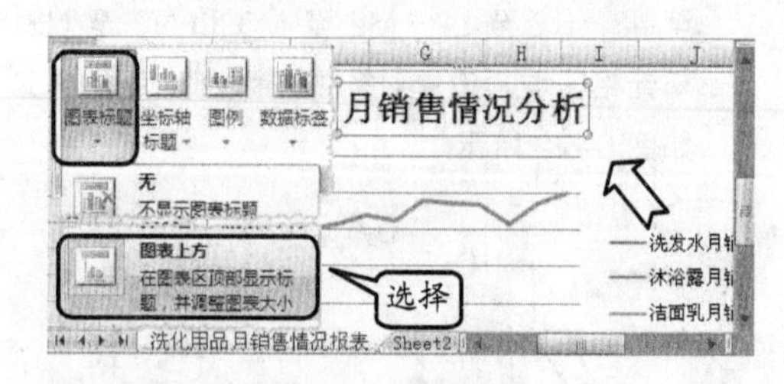

图 6-81 添加图表标题

16 在【标签】组中的【坐标轴标题】下拉列表中选择【主要纵坐标轴标题】级联菜单中的【竖排标题】选项，并输入文字“销售额”，如图 6-82 所示。

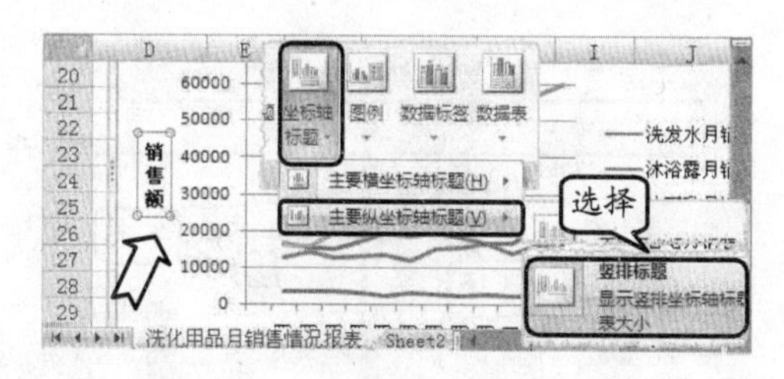

图 6-82　插入坐标轴标题

17 选择图表中的“水平（类别）轴”图表元素，在【设置坐标轴格式】对话框中的【对齐方式】选项卡中设置自定义角度为“-50°”，如图 6-83 所示。

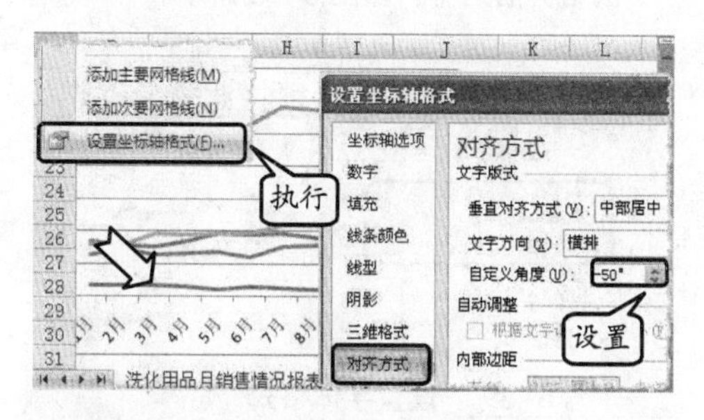

图 6-83　设置坐标轴格式

提　示

右击“水平（类别）轴”图表元素，执行【设置坐标轴格式】命令，即可打开【设置坐标轴格式】对话框。

18 选择图表，在【形状样式】组中的【其他】下拉列表中选择“细微效果-强调颜色 6”样式，如图 6-84 所示。

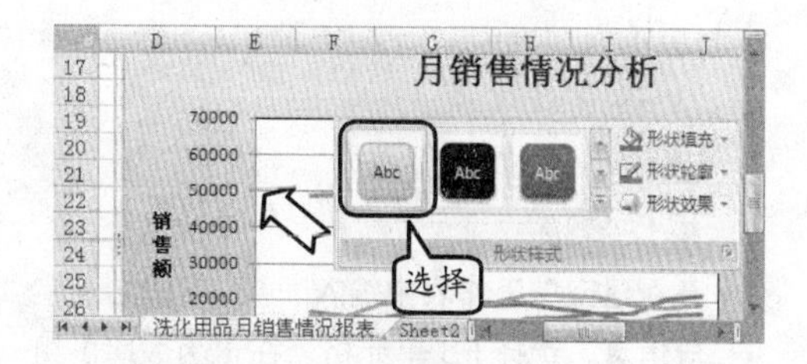

图 6-84　设置形状样式

19 选择绘图区，在【设置绘图区格式】对话框中的【边框颜色】选项卡中选择【实线】单选按钮，在【边框样式】选项卡中设置宽度为 2 磅，如图 6-85 所示。

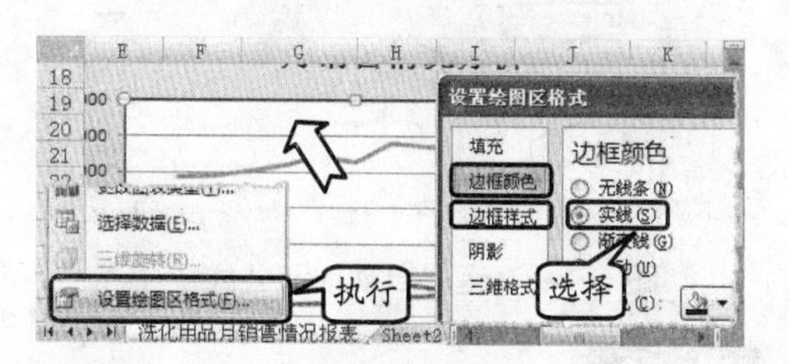

图 6-85　设置绘图区格式

提　示

选择绘图区并右击，执行【设置绘图区格式】命令，即可打开【设置绘图区格式】对话框。

20 调整图表大小，将其放至合适位置，并单击 Office 按钮，执行【打印】|【打印预览】命令，即可预览该工作表。

6.7　实验指导：LG 液晶显示器销售业绩分析表

LG 液晶显示器销售业绩分析表通过记录每季度的目标销售额和实际销售额，计算出一年的销售总额及达成比率。本例主要运用自动求和、设置数字格式、添加边框样式和插入图表等功能来制作 LG 液晶显示器销售业绩分析表。

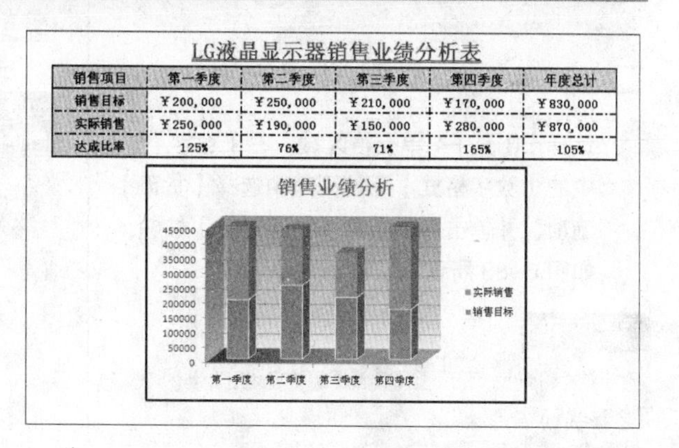

LG液晶显示器销售业绩分析表

销售项目	第一季度	第二季度	第三季度	第四季度	年度总计
销售目标	￥200,000	￥250,000	￥210,000	￥170,000	￥830,000
实际销售	￥250,000	￥190,000	￥150,000	￥280,000	￥870,000
达成比率	125%	76%	71%	165%	105%

实验目的

- ❑ 自动求和
- ❑ 设置数字格式
- ❑ 插入图表

操作步骤

1 在新建空白工作表中输入表头、字段名及字段信息，选择 F3 单元格，在【函数库】组中的【自动求和】下拉列表中执行【求和】命令，如图 6-86 所示。

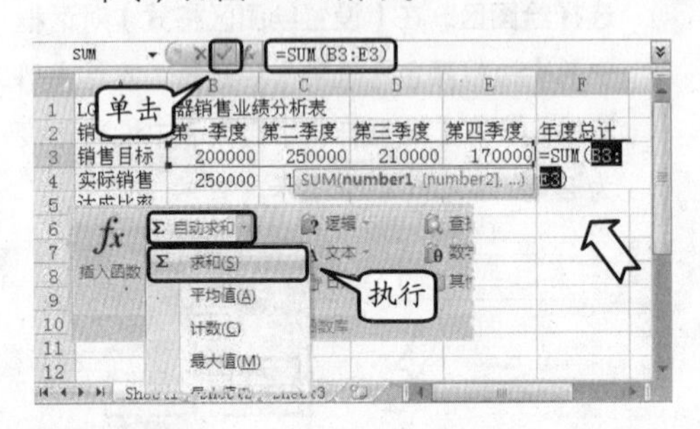

图 6-86 运用自动求和公式

提 示

依照相同的方法运用自动求和公式计算 F4 单元格。

2 选择 B5 单元格，输入公式“=B4/B3”，然后拖动该单元格右下角的填充柄至 F5 单元格，如图 6-87 所示。

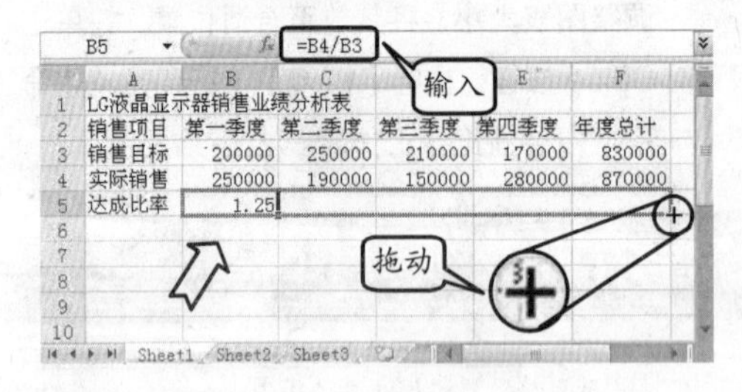

图 6-87 输入并复制公式

3 选择 B3 至 F4 单元格区域，在【数字】组中的【数字格式】下拉列表中选择【货币】选项，并单击两次【减少小数位数】按钮，如图 6-88 所示。

提 示

依照相同的方法设置 B5 至 F5 单元格区域的数字格式为百分比。

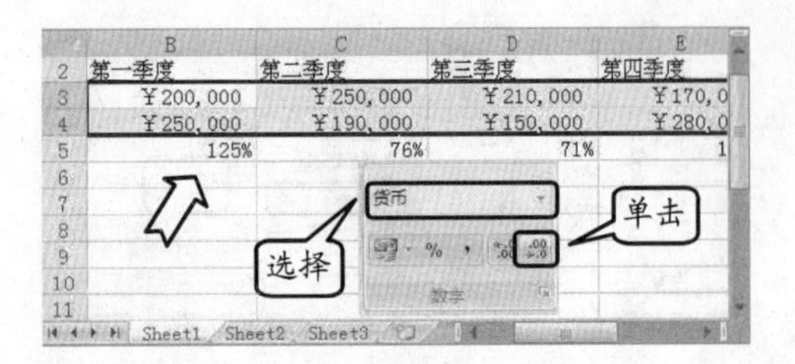

图 6-88 设置数字格式

4 设置 A1 单元格的字号为 20，字体颜色为深红，并单击【加粗】和【双下划线】按钮，然后设置 A1 至 F1 单元格区域的对齐方式为合并后居中，如图 6-89 所示。

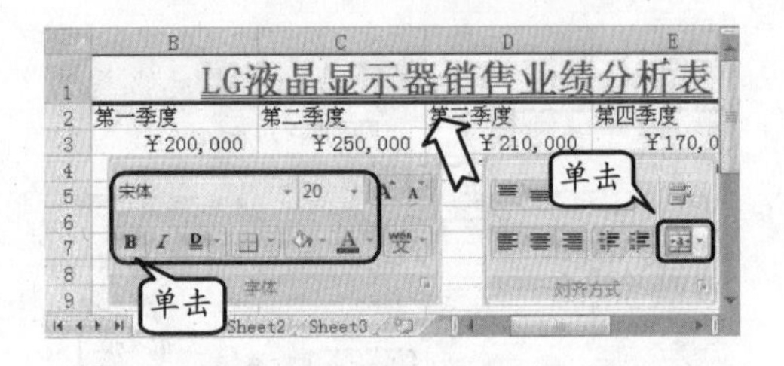

图 6-89 设置字体格式

5 设置 A2 至 F2 单元格区域的字号为 12，选择 A2 至 F5 单元格区域，单击【加粗】按钮，并设置对齐方式为居中，如图 6-90 所示。

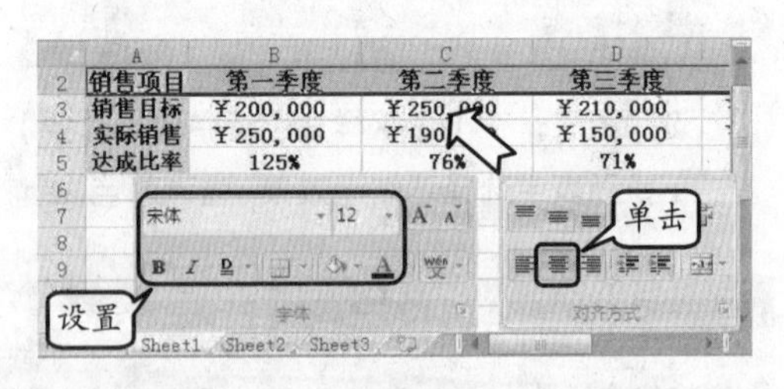

图 6-90 设置字体格式

提 示

选择 A2 至 F2 和 A3 至 A5 单元格区域，设置其填充颜色为“白色，背景 1，深色 15%”。

6 选择 A2 至 F2 和 A3 至 F5 单元格区域，在【设置单元格格式】对话框中的【线条】栏中选择“较粗”和一种“虚线”线条样式，分别预置为外边框和内部，如图 6-91 所示。

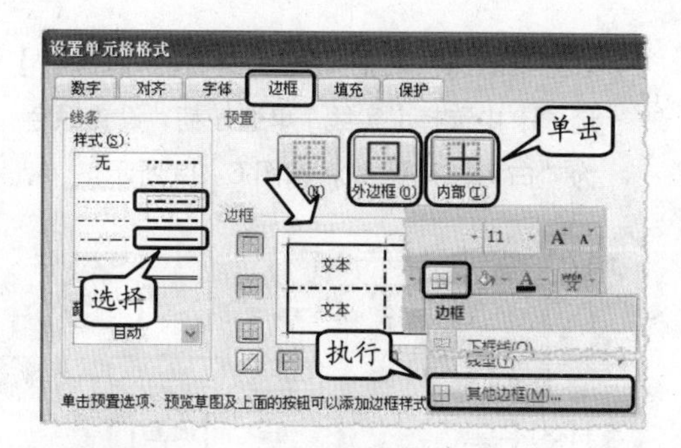

图 6-91　添加边框样式

提　示

单击【字体】组中的【边框】下拉按钮，执行【其他边框】命令，即可打开【设置单元格格式】对话框。

7　选择第 2 列至第 5 列，将鼠标置于任意两列间的分界线上，当光标变成“单竖线双向”箭头时，向下拖动至显示“高度：21.00（28 像素）”处松开，如图 6-92 所示。

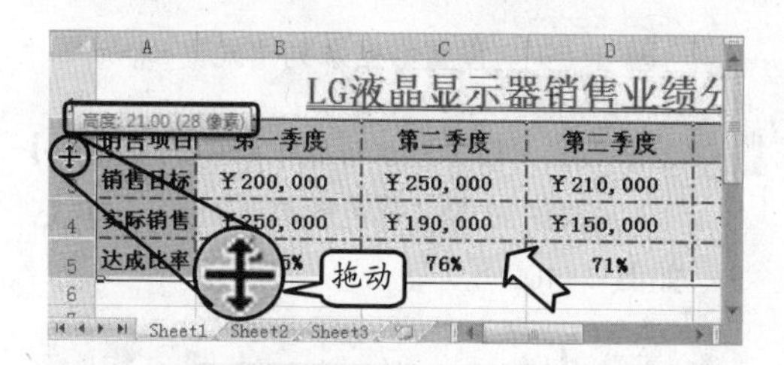

图 6-92　调整行高

提　示

依照相同的方法设置第 1 列的行高为“高度：31.50（42 像素）”。

8　选择 A2 至 E4 单元格区域，在【图表】组中的【柱形图】下拉列表中选择【三维柱形图】栏中的【三维堆积柱形图】选项，如图 6-93 所示。

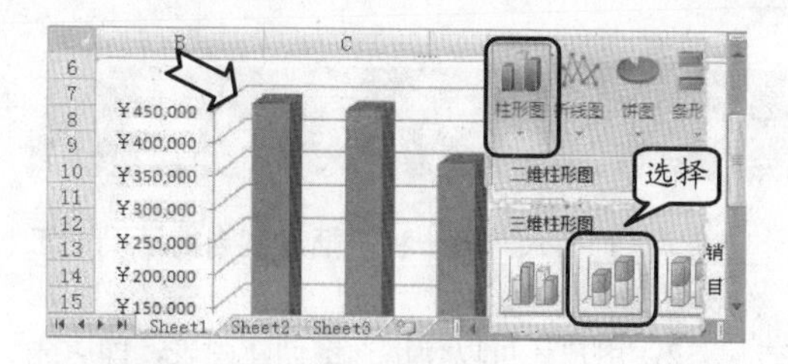

图 6-93　插入图表

9　选择“垂直（值）轴”图表元素，在【设置坐标轴格式】对话框中的【数字】选项卡中选择【类别】列表框中的【常规】选项，如图 6-94 所示。

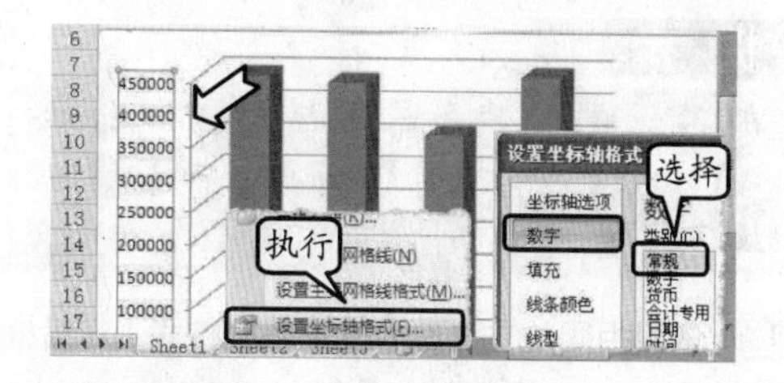

图 6-94　设置坐标轴格式

提　示

在选择的图表元素上右击，执行【设置坐标轴格式】命令，即可打开【设置坐标轴格式】对话框。

10　选择图表，在【标签】组中的【图表标题】下拉列表中选择【图表上方】选项，并在【图表标题】文本框中输入文字“销售业绩分析”，设置字体颜色为“紫色”，如图 6-95 所示。

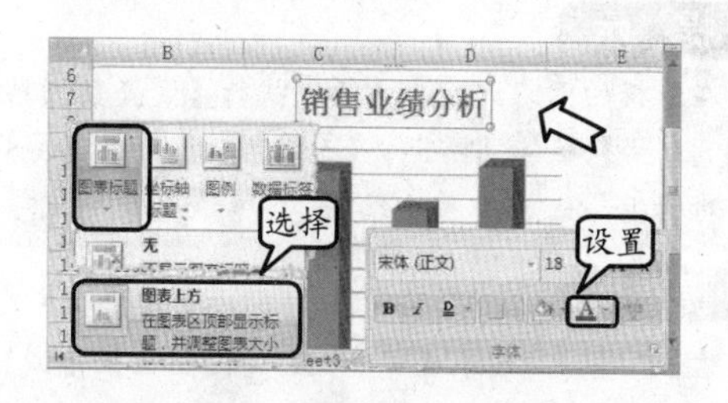

图 6-95　添加图表标题

11　选择“背景墙”区域，在【设置背景墙格式】对话框中的【填充】选项卡中选择【渐变填充】单选按钮，并设置预设颜色为雨后初晴，如图 6-96 所示。

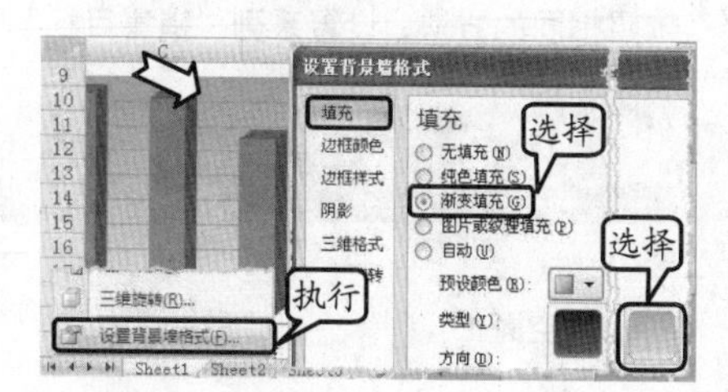

图 6-96　设置背景墙格式

提　示

三维图表中的背景墙和基底用于显示图表的维度和边界。绘图区中显示两个背景墙和一个基底。

提　示

在"背景墙"区域右击，执行【设置背景墙格式】命令，即可打开【设置背景墙格式】对话框。

12 依照相同的方法在【设置基底格式】对话框中设置"基底"图表元素的预设颜色为红木，类型为射线，如图 6-97 所示。

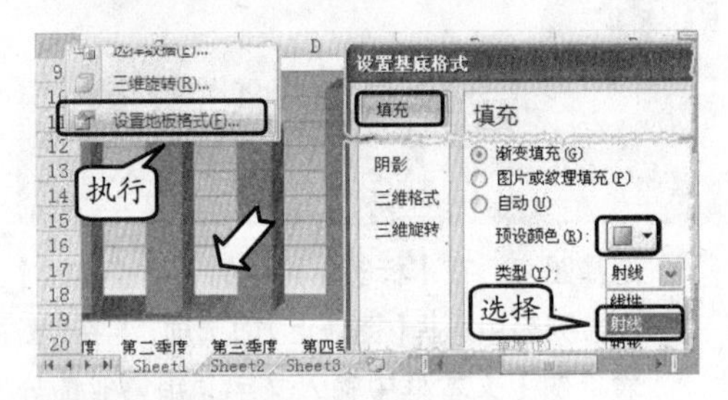

图 6-97　设置基底格式

提　示

在选择的图表元素上右击，执行【设置数据系列格式】命令，即可打开【设置数据系列格式】对话框。

提　示

右击"基底"图表元素，执行【设置地板格式】命令，即可打开【设置基底格式】对话框。

13 选择系列"实际销售"图表元素，在【设置数据系列格式】对话框中的【填充】选项卡中设置纯色填充的颜色为"橙色，强调文字颜色 6，深色 25%"，如图 6-98 所示。

14 依照相同的方法，设置系列"销售目标"图表元素的纯色填充为绿色，并在【边框颜色】选项卡中选择【实线】单选按钮，设置颜色为"白色，背景 1"，如图 6-99 所示。

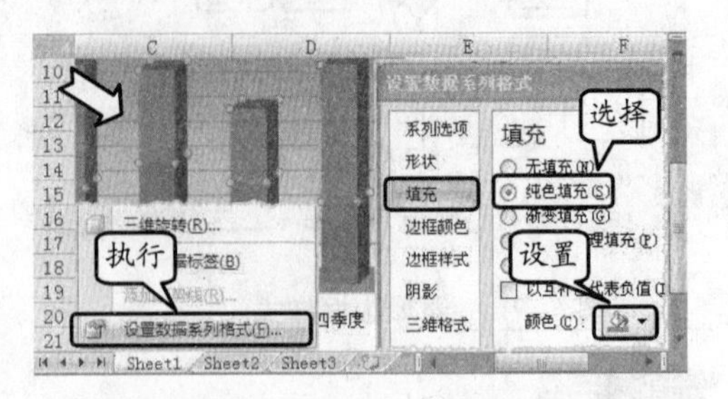

图 6-98　设置数据系列格式

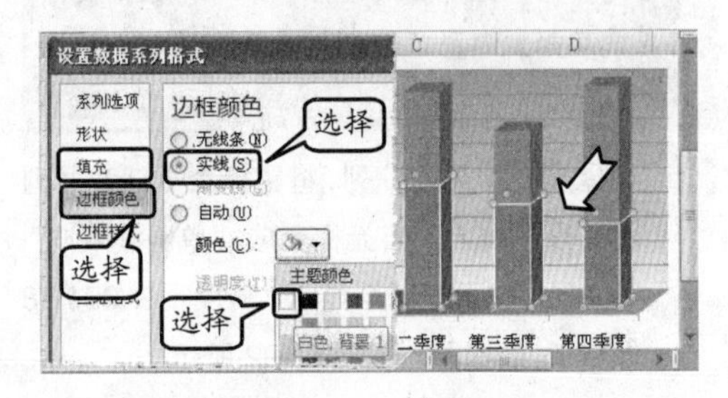

图 6-99　设置数据系列格式

15 选择图表，在【形状样式】组中的【其他】下拉列表中选择"彩色轮廓-深色 1"样式，如图 6-100 所示。

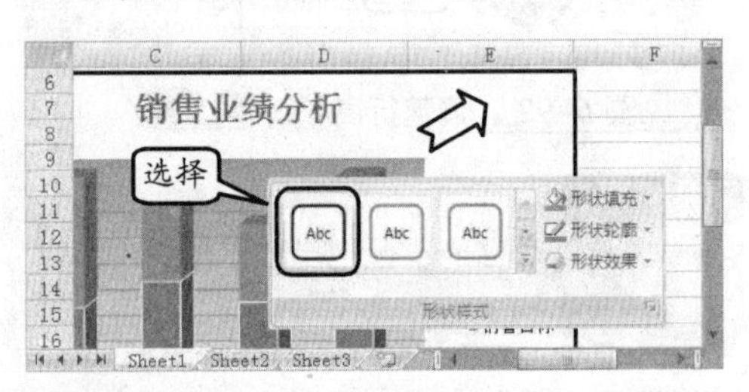

图 6-100　设置形状样式

16 单击 Office 按钮，执行【打印】|【打印预览】命令，即可预览该工作表。

6.8　思考与练习

一、填空题

1. 图表的位置主要有两种，一种是作为________插入，另一种是插入到当前活动的工作表中。

2. 用户还可以使用一键创建图表，即首先在工作表中，选择需要创建图表的数据区域，然后按__________键，将插入__________工作表。

3．如果需要编辑图表，必须先单击图表区域以__________该图表才可以进行编辑操作。

4．用户可以使用单元格区域中的数据创建自己需要的图表。工作表中的每一个单元格数据在图表中都有与其相对应的__________。

5．__________是一个方框，用于标识为图表中的数据系列或分类指定的图案或颜色。

6．Excel 2007 提供了__________种标准的图表类型，每种图表类型又包含若干个子图表类型。

7．__________是 Excel 默认的图表类型，用于比较相交于类别轴上的数值大小。

8．__________以坐标轴的刻度为参考，贯穿整个绘图区。它同坐标轴一样也可分为水平和垂直两种。

二、选择题

1．Excel 中工作簿的基础是__________。

A．数据　　B．图表

C．单元格　　D．拆分框

2．用 Excel 可以创建各类图表，如条形图、柱形图等。为了显示数据系列中每一项占该系列数值总和的比例关系，应该选择哪一种图表？__________

A．条形图　　B．柱形图

C．饼图　　D．折线图

3．__________界定图表绘图区的线条，用作度量的参照框架，主要包含 Y 轴和 X 轴。

A．坐标轴　　B．绘图区

C．图表区　　D．图例

4．在 Excel 中，最适合用于显示随时间变化的趋势一种图表类型是__________。

A．散点图　　B．折线图

C．柱形图　　D．饼图

5．在 Excel 中，产生图表的数据发生变化后，图表__________。

A．会发生相应的变化

B．会发生变化，但与数据无关

C．不会发生变化

D．必须进行编辑后才会发生变化

6．__________类似于柱形图，主要强调各个数据项之间的差别情况。

A．条形图　　B．柱形图

C．饼图　　D．折线图

7．__________也称为 XY 图，此类型的图表用于比较成对的数值。

A．饼图　　B．散点图

C．折线图　　D．条形图

8．选择表格中需要删除的数据区域，按 Delete 键即可__________。

A．删除工作表中的数据

B．删除图表中的数据

C．删除工作表和图表中的数据

D．无任何变化

三、上机练习

1．插入柱形图表

根据“成绩表”工作表中的数据创建一个柱形图表，并为图表添加“数理化竞赛成绩”图表标题，如图 6-101 所示。

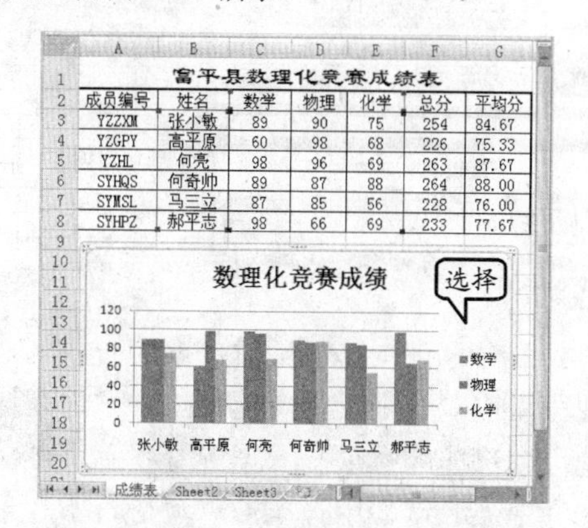

富平县数理化竞赛成绩表

成员编号	姓名	数学	物理	化学	总分	平均分
YZZXM	张小敏	89	90	75	254	84.67
YZGPY	高平原	60	98	68	226	75.33
YZHL	何亮	98	96	69	263	87.67
SYHQS	何奇帅	89	87	88	264	88.00
SYMSL	马三立	87	85	56	228	76.00
SYHPZ	郝平志	98	66	69	233	77.67

图 6-101　创建图表

2．美化图表

在图表中插入一张背景图片，然后对标题应用艺术字样式“渐变填充-强调文字颜色 6，内部阴影”，并设置字体为华文新魏，字号为 24，如图 6-102 所示。

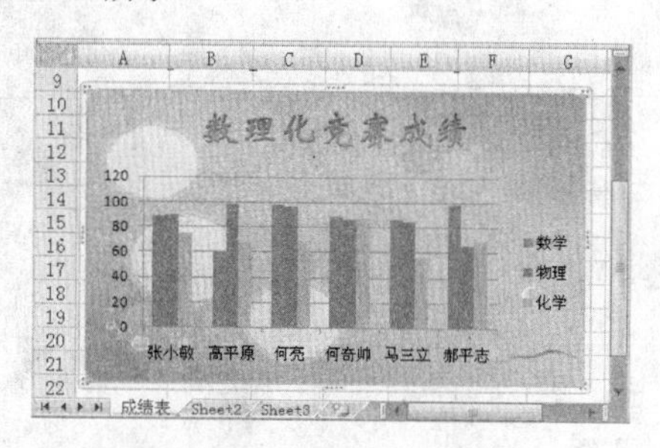

图 6-102　美化图表

第 7 章

管理数据

八月份产品销售表					
货号	名称	产地	单价	销量（件）	总和
Q012	蓝色无袖连衣裙	武汉	￥298.00	18	￥5,364.00
K036	黑色长裤	北京	￥118.00	29	￥3,422.00
Q017	黑色短裙	北京	￥156.00	17	￥2,652.00
K005	白色七分裤	青岛	￥78.00	34	￥2,652.00
Y002	白色长袖衬衣	深圳	￥118.00	20	￥2,360.00
Y024	红色短袖衬衣	广州	￥108.00	21	￥2,268.00
Y007	白色短袖衬衣	上海	￥98.00	13	￥1,274.00

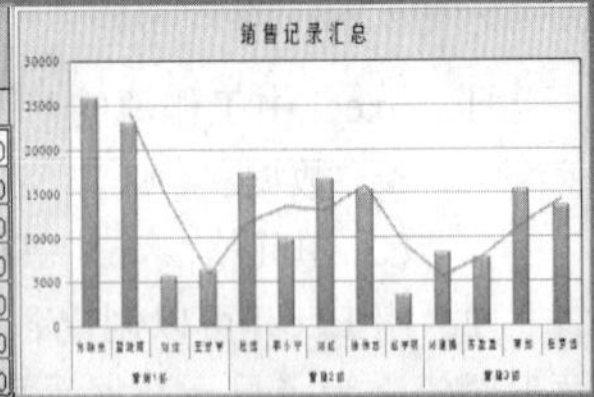

数据管理主要包括对数据的有效性进行设置以及对数据进行筛选，其中，数据有效性可以控制一个范围内的数据类型、范围等，还可以快速、准确地完成数据的输入。筛选可以快速的从众多数据中查找到符合条件的数据，从而重新整理数据。在管理数据的过程中还经常使用分类汇总功能，即在适当的位置加上统计数据，以便更好地显示工作表中的明细数据，并分析数据反映的变化规律，从而为用户使用数据提供决策依据。

另外，在管理过程中使用的数据透视表和透视图，可以直观地反映报表中数值的变化特征，从而帮助用户提高数据的分析能力。

本章学习要点

- 数据排序
- 筛选数据
- 分类汇总
- 数据透视表和透视图

7.1 数据有效性

数据有效性主要用于设置单元格中输入数据的权限范围，它可以确保数据录入的正确性和完整性。本节主要介绍如何设置数据的有效性条件，以及设置输入信息和出错警告信息等。

7.1.1 设置有效性条件

有效性条件的设置可以限制某些数据输入的范围，如将单元格的数据有效性设置为整数时则不可以输入文字信息或其他的小数或百分数之类的信息。

选择需要设置的单元格，单击【数据工具】组中的【数据有效性】下拉按钮，执行【数据有效性】命令，弹出【数据有效性】对话框，如图 7-1 所示。

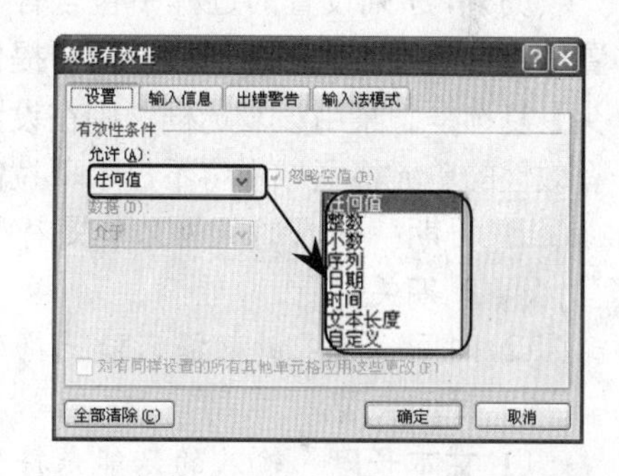

图 7-1 【数据有效性】对话框

在【数据有效性】条件对话框中主要可以设置有效性的条件有以下几种，其功能如下：

- **任何值** 输入的数据无任何限制。
- **整数** 输入的数据只能是符合条件的整数。

例如，在【允许】下拉列表中选择【整数】选项，在【数据】下拉列表中选择设置整数的条件，并在【最小值】文本框中输入数字“4”；在【最大值】文本框中输入数字“20”，如图 7-2 所示。

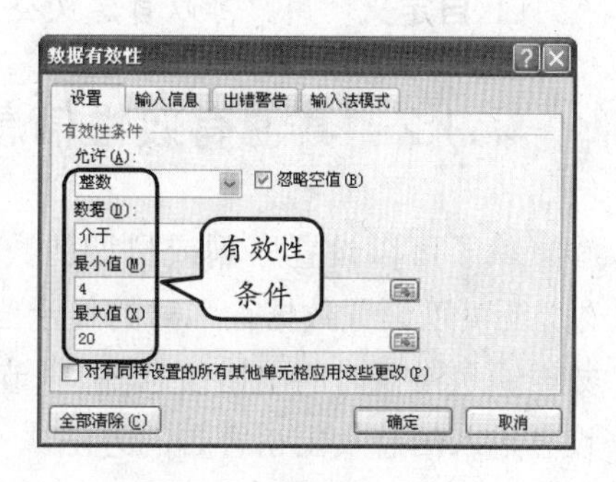

图 7-2 设置整数

若在设置完有效性条件的对话框中输入了不符合条件的数据，如输入“2”，则此时将会弹出“输入值非法”提示对话框，如图 7-3 所示。

提 示

如果输入的数据在有效性的权限范围内，数据将显示在单元格中；如果输入的数据不在有效性的权限范围内，系统便将发出错误警告。

另外，在【数据有效性】对话框中还包含两个复选框和一个【全部清除】按钮。如果指定设置数据有效性的单元格为空白单元格，启用【数据有效性】对话框中的【忽略空值】复选框即可，如果避免输入空值，禁用【忽略空值】复选框即可，如果希望对工作表上的其他单元格做出相同的更改，则可启用【对有同样设置的所有其他单元格应用这些更改】复选框；单击【全部清除】按钮，则可以清除所有的条件设置。

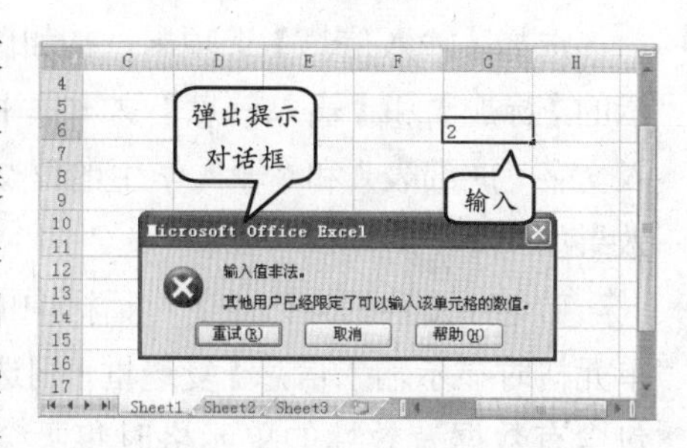

图 7-3 输入非法值

- ❑ **小数** 输入的数据只能是符合条件的小数。
- ❑ **序列** 输入的数据只能是定义好的数据序列。

例如，在【允许】下拉列表中选择【序列】选项，并在如图 7-4 所示的【来源】文本框中输入相应的序列信息。返回工作表中，单击设置数据有效性的单元格下拉列表，即可在其下拉列表中选择相应的选项，如图 7-5 所示。

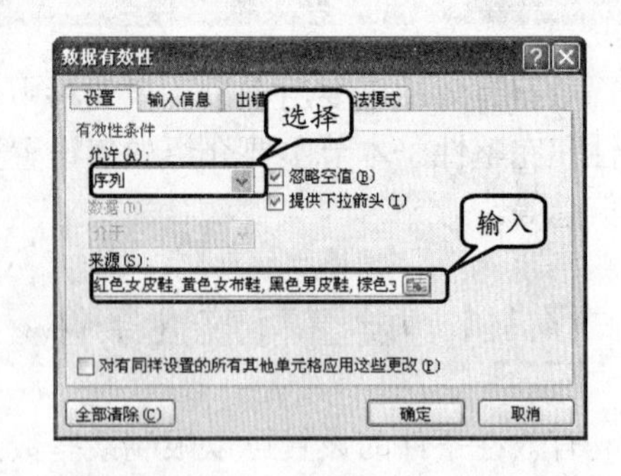

图 7-4 设置序列

提 示

在【数据有效性】对话框的【来源】文本框中输入的数据序列之间用逗号隔开，且为英文输入法下的逗号。

另外，序列设置的过程中包含有一个与设置整数有效性不同的复选框，即【提供下拉箭头】复选框。禁用该复选框，则在设置有数据有效性的单元格区域中将不显示下拉箭头。

	A	B	C	D	E	F
1				仓库库存表		
2	编号	商品名称	进(出)货	单价	数量	出(入)
3	723		1	65	12	12
4	356	红色女皮鞋	-1	35	10	-10
5	723	黄色女布鞋	-1	65	4	-4
6	356	黑色男皮鞋	1	35	25	25
7	723	棕色女皮鞋	1	65	16	16
8	845	男旅游鞋	1	90	12	12
9	795		-1	220	-3	3
10	835		1	125	6	6
11	845		-1	90	2	-2
12	356		-1	35	10	-10
13	723		-1	65	5	-5

显示序列

图 7-5 序列有效性效果

- ❑ **日期** 输入的数据只能是符合条件的日期类型。
- ❑ **时间** 输入的数据只能是符合条件的时间类型。
- ❑ **文本长度** 输入的只能是符合定义的文本长度的数据。
- ❑ **自定义** 用户可以自定义公式。

7.1.2 其他有效性信息设置

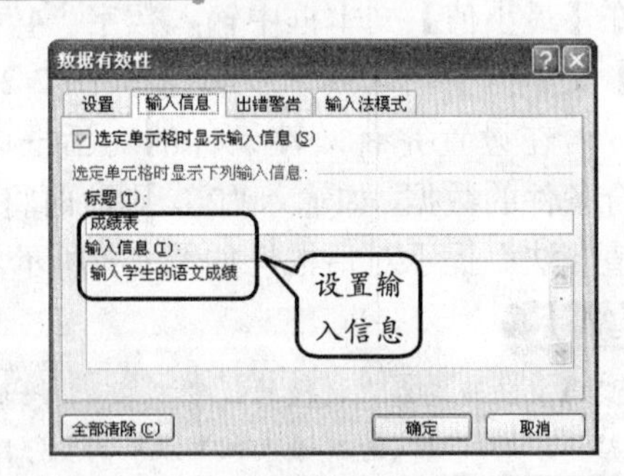

图 7-6 设置输入信息

除了可以设置序列或日期的数据有效性外，还可以设置数据输入时的显示信息，以及数据输入错误时的出错信息等。本节主要学习设置输入信息及出错警告的方法。

1. 设置输入信息

选择【输入信息】选项卡，在如图 7-6 所示的【标题】和【输入信息】文本框中分别输入文字“成绩表”和“输入学生的语文成绩”，效果如图 7-7 所示。

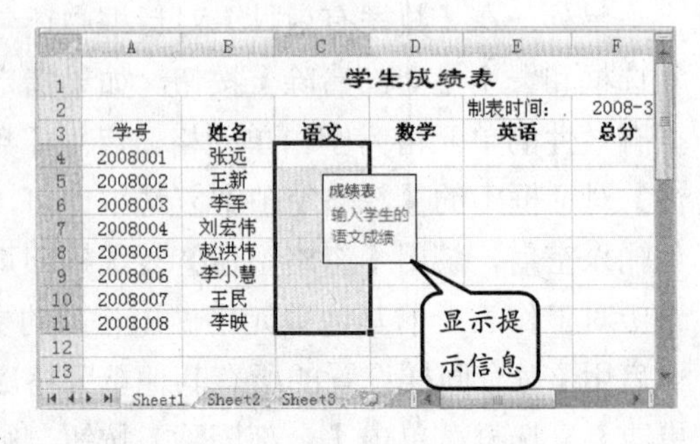

图 7-7 显示输入信息

若禁用【数据有效性】对话框中的【选定单元格时显示输入信息】复选框，则选择设置包含有数据有效性的单元格时将不会出现提示信息。

2. 设置出错警告

选择【出错警告】选项卡，在【样式】列表中主要包含“停止”、“警告”和“信息”3 种样式，选择【停止】选项，在【标题】和【错误信息】文本框中输入相应的文字信息，如图 7-8 所示。当在所设置的单元格区域中输入了不符合条件的数据时，将弹出如图 7-9 所示的出错警告提示对话框。

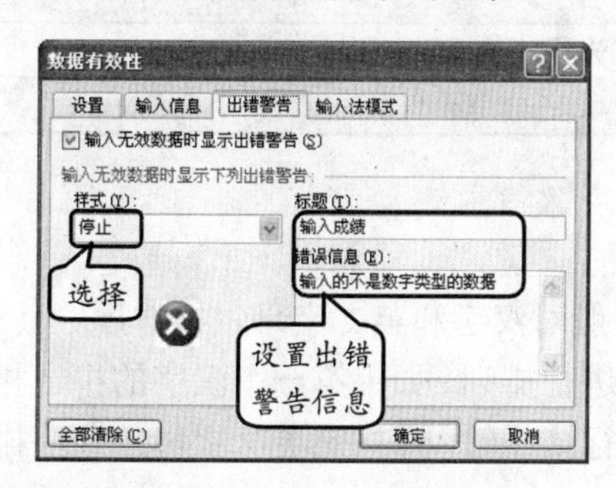

图 7-8 设置出错警告

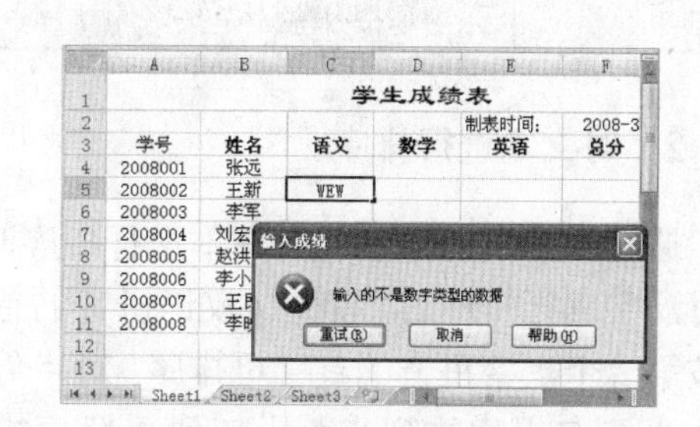

图 7-9 显示出错警告提示信息

7.2 排序

排序有助于快速直观地显示数据，并查找所需数据，还有助于做出有效的决策。在 Excel 中可以对文本、数字、时间等数据进行排序操作。另外，可以按照 Excel 本身默认的排序顺序进行排序，也可以进行自定义排序。

7.2.1 数据排序

当用户将数据输入到工作中时，其中的数据是按照用户的输入顺序进行排列的。这样工作表中的数据非常混乱。为了便于对数据进行分析等操作，必须要先对数据进行简单的排序操作。

1. 默认排序次序

在 Excel 中其排序主要有升序和降序两种。其中，升序主要按照排序对象由小到大排列（如 0～9 排列）；降序与升序相反（如 9~0 排列）。在按升序排序时，Excel 使用表 7-1 所示的排序次序。

表 7-1 数据排列方式

数据类型	排列方式
数字	数字按从最小的负数到最大的正数进行排序
日期	日期按从最早的日期到最晚的日期进行排序
文本	字母数字文本按从左到右的顺序逐字符进行排序。例如，含有“A100”文本的单元格，将会把这个单元格放在含有“A1”的单元格的后面、含有“A11”的单元格的前面

续表

数 据 类 型	排 列 方 式
文本	文本以及包含存储为文本的数字的文本按以下次序排序：0 1 2 3 4 5 6 7 8 9（空格）! " # $ % & ( ) * , . / : ; ? @ [\ ] ^ _ ` { | } ~ + < = > A B C D E F G H I J K L M N O P Q R S T U V W X Y Z 撇号 (') 和连字符 (-) 会被忽略
逻辑	在逻辑值中，FALSE 排在 TRUE 之前
错误	所有错误值（如#NUM!和#REF!）的优先级相同
空白单元格	无论是按升序还是按降序排序，空白单元格总是放在最后

2. 对文本进行排序

通过上表中的描述，对文本进行排序时，一般对汉字和英文字母进行排序。其中，在对汉字进行排序时，首先按汉语拼音的首字母进行排列。如果第一个汉字的拼音相同，则按第二个汉字拼音的首字母排序。对字母列进行排序时，即按照英文字母的顺序排列，如从 A 到 Z 升序排列或者从 Z 到 A 降序排列。

例如，在工作表中选择需要排序的任意单元格（如 C4 单元格），选择【数据】选项卡，单击【排序和筛选】组中的【升序】按钮，即可对“姓名”列进行升序排序，如图 7-10 所示。

技 巧

在【开始】选项卡中单击【排列和筛选】下拉按钮，执行【升序】、【降序】或【自定义排序】命令也可以对数据进行排序。

图 7-10 对文本进行升序排序

其中，在【排序和筛选】组中包含 3 个排序按钮，其名称和功能如表 7-2 所示。

表 7-2 排序按钮名称及功能

排序按钮	名称	功 能
	升序	按字母表顺序、数据由小到大、日期由前到后排序
	降序	按反向字母表顺序、数据由大到小、日期由后向前排序
	排序	单击该按钮，弹出【排序】对话框，可一次性根据多个条件对数据进行排序

3. 对数字进行排序

选择单元格区域中的一列数值数据，或者选择该列中的任意一个单元格，单击【编辑】组中的【排序和筛选】下拉按钮，执行【降序】命令，如图 7-11 所示。

注 意

在对数字进行排序时如果排序结果不正确，则可能是因为该列中包含有其他格式（而不是数字）的数据。

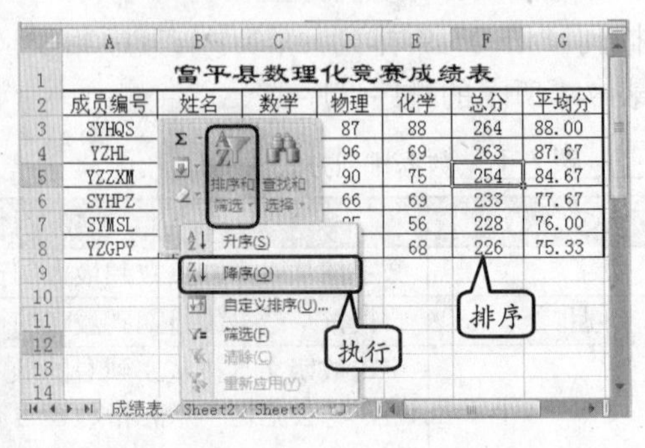

图 7-11 对数字进行排序

4. 对日期或时间进行排序

选择单元格区域中的一列日期或时间，或者选择日期或时间所在列的任意一个单元格，然后选择【数据】选项卡，单击【排序和筛选】组中的【升序】按钮，如图 7-12 所示。

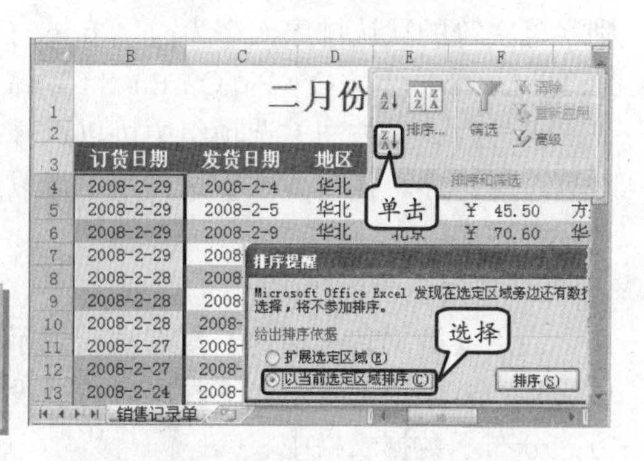

图 7-12 对日期或时间进行排序

注 意

如果日期或时间排序结果不正确，可能是因为该列中包含其他格式（而不是日期或时间）的日期或时间格式。

7.2.2 自定义排序

自定义排序是根据用户在【排序】对话框中设置的排序条件来进行排序的。默认的排序次序是按照系统提供的次序进行排序的。本节主要介绍如何进行自定义排序以及了解默认的排序次序。

单击【升序】或【降序】按钮可以很方便地对数据进行排序，但是当遇到一列中有多个相同的数据等复杂情况时，可以创建自己需要的排序方式进行排序。

单击【排序和筛选】组中的【排序】按钮，弹出【排序】对话框，如图 7-13 所示。

在该对话框中，【主要关键字】选项是用户进行排序时选择的排序字段，即对哪一列数据进行排序。【排序依据】选项主要包含数值、单元格颜色等，可以依据这些选项进行排序。【次序】选项即在排序的过程中是按升序还是降序进行排序的。

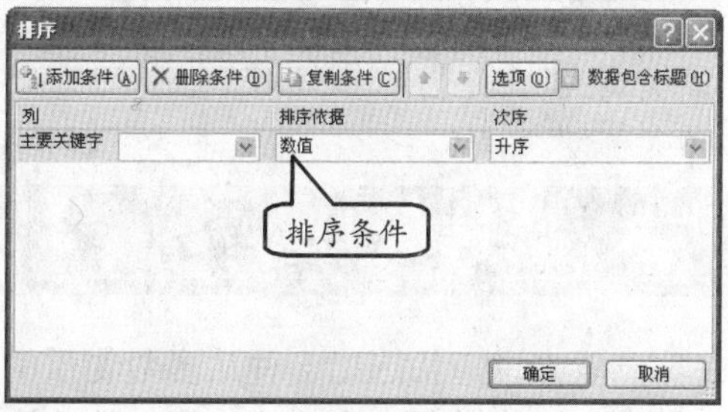

图 7-13 【排序】对话框

其中，在【排序】对话框中包含了多个按钮和选项，其功能如下：

❑ **添加条件**

单击【添加条件】按钮，即添加一个次要关键字选项。可以在主要关键字有相同的数据时运用次要关键字进行排序。

❑ **删除条件**

单击【删除条件】按钮，即可删除当前条件关键字。

❑ **复制条件**

单击【复制条件】按钮，即可复制当前条件关键字。

❑ **上移和下移按钮**

单击【上移】按钮，可选择上一个关键字条件；单击【下移】按钮，可选择下一个关键字条件。

❑ **选项按钮**

单击【选项】按钮，弹出【排序选项】对话框，可以设置排序的方向和方法，如

图 7-14 所示。

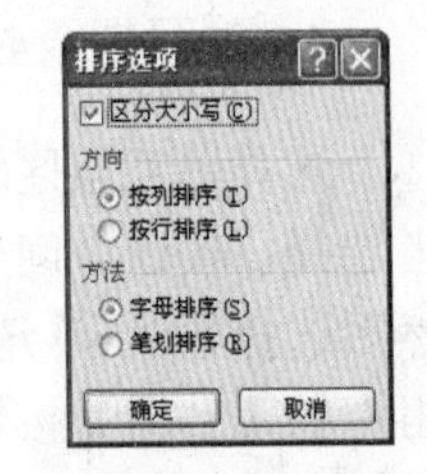

图 7-14 【排序选项】对话框

如果在【排序选项】对话框中启用【区分大小写】复选框，则字母字符的默认排序次序为：a A b B c C d D e E f F g G h H i I j J k K l L m M n N o O p P q Q r R s S t T u U v V w W x X y Y z Z。

另外，在【方向】选项组中可以选择排序的方向是按行还是按列进行排序。在【方法】选项组中可以选择是按字母还是按笔划进行排序。

❑ 数据包含标题

启用【数据包含标题】复选框，表示排序后的数据中保留字段名行，若禁用则表示排序时原来的字段名行也参与数据排序，并将该行按相应的排序方式分布于数据表格中。

在【排序】对话框中设置【主要关键字】选项，单击【添加条件】按钮，添加一个次要关键字选项并设置该选项，效果如图 7-15 所示。

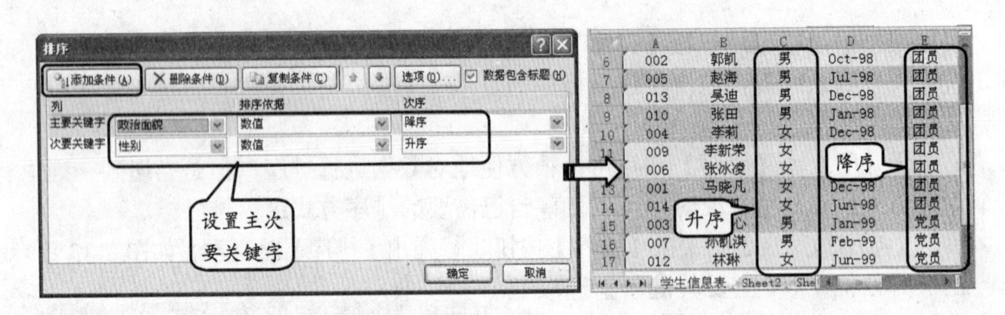

图 7-15 自定义排序

7.3 筛选数据

一般来说，筛选指一种从多数物质中按照预定目标，就某种具有特定属性的物质进行精选的操作过程。在 Excel 中，筛选用于快速查找工作表中特定的数据，可以根据条件将符合条件的数据显示出来，隐藏不满足条件的数据。

7.3.1 筛选概述

在进行自动筛选之前应先了解一下筛选的概念及原理，下面介绍筛选的相关知识。

筛选过的数据仅显示那些满足指定条件（指定的限制查询或筛选的结果集中包含哪些记录的条件）的行，并隐藏那些不希望显示的行。筛选数据之后，对于筛选过的数据的子集来说，不需要重新排列或移动就可以复制、查找、编辑、设置格式、制作图表和打印。

还可以按多个列进行筛选。筛选器是累加的，这意味着每个追加的筛选器都基于当前筛选器，从而进一步减少了数据的子集。

在进行筛选的过程中主要包含两种条件的筛选。一种是“与”筛选条件，另一种是“或”筛选条件。其中，“与”筛选条件是可以筛选出同时满足两个条件的数据；“或”筛选条件可以筛选出满足两个条件之一的数据。

筛选主要分为自动筛选和高级筛选两大类。自动筛选主要用于筛选条件比较简单的筛选；高级筛选可以设置行与行之间的“与”和“或”关系条件，也可以对一个特定的列指定 3 个以上的条件，还可以指定计算条件，这些都是它比自动筛选优越的地方。高级筛选的条件区域应该至少有两行，第一行用来放置列标题，下面的行则放置筛选条件，需要注意的是，这里的列标题一定要与数据清单中的列标题完全一致。在条件区域的筛选条件的设置中，同一行上的条件认为是“与”条件，而不同行上的条件认为是“或”条件。

7.3.2 自动筛选

自动筛选是一种快捷的筛选方法，单击【筛选】按钮，启用列筛选器，单击该列筛选器下拉按钮，从其下拉列表中选择相应选项即可对数字、文本及日期进行筛选。

单击【平均成绩】字段右侧的列筛选器下拉按钮，在【数字筛选】级联菜单中执行【大于或等于】命令，如图 7-16 所示。

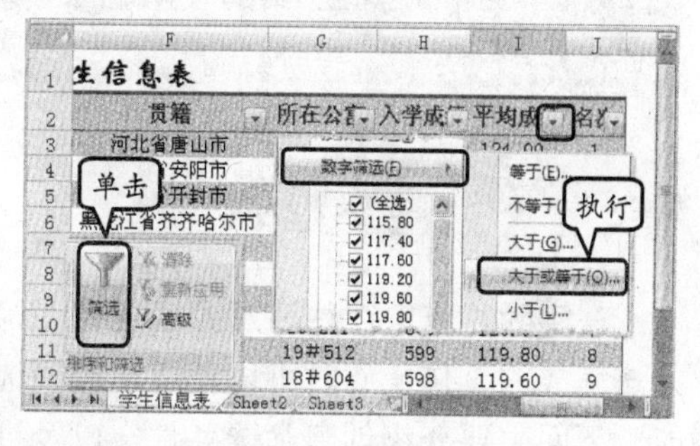

图 7-16 执行【大于或等于】命令

注 意

在筛选前应先选择工作表中的数据单元格区域，或者激活任何一个包含数据的单元格，否则执行【自动筛选】命令后屏幕上会出现一条出错信息。

其中，在【数字筛选】下拉列表中共包含 12 种筛选方式，数据筛选条件的方式及功能如表 7-3 所示。

表 7-3 筛选方式及功能

方　式	功　能
等于	当数据项与筛选条件完全相同时显示
不等于	当数据项与筛选条件完全不同时显示
大于	当数据项大于筛选条件时显示
大于或等于	当数据项大于或等于筛选条件时显示
小于	当数据项小于筛选条件时显示
小于或等于	当数据项小于或等于筛选条件时显示
开头是	当数据项以筛选条件开始时显示
开头不是	当数据项不以筛选条件开始时显示
结尾是	当数据项以筛选条件结尾时显示
结尾不是	当数据项不以筛选条件结尾时显示
包含	当数据项内含有筛选条件时显示
不包含	当数据项内不含筛选条件时显示

当选择不同的字段进行筛选时，其出现的筛选菜单也将不同，例如，单击时间所在的列筛选器下拉按钮，将弹出相应的时间筛选命令；单击文本所在的列筛选器下拉按钮，将弹出相应的文本筛选命令。

在弹出的【自定义自动筛选方式】对话框中设置平均成绩为“大于或等于”122，即可得到筛选结果，如图 7-17 所示。

在筛选数据时，通过【自定义自动筛选方式】对话框可以设置两种不同的筛选条件。若在图 7-18 所示的对话框中选择

【与】单选按钮，则可以筛选出既符合平均成绩“大于或等于”120，又符合平均成绩“不等于”121 条件的数据。

在图 7-19 所示的对话框中选择【或】单选按钮，即可筛选出满足平均成绩“等于”124 或者“小于”120 的数据。

另外，禁用相应的复选框也可以进行筛选。例如，单击【政治面貌】字段右侧的列筛选器下拉按钮，在弹出的下拉列表中禁用【团员】复选框，即可得到筛选结果，如图 7-20 所示。

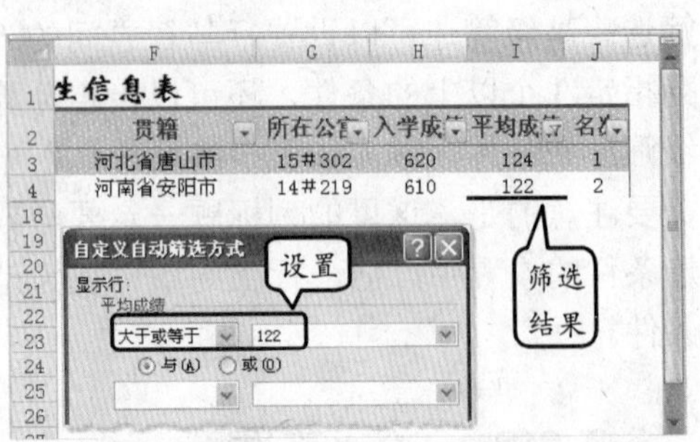

图 7-17 自定义自动筛选

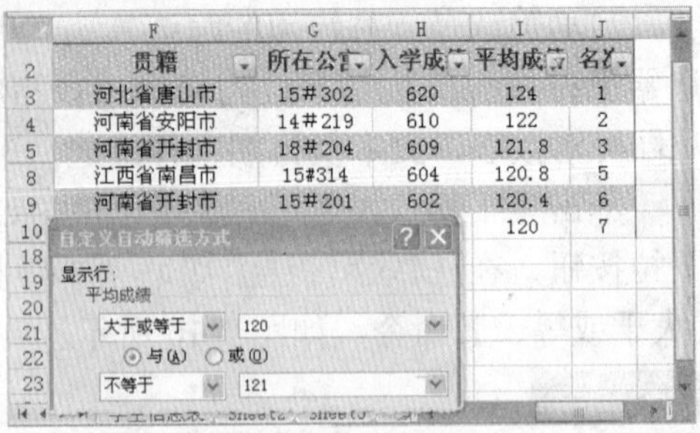

提 示

如果想取消对数据所有列的筛选，可单击【排序和筛选】组中的【清除】按钮 清除，或者启用【数字筛选】级联菜单中的【全选】复选框；如果想退出自动筛选状态，可单击【排序和筛选】组中的【筛选】按钮，此时，显示在字段名右侧的下三角按钮也会一起消失。

图 7-18 “与”筛选

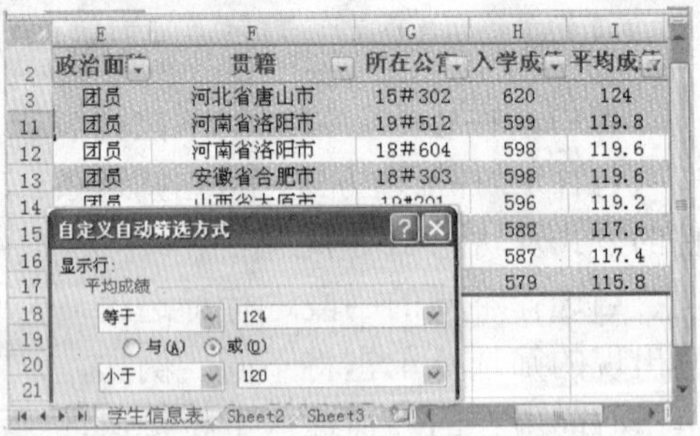

7.3.3 高级筛选

在实际工作中往往涉及到运用自动筛选无法完成的工作，此时可以使用高级筛选功能。下面主要介绍创建筛选条件，以及进行筛选的具体方法。

图 7-19 “或”筛选

1. 创建筛选条件

筛选条件是指限制查询或筛选的结果集中包含哪些记录的条件。在进行高级筛选之前应首先建立筛选条件。

高级筛选的条件区域应该至少有两行，第一行用来放置列标题，下面的行则放置筛选条件，需要注意的是，这里的列标题一定要与数据清单中的列标题完全一致。

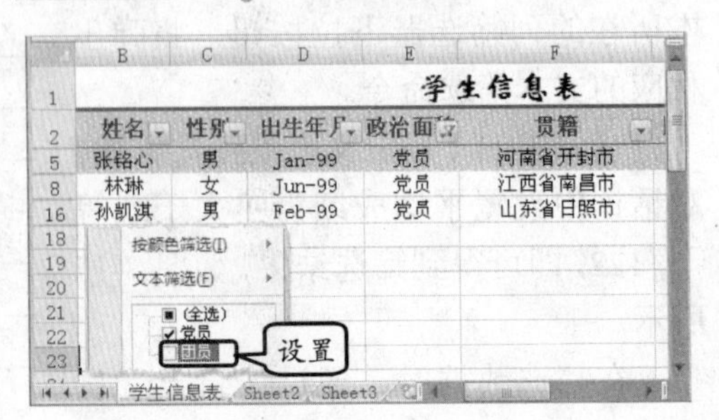

图 7-20 筛选数据

❑ **一列中有多个条件**

需要查找满足“一列中有多个条件”的行，直接在条件区域的单独行中依次输入条件。例如，在 D20 至 D22 单元格区域中输入筛选条件，即可筛选出姓名为“李莉”或者“郭凯”的学生，如图 7-21 所示。

❑ 多列中有多个条件

在同一行中输入多列筛选条件，即可筛选出同时满足这几个条件的数据。例如，在C20至E21单元格区域中输入筛选条件位于同一行的多列区域中，即可筛选出同时满足3个条件的数据，如图7-22所示。

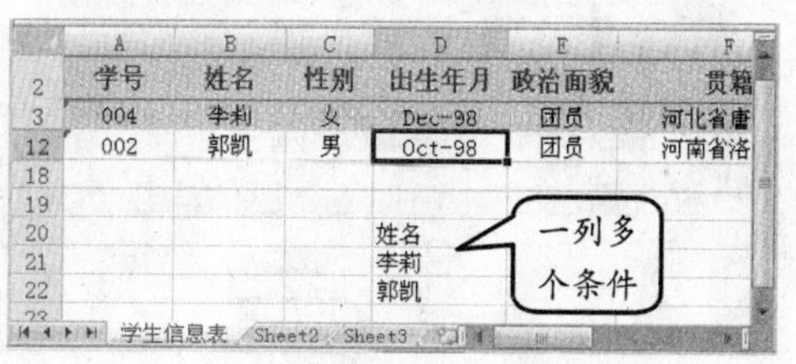

	A	B	C	D	E	F
2	学号	姓名	性别	出生年月	政治面貌	贯籍
3	004	李莉	女	Dec-98	团员	河北省唐
12	002	郭凯	男	Oct-98	团员	河南省洛
18						
19						
20				姓名		
21				李莉		
22				郭凯		

图7-21　一列中有多个条件

另外，也可以在不同行中输入多列筛选条件，即可筛选出满足任意一个条件的数据。例如，在C20至E23单元格区域中输入筛选条件位于不同行的多列区域中，即可筛选出满足3个条件中任意一个的筛选结果，如图7-23所示。

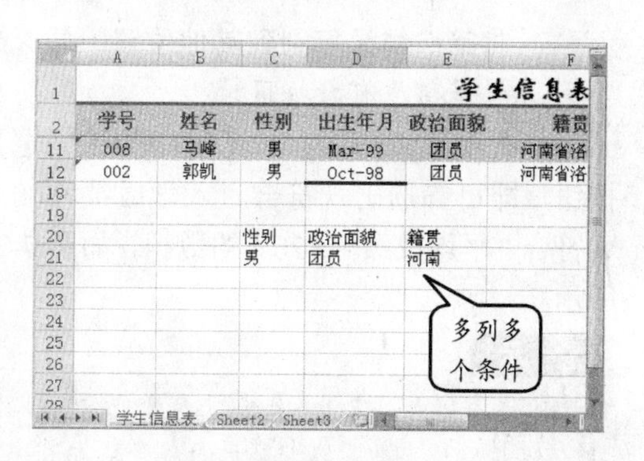

	A	B	C	D	E	F
1						学生信息表
2	学号	姓名	性别	出生年月	政治面貌	籍贯
11	008	马峰	男	Mar-99	团员	河南省洛
12	002	郭凯	男	Oct-98	团员	河南省洛
18						
19						
20			性别	政治面貌	籍贯	
21			男	团员	河南	

图7-22　多列中有多个条件

❑ 多个条件集

多个条件集主要包含每个集包括用于多个列的条件和每个集包括用于同一个字段的多个条件两种类型。

在同一列的不同行中设置多个条件，这样即可筛选出同时满足这些条件的数据，如图7-24所示。

	A	B	C	D	E	F
2	学号	姓名	性别	出生年月	政治面貌	籍贯
3	004	李莉	女	Dec-98	团员	河北省唐
4	009	李新荣	女	Nov-98	团员	河南省安
6	006	张冰凌	女	Apr-98	团员	黑龙江省齐齐
8	012	林琳	女	Jun-99	党员	江西省南
9	001	马晓凡	女	Dec-98	团员	河南省开
13	005	赵海	男	Jul-98	团员	安徽省合
16	007	孙凯淇	男	Feb-99	党员	山东省日
17	014	朱珊	女	Jun-98	团员	河南省焦
18						
19						
20			姓名	性别	籍贯	
21			赵海			
22				女		
23					山东	

多列多个条件

图7-23　多列中有多个条件

另外，还可以在不同列中输入相同的字段名设置不同的条件。例如，在G19至H21单元格区域中输入筛选条件，即可筛选出入学成绩在600～610之间，或者小于590的学生，如图7-25所示。

	A	B	C	D	G	H
2	学号	姓名	性别	出生年月	所在公寓	入学成绩
4	009	李新荣	女	Nov-98	14#219	610
10	011	孙一明	男	May-98	19#211	600
18						
19						
20			姓名	入学成绩		
21			李新荣	>600		
22			张铭心	>610		
23			孙一明	>=600		

图7-24　多个列的条件

2. 创建筛选

创建完筛选条件后，下面以运用“与”筛选条件为例介绍创建筛选的方法。

单击【排序和筛选】组中的【高级】按钮，在弹出的【高级筛选】对话框中将自动选择【列表区域】的单元格地址，此时只需要将光标置于【条件区域】后的文本框内，直接选择工作表中的条件区域即可，如图7-26所示。

其中，在【高级筛选】对话框中有两种筛选方式，其功能如下：

- ❑ **在原有区域显示筛选结果**　在原有的区域显示筛选结果，且原有数据区域被覆盖。

	F	G	H	I	J
2	籍贯	所在公寓	入学成绩	平均成绩	名次
5	河南省开封市	18#204	609	121.8	3
6	黑龙江省齐齐哈尔市	14#502	605	121	4
7	江苏省杭州市	18#411	605	121	4
8	江西省南昌市	15#314	604	120.8	5
9	河南省开封市	15#201	602	120.4	6
15	安徽省合肥市	18#209	588	117.6	11
16	山东省日照市	18#415	587	117.4	12
17	河南省焦作市	14#306	579	115.8	13
18					
19		入学成绩	入学成绩		
20		>600	<610		
21		<590			

图 7-25 一个列的条件

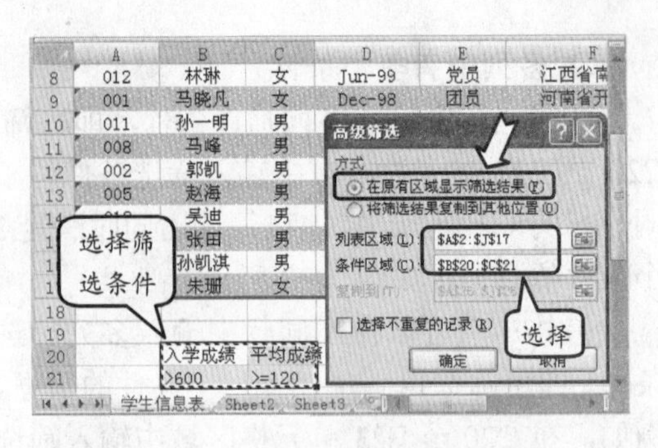

图 7-26 设置【高级筛选】选项

- **将筛选结果复制到其他位置** 筛选的结果显示在选择的【复制到】单元格区域中，且保留原有数据区域。

单击【高级筛选】对话框中的【确定】按钮，即可筛选出既符合“入学成绩>600”又符合“平均成绩>=120”的数据，如图 7-27 所示。

提 示

也可以进行“或”筛选条件的筛选，只需运用相同的方法选择创建的“或”筛选条件区域即可得到“或”筛选结果。

	B	C	D	E	F
1					学生信息表
2	姓名	性别	出生年月	政治面貌	贯籍
3	李莉	女	Dec-98	团员	河北省唐山市
4	李新荣	女	Nov-98	团员	河南省安阳市
5	张铭心	男	Jan-99	党员	河南省开封市
6	张冰凌	女	Apr-98	团员	黑龙江省齐齐哈尔市
7	张照明	男	May-98	团员	江苏省杭州市
8	林琳	女	Jun-99	党员	江西省南昌市
9	马晓凡	女	Dec-98	团员	河南省开封市

筛选结果

图 7-27 筛选结果

7.4 分类汇总数据

分类汇总是按某一列数据中相同的部分进行分类，再通过汇总函数，如 Sum、Count 和 Average 等对数据进行合并计算的一种分析计算类型。对于一个工作表中的数据来说，如果能在适当的位置加入分类汇总后的统计数据，将使数据内容更加清晰、易懂。本节主要介绍创建分类汇总，以及嵌套分类汇总的方法。

7.4.1 创建分类汇总

在进行分类汇总之前，首先应对数据进行排序，以便将具有相同属性的一些数据集中在一起，使分类汇总结果更明显。

对需要进行分类汇总的数据按照某一个字段进行排序，如按【商品名称】字段进行升序排序，如图 7-28 所示。

选择【数据】选项卡，在【分级显示】组中单击【分类汇总】按钮，弹出【分类汇总】对话框，如图 7-29 所示。

	A	B	C	D	E	F
1					仓库库存表	
2	编号	商品名称	进(出)货	单价	数量	出(入)
3	835	白色男旅游鞋	1	125	6	6
4	835	白色男旅游鞋	-1	125	3	-3
5	835	白色男旅游鞋	-1		3	-3
6	845	黑色男皮鞋	1		12	12
7	845	黑色男皮鞋	-1		2	-2
8	845	黑色男皮鞋	-1			
9	845	黑色男皮鞋	1			
10	845	黑色男皮鞋	-1			
11	723	红色女皮鞋	1			
12	723	红色女皮鞋	-1			
13	723	红色女皮鞋	1			

排序 单击

图 7-28 排序

其中，在【分类汇总】对话框中包含的各选项功能如下：

- **分类字段** 单击【分类字段】下拉按钮，选择所需字段作为分类汇总的依据。
- **汇总方式** 在【汇总方式】下拉列表中选择所需的统计函数，主要包含求和、平均值、最大值、计数等多种函数。
- **选定汇总项** 在【选定汇总项】栏中启用需要对其进行汇总计算的字段前面的复选框，即可完成相应的分类汇总。
- **替换当前分类汇总** 进行下一次分类汇总时，若启用该复选框，则替换上一次的汇总结果；若禁用该复选框，则保留上一次的汇总结果，并进行此次汇总。
- **每组数据分页** 每一组数据显示在不同页上。
- **汇总结果显示在数据下方** 指定摘要行位于明细数据行上方还是下方。如位于明细数据行上方，则禁用该复选框；若位于下方，则启用该复选框。

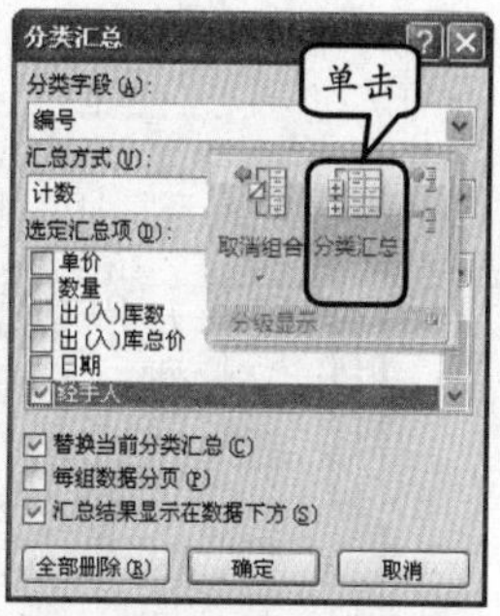

图 7-29 【分类汇总】对话框

下面以某仓库库存表为例来介绍一下分类汇总的具体用法。

在【分类汇总】对话框中设置分类字段为“商品名称”；汇总方式为“求和”；选定汇总项为“出（入）库总数”，如图 7-30 所示。

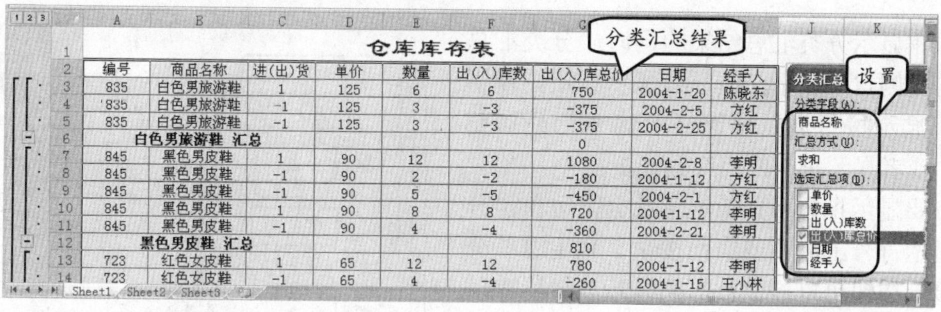

图 7-30 分类汇总结果

7.4.2 嵌套分类汇总

进行分类汇总之后，若需要将数据进一步地细化，即在原有汇总结果的基础上再次进行分类汇总，便可采用嵌套分类汇总的方式。本节主要介绍嵌套分类汇总的具体操作方法及使用技巧。

例如，将【商品名称】字段按升序进行排序，并在【分类汇总】对话框的【分类字段】下拉列表中选择要进行分类汇总的选项（如选择【商品名称】选项）。在【汇总方式】下拉列表中选择【求和】函数，并在【选定汇总项】下拉列表中选择进行汇总的数值的列，例如选择【数量】和【出（入）库总价】选项。

进行首次汇总后，可以再次单击【分类汇总】按钮，在【分类汇总】对话框的【汇总方式】下拉列表中选择【平均值】函数，并禁用【替换当前分类汇总】复选框，单击【确定】按钮，即可得到如图 7-31 所示的嵌套分类汇总结果。

嵌套汇总结果

仓库库存表

	编号	商品名称		单价	数量	出(入)库数	出(入)库总价	日
3	835	白色男旅游鞋	1	125	6	6	750	2004
4	835	白色男旅游鞋	-1	125	3	-3	-375	2004
5	835	白色男旅游鞋	-1	125	3	-3	-375	2004
6	白色男旅游鞋 平均值				4		0	
7	白色男旅游鞋 汇总				12		0	
8	845	黑色男皮鞋	-1	90	2	-2	-180	2004
9	845	黑色男皮鞋	-1	90	5	-5	-450	2004
10	845	黑色男皮鞋	1	90	12	12	1080	2004
11	845	黑色男皮鞋	1	90	8	8	720	2004
12	845	黑色男皮鞋	-1	90	4	-4	-360	2004
13	黑色男皮鞋 平均值				6.2		162	
14	黑色男皮鞋 汇总				31		810	
15	723	红色女皮鞋	1	65	12	12	780	2004
16	723	红色女皮鞋	1	65	16	16	1040	2004
17	723	红色女皮鞋	-1	65	4	-4	-260	2004

分类汇总
分类字段(A): 商品名称
汇总方式(U): 平均值
设置
选定汇总项(D): 进(出)货 单价 数量 出(入)库数 出(入)库总价 日期
替换当前分类汇总(C)
每组数据分页(P)
汇总结果显示在数据下方(S)
全部删除(R) 确定 取消
Sheet1 Sheet2 Sheet3

图 7-31 嵌套汇总后的结果

提 示

要删除创建的分类汇总，首先选择包含分类汇总的单元格，重新打开【分类汇总】对话框，单击【全部删除】按钮即可。

7.4.3 显示或隐藏汇总的细节数据

在显示分类汇总结果的同时，分类汇总表的左侧自动显示一些分级显示按钮。使用分级显示按钮可以快速显示摘要行或摘要列，或者显示每组的明细数据。

要显示指定级别的汇总数据，可单击分级显示符号上的相应级别按钮。利用这些分级显示按钮可以控制数据的显示或者隐藏。例如，单击左侧的隐藏分级按钮，则会隐藏汇总项，如图 7-32 所示。

汇总级别
单击按钮将隐藏汇总项
级别条
单击按钮将展开汇总项

仓库库

	A	B	C	D	E
2		品名称	进(出)货	单价	数量
3	835	白色男旅游鞋	1	125	6
4	835	白色男旅游鞋	-1	125	3
5	835	白色男旅游鞋	-1	125	3
					4
					12
8	845	黑色男皮鞋	1	90	12
9		黑色男皮鞋	-1	90	2
		色男皮鞋	-1	90	5
11		色男皮鞋	1	90	8
12	845	黑色男皮鞋	-1	90	4
13	黑色男皮鞋 平均值				6.2
14					31
					8.6
21					43
22	356	黄色女布鞋	-1	35	10
23	356	黄色女布鞋	1	35	25

Sheet1 Sheet2 Sheet3

图 7-32 隐藏汇总项

其中，在汇总表中包含以下几个按钮，其名称和功能如表 7-4 所示。

表 7-4 汇总按钮名称和功能

按 钮	名 称	功 能
+	显示细节按钮	单击此按钮可以显示分级显示信息
-	隐藏细节按钮	单击此按钮可以隐藏分级显示信息
1	1 级别按钮	单击此按钮只显示总的汇总结果，即总计数据
2	2 级别按钮	单击此按钮则显示部分数据及其汇总结果
3	3 级别按钮	单击此按钮则显示部分数据及其汇总结果
4	4 级别按钮	单击此按钮显示全部数据
|	级别条	指示属于某一级别的细节行或列的范围

另外，可手动组合分级显示信息。所谓组合，就是将某个范围的单元格关联起来，从而可将其折叠或者展开。

例如，选择要手动组合分级显示的单元格区域，如选择C至G12单元格区域，单击【组合】下拉按钮，执行【组合】命令，在弹出的【创建组】对话框中选择【列】单选按钮，则在工作表上方将自动添加一个级别1和2，此时只需单击前一个级别（级别1）即可隐藏创建的分级显示组，如图7-33所示。

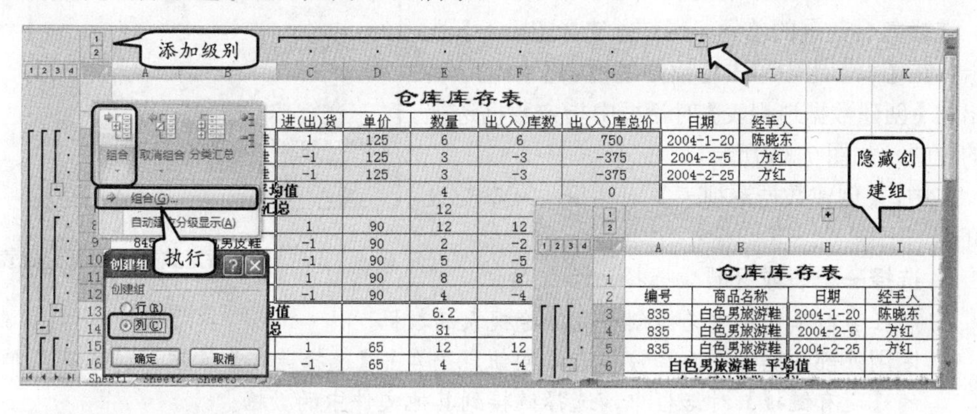

图7-33 手动组合分级显示

其中，在【创建组】对话框中包含为行或列创建组的两个单选按钮，其功能如下：

- 行　选择【行】单选按钮，将在工作表的左侧创建分级显示按钮。
- 列　选择【列】单选按钮，将在工作表的上方创建分级显示按钮。

提　示

在【组合】下拉列表中执行【自动创建分级显示】命令，也可创建分级显示组。

若要取消以前组合的一组单元格，可单击【取消组合】下拉按钮，执行【取消组合】命令，在弹出的【取消组合】对话框中择要取消的行或列即可。也可执行【取消组合】下拉列表中的【清除分级显示】命令清除分级显示，如图7-34所示。

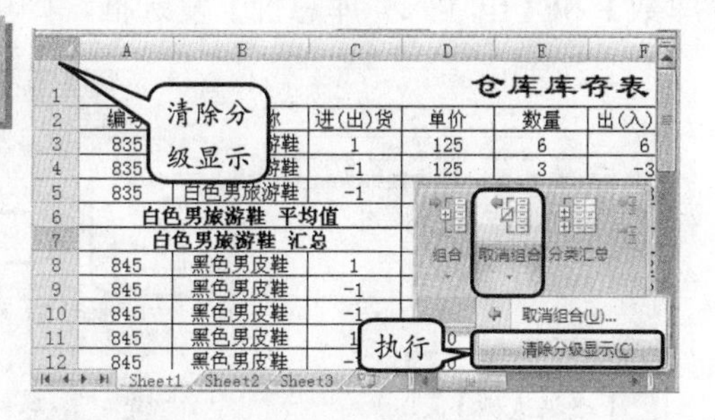

图7-34 清除分级显示

7.5 数据透视表和透视图

使用数据透视表可以汇总、分析数据，并可以通过直观的方式显示数据汇总结果，为Excel用户查询和分类数据提供了方便。使用数据透视图可以更清晰明了地表示出数据与数据之间的关系。本节主要介绍插入和美化数据透视表和透视图的方法。

7.5.1 插入透视表和透视图

数据透视表是一种可以快速汇总大量数据的交互式方法。使用数据透视表可以轻松排列和汇总复杂数据，并可进一步查看详细数据汇总信息。

在创建数据透视表的过程中，不是所有工作表都有建立数据透视表（透视图）的必要。一般对于记录数量众多、以流水账形式记录、结构复杂的工作表来说，为了将其中的一些内在规律显现出来，可以重新组合工作表并添加算法，即建立数据透视表（透视图）。

选择包含数据的单元格区域，选择【插入】选项卡，在【表】组中单击【数据透视表】按钮，在弹出的【创建数据透视表】对话框中指定数据透视表的位置，如图 7-35 所示。

图 7-35　指定数据透视表的位置

其中，【创建数据透视表】对话框中其参数设置介绍如下：

- **选择一个表或区域**　选择该单选按钮，可以在当前工作簿中选择创建数据透视表的数据。
- **使用外部数据源**　选择该单选择按钮，并单击【选择连接】按钮，则可以在弹出的【现有链接】对话框中，选择链接到其他文件中的数据。
- **新工作表**　选择该单选按钮，则可以将创建的数据透视表以新的工作表显现。
- **现有工作表**　选择该单选按钮，则可以将创建的数据透视表插入到当前工作表的指定位置。

此时，在窗口中显示出数据透视表框架。在窗口右侧弹出【数据透视表字段列表】任务窗格，在【选择要添加到报表的字段】栏中分别启用【商品名称】、【单价】、【出（入）库数】和【出（入）库总价】复选框，则可生成数据透视表，如图 7-36 所示。

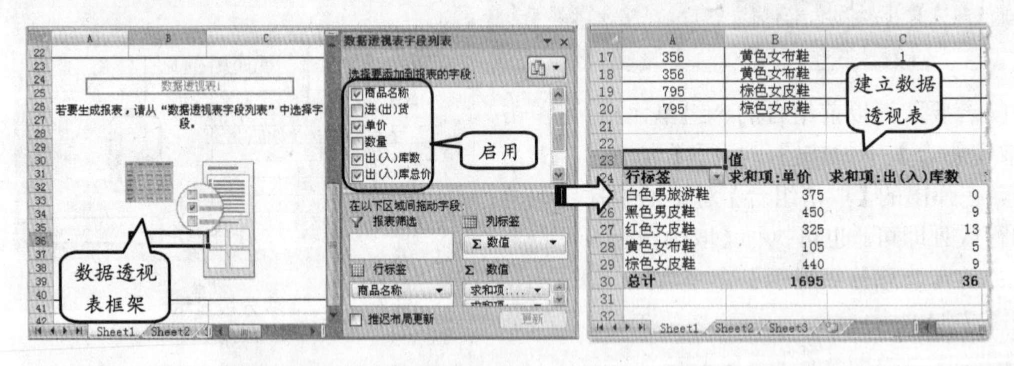

图 7-36　创建数据透视表

若已创建了数据透视表，只需选择【数据透视表工具】下的【选项】选项卡，并单击图 7-37 所示的【工具】组中的【数据透视图】按钮，在弹出的【插入图表】对话框中选择一种图表类型，如选择【簇状条形图】选项，即可插入如图 7-38 所示的数据透视图。

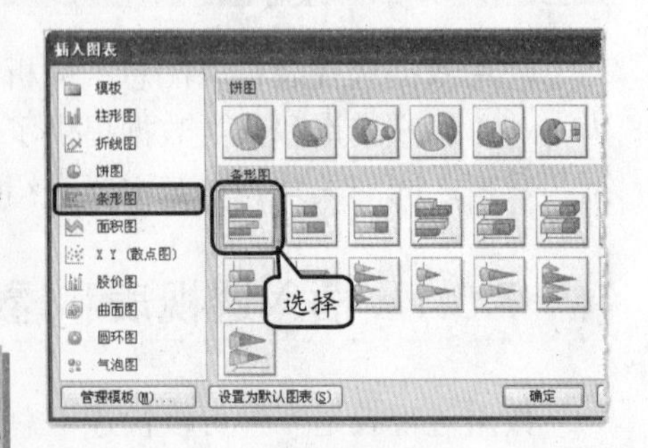

图 7-37　选择图表类型

提　示

若没有在工作表中创建数据透视表，可以单击【表】组中的【数据透视表】下拉按钮，执行【数据透视图】命令完成数据透视图的制作即可。

7.5.2 格式化数据透视表

为了使数据透视表更加美观，可以设置其格式。例如，对其应用数据透视表样式，从而可为其快速地添加边框和底纹样式。另外，还可以为数据透视表中的数据更改计算类型。

1. 应用数据透视表样式

Excel 提供了 50 种数据透视表样式，应用该样式可以快速地设置数据透视表的单元格格式。将鼠标置于数据透视表表格中，并选择【设计】选项卡，在【数据透视表样式】组中选择【数据透视表样式浅色 17】选项，如图 7-39 所示。

2. 数据透视表样式选项设置

选择【设计】选项卡，在【数据透视表样式选项】组中启用相应的复选框，即可对透视表样式进行更改，如图 7-40 所示。

3. 显示或隐藏字段信息

将鼠标置于数据透视表中，并选择【选项】选项卡，在【显示/隐藏】组中单击【字段列表】按钮，即会弹出【数据透视表字段列表】任务窗格，如图 7-41 所示。若再次单击（或者单击该任务窗格中的【关闭】按钮，则可隐藏【数据透视表字段列表】任务窗格。

提 示

使用字段列表可以添加和删除数据透视表中的字段。

技 巧

将鼠标置于数据透视表中，右击执行【隐藏字段列表】命令，即可隐藏【数据透视表字段列表】任务窗格。隐藏之后，再次右击，执行【显示字段列表】命令，即可显示该任务窗格。

另外，单击【显示/隐藏】组中的【字段

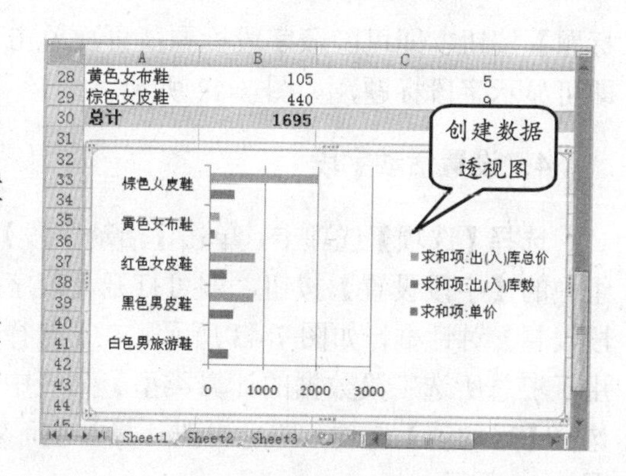

图 7-38 插入数据透视图

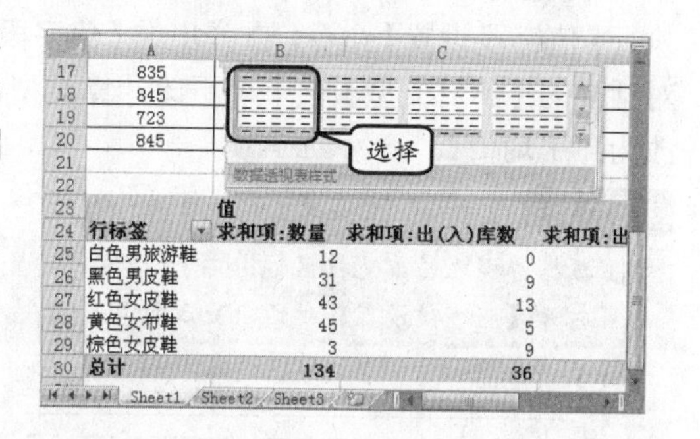

图 7-39 应用数据透视表样式

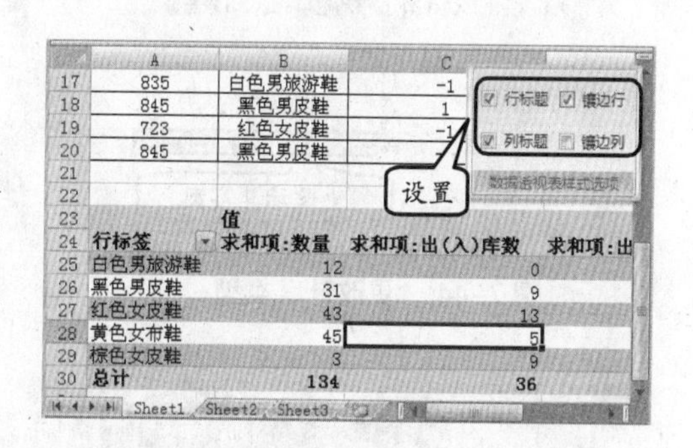

图 7-40 数据透视表样式选项设置

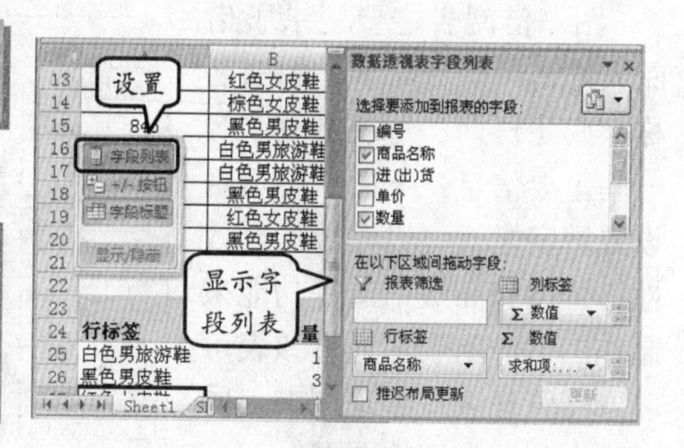

图 7-41 显示字段信息

标题】按钮，即可隐藏字段标题；再次单击即可显示字段标题，如图 7-42 所示。

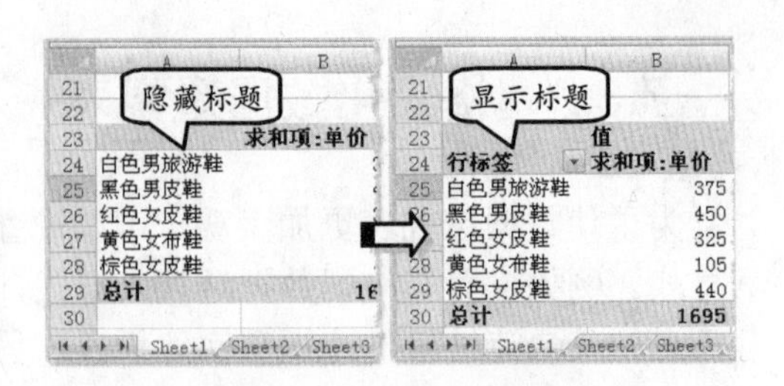

图 7-42　显示/隐藏字段标题

4. 设置活动字段

选择【选项】选项卡，单击【活动字段】组中的【字段设置】按钮，即可打开【值字段设置】对话框，如图 7-43 所示。在【选择用于汇总所选字段数据的计算类型】列表中选择【平均值】选项，即可更改计算类型，效果如图 7-44 所示。

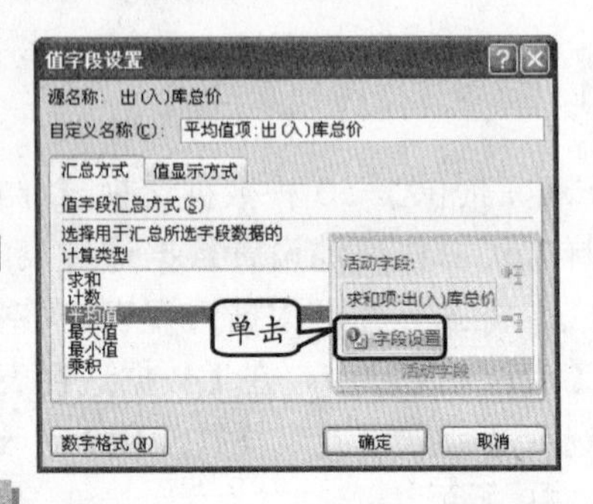

图 7-43　【值字段设置】对话框

也可以在图 7-45 所示的【数值】下拉列表中执行【值字段设置】命令，在弹出的【值字段设置】对话框的【计算类型】栏中可更改计算类型，如更改为“平均值”。

技　巧

右击数据透视表的单元格区域，执行【值字段设置】命令，也可打开【值字段设置】对话框更改计算类型。

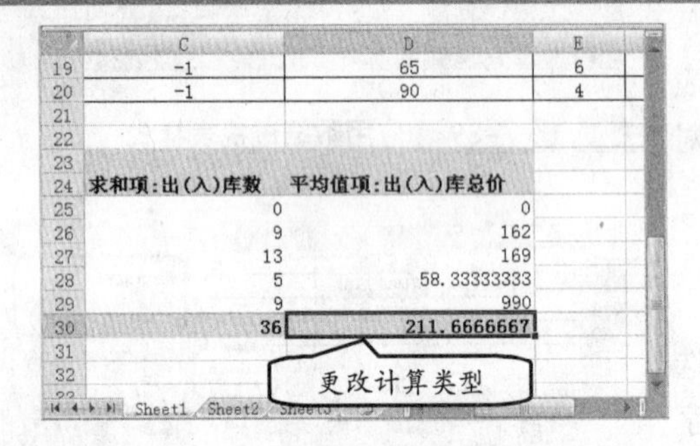

图 7-44　更改计算类型

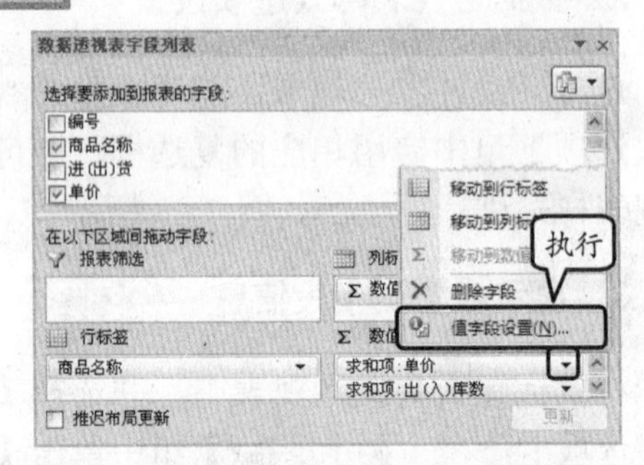

图 7-45　执行【值字段设置】命令

7.6　实验指导：制作图书借阅表

图书借阅表主要记录了借阅人姓名、借阅日期、图书名称、归还日期和管理员签字等一些重要信息。下面主要运用设置数字格式、设置数据有效性、排序和高级筛选等功能来制作图书借阅表。通过该表可以方便管理人员管理图书，同时查询到期未还的图书。

图书借阅表

编号	借阅日期	借阅人	书号	图书名称	数量	类别	预计归还日期	借阅单（学号）	到期提示	归还日期	管理员签
3	2008-2-9	赵佳	0351	时尚周刊	1	杂志类	2008-2-12	060601352	到期	2008-2-12	宋国红
6	.2008-3-4	王静	0163	体育界周刊	1	杂志类	2008-3-7	050501224	超期	2008-3-8	张玲
11	2008-2-15	马新	0177	英语故事会	1	杂志类	2008-2-17	070704200	到期	2008-2-17	宋国红
1	2008-2-3	刘方	0124	张爱龄全集	1	文学类	2008-2-8	050501124	到期	2008-2-8	宋国红
4	2008-2-9	郭红琳	0124	张爱龄全集	1	文学类	2008-3-3	050504105	超期	2008-3-4	宋国红
7	2008-3-4	刘凯	0028	拿破仑传	1	文学类	2008-3-15	070706842	到期	2008-3-15	张玲
8	2008-3-9	方正雨	0281	茶花女	1	文学类	2008-3-12	050503621	到期	2008-3-12	宋国红
13	2008-3-19	武军	0028	拿破仑传	1	文学类	2008-3-25	050501021	催还书	2008-3-27	宋国红
15	2008-3-6	刘凯	0124	张爱龄全集	1	文学类	2008-3-11	070706842	到期	2008-3-11	张玲
12	2008-3-4	王珂	0284	如何走向成功	1	社科类	2008-3-9	050503009	到期	2008-3-9	张玲
2	2008-2-3	赵南	0245	计算机基础	1	计算机类	2008-2-9	050504851	到期	2008-2-9	宋国红
5	2008-3-2	马天天	0245	VB入门全攻略	1	计算机类	2008-3-5	060607258	到期	2008-3-5	张玲
9	2008-2-16	郭天	0245	计算机基础	1	计算机类	2008-2-21	060603255	超期	2008-2-22	张玲
10	2008-3-9	赵南	0190	计算机硬件与维修	1	计算机类	2008-3-15	050504851	超期	2008-3-16	宋国红

实验目的

- ❑ 设置数字格式
- ❑ 设置数据有效性
- ❑ 运用排序
- ❑ 高级筛选

操作步骤

1 选择 D3 至 D17 和 I3 至 I17 单元格区域，在【数字】组中的【数字格式】下拉列表中选择【文本】选项，如图 7-46 所示。

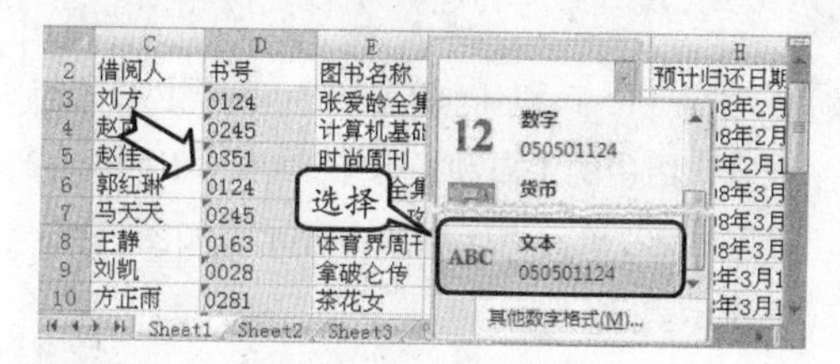

图 7-46 设置数字格式

提 示

在新建工作表中输入"图书借阅表"的表头、字段名及字段信息。

2 设置 A1 单元格的字体为华文新魏，字号为 20，字体颜色为红色，并单击【加粗】按钮。设置 A1 至 L1 单元格区域为合并后居中，如图 7-47 所示。

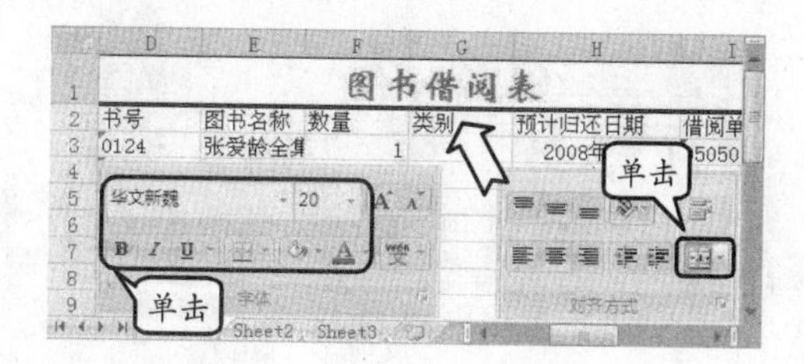

图 7-47 设置字体格式

3 设置 A2 至 L2 单元格区域的字号为 12，在【颜色】对话框的【标准】栏中选择一种颜色，设置为该区域的填充颜色，如图 7-48 所示。

提 示

在【填充颜色】下拉列表中执行【其他颜色】命令，即可打开【颜色】对话框。

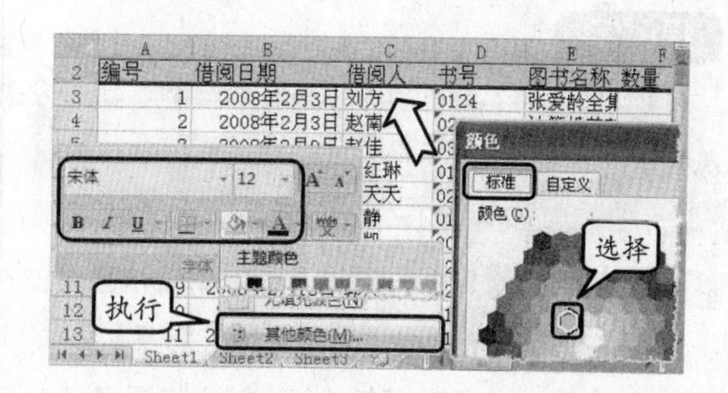

图 7-48 设置填充颜色

4 设置 B3 至 B17、H3 至 H17 和 K3 至 K17 单元格区域的字体格式为短日期，如图 7-49 所示。

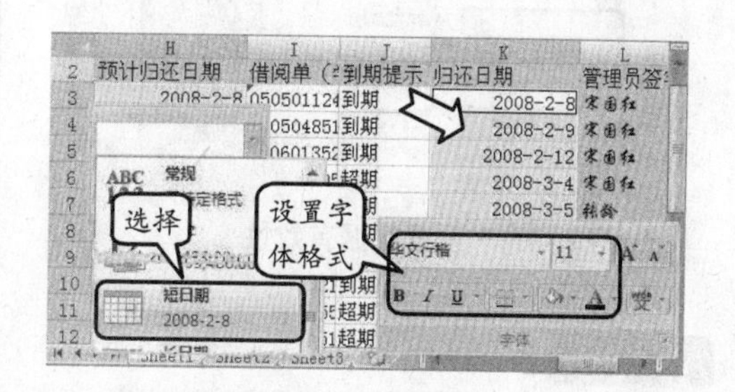

图 7-49 设置数字格式

提 示

设置 L3 至 L17 单元格区域的字体为华文行楷，填充颜色为"白色，背景 1，深色 15%"。

5 选择 G3 至 G22 单元格区域，在【数据有效性】对话框的【允许】下拉列表中选择【序列】选项，并在【来源】文本框中输入"文学类,计算机类,杂志类,社科类"，如图 7-50 所示。

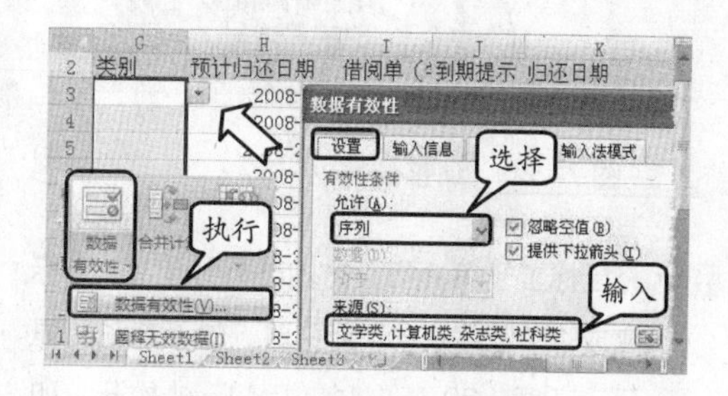

图 7-50 设置数据有效性

提 示

在【数据工具】组中的【数据有效性】下拉列表中执行【数据有效性】命令，即可打开【数据有效性】对话框。

6 依照相同的方法选择 J3 至 J22 单元格区域，并在【数据有效性】对话框的【来源】文本框中输入“到期,超期,催还书”，如图 7-51 所示。

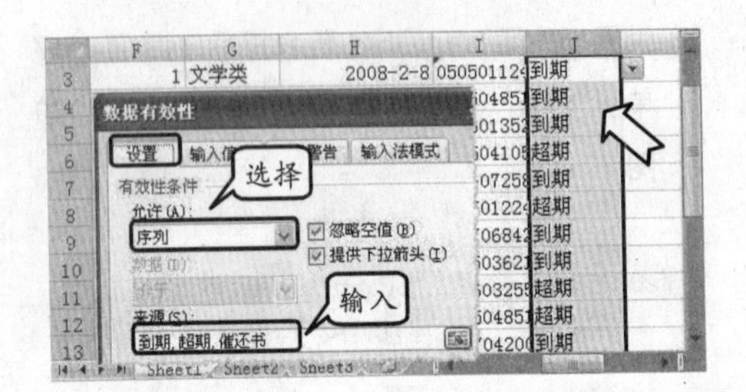

图 7-51 设置数据有效性

提 示

分别在 G3 至 G17 和 J3 至 J17 单元格区域中的【数据有效性】下拉列表中选择相对应的类别和到期提示信息。

7 选择 A、D 和 F 列，将鼠标置于任意一列分界线上，当光标变成“单横线双向”箭头时，向左拖动至显示“宽度：4.50（41 像素）”处松开，如图 7-52 所示。

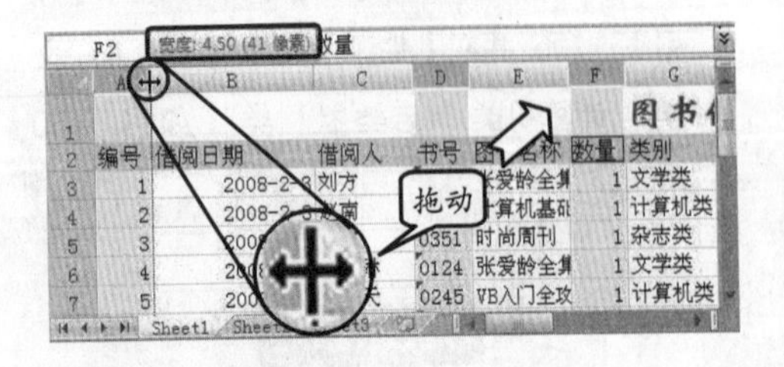

图 7-52 调整列宽

8 将鼠标置于第 2 行下方的分界线上，当光标变成“单竖线双向”箭头时，向下拖动至显示“高度：30.75（41 像素）”处松开，如图 7-53 所示。

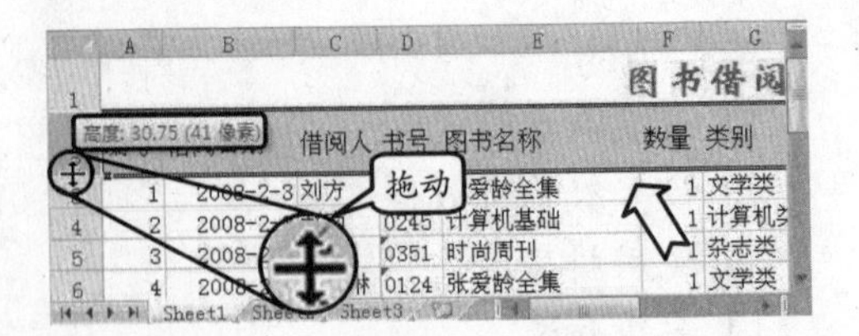

图 7-53 调整行高

提 示

依照相同的方法分别调整其他区域的行高和列宽至合适位置。

9 选择 H、I 和 L 单元格，单击【对齐方式】组中的【自动换行】按钮，然后将 A2 至 L22 单元格区域居中显示，如图 7-54 所示。

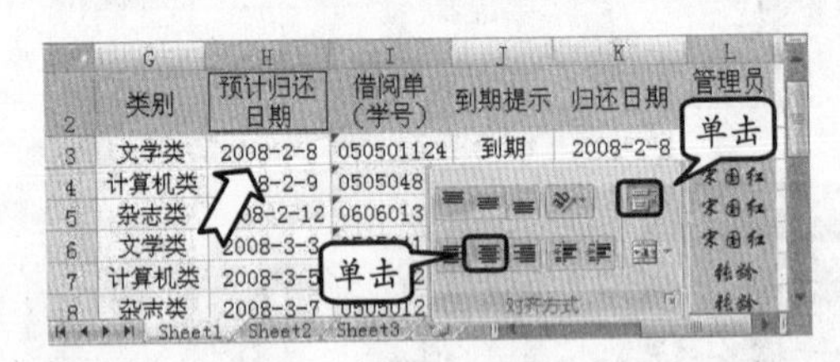

图 7-54 设置自动换行

10 选择 A2 至 L22 单元格区域，在【字体】组的【边框】下拉列表中，执行【所有框线】命令，如图 7-55 所示。

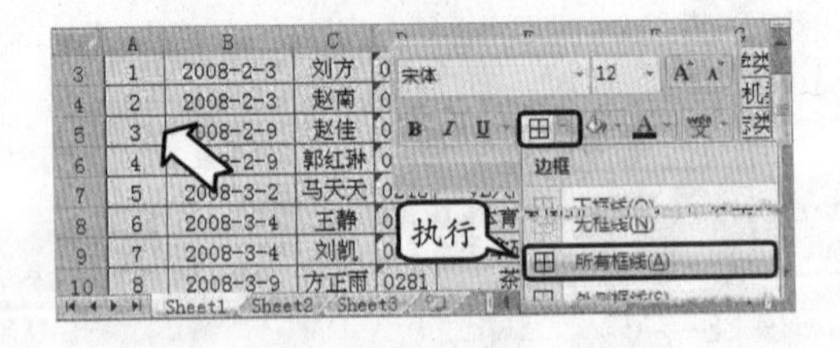

图 7-55 添加边框样式

11 选择 G 列，单击【排序和筛选】组中的【降序】按钮，在弹出的【排序提醒】对话框中单击【排序】按钮，如图 7-56 所示。

12 在 A23 至 D24 单元格区域中输入筛选条件，并将 A23 至 B23、C23 至 D23、A24 至 B24 和 C24 至 D24 单元格区域合并单元格，如图 7-57 所示。

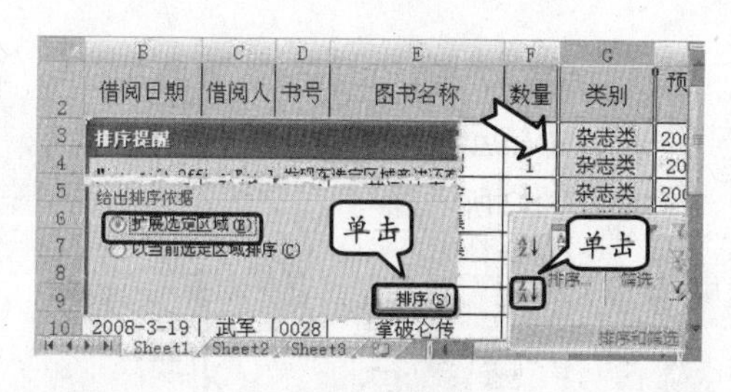

图 7-56　运用排序功能

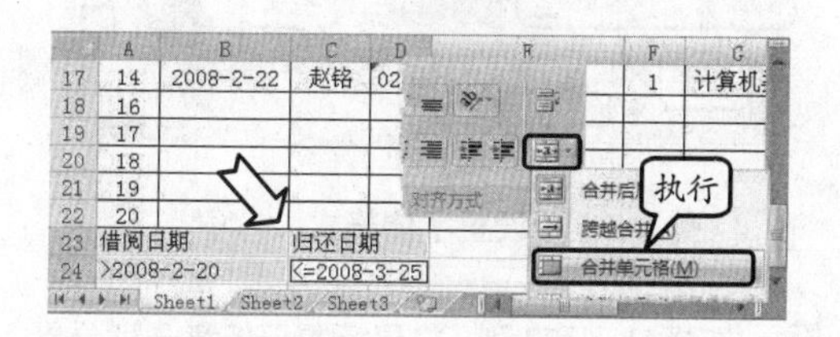

图 7-57　输入筛选条件

13 选项【高级筛选】对话框中的【将筛选结果复制到其他位置】单选按钮，分别在【列表区域】、【条件区域】和【复制到】文本框中输入“$A$2:$L$17”、“$A$23:$D$24”和“Sheet1!$A$26”，如图 7-58 所示。

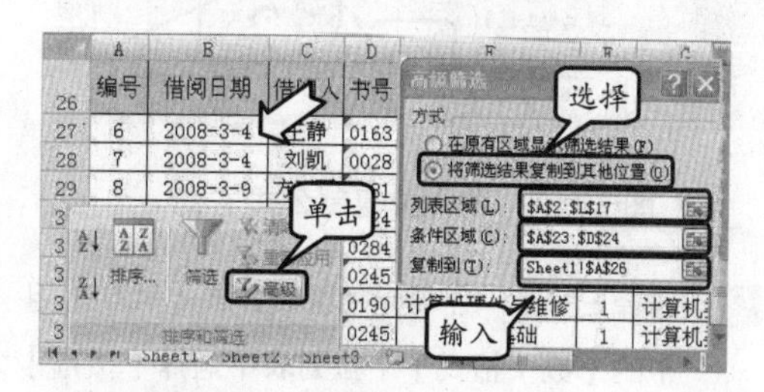

图 7-58　设置高级筛选

提　示

单击【排序和筛选】组中的【高级】按钮，即可打开【高级筛选】对话框。

14 单击 Office 按钮，执行【打印】|【打印预览】命令，即可预览该工作表。

7.7　实验指导：制作固定资产汇总表

固定资产汇总表记录了固定资产的名称、数量、单价，以及通过这些基本数据计算出的总价值等大量的数据信息。在下面的例子中，为了方便地查找数据，使汇总的数据出现一定的规律性，此例主要使用数据透视表和数据透视图，以及数据的分类汇总来更好地组织数据。

实验目的

- ❑ 设置数字格式
- ❑ 运用公式
- ❑ 使用数据透视表
- ❑ 使用数据透视图

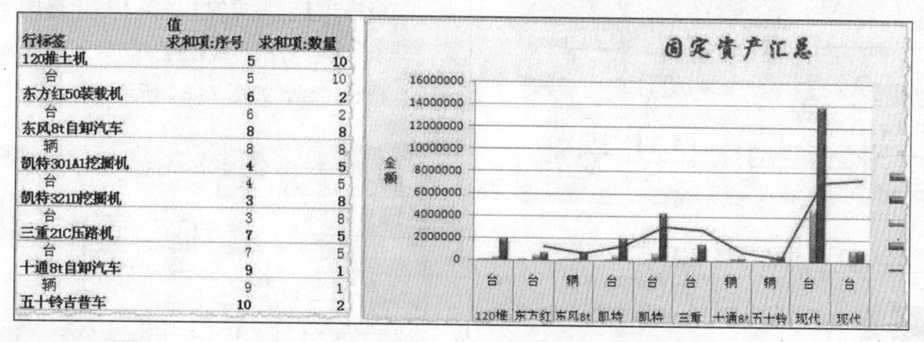

行标签	值 求和项:序号	求和项:数量
120推土机	5	10
台	5	10
东方红50装载机	6	2
台	6	2
东风8t自卸汽车	8	8
辆	8	8
凯特301A1挖掘机	4	5
台	4	5
凯特321D挖掘机	3	8
台	3	8
三重21C压路机	7	5
台	7	5
十通8t自卸汽车	9	1
辆	9	1
五十铃吉普车	10	2

操作步骤

1 选择 F3 单元格，输入公式“=D3*E3”，并选择该单元格右下角的填充柄拖动至 F12 单元格，如图 7-59 所示。

提　示

在新建空白工作表中输入“固定资产汇总表”的相应信息。

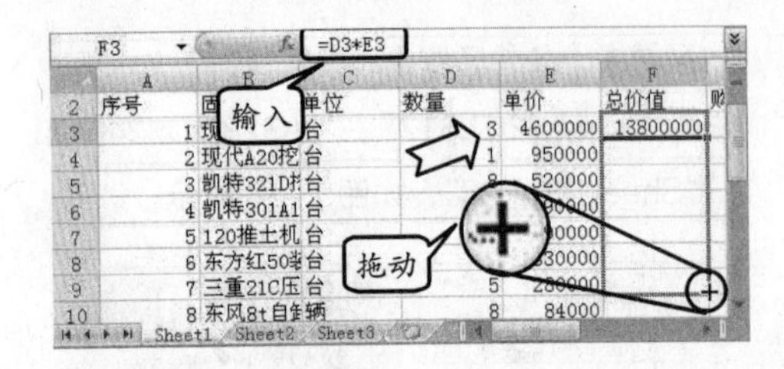

图 7-59 输入并复制公式

2 选择 E3 至 F12 单元格区域，在【数字】组中的【数字格式】下拉列表中选择【货币】选项，并两次单击【减少小数位数】按钮，如图 7-60 所示。

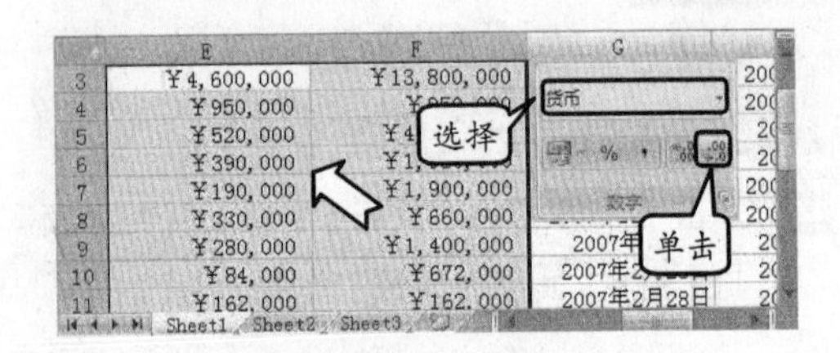

图 7-60 设置数字格式

3 设置 A1 单元格的字号为 18，并单击【加粗】按钮，在【颜色】对话框中的【标准】栏中选择一种颜色，设置为填充颜色，然后将 A1 至 I1 单元格区域合并后居中，如图 7-61 所示。

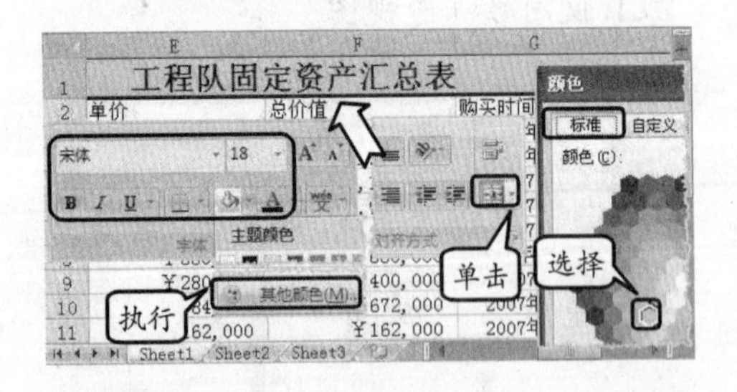

图 7-61 设置字体格式

提 示

单击【字体】组中的【填充颜色】下拉按钮，执行【其他颜色】命令，即可打开【颜色】对话框。

4 选择 A2 至 I2 单元格区域，单击【加粗】按钮，并将 A2 至 I12 单元格区域居中显示，然后在【颜色】对话框中选择一种填充颜色，如图 7-62 所示。

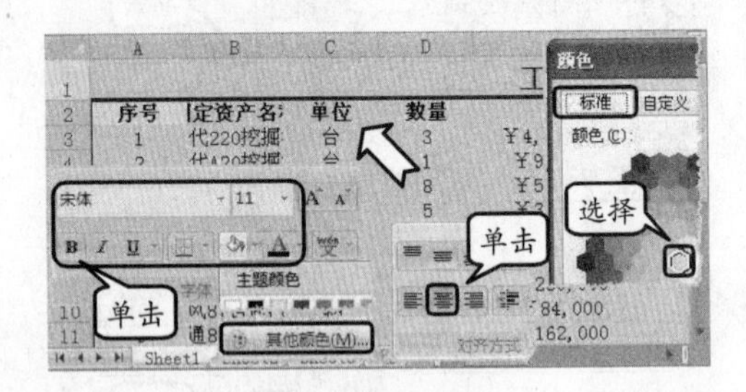

图 7-62 设置字体格式

5 选择 B 列和 I 列，将鼠标置于任意一列分界线上，当光标变成“单横线双向”箭头时，向右拖动至显示“宽度：15.25（127 像素）”处松开，如图 7-63 所示。

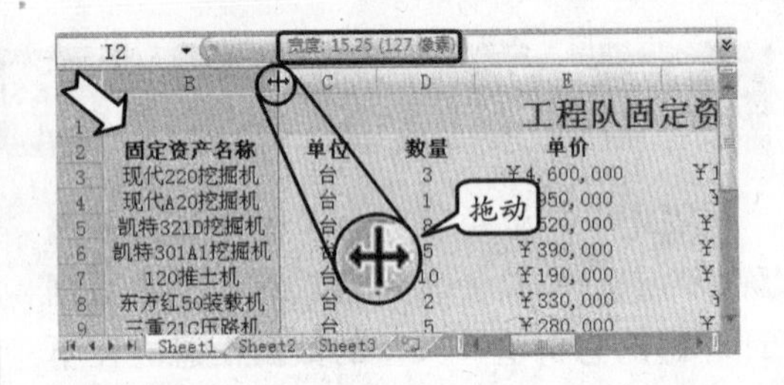

图 7-63 调整列宽

6 选择 A1 至 I12 单元格区域，在【设置单元格格式】对话框的【线条】栏中选择“双线条”和“较细”线条样式，分别预置为外边框和内部，如图 7-64 所示。

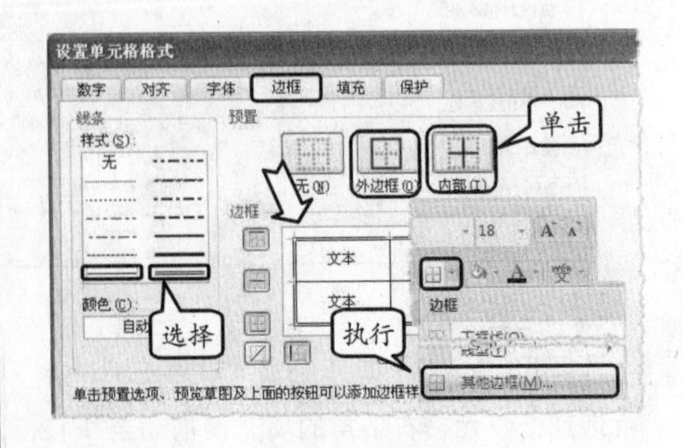

图 7-64 添加边框样式

提 示

单击【字体】组中的【边框】下拉按钮，执行【其他边框】命令，即可打开【设置单元格格式】对话框。

7 选择 A2 至 I12 单元格区域，单击【表】组中的【数据透视表】按钮，选择弹出的【创建数据透视表】对话框中的【现有工作表】单选按钮，并选择 A14 单元格，如图 7-65 所示。

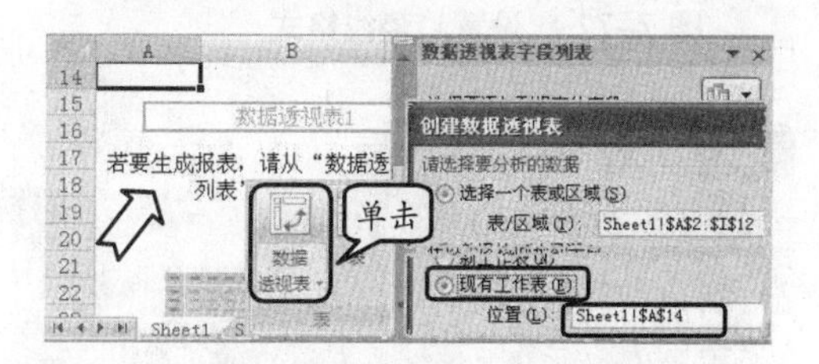

图 7-65 打开数据透视表框架

8 在弹出的【数据透视表字段列表】任务窗格的【选择要添加到报表的字段】栏中分别启用【序号】、【固定资产名称】、【单位】、【数量】、【单价】和【总价值】复选框，如图 7-66 所示。

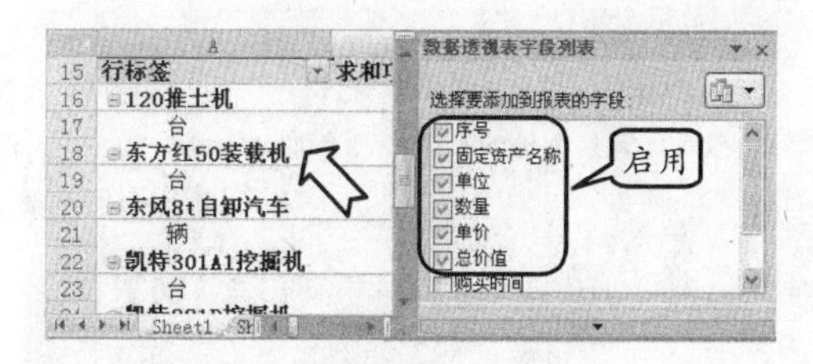

图 7-66 生成数据透视表

9 单击【工具】组中的【数据透视图】按钮，在弹出的【插入图表】对话框的【柱形图】选项卡中选择【簇状柱形图】选项，如图 7-67 所示。

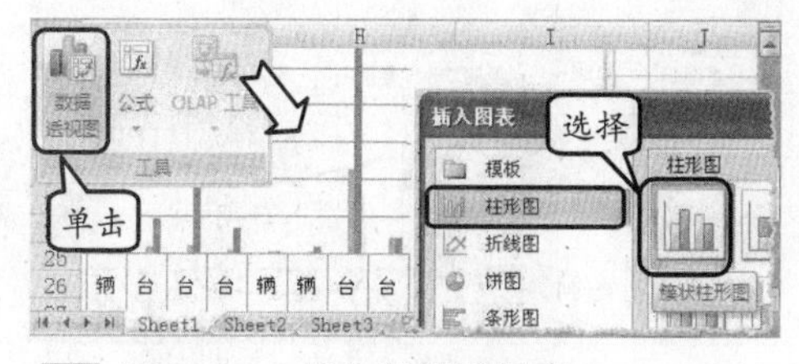

图 7-67 插入数据透视图

10 选择图表，在【标签】组中的【图表标题】下拉列表中执行【图表上方】命令，并在该文本框中输入文字“固定资产汇总”，如图 7-68 所示。

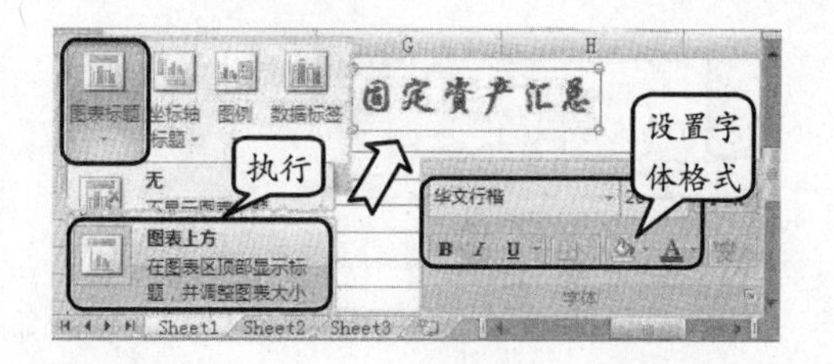

图 7-68 插入并设置图表标题

提 示

设置标题的字体为华文行楷，字号为 20，字体颜色为紫色。

11 在【标签】组中的【坐标轴标题】下拉列表中执行【主要纵坐标轴标题】级联菜单中的【竖排标题】命令，并在文本框中输入文字“金额”，设置字体颜色为紫色，如图 7-69 所示。

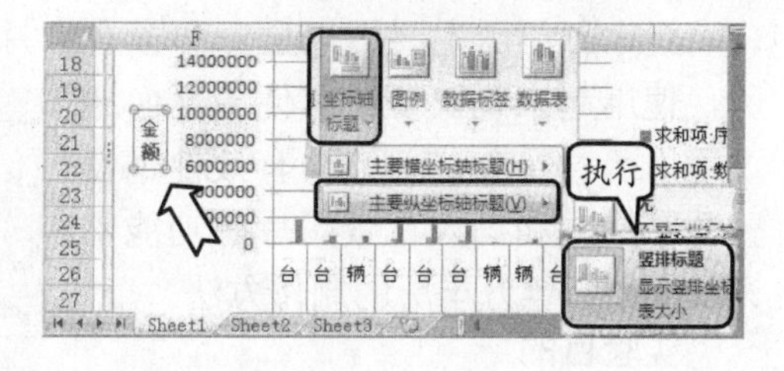

图 7-69 添加竖排标题

12 在【图表样式】组中的【其他】下拉列表中选择【样式 26】选项。在【形状样式】组中的【其他】下拉列表中选择“细微效果-强调颜色 3”样式，如图 7-70 所示。

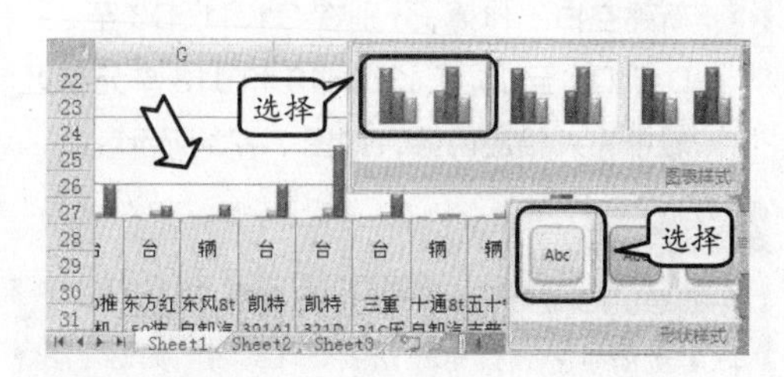

图 7-70 设置图表样式

13 在【分析】组中的【趋势线】下拉列表中执行【双周期移动平均】命令，在弹出的【添加趋势线】对话框中选择【求和项：总价值】选项，如图 7-71 所示。

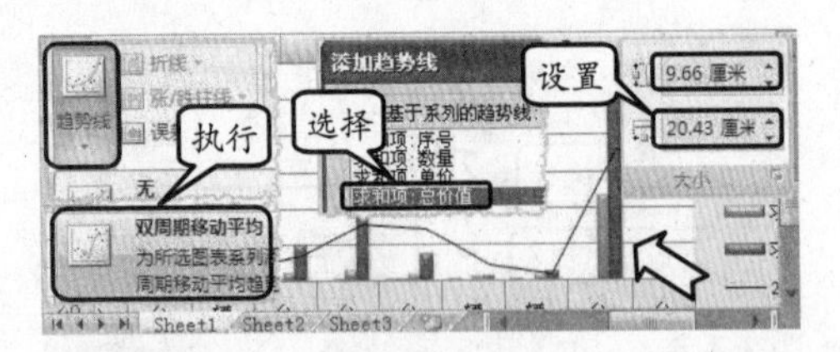

图 7-71 添加趋势线

提 示

在【大小】组中分别设置形状高度和形状宽度为 9.66 厘米和 20.43 厘米。

14 选择趋势线，在【设置趋势线格式】对话框的【线条颜色】选项卡中选择【实线】单选按钮，设置颜色为红色。在【线型】选项卡中，设置宽度为 2 磅，如图 7-72 所示。

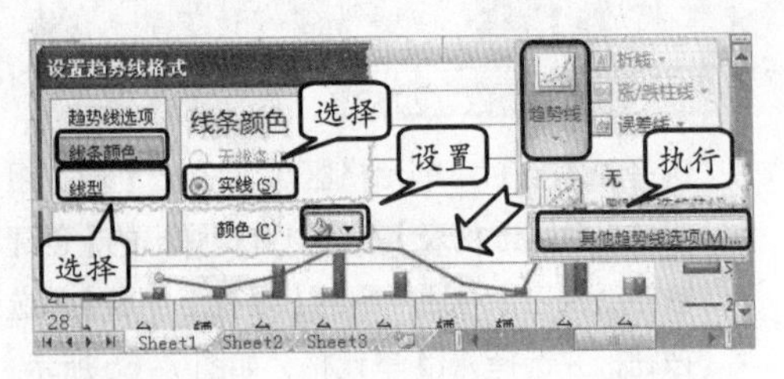

图 7-72 设置趋势线格式

提 示

在【分析】组的【趋势线】下拉列表中执行【其他趋势线选项】命令，即可打开【设置趋势线格式】对话框。

15 单击 Office 按钮，执行【打印】|【打印预览】命令，即可预览该工作表。

7.8 实验指导：制作新年万年历

新年万年历主要用来显示和查看当月的月历，也可以随时查阅任何日期所属的月历，使用起来既快捷又方便。下面通过运用函数、公式、数据有效性、设置数字格式和插入背景图片等功能来详细介绍新年万年历的制作方法。

二OO八年三月十四日　星期 五　北京时间 9:36:21

万年历

星期日	星期一	星期二	星期三	星期四	星期五	星期六
						1
2	3	4	5	6	7	8
9	10	11	12	13	14	15
16	17	18	19	20	21	22
23	24	25	26	27	28	29

查询年月：　2008 年　3 月

实验目的

- 应用函数
- 运用公式
- 设置数据有效性
- 设置数字格式
- 插入背景图片

操作步骤

1 新建空白工作簿，分别在 G1、I1、D3 至 J3、D4、D5 至 J5、E13、H13 和 J13 单元格区域中输入相应内容，如图 7-73 所示。

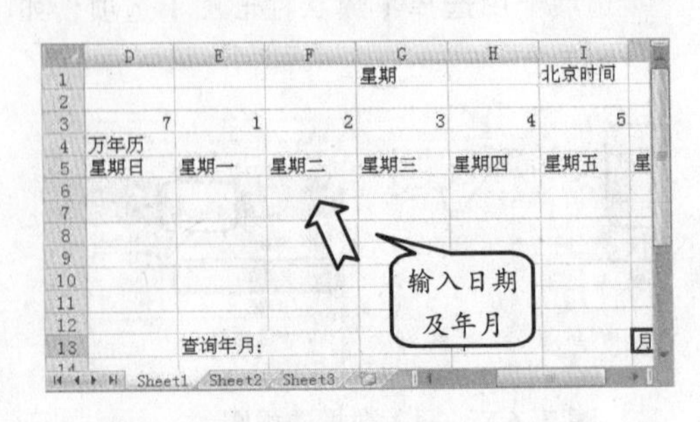

图 7-73 输入相应内容

提 示

单击 Office 按钮，执行【保存】命令，在弹出的【另存为】对话框中选择路径，并修改文件名为“新年万年历”，单击【保存】按钮即可。

2 在D1单元格中输入公式“=TODAY( )”，并在【数字】组的【数字格式】下拉列表中执行【其他数字格式】命令，然后在【分类】栏中选择【日期】选项，并选择一种日期类型，如图7-74所示。

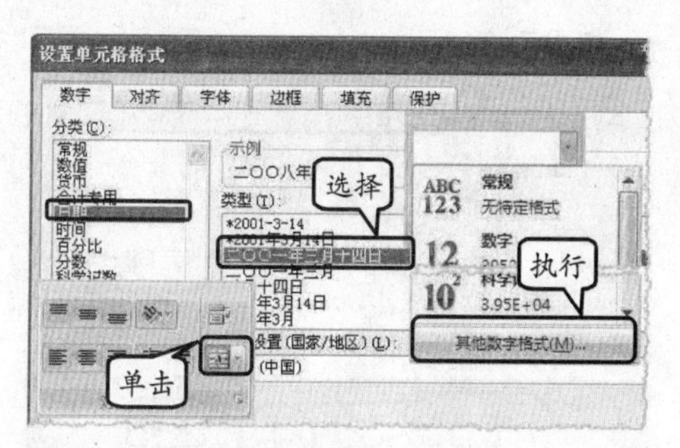

图7-74 设置日期类型

提 示

选择D1至F1单元格区域，单击【对齐方式】组中的【合并后居中】按钮。

3 在H1和J1单元格中分别输入公式“=IF(WEEKDAY(D1,2)=7,"日",WEEKDAY(D1,2))”和“=NOW()”，并设置H1的数字格式为【特殊】选项中的“中文小写数字”类型，如图7-75所示。

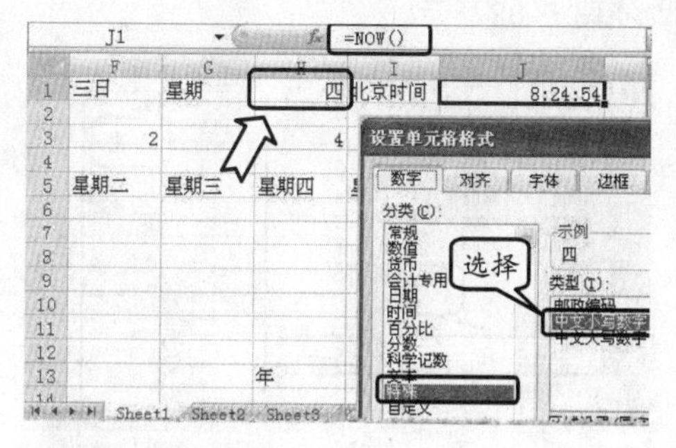

图7-75 输入公式

提 示

选择J1单元格，在【分类】列表框的【时间】选项中选择一种时间类型。

4 分别在K1和K2单元格中输入“1900”和“1901”，选择K1至K2单元格区域，将鼠标置于右下角的填充柄上，向下拖动至K151单元格。依照同样的方法在L1至L12单元格区域中输入1～12序列，如图7-76所示。

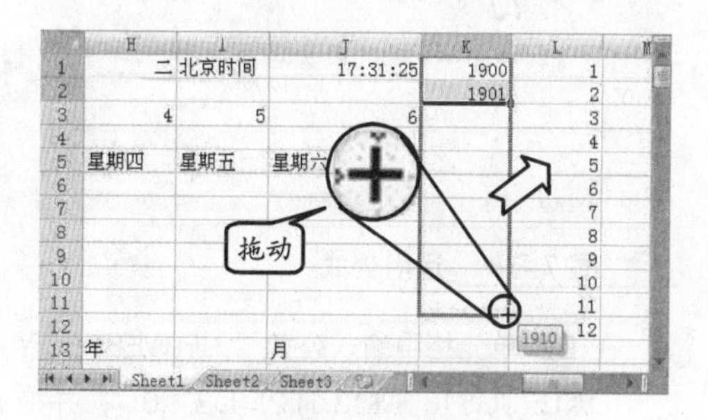

图7-76 输入年份和月份

5 选择G13单元格，在【数据工具】组中的【数据有效性】下拉列表中执行【数据有效性】命令，并在弹出对话框的【允许】下拉列表中选择【序列】选项，在【来源】文本框中输入“=$K$1:$K$151”，如图7-77所示。

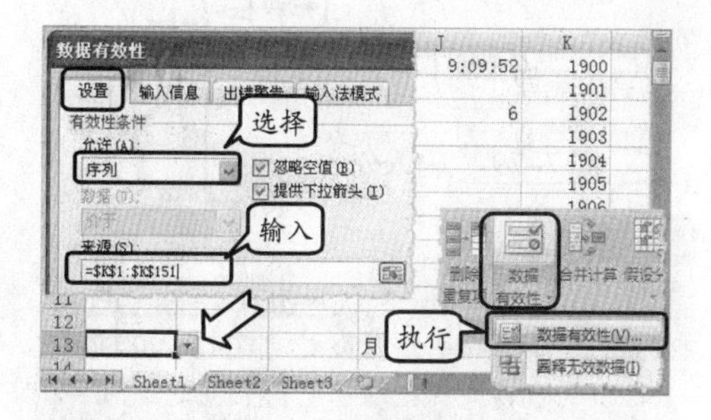

图7-77 设置数据有效性

提 示

依照相同的方法在I13单元格中设置数据有效性，并在【来源】文本框中输入“=$L$1:$L$12”。

6 在C2单元格中输入公式“=IF(I13=2,IF(OR(G13/400=INT(G13/400),AND(G13/4=INT(G13/4),G13/100<>INT(G13/100))),29,28),IF(OR(I13=4,I13=6,I13=9,I13=11),30,31))”，如图7-78所示。

提 示

在C2单元格中输入公式，用于获取查询“月份”所对应的天数。

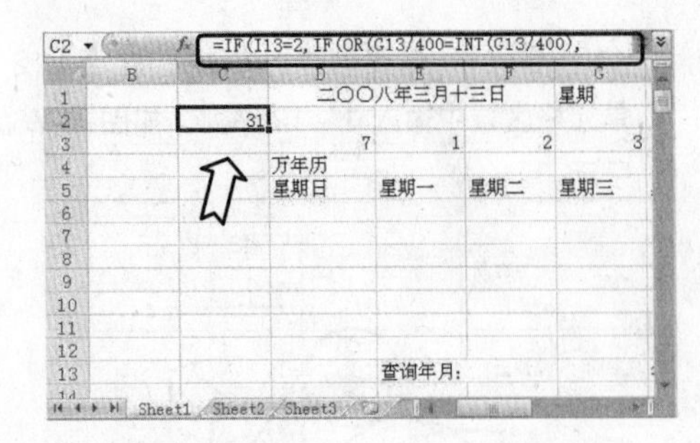

图 7-78 运用公式

7 在 D2 单元格中输入公式“=IF(WEEKDAY(DATE($G$13,$I$13,1),2)=D3,1,0)”，并拖动右下角的填充柄至 J2 单元格中，如图 7-79 所示。

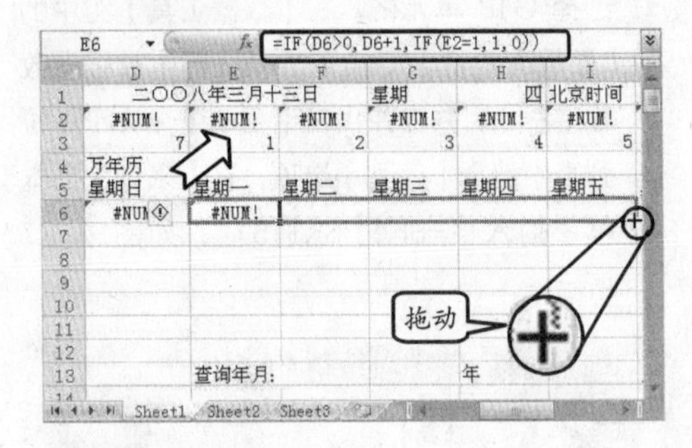

图 7-79 输入公式

提 示

在 D6 单元格中输入公式“=IF(D2=1,1,0)”，然后在 E6 单元格中输入公式“=IF(D6>0,D6+1,IF(E2=1,1,0))”，并拖动填充柄至 J6 单元格中。

8 在 D7 单元格中输入公式“=IF(D2=1,1,0)”，并拖动填充柄至 D9 单元格中。在 E7 单元格中输入公式“=D7+1”，并拖动填充柄，分别将公式复制到 E7 至 J9 单元格区域中，如图 7-80 所示。

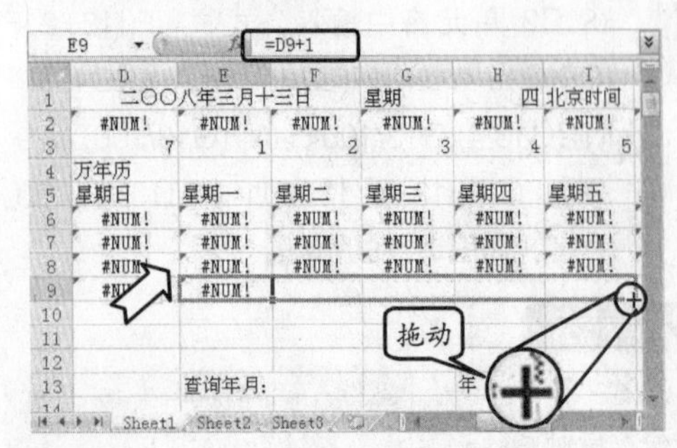

图 7-80 输入并复制公式

9 分别在 D10 和 D11 单元格中输入公式“=IF(J9>=C2,0,J9+1)”和“=IF(C11>=$C$2,0,IF(C11>0,C11+1,IF(D7=1,1,0)))”。在 E10 单元格中输入公式“=IF(D10>=$C$2,0,IF(D10>0,D10+1,IF(E6=1,1,0)))”，如图 7-81 所示。

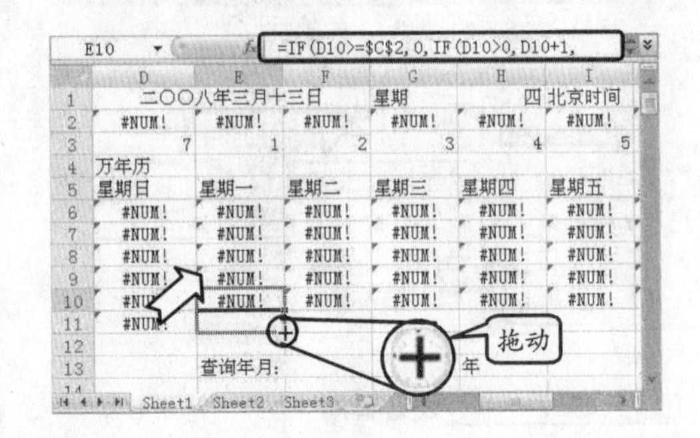

图 7-81 输入并复制公式

提 示

在 E10 单元格中输入公式后，分别拖动右下角的填充柄至 J10 和 E11 单元格中。

10 选择 K 列、L 列并右击，执行【隐藏】命令，即可将这两列单元格区域隐藏。依照相同的方法将第 2 列、第 3 列单元格区域隐藏，如图 7-82 所示。

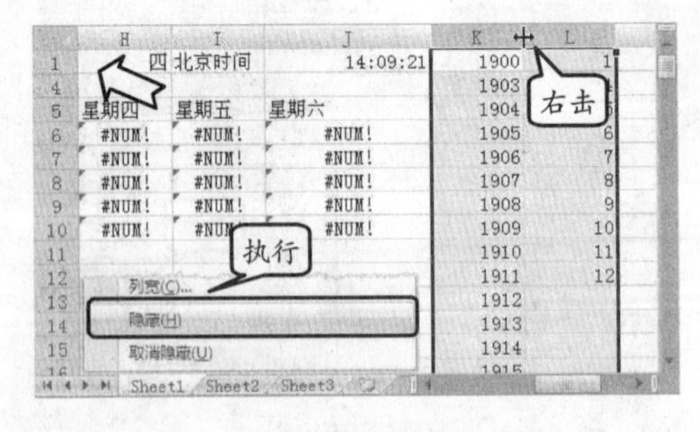

图 7-82 隐藏行和列

11 单击 Office 按钮，并单击【Excel 选项】按钮，在弹出对话框的【高级】选项卡中禁用【此工作表的显示选项】栏中的【在具有零值的单元格中显示零】复选框，并单击【确定】按钮，如图 7-83 所示。

12 分别在 G13、I13 下拉列表中选择要查询的年和月，将 D4 和 J4 单元格区域合并后居中，并设置其字号为 24，字体颜色为深蓝，然后单击【加粗】按钮，如图 7-84 所示。

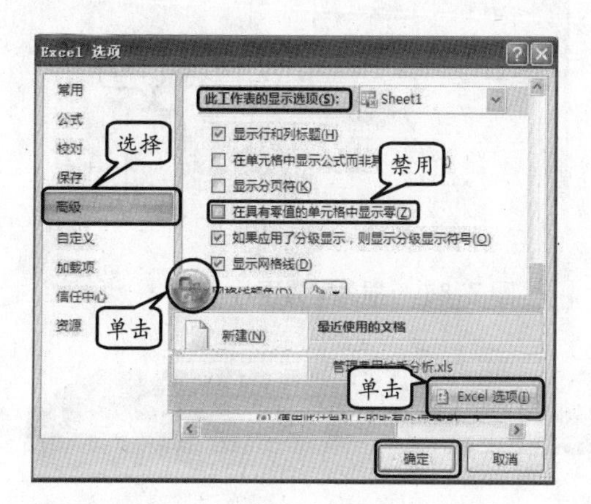

图 7-83　设置显示选项

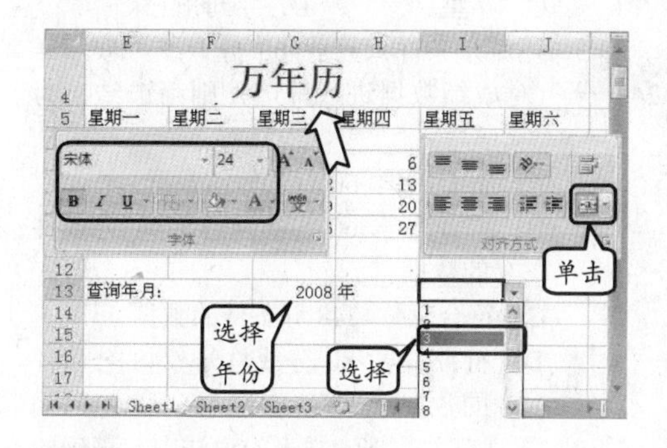

图 7-84　设置文字

13 选择 D5 至 J11 单元格区域，执行【边框】下拉列表中的【其他边框】命令，在弹出对话框的【线条】栏中选择“双横线”线条样式，并设置颜色为“白色，背景 1”，如图 7-85 所示。

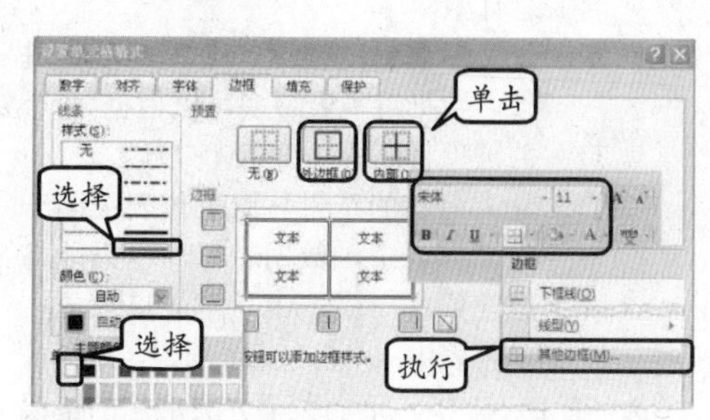

图 7-85　添加边框

提　示

将“双横线”线条样式预置为外边框和内部，然后将该区域的字号设置为 14，并单击【加粗】和【居中】按钮。

14 选择第 5 行至第 11 行单元格区域，将鼠标置于任意两行之间的边界线上，当光标变成“双向”箭头时，向下拖动至显示“高度:24.75(33 像素)”处松开，如图 7-86 所示。

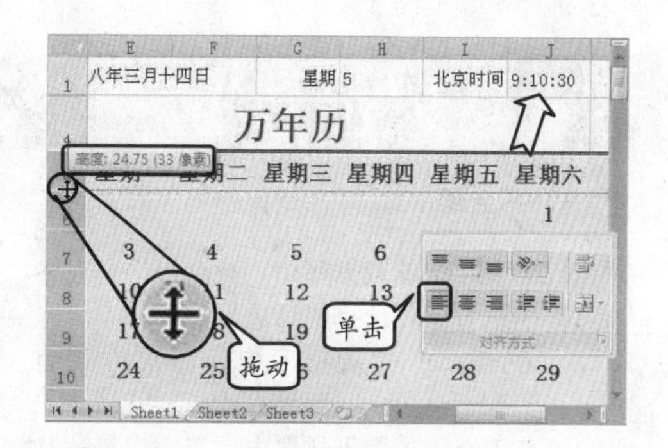

图 7-86　调整行高及列宽

提　示

依照相同的方法调整其他单元格区域的行高及列宽，然后将 G1 和 I1 单元格设置为文本右对齐，将 H1 和 J1 单元格设置为文本左对齐。

15 选择 D1 至 J1 单元格区域，设置其字号为 12，然后选择 D13 至 J13 单元格区域，设置其字号为 16，字体颜色为深蓝，并单击【加粗】按钮，如图 7-87 所示。

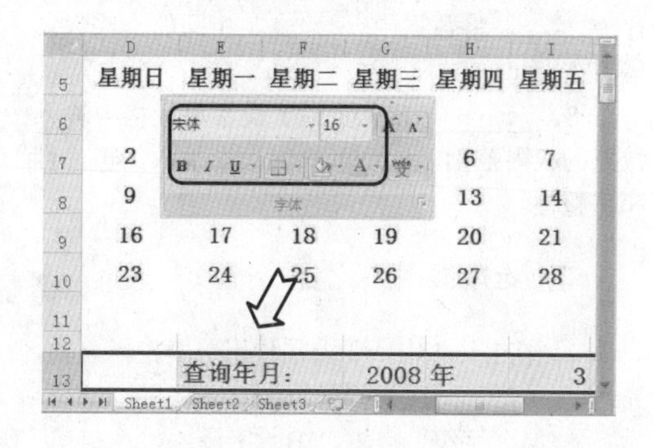

图 7-87　设置字体格式

16 选择【页面布局】选项卡，单击【页面设置】组中的【背景】按钮，在弹出的【工作表背景】对话框中选择图片，并单击【插入】按钮，如图 7-88 所示。

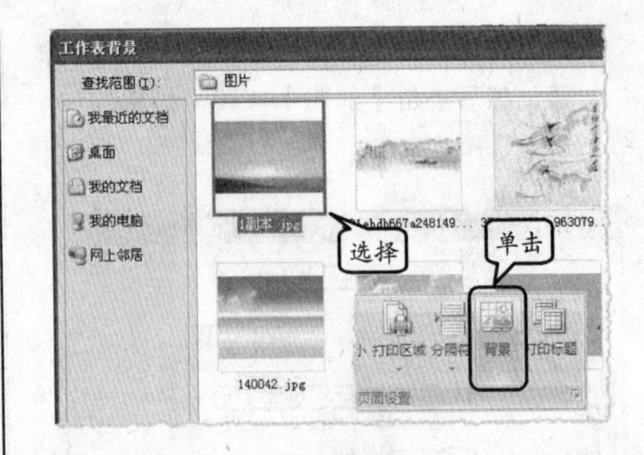

图 7-88 插入背景图片

7.9 思考与练习

一、填空题

1. 在 Excel 的数据库中，自动筛选是对各__________进行条件选择的筛选。

2. 在 Excel 的数据库中，筛选方式有__________和__________两种方式。

3. 在 Excel 的数据排序中，汉字字符按其__________排序。

4. 在 Excel 的【开始】选项卡中，单击编辑栏中的【排序和筛选】下拉按钮，在其下拉列表中为有 3 种排序方式，分别为________、________和自定义排序。

5. 在 Excel 中，对所选单元格启动筛选按钮的方法除了可以单击【排序和筛选】组中的【筛选】按钮外，还可以按__________组合键。

6. ____________是一种交互的、交叉制表的 Excel 报表，用于对多种来源（包括 Excel 的外部数据）的数据（如数据库）进行汇总和分析。

7. 在进行分类汇总之前，首先应对数据进行_______，将数据中_________相同的一些记录集中在一起。

8. __________主要用于设置单元格中输入数据的权限范围，它可以确保数据录入的正确性和完整性。

二、选择题

1. 在 Excel 中，要求在使用分类汇总之前，先对__________字段进行排序。

A. 字符　　B. 字母
C. 分类　　D. 逻辑

2. 在 Excel 的数据排序中，英文字符按其__________排序。

A. 字体　　B. 字号
C. 字型　　D. 字母顺序

3. 用筛选条件“数学>60 分”或“总分>=248 分”对成绩数据进行筛选，则筛选结果为________。

A. 符合数学>60 分条件的数据
B. 符合数学>60 分且总分>248 分条件的数据
C. 符合总分>248 分条件的数据
D. 符合数学>80 分或总分>248 分条件的数据

4. 下列有关数据透视表的说法中，正确的是______。

A. 分类汇总之前必须先按关键项目排序，数据透视表也必须先按关键项目排序
B. 分类汇总可同时计算多个数值型项目的小计数，数据透视表也可以同时计算多个数值型项目的小计数、总计数
C. 分类汇总只能根据一个关键项目进行，数据透视表最多可以根据 3 个关键项目汇总
D. 分类汇总的结果与原工作表在同一张工作表中，数据透视表也只能与原表混在一张表中，不能单独放在一张表中

5. 在 Excel 中，下面关于分类汇总的错误叙述是______。

A. 分类汇总前数据必须按关键字段

排序

B. 分类汇总的关键字段只能是一个字段

C. 汇总方式只能是求和

D. 分类汇总可以删除

6. 下面有关分类汇总的方法，错误的是____。

A. 正如排序一样，分类汇总中分类字段可以为多个

B. 分类汇总时，汇总方式最常见的是求和，除此之外还有计数、平均值、最大值、最小值等

C. 分类汇总时选定汇总项一般要选【数值型】项目，也就是说【文本型】、【日期型】项目最好不选

D. 分类汇总的结果可以与原表的数据在同一张工作表中，汇总结果数据也可以部分删除或全部删除

7. 在 Excel 的数据库中，自动筛选是对各_____进行条件选择的筛选。

A. 记录　　B. 字段

C. 行号　　D. 列号

8. 已知某张工作表中有【姓名】与【成绩】等字段名，现已对该工作表建立了自动筛选，下列说法中正确的是_____。

A. 可以筛选出“成绩”为前 5 名或后 5 名的成绩

B. 可以筛选出“姓名”的第二个字为“利”的所有名字

C. 可能同时筛选出“成绩”在 90 分以上与 60 分以下的所有成绩

D. 不可以筛选出“姓名”的第一个字为“张”，同时成绩为 80 分以上的成绩

三、上机练习

1. 员工医疗费用统计表

在“员工医疗费用统计表”中，按性别进行排序后，分别对“医疗费用”和“企业报销费用”进行分类汇总，效果如图 7-89 所示。

员工医疗费用统计表

日期	员工编号	员工姓名	性别	工资情况	所属部门	医疗报销种类	医疗费用	企业报销金额
05-6-29	0002	黄军	男	￥1,200.00	销售部	住院费	￥550.00	￥440.00
05-7-3	0003	李原	男	￥2,000.00	销售部	手术费	￥1,600.00	￥1,280.00
05-7-19	0005	刘江海	男	￥1,800.00	策划部	注射费	￥100.00	￥80.00
05-7-23	0006	吴树民	男	￥1,800.00	研发部	针灸费	￥250.00	￥200.00
05-7-27	0007	张建业	男	￥1,500.00	广告部	输血费	￥1,400.00	￥1,120.00
05-8-8	0009	赵亮	男	￥1,600.00	策划部	接生费	￥70.00	￥56.00
05-8-18	0011	苏爽	男	￥1,700.00	人资部	X光透射费	￥150.00	￥120.00
			男 汇总				￥4,120.00	￥3,296.00
05-6-20	0001	王娜	女	￥1,300.00	行政部	药品费	￥300.00	￥240.00
05-7-14	0004	张静	女	￥1,600.00	策划部	理疗费	￥180.00	￥144.00

员工医疗费用统计表　Sheet2　Sheet3

图 7-89　分类汇总

2. 数据透视表

在“员工医疗费用统计表”中，运用数据透视表功能制作如下的效果，如图 7-90 所示。

求和项:医疗费用	列标签													
行标签	黄军	李惠惠	李原	刘江海	苏爽	王娜	闻传华	吴树民	曾冉	张建业	张静	赵亮	郑小叶	总计
办公室							300							300
策划部				100							180	70		350
广告部		400							200	1400				2000
人资部					150								30	180
销售部	550		1600											2150
行政部						300								300
研发部								250						250
总计	550	400	1600	100	150	300	300	250	200	1400	180	70	30	5530

员工医疗费用统计表　Sheet2　Sheet3

图 7-90　数据透视

第8章 分析数据

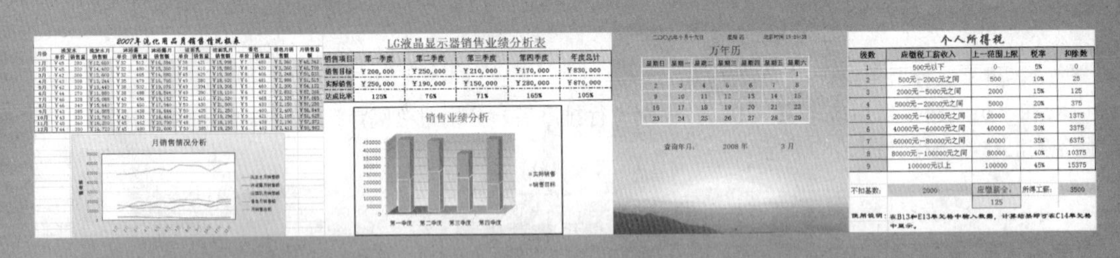

当在工作表中记录了大量数据时，为了让数据以一种更为简洁的形式出现，以便可以很方便的从中找到需要的信息，那么就需要解决数据表的编辑，以及分析数据的问题。任何表格其创建的重要目的之一就是如何从这些数据中获得信息，以辅助管理人员做出决策。

Excel 2007 能够方便地进行数据分析，如可以使用模拟运算分析数据，使用单变量求解，创建方案管理等进行数据分析。本章主要介绍分析和处理数据的方法。通过本章的学习，用户将了解和掌握 Excel 2003 提供的强大的数据分析能力，包括如何使用模拟运算分析数据，为什么要创建方案管理等。

本章学习要点

- 模拟运算表的使用
- 单变量求解及规划求解
- 使用方案管理器
- 合并计算

8.1 使用模拟运算表

模拟运算表是一个单元格区域，它可显示一个或多个公式中替换不同值时的结果。模拟运算表为同时求解某一运算中所有可能的变化值的组合提供了捷径，并且可以将不同的计算结果同时显示在工作表中，以方便对数据进行查找和比较。模拟运算主要分为单变量和双变量模拟运算。

8.1.1 创建单变量模拟运算表

单变量模拟运算主要用于银行信贷方面，根据年利率的不同来计算每期偿还付款金额。

单变量模拟运算表的结构特点是，所有的输入数值被排列在一列中（称为“列引用”）或一行中（称为“行引用”）。虽然输入单元格不必是模拟运算表的一部分，但模拟运算表中用到的公式必须引用输入单元格。

单变量模拟运算表可以对一个变量输入不同的值来查看其对一个或者多个公式的影响。如果已知公式的预期结果，而未知使公式返回结果的某个变量的数值，就可以使用单变量求解功能。

下面以分期付款为例进行介绍，其中，相关的公式介绍如下：

首付款＝付款总数×首付比例

月供款＝（付款总数－首付款）×（1＋贷款利率）÷月数

在 Excel 2007 中可以通过 PMT 函数来完成每期付款的金额计算。其中，PMT 函数的格式为：PMT(rate,nper,pv,fv,type)。

有关函数 PMT 中参数的详细说明如下：

- **Rate** 贷款利率。
- **Nper** 该项贷款的付款总数。
- **Pv** 现值，或一系列未来付款的当前值的累积和，也称为本金。
- **Fv** 未来值，或在最后一次付款后希望得到的现金余额，如果省略 fv，则假设其值为零，也就是一笔贷款的未来值为零。
- **Type** 用数字 0 或 1 表示，指定各期的付款时间是在期初还是期末。

例如，在工作表中输入相应的贷款数据信息，并在 C8 单元格中输入“=PMT(C5/12, C4*12,C3)”函数公式，然后，选择 B8 至 C15 单元格区域，并选择【数据】选项卡，在【数据工具】组中单击【假设分析】下拉按钮，执行【数据表】命令，如图 8-1 所示。

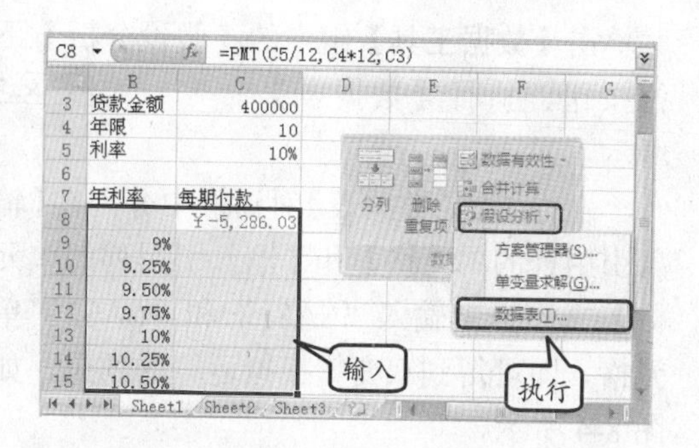

图 8-1 执行【数据表】命令

在弹出的【数据表】对话框的【输入引用列的单元格】文本框中输入“$C$5”单元

格，即可得到不同利率情况下每期付款的金额，如图 8-2 所示。

得到单变量模拟运算的结果后，用户可以从中发现该模拟运算的特点是：输入的数值被排列在一列中或者一行中，而且运算表中使用的公式必须使用输入单元格。其中，输入单元格是指存放在该单元格中的输入数据清单将被替换的单元格。

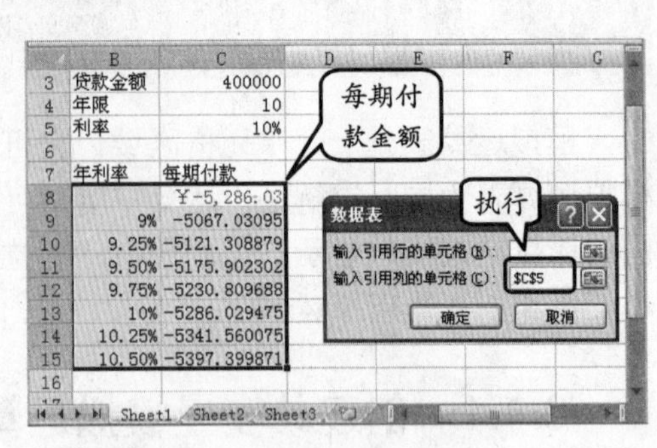

图 8-2 单变量模拟运算表

在【数据表】对话框中包含两种类型的引用单元格，其功能如下：

- □ **输入引用行的单元格** 如果数据表是行方向的，需要在【数据表】对话框的【输入引用行的单元格】文本框中输入引用单元格地址。
- □ **输入引用列的单元格** 如果数据表是列方向的，需要在【数据表】对话框的【输入引用列的单元格】文本框中输入引用单元格地址。

8.1.2 创建双变量模拟运算表

双变量模拟运算同样也可以用于银行信贷方面，根据还款年限及年利率的变化来计算每期还款金额。另外，也可以用于数学计算中的九九乘法表，根据两个乘数的变化来计算出结果。

双变量模拟运算表比单变量模拟运算表要稍微复杂一些，它与单变量模拟运算表的主要区别在于双变量模拟运算表使用两个可变单元格（即输入单元格）。当需要其他因素不变，计算两个参数的变化对目标值的影响时，需要使用双变量模拟运算表。

在使用双变量数据表进行求解时，两个变量应该分别放在一行或一列中，而两个变量所在的行与列交叉的那个单元格中放置的是这两个变量输入公式后得到的计算结果。

在日常生活中经常会用到一些两个参数同时发生变化从而产生数据结果的公式，如 A 运算符号（如加、减、乘、除等）B=C。

其中，A 和 B 都是变量，C 为计算结果。

下面以在 Excel 中计算九九乘法表为例进行讲解。选择 A3 单元格，输入公式“=A1*A2”。然后选择 A3 至 J12 单元格区域，并单击【数据工具】组中的【假设分析】下拉按钮，执行【数据表】命令，如图 8-3 所示。

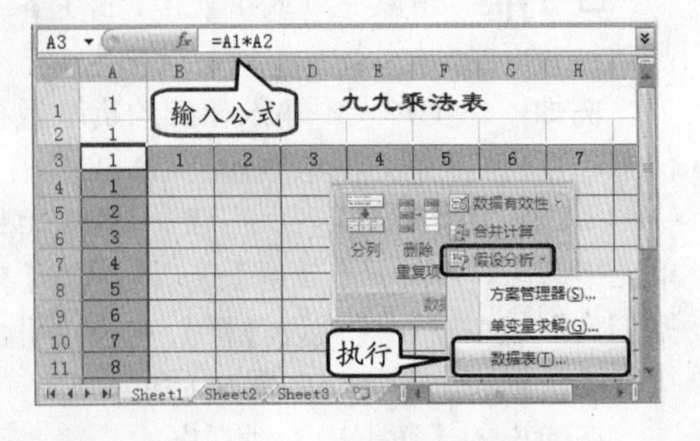

图 8-3 执行【数据表】命令

在弹出的【数据表】对话框中分别在【输入引用行的单元格】和【输入引用列的单元格】文本框中输入“$A$1”和“$A$2”单元格，即可得到双变量模拟运算的结果，如图 8-4 所示。

创建了模拟运算表之后，若对运算结果

不满意，还可以将其清除。其中，清除模拟运算表分为两种情况：一种是只清除模拟运算表的计算结果，另一种是清除整个模拟运算表。

选择工作表中所有数据表计算结果所在的单元格区域，单击【编辑】组中的【清除】下拉按钮，执行【清除内容】命令即可，如图 8-5 所示。

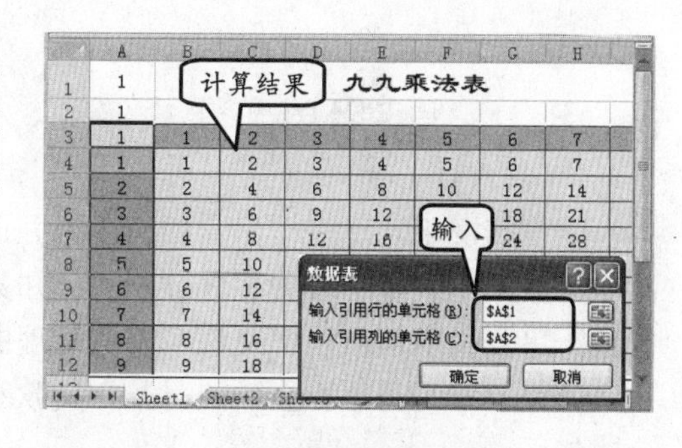

图 8-4　双变量模拟运算表

当创建了单变量或双变量模拟运算表后，可以根据需要进行各种修改。

❑ **修改模拟运算表的计算公式**

当计算公式发生变化时，模拟运算表将重新计算，并在相应单元格中显示出新的计算结果。

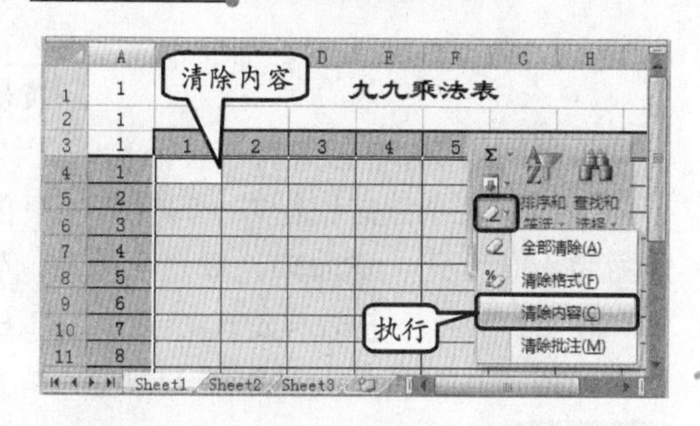

图 8-5　清除计算结果

❑ **修改用于替换输入单元格的数值序列**

当这些数值序列的内容被修改后，模拟运算表将重新计算，并在相应单元格中显示出新的计算结果。

❑ **修改输入单元格**

选定整个模拟运算表（其中包括计算公式、数值序列及运算结果区域），单击【假设分析】下拉按钮，执行【数据表】命令，弹出【数据表】对话框，可以在【输入引用行的单元格】或【输入引用列的单元格】文本框中重新指定新的输入单元格。

❑ **清除模拟运算结果**

由于模拟运算表中的计算结果是存放在数组中的，所以当需要清除模拟运算表的计算结果时，必须清除所有的计算结果，而不能只清除个别计算结果。如果想要只删除模拟运算表的部分计算结果，则屏幕上将会出现一个提示信息框，提示不能进行这样的操作。

用户可以选定整个数据计算表，单击【编辑】组中的【清除】下拉按钮，执行【全部清除】命令，以便删除数据表。

提　示

如果只是要删除模拟运算表的运算结果，则在进行删除操作时一定要首先确认选定的只是运算结果区域，而没有选定其中的公式和输入数值，然后按 Delete 键。

8.2　使用单变量求解及规划求解

使用单变量求解就是寻找公式中的特定解，如同解一个一元一次方程。规划求解是 Excel 中的一个非常有用的工具，不仅可以解决运筹学、线性规划等问题，还可以求解线性方程组及非线性方程组。本节主要介绍如何使用单变量求解和规划求解，要掌握其操作方法。

8.2.1 使用单变量求解

通常情况下，可以根据已知的数据并通过建立公式来计算出某个结果。单变量求解却是相反，单变量求解的运算过程为已知某个公式的结果，反过来求公式中的某个变量的值。单变量求解可以解决许多财务管理中涉及到一个变量的求解问题。

如果已知每月还款金额、月数、贷款利率及首付款，可以计算出贷款总额，其计算公式如下：

$$贷款总额=\frac{月供款\times月数}{1+贷款利率}+首会款$$

下面运用 PMT 函数对年偿还额进行计算后，再运用单变量求解计算贷款总额。

例如，某企业向银行以 7%的年利率借入期限为 5 年的长期借款，企业每年的偿还能力为 100 万元，下面来计算企业总共向银行贷款的金额。

在 B2 单元格中输入公式“=PMT(B1,B3,B4)”，单击【数据工具】组中的【假设分析】下拉按钮，执行【单变量求解】命令，如图 8-6 所示。

提 示

基于固定利率及等额分期付款方式返回贷款的每期付款额。其函数语法为 PMT(rate,nper,pv,fv,type)。其中，Rate 为贷款利率。Nper 为该项贷款的付款总数。Pv 为现值或一系列未来付款的当前值的累积和，也称为本金。Fv 为未来值，或在最后一次付款后希望得到的现金余额，如果省略 fv，则假设其值为零，也就是一笔贷款的未来值为零。Type 为数字 0 或 1，用以指定各期的付款时间是在期初还是期末。

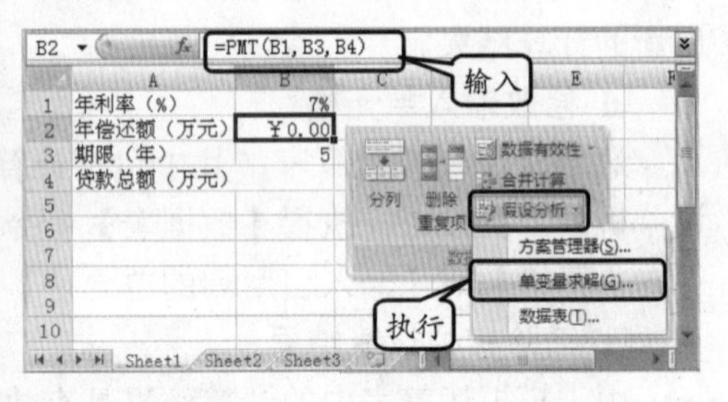

图 8-6 执行【单变量求解】命令

注 意

在 B2 单元格中必须输入公式，否则无法进行以下目标单元格的引用。

在弹出的【单变量求解】对话框中分别设置目标单元格为 B2；目标值为 100；可变单元格的值为$B$4，单击【确定】按钮，即可打开【单变量求解状态】对话框，并同时在工作表中显示出计算结果，如图 8-7 所示。

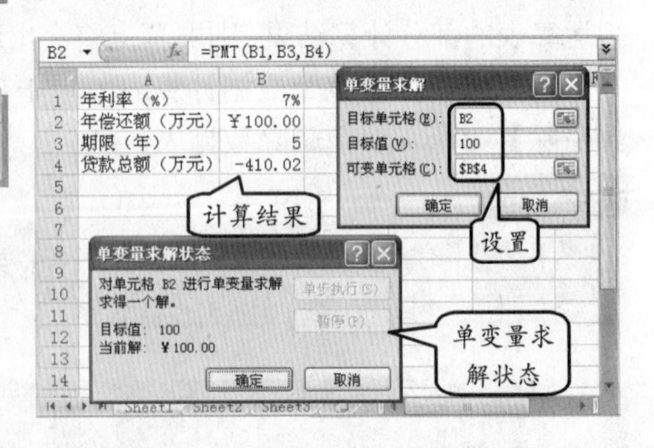

图 8-7 使用单变量计算贷款总额

其中，在【单变量求解】对话框中各参数功能如下：

- ❑ **目标单元格** 输入要求解公式所在单元格的引用。
- ❑ **目标值** 输入所需的结果。
- ❑ **可变单元格** 输入要调整的值所在单元格的引用。

8.2.2 使用规划求解

单变量求解只能计算出某一个特定值，当要预测的问题含有多个变量或有一定取值范围时，应使用 Excel 提供的规划求解功能来确定目标单元格的最优值。规划求解将对直接或间接与目标单元格中公式相关联的一组单元格中的数值进行调整，最终在目标单元格公式中求得期望的结果。

其中，财务管理中涉及到很多的优化问题，如最大利润、最小成本、最优投资组合、目标规划、线性回归及非线性回归等均可用到规划求解。

1. 安装规划求解加载项

规划求解是一个加载宏的程序，在使用前应先确定该程序已经安装到计算机上。如果还没有安装，可以单击 Office 按钮，并单击【Excel 选项】按钮，在弹出的对话框中选择【加载项】选项卡，然后在【加载项】栏中选择【规划求解加载项】选项，并单击【转到】按钮，如图 8-8 所示。

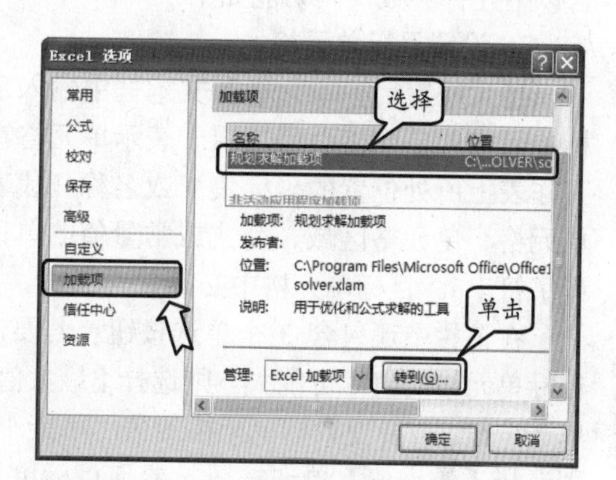

图 8-8 设置加载项

在弹出的【加载宏】对话框中启用【规划求解加载项】复选框，如图 8-9 所示，单击【确定】按钮即可安装。

2. 使用规划求解

规划求解是一组命令的组成部分，也可以称为假设分析。假设分析的过程是通过更改单元格中的值来查看这些更改对工作表中公式结果的影响。例如，更改分期支付表中的利率可以调整支付金额。

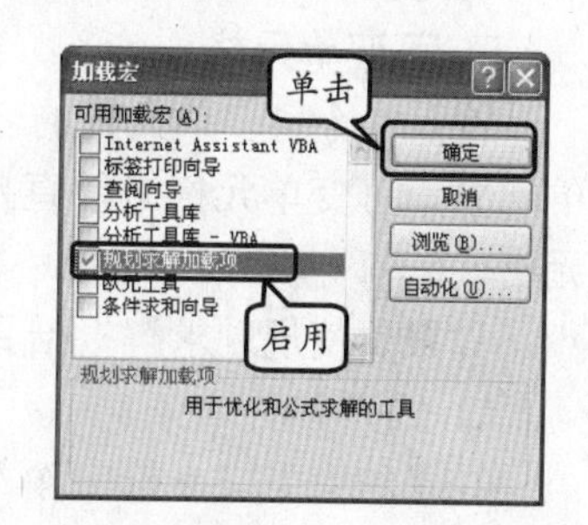

图 8-9 加载规划求解项

规划求解的主要功能如下：

- 可以求出工作表上某个单元格（称为目标单元格）中公式的最优值。
- 规划求解将对直接或间接与目标单元格中的公式相关的一组单元格进行处理。
- 将调整所指定的变动单元格（称为可变单元格）中的值，从目标单元格公式中求得所指定的结果。
- 可以应用约束条件来限制规划求解在模型中使用的值，而且约束条件可以引用并影响目标单元格公式的其他单元格。

提 示

约束条件是在规划求解中设置的限制条件。可以将约束条件应用于可变单元格、目标单元格或其他与目标单元格直接或间接相关的单元格。

例如，企业在某月份生产甲、乙两种产品，其有关资料如图 8-10 所示，则企业应如何安排两种产品的产销组合，使企业获得最大销售利润呢？选择【数据】选项卡，单击【分析】组中的【规划求解】按钮，弹出【规划求解参数】对话框，在【设置目标单元格】文本框中输入“$D$6”单元格；在【可变单元格】文本框中输入“$C$8,$C$9”单元格，如图 8-11 所示。

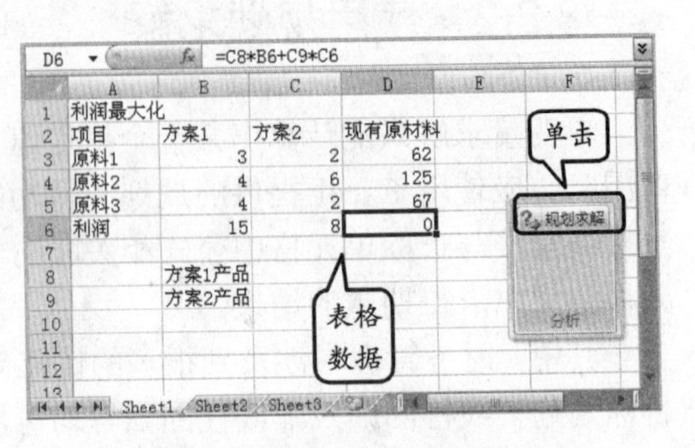

图 8-10　单击【规划求解】按钮

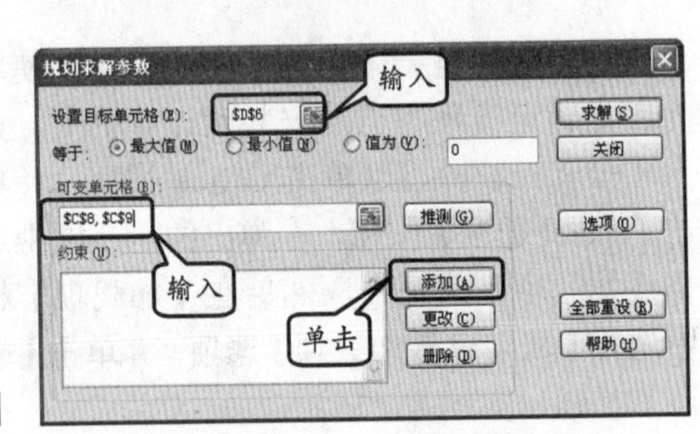

图 8-11　【规划求解参数】对话框

其中，【规划求解参数】对话框中主要包含以下几种参数，其功能如下：

❑ **设置目标单元格**

在【设置目标单元格】文本框中输入目标单元格的单元格引用（用于表示单元格在工作表上所处位置的坐标集）或名称（代表单元格、单元格区域、公式或常量值的单词或字符串）。目标单元格中必须包含公式。

在该栏中还包含 3 个单选按钮。若要使目标单元格的值尽可能大，则选择【最大值】单选按钮。若要使目标单元格的值尽可能小，则选择【最小值】单选按钮。要使目标单元格为确定值，则选择【值为】单选按钮，然后在文本框中输入数值。

❑ **可变单元格**

输入每个可变单元格的名称或引用，用逗号分隔不相邻的引用，用冒号分隔相邻的单元格。可变单元格必须直接或间接与目标单元格相关。最多可以指定 200 个可变单元格。

如果要使规划求解根据目标单元格自动建议可变单元格，单击【推测】按钮。

❑ **约束**

在【约束】文本框中输入要应用的约束条件，其中，约束条件是规划求解中设置的限制条件。可以将约束条件应用于可变单元格、目标单元格或其他与目标单元格直接或间接相关的单元格。

其中，在该栏的右侧主要包含 3 个按钮。单击【添加】按钮可以添加约束条件。单击【更改】按钮可以更改约束条件。单击【删除】按钮可删除约束条件。

❑ **选项**

单击该按钮，弹出【规划求解选项】对话框。在其中可加载或保存规划求解模型，并对求解过程的高级功能进行控制。

提　示

单击【选项】按钮上方的【关闭】按钮，则可以关闭【规划求解参数】对话框，此时不对问题进行求解，但保留通过【选项】、【添加】、【更改】或【删除】按钮所做的更改。

例如，单击【规划求解参数】对话框中的【添加】按钮，即可打开【添加约束】对话框，在该对话框中设置约束条件，并单击【添加】按钮依次添加约束条件，如图 8-12 所示。

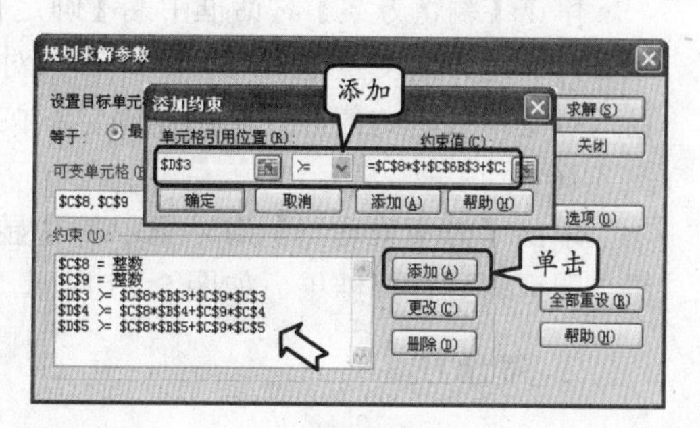

图 8-12　添加约束条件

其中，在【添加约束】条件对话框中，可以在【单元格引用】文本框中输入要对其中的数值进行约束的单元格区域的单元格引用或名称。

也可以在【引用单元格】和【约束条件】之间使用关系（“<=”、“=”、“>=”、int 或 bin）。如选择 int 选项，则【约束值】文本框中会显示“整数”；如果选择 bin 选项，则【约束值】文本框中会显示“二进制”。

在【约束值】文本框中输入数字、单元格引用或名称，或输入公式。

所有的约束条件添加完毕之后，只需单击【求解】按钮，即可打开【规划求解结果】对话框。在该对话框中提供了两种求解结果，一种是保存规划求解结果，另一种是恢复为原值。选择【保存规划求解结果】单选按钮，并单击【确定】按钮，即可求出定义好的问题的结果，如图 8-13 所示。

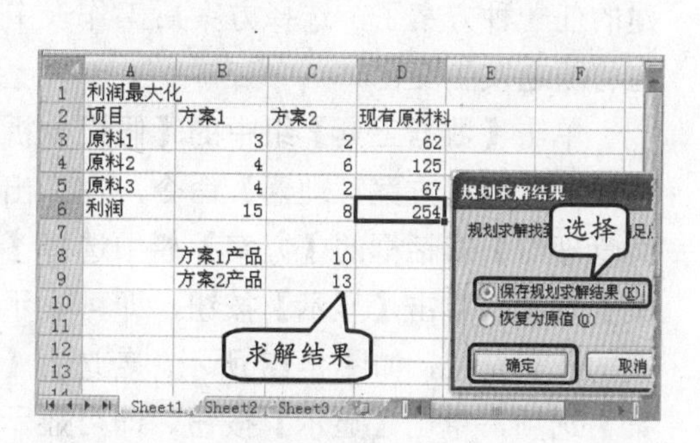

图 8-13　求解结果

8.3　使用方案管理器

方案是一组命令的组成部分，这些命令有时也称作假设分析工具。方案是 Excel 保存在工作表中并可自动进行替换的一组值。可以使用方案来预测工作表模型的输出结果。

方案主要用于企业中生产利润最优化，以及日常生活中通过假设分析来求出最优值的计算。本节主要介绍如何创建和编辑方案，以及如何创建方案摘要报告。

8.3.1　创建及显示方案

创建方案即创建不同的数值组并保存。而显示方案则是切换到任意新方案以查看不同的结果。本节主要介绍创建方案的方法，以及如何对创建的方案进行查看。

1. 创建方案

选择 C6 单元格，输入公式“=B3*C3+B4*C4+B5*C5”，选择【数据】选项卡，在【数据工具】组中单击【假设分析】下拉按钮，执行【方案管理器】命令，如图 8-14 所示。

在弹出的【方案管理器】对话框中单击【添加】按钮，即可打开【编辑方案】对话框，在【方案名】文本框中输入文字“最佳方案”，并在【可变单元格】文本框中输入可变单元格“$C$3:$C$5”，如图 8-15 所示。

单击【编辑方案】对话框中的【确定】按钮，即可打开【方案变量值】对话框，在该对话框中输入可变单元格的值，并单击【确定】按钮，如图 8-16 所示。

单击【方案管理器】对话框中的【显示】按钮，即可得到计算结果，如图 8-17 所示。

2. 显示方案

方案创建完成之后就可以在工作表中显示创建的任一种方案了，选择方案后工作表中的数据也将随之发生变化。

单击【数据工具】组中的【假设分析】下拉按钮，执行【方案管理器】命令，在弹出的【方案管理器】对话框的【方案】栏中选择【最差方案】选项，单击【显示】按钮，即可显示最差方案的计算结果，如图 8-18 所示。若选择【最佳方案】选项，单击【显示】按钮，即可显示最佳方案的计算结果，如图 8-19 所示。

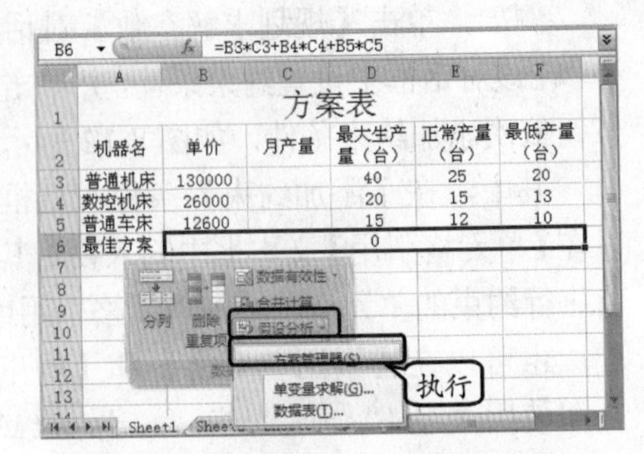

图 8-14 执行【方案管理器】命令

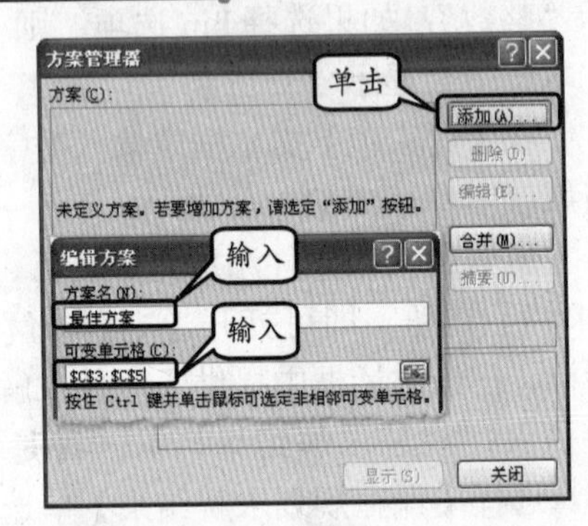

图 8-15 编辑方案

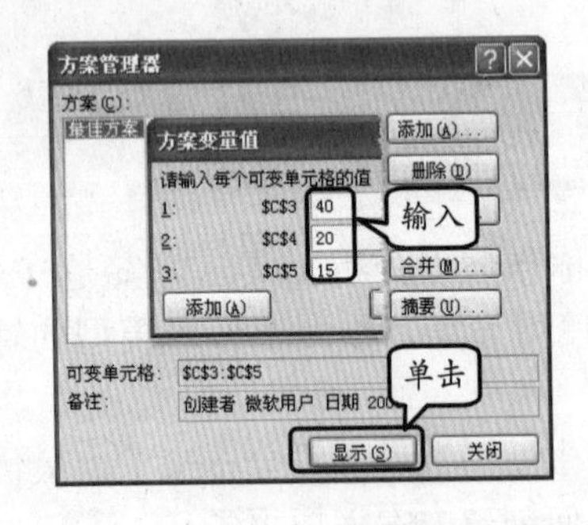

图 8-16 设置可变单元格的值

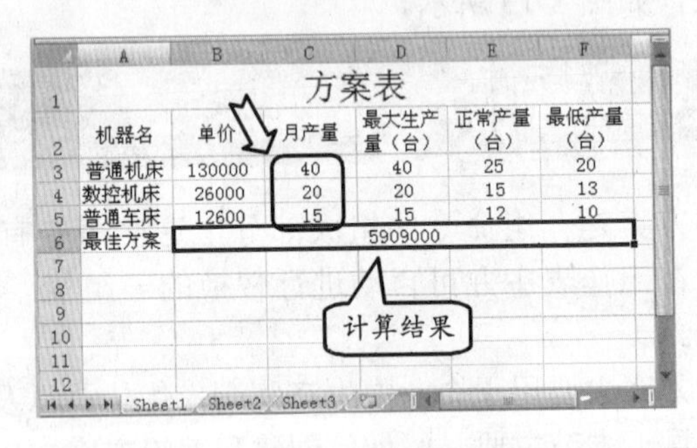

图 8-17 计算方案最优值

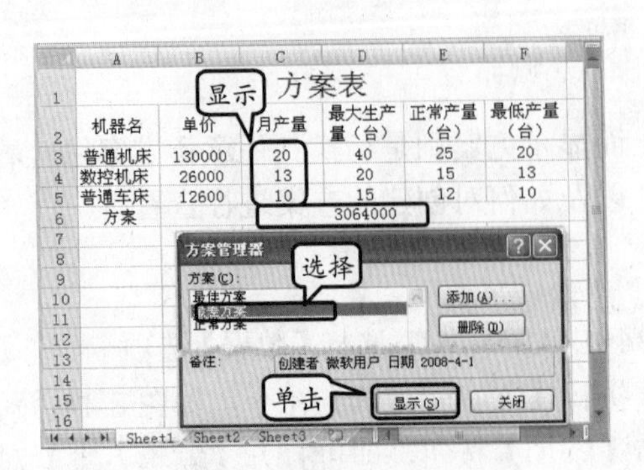

图 8-18 最差方案

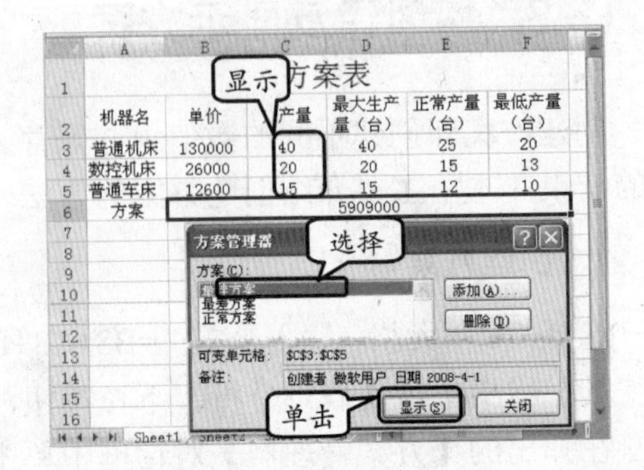

图 8-19 最佳方案

8.3.2 编辑及删除方案

创建完方案后，可以对其名称、可变单元格的引用或者值等进行修改。另外，若感觉该方案不合适，还可将其删除。本节主要学习对方案进行编辑及删除的方法。

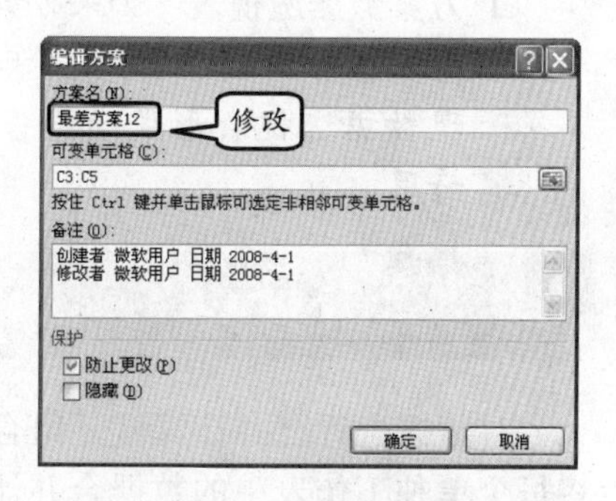

图 8-20 修改方案名

1. 编辑方案

在【方案】列表中选择需要修改的方案，单击【编辑】按钮，打开【编辑方案】对话框，在该对话框中可以修改方案名和可变单元格的引用，如图 8-20 所示。

单击【编辑方案】对话框中的【确定】按钮，即可打开【方案变量值】对话框，在该对话框中可以修改可变单元格的值，如图 8-21 所示。单击【确定】按钮，返回到【方案管理器】对话框，单击【关闭】按钮即可完成方案的修改。

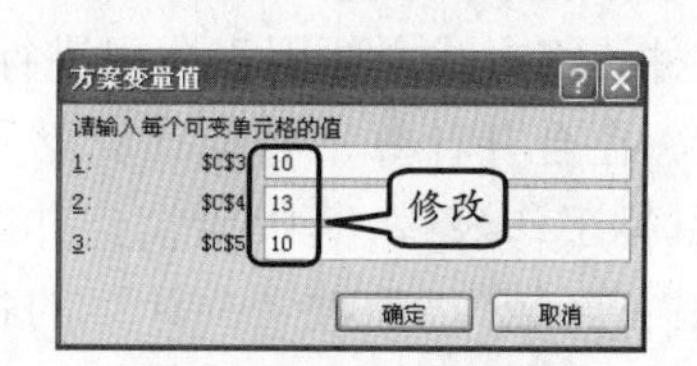

图 8-21 修改可普单元格的值

2. 删除方案

对于已经不再需要的方案来说，可以将其删除。单击【数据工具】组中的【假设分析】下拉按钮，执行【方案管理器】命令，在弹出的对话框中选择需要删除的方案，并单击【删除】按钮即可，如图 8-22 所示。

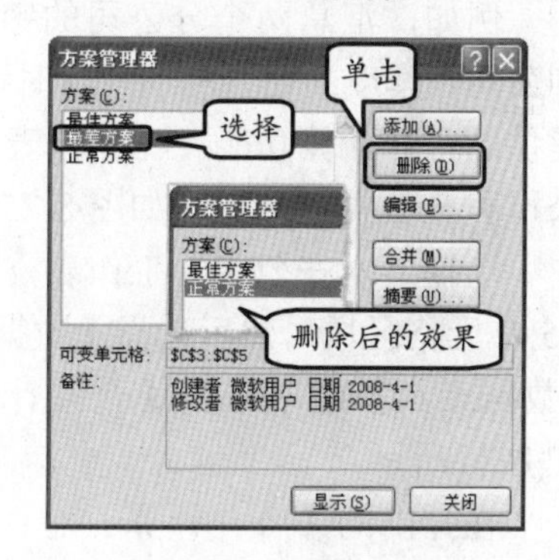

图 8-22 删除方案

8.3.3 创建方案摘要报告

在工作中经常需要按照统一的格式列出工作表中各个方案的信息，可以运用方案总结报告。方案总结报告是在创建方案之后进行的。下面介绍创建方案摘要报告的操作方法。

在【方案管理器】对话框中单击【摘要】按钮，弹出【方案摘要】对话框，如图 8-23 所示。

在【报表类型】栏中选择【方案摘要】单选按钮，在【结果单元格】文本框中输入"B6：F6"单元格，单击【确定】按钮，即可生成摘要报告，如图 8-24 所示。

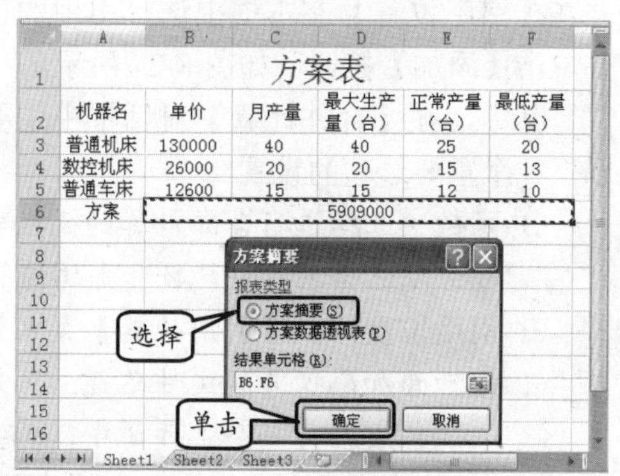

图 8-23 【方案摘要】对话框

其中，在【方案摘要】对话框中可以选择报表的类型，其功能如下：

❑ **方案摘要** 这种报告采用的是大纲形

式，对于比较简单的方案管理，标准的方案摘要报告就已经足够了。

- ❑ **方案数据透视表** 如果方案中定义了有多结果单元格的方案，则用户会发现数据透视表形式的报告更加灵活好用。

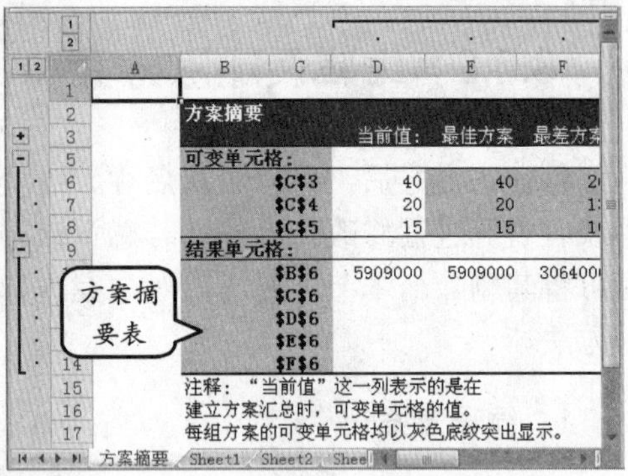

图 8-24 生成方案摘要表

8.4 合并计算

对数据进行合并计算就是组合数据，即将每个单独工作表中的数据合并计算到一个主工作表中。这些工作表可以与主工作表在同一个工作簿中，也可以位于其他工作簿中。这种计算方式主要用于公司进行大的报表的汇总分析方面。

在合并计算中存放计算结果的工作表称为“目标工作表”，其中接收合并数据的区域称为“目标区域”，而被合并计算的各个工作表称为“源工作表”，被合并计算的数据区域称为“源区域”。

例如，汇总两个分公司的销售利润便可得到公司一季度的销售利润。这时可以利用 Excel 提供的合并计算功能。在工作表中分别输入 A 公司和 B 公司的数据，如图 8-25 所示。

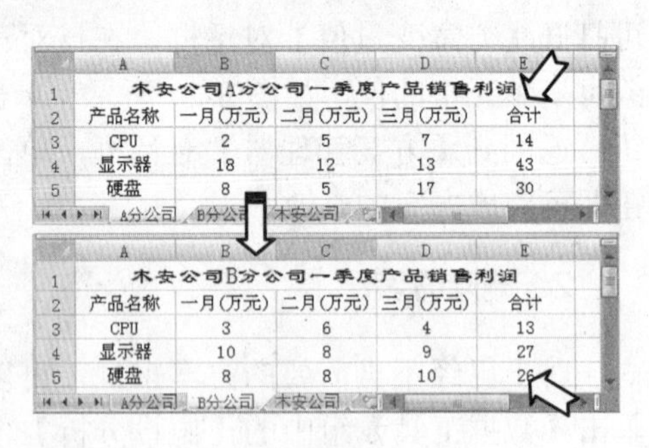

图 8-25 创建工作表

选择“木安公司”工作表，并选择 B3 至 E5 单元格区域，然后选择【数据】选项卡，在【数据工具】组中单击【合并计算】按钮，如图 8-26 所示。

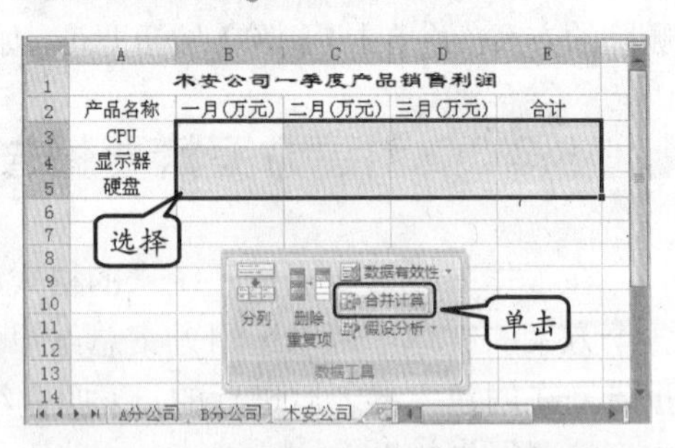

图 8-26 单击【合并计算】按钮

在弹出的【合并计算】对话框的【函数】栏中选择合适的函数，如选择【求和】选项，并在【引用位置】文本框中选择引用的位置，并单击【添加】按钮，如图 8-27 所示。

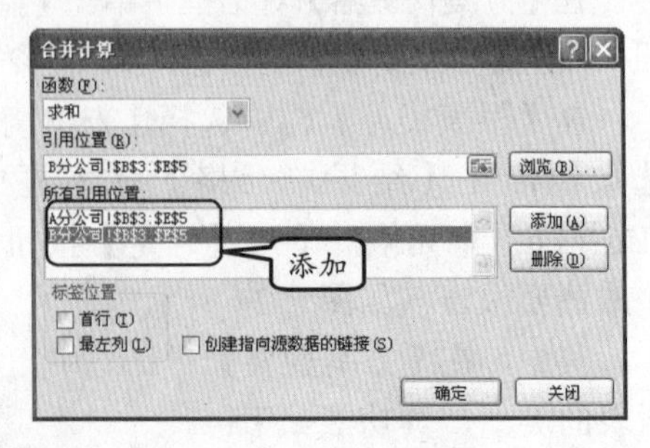

图 8-27 设置合并计算项

其中，在【合并计算】对话框中主要包含以下几个重要选项的设置。

- ❑ **函数** 选择进行合并计算的函数类型，如可以选择求和、计数和平均值等。
- ❑ **引用位置** 在【引用位置】文本框中输入后面加感叹号的文件路径。另外，如果工作表在另一个工作簿中，单击【浏览】按钮，在弹出的对话框中查找文件，然后单击【确定】按钮关闭【浏览】对话框。

- ❑ **所有引用位置** 在【引用位置】文本框中选择或输入引用位置后，单击【添加】按钮，即可在【所有引用位置】列表中显示引用的单元格位置。
- ❑ **标签位置** 可以根据需要选择标签的位置，如首行或最左列。

另外，也可以启用【创建指向源数据的链接】复选框，即可显示出合并结果及源数据，如图 8-28 所示。

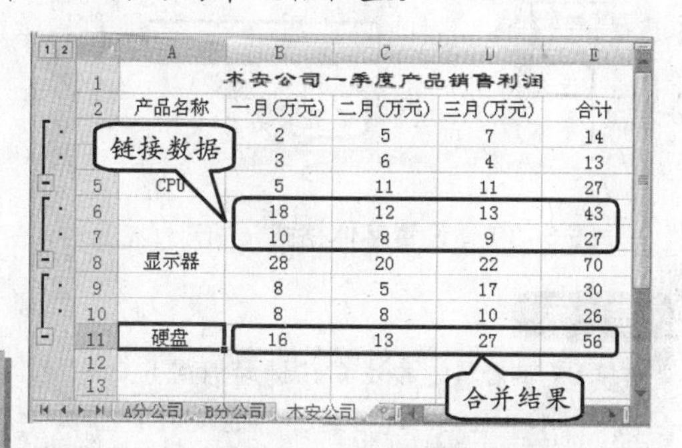

图 8-28 显示合并结果

提 示

若要删除【合并计算】对话框中的引用位置，只需在【所有引用位置】列表中选择要删除的引用位置，单击【删除】按钮即可。

8.5 实验指导：双变量模拟运算表

在日常生活中，人们越来越多的同银行的存贷业务打交道，如住房贷款、汽车贷款、教育贷款及个人储蓄等。但很多人对某一贷款的月偿还金额的计算或利息计算感到束手无策，Excel 提供的 PMT 函数可以完成这一任务。下面利用 Excel 的 PMT 函数及双变量模拟运算表计算在“贷款年限”和“年利率”两个参数同时变化的情况下的“贷款的每期（月）偿还额”。

月偿还额双变量模拟运算表

贷款金额	6600000	年利率	6.12%	贷款年限	5
		年　利　率			
	127965.0845	5.58%	5.76%	5.85%	6.12%
贷款年限	5	126311.5233	126861.2489	127136.6599	127965.0845
	6	108077.3089	108634.8942	108914.3425	109755.3071
	7	95093.09654	95658.89848	95942.56115	96796.59211
	8	85389.99425	85964.21705	86252.19473	87119.58757
	9	77874.15467	78456.91518	78749.26466	79630.18262
	10	71889.25292	72480.61352	72777.36412	73671.88733
	11	67017.61308	67617.59957	67918.76217	68826.91461
	12	62980.77142	63589.38355	63894.9558	64816.72117
	13	59585.9335	60203.15152	60513.12119	61448.45272

实验目的

- ❑ 应用公式
- ❑ 应用数据表

操作步骤

1. 在空白的工作表中输入相应的内容，然后选择 B3 单元格，单击【单元格】组中的【单元格样式】下拉按钮，选择【标题】栏中的【标题】选项，如图 8-29 所示。
2. 合并 B3 至 G3 单元格区域，选择 B4、D4、F4、D5 和 B7 单元格，设置字体为隶书，字号为 41，如图 8-30 所示。

提 示

选择 B3 至 F3 单元格区域，单击【对齐方式】组中的【合并后居中】按钮，即可合并单元格。

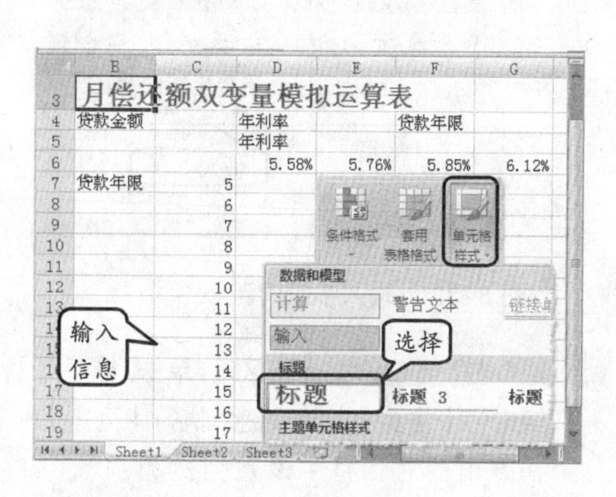

图 8-29 应用单元格样式

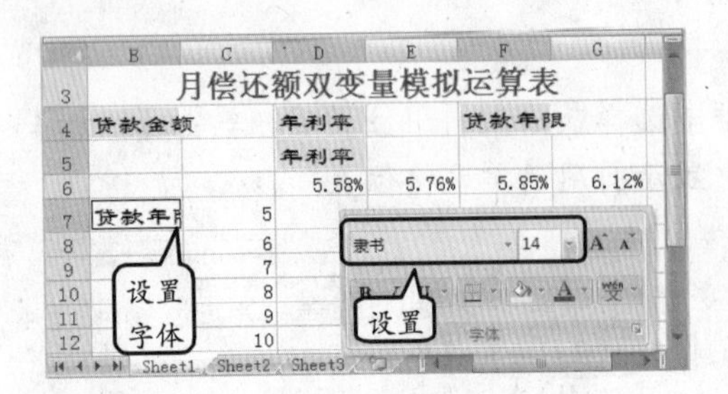

图 8-30　设置字体格式

提　示

选择 B4 单元格，按住 Ctrl 键的同时分别选择 D4 和 F4 单元格，即可选择不连续的单元格。

3 分别合并 B5 至 C5 单元格区域、D5 至 G5 单元格区域和 B7 至 B19 单元格区域，然后选择 B7 单元格，设置文字排列方式为竖排文字，如图 8-31 所示。

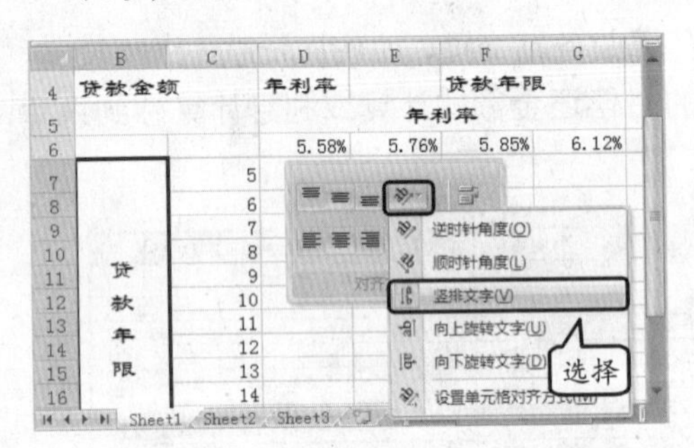

图 8-31　设置竖排文字

4 将光标定位于“年利率”文字之间，输入 5 个空格即可调整字符间距，如图 8-32 所示。

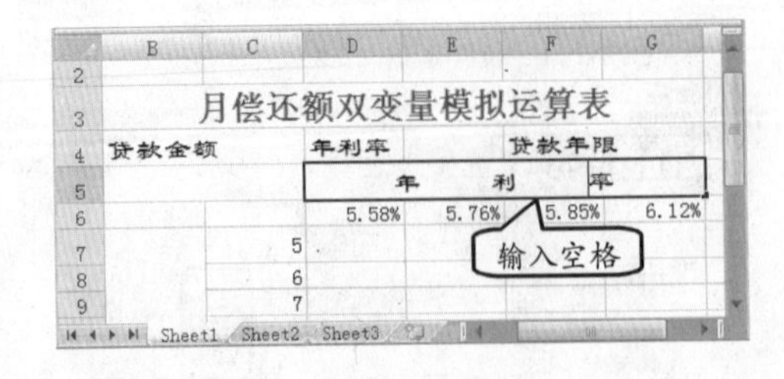

图 8-32　输入字符间距

5 选择 B4 至 G19 单元格区域，单击【单元格】组中的【格式】下拉按钮，执行【列宽】，在弹出的对话框中设置列宽为 12，如图 8-33 所示。

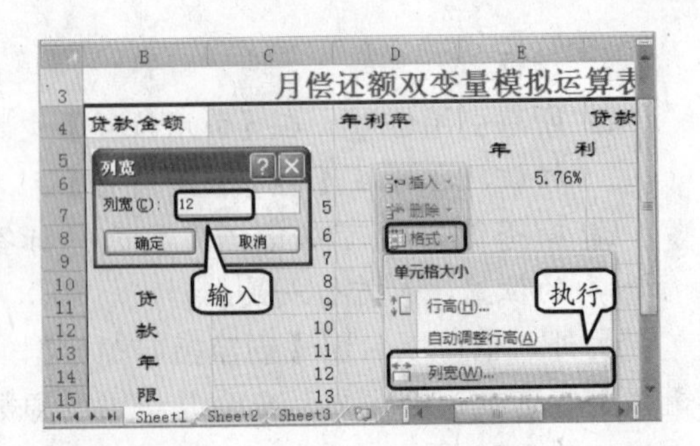

图 8-33　设置列宽

6 设置 B4 至 G19 单元格区域的行高为 17，然后设置该单元格区域的对齐方式为居中，如图 8-34 所示。

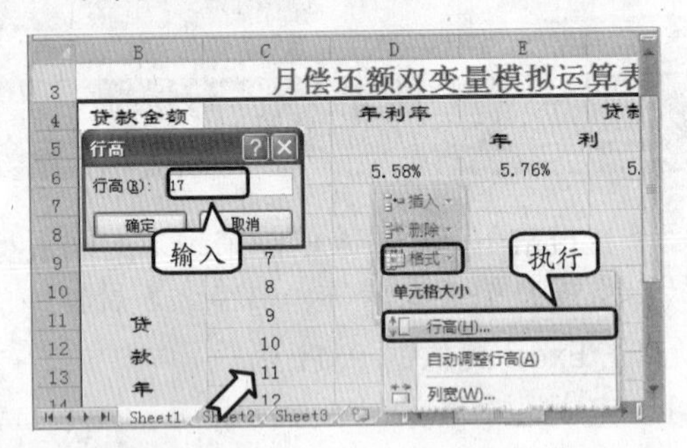

图 8-34　设置行高

提　示

选择要设置对齐方式的单元格区域，单击【对齐方式】组中的【居中】按钮即可。

7 分别在 C4、D4 和 E4 单元格中输入数据，以便进行计算，然后，在 C6 单元格中输入公式“=PMT(E4/12,G4*12,-C4,0,0)”，如图 8-35 所示。

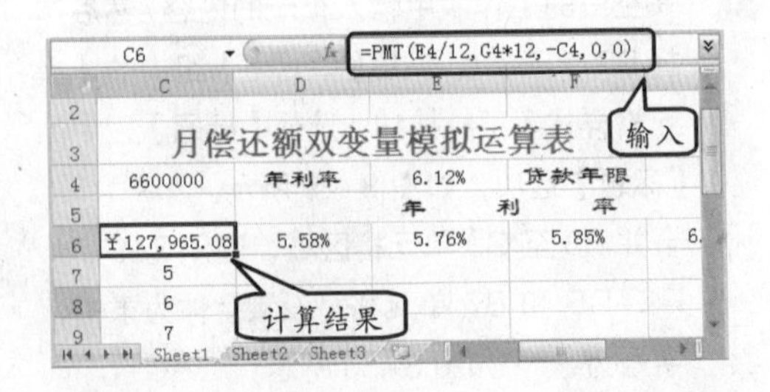

图 8-35　输入公式

8 选择 B6 至 G19 单元格区域，单击【数据工具】组中的【假设分析】下拉按钮，执行【数据表】命令，如图 8-36 所示。

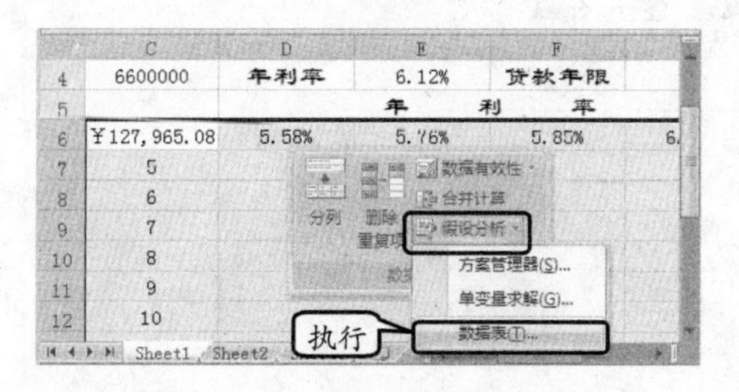

图 8-36　执行【数据表】命令

9　在弹出的【数据表】对话框中设置输入引用行的单元格为$E$4；输入引用列的单元格为$G$4，如图 8-37 所示。

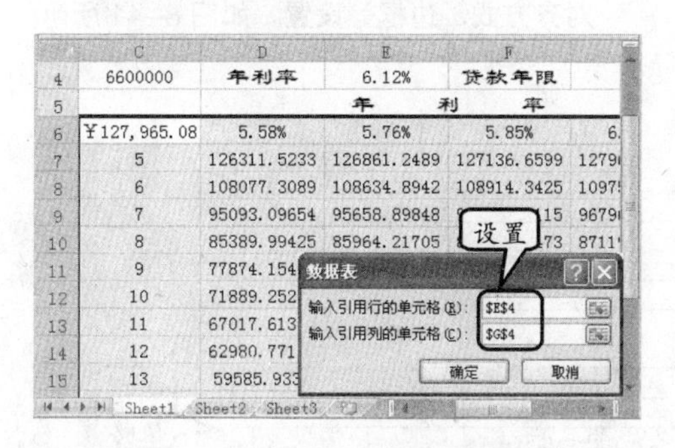

图 8-37　设置引用单元格数值

10　选择 B4 至 G19 单元格区域，单击【边框】下拉按钮，执行【其他边框】命令，在弹出的对话框中选择一种“双线条”样式，设置为外边框，选择一种“单线条”样式，设置为内部，如图 8-38 所示。

11　选择 B4、D4、F4、B5 至 G5、B6 至 B19、C7 至 C19 单元格区域，单击【填充颜色】下拉按钮，选择【白色，背景 1，深色 5%】选项，如图 8-39 所示。

12　选择 C4、E4 和 G4 单元格，设置填充颜色为橙色，然后选择未设置颜色的单元格区域，设置填充颜色为“水绿色，强调文字颜色 5，淡色 80%”，如图 8-40 所示。

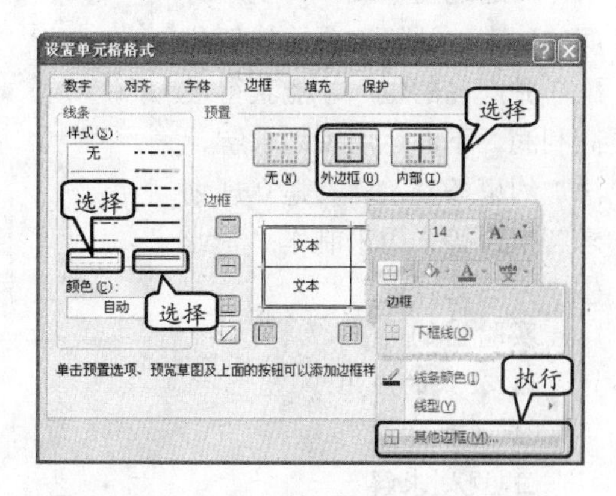

图 8-38　设置边框

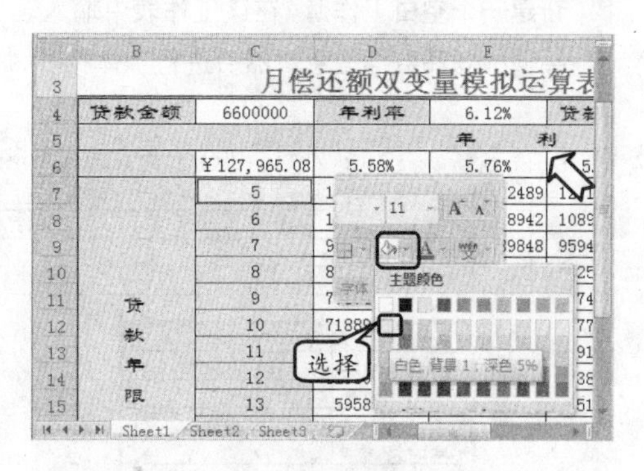

图 8-39　设置填充颜色

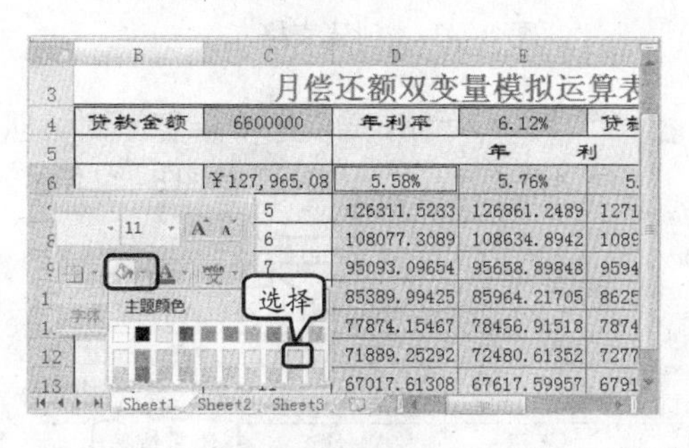

图 8-40　设置填充颜色

13　单击 Office 按钮，执行【打印】|【打印预览】命令，即可查看打印效果。

8.6　实验指导：利润最大化生产方案

生产方案是指企业为实现其目标利润而系统、全面地调整其经营活动的规模和水平的一种方法。例如，某公司生产 3 种产品，每生产一种产品的最少成本、时间、利润已给出，通过生产成本、生产时间的约束，计算该公司如何分配 3 种产品的生产才能获得最高利润。下面运用规划求解、添加约束条件，以及建立规划求解报告等知识来制作“企业生产方案选择表”。

Microsoft Excel 12.0 运算结果报告
工作表 [企业生产方案选择表1]企业生产方案选择表
报告的建立：2008-4-7 17:40:37

目标单元格（最大值）

单元格	名字	初值	终值
$F$10	每天销售利润小计 销售利润小计（元）	￥7,875	￥7,875

$E$5	C 产量（件）	67	$E$5>=0	未到限制值	67
$E$3	A 产量（件）	50	$E$3=整数	到达限制值	0
$E$4	B 产量（件）	32	$E$4=整数	到达限制值	0
$E$5	C 产量（件）	67	$E$5=整数	到达限制值	0
$E$3	A 产量（件）	50	$E$3>=$C$10	到达限制值	0
$E$4	B 产量（件）	32	$E$4>=$C$11	未到限制值	2
$E$5	C 产量（件）	67	$E$5>=$C$12	未到限制值	7

实验目的

- ❑ 公式的应用
- ❑ 函数的应用
- ❑ 规划求解

操作步骤

1 新建一个空白工作簿。在该工作表中输入表头、标题和数据信息，然后进行字体格式、对齐方式、边框等设置，如图 8-41 所示。

利润最大化生产方案选择表

款式	成本（元/件）	生产时间（分钟/件）	利润（元/件）	产量（件）	销售利润小计（元）
A	￥40	3	￥25	50	
B	￥70	5	￥50	32	
C	￥100	7	￥75	67	

约束条件	
生产成本约束	￥20,000
生产时间约束	13
款式A产量约束	50
款式B产量约束	30
款式C产量约束	60

实际生产状况	
实际生产成本	
实际生产时间（时）	
每天销售利润小计	

创建表格

图 8-41 创建表格

2 选择 F3 单元格，输入公式“=D3*E3”，即可计算 A 产品的销售利润，如图 8-42 所示。

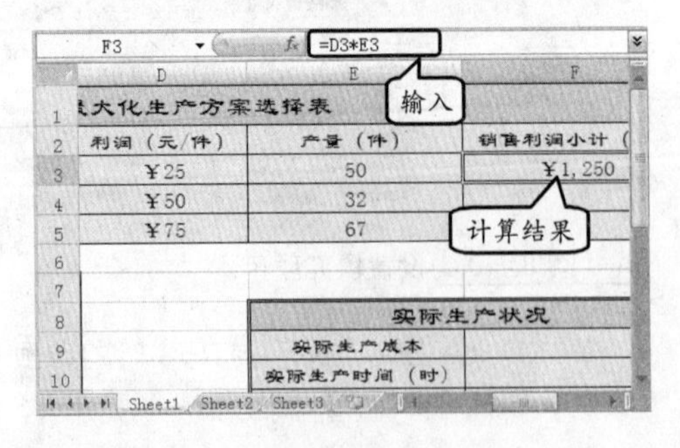

图 8-42 输入公式

3 将鼠标置于 F3 单元格的填充柄上，向下拖动至 F5 单元格，即可复制该公式，如图 8-43 所示。

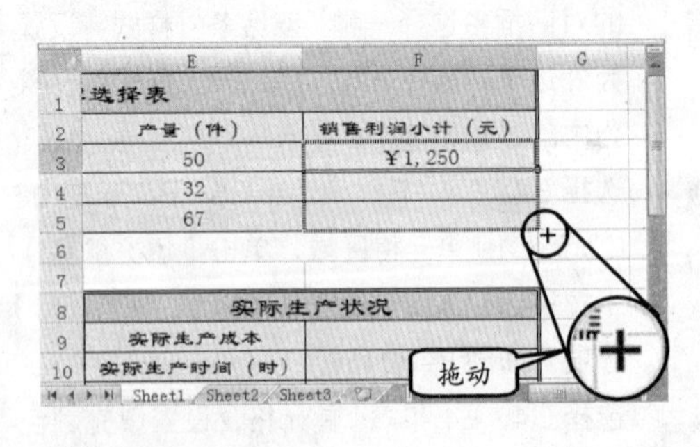

图 8-43 复制公式

4 选择 F9 单元格，输入公式“=B3*E3+B4*E4+B5*E5”，即可计算出“实际生产成本”，如图 8-44 所示。

5 选择 F10 单元格，输入公式“=C3/60*E3+C4/60*E4+C5/60*E5”，即可计算出“实际生产时间（时）”，如图 8-45 所示。

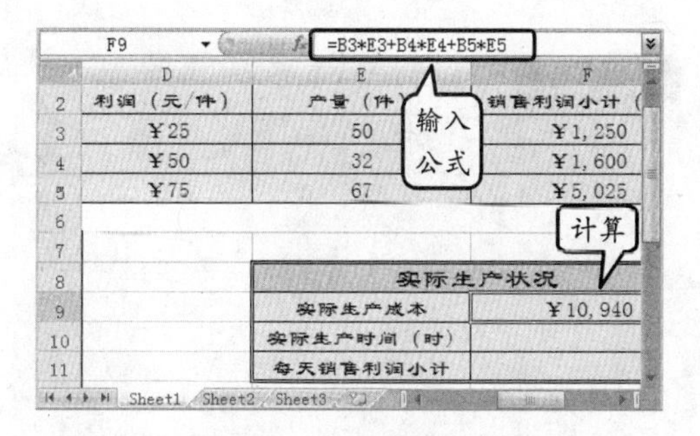

图 8-44 计算"实际生产成本"

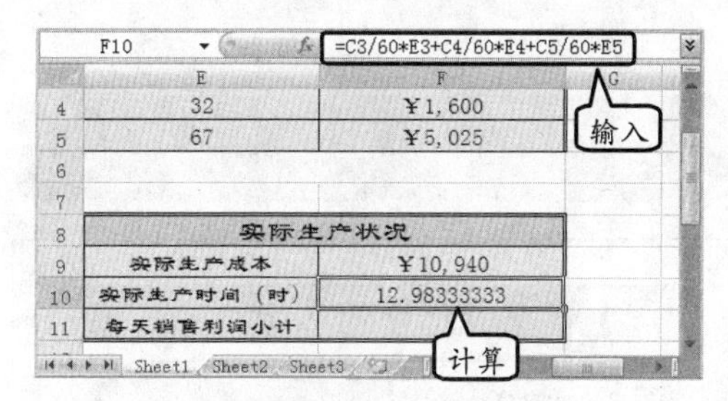

图 8-45 计算"实际生产时间（时）"

6 选择 F11 单元格，并选择【公式】选项卡，单击【函数库】组中的【自动求和】按钮，然后选择求和区域 F3 至 F5 单元格区域，如图 8-46 所示。

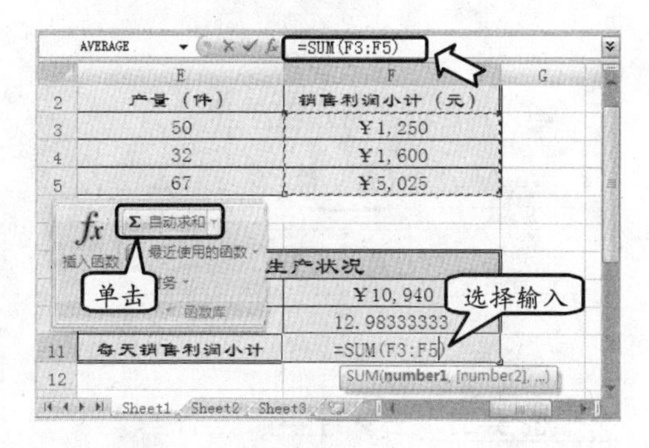

图 8-46 自动求和

7 在弹出的【规划求解参数】对话框的【设置目标单元格】栏中选择$F$11 单元格，并设置可变单元格为$E$3:$E$5，如图 8-47 所示。

提　示

选择【数据】选项卡，单击【分析】组中的【规划求解】按钮，即可打开【规划求解参数】对话框。

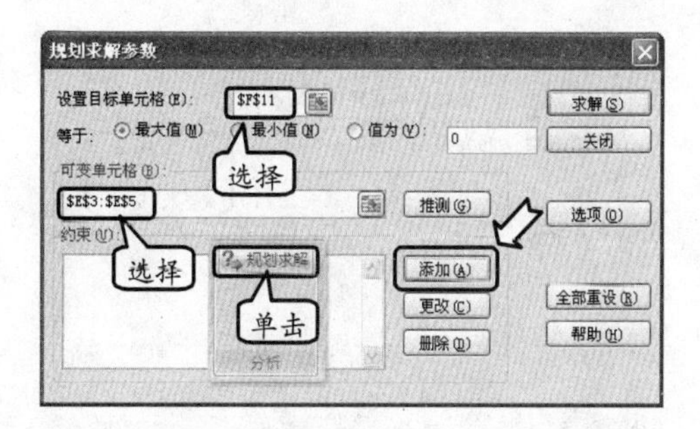

图 8-47 【规划求解参数】对话框

8 单击【规划求解参数】对话框中的【添加】按钮，即可在弹出的【添加约束】条件对话框中设置约束条件，并单击【添加】按钮。运用相同的方法完成约束条件的添加，如图 8-48 所示。

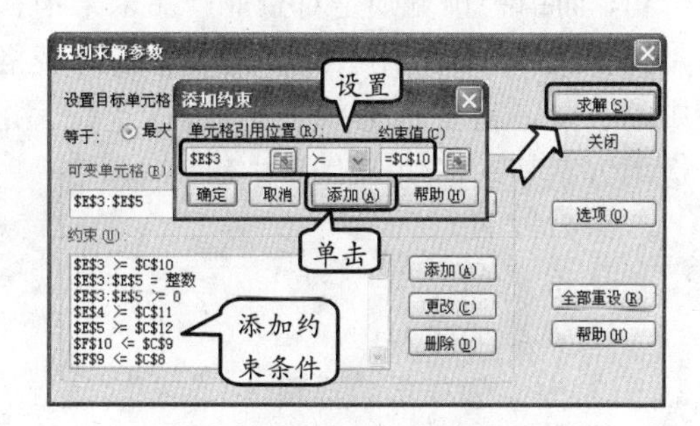

图 8-48 添加约束条件

9 单击【规划求解参数】对话框中的【求解】按钮，在弹出的【规划求解结果】对话框中选择【报告】栏中的【运算结果报告】选项，如图 8-49 所示。

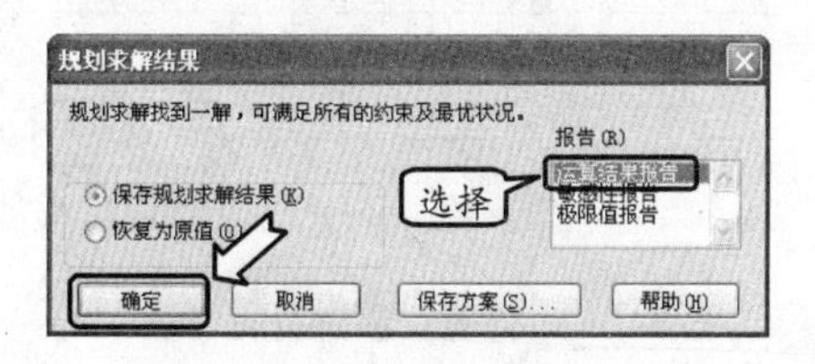

图 8-49 选择【运算结果报告】选项

10 单击【规划求解结果】对话框中的【确定】按钮，即可生成"运算结果报告 1"工作表，如图 8-50 所示。

11 单击 Office 按钮，执行【打印】|【打印预览】命令，即可查看报告内容。

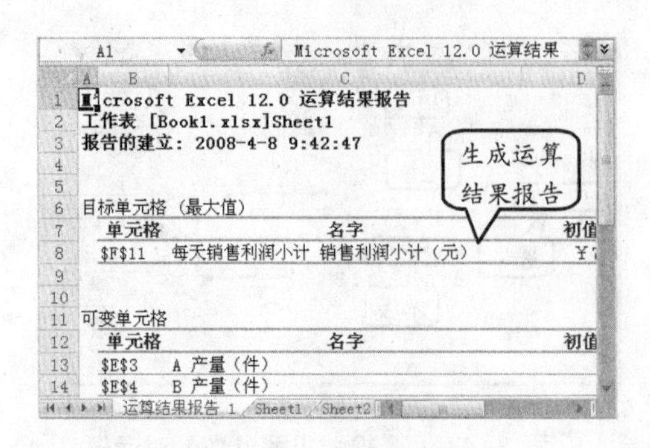

图 8-50　生成运算结果报告

技　巧

按 Ctrl+F2 组合键也可进行打印预览。

8.7　实验指导：销售预测分析

销售分析是指对市场实际销售结果的分析，而销售预测则是对企业产品未来销售量的预测。下面运用公式和函数分别对表格中的“销售利润”及“合计”进行计算，并运用方案管理器功能生成方案管理表格。

方案摘要	当前值:	方案 好	方案 良	方案 差
可变单元格:				
$B$25	12%	24%	18%	12%
$C$25	9%	16%	11%	9%
$B$26	14%	27%	19%	14%
$C$26	11%	19%	17%	11%
$B$27	9%	14%	8%	9%
$C$27	7%	7%	7%	7%
结果单元格:				
$B$28	463.8	534	482.7	463.8

注释：“当前值”这一列表示的是在建立方案汇总时，可变单元格的值。每组方案的可变单元格均以灰色底纹突出显示。

实验目的

- 公式的应用
- 函数的应用
- 方案管理器的应用

操作步骤

1 在 Sheet1 工作表中创建“2007 年产品销售统计”表格，然后选择 D3 单元格，输入公式“=B3-C3”，如图 8-51 所示。

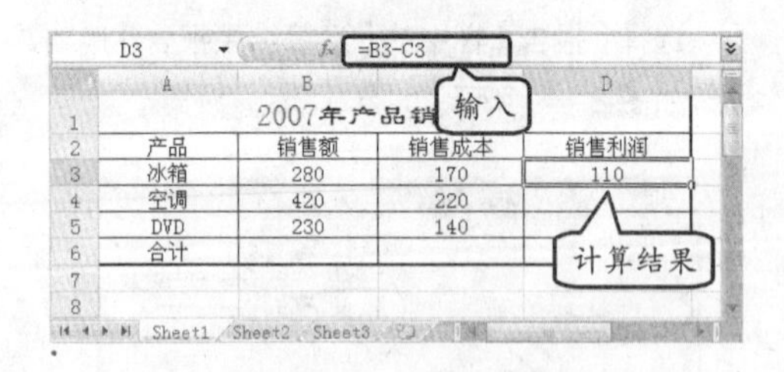

图 8-51　计算“销售利润”

2 运用相同的方法计算空调和 DVD 的“销售利润”，然后选择 B6 单元格，单击【函数库】组中的【自动求和】按钮，计算出销售额“合计”，如图 8-52 所示。

3 选择 B6 单元格，向右拖动至 D6 单元格，即可复制公式，如图 8-53 所示。

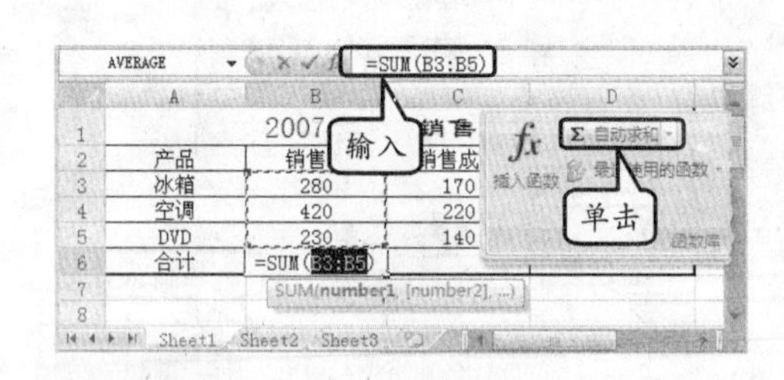

图 8-52　计算销售额“合计”

	A	B	C	D
1	2007年产品销售统计			
2	产品	销售额	销售成本	销售利润
3	冰箱	280	170	110
4	空调	420	220	200
5	DVD	230	140	90
6	合计	930		

拖动

图 8-53　复制公式

4 在 A10 至 D20 单元格区域中创建“2008 年产品预计销售分析”表格，如图 8-54 所示。

10	2008年产品预计销售分析			
11	销售情况	产品	销售额增长率	销售成本增长率
12	好	冰箱	24%	16%
13		空调	27%	19%
14		DVD	14%	7%
15	良	冰箱	18%	11%
16		空调	19%	17%
17		DVD	8%	4%
18	差	冰箱	12%	9%
19		空调	14%	11%
20		DVD	9%	6%

创建

图 8-54 创建表格

5 在 A23 至 C28 单元格区域中输入公式 “ =SUMPRODUCT(B3:B5,1+B25:B27)-SUMPRODUCT(C3:C5,1+C25:C27)”，计算“总销售利润”，如图 8-55 所示。

=SUMPRODUCT(B3:B5,1+B25:B27)-SUMPRODUCT(

23	2008年增长估计分析		
24	产品	销售额	销售成本
25	冰箱	24%	16%
26	空调	27%	19%
27	DVD	14%	7%
28	总销售利润	534	

输入公式

计算

图 8-55 计算“总销售利润”

6 选择 B28 单元格，单击【数据工具】组中的【假设分析】下拉按钮，执行【方案管理器】命令，在弹出的对话框中单击【添加】按钮，如图 8-56 所示。

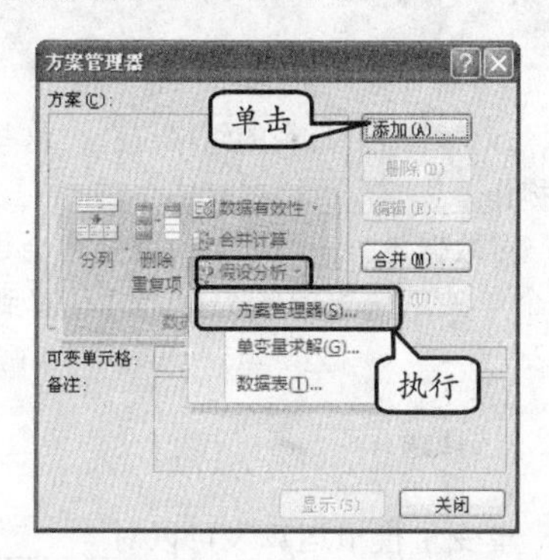

图 8-56 单击【添加】按钮

7 在弹出的【编辑方案】对话框中输入方案名“方案 好”，并设置可变单元格为“$B$25:$C$27”，如图 8-57 所示。

8 在弹出的【方案变量值】对话框中分别设置【请输入每个可变单元格的值】栏中的值，如图 8-58 所示。

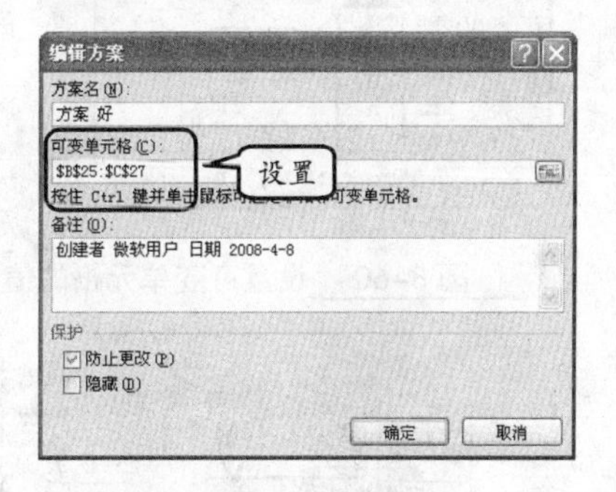

图 8-57 编辑方案

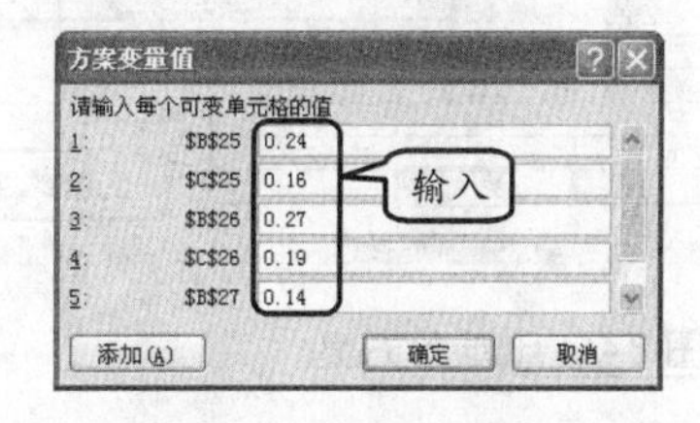

图 8-58 设置方案变量值

提 示

单击【方案变量值】对话框中的【确定】按钮，即可返回【方案管理器】对话框，然后，单击【添加】按钮，可再次添加方案。

9 运用相同的方法添加一个方案名为“方案 良”的方案，并在【方案变量值】对话框中设置可变单元格的值，如图 8-59 所示。

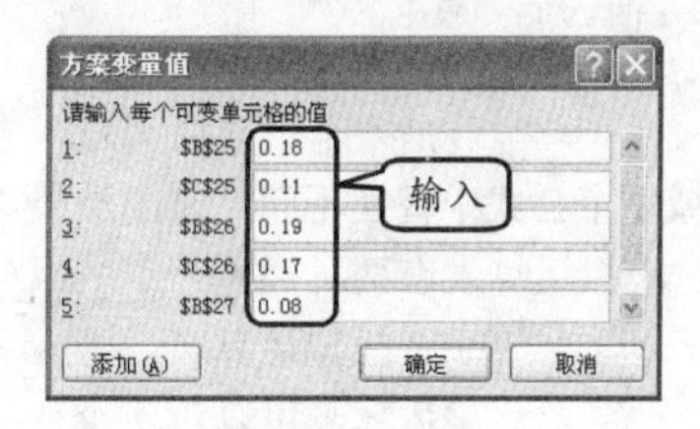

图 8-59 设置可变单元格的值

10 运用相同的方法添加一个方案名为“方案 差”的方案，并在【方案变量值】对话框中设置可变单元格的值，如图 8-60 所示

11 在返回的【方案管理器】对话框中选择所要显示的方案，并单击【显示】按钮，即可在工作表中显示该方案内容，如图 8-61 所示。

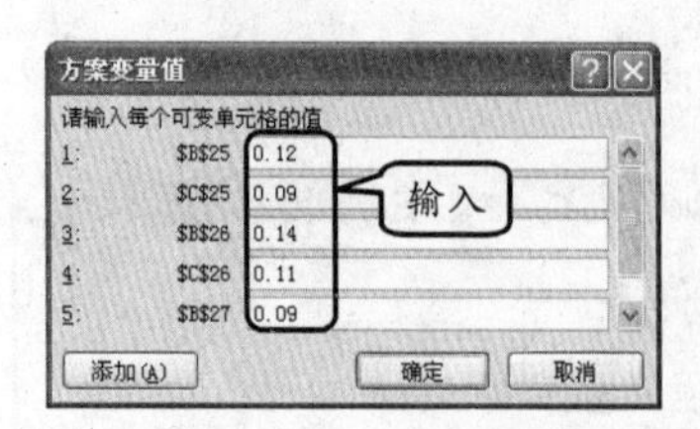

图 8-60 设置可变单元格的值

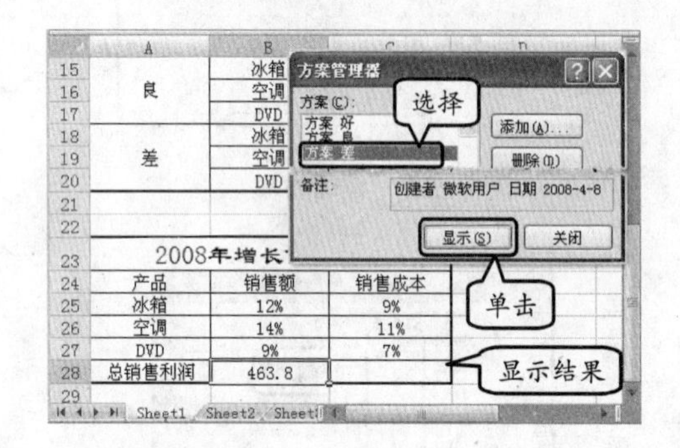

图 8-61 显示方案

12 在【方案管理器】对话框中单击【摘要】按钮，在弹出的【方案摘要】对话框中单击【确定】按钮，如图 8-62 所示。

13 将发现在 Sheet1 工作表的前面自动生成了一个名为“方案摘要”的新工作表，如图 8-63 所示。

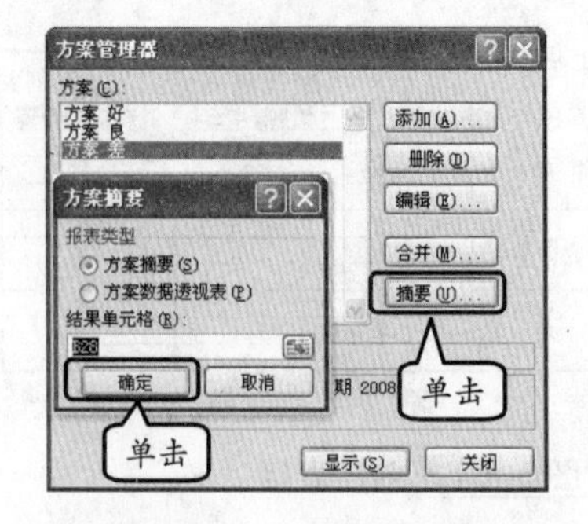

图 8-62 设置方案摘要内容

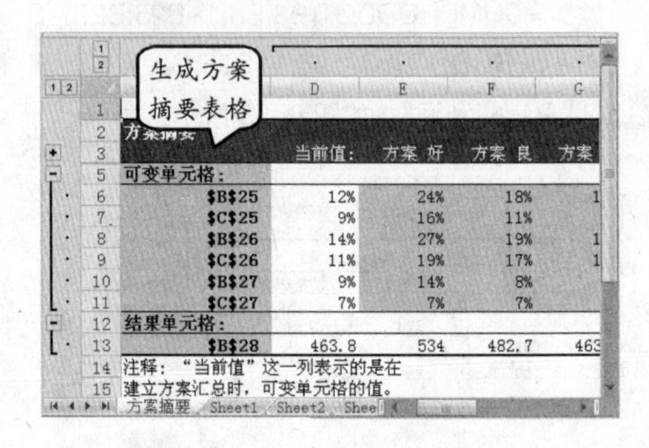

图 8-63 生成方案摘要内容

14 单击 Office 按钮，执行【打印】|【打印预览】命令，即可查看生成的方案效果。

8.8 思考与练习

一、填空题

1. ________是一个单元格区域，它可显示一个或多个公式中替换不同值时的结果。

2. 模拟运算表有两种类型：________模拟运算表和________模拟运算表。

3. ________运算表可以对一个变量输入不同的值来查看其对一个或者多个公式的影响。

4. 单变量求解的运算过程为已知某个公式的结果，反过来求公式中的某个________的值。

5. 创建方案后就可以生成方案总结报告，方案总结报告有两种，分别是________和________。

6. ________是一个加载宏的程序，在使用前应先确定该程序已经安装到计算机上。

7. 方案是一组命令的组成部分，这些命令有时也称作________。

8. 对数据进行________就是组合数据，即将每个单独工作表中的数据合并计算到一个主工作表中。

二、选择题

1. 单变量模拟运算表可以对________输入不同的值来查看其对一个或者多个公式的影响。

A. 一个变量　　B. 两个变量
C. 三个变量　　D. 多个变量

2. 创建了模拟运算表之后，若对运算结果不满意，还可以将其进行________。

A. 只能清除模拟运算表的计算结果

B．只能清除整个模拟运算表

C．既能清除模拟运算表的计算结果，又能清除整个模拟运算表

D．不能清除

3．财务管理中涉及到很多的优化问题，如最大利润、最小成本、最优投资组合、目标规划、线性回归及非线性回归均可用到__________。

A．单变量求解

B．规划求解

C．方案管理器

D．合并计算

4．利用方案管理器可以创建__________。

A．只能创建方案摘要

B．只能创建方案数据透视表

C．以上两种均不能创建

D．以上两种均可创建

三、上机练习

1．规划求解

某电脑公司每销售一台主机利润为300，销售一台显示器利润为 200，每月进货主机不超过50台，显示器不超过40台，每月销售多少主机和显示器可以有更高的利润？

分别在 D3 和 B5 单元格中输入公式“=B3+C3”和“=B4*B3+C4*C3”，并在【规划求解参数】对话框中设置参数，如图8-64所示。最后求出最高的利润。

2．模拟运算

创建如图8-65所示的工作表，并在其中的D4和D7单元格中输入公式“＝D2*D3”。

选定作为模拟运算表的单元格区域 C6 至 D10。在该例中要创建的模拟运算表以D3单元格作为输入单元格，如图8-65所示。最后求出模拟运算的值。

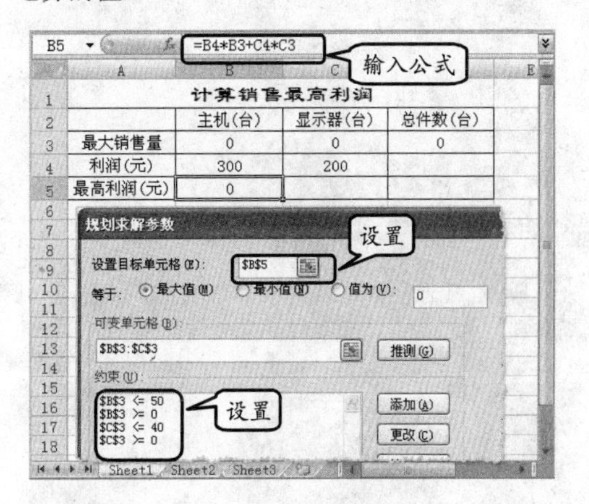

图 8-64　设置规划求解参数

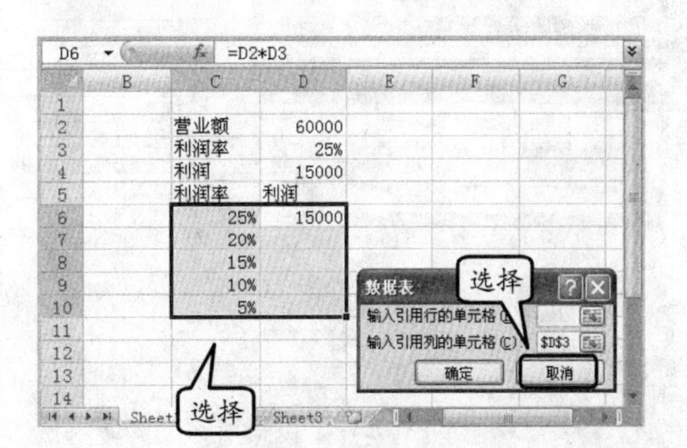

图 8-65　单变量模拟运算表

第9章 打印工作表

元素属性查看

元素属性小测试

八月份产品销售表

货号	名称	产地	单价	销量（件）	总和
Q012	蓝色无袖连衣裙	武汉	￥298.00	18	￥5,364.00
K036	黑色长裤	北京	￥118.00	29	￥3,422.00
Q017	黑色短裙	北京	￥156.00	17	￥2,652.00
K005	白色七分裤	青岛	￥78.00	34	￥2,652.00
Y002	白色长袖衬衣	深圳	￥118.00	20	￥2,360.00
Y024	红色短袖衬衣	广州	￥108.00	21	￥2,268.00
Y007	白色短袖衬衣	上海	￥98.00	13	￥1,274.00

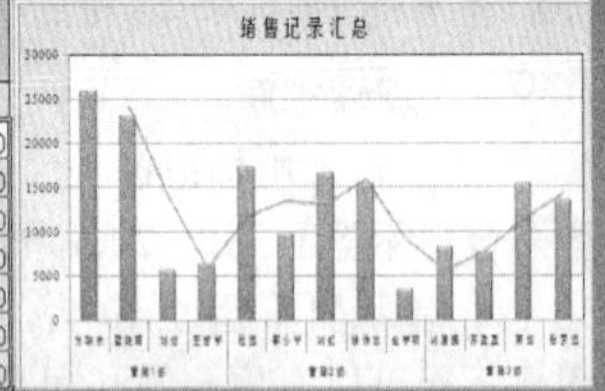

工作表的创建完成之后，可以将其打印成报表，使用户能够更方便地查看。为了使打印出的报表更加完美，需要对工作表的页面进行相应的设置，如可以设置工作表的纸张大小，或者为其添加页眉和页脚等。

通过使用打印预览功能，能够在打印之前对工作表的制作效果进行查看，避免多次打印而浪费时间和纸张。

本节主要介绍设置工作表的纸张方向和页面大小，以及使用分页符和打印预览功能的方法。

本章学习要点

- 设置页面方向和大小
- 设置页边距
- 添加页眉和页脚
- 使用分页符
- 打印预览
- 设置打印范围
- 打印工作表

9.1 准备打印操作

如果需要打印的工作表内容不止一页，Excel 将自动为其分页并添加分页符，这些分页符的位置取决于纸张的大小、页边距的设置和打印比例的设定等因素。还可以在工作表中插入分页符，手动进行分页，并可对打印区域进行设置。

9.1.1 插入分页符

当不希望按照固定的尺寸进行分页时，Excel 允许用户手动插入分页符。其中，分页符分为水平分页符和垂直分页符两种。

1. 插入水平分页符

在工作表中插入水平分页符可以改变页面上数据行的数量。单击要另起一页的起始行行号，或者选择该行的第一个单元格，单击【页面设置】组中的【分隔符】下拉按钮，执行【插入分页符】命令，即可在该行上方显示分页符，该分页符将以水平虚线显示，如图 9-1 所示。

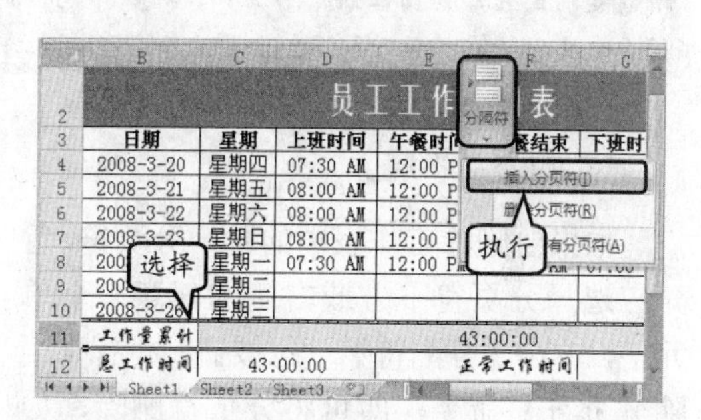

图 9-1 插入水平分页符

2. 插入垂直分页符

在工作表中插入垂直分页符可以改变页面上数据列的数量。单击要另起一页的起始列的列号，或者选择该列的第一个单元格，单击【分隔符】下拉按钮，执行【插入分页符】命令，即可在该列左侧出现分页符，该分页符以垂直虚线显示，如图 9-2 所示。

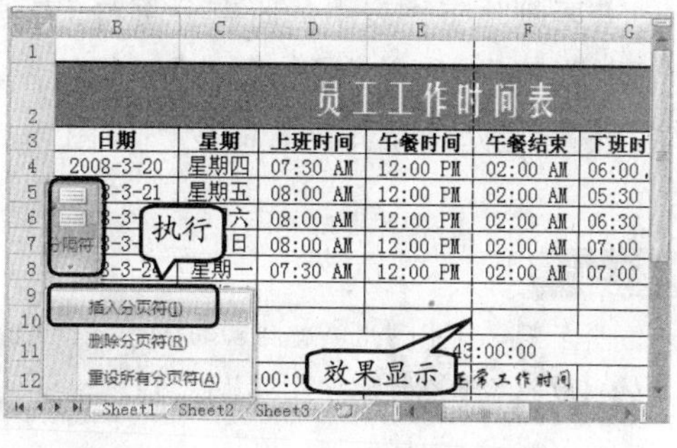

注 意

插入水平或垂直分页符时，若选择的不是该行或列的第一个单元格，而是其他位置的单元格时，将在该单元格的上方和左侧同时插入水平分页符和垂直分页符。

图 9-2 插入垂直分页符

9.1.2 移动和删除分页符

插入分页符后，如果需要调整分页符的位置，可以在分页预览视图中利用鼠标拖动分页符，以调整其位置；若对分页效果不满意，可以将分页符删除。

1. 移动分页符

移动分页符时需要在分页预览视图中进行。选择【视图】选项卡，单击【工作簿视图】组中的【分页预览】按钮，切换至分页预览视图。在该视图中，分页符将以蓝色粗实线显示，将鼠标置于分页符上，当光标变成“双向”箭头↔时，拖动至要调整的位置即可，如图 9-3 所示。

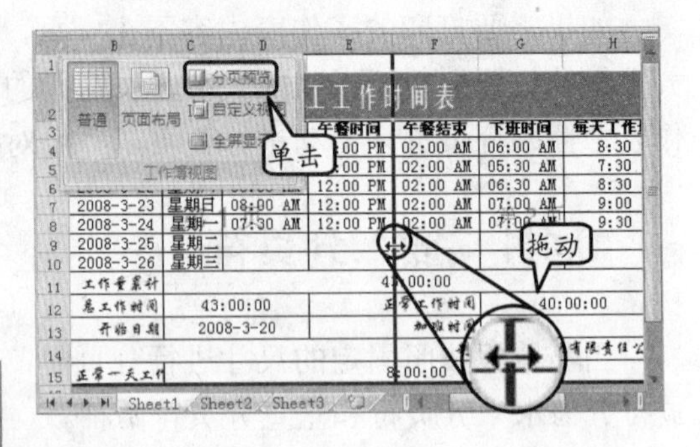

图 9-3 移动分页符

提 示

当单击【分页预览】按钮时，将弹出【欢迎使用“分页预览”视图】对话框，单击【确定】按钮，即可切换至该视图。

提 示

通常情况下，在分页预览视图中，文字显示难以看清楚，因为该视图仅供了解工作表打印布局，若要使文字清晰显示，可以适当调整其显示比例。

2. 删除分页符

如果要删除工作表中的单个分页符，首先应选择分页符下方或右侧的任意一个单元格，单击【分隔符】下拉按钮，执行【删除分页符】命令，即可将分页符删除，如图 9-4 所示。

图 9-4 删除单个分页符

若要删除工作表中的所有分页符，需要选择整张工作表，单击【分隔符】下拉按钮，执行【重设所有分页符】命令，如图 9-5 所示。

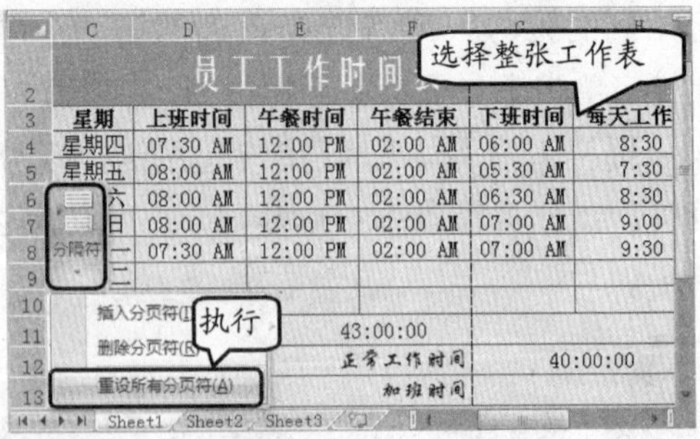

图 9-5 删除所有分页符

技 巧

在分页预览视图中利用鼠标拖动的方式将其拖出预览范围，也可以将分页符删除。

9.1.3 设置打印区域

在默认状态下，Excel 会自动选择有文字的最大行和列的区域作为打印区域进行打印。如果只需要打印工作表中的某些数据或图表，则可以通过打印区域的设置来进行。

在【页面设置】对话框中切换至【工作表】选项卡，单击【打印区域】栏后的折叠按钮，利用鼠标拖动的方式选取要打印的数据区域，如选择 B2 至 H10 单元格区域，然后再次单击该按钮，返回【页面设置】对话框，单击【确定】按钮即可，如图 9-6 所示。

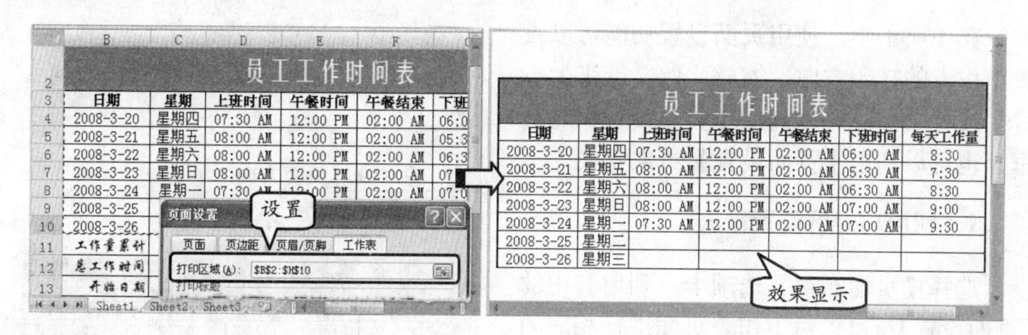

图 9-6　设置打印区域

提　示

也可以先选择要打印的数据区域，打开【页面设置】对话框后将其设置为打印区域，此时，该区域的四周将出现黑色虚线边框效果。

还可以选择要打印的数据区域，单击【页面设置】组中的【打印区域】下拉按钮，执行【设置打印区域】命令即可，如图 9-7 所示。

如果要在原有打印区域的基础上添加其他区域作为打印区域，可以选择要添加的数据区域，单击【打印区域】下拉按钮，执行【添加到打印区域】命令，如图 9-8 所示。

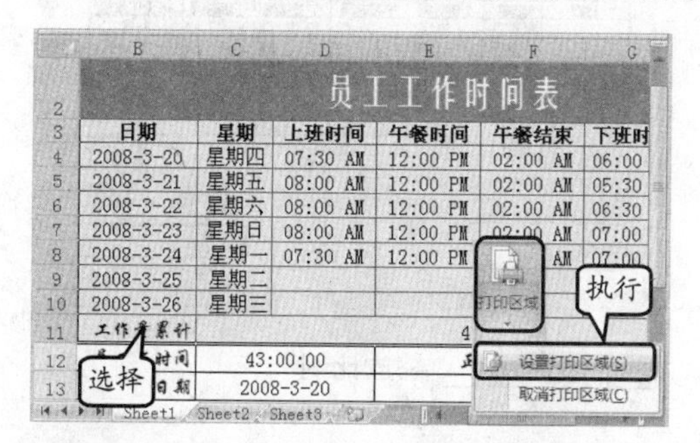

图 9-7　设置【打印区域】命令

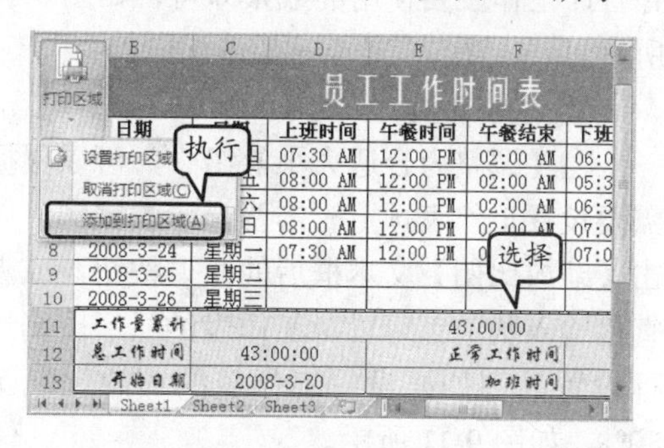

图 9-8　添加打印区域

提　示

若要取消打印区域的选择，可以执行【取消打印区域】命令。既可以取消部分打印区域，也可以取消所有的打印区域。

9.2　页面设置

Excel 的页面是由众多行和列组成的，为了使打印出的工作表布局合理美观，可以对工作表的外观进行设置。本节主要介绍页面设置的方法和技巧，如设置页边距及 Excel 独有的工作表设置。

9.2.1 设置页面

在 Excel 中，使用页面设置功能可以设置工作表的打印方向、缩放比例、纸张大小等。设置页面既可以利用【页面设置】对话框，也可以利用【页面设置】组来完成。

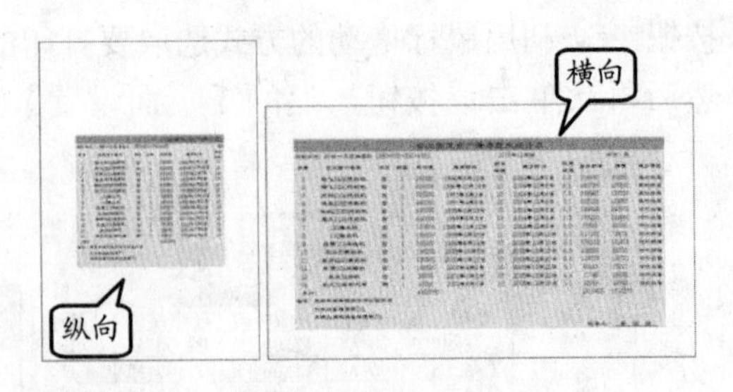

图 9-9 页面方向

1. 利用功能区设置

选择【页面布局】选项卡，利用其中的【页面设置】组可以对工作表页面进行相应的设置。

❑ 页面方向

Excel 提供了横向和纵向两种布局方式，单击【纸张方向】下拉按钮，在其列表中即可选择页面的方向，如图 9-9 所示。

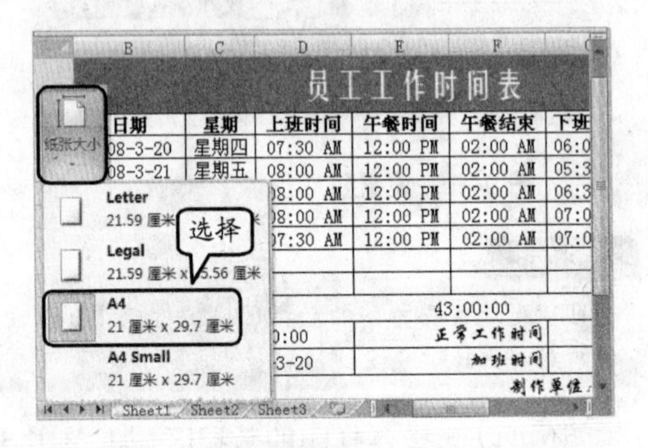

图 9-10 设置纸张大小

❑ 纸张大小

单击【纸张大小】下拉按钮，在其下拉列表中包含有多种常用的纸张类型，只需选择打印工作表要使用的纸张即可，如图 9-10 所示。

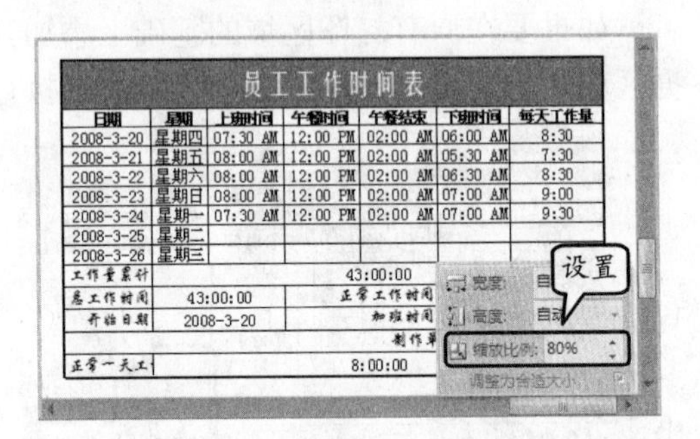

图 9-11 缩放比例

❑ 缩放比例

在【调整为合适大小】组中，可以根据需要设置工作表预览时需要显示的比例。单击【缩放比例】文本框后的微调按钮，或者直接输入数值都可以对工作表的显示比例进行设置。例如要设置工作表的缩放比例为 80%，如图 9-11 所示。

另外，分别单击【高度】与【宽度】下拉按钮，可以设置收缩打印输出的高度与宽度，使打印时适合最多页数。

2. 利用【页面设置】对话框设置

单击【页面设置】组中的【对话框启动器】按钮，在弹出的【页面设置】对话框中也可以对工作表的页面方向、纸张大小以及缩放比例进行设置，如图 9-12 所示。

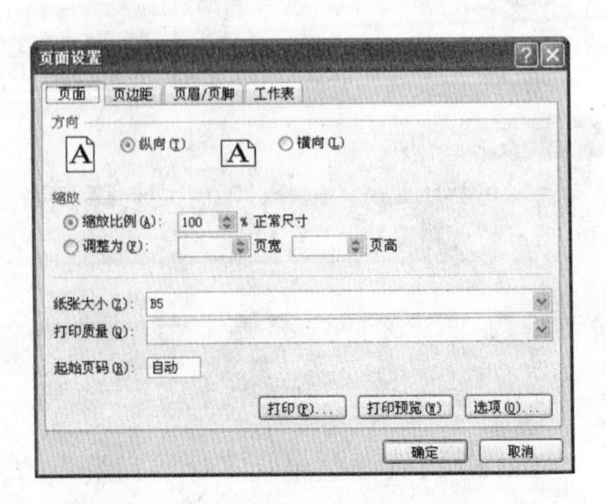

图 9-12 【页面设置】对话框

在该对话框中各组成部分的作用如下：

- **方向** 通过选择该栏中的【纵向】和【横向】单选按钮来设置工作表的页面方向。
- **缩放** 设置工作表的显示比例，或者选择【调整为】单选按钮，在【页宽】和【页高】文本框中设置页面的高度和宽度。
- **纸张大小** 单击该下拉按钮，在其列表中选择要使用的纸张类型。
- **打印质量** 根据所使用打印机分辨率的不同，该栏中的打印质量也不相同。
- **起始页码** 当打印的工作表中含有多个页面，且要打印其中的一部分时，则可以在该文本框中输入要打印的起始页。
- **打印、打印预览和选项** 单击【打印】按钮，可以在弹出的【打印内容】对话框中对打印项进行设置；单击【打印预览】按钮，可以预览当前工作表；单击【选项】按钮，即可在弹出的对话框中，对工作表的布局、纸张和质量进行设置，还可以对打印机进行维护。

技 巧

单击【纸张大小】下拉按钮，执行【其他纸张大小】命令，或者单击【调整为合适大小】组中的【对话框启动器】按钮，也可以打开【页面设置】对话框。

9.2.2 设置页边距

页边距是指打印工作表时数据区域的边界与纸张上、下、左、右边缘的距离。设置页边距，同样也可以利用【页面设置】组和【页面设置】对话框。

单击【页面设置】组中的【页边距】下拉按钮，在其列表中选择所需选项即可快速设置页面边距。其中，最上方的选项将显示上次定义过的页边距，如图 9-13 所示。

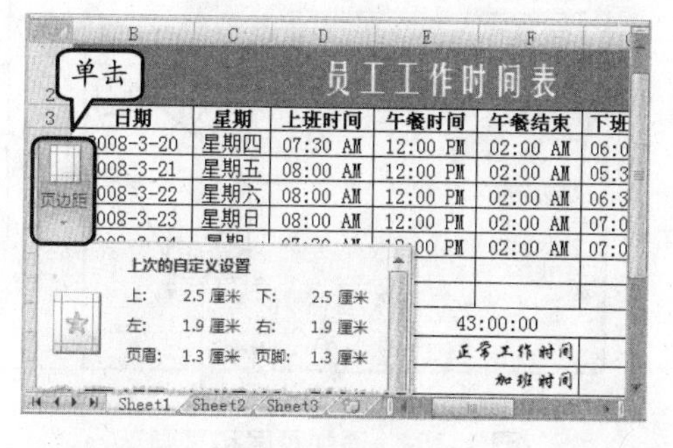

图 9-13 设置页边距

也可以通过【页面设置】对话框进行设置。选择【页边距】选项卡，在【上】、【下】、【左】、【右】文本框中输入具体数值，即可设置页边距；在【页眉】和【页脚】文本框中输入数值可以设置页眉和页脚距纸张边缘的距离，如图 9-14 所示。

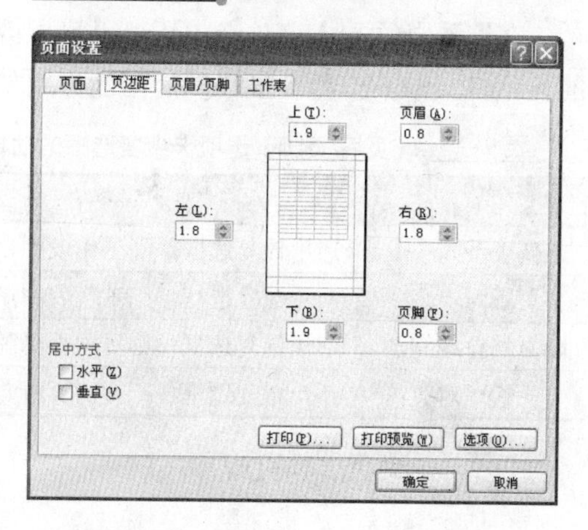

图 9-14 页边距

另外，在【居中方式】栏中启用【水平】复选框，则使数据区域在工作表中以水平方向居中；若启用【垂直】复选框，则以垂直方向居中。

提　示

在 Excel 中，页边距的单位通常使用厘米来表示，既可以直接在文本框中输入数值来进行设置，也可以单击微调按钮进行设置。

9.2.3　设置页眉和页脚

页眉和页脚分别位于打印页的顶部和底部，它能够为打印出的文件提供很多相关属性，如页码、日期、文件或表名等。

1．使用 Excel 预定义的页眉和页脚

Excel 内置了多种页眉和页脚格式。在【页面设置】对话框中切换至【页眉/页脚】选项卡，分别单击【页眉】和【页脚】下拉按钮，在其列表中选择要应用的页眉或页脚格式，如图 9-15 所示。

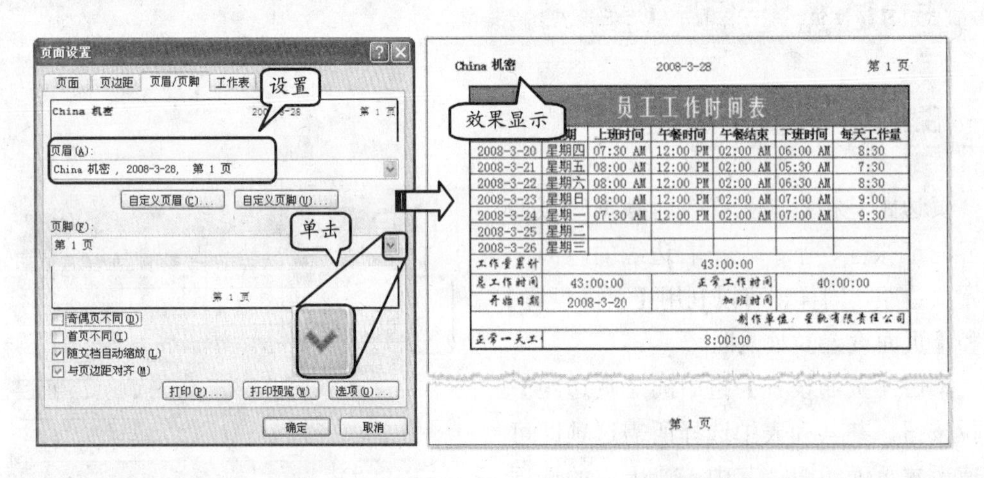

图 9-15　添加页眉和页脚

在【页眉/页脚】选项卡中还可以启用或禁用对话框下方的复选框来设置页眉和页脚的显示格式。其中，各复选框的功能作用如表 9-1 所示。

表 9-1　【页眉/页脚】选项卡中复选框的功能

名　称	功　能
奇偶页不同	启用该复选框，则工作表中奇数页和偶数页上的页眉页脚各不相同
首页不同	启用该复选框，则工作表中第一页上的页眉页脚与其他页上的不相同
随文档自动缩放	启用该复选框，则页眉页脚随文档变化自动缩放
与页边距对齐	启用该复选框，则页眉页脚与页边距对齐

2．自定义页眉和页脚

如果感觉 Excel 提供的页眉或页脚格式不能满足自己的需求，可以自定义页眉或页

脚格式。

单击【页眉/页脚】选项卡中的【自定义页眉】或【自定义页脚】按钮，如单击【自定义页眉】按钮，即可打开如图 9-16 所示的对话框。

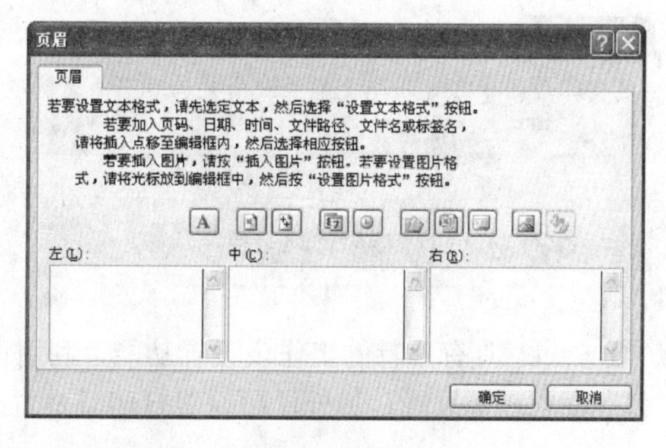

图 9-16 【页眉】对话框

在该对话框的【左】、【中】和【右】文本框中可以输入页眉中要显示的文字内容，并通过单击对话框中的各个按钮完成对文字格式的设置。其中，各按钮的名称及其功能作用如表 9-2 所示。

表 9-2 【页眉】对话框按钮名称及功能作用

按钮	名　称	功　能
A	格式文本	用于设置页眉和页脚的字体格式，单击该按钮将弹出【字体】对话框
	插入页码	单击该按钮插入页码，在添加或删除工作表时，Excel 会自动更新页码
	插入页数	在页眉或页脚中插入总页数
	插入日期	在页眉或页脚中插入当前日期
	插入时间	在页眉或页脚中插入当前时间
	插入文件路径	单击此按钮，可以在页眉或页脚中插入文件的路径
	插入文件名	单击该按钮，可以在页眉或页脚中插入文件名称
	插入数据表名称	单击此按钮，可以在页眉或页脚中插入数据表的名称
	插入图片	单击该按钮，可以在弹出的对话框中选择图片插入页眉或页脚
	设置图片格式	单击该按钮，可以在弹出的对话框中设置所选图片的格式

例如，分别在【左】文本框和【右】文本框中插入日期和时间，在【中】文本框中输入文字“员工工作时间表”，并设置所有文字的字体均为方正姚体；字体颜色为深红，依次单击【确定】按钮，其预览效果如图 9-17 所示。

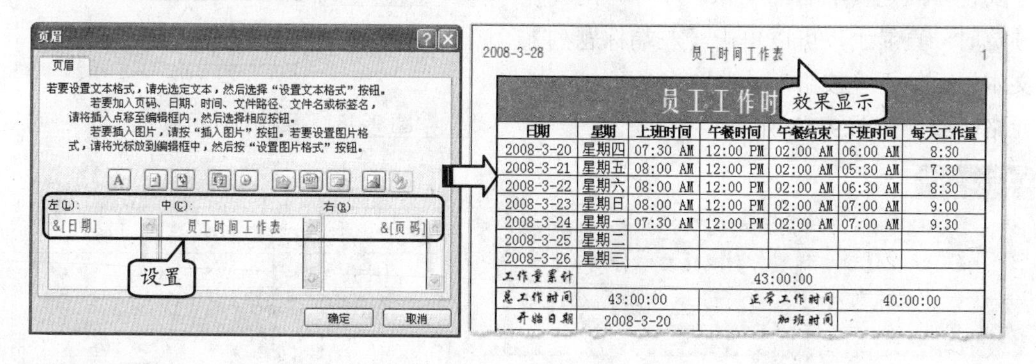

图 9-17 自定义页眉

提　示

自定义页脚的方法与自定义页眉的方法类似，单击【页眉/页脚】对话框中的【自定义页脚】按钮，在弹出的【页脚】对话框中进行设置即可。

技 巧

在实际应用中，可以先使用系统内置的页眉或页脚，然后再利用自定义的页眉或页脚方式对其进行修改。

9.2.4 设置工作表

Excel 具有独特的工作表设置功能，利用该功能可以对打印区域进行更改，或者对打印标题进行设置。另外还可以对打印时是否采用网格线等内容进行详细设置。

1. 更改打印区域

在工作表中设置打印区域后，若要对该区域进行更改，可以在【页面设置】对话框中选择【工作表】选项卡。此时，该对话框的【打印区域】文本框中将显示原来设置的打印区域，如图 9-18 所示。单击其后的折叠按钮，重新选取要打印的区域，并返回该对话框，即可对打印区域进行更改。

2. 设置打印标题

当在一页上无法打印完整的工作表时，若直接打印第二页内容，会因没有标题而使第二页上的内容难以理解，使用打印标题功能可以避免这个问题。

在【工作表】选项卡的【打印标题】栏中，顶端标题行用于设置某行区域为顶端标题行；左端标题列用于设置某列区域为左端标题列。若要设置标题行或标题列，单击其后的折叠按钮，并选择相应的标题区域即可。

例如，在“固定资产清查盘点统计表”中要使“固定资产名称”和“序号”两列在预览时一直显示，可以单击【左端标题列】文本框后的折叠按钮，并选取 A3 至 B21 单元格区域，如图 9-19 所示。

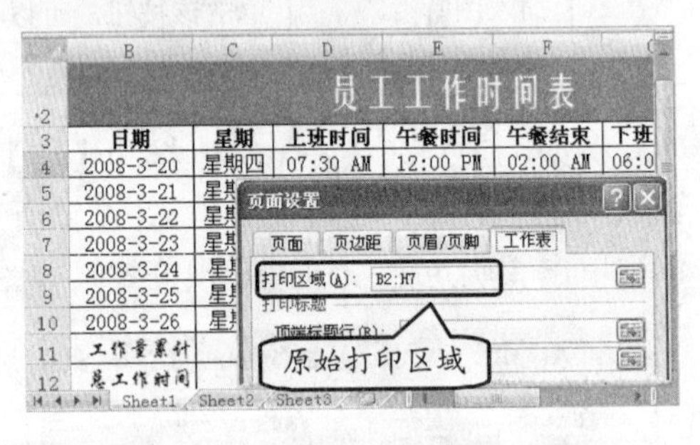

图 9-18 更改打印区域

技 巧

设置打印标题，除了利用鼠标选取行标题或列标题外，还可以在【顶端标题行】或【左端标题列】文本框中输入作为行标题的行号或作为列标题的列号。

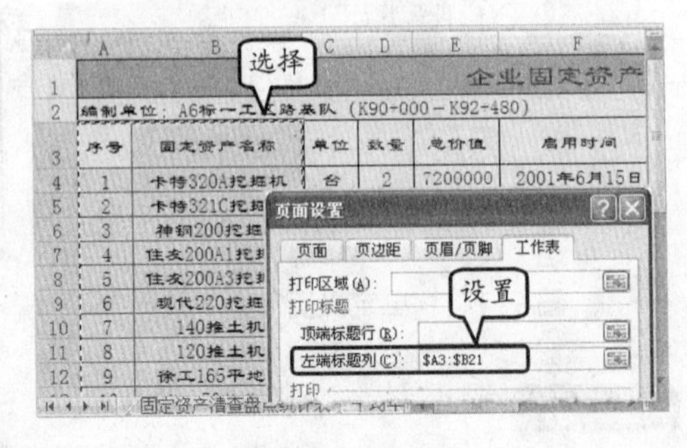

图 9-19 设置左端列标题

技 巧

在【页面设置】组中单击【打印标题】按钮，也可以打开【页面设置】对话框，并直接显示【工作表】选项卡。

3. 设置打印效果

通过对 Excel 打印效果的设置，可以打印出一些具有特殊效果的报表，如打印网格线、批注以及按草稿打印等。

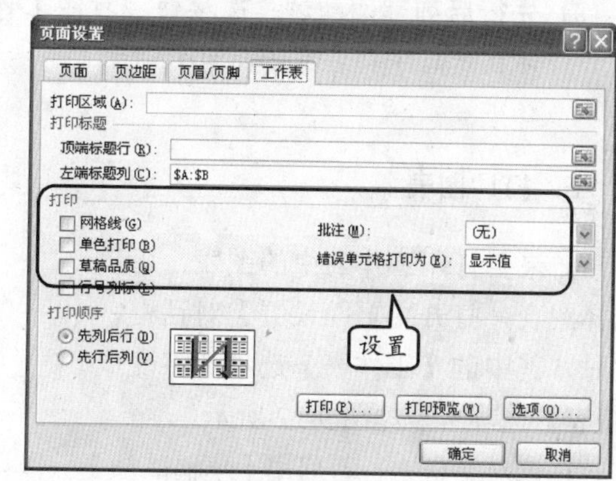

图 9-20 【打印】栏

在【工作表】选项卡的【打印】栏中含有 4 个复选框和两个下拉列表选框，如图 9-20 所示。

在该栏中各选项的功能作用如下所示：

- ❑ **网格线** 启用该复选框，打印工作表时可以打印网格线。
- ❑ **单色打印** 启用该复选框，可以忽略工作表中的其他颜色，对工作表进行黑白处理。

例如，要将“员工工作时间表”以黑白效果打印，可以在【打印】栏中启用【单色打印】复选框，预览效果如图 9-21 所示。

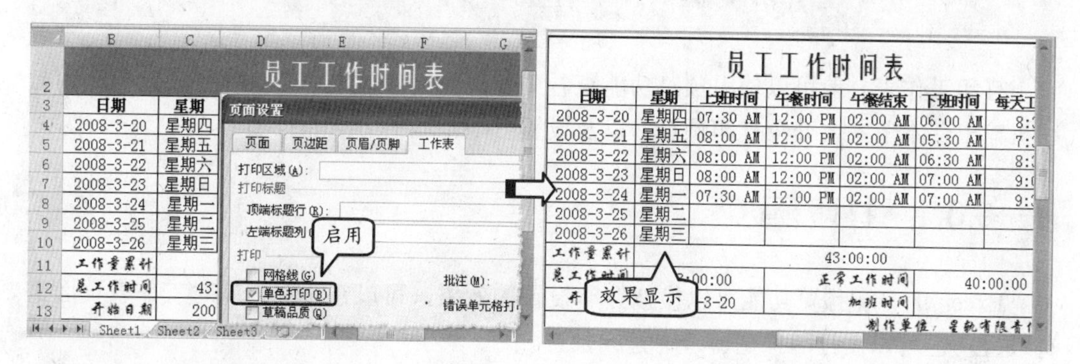

图 9-21 单色打印

- ❑ **草稿品质** 启用该复选框，打印时将不打印网格线，同时图形以简化方式输出。
- ❑ **行号列标** 启用该复选框，可以在打印工作表时将行号与列标打印出来。
- ❑ **批注** 单击该下拉按钮，可以选择是否要打印工作表中的批注，或者选择打印批注的方式。
- ❑ **错误单元格打印为** 单击该下拉按钮，在其列表中选择错误单元格值的输出方式，如以“空白”或#N/A 显示。

4. 设置打印顺序

当一张工作表不能在一页纸张中完整打印时，可以对其打印顺序进行设置。打印顺序可以控制页码的编排和打印的次序。

在【工作表】选项卡的【打印顺序】栏中包含以下两项内容。

- **先列后行** 该选项为 Excel 的默认打印顺序，该方式将从第一页向下进行页码编排和打印，然后移至右边并继续向下打印工作表。
- **先行后列** 选择该单选按钮，打印工作表时将从第一行向右进行页码编排和打印，然后下移并继续向右打印工作表。

5. 打印图表

如果要打印工作表中的图表，可以选择图表，打开【页面设置】对话框，此时，其中的【工作表】选项卡将变成【图表】选项卡，如图 9-22 所示。

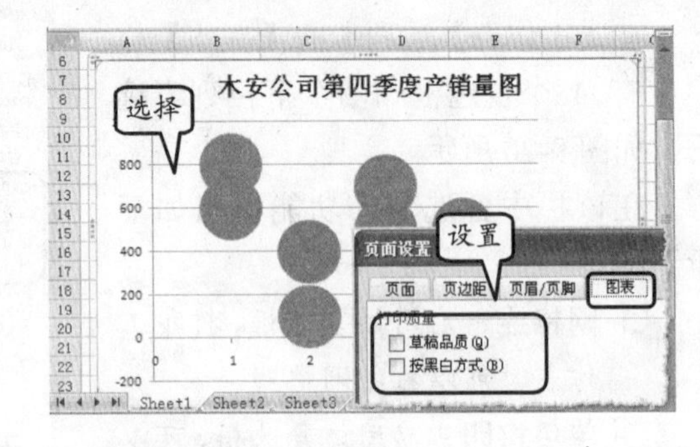

图 9-22 打印图表

在该对话框中，若启用【草稿品质】复选框，可以忽略图形和网格线打印，从而加快打印速度，节省内存；若启用【按黑白方式】复选框，则以黑白方式打印图表的数据系列。

9.3 预览及打印工作表

打印工作表之前可以使用预览功能查看工作表的制作效果，若对效果满意再利用打印机输出。本节主要介绍打印预览，以及设置打印范围的方法和技巧。

9.3.1 打印预览

Excel 的打印预览功能可以模拟打印设置的效果，可以在预览之前对工作表页面进行设置，也可以在打印预览窗口中完成设置。

单击 Office 按钮，执行【打印】|【打印预览】命令，即可进入工作表的预览窗口，如图 9-23 所示。

技 巧

另外，用户也可以按 Ctrl+F2 组合键进入打印预览窗口对工作表的效果进行查看。

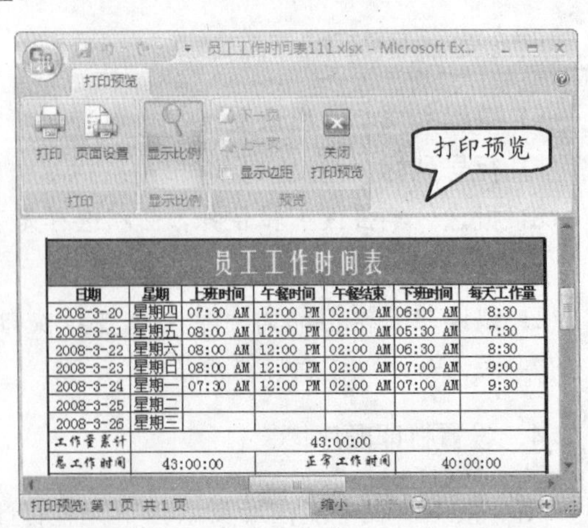

图 9-23 打印预览窗口

在打印预览窗口中包含【打印】、【显示比例】和【预览】三组内容，单击各组中不同的按钮可以得到不同的效果。其中，各按钮的名称及其功能如表 9-3 所示。

表 9-3 打印预览窗口各按钮功能

名　称	功　能
打印	单击该按钮，可以打开【打印】对话框
页面设置	单击该按钮，即可在弹出的【页面设置】对话框中进行相关设置
缩放比例	单击该按钮，可以放大或缩小页面的显示比例
上一页	单击该按钮，显示下一页。如果下面没有可显示页，按钮呈灰色显示
下一页	单击该按钮，显示前一页。如果上面没有可显示页，按钮呈灰色显示
显示边距	单击该按钮，可显示或隐藏用于改变边界和列宽的控制柄
关闭打印预览	单击该按钮，关闭打印预览窗口，返回活动工作表

9.3.2 打印工作表

如果对预览窗口中的效果非常满意的话，即可输出工作表了。在输出之前，还可以对打印机、打印范围、打印内容以及打印的份数进行设置。

单击 Office 按钮，执行【打印】|【打印】命令，即可打开如图 9-24 所示的对话框。

技 巧

另外，按 Ctrl+P 组合键也可以打开【打印内容】对话框。

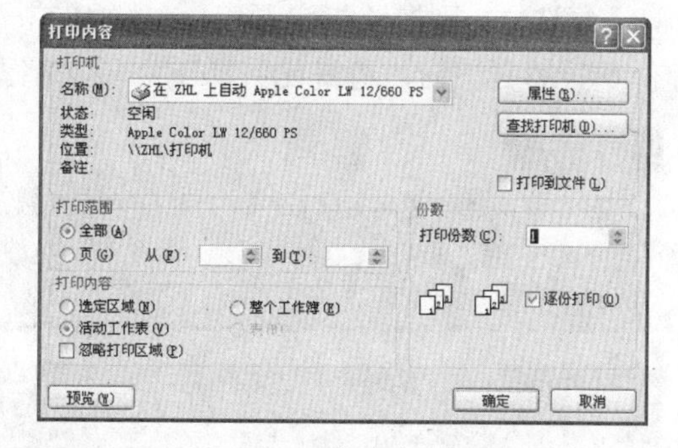

图 9-24 【打印内容】对话框

在【打印内容】对话框中可以对以下内容进行设置：

❑ 打印机

如果计算机连接了多台打印机，可以在【打印机】栏中选择要使用的打印机。该栏用于显示打印机的名称、状态等属性，其中，各部分的意义如表 9-4 所示。

表 9-4 【打印机】栏中各部分意义

名　称	功　能
名称	单击该下拉按钮，可以在其列表中选择要使用的打印机
状态	显示当前打印机的工作状态，如“空闲”、“打印”等
类型	用于标识所选打印机的类型
位置	如果选择网络打印机，该栏将显示网络打印机的位置；若选择本地打印机，则显示打印机的端口
备注	显示打印机的特殊说明
属性	单击该按钮，即可在弹出的对话框中更改所选打印机的选项
查找打印机	单击该按钮，即可查找网络上未列出的打印机
打印到文件	启用该复选框，可以将工作表打印到文件中

❑ 打印范围

当工作簿中含有多张工作表，或工作表包含多页时，可以通过设置打印范围，选择部分工作表或工作表的部分页面进行打印。

在【打印范围】栏中选择【全部】单选按钮，将打印工作簿中所有的工作表，或工作表中的所有的页面。若选择【页】单选按钮，则可以在其右侧的数值文本框中输入要打印的页码范围，或单击微调按钮设置页码范围，如图 9-25 所示。

❑ 打印内容

该栏用于选择要打印的是当前所选区域、整个工作簿或者是活动工作表，可以通过该栏中的 3 个单选按钮进行选择。若启用该栏中的【忽略打印区域】复选框，可以忽略工作表中指定好的任何打印区域。

❑ 打印份数

在【份数】栏中可以设置要打印的工作表份数以及打印方式。在【打印份数】文本框中直接输入要打印的份数，或者单击其后的微调按钮进行设置即可。若启用【逐份打印】复选框，则按照指定顺序，在打印完一份完整的文档后，再开始打印下一份文档。

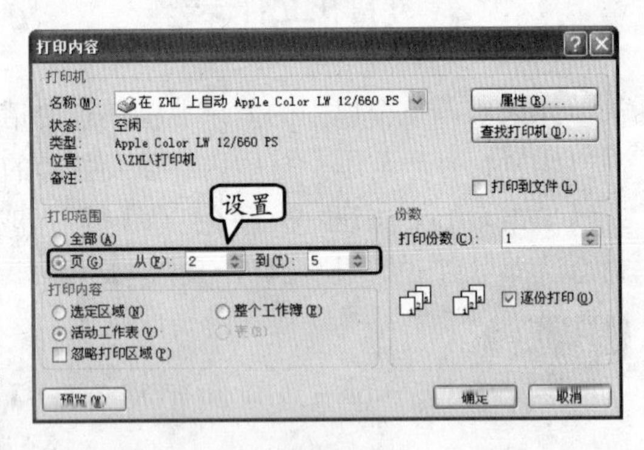

图 9-25　设置打印范围

提　示

若不再需要进行任何设置，可以单击 Office 按钮，执行【打印】|【快速打印】命令，即使用系统默认的设置来打印工作表。

9.4　实验指导：制作个人所得税计算表

我国税收取之于民，用之于民，纳税是每个公民应尽的义务，因此，税收的计算也是每个人所关心的。计算个人所得税主要由等级、收入范围、税率等一些基本信息得出应缴金额。本例主要运用公式、合并单元格、设置数字格式等功能来制作一个个人所得税计算表。

个人所得税

级数	应缴税工薪收入	上一范围上限	税率	扣除数
1	500元以下	0	5%	0
2	500元－2000元之间	500	10%	25
3	2000元－5000元之间	2000	15%	125
4	5000元－20000元之间	5000	20%	375
5	20000元－40000元之间	20000	25%	1375
6	40000元－60000元之间	40000	30%	3375
7	60000元－80000元之间	60000	35%	6375
8	80000元－100000元之间	80000	40%	10375
9	100000元以上	100000	45%	15375

不扣基数:	2000	应缴薪金:	所得工薪:	3500
		125		

使用说明：在B13和E13单元格中输入数据，计算结果即可在C14单元格中显示。

实验目的

- ❑ 合并单元格
- ❑ 运用公式
- ❑ 设置数字格式

操作步骤

1 在工作表中输入相应内容和数据。在 E4 单元格中输入公式“=C4*D4-C4*D3+E3”，并拖动该单元格右下角的填充柄至 E11 单元格，如图 9-26 所示。

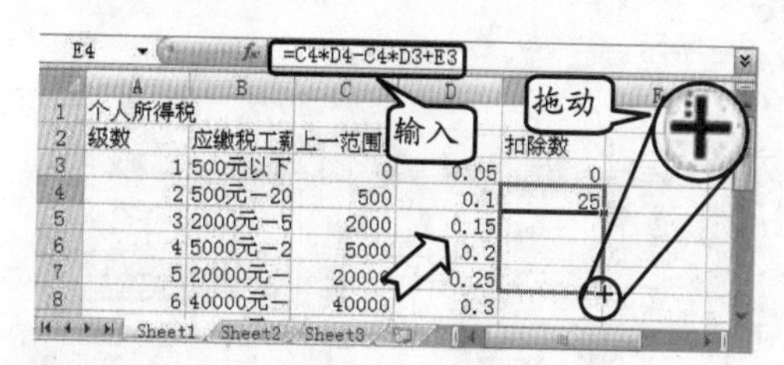

图 9-26 输入并复制公式

提 示

新建空白工作簿，按 Ctrl+S 组合键将其保存为“个人所得税计算表”。

2 选择 D3 至 D11 单元格区域，在【数字】组中的【数字格式】下拉列表中选择【百分比】选项，并两次单击【减少小数位数】按钮，如图 9-27 所示。

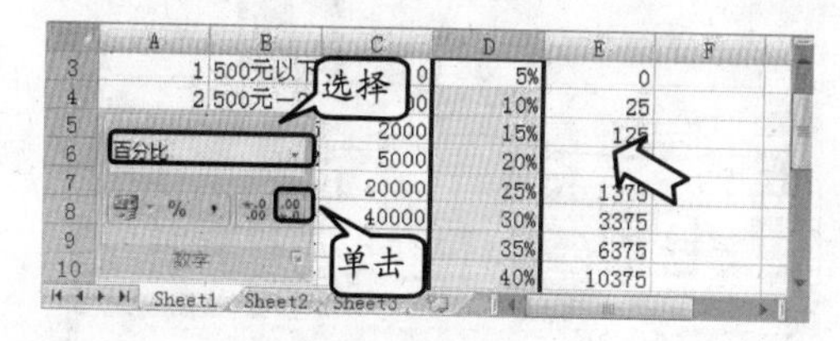

图 9-27 设置数字格式

3 在 C14 单元格中输入公式“=IF(E13>$B13,E13-$B$13,0)*VLOOKUP(VLOOKUP(IF(E13>$B$13,E13-$B$13,0),$C$3:$C$11,1),$C$3:$E$11,2)-VLOOKUP(VLOOKUP(IF(E13>$B$13,E13-$B$13,0),$C$3:$C$11,1),$C$3:$E$11,3)，如图 9-28 所示。

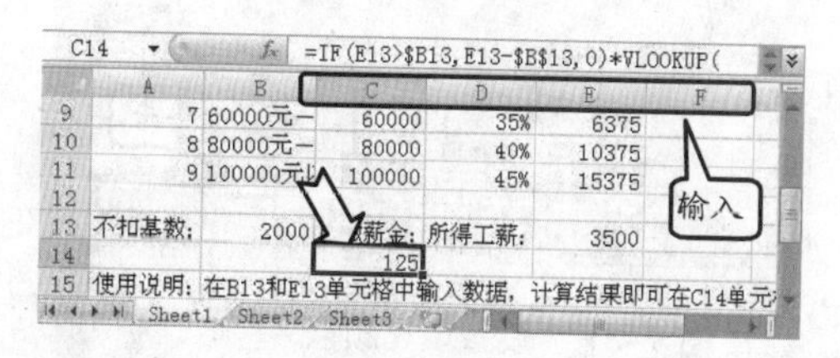

图 9-28 输入公式

4 选择 A1 单元格，设置字体为华文行楷，字号为 20，字体颜色为深红，并单击【加粗】按钮，如图 9-29 所示。

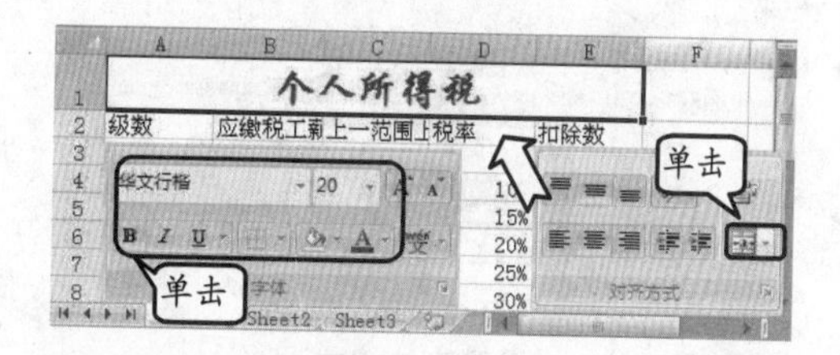

图 9-29 设置字体格式

提 示

选择 A1 至 E1 单元格区域，设置其对齐方式为合并后居中。

5 设置 A2 至 E2 单元格区域的字号为 12，并单击【加粗】按钮，然后设置 A2 至 E2、B13 和 E13 单元格区域的填充颜色为浅绿，如图 9-30 所示。

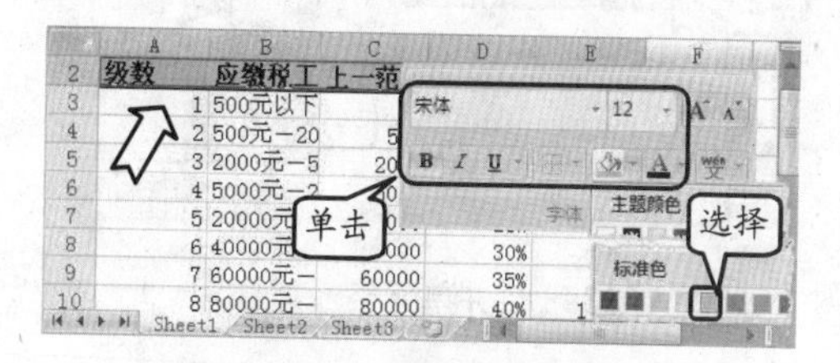

图 9-30 设置字体格式

6 设置 A3 至 A11 单元格区域的填充颜色为“橙色，强调文字颜色 6，淡色 40%”，然后将 A2 至 E11、A13 至 E13 和 C14 单元格区域居中显示，如图 9-31 所示。

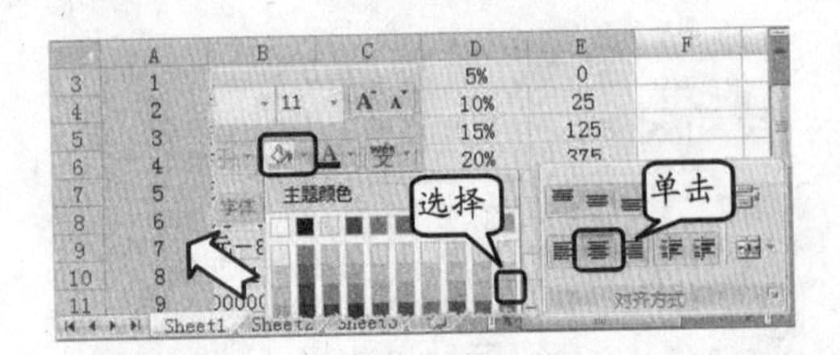

图 9-31　设置填充颜色

7 设置 C13 单元格的字号为 12，字体颜色为"紫色"，【填充颜色】为"水绿色，强调文字颜色 5，淡色 60%"，并单击【加粗】按钮，如图 9-32 所示。

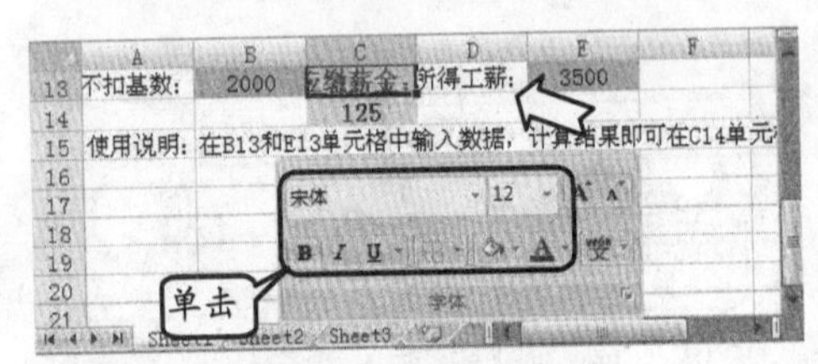

图 9-32　设置字体格式

提　示

设置 C14 单元格的字号为 12，字体颜色为"深红"，填充颜色为黄色，并单击【加粗】按钮。

8 设置 A15 至 B15 单元格的字体为隶书，字号为 12，并单击【加粗】按钮，然后将 B15 至 E16 单元格区域合并单元格，并单击【自动换行】按钮，如图 9-33 所示。

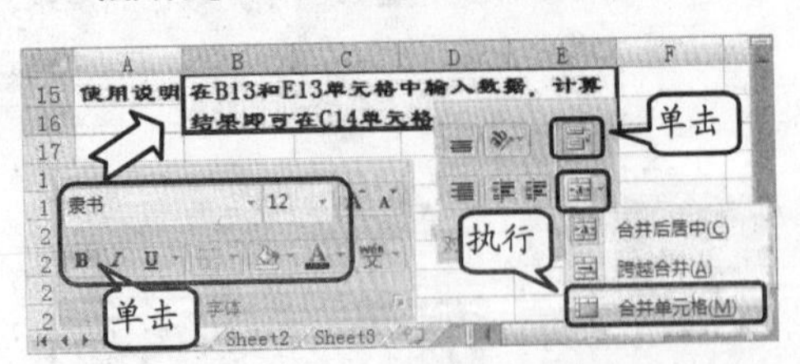

图 9-33　合并单元格

9 选择 B 列，在【单元格】组中的【格式】下拉列表中执行【列宽】命令，在弹出的【列宽】对话框中设置列宽为 22.13，如图 9-34 所示。

提　示

依照相同的方法分别调整其他列的列宽至合适宽度。

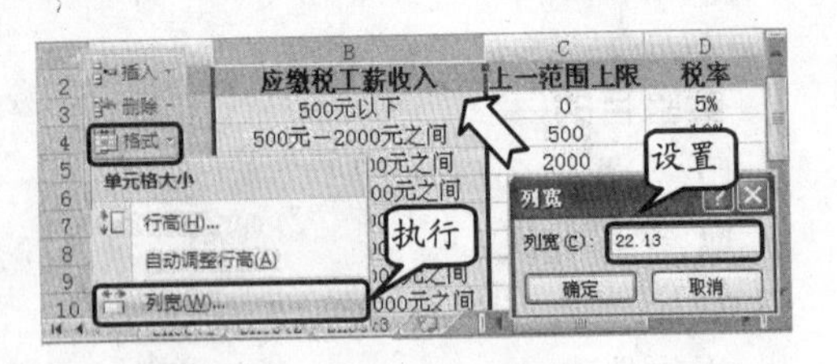

图 9-34　设置列宽

10 选择第 2 行至第 16 行，执行【格式】下拉列表中的【行高】命令，在弹出的【行高】对话框中设置行高为 19.5，如图 9-35 所示。

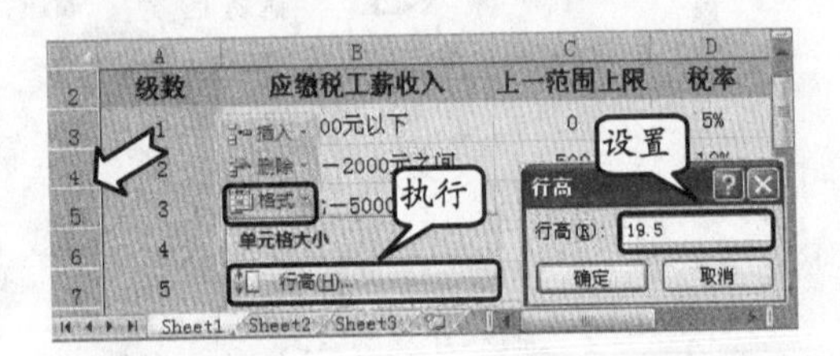

图 9-35　设置行高

11 选择 A2 至 E11 单元格区域，在【设置单元格格式】对话框中的【线条】栏中分别选择"较粗"和"较细"线条样式，并预置为外边框和内部，如图 9-36 所示。

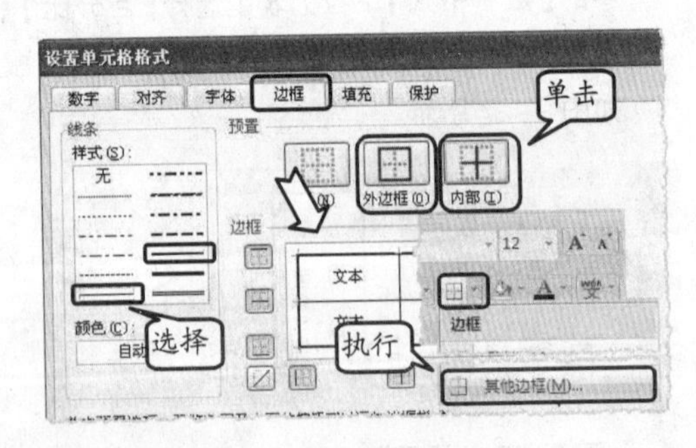

图 9-36　添加边框样式

提　示

在【字体】组中的【边框】下拉列表中执行【其他边框】命令，即可打开【设置单元格格式】对话框。

12 选择 C13 至 C14 单元格区域，在【字体】组中的【边框】下拉列表中执行【所有框线】命令，如图 9-37 所示。

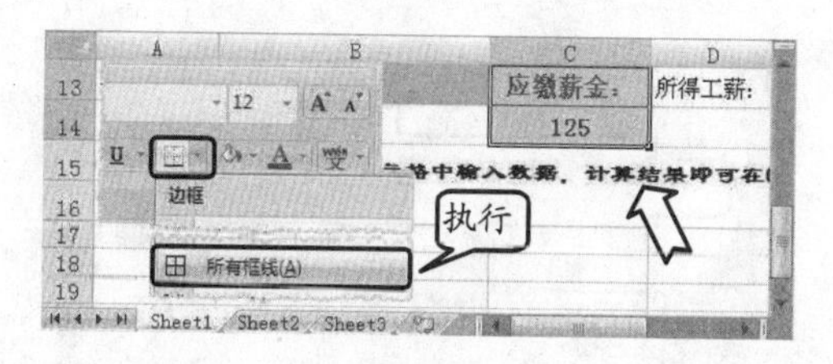

图 9-37 添加边框样式

13 在【页面设置】对话框中的【页边距】选项卡中启用【水平】和【垂直】复选框，单击【打印预览】按钮即可预览该工作表，如图 9-38 所示。

提 示

单击【页面设置】组中的【对话框启动器】按钮，即可打开【页面设置】对话框。

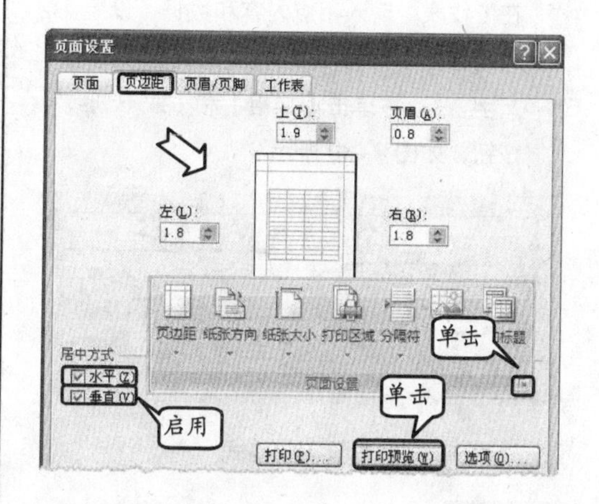

图 9-38 设置页边距

9.5 实验指导：制作个人预算表

个人预算表主要记录月份、收入和各类支出的情况，通过这些基本信息，可运用自动求和公式来预算出全年的收入和支出情况。本例主要运用公式、合并单元格、设置填充颜色和插入剪贴画等功能来制作一个既方便又美观的个人预算表。

个人预算表

	一月	二月	三月	四月	五月	六月	七月	八月	九月	十月	十一月	十二月	全年
收入													
基本工资	2,300.00	2,300.00	2,500.00	2,500.00	2,500.00	2,500.00	2,800.00	2,800.00	2,800.00	2,800.00	3,000.00	3,000.00	31,800.00
奖金	50.00	50.00	0.00	100.00	0.00	0.00	150.00	0.00	50.00	0.00	200.00	200.00	800.00
其他	0.00	0.00	100.00	0.00	0.00	200.00	50.00	0.00	0.00	0.00	0.00	200.00	550.00
总收入：	2,350.00	2,350.00	2,600.00	2,600.00	2,500.00	2,700.00	3,000.00	2,800.00	2,850.00	2,800.00	3,200.00	3,400.00	33,150.00
支出													
家庭													
固定电话	30.00	25.00	28.00	40.00	38.00	35.00	35.00	50.00	50.00	29.00	35.00	45.00	440.00
移动电话	22.00	25.00	25.00	30.00	35.00	59.00	35.00	20.00	35.00	20.00	48.00	50.00	404.00
水、电、气	120.00	135.00	115.50	125.00	120.00	135.00	168.00	60.00	172.00	150.00	125.00	145.00	1,570.50
宽带费	60.00	60.00	60.00	60.00	60.00	60.00	60.00	60.00	60.00	60.00	60.00	60.00	720.00
维修	0.00	20.00	0.00	0.00	0.00	80.00	0.00	0.00	15.00	0.00	0.00	8.00	123.00
其他	0.00	0.00	250.00	0.00	0.00	0.00	100.00	0.00	0.00	0.00	0.00	0.00	350.00
合计：	232.00	265.00	478.50	255.00	253.00	369.00	398.00	190.00	332.00	259.00	268.00	308.00	3,607.50
日常生活													
食品	845.00	960.00	750.00	600.00	745.00	815.00	106.00	780.00	800.00	745.00	980.00	2,350.00	10,476.00
家居用品	120.00	0.00	0.00	299.00	0.00	0.00	28.00	0.00	16.50	0.00	0.00	0.00	463.50
外出就餐	0.00	16.00	35.00	28.00	0.00	46.00	0.00	180.00	15.00	0.00	35.00	0.00	355.00
其他	0.00	0.00	50.00	0.00	50.00	0.00	100.00	0.00	200.00	0.00	50.00	0.00	450.00
合计：	965.00	976.00	835.00	927.00	795.00	861.00	234.00	960.00	1,031.50	745.00	1,065.00	2,350.00	11,744.50

实验目的

- ❑ 合并单元格
- ❑ 运用自动求和公式
- ❑ 设置填充颜色
- ❑ 插入剪贴画

操作步骤

1 在工作表中输入相应内容和数据，设置 B2 单元格的字号为 22，字体颜色为“蓝色，文字 2”，并单击【加粗】和【双下划线】按钮，如图 9-39 所示。

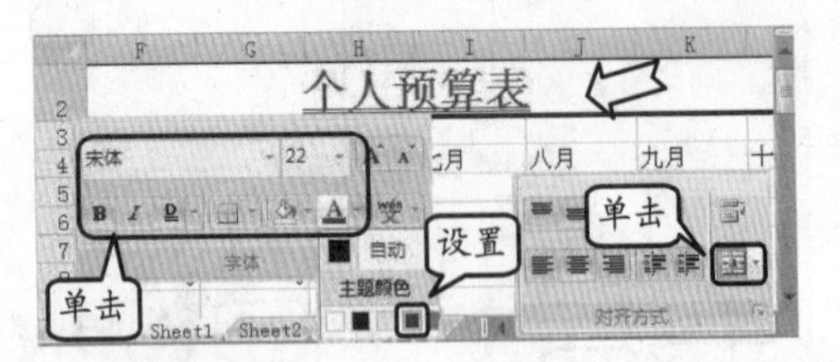

图 9-39 设置字体格式

提 示

新建空白工作簿，将 B2 至 O2 单元格区域合并后居中。

2 选择 C6 至 O8、C10 至 O10、C13 至 O19、C21 至 O25、C27 至 O30、C32 至 O36、C38 至 O40 和 C42 至 O43 单元格区域，在【设置单元格格式】对话框中设置其数字格式为“货币”，如图 9-40 所示。

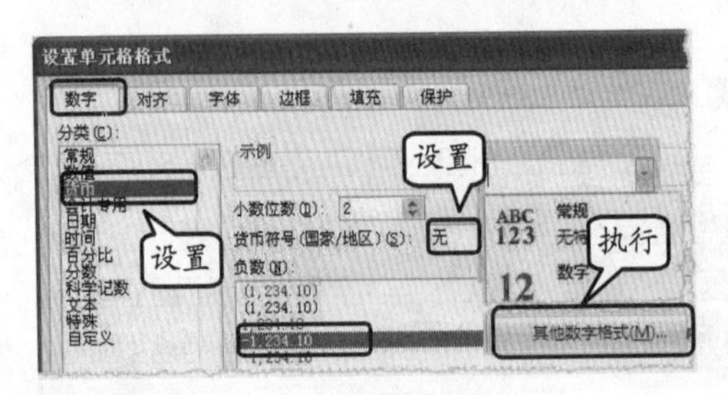

图 9-40 设置数字格式

提 示

在【数字】组的【数字格式】下拉列表中执行【其他数字格式】命令，即可打开【设置单元格格式】对话框，并设置货币符号为无。

3 选择 O6 单元格，单击【函数库】组中的【自动求和】按钮，即可自动选择 C6 至 N6 的求和区域，单击编辑栏中的【输入】按钮，如图 9-41 所示。

4 将鼠标置于 O6 单元格右下角的填充柄上，并向下拖动至 O8 单元格，如图 9-42 所示。

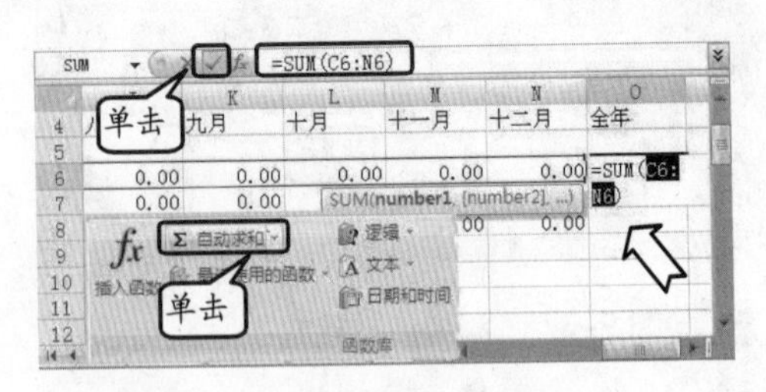

图 9-41 运用自动求和公式

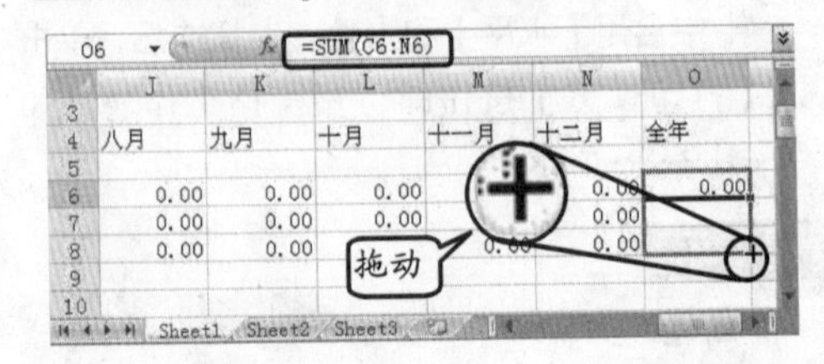

图 9-42 复制公式

5 选择 C10 单元格，单击【自动求和】按钮，并选择 C6 至 C8 单元格区域，按 Enter 键确认即可，然后拖动该单元格的填充柄至 O10 单元格，如图 9-43 所示。

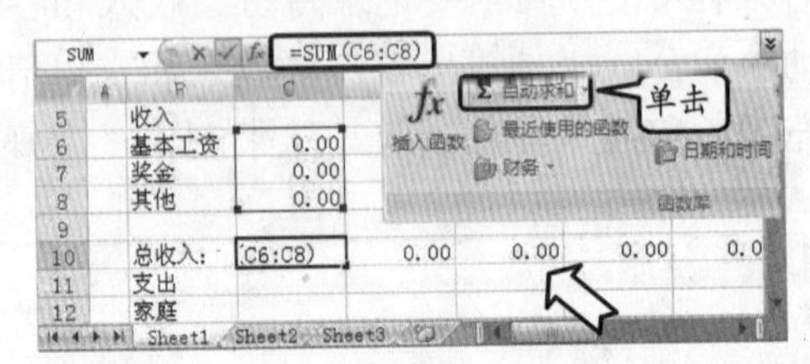

图 9-43 输入并复制公式

6 依照相同的方法分别在 O13 至 O18、C19 至 O19、O21 至 O24、C25 至 O25、O27 至 O29、C30 至 O30、O32 至 O35、C36 至 O36、O38 至 O39 和 C40 至 O40 单元格区域中运用自动求和公式。

7 在 C42 和 C43 单元格中分别输入公式“=SUM(C40,C19,C25,C30,C36,)和=SUM(C10-C42)”，并分别拖动填充柄至 N42 和 N43 单元格，如图 9-44 所示。

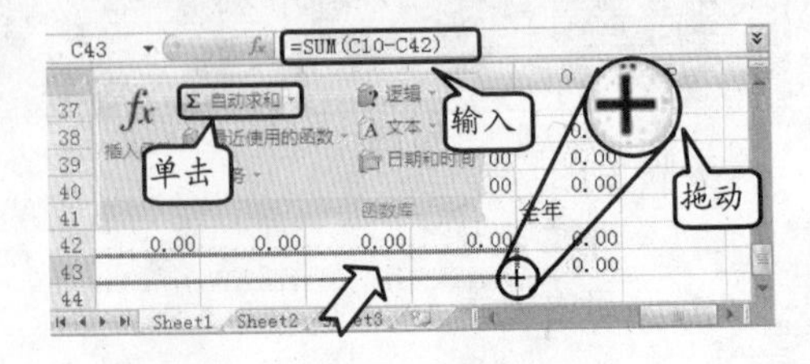

图 9-44 输入并复制公式

提　示

在O42和O43单元格中分别单击【自动求和】按钮，即可求出全年的“支出总计”和“收入总计”。

8 选择C4至O4和C41至O41单元格区域，设置其字体为隶书，字体颜色为“深蓝，文字 2”，并单击【加粗】按钮，如图9-45所示。

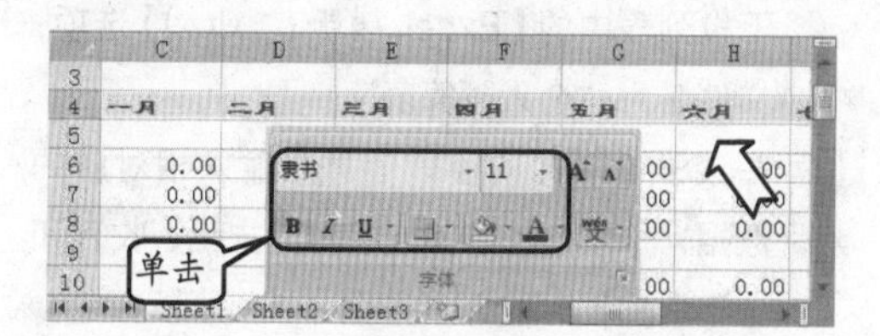

图 9-45　设置字体格式

9 将B5至O5、B11至O11、B12至O12、B20至O20、B26至O26、B31至O31和B37至O37单元格区域合并单元格，并设置字号为18，单击【加粗】按钮，如图9-46所示。

图 9-46　设置字体格式

提　示

在【字体】组中的【字体颜色】下拉列表中执行【其他颜色】命令，即可打开【颜色】对话框。在【标准】选项卡中设置各个字段名的字体颜色。

10 设置B10至O10、B19、B25、B30、B36、B40、B42至B43和O42至O43单元格区域的字体为加粗，设置O10、B42至B43和O42至O43单元格区域的字体颜色为深红，如图9-47所示。

11 分别选择B6至O43单元格区域中的各个字段区域，并在【颜色】对话框中设置其填充颜色，如图9-48所示。

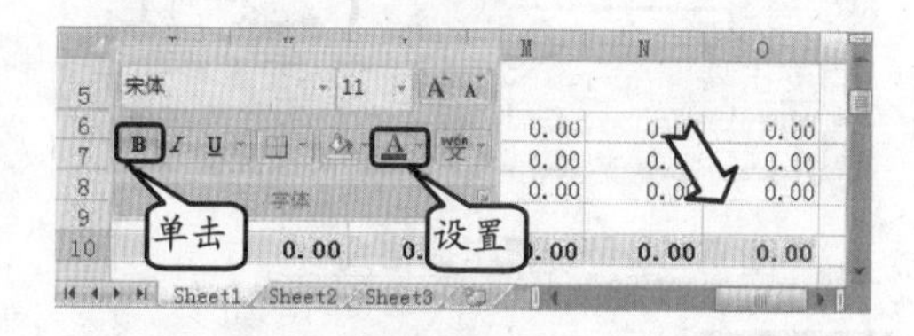

图 9-47　设置字体格式

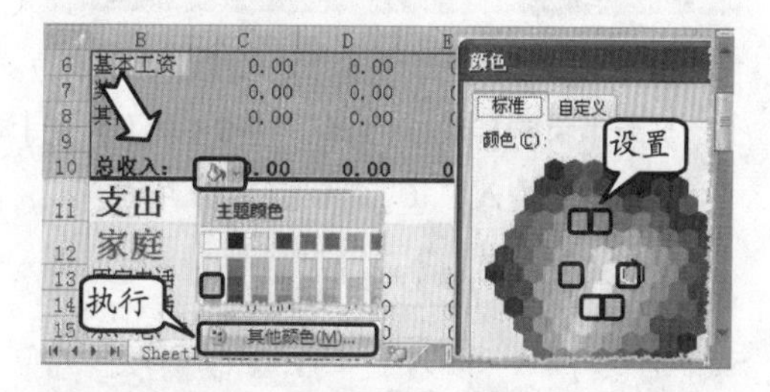

图 9-48　设置填充颜色

提　示

在【字体】组中的【填充颜色】下拉列表中执行【其他颜色】命令，即可打开【颜色】对话框。

12 选择C4至O4、B6至O8、B10至O10和B12至O43单元格区域，在【字体】组中的【边框】下拉列表中执行【所有框线】命令，如图9-49所示。

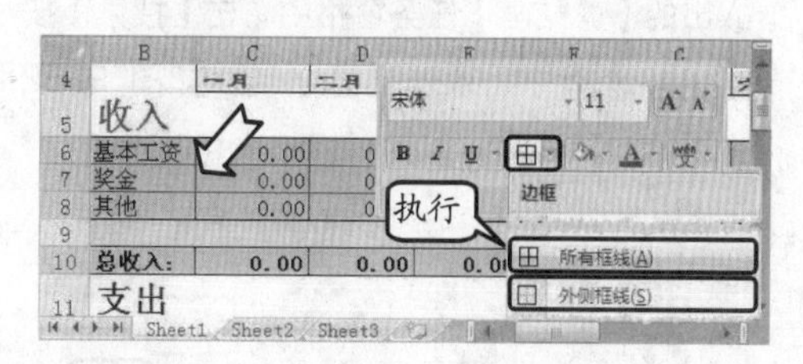

图 9-49　添加边框样式

提　示

选择B2至O11单元格区域，执行【边框】下拉列表中的【外侧框线】命令。

13 选择C6至O8、C10至O10、C13至O19、C21至O25、C27至O30、C32至O36、C38至O40和C42至O43单元格区域，设置其字体为Arial，如图9-50所示。

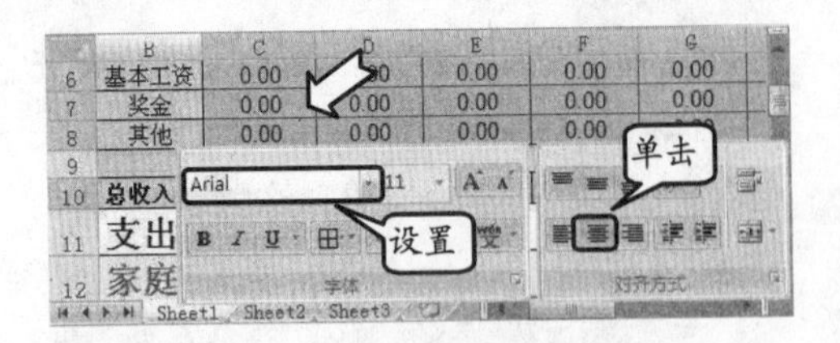

图 9–50　设置字体格式

提　示

将该工作表中相应的字段信息居中显示。

14 选择 B 列，在【单元格】组的【格式】下拉列表中执行【列宽】命令，在弹出的【列宽】对话框中输入“10”，如图 9–51 所示。

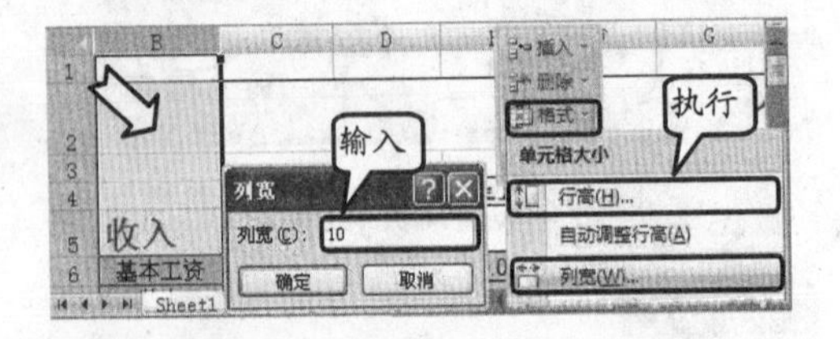

图 9–51　调整行高和列宽

提　示

依照相同的方法选择第 2 行，在【格式】下拉列表中执行【行高】命令，并设置其行高为 35.25。

15 单击【插图】组中的【剪贴画】按钮，在弹出的【剪贴画】任务窗格中单击【搜索】按钮，选择并插入一张剪贴画，如图 9–52 所示。

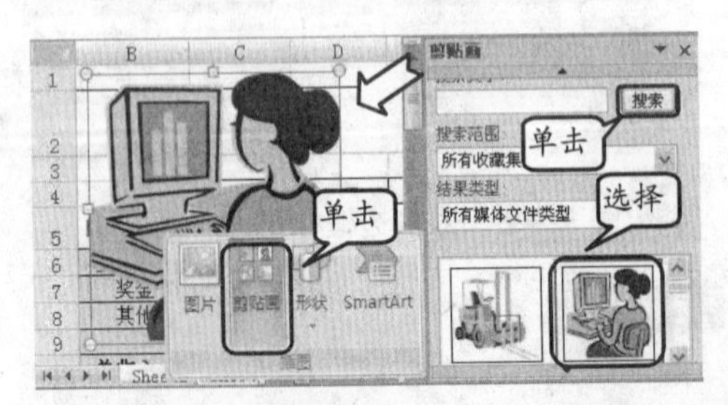

图 9–52　插入剪贴画

16 选择插入的剪贴画，在【排列】组中的【旋转】下拉列表中执行【水平翻转】命令，并调整其大小及位置，如图 9–53 所示。

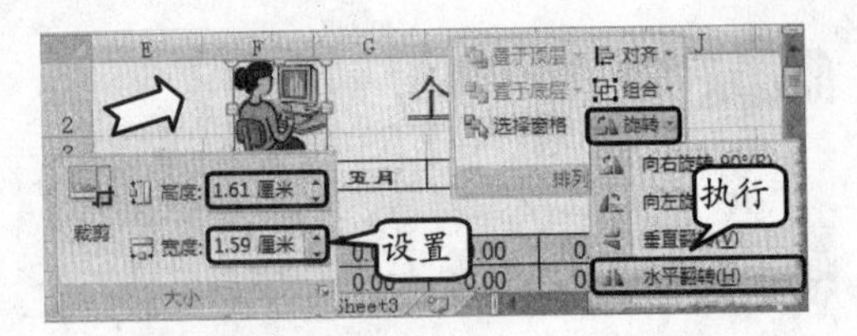

图 9–53　设置剪贴画

17 单击 Office 按钮，执行【另存为】命令，在弹出的【另存为】对话框中选择【保存类型】下拉列表中的【Excel 模版(*.xltx)】选项，文件名为“个人预算表”。

18 在该工作表中的字段信息中输入相对应的数据，即可自动计算出每月的支出、收入和全年的支出、收入，如图 9–54 所示。

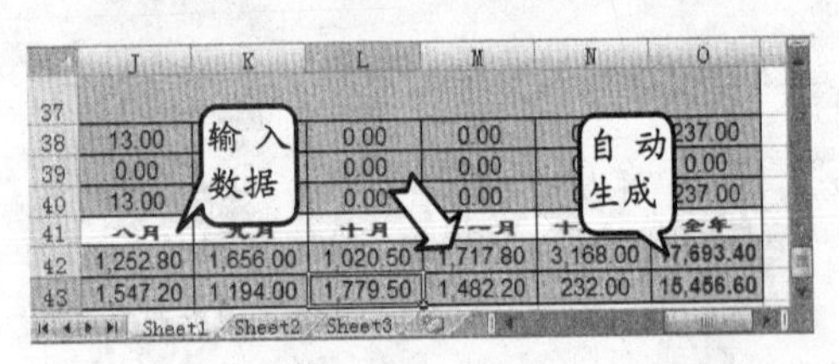

图 9–54　自动生成结果

19 在【页面设置】对话框的【页面】选项卡中选择【横向】单选按钮，在【工作表】选项卡的【打印区域】文本框中输入“$B$2:$O$25”，如图 9–55 所示。

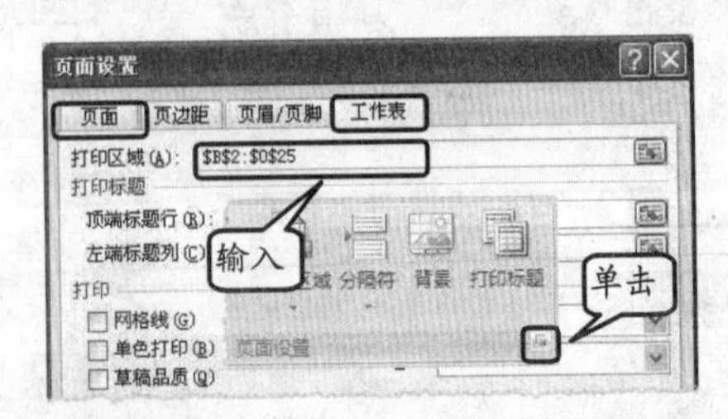

图 9–55　【页面设置】对话框

提　示

单击【页面设置】组中的【对话框启动器】按钮，即可打开【页面设置】对话框。

20 单击【页面设置】对话框中的【打印】按钮，在弹出的【打印内容】对话框中选择【选定区域】单选按钮，如图 9–56 所示。

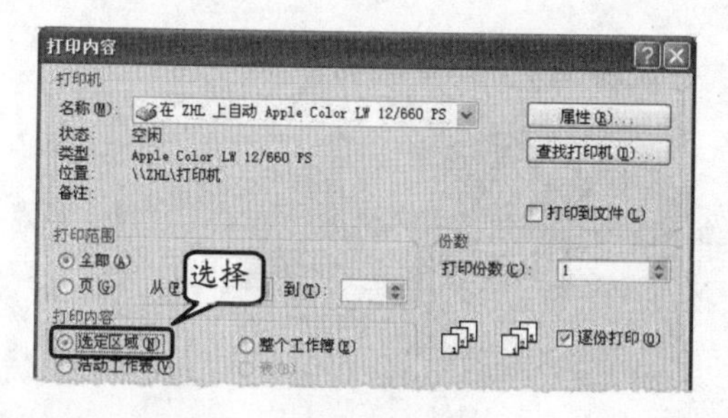

图 9-56 设置打印内容

9.6 实验指导：制作元素周期表

元素周期表有 7 个周期、16 个族和 4 个区，元素在周期表中的位置能反映该元素的原子结构。下面的例子主要运用公式、合并单元格和插入形状等功能来制作元素周期表和查询、测试元素属性表。本例还运用了添加边框样式和设置填充颜色等功能来美化工作表。本实例共分两部分。

第一部分：元素周期表

族 周期	IA 1	IIA 2	IIIB 3	IVB 4	VB 5	VIB 6	VIIB 7	VIII 8	9	10	IB 11	IIB 12	IIIA 13	IVA 14	VA 15	VIA 16	VIIA 17	0 18
1	1 H 氢																	2 He 氦
2	3 Li 锂	4 Be 铍											5 B 硼	6 C 碳	7 N 氮	8 O 氧	9 F 氟	10 Ne 氖
3	11 Na 钠	12 Mg 镁											13 Al 铝	14 Si 硅	15 P 磷	16 S 硫	17 Cl 氯	18 Ar 氩
4	19 K 钾	20 Ca 钙	21 Sc 钪	22 Ti 钛	23 V 钒	24 Cr 铬	25 Mn 锰	26 Fe 铁	27 Co 钴	28 Ni 镍	29 Cu 铜	30 Zn 锌	31 Ga 镓	32 Ge 锗	33 As 砷	34 Se 硒	35 Br 溴	36 Kr 氪
5	37 Rb 铷	38 Sr 锶	39 Y 钇	40 Zr 锆	41 Nb 铌	42 Mo 钼	43 Tc 锝	44 Ru 钌	45 Rh 铑	46 Pd 钯	47 Ag 银	48 Cd 镉	49 In 铟	50 Sn 锡	51 Sb 锑	52 Te 碲	53 I 碘	54 Xe 氙
6	55 Cs 铯	56 Ba 钡	57 - 71 镧 系	72 Hf 铪	73 Ta 钽	74 W 钨	75 Re 铼	76 Os 锇	77 Ir 铱	78 Pt 铂	79 Au 金	80 Hg 汞	81 Tl 铊	82 Pb 铅	83 Bi 铋	84 Po 钋	85 At 砹	86 Rn 氡
7	87 Fr 钫	88 Ra 镭	89 -103 锕 系	104 Rf 鑪	105 Db Db	106 Sg Sg	107 Bh Bh	108 Hs Hs	109 Mt Mt	110 Uun	111 Uuu	112 Uub	113 Uut	114 Uuq	115 Uup	116 Uuh	117 Uus	118 Uuo
		镧系	57 La 镧	58 Ce 铈	59 Pr 镨	60 Nd 钕	61 Pm 钷	62 Sm 钐	63 Eu 铕	64 Gd 钆	65 Tb 铽	66 Dy 镝	67 Ho 钬	68 Er 铒	69 Tm 铥	70 Yb 镱	71 Lu 镥	
		锕系	89 Ac 锕	90 Th 钍	91 Pa 镤	92 U 铀	93 Np 镎	94 Pu 钚	95 Am 镅	96 Cm 锔	97 Bk 锫	98 Cf 锎	99 Es 锿	100 Fm 镄	101 Md 钔	102 No 锘	103 Lr 铹	

实验目的

- ❑ 合并单元格
- ❑ 插入形状
- ❑ 设置填充颜色

操作步骤

1 在“周期表”工作表中分别输入元素、原子结构等一些相应内容，并设置 A1 单元格的对齐方式为文本右对齐，如图 9-57 所示。

提 示

新建空白工作簿，将 Sheet1 工作表标签重命名为“周期表”。

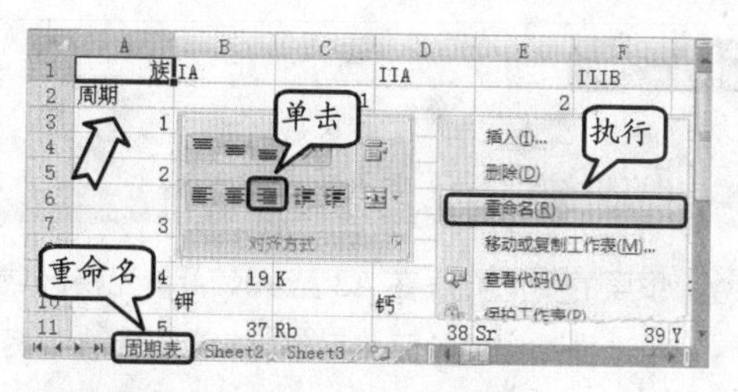

图 9-57 输入元素周期数据

2 分别选择A列和B列至AK列，在【单元格】组的【格式】下拉列表中执行【列宽】命令，在弹出的【列宽】对话框中输入“5.75”和“3”，如图9-58所示。

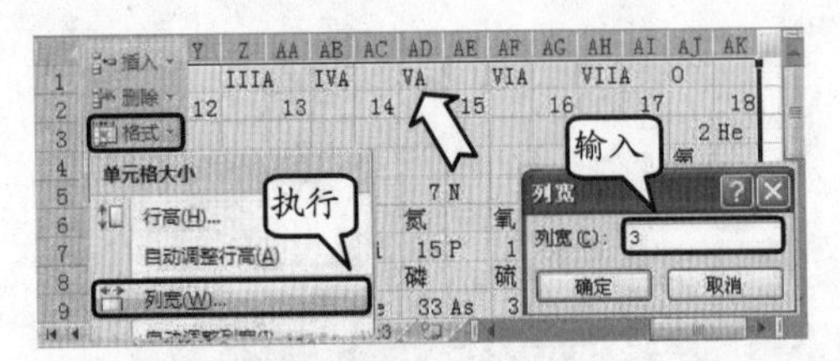

图9-58 设置列宽

3 依照相同的方法执行【格式】下拉列表中的【行高】命令，并设置第1行至第21行的行高为15，如图9-59所示。

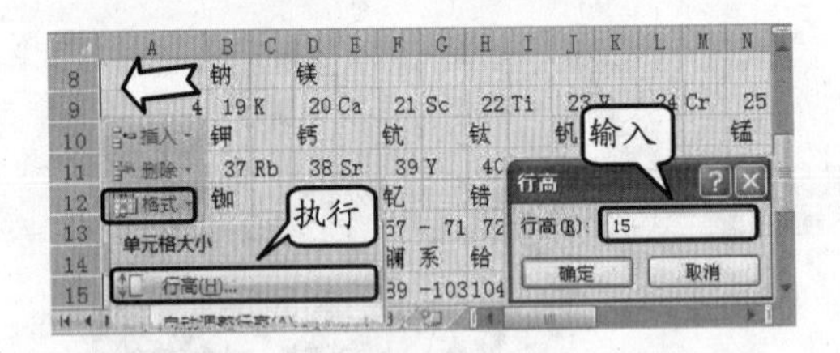

图9-59 设置行高

4 在B1至AK1单元格区域中将B1至C1单元格区域合并后居中，依照相同的方法分别将该区域中其他的单元格区域合并后居中，如图9-60所示。

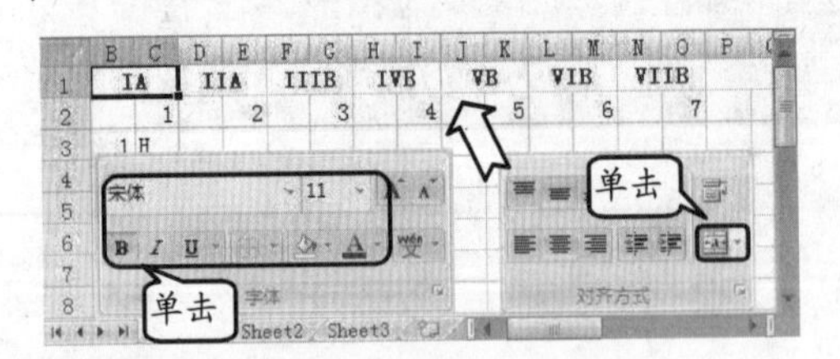

图9-60 合并单元格

提 示

设置A1至AK1单元格区域的字体颜色为深红，并单击【加粗】按钮。

5 依照的相同方法在A3至AK21单元格区域中选择相应的单元格区域，并设置为合并后居中，然后将该区域中其他单元格中的内容居中显示，如图9-61所示。

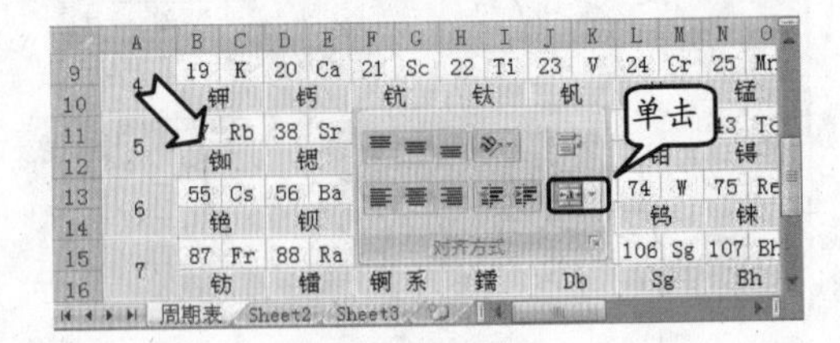

图9-61 合并单元格

6 在【插图】中的【形状】下拉列表中选择【线条】栏中的“直线”形状，并在A1至A2单元格区域中绘制该形状。然后设置其形状轮廓为“黑色，文字1”，如图9-62所示。

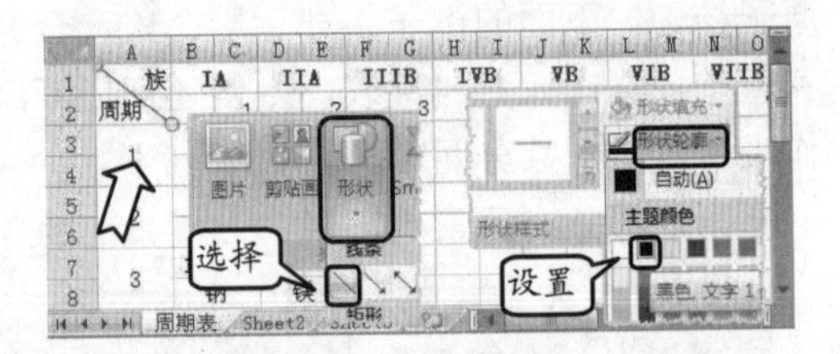

图9-62 插入线条形状

提 示

选择形状，在【形状样式】组的【形状轮廓】下拉列表中选择“黑色，背景1”色块。

7 选择A1至AK2和A3至A16单元格区域，设置填充颜色为“白色，背景，深色25%”，如图9-63所示。

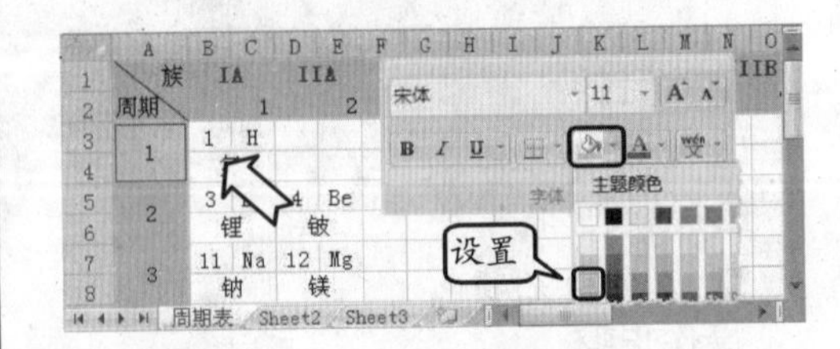

图9-63 设置填充颜色

8 选择B3至C4、Z5至AI6、AB7至AI8、AD9至AI10、AF11至AI12、和AH13至AI14单元格区域，在【颜色】对话框中的【标准】栏中选择一种填充颜色，如图9-64所示。

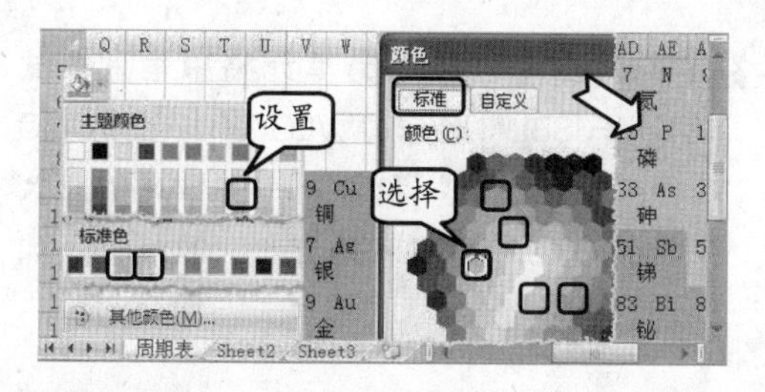

图 9-64　设置填充颜色

提　示

在【字体】组中的填充颜色下拉列表中执行【其他颜色】命令，即可打开【颜色】对话框。

提　示

依照相同的方法分别选择其他的单元格区域，并设置其填充颜色。

9 选择 A1 至 A2、B1 至 C2 单元格区域，在【设置单元格格式】对话框中的【线条】栏中选择“较细”线条样式，并预置为外边框，如图 9-65 所示。

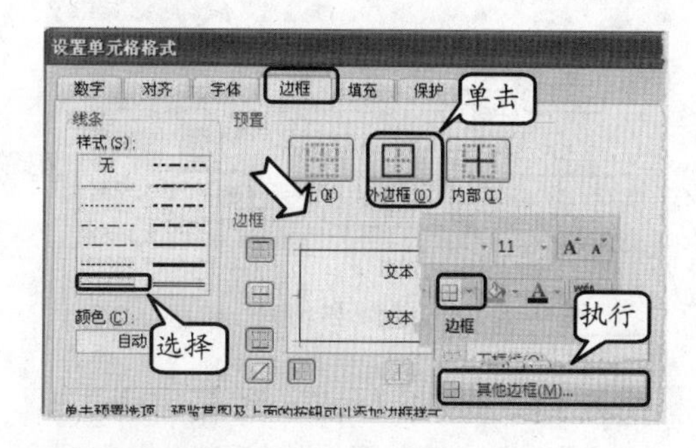

图 9-65　添加边框样式

提　示

单击【字体】组中的【边框】下拉按钮，执行【其他边框】命令，即可打开【设置单元格格式】对话框。

提　示

依照相同的方法分别选择其他的单元格区域，并为其添加边框样式。

第二部分：元素属性查测表

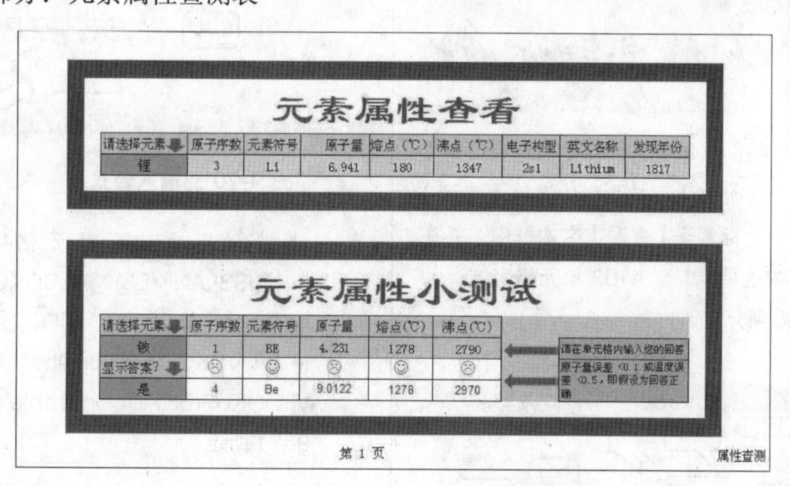

元素属性查看

请选择元素	原子序数	元素符号	原子量	熔点（℃）	沸点（℃）	电子构型	英文名称	发现年份
锂	3	Li	6.941	180	1347	2s1	Lithium	1817

元素属性小测试

请选择元素	原子序数	元素符号	原子量	熔点(℃)	沸点(℃)
铍	1	BE	4.231	1278	2790
显示答案?	☹	☺	☹	☺	☹
是	4	Be	9.0122	1278	2970

请在单元格内输入您的回答

原子量误差 <0.1 或温度误差 <0.5，即假设为回答正确

第 1 页　　属性查测

实验目的

- ❑ 运用公式
- ❑ 插入形状
- ❑ 设置数据有效性
- ❑ 页面设置

操作步骤

1 在“属性查测”工作表中输入相应内容，分别将光标置于 J4 和 K4 单元格中的括号内，在【插入特殊符号】对话框中的【标点符号】选项卡中选择摄氏度符号，如图 9-66 所示。

提　示

将 Sheet2 工作表标签重命名为“属性查测”。

提　示

在【特殊符号】组中的【符号】下拉列表中执行【更多】命令，即可打开【插入特殊符号】对话框。

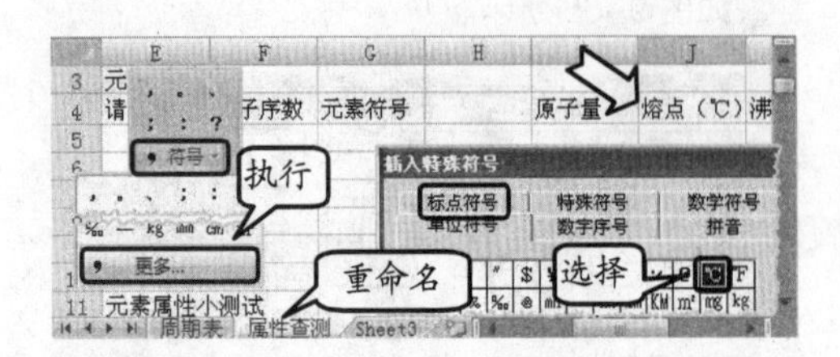

图 9-66 插入特殊符号

2 选择 E3 至 E11 单元格，设置字体为隶书，字号为 36，字体颜色为“深蓝，文字 2”，并单击【加粗】按钮，如图 9-67 所示。

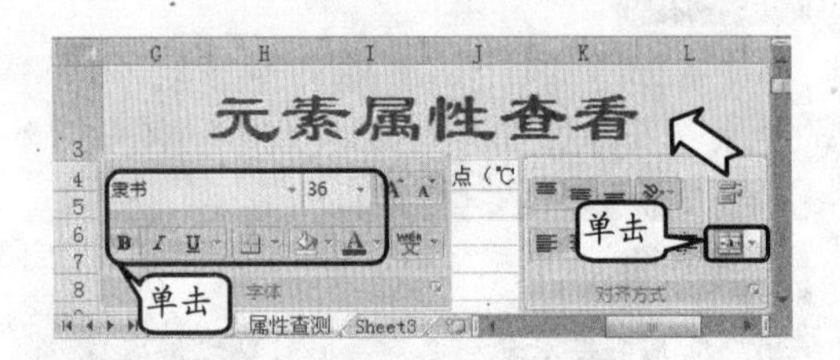

图 9-67 设置字体格式

提 示

选择 E3 至 N3 和 E11 至 N11 单元格区域，并将其合并后居中。

3 选择 E5 和 E13 单元格，在【数据有效性】对话框的【允许】下拉列表中选择【序列】选项，将光标置于【来源】文本框中，并在工作表中选择 A1 至 A109 单元格区域，如图 9-68 所示。

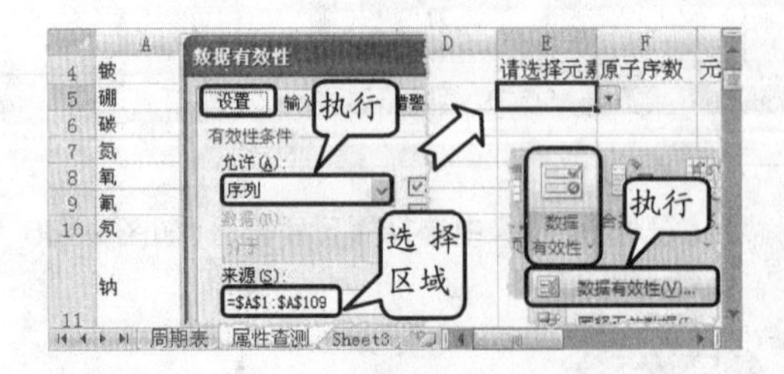

图 9-68 设置数据有效性

4 依照相同的方法选择 E15 单元格，在【数据有效性】对话框的【允许】下拉列表中选择【序列】选项，并在【来源】文本框中输入“是,否”。

5 分别在 F5 和 G5 单元格中输入公式“=IF(ISBLANK(E5),"",VLOOKUP(E5,AllInOneTable,2,0))”和“=IF(ISBLANK(E5),"",VLOOKUP(E5,AllInOneTable,3,0))”，如图 9-69 所示。

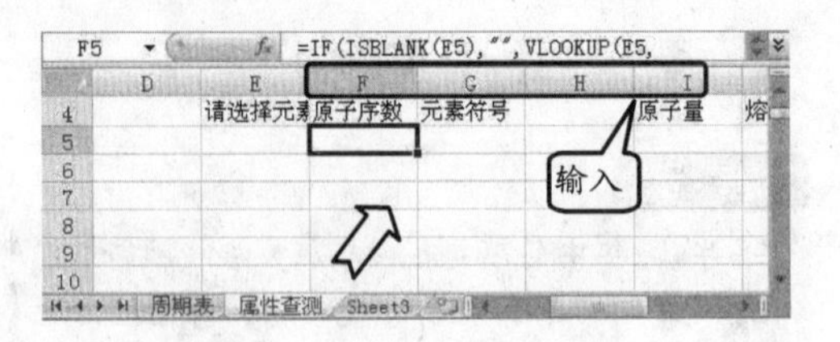

图 9-69 输入公式

6 在 H5 单元格中输入公式“=IF(ISBLANK(E5),"",IF(VLOOKUP(E5,AllInOneTable,4,0)=0,"",VLOOKUP(E5,AllInOneTable,4,0)))”，如图 9-70 所示。

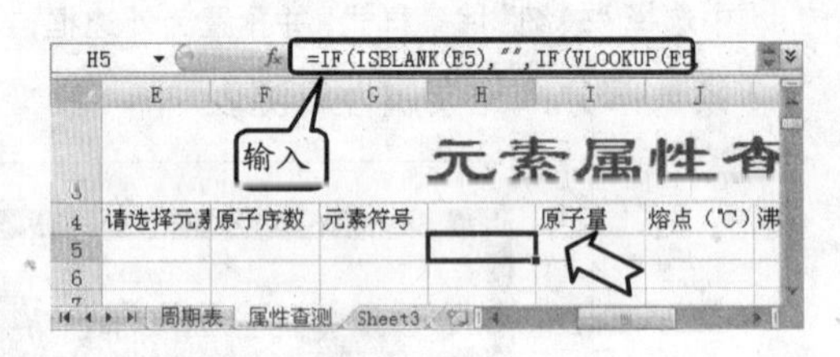

图 9-70 输入公式

7 分别在 I5 和 J5 单元格中输入公式“=IF(ISBLANK(E5),"",VLOOKUP(E5,AllInOneTable,5,0))”和“=IF(ISBLANK(E5),"",IF (VLOOKUP(E5,AllInOneTable,6,0)=0,"",VLOOKUP(E5,AllInOneTable,6,0)))”，如图 9-71 所示。

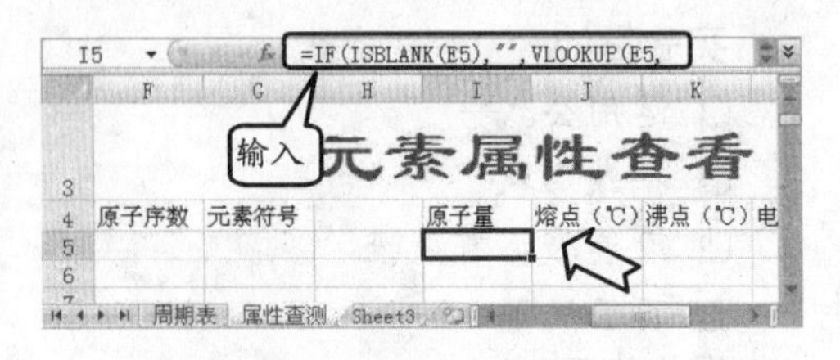

图 9-71 输入公式

8 在 K5 单元格中输入公式“=IF(ISBLANK(E5),"",IF(VLOOKUP(E5,AllInOn

eTable,7,0)=0,"",VLOOKUP(E5,AllInOneTable,7,0)))"，如图 9-72 所示。

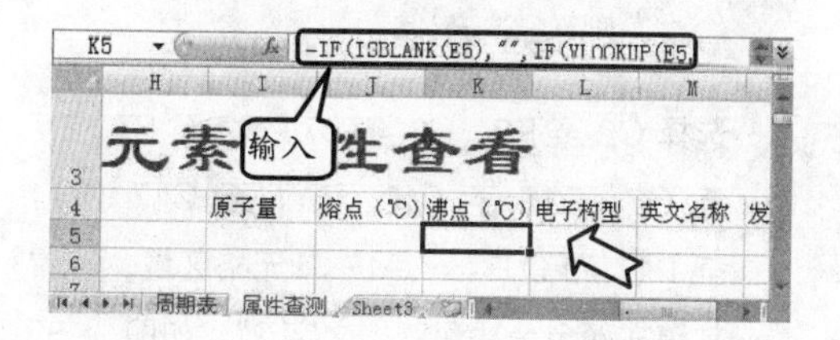

图 9-72 输入公式

9 在 L5 和 M5 单元格中输入公式"=IF(ISBLANK(E5),"",VLOOKUP(E5,AllInOneTable,8,0)) 和 =IF(ISBLANK(E5),"",VLOOKUP(E5,AllInOneTable,9,0))"，如图 9-73 所示。

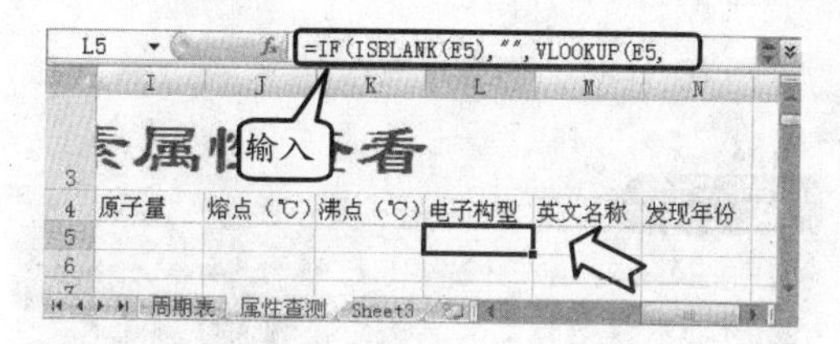

图 9-73 输入公式

10 分别在 N5 和 F14 单元格中输入公式"=IF(ISBLANK(E5),"",VLOOKUP(E5,AllInOneTable,10,0))"和"=IF(OR(ISBLANK(E13),ISBLANK(F13)),"",IF(F13=F15,"J","L"))"，如图 9-74 所示。

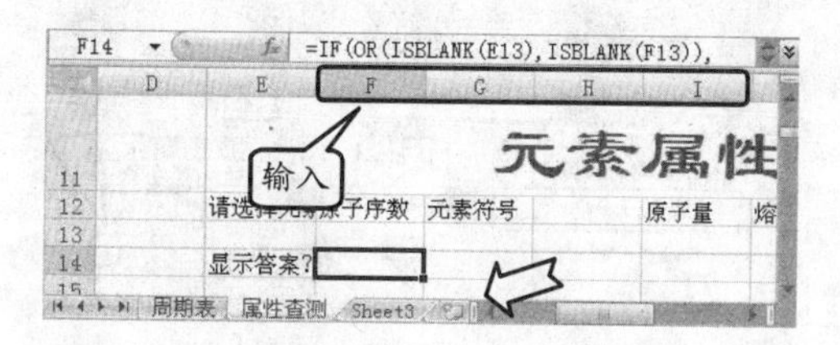

图 9-74 输入公式

11 分别在 G14 和 H14 单元格中输入公式"=IF(OR(ISBLANK(E13),ISBLANK(G13)),"",IF(G13=G15,"J","L"))和=IF(OR(ISBLANK(E13),ISBLANK(H13)),"",IF(ABS(H13-H15)<0.1,"J","L"))"，如图 9-75 所示。

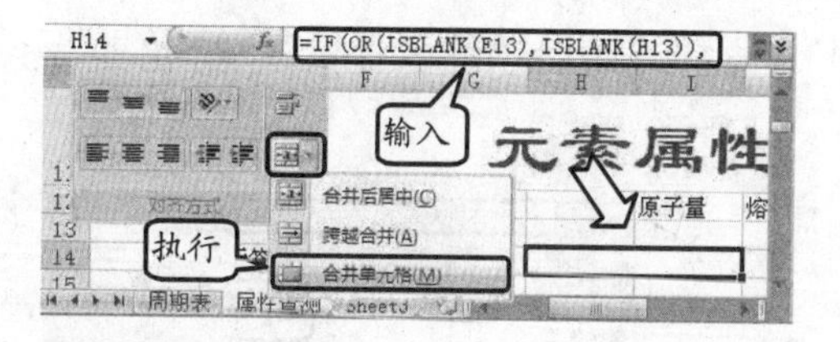

图 9-75 输入公式

提 示

选择 H14 和 I14 单元格区域，并将其合并单元格。

12 在 J14 单元格中输入公式"=IF(OR(ISBLANK(E13),ISBLANK(J13),J15="N/A"),"",IF(ABS(J13-J15)<0.5,"J","L"))"，如图 9-76 所示。

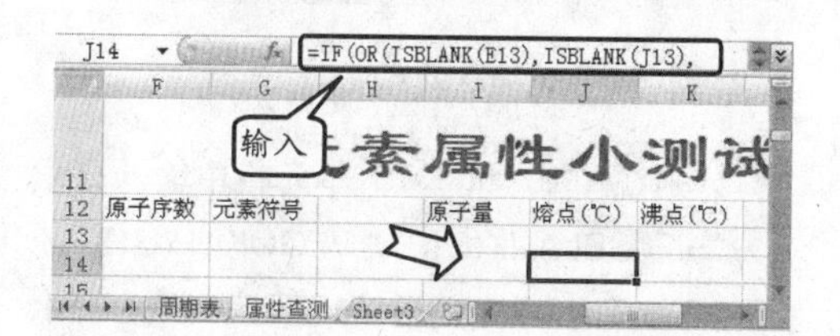

图 9-76 输入公式

13 在 K13 单元格中输入公式"=IF(OR(ISBLANK(E13),ISBLANK(K13),K15="N/A"),"",IF(ABS(K13-K15)<0.5,"J","L"))"，如图 9-77 所示。

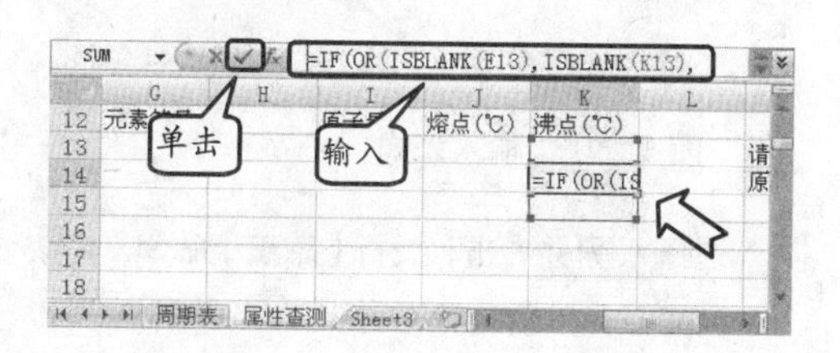

图 9-77 输入公式

14 分别在 F15 和 G15 单元格中输入公式" =IF(ISBLANK(E13),"",VLOOKUP(E13,AllInOneTable,2,0))" 和 "=IF(ISBLANK(E13),"",VLOOKUP(E13,AllInOneTable,3,0))"，如图 9-78 所示。

15 将 H15 和 I15 单元格区域合并单元格，并输入公式 "=IF(ISBLANK(E13),"",VLOOKUP

(E13,AllInOneTable,5,0))”，如图 9-79 所示。

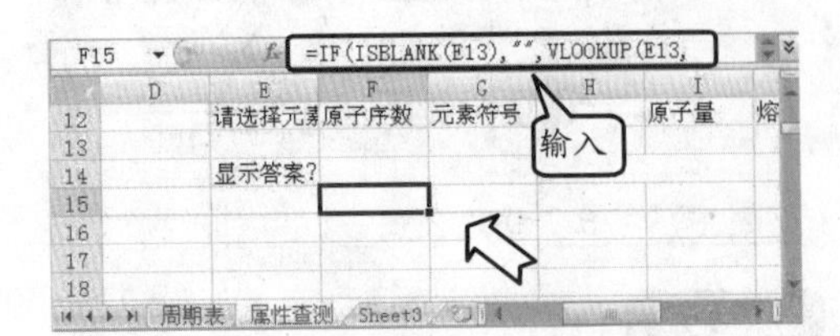

图 9-78 输入公式

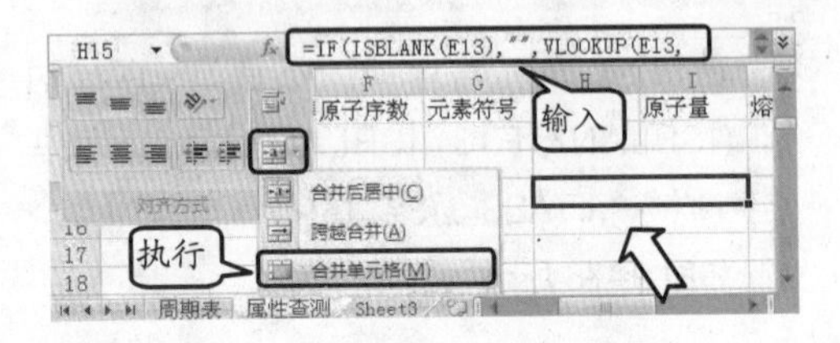

图 9-79 输入公式

16 分别在 J15 和 K15 单元格中输入公式“=IF(ISBLANK(E13),"",VLOOKUP(E13,AllInOneTable,6,0))”和“=IF(ISBLANK(E13),"",VLOOKUP(E13,AllInOneTable,7,0))”，如图 9-80 所示。

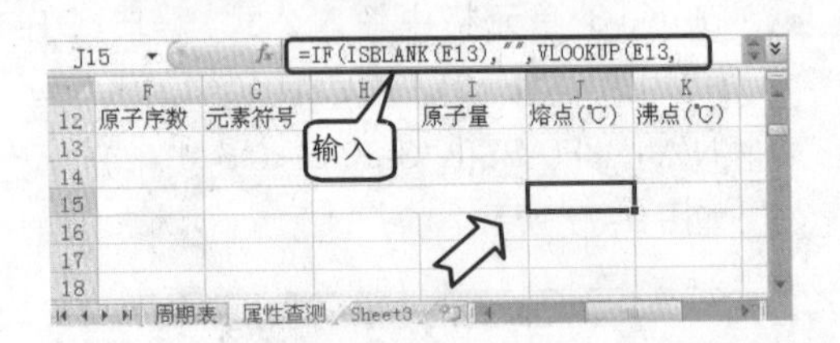

图 9-80 输入公式

17 选择 A 列并右击，执行【隐藏】命令，将该列隐藏，然后选择 C、D、H、O 和 P 列，在【列宽】对话框中设置其列宽为 2，如图 9-81 所示。

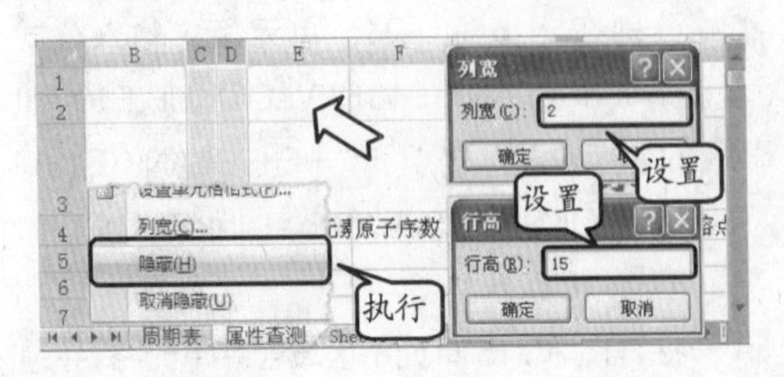

图 9-81 设置行高和列宽

提 示

依照相同的方法设置第 2 行、第 7 行、第 10 行和第 17 行的行高为 15。

18 选择 C2 至 P2、C3 至 C7、P3 至 P7、D7 至 O7、C10 至 P10、C11 至 C17、P11 至 P17 和 D17 至 O17 单元格区域，设置其填充颜色为“深蓝，文字 2”，如图 9-82 所示。

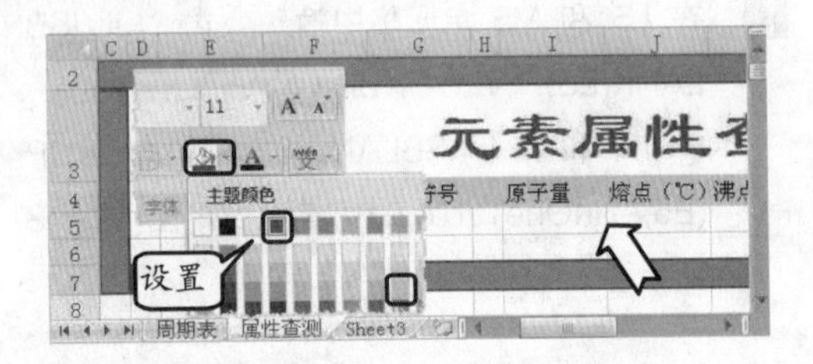

图 9-82 设置填充颜色

提 示

设置 E4 至 N4、E12 至 K12 和 E14 单元格区域的填充颜色为“水绿色，强调文字颜色 5，淡色 40%”。

19 在 E6 单元格上右击，执行【插入批注】命令，在弹出的文本框中输入相应内容，并设置该单元格的填充颜色为浅蓝，如图 9-83 所示。

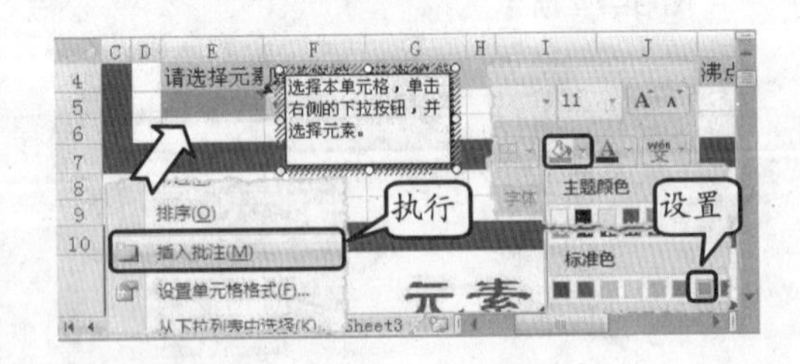

图 9-83 插入批注

提 示

依照相同的方法分别为E13和E15单元格插入批注和设置填充颜色。

20 分别为 F5 至 N5、L12 至 N12、F13 至 K13、L13 至 L15、M13 至 N13 和 M14 至 N15 单

元格区域设置填充颜色，如图 9-84 所示。

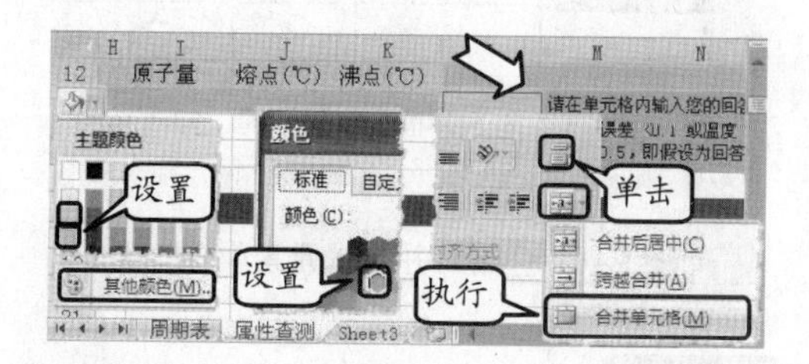

图 9-84 设置填充颜色

提 示

将M13至N13和M14至N15单元格区域合并单元格，设置其字号为9，并设置M14至N15单元格区域为自动换行。

21 选择 E4 至 N5 和 E12 至 K15 单元格区域，在【字体】组的【边框】下拉列表中执行【所有框线】命令，并将 H12 至 I13 单元格区域合并单元格，如图 9-85 所示。

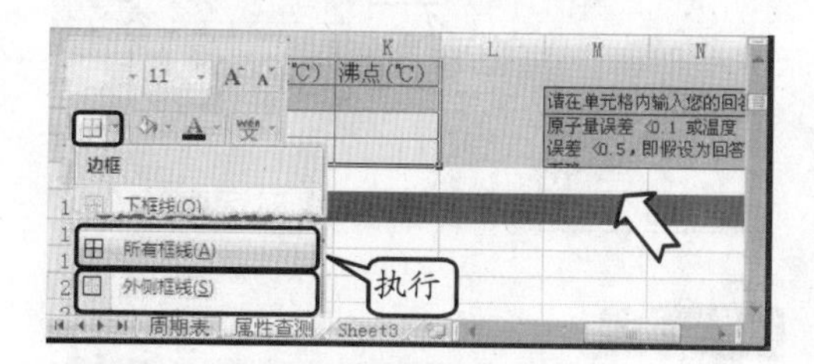

图 9-85 添加边框样式

提 示

依照相同的方法选择 M13 和 M14 单元格区域，执行【边框】下拉列表中的【外侧框线】命令。

22 选择 H4 至 I5 单元格区域，在【设置单元格格式】对话框中的【边框】栏中单击【中框线】按钮，如图 9-86 所示。

提 示

在【字体】组中的【边框】下拉列表中执行【其他边框】命令，即可打开【设置单元格格式】对话框。

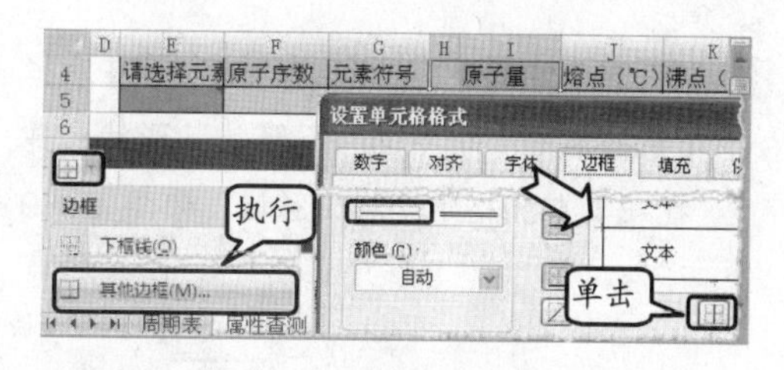

图 9-86 设置边框样式

23 将鼠标置于 E 列右侧分界线上，当光标变成“单横线双向”箭头时，向右拖动至显示“宽度：13.00（109 像素）”处松开，如图 9-87 所示。

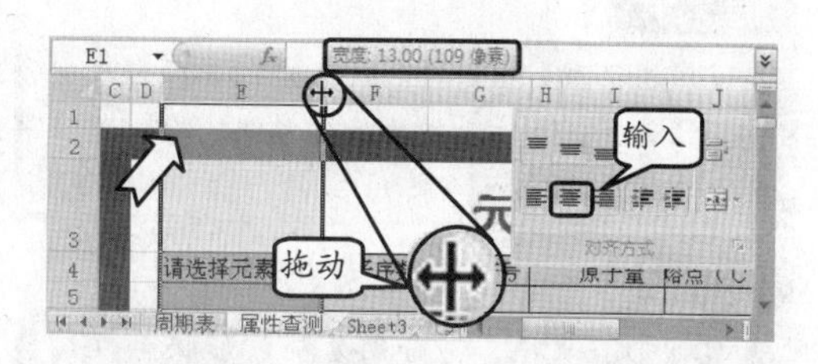

图 9-87 调整列宽

提 示

依照相同的方法分别调整其他单元格区域的列宽至合适位置。

提 示

选择 E5、F4 至 N5、E13、E15 和 F12 和 K15 单元格区域，设置其对齐方式为居中。

24 选择第 4 列至第 5 列和第 12 列至第 15 列，将鼠标置于任意一行分界线上，当光标变成“单竖线双向”箭头时，向下拖动至显示“高度：18.00（24 像素）”处松开，如图 9-88 所示。

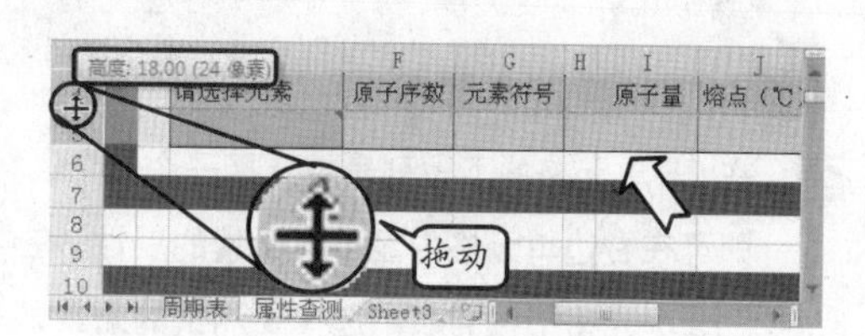

图 9-88 调整行高

25 在【插图】组中的【形状】下拉列表中选择【箭头总汇】栏中的“下箭头”形状，并在 E4 单元格中绘制该形状，如图 9-89 所示。

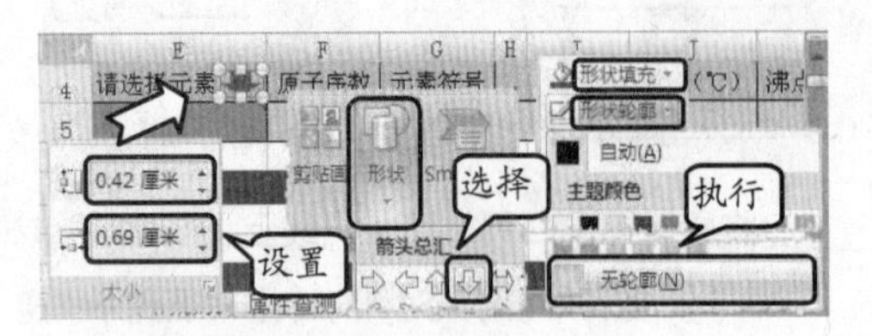

图 9-89 插入并设置形状

提 示

在【形状样式】组的【形状填充】下拉列表中选择“紫色”色块，并执行【形状轮廓】下拉列表中的【无轮廓】命令。

提 示

设置该形状大小，并分别复制该形状至 E12 和 E14 单元格中。

26 依照相同的方法在 L13 单元格区域中插入“虚尾箭头”形状，并在【排列】组的【旋转】下拉列表中执行【水平翻转】命令，如图 9-90 所示。

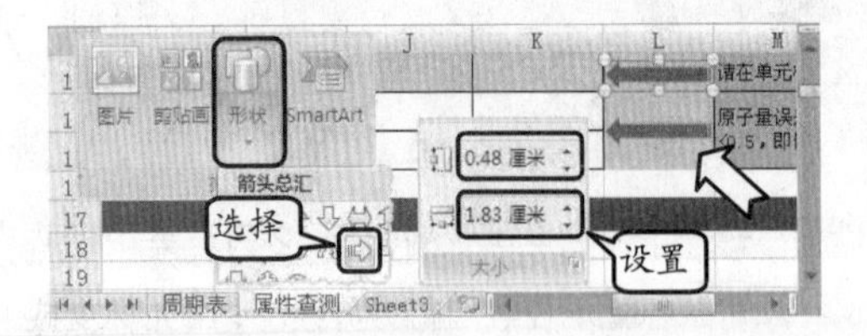

图 9-90 插入形状

提 示

设置该形状样式及大小，并复制该形状至合适位置。

27 在 E5 单元格的下拉列表中选择一个元素，即可在右边单元格中显示该元素的属性。在 E13 单元格下拉列表中选择要测试的元素，并在右边的单元格中输入相应属性，如图 9-91 所示。

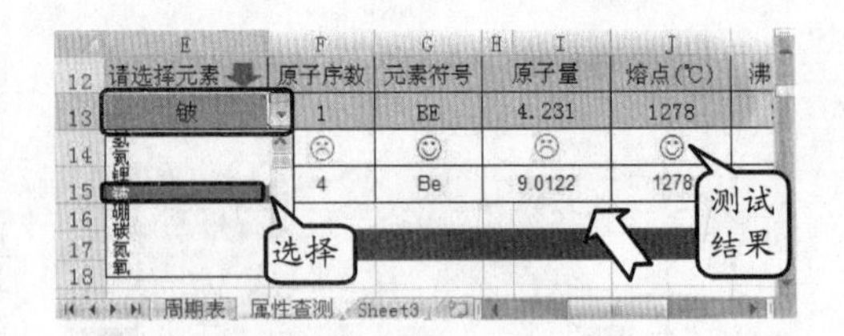

图 9-91 输入并测试元素属性

提 示

选择 E15 单元格下拉列表中的【是】选项，即可显示出正确答案。

28 在【页面设置】对话框中的【页面】选项卡中选择【横向】单选按钮，并启用【页边距】选项卡中的【水平】和【垂直】复选框，如图 9-92 所示。

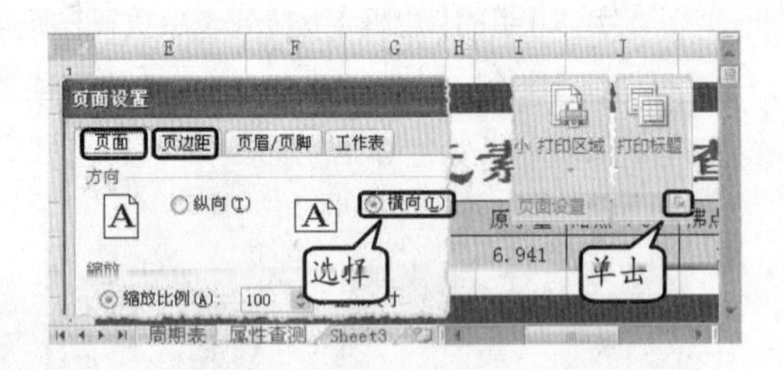

图 9-92 【设置页面】对话框

提 示

单击【页面设置】组中的【对话框启动器】按钮，即可打开【页面设置】对话框。

29 在【页眉/页脚】选项卡的【页脚】下拉列表中选择合适的选项，并单击【打印预览】按钮，即可预览该工作表，如图 9-93 所示。

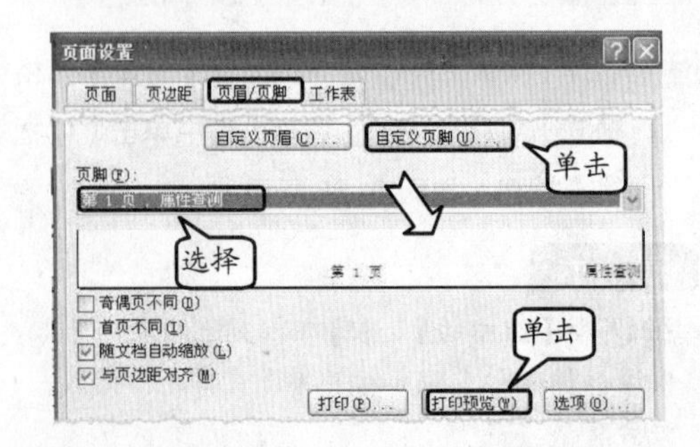

图 9-93 设置页脚

9.7 思考与练习

一、填空题

1. 在进行页面设置时，用户可以选择使用的纸张方向包括_________和_________两种。

2. _________是指打印工作表时，数据区域的边界与纸张上、下、左、右边缘的距离。

3. 页眉和页脚分别位于页面的_________和_________，可以用于打印工作表的页码、表格名称等内容。

4. 在设置打印标题时，_________用于设置某行区域为顶端标题行，_________用于设置某列区域为左端标题列。

5. 如果要使工作表中的数据在左右页边距之间水平居中，可以在【页面设置】对话框中选择_________选项卡，启用【水平】复选框。

6. 在 Excel 中，可以手动插入的分页符包括_________和_________两种。

7. 使用 Excel 的_________功能可以在打印报表之前查看工作表的制作效果。

8. 在【页面设置】对话框中设置打印的顺序有两种，分别为_________和_________。

二、选择题

1. 在 Excel 2007 中，若要为工作表添加页眉和页脚，可以进行的操作是_________。

A. 在【页面设置】对话框中选择【页边距】选项卡

B. 在【页面设置】对话框中选择【页眉/页脚】选项卡

C. 只能执行【打印】|【打印预览】命令，在预览窗口中进行

D. 以上四项均不对

2. 在工作簿的 Sheet1 和 Sheet2 工作表中均设置了打印区域，当前活动工作表为 Sheet2 工作表。此时，默认状态下将打印_________。

A. Sheet1 工作表中的打印区域

B. Sheet2 工作表中的所有区域

C. Sheet2 工作表中的打印区域

D. 整个工作簿

3. 在 Excel 中，页面边距的单位通常使用_________来表示。

A. 厘米　　B. 毫米

C. 分米　　D. 米

4. 在对工作表进行打印时，对_________的设置可以控制页码的编排和打印的次序。

A. 打印内容　　B. 打印范围

C. 打印顺序　　D. 打印区域

5. 如果要打印的是工作表中的图表，则在【页面设置】对话框中，原来的_________选项卡将变成【图表】选项卡。

A.【页面】　　B.【页边距】

C.【页眉/页脚】　　D.【工作表】

6. 在为工作表插入分页符后，分页符将以_________状态显示在工作表中。

A. 水平或垂直的黑色实线

B. 水平或垂直的黑色虚线

C. 水平或垂直的蓝色虚线

D. 水平或垂直的蓝色粗实线

7. 移动工作表中的分页符时，可以利用鼠标拖动的方法在_________视图中进行。

A. 普通　　B. 页面布局

C. 自定义视图　　D. 分页预览

8. 当工作簿中含有多张工作表，或工作表包含多页时，可以通过设置_________选择部分工作表或工作表的部分页面进行打印。

A. 打印范围　　B. 打印内容

C. 打印份数　　D. 打印机

三、上机练习

1. 添加分页符和打印标题行

创建一个人数为 30 的“六年级学生成绩表”，输入相应的表格内容，并为其设置边框和填充效果。

分别在工作表的第 13 行和第 23 行上方添加一条水平分页符，然后，单击【页面设置】组中的【打印标题】按钮，将 A1 至 G2 单元格设置为顶端标题行，再单击 Office 按钮，执行【打印】|【打印预览】命令，其预览效果如图 9-94 所示。

六年级学生成绩表					
学号	姓名	数学	英语	语文	总分
040301	李涛	80	77	63	220
040302	李丽	69	56	67	192
040303	陈伟	71	75	79	225
040304	王浩	85	56	81	222
040305	王国立	90	82	78	250
040306	朱晓	78	76	85	239
040307	张扬	93	91	88	272
040308	杨芳	91	94	85	270
040309	王兰	77	84	74	235
040310	宋玉	67	90	86	243

六年级学生成绩表					
学号	姓名	数学	英语	语文	总分
040311	朱彬	70	75	85	230
040312	陈宝	79	69	89	237
040313	程娃	63	52	96	211
040314	姜承俊	78	88	70	236
040315	刘民赫	64	45	86	195
040316	韩智恩	85	69	84	238
040317	刘妙	65	88	82	235
040318	张凡	89	97	69	255
040319	李思绮	86	46	91	223
040320	王予	55	86	59	200

六年级学生成绩表					
学号	姓名	数学	英语	语文	总分
040321	白坤	86	72	76	234
040322	马嘉华	91	68	85	244
040323	刘伟建	75	78	90	243
040324	于惠	57	76	45	178
040325	赵佳佳	54	86	87	227
040326	梅嘉	79	96	91	266
040327	刘韵	68	87	69	224
040328	司小亮	90	57	85	232
040329	胡林	83	69	67	219
040330	杨康	88	95	70	253

图 9-94 分页及顶端标题行

2．自定义页眉格式

创建一个“员工工资表”，设置其页眉左侧显示当前日期和时间；中间显示文字“天叶有限责任公司”；右侧显示当前页码和总页数，并设置其文字的字体均为黑体，字体颜色为“橙色，强调文字颜色 6，深色 50%”，如图 9-95 所示。

2008-3-29 15:31　　天叶有限责任公司　　1 1

员工工资表							
姓名	性别	部门	文化程度	基本工资	奖金	应发工资	实发工资
苏秀兰	女	财务部	大专	1400	150	1550	1550
李玉冰	女	广告部	中专	1300	200	1500	1500
秦岚	女	技术部	本科	1300	130	1430	1430
张海清	男	财务部	本科	1500	50	1550	1550
邹小秦	男	财务部	大专	1200	180	1380	1380
马凤	男	技术部	本科	1320	260	1580	1580
黄丽	女	广告部	大专	1100	320	1420	1420
蒋凌云	男	广告部	本科	1500	90	1590	1590
王涛	男	技术部	本科	1450	100	1550	1550
周文文	女	广告部	本科	1300	130	1430	1430

图 9-95 员工工资表

第 10 章

宏与 VBA

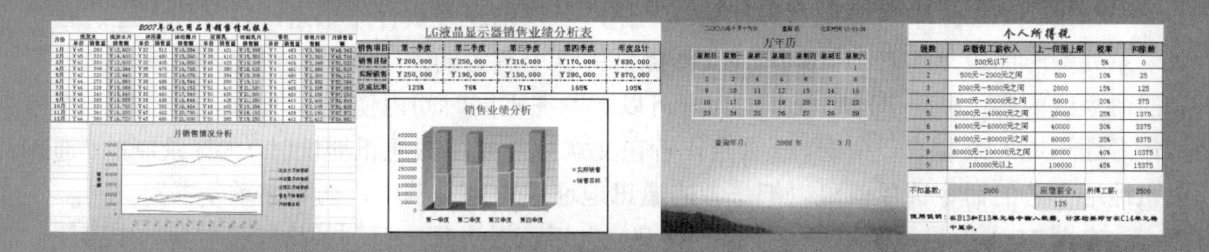

宏通常是 Excel 中多个操作指令的集合，类似于批处理。它将几个步骤连接在一起，通过宏按钮来一步完成，从而实现任务的自动化。

在 Excel 中编写宏需要用到 VBA 代码，VBA 就是 Visual Basic for Applications，是 Visual Basic 开发语言的子集，它是一种宏语言，在运行速度上有很大的限制。因此 VBA 编程的方法直接关系到 VBA 程序运行的效率，可以帮助用户提高工作效率。

通过本章的学习了解宏与 VBA 的一些基础知识，如宏与 VBA 的用途和作用。还将介绍宏的一些创建方法及 VBA 的基础知识与设计思想。

本章学习要点

- 宏与 VBA 概述
- 创建宏
- 宏操作
- VBA 基础与设计

10.1 初识宏

用户在制作工作表时，经常会遇到很多反复相同的操作。此时，为了简化操作过程，可以使用宏将其变为可自动执行的任务。本节主要介绍录制宏和调整宏的方法，以及录制完毕后，如何对其进行运行操作。

10.1.1 创建宏

录制宏是创建宏的最简单、最常用的方法。在录制宏之前应首先了解一下宏的用途，以及如何启用【开发工具】选项卡，才能在 Excel 中录制宏，以便快速自动地执行重复任务。另外，不再需要该宏时也可以将其删除。

1. 宏的概述

如果在 Excel 中需要重复进行某项工作，可以创建并执行一个宏，以替代人工进行一系列费时而重复的 Excel 操作。Excel 提供的这个有力的宏工具可以快速得到重复执行的命令或内容（不同于剪贴板，因为宏可以定制在不同时间内使用）。比如，可以把一个作者通讯地址录制成一个宏，那么当作者在文章中需要填写通讯地址时，选择录制的“通讯地址”宏的命令选项就可以把作者的通讯地址添加到文档中，而不必重复书写。

在图 10-1 中显示了用户逐步输入信息，之后可以进行一系列的格式设置等，步骤比较繁琐。图 10-2 所示即为用户录制了一个名为“通讯录”的宏并保存在工作簿中，当需要创建该通讯录时，只需要选择“通讯录”宏名运行宏即可。

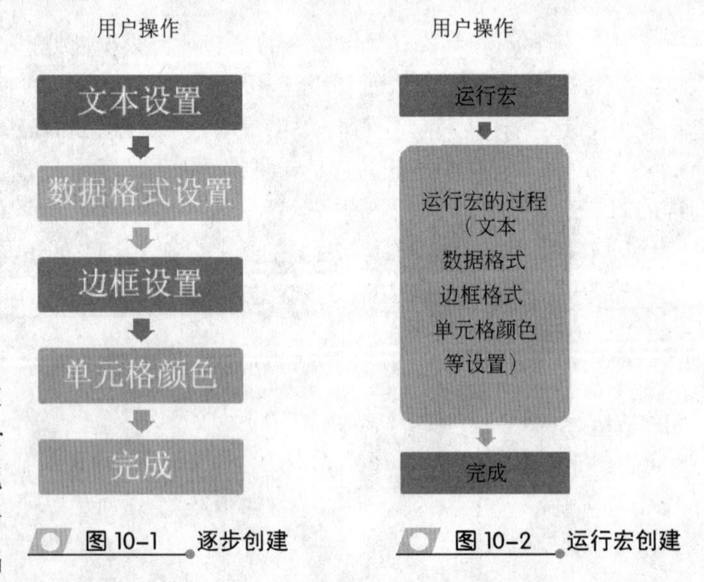

图 10-1 逐步创建

图 10-2 运行宏创建

Excel 提供了两种创建宏的方法：宏录制器和 Visual Basic 编辑器。其中，宏录制器可帮助用户创建宏。Excel 在 Visual Basic for Applications 编程语言中把宏录制为一系列的 Excel 命令。可以在 Visual Basic 编辑器中打开已经录制的宏，修改其中的指令，也可用 Visual Basic 编辑器创建包括 Visual Basic 指令的非常灵活和强有力的宏。

可以将宏保存到模板或文档中。在默认的情况下，Excel 将宏存储在 Normal 模板中，以便所有的 Excel 文档均能使用。

2. 启用【开发工具】选项卡

单击Office按钮，并单击【Excel选项】按钮，在弹出的【Excel选项】对话框中选择【常用】选项，并在右侧启用【在功能区显示“开发工具”选项卡】复选框，如图10-3所示。

单击【Excel选项】对话框中的【确定】按钮后，将会在Excel工作簿的用户界面上添加一个【开发工具】选项卡，如图10-4所示。

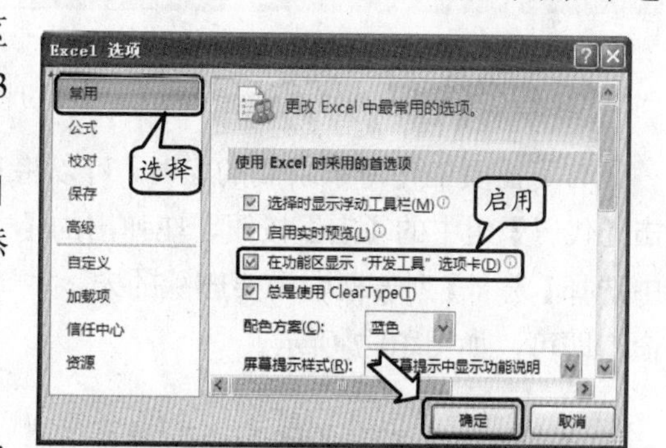

图10-3 启用开发工具选项卡

3. 录制宏

录制宏时，宏录制器会记录用户完成的操作。记录的步骤中不包括在功能区上导航的步骤。

选择【开发工具】选项卡，单击【代码】组中的【录制宏】命令，在弹出的【录制新宏】对话框的【宏名】文本框中输入宏的名称，如图10-5所示。

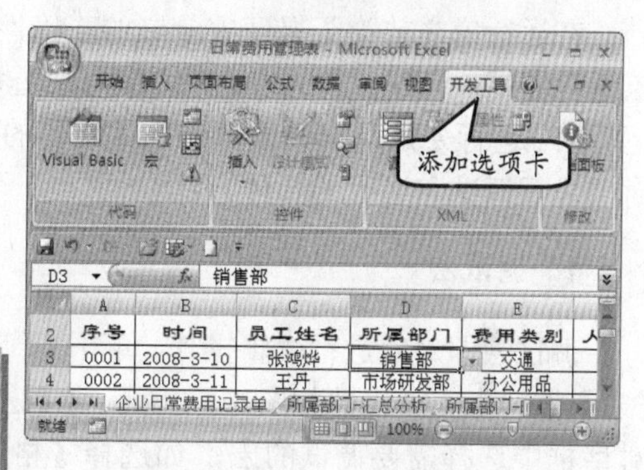

图10-4 添加【开发工具】选项卡

提示

宏名的第一个字符必须是字母或汉字，后面的字符可以是字母、数字或下划线字符。宏名中不能有空格，下划线字符可用作单词的分隔符。如果使用的宏名是单元格引用，则可能会出现错误信息，该信息显示宏名无效。

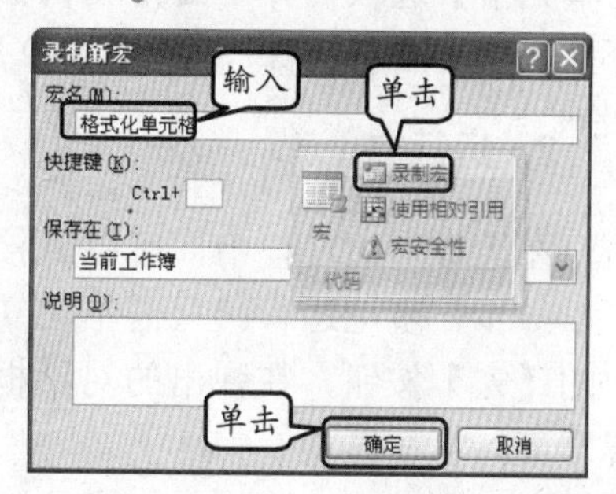

图10-5 【录制新宏】对话框

其中，在【录制新宏】对话框中主要包含宏名和保存位置等几种设置项，其功能如下：

- **宏名** 输入录制宏的名称。
- **快捷键** 设置录制的宏的快捷键，以便运行时使用。
- **保存在** 在其下拉列表中选择宏保存的位置。
- **说明** 在该文本框中输入相关说明信息。

然后，在工作表中进行一系列操行。例如，选择C4至H14单元格，填充其颜色，并设置边框格式，再单击【代码】组中的【停止录制】按钮，即可完成宏的录制，如图10-6所示。

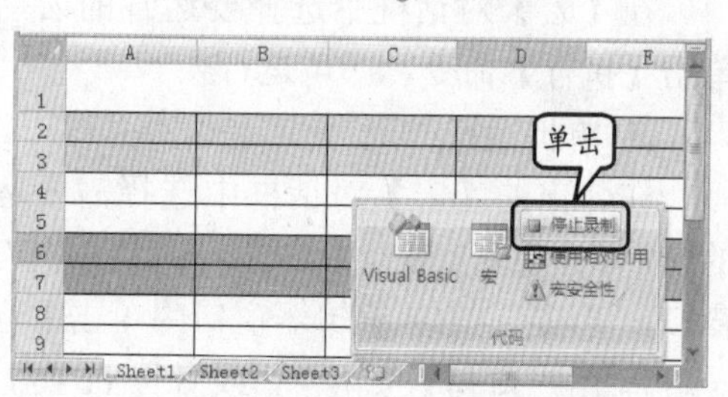

图10-6 单击【停止录制】按钮

技 巧

在录制宏的过程中，若想要结束宏的录制，单击【状态】栏中的【停止录制】按钮即可。

图 10-7 删除宏

4. 删除宏

若不需要工作簿中录制的宏时，可以将其删除。单击【代码】组中的【宏】按钮，在弹出的【宏】对话框中选择【宏名】列表框中需要删除的宏，并单击【删除】命令即可，如图 10-7 所示。

图 10-8 单击【编辑】按钮

10.1.2 调试和运行宏

在运行宏之前为了保证宏录制的正确性，一般要对宏进行调试。录制并调试宏之后，即可通过多种方法来运行宏。运行宏是录制和调试宏的最终目的。下面介绍对宏进行调试和运行的具体方法。

1. 调试宏

调试宏即对宏进行编辑操作。单击【代码】组中的【宏】按钮，在弹出的如图 10-8 所示的【宏】对话框中选择需要调试的宏，如选择【格式化单元格】选项，并单击【编辑】按钮，即可打开 VBA 编辑窗口，如图 10-9 所示。

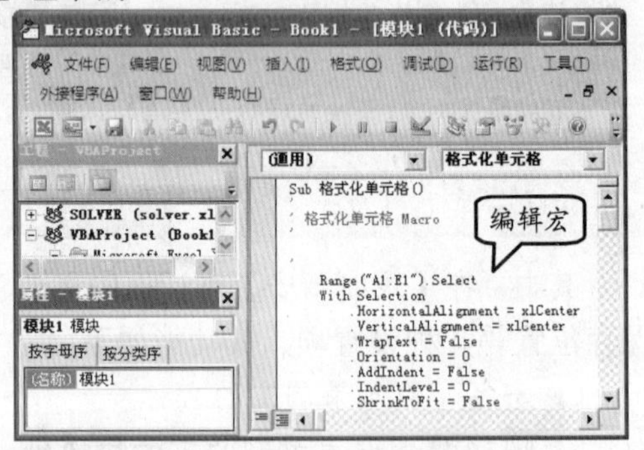

图 10-9 VBA 编辑窗口

2. 运行宏

在运行宏的过程中，可以直接运行，也可以一步一步地运行。只需单击【代码】组中的【宏】按钮，在弹出的对话框中进行设置即可。

❑ 运行

在【宏】对话框中选择要运行的宏名，单击【执行】命令，即可运行宏。

❑ 单步运行

在弹出的【宏】对话框中选择需要运行的宏，单击【单步执行】按钮，即可打开 VBA 窗口。可以在 VBA 编辑器窗口中单击【运行子过程/用户窗体】按钮▶，或者按 F5 键，即可单步执行宏，如图 10-10 所示。

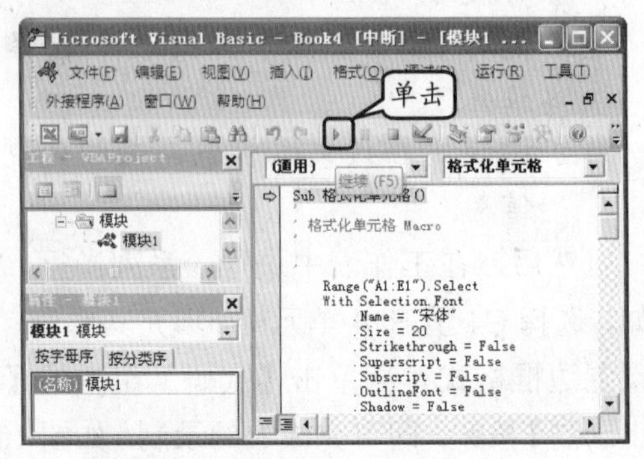

图 10-10 VBA 窗口

3. 宏选项设置

宏选项的设置主要是对宏进行快捷键设置。单击【代码】组中的【宏】按钮，在弹出的对话框中选择要进行选项设置的宏名，并单击【选项】按钮，如图 10-11 所示。

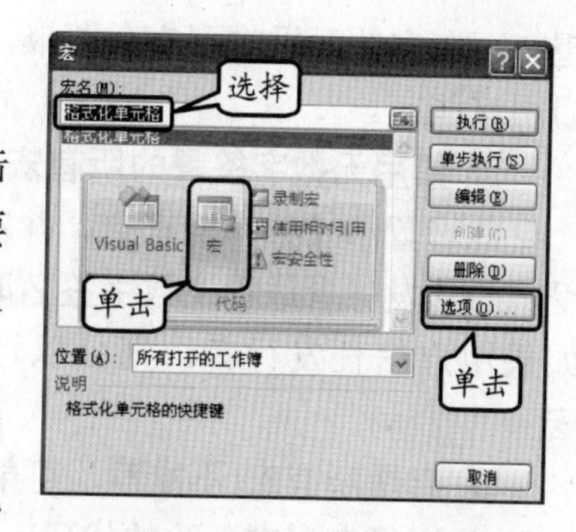

图 10-11 【宏】对话框

在弹出的【宏选项】对话框的【快捷键】文本框中输入字母“Q”，则将显示快捷键 Ctrl+Shift+Q。在【说明】文本框中输入文字“格式化单元格的快捷键”，如图 10-12 所示。

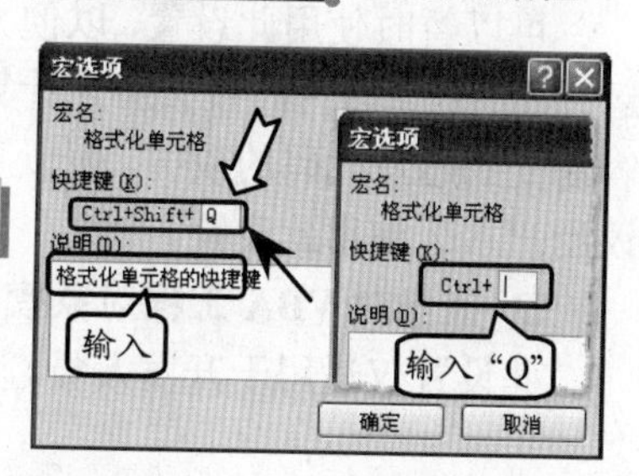

图 10-12 快捷键设置

提 示

设置过快捷键后，只需按下所设置的快捷键即可运行相应的宏。

10.1.3 宏的安全性设置

宏的安全性设置概述了在每种设置下宏病毒保护的工作方式。对于所有设置，如果安装了配合 2007 Microsoft Office System 使用的防病毒软件，且工作簿中包含宏，则会在打开工作簿之前对其进行扫描以查找已知病毒。

单击 Office 按钮，并单击【Excel 选项】按钮，在弹出的对话框中选择【信任中心】选项，并单击右侧的【信任中心设置】按钮，如图 10-13 所示。

图 10-13 【Excel 选项】对话框

在弹出的【信任中心】对话框中选择【宏设置】选项并设置其安全性，如图 10-14 所示。

在【宏设置】栏中包含对于在非受信任位置的文档中的宏进行 4 个单选项设置，以及开发人员宏设置的一个复选框。

❑ **禁用所有宏，并且不通知**

如果用户不信任宏，可以选择此项设置。文档中的所有宏，以及有关宏的安全警报都被禁用。如果文档具有信任的未签名的宏，则可以将这些文档放在受信任的位置。

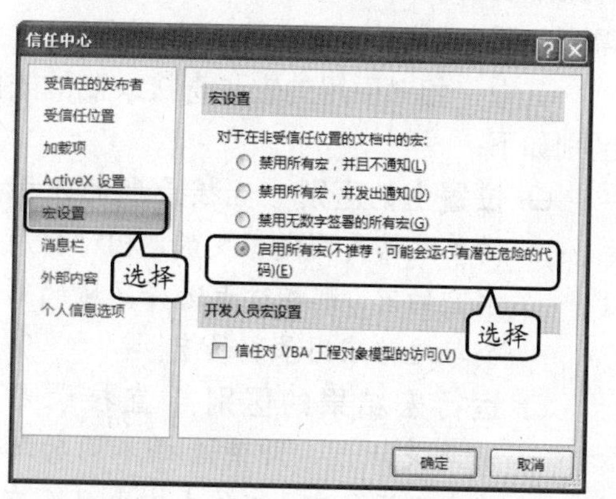

图 10-14 宏设置

❑ **禁用所有宏，并发出通知**

这是默认设置。如果想禁用宏，但又希

望在存在宏的时候收到安全警报，则应使用此选项。这样，可以根据具体情况选择何时启用这些宏。

❑ **禁用无数字签署的所有宏**

此设置与【禁用所有宏，并发出通知】选项相同，但下面这种情况除外：在宏已由受信任的发行者进行了数字签名时，如果用户信任发行者，则可以运行宏。

提 示

在 Excel 的【宏设置】栏中，所做的任何宏设置更改只适用于 Excel，而不会影响任何其他 Office 程序。

❑ **启用所有宏(不推荐，可能会运行有潜在危险的代码)**

可以暂时使用此设置，以便允许运行所有宏。因为此设置会使计算机容易受到恶意代码的攻击，所以不建议用户永久使用此设置。

技 巧

单击【代码】组中的【宏安全性】按钮，在弹出【信任中心】对话框中也可以设置宏的安全性。

❑ **信任对 VBA 工程对象模型的访问**

此设置仅适用于开发人员。

10.1.4 使用宏的相对引用

在录制宏的过程中，启用使用相对引用功能，则运行宏时，宏记录的操作将相对于初始选定单元格进行应用。否则，录制的宏将只应用于选定的单元格。

例如，单击【使用相对引用】按钮，并单击【录制宏】按钮，录制如图 10-15 所示的宏。

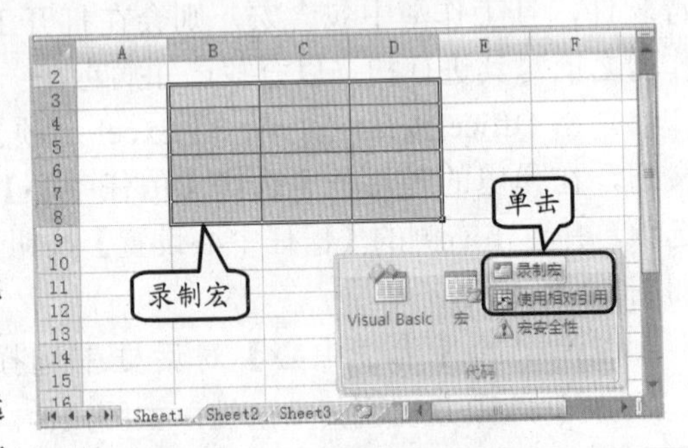

图 10-15 录制相对引用的宏

选择任意一个单元格，如选择 B10 单元格对录制的宏进行应用。单击【代码】组中的【宏】按钮，在弹出的【宏】对话框中选择刚录制的宏，并单击【执行】按钮，则可得到如图 10-16 所示的运行宏的结果。

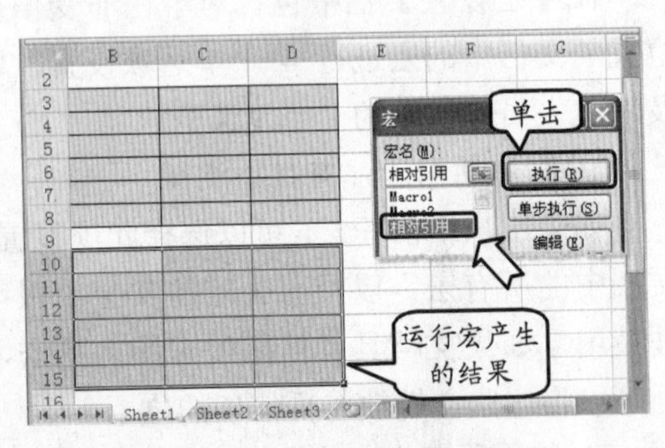

图 10-16 运行相对引用的宏

其中，相对引用的宏与直接录制的宏的区别如下：

❑ **位置上的区别** 直接录制的宏引用的单元格是固定不变的。相对引用下录制的宏，则相对于选择区域的第一个单元格应用录制的宏。

❑ **运行宏结果的区别** 直接录制的宏无灵活性，即使选择不同的单元格分别运行宏，工作表中也只存在一个运行结果。相对引用下录制的宏，选择不同的单元格，将会出现不同的运行结果。

10.2 VBA 基础

VBA 易于学习掌握，可以使用宏记录器记录用户的各种操作并将其转换为 VBA 程序代码。本节主要介绍 VBA 的主要用途，以及 VBA 的工作环境。另外，还将介绍一些 VBA 的常用知识。

10.2.1 VBA 用途和工作界面

VBA 可以帮助用户迅速、轻松、高效地完成所面对的各种复杂工作。例如利用 VBA 可以帮助公司职员提高办公效率，而且对于从事会计、审计、统计等工作的人员来说也可以快速完成工作。下面介绍 VBA 的用途及工作环境。

1. VBA 用途

VBA 是 Visual Basic For Application 的缩写，是 Visual Basic（简称 VB）在 Office 中的运用。它是一种非常流行的应用程序，也可说是 Visual Basic 开发语言的子集。

VBA 主要用于模拟人工操作完成一些繁琐的工作。例如，从网上下载了一个 Excel 工作表表格，格式很乱，此时可以编写一个宏来自动完成整理工作，而不需人工一点点地修改。

实际上 VBA 是“寄生于”VB 应用程序的。下面介绍一下 VBA 与 VB 之间的区别：

- ❑ VB 是设计用于创建标准的应用程序，而 VBA 是应用已有的应用程序，并将其自动化。
- ❑ VB 具有自己的开发环境，而 VBA 必须寄生于已有的应用程序。
- ❑ 在计算机中，用户可以直接运行 VB 开发的应用程序，而 VBA 开发的程序必须依赖于应用程序。

VBA 与 VB 在结构上是十分相似的，所以对于已经了解了 VB 应用程序的用户来说，会很快掌握 VBA 应用程序。如果用户掌握了 VBA 应用程序，则会为学习 VB 应用程序打下一定的基础。

2. VBA 工作界面

在 Excel 2007 的 VBA 中，Visual Basic 编辑器是用来建立和管理 VBA 项目的。在 Visual Basic 编辑器中主要提供了工程资源管理器、代码窗口、属性窗口等调试环境，以帮助用户建立和管理应用程序。下面具体介绍一下 VBA 编辑器窗口的组成，如图 10-17 所示。

VBA 编辑器包括 4 个窗口，以及一个工具栏和一个菜单栏。可以通过单击工具栏中的命令或者执行菜单栏中的命令访问其功能。在 4 个窗口中包括有工程资源管理、属性和模块编辑 3 个主要窗口和一个【对象浏览器】窗口。

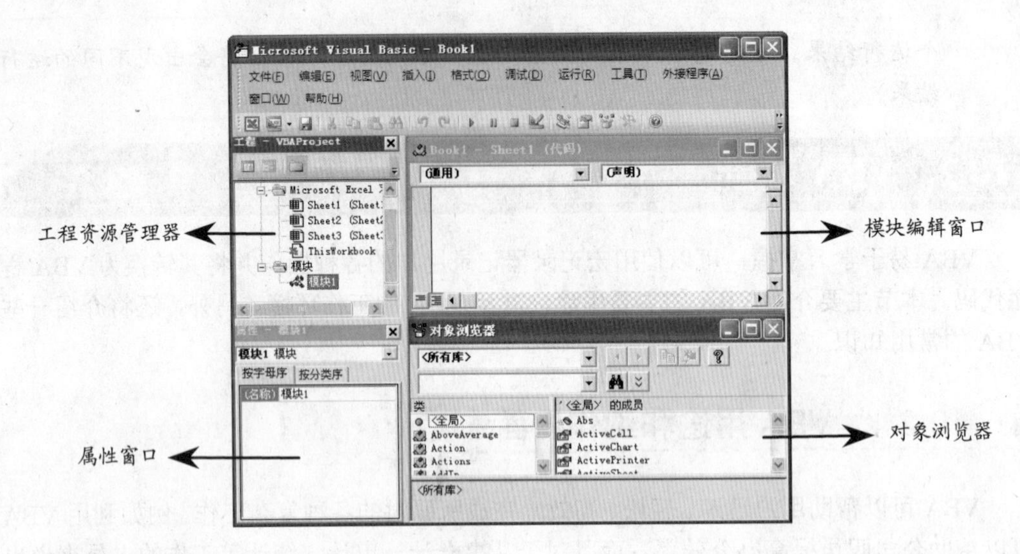

图 10-17　Microsoft Visual Basic 窗口

- 工程资源管理　工程资源管理器显示工程的一个分层结构列表以及所有包含在此工作内的或者被引用的全部工作。
- 属性　在该窗口中可以浏览和编辑在工程资源管理窗口中选择的任何对象的属性。
- 模块编辑　该窗口用于显示宏的内容。可以通过该编辑器来制作大量的工作。
- 对象浏览器　对象浏览器可以显示出对象库以及工程过程中的可用类、属性、方法、事件及常数变量。可以用它来搜索及使用已有的对象，或是来源于其他应用程序的对象。

10.2.2　常量与变量

在一般的语言中都包含有常量和变量，VBA 语言也不例外。下面介绍一下 VBA 语言的基本数据类型，即常量和变量相关的内容。

1. 常量

常量（Constant）也称为常数，是一种恒定的或者不可变化的数值或者数据项。常量是不随时间变化的某些量和信息，也可以表示某一数值的字符或者字符串。

定义常量的形式如下：

```
Const name [As type] = Value
```

在定义常量的实际应用中，name 表示常量名，As type 设置常量的数据类型，Value 表示常量的值。

```
Sub 祝福()
   Const ZHL = "祝你天天快乐！"
   '定义常量
```

```
    MsgBox ZHL
End Sub
```

此时，可以单击【代码】组中的【宏】按钮，在弹出的对话框中选择【Sheet1.祝福】选项，并单击【执行】按钮，如图 10-18 所示。

此时，将弹出提示信息框，并提示“祝你天天快乐！”内容，如图 10-19 所示。

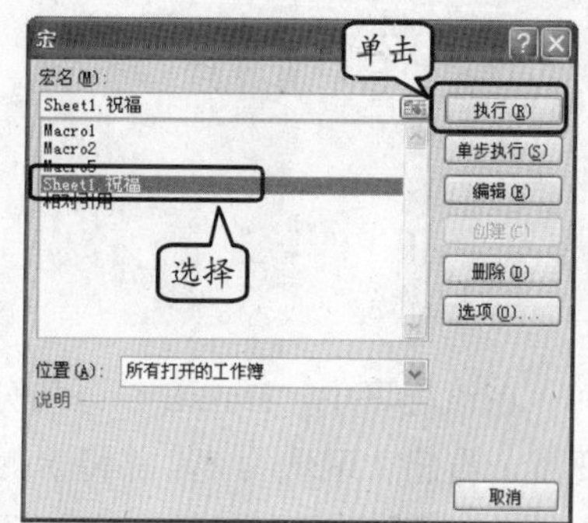

图 10-18　执行宏

在输入的 VBA 语句中的第二句为“Const ZHL = "祝你天天快乐！"”语句。这一行包含有一个新类型的 VBA 语句——Const（常量）语句。其中 Const 是 Constant 的缩写，也是本语句的关键字。

该语句说明了在关键字后定义了一个不变或者恒定的值，其中 ZHL 表示常量，并且将“祝你天天快乐！”常量值赋予（=）ZHL。

使用常量的好处：程序中经常出现的数值可以设置为常量。这样在代码的书写过程中比较方便。如果要改变该数值，只需改变定义常量的语句值，而不需改变每个语句，提高了效率。

图 10-19　显示结果

2. 变量

VBA 代码中包含变量、运算符和语句。其中，变量是存储非静态信息的存储容器，它在代码中起到互交与连接的作用。

变量从创建为合适的对象与数据类型到初始化，再通过运算符计算或者执行语句修改来完成整个互交的过程。

变量和常量有很多相同之处，但它们有一个重要的不同点：赋予变量的值能在程序运行时改变。变量可以在不同时刻有不同的值。

因此，在定义变量时，只须说明变量类型而不必说明其值，其值将在后面赋予。用关键字 Dim（Dim 是 Dimension 的缩写）代替关键字 Const 来定义变量的类型，并不是变量的值。定义变量的形式如下：

```
Dim name [As type]
```

在定义变量的实际应用过程中，name 表示变量名，而 type 表示一种有效变量类型。方括号中的内容 As type 是可有可无的。

变量名与常量一样，也应该赋予一个具有说明性的名称。这样可以帮助用户理解变量存储的内容，也方便在书写程序时读懂程序。

提　示

当两个或者多个单词联合在一起而组成一名称时，注意每个词的头一个字母用大写字母来表示，这样可以区分各个词。在变量名定义的过程中，VBA 不区分大小写。

下面在编辑窗口中输入如下代码：

```
Sub 五十之和()
Dim I, S
I = 1
S = 0
   Do While I <= 50
   S = S + I
   I = I + 1
   Loop
MsgBox S
End Sub
```

在该程序中，Dim I, S 语句分别定义 I 和 S 两个变量，再将 I 赋值为 1，并将 S 赋值为 0，然后通过 S = S+I 语句计算其结果，存放到变量 S 中，并通过 MsgBox 关键字弹出对话框来显示其结果。

例如，在 VBA 编辑窗口中输入上述代码后，单击【代码】组中的【宏】按钮，在弹出的如图 10-20 所示的对话框中选择要执行的宏，并单击【执行】按钮，即可计算出结果，如图 10-21 所示。

图 10-20 单击【执行】按钮

图 10-21 宏运行结果

提 示

用户可以观查到通过 Dim I, S 同时定义了两个变量，因此，在 VBA 中可以通过一个 Dim 关键字来定义多个变量，并且变量之间使用逗号（,）隔开。

10.3 程序控制语句

使用控制结构可以控制程序执行的流程，大致可分为选择语句和循环语句两种类型。例如，在判断结构中包括有 IF 语句和 Select Case 语句，而在循环结构中包括有 DO…Loop 语句、While…Wend 语句、For…Next 语句、Go…To 语句以及 Exit 语句等。

10.3.1 选择语句

判断结构语句可分为单重判断和多重判断两种。一般单重判断语句可使用 IF…Then…Else 语句来实现，而多重判断语句可以使用 IF…Then…Else If…Then 和 Select…Case 语句来实现。

1. IF…Then…Else 语句

在程序设计中，如果需对给定的条件进行判断，当条件为真或者假时分别执行不同的语句。

一般写成单行语法形式：

```
IF Condition Then [statements][Else elsestatements]
```

或者，还可以使用下列语法形式：

```
IF Condition Then
[statements]
[Elseif condition-n Then]
[elseifstatements]…
[Else]
[statements]
End If
```

IF…Then…Else 语句的语法参数详细说明如表 10-1 所示。

表 10-1　IF…Then…Else 语句的语法参数

参　数	描　述
Condition	数值表达式或者字符串表达式，其运算结果为 True 或者 False。当结果为 Null 时视为 Fasle
Statements	可选参数，表示语句块。但在单行形式中，没有 Else 子句时为必要参数。当此语句为一条或多条时，以冒号分开
Condition-n	与 Condition 相同
Elseifstatements	当 Condition-n 结果为 True 时，执行该语句
Else	当 Condition 条件或者 Condition-n 为 False 时，执行该语句

2. Select Case 语句

通过表达式的值来从几个语句中选择其中符合条件的语句。虽然 IF....Then....Else 结构比较简单，但是添加太多的 Else if 子句时会使代码变得繁琐。Select Case 是 IF...Then...Else 结构的一种变通形式，可使代码变得简练易读。Select Case 语句的语法如下：

```
Select Case 表达式
Case 值 1
语句块 1
Case 值 2
语句块 2
...
[Case Else
[语句 n]]
End Select
```

在 Select Case 语句的语法中，其“表达式”可以为任何数值表达式或者字符串表达式，而“值 1”、“值 2”等表示表达式结果与之相符时可执行 Case 语句下面的语句块内容。

10.3.2 循环语句

循环结构允许重复执行一行或者多行代码。在 VBA 语言中所包括的循环结构有 DO…Loop、For…Next、For Each…Next 等。

1．Do…Loop 语句

当 Do…Loop 语句中的条件为 True 时，或者直到条件变为 True 时，重复执行语句块中的内容。

Do…Loop 语句的语法如下：

```
Do [{ While | Until} Condition]
[Statements]
[Exit Do]
[statements]
Loop
```

或者也可以执行下列语法格式：

```
Do
[Statements]
[Exit Do]
[statements]
Loop [ { While | Until } Condition]
```

在 Do…Loop 语句的语法中，Condition 为条件表达式，其值为 True 或者 False。如果表达式（Condition）为 Null，则被视为 False。

上述两种语法的不同之处是：

```
Do Until Condition
Statement
Loop
```

当 Condition 条件语句为 True 时，则执行下面的语句块；当条件为 False 时，则不执行下面的语句块。

```
Do
Statement
Loop Until Condition
```

无论 Condition 条件为 True 还是 False 都执行一次语句块，然后再判断条件语句，当为 True 时，返回到 Do 语句循环执行语句块；当为 False（或者 Null）时，则立即跳出该语句。

2．For…Next 语句

For…Next 语句以指定次数来重复执行一组语句。当不知道该语句需要循环的次数时，则可以使用 Do 循环语句。

For…Next 语句的语法如下：

```
For counter = start To end [Step step]
[statements]
[Exit For]
[statements]
Next [counter]
```

使用 For...Next 陈述式来建立一个字符串，其内容为由 0～9 的 10 个数字所组成的字符串，每个字符串之间用空格隔开。外层循环使用一个变量当作循环计数器，其计数方式为由大到小递减。

3. For…Each…Next 语句

该语句针对一个数组或者集合中的每个元素重复执行一组语句。它与 For…Next 语句类似，但它是对数组或者对象集合中的每一个元素执行一组语句，而不是重复语句到一定的次数。

For…Each…Next 语句的语法如下：

```
For Each element In group
[statements]
[Exit For]
[statements]
Next [element]
```

For…Each…Next 循环的规则是，对于每一次迭代都要给出应该处理的数据。需提供“数据”的来源和可以存储当前“数据”的控制变量。

10.4 过程

VBA（Visual Basic for Application）是一种完全面向对象体系结构的编程语言，由于其在开发方面的易用性和强大的功能，许多用户都要使用这一开发工具进行设计。下面介绍在 VBA 编程过程中经常使用的过程、函数、模块和 Excel 对象模型。

10.4.1 过程与函数

过程是构成程序的一个模块，往往用来完成一个相对独立的功能。过程可以使程序更清晰、更具结构性。VBA 最常用的有 Sub 过程和 Function 函数。

1. Sub 过程

Sub 过程又称为子过程。它是在响应事件时执行的代码块。模块中的代码分成子过程后，在应用程序中查找和修改错误代码就容易了。

Sub 过程是一系列由 Sub 和 End Sub 语句所包含起来的 Visual Basic 语句，它们会执行动作却不能返回值。Sub 过程可以有参数，如常量、变量或者表达式等。

其中，Sub 过程的参数有两种传递方式：按值传递（ByVal）和按地址传递（ByRef）。

❑ **按值传递参数**

按值传递时，实际上传递的是变量的副本。如果过程改变了这个值，则作为变动直接显示副本而不影响变量本身。

❑ **按地址传递参数**

按地址传递参数过程用变量的内存地址去访问变量的实际内容。其结果是当变量传递给过程时，通过过程可以改变变量的值。

在按地址传递参数时已经指定其数据类型时，则必须按该类型的值进行传递。在 VBA 中，按地址传递参数可以省略。

2. Function 函数

函数实际是一种映射，它通过一定的映射规则完成运算并返回结果。参数传递也两种：按值传递（ByVal）和按地址传递（ByRef）。

另外，VB 在对象功能上添加的两个过程分别为 Property 属性过程和 Event 事件过程。它们与对象特征密切相关，也是 VBA 比较重要的组成。

10.4.2 模块与类模块

VBA 代码必须存放在某个位置，这个地方就是模块。有两种基本类型的模块：标准模块和类模块。

❑ **模块** 它是作为一个单元保存在一起的 VBA 定义和过程的集合。

❑ **类模块** VBA 允许创建自己的对象，对象的定义包含在类模块中。

提 示

如果录制宏时不存在模块，Excel 将自动创建一个模块。在执行宏时，大部分工作都集中在模块中。

在 VBA 语言程序中，用户可以使用多个模块，即可将相关的过程聚合在一起，其中，使用代码具有可维护性和可重用性也可以大大提高代码的利用率。在多模块中可以为不同模块制定不同的行为，一般制定模块行为有 4 种方法。

❑ **Option Explicit**

如果使用 Option Explicit，必须在脚本的其他语句之前。另外，在使用 Option Explicit 语句的过程中，必须使用 Dim、Private、Public 或 ReDim 语句显式声明所有变量。如果使用未经声明的变量名，则会出现错误。

❑ **Option Private Module**

当使用此 Option Private Module 语句时，模块中的代码将标记为私有，这样在宏对话框中就看不到这些代码了，即可防止模块的内容被其他工程引用，不过在同一工程中的其他模块仍然是可用的。

❑ **Option Compare {Binary | Text | Database }**

如果使用 Option Compare 语句，必须输入在任何其他源代码语句之前。Option

Compare 语句指定类、模块或者结构的字符串比较方法（Binary 或者 Text）。如果未包括 Option Compare 语句，则默认的文本比较方法是 Binary。

Binary 和 Text 都是可选参数。Binary 主要从字符的内部二进制表示形式导出的排序顺序进行字符串比较。Text 基于系统的区域设置确定文本的排序顺序进行字符串比较。

❑ **Option Base {0 | 1}**

Option Base 语句用来声明数组下标的默认下界。通过 Dim、Private、Public、ReDim 以及 Static 语句中的 To 子句可以灵活地控制数组的下标。如果不使用 To 子句显示指定下界，则可以使用 Option Base 将默认下界设为 1。使用 Array 函数或 ParamArray 关键字创建的数组的下界为 0；Option Base 对 Array 函数和 ParamArray 关键字不起作用。

10.4.3 Excel 对象模型

Excel 对象模型包括 128 个不同的对象，从矩形、文本框等简单的对象到透视表、图表等复杂的对象等。

另一方面，Excel 对象模型包括大量的对象、属性和方法，用户不可能记全所有的内容，因此，只需熟悉其结构和组成，其他的可以在开发的时候通过查看帮助或者对象浏览器来查找。下面简单介绍一下其中最重要，也是用得最多的 4 个对象。

1. Application 对象

Application 对象提供了大量属性、方法和事件，用于操作 Excel 程序，其中的许多对象成员是非常重要的。Application 对象提供了一个很大的属性集来控制 Excel 的状态。

Application 对象在 Excel 对象模型中位于最顶层，所以逻辑上所有 Excel 对象都需要使用 Application 对象来引用。例如，引用第一个工作表中的 A2 和 B2 单元格，并将它们的和赋值于 C2 单元格。其代码如下：

```
Sub 引用单元格()
a = Worksheets("sheet1").Range("A2")
'将 Sheet1 工作表 A2 单元格中的值赋于 a
b = Worksheets("sheet1").Range("B2")
'将 Sheet1 工作表 B2 单元格中的值赋于 b
Application.Worksheets(1).Cells(2, 3) = a + b
'将 a 加 b 的值赋于 C2 单元格
End Sub
```

在 Sheet1 工作表中运行上述宏代码，即可得到 C2 单元格的值，如图 10-22 所示。

为了书写方便，Excel 允许直接使用一些常用对象，不需要使用 Application 对象引用。例如 ActiveSheet、Workbooks、WorkSheets 等对象。

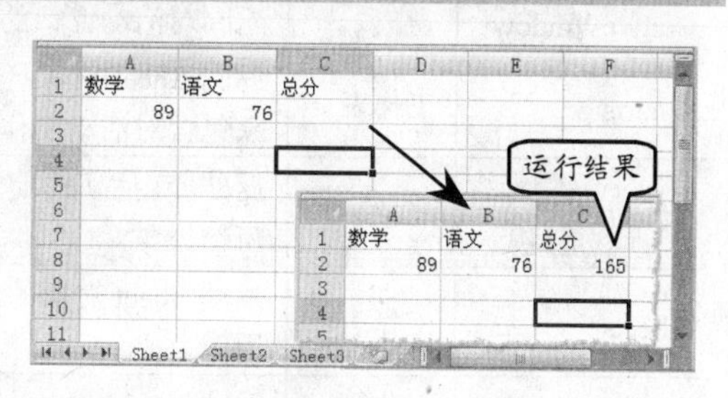

图 10-22 运行宏

❑ **控制 Excel 状态和显示的属性**

Application 对象提供了一个很大的的属性集来控制 Excel 的状态。表 10-2 列出了 Application 对象属性中的 Excel 状态子集。

表 10-2 控制 Excel 状态的 Application 属性

属　性	类　型	说　明
EditDirectlyInCell	布尔值	获取或者编辑单元格。如果为 False，则只能在公式栏中编辑单元格
FixedDecimal	布尔值	如果为 True，则所有的数字值都使用 FixedDecimalPlaces 属性来确定小数位数；否则将忽略 FixedDecimalPlaces 属性（默认值为 False）
FixedDecimalPlaces	Long	确定用于数值数据的小数位数
Interactive	布尔值	获取或设置用户通过键盘和鼠标与 Excel 交互
MoveAfterReturn	布尔值	设置 Enter 键。如果为 True，将移到下一个单元格
MoveAfterReturnDirection	枚举	指示在按下 Enter 键之后光标移动的方向
ScreenUpdating	布尔值	重新打开工作表，所有窗口都被刷新到一个新的状态
SheetsInNewWorkbook	Long	获取或设置 Excel 自动放置在新工作簿中的工作表的数目
StandardFont	字符串	获取或设置 Excel 中默认字体的名称
StandardFontSize	Long	获取或设置 Excel 中默认字体的大小
StartupPath（只读）	字符串	返回包含 Excel 启动加载项的文件夹的完整路径
TemplatesPath（只读）	字符串	返回包含模板的文件夹的完整路径；此值代表着一个 Windows 特殊文件夹

❑ 返回对象的属性

许多 Application 对象的属性返回其他的对象，因为 Visual Studio.NET 提供的标准 Microsoft Office 项目模板只包含 ThisApplication 和 ThisWorkbook 对象，所以通常需要利用 Application 类的对象成员来引用 Excel 提供的其他对象。表 10-3 列出了 Application 对象的返回对象的属性的一个子集。

表 10-3 Application 对象的返回对象的属性的子集

属　性	类　型	说　明
ActiveCell	范围	返回对活动窗口中当前活动单元格的引用。如果没有活动窗口，此属性会产生一个错误
ActiveChart	图表	返回对当前活动图表的引用
ActiveSheet	对象	返回对选择的工作簿中的当前工作表的引用
ActiveWindow	窗口	返回对活动窗口的引用。如果没有活动窗口，则不返回任何结果
Charts	工作表	返回 Sheet 对象（Chart 和 Worksheet 对象的父对象）的集合，这些对象包含对活动工作簿中的每个图表的引用
Selection	对象	返回应用程序中选择的对象。如果当前没有对象被选中，则不返回任何结果
Sheets	工作表	返回 Sheet 对象的集合，这些对象包含对当前工作簿中每个工作表的引用
Workbooks	工作簿	返回 Workbook 对象的集合，这些对象包含对所有打开的工作簿的引用

Application 类的 Workbooks 属性交互能够循环访问打开的工作簿、打开或者创建一个新的工作簿。下面通过对象的属性子集、工作表和工作簿操作。

例如，新建一个新工作簿。

```
Sub 新建()
    Workbooks.Add
    '新建一个工作簿
End Sub
```

例如，打开指定的工作簿。

```
Sub 打开()
Workbooks.Open "F:\EXCEL 在财务和金融中的应用实例\财务分析.xlsx"
'打开 F:\EXCEL 在财务和金融中的应用实例\财务分析.xlsx 工作簿
End Sub
```

运行上述宏代码，即可打开 F 盘下的"EXCEL 在财务和金融中的应用实例"文件夹中的"财务分析"工作簿，如图 10-23 所示。

图 10-23　打开工作簿

❑ Window 对象和 Windows 集合

可以使用 Application 对象的 Windows 属性来打开、关闭、激活和排列 Excel 对象窗口。Windows 属性返回 Window 对象的集合，并且可以调用 Arrange 方法来排列所有打开的可视窗口。

可以通过 XlArrangeStyle 来指定窗口的排列方式。例如，要在 Excel 工作区中平铺显示窗口，可以使用如下代码：

```
Sub 平铺窗口()
    Application.Windows.Arrange (xlArrangeStyleTiled)
    '平铺工作表窗口
End Sub
```

运行上述宏代码，即可对所有打开的窗口进行平铺排列，效果如图 10-24 所示。

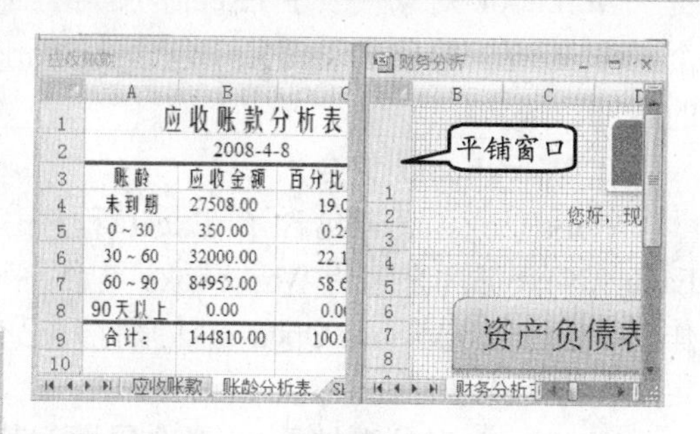

图 10-24　平铺窗口

还可以通过 NewWindow 方法创建一个新的工作簿，设置新工作簿的标题名称并将其激活。

```
Sub 新建工作簿()
  With ThisWorkbook.NewWindow
      .Caption = "新工作簿"
```

```
        .Activate
    End With
End Sub
```

在打开的“财务分析”工作簿中运行上述宏代码，即可新建一个工作簿，如图10-25所示。

Windows 类提供控制相关窗口的外观和行为的属性和方法，包括颜色、标题名称、窗口的可视性，以及滚动行为。

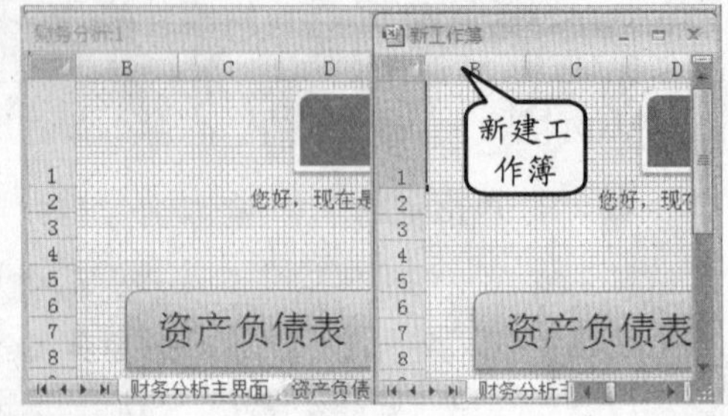

图 10-25 新建工作簿

❑ **Application 事件**

Application 对象提供了大量的属性和方法，并且还提供了一大组事件。一般根据名称就可以了解到其用途。

使用事件的语句如下：

```
Private Sub object_Activate()
```

下面通过表 10-4 来介绍一下 Application 对象所包含的事件，并了解相关功能。

表 10-4 Application 事件

事　件	说　明
SheetActivate	激活一个工作簿、工作表、图表或嵌入式图表时产生此事件
SheetBeforeDoubleClick	双击任何工作表时产生此事件，此事件默认的是发生双击操作
SheetCalculate	当对工作表进行重新计算或者在图表上重绘发生更改的数据点时产生此事件
SheetChange	当用户更改工作表中的单元格或者外部链接引起单元格的更改时产生此事件
SheetDeactivate	当任意工作表由活动状态转为非活动状态时产生此事件
SheetSelectionChange	任意工作表上的选定区域发生改变时将产生本事件（但图表上的选定对象发生改变时不会产生本事件）

2. Workbook 对象

Workbook 对象代表了 Excel 的一个工作簿，WorkSheet 对象则代表了工作簿中的一个工作表。在 Workbook 对象中包含有 Workbook 的属性、Workbook 的方法和 Workbook 的事件。

❑ **Workbooks 集合**

WorkBooks 集合包含了 Excel 程序中所有打开的工作簿，并且可以通过 For…Each…Next 循环来遍历 Workbooks 集合。例如，通过 Workbooks.Add 方法来创建新的工作簿、通过 Workbooks.Open 方法来打开已有工作簿和通过 Workbooks.Close 方法关闭指定工作簿等操作。

Workbook 对象提供了 90 多个属性，其中有些属性会经常使用，但有些属性不经常使用。下面通过表 10-5 介绍一些常用的 Workbook 属性。

表 10-5　Workbook 属性

属　性	说　明
Name	返回工作簿的名称
FullName	返回工作簿的完整路径，其中包含有工作簿的名称
Path	返回工作簿的路径
Password	返回或者设置密码，在打开指定的工作簿时必须提供该密码
ReadOnly	如果工作簿以只读方式打开，则此属性返回 True 值。即无法保存工作簿
Saved	用来获取或者设置工作簿的保存状态

如通过 Name、FullName 和 Path 属性来获取当前工作簿的名称等属性。

```
Sub 当前工作簿信息()
'获取工作簿名称
ActiveSheet.Range("A1").Value = ThisWorkbook.Name
'获取工作簿的路径
ActiveSheet.Range("A2").Value = ThisWorkbook.Path
'获取工作簿的完整路径
ActiveSheet.Range("A3").Value=ThisWorkbook.FullName
End Sub
```

运行上述代码内容，即可在 A1、A2 和 A3 单元格中显示出当前工作簿的信息，如图 10-26 所示。

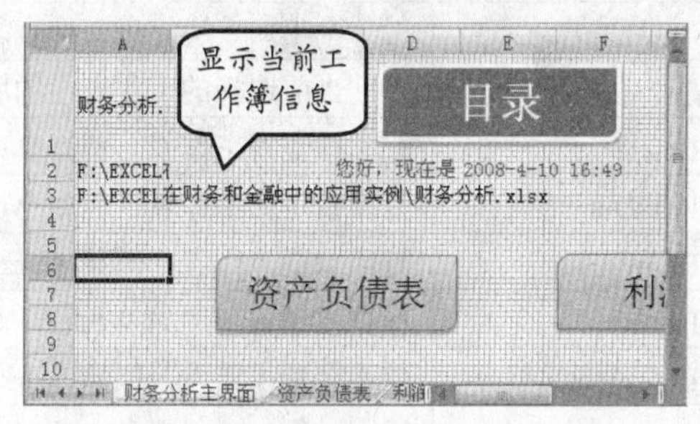

图 10-26　显示当前工作簿信息

❑ **Workbook 的方法**

在 Workbook 对象中除了 Workbooks 集合外，还包含有 Sheets 集合，在此就不再介绍 Sheets 集合了，可以通过其他资料来详细学习。

下面介绍一下 Workbook 的方法，如表 10-6 介绍了一些常用的 Workbook 方法。

表 10-6　Workbook 方法

方法名称	说　明
Activate	激活工作簿，并且可以指定其中一个工作表
Close	关闭指定的工作簿，并且可以指定工作簿是否保存修改
Protect	设置保护工作簿，并且可以指定保护工作簿的结构
UnProtect	取消保护的工作簿
Save	保存工作簿
SaveAs	保存工作簿，并且指定名称、文件格式、密码以及访问模式等
SaveCopyAs	保存当前工作簿的副本，但不会更改当前工作簿的内容

例如，通过 Close 方法来关闭当前工作簿，其代码如下：

```
Sub 关闭工作簿()
```

```
ActiveWorkbook.Close "F:\EXCEL在财务和金融中的应用实例\财务分析.xlsx"
'关闭当前工作簿
End Sub
```

❑ **Workbook 的事件**

Workbook 的事件与 Application 的事件类似。例如，Activate 是激活工作簿、Open 是打开工作簿、BeforeClose 是关闭工作簿、BeforSave 是保存工作簿、BeforePrint 是打印工作簿等。

技 巧

可以单击工具栏中的【对象浏览】按钮，在【对象浏览】窗口中查找所需的事件。

3. WorkSheet 对象

Worksheet 对象表示一个 Excel 中的工作表。使用 Workbook 对象可以处理单个 Excel 工作簿，而使用 Work Sheet 可以处理当前工作簿中工作表的内容。

下面通过表 10-7 来介绍一下 WorkSheet 对象中常用的属性、方法以及事件内容。

表 10-7 WorkSheet 对象中的属性、方法和事件

名 称	说 明
Calculate	重新计算一个工作表。例如 Worksheets(1).Calculate
CheckSpelling	对一个工作表进行拼写检查。例如 Worksheets("Sheet2"). CheckSpelling
Comments	返回当前选择的工作表内的所有批注的集合
Delete	删除指定的工作表。例如 Worksheets("sheet1").Delete
PrintOut	打印指定的工作表。例如 Worksheets("Sheet3").PrintOut
PrintPreview	打印预览工作表。例如 Worksheets("Sheet2").PrintPreview
Protect	保护工作表。例如 Worksheets("Sheet1").Protect("ABC")
Unprotect	取消保护工作表。例如 Worksheets("Sheet2"). Unprotect("ABC")
Range	返回一个 Range 对象，该对象表示一个单元格或者单元格区域
SaveAs	保存对不同的文件中的图表或者工作表的更改
Select	选择一个工作表。例如 Worksheets("Sheet3"). Select
Visible	设置或者显示一个工作簿。例如 Worksheets("Sheet3").Visible=True
SelectionChange	当工作表中选择的区域发生改变时将产生本事件
Calculate	在对工作表进行重新计算之后产生此事件
Change	当更改工作表中的单元格时产生此事件

4. Range 对象

Range 对象包含于 Worksheet 对象，表示 Excel 工作表中的一个或多个单元格。Range 对象是 Excel 中经常使用的对象，如在工作表的任何区域之前都需要将其表示为一个 Range 对象，然后使用该 Range 对象的方法和属性。

也可以理解为：一个 Range 对象代表一个单元格、一行、一列或者单元格区域，甚

至多个工作表中的一组单元格。

下面通过表 10-8 来介绍 Range 对象的常用属性、方法等内容。

表 10-8 Range 对象的属性、方法

名　称	说　明
Activate	激活单个或者多个单元格，使其成为当前活动单元格。例如 Worksheets ("sheet1").Range("A5").Activate
AddComment	为单元格增加批注。例如 Worksheets("sheet2").Range("C3").AddComment("输入整数")
Address	获取 Range 对象的引用地址。例如 ActiveCell.Address
Calculate	重新计算特定的单元格。例如 Range("A5.D18").Calculate
Cells	返回一个 Cells 集合对象，包含所有的单元格。例如 Cells(行, 列)
CheckSpelling	对单个单元格或者范围进行拼写检查。例如 Range("A5.D24").CheckSpelling
Clear	清除 Range 内的全部内容。例如 Range("A5.D2").Clear
ClearComments	清除批注
ClearContents	清除单元格或者其集合的内容，不清除格式和批注。例如 Range("A5.D12").ClearContents
CleatFormats	清除 Range 内的格式
Column	返回 Range 的列。例如返回列为 Range("A2.D5").Column
Row	返回 Range 的行。例如返回行为 Range("A15.D5").Row
Value	Range 的默认属性，可以读写单元格的内容

例如，下面的消息框显示 F5，因为该单元格是指定的 Range 对象中的第二个单元格：

```
Sub 显示引用地址()
    MsgBox Range("E4:M30").Cells(2,2).Address
    '在消息框中显示 E4 至 M30 单元格区域中的第二个单元格
End Sub
```

图 10-27 显示$F$5

执行上述宏代码，即可显示如图 10-27 所示的消息框。

10.5 实验指导：图书订阅一览表

Excel 提供了 11 种标准的图表类型，每种图表类型又包含若干个子图表类型，并且还有许多自定义图表类型。下面通过 VBA 的插入模块和编辑 VBA 代码等知识来制作一个柱形图表。

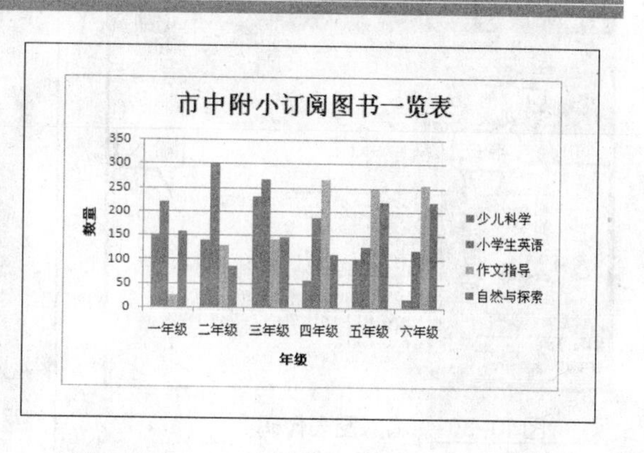

实验目的

- ❑ VBA 编辑宏
- ❑ 运行宏

操作步骤

1 在工作表中重命名 Sheet1 工作表为“图书一览表”，然后在该工作表中创建表格“市中附小订阅图书一览表”，如图 10-28 所示。

市中附小订阅图书一览表				
年级	少儿科学	小学生英语	作文指导	自然与探索
一年级	150	220	25	156
二年级	140	300	128	86
三年级	230	267	142	145
四年级	56	186	266	110
五年级	98	126	247	220
六年级	18	120	256	220

重命名　创建表格

图 10-28　创建表格

2 单击【代码】组中的 Visual Basic 按钮，在弹出的 Microsoft Visual Basic 窗口中执行【插入】|【模块】命令，如图 10-29 所示。

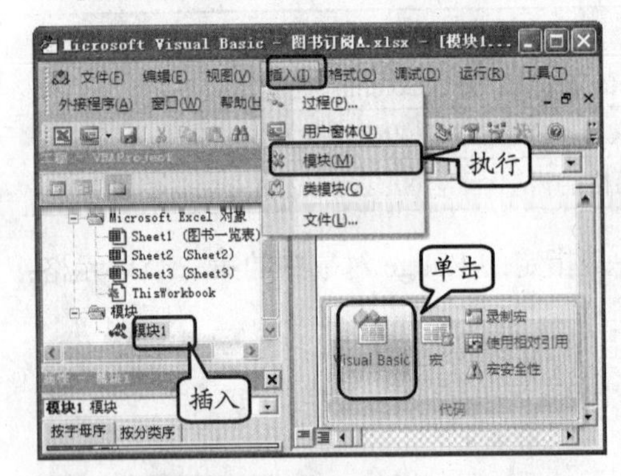

图 10-29　插入模块

3 在【模块编辑】窗格中输入制作图表的代码，并单击常用工具栏中的【保存】按钮，如图 10-30 所示。

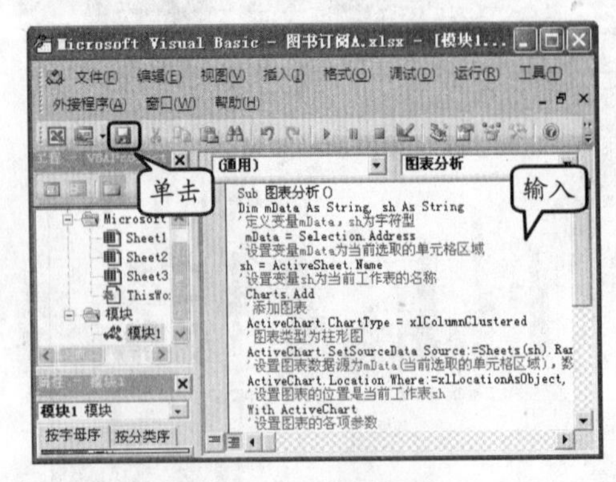

图 10-30　输入图表代码

在编辑器中输入的代码如下：

```
Sub 图表分析()
Dim mData As String, sh As String
'定义变量 mData，sh 为字符型
 mData = Selection.Address
'设置变量 mData 为当前选取的单元格
区域
sh = ActiveSheet.Name
'设置变量 sh 为当前工作表的名称
 Charts.Add
 '添加图表
 ActiveChart.ChartType = xlCol-
 umnClustered
 '图表类型为柱形图
 ActiveChart.SetSourceData
 Source:=Sheets(sh).Range
 (mData), PlotBy:=xlColumns
 '设置图表数据源为 mData(当前选取的
 单元格区域)，数据系列为数据源中的列
 ActiveChart.Location Where:=
 xlLocationAsObject, Name:=sh
 '设置图表的位置是当前工作表 sh
 With ActiveChart
 '设置图表的各项参数
 .HasTitle = True
 '有图表标题
 .ChartTitle.Characters.Text =
 Range("A1")
 '图表标题的文字
 .Axes(xlCategory, xlPrimary).
 HasTitle = True
 '有主要横坐标标题
 .Axes(xlCategory, xlPrimary).
 AxisTitle.Characters.Text =
 Range("A2")
 '设置主要横坐标标题的文字
 .Axes(xlValue, xlPrimary).
 HasTitle = True
 '有主要纵坐标标题
 .Axes(xlValue, xlPrimary).
 AxisTitle.Characters.Text =
 "数量"
 '设置主要纵坐标标题的文字
  End With
 '结束设置图表的参数
```

```
    ActiveChart.ChartArea.Select
    '选取当前图表的绘图区
End Sub
```

4 选择 A2 至 E8 单元格区域，并单击【代码】组中的【宏】按钮，如图 10-31 所示。

市中附小订阅图书一览表				
年级	少儿科学	小学生英语	作文指导	自然与探索
一年级	150	220	25	156
二年级	140	300	128	86
三年级	230	267	[illegible]	145
四年级	56	186	[illegible]	110
五年级	98	[illegible]	[illegible]	[illegible]
六年级	18	[illegible]	[illegible]	[illegible]

单击　Visual Basic　宏　录制宏　使用相对引用　宏安全性　代码

图 10-31　单击【宏】按钮

5 在弹出的【宏】对话框中选择“图表分析”宏名，并单击【执行】按钮，即可生成图表，如图 10-32 所示。

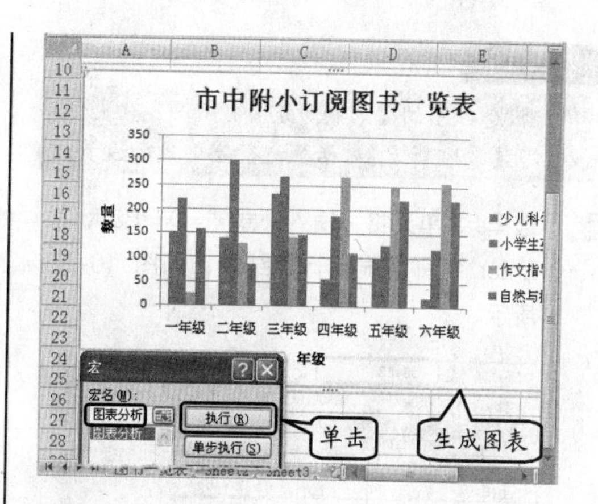

图 10-32　生成图表

技　巧

在 Excel 工作表中，按下 Alt+F8 组合键也可以打开【宏】对话框。

6 单击 Office 按钮，执行【打印】|【打印预览】命令，即可查看使用 VBA 代码制作的图表效果。

10.6　实验指导：产品销售表

宏是将一系列的 Excel 命令和指令组合在一起形成一个命令，以实现任务执行的自动化。本例主要运用录制宏来进行销售表的计算，然后根据数据的变化，只需运行宏，即可自动完成销售表的计算。

八月份产品销售表					
货号	名称	产地	单价	销量（件）	总和
Q012	蓝色无袖连衣裙	武汉	￥298.00	18	￥5,364.00
K036	黑色长裤	北京	￥118.00	29	￥3,422.00
Q017	黑色短裙	北京	￥156.00	17	￥2,652.00
K005	白色七分裤	青岛	￥78.00	34	￥2,652.00
Y002	白色长袖衬衣	深圳	￥118.00	20	￥2,360.00
Y024	红色短袖衬衣	广州	￥108.00	21	￥2,268.00
Y007	白色短袖衬衣	上海	￥98.00	13	￥1,274.00

实验目的

- ❑ 录制宏
- ❑ 运行宏

操作步骤

1 在新建的空白工作表中创建“八月份产品销售表”表格，如图 10-33 所示。

八月份产品销售表				
货号	名称	产地	单价	销量（件）
Y001	白色长袖衬衣	上海	￥128.00	10
Y023	红色短袖衬衣	广州	￥98.00	18
Y006	白色短袖衬衣	上海	￥98.00	25
Q012	蓝色无袖连衣裙	青岛	￥198.00	16
Q017	黑色短裙	北京	￥156.00	15
K005	白色七分裤	青岛	￥68.00	51
K036	黑色长裤	北京	￥118.00	31

创建表格

图 10-33　创建表格

2 在【代码】组中单击【录制宏】按钮，在弹出的【录制新宏】对话框中设置宏选项，如图 10-34 所示。

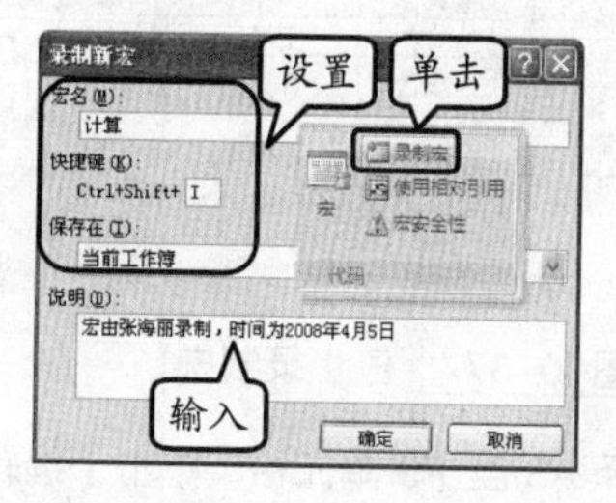

图 10-34　设置宏选项

技 巧

单击状态栏中的【录制新宏】按钮，也可以打开【录制新宏】对话框进行宏选项的设置。

3 选择 F3 单元格，输入公式“=D3*E3”，按 Enter 键即可显示计算结果，如图 10-35 所示。

F3 =D3*E3

	C	D	E	F
1	\月份产品销售表			
2	产地	单价	销量（件）	总和
3	上海	¥128.00	10	¥1,280.00
4	广州	¥98.00	18	
5	上海	¥98.00	25	
6	青岛	¥198.00	16	
7	北京	¥156.00	15	
8	青岛	¥68.00	51	
9	北京	¥118.00	31	

输入

计算结果

图 10-35 计算总和

4 选择 F3 单元格，将鼠标置于该单元格的填充柄上，向下拖动至 F9 单元格，即可复制公式，如图 10-36 所示。

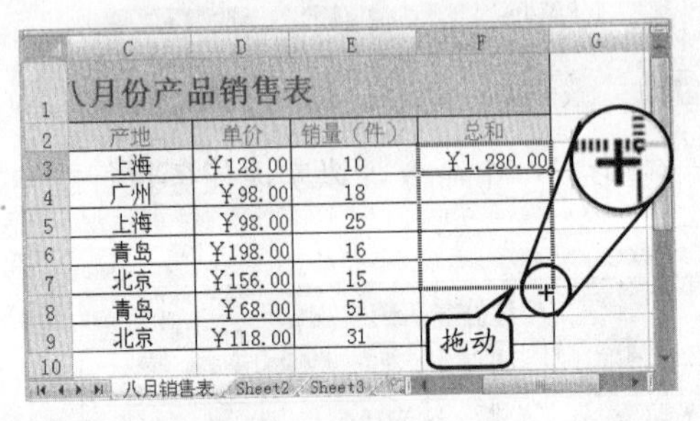

图 10-36 复制公式

5 单击【代码】组中的【停止录制】按钮，即可完成宏的录制，如图 10-37 所示。

	A	B	C	D	E
1	八月份产品销售表				
2	货号	名称	产地	单价	销量（件）
3	Y001	白色长袖衬衣	上海	¥128.00	10
4	Y023	红色短袖衬衣	广州	¥98.00	[illegible]
5	Y006	白色短袖衬衣	上海	¥98.00	[illegible]
6	Q012	蓝色无袖连衣裙			
7	Q017	黑色短裙			
8	K005	白色七分裤			
9	K036	黑色长裤			

单击

停止录制

使用相对引用

Visual Basic

宏

宏安全性

代码

图 10-37 停止录制宏

6 选择 A3 至 F9 单元格，单击【编辑】组中的【清除】下拉按钮，执行【清除内容】命令，如图 10-38 所示。

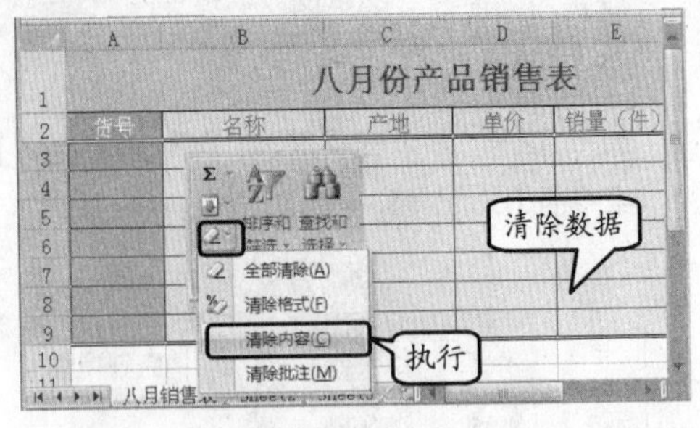

图 10-38 清除内容

7 在 A3 至 E9 单元格区域中输入相应的销售信息，然后单击【代码】组中的【宏】按钮，如图 10-39 所示。

	A	B	C	D	E
1	八月份产品销售表				
2	货号	名称	产地	单价	销量（件）
3	Q012	蓝色无袖连衣裙	武汉	¥298.00	18
4	K036	黑色长裤	北京	¥118.00	29
5	Q017	黑色短裙	北京	¥156.00	17
6	K005	白色七分裤	青岛	¥78.00	34
7	Y002	白色长袖衬衣	深圳	¥118.00	20
8	Y024	红色短袖衬衣	广州	¥108.00	21
9	Y007	白色短袖衬衣	上海	¥98.00	13

录制宏

使用相对引用

宏安全性

宏

代码

输入信息

单击

图 10-39 单击【宏】按钮

8 在弹出的【宏】对话框中选择要运行的宏【计算】选项，然后单击【执行】按钮，即可在工作表中显示计算结果，如图 10-40 所示。

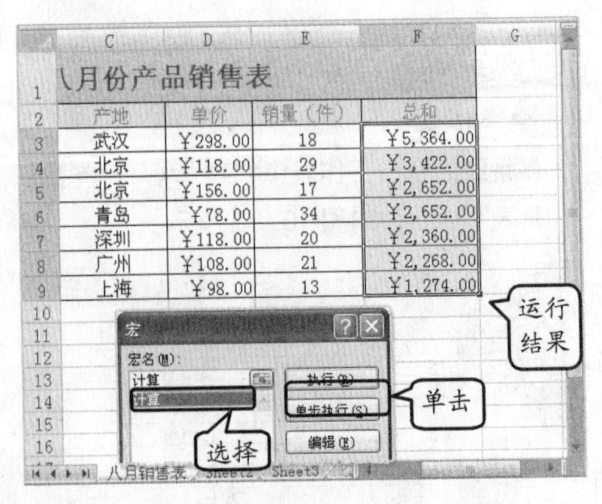

图 10-40 运行宏

9 单击 Office 按钮，执行【打印】|【打印预览】命令，即可查看结果。

10.7 实验指导：简单公式计算器

VBA 是一种完全面向对象体系结构的编程语言，由于其在开发方面的易用性和其具有的强大功能，因此，通过 VBA 可以编辑许多宏，并且提高工作效率。下面运用插入文本框、按钮和组合框以及标签等控件来制作一个简单的公式计算器。

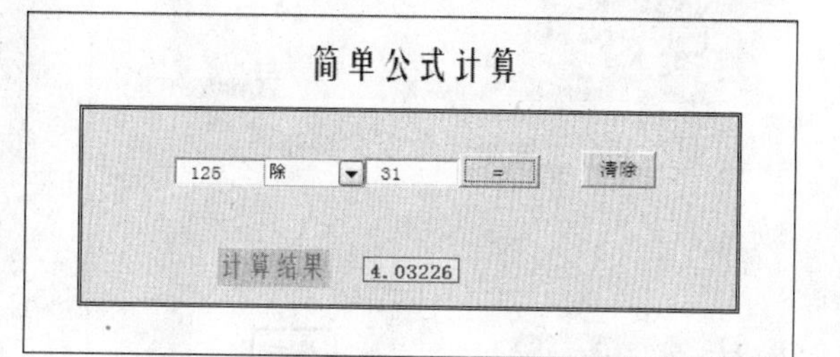

实验目的

- ❑ 插入控件
- ❑ 设置属性
- ❑ 编写代码

操作步骤

1 在【插入】下拉表表中选择【文本框】控件，然后，在 C6 单元格位置绘制该文本框。运用相同的方法在 E6 单元格位置绘制另一个文本框，如图 10-41 所示。

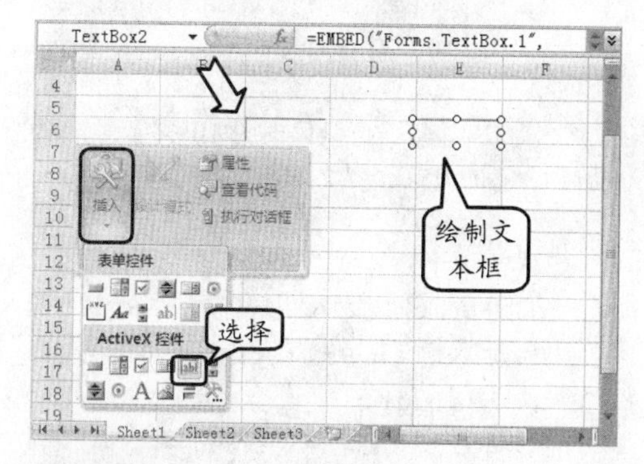

图 10-41 绘制文本框

提 示

选择【开发工具】选项卡，单击【控件】组中的【插入】下拉按钮，即可选择所需的控件。

2 在 Sheet2 工作表中输入文字“加”、“减”、“乘”和“除”，然后选择 Sheet1 工作表，在 D6 单元格中绘制一个【组合框（窗体控件）】控件，如图 10-42 所示。

3 右击【组合框】控件，执行【设置控件格式】命令，在弹出的对话框中设置数据源区域为 Sheet2!$B$2:$B$5，单元格链接为 Sheet2!$B$1，并设置下拉显示项数为 4，如图 10-43 所示。

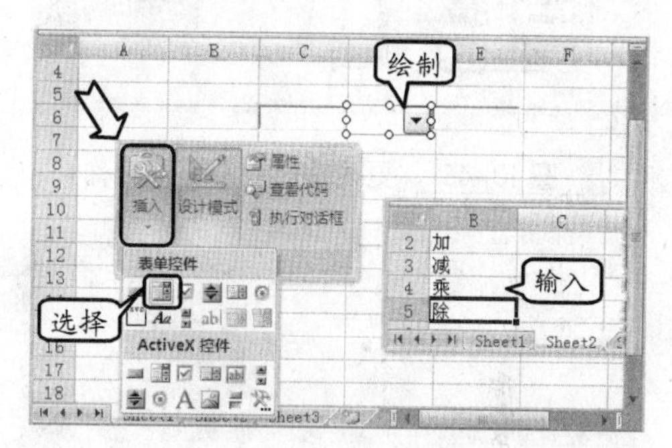

图 10-42 绘制【组合框】控件

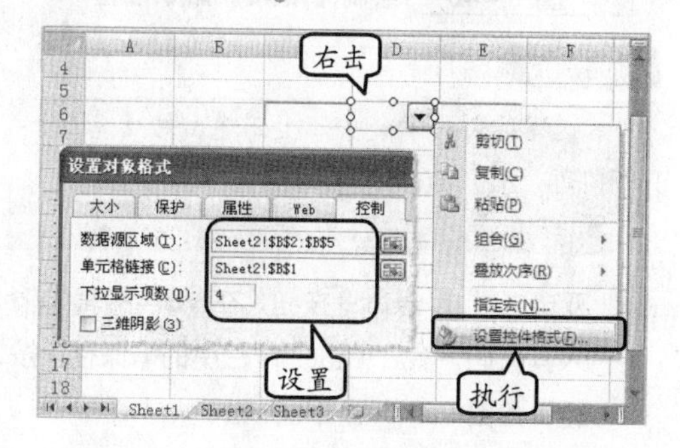

图 10-43 设置控件格式

4 单击【控制】组中的【插入】下拉按钮，选择【命令按钮】控件，并在 G6 位置绘制一个【命令】按钮，如图 10-44 所示。

5 选择【命令】按钮，单击【控件】组中的【属性】按钮，在弹出的【属性】对话框中将 Caption 值修改为“=”等号如图 10-45 所示。

6 按照上述方法再绘制一个【清除】命令按钮，如图 10-46 所示。

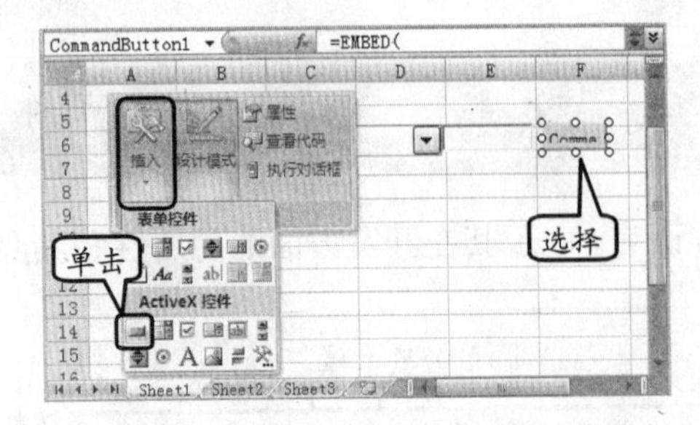

图 10-44 绘制【命令】按钮

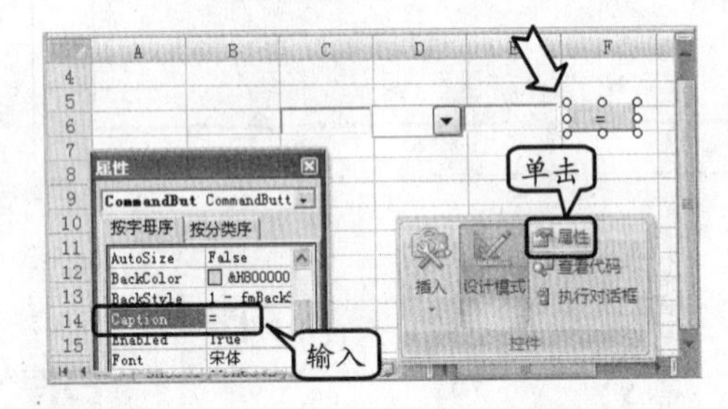

图 10-45 更改【命令】控件名称

图 10-46 绘制【清除】命令按钮

提 示

只需选择绘制的命令按钮，在弹出的【属性】对话框中将 Caption 值修改为文字“清除”即可。

7 双击“=”等号命令按钮，在 VBA 编辑中输入其代码，然后单击工具栏中的【保存】按钮，如图 10-47 所示。

图 10-47 输入代码

“=”等号按钮应用代码如下：

```
Private Sub CommandButton1_
Click()
    '定义变量
    Dim Text1, Text2, n As Long
    Dim c As Single
    '判断两个文本框是否为空
    If TextBox1.Value = "" Or
    TextBox2.Value = "" Then
        '当其中一个文本框为空时，弹出
        提示对话框
        MsgBox "文本框中不能为空！"
    Else
        '提示文本框所输入内容第 1 个字
        符，判断是否为零。并且判断第 2
        位是否为小数点
       If (Mid(Trim(TextBox1.
        Value), 1, 1) = "0" And
       Mid(Trim(TextBox1.Value),
        2, 1) <> ".") Or (Mid(Trim
        (TextBox2.Value), 1, 1) =
       "0" And Mid(Trim(TextBox2.
        Value), 2, 1) <> ".") Then
     '当第 1 位为零时，弹出提示对话框
     MsgBox "文本框中第 1 位字符不能
     为零！"
        Else
'将第一个文本框内容赋予 Text1 变量
  Text1 = Val(Trim(TextBox1.
   Value))
'将第二个文本框内容赋予 Text1 变量
  Text2 = Val(Trim(TextBox2.
  Value))
'获取 Sheet2 工作表中所选择运算符
       n = Sheet2.Range("B1").
       Value
        '判断运算符
            Select Case n
            Case 1
        '运算符为加号时运算该语句
              c = Text1 + Text2
            Case 2
        '运算符为减号时运算该语句
              c = Text1 - Text2
            Case 3
```

```
            '运算符为乘号时运算该语句
                c = Text1 * Text2
            Case 4
          '运算符为除号时运算该语句
                c = Text1 / Text2
            End Select
          '将运算结果输入到 E10 单元格
          Sheet1.Range("E10").
          Value = c
          End If
      End If
End Sub
```

8 双击【清除】命令按钮，在弹出的 VBA 编辑器中输入其代码，然后单击工具栏中的【保存】按钮，如图 10-48 所示。

图 10-48 输入【清除】命令代码

【清除】按钮代码如下：

```
Private Sub CommandButton2_
Click()
    '将第 1 个文本框赋予空
    TextBox1.Value = ""
     '将第 1 个文本框赋予空
    TextBox2.Value = ""
     '将第 E10 单元格赋予空
   Sheet1.Range("E10").Value=""
End Sub
```

9 在【插入】下拉列表中选择【ActiveX 控件】栏中的【标签】按钮，然后在工作表中绘制一个【标签】控件，如图 10-49 所示。

10 选择绘制的【标签】控件，在【属性】对话框中更改 Caption 的名称为“计算结果”，然后单击 Font 后面的【浏览】按钮，在弹出的【字体】对话框中设置字体格式，如图 10-50 所示。

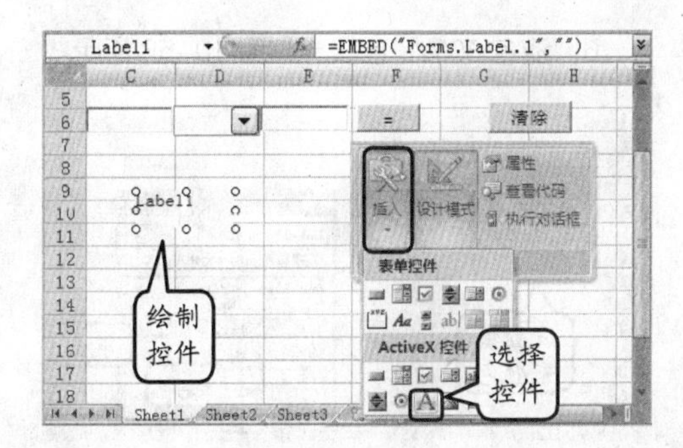

图 10-49 绘制【标签】控件

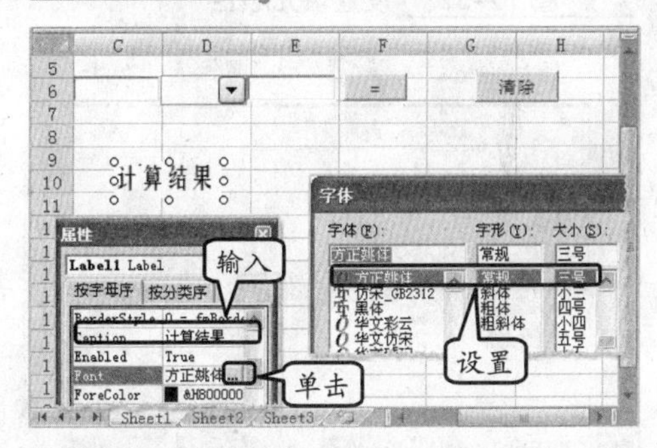

图 10-50 设置“标签”字体格式

提 示

右击控件，执行【属性】命令，即可打开【属性】对话框。

11 选择【标签】控件，在【属性】对话框中单击 ForeColor 后面的下拉按钮，在【调色板】栏中选择一种颜色色块，如图 10-51 所示。

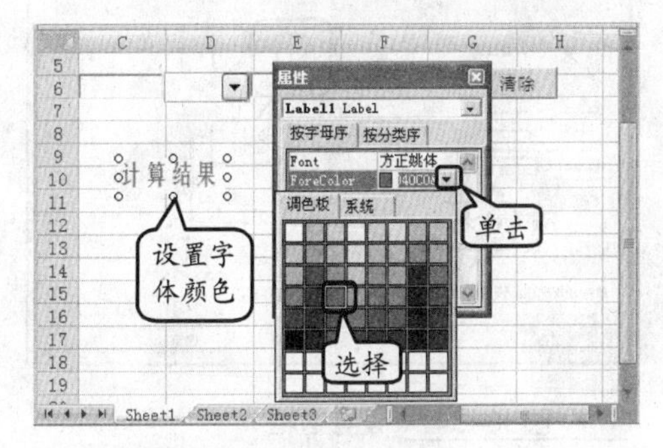

图 10-51 设置字体颜色

12 单击 BackColor 后面的下拉按钮，在【调色板】栏中选择一种颜色色块，如图 10-52 所示。

13 选择 B4 至 H11 单元格区域，单击【填充颜色】下拉按钮，选择“橙色，强调文字颜色

6，淡色 80%”色块，如图 10-53 所示。

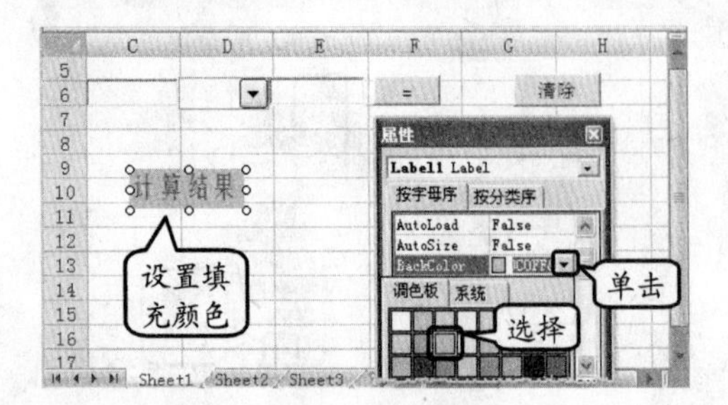

图 10-52　设置填充颜色

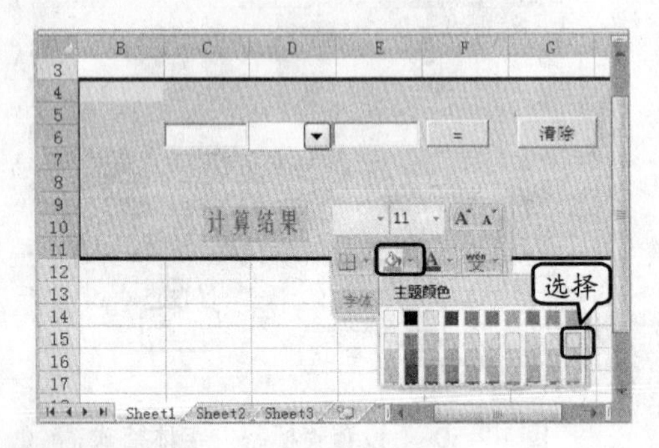

图 10-53　设置填充颜色

14 选择 B4 至 H11 单元格区域，在【设置单元格格式】对话框中选择【线条】栏中的“双线条”样式，并在【预置】栏中选择【外边框】图标，如图 10-54 所示。

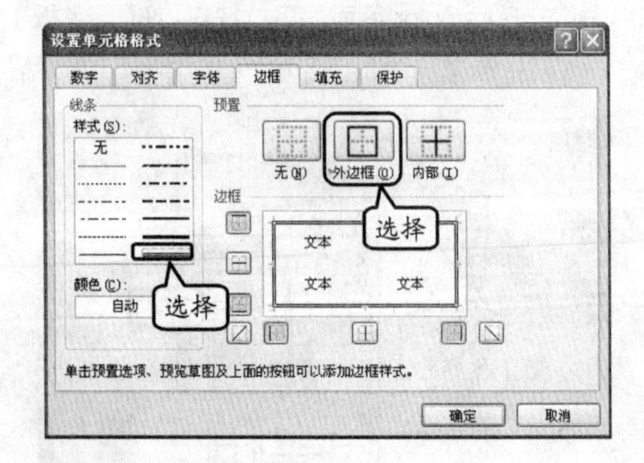

图 10-54　设置边框

提　示

单击【字体】组中的【其他边框】下拉按钮，执行【其他边框】命令，即可打开【设置单元格格式】对话框。

15 选择 E10 单元格，单击【单元格样式】下拉按钮，选择【输出】选项，然后单击【对齐方式】组中的【居中】按钮，如图 10-55 所示。

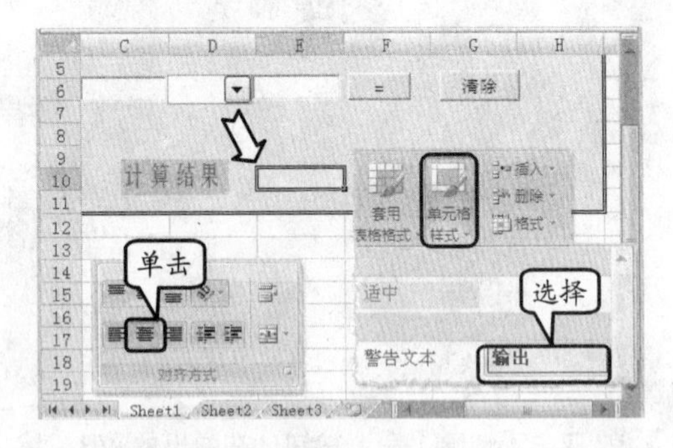

图 10-55　应用单元格样式

16 在 B2 单元格中输入文字“简单公式计算”，然后选择 B2 至 H2 单元格区域，合并单元格，并设置字体格式，如图 10-56 所示。

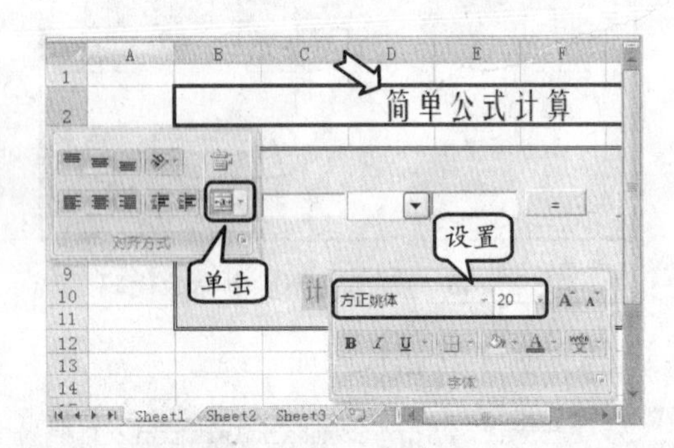

图 10-56　设置字体格式

17 在【控件】组中单击【设计模式】按钮，取消对该模式的应用，然后输入相应的公式信息，并单击“=”等号按钮，即可得出计算结果，如图 10-57 所示。

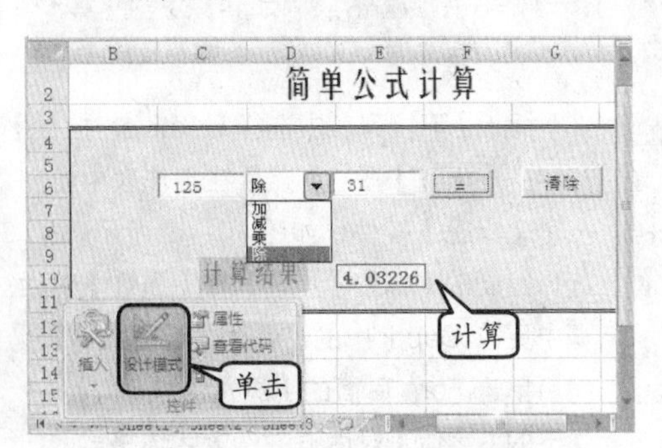

图 10-57　公式计算

10.8 实验指导：洗涤用品销售额预测

销售额预测即根据几个月的具体销售额来推测其他月份的销售额。下面运用控件及VBA代码来制作一个“洗涤用品销售额预测”表格。通过本例的学习掌握制作一个控件按钮的方法。

洗涤用品销售额预测

货号	商品名	一月	二月	三月	四月	五月	六月	七月	八月	九月	十月	十一月	十二月
1	沐浴露	405623	540281	650213	784512	452120	633994.8	650053.1	665538	680592.6	695312.8	709765.3	723998.8
2	洗发水	5645	12345	45654	54121	451262	300407.4	344836.4	387678.7	429331	470057.6	510043.7	549424
3	洗面奶	22315	12102	21452	251500	541222	425160.6	485980.2	544627.7	601646.1	657397.4	712135.1	766043.4
4	香皂	65211	845654	5444	456542	565487	509955.6	539071.8	567148.1	594444.5	621134.4	647339	673146.5
5	护发素	321254	45300	45212	566300	654112	563778.8	620289.1	674781.1	727759.5	779560.6	830419.9	880508.6

销售分析

实验目的

- ❑ 使用控件
- ❑ VBA 代码

操作步骤

1 在A1至N7单元格区域中输入相应的字段信息，并设置单元格的格式，如图10-58所示。

洗涤用品销售额预测

货号	商品名	一月	二月	三月	四月	五月	六月	七月	八月	九月	十月	十一月	十二月
1	沐浴露	405623	540281	650213	784512	452120							
2	洗发水	5645	12345	45654	54121	451262							
3	洗面奶	22315	12102	21452	251500	541222							
4	香皂	65211	845654	5444	456542	565487							
5	护发素	321254	45300	45212	566300	654112							

图10-58 创建表格

2 选择【开发工具】选项卡，单击【控件】组中的【插入】下拉按钮，在【ActiveX 控件】栏中选择【命令按钮】控件，然后，在工作表中绘制该控件，如图10-59所示。

洗涤用品销售额预测

货号	商品名	一月	二月	三月	四月	五月	六月	七月	八月	九月	十月	十一月	十二月
1	沐浴露	405623	540281	650213	784512	452120							
2	洗发水	5645	12345	45654	54121	451262							
3	洗面奶	22315	12102	21452	251500	541222							
4	香皂	65211	845654	5444	456542	565487							
5	护发素	321254	45300	45212	566300	654112							

图10-59 绘制控件

3 选择绘制的控件，单击【控件】组中的【属性】按钮，在弹出的【属性】对话框中选择 Caption 选项，输入文字“销售分析”，即可更改控件名称，如图 10-60 所示。

图 10-60 重命名控件

4 右击【销售分析】控件，执行【查看代码】命令，如图 10-61 所示。

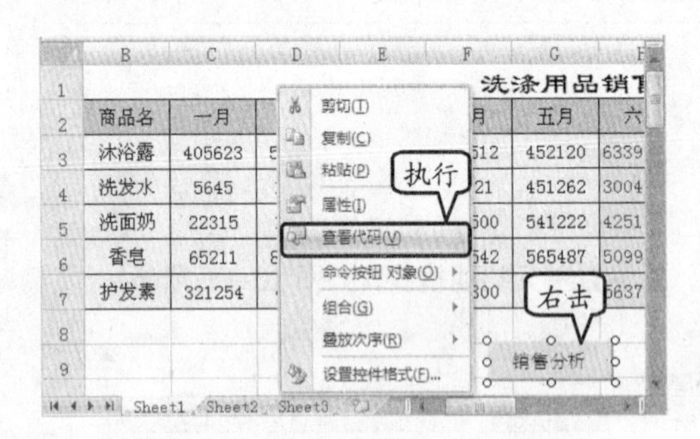

图 10-61 执行【查看代码】命令

5 在弹出的 VBA 编辑窗口中输入代码，如图 10-62 所示。

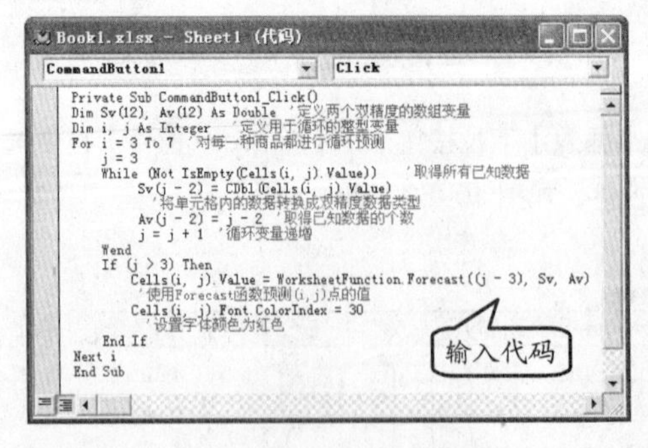

图 10-62 输入代码

其中，VBA 编辑窗口中的具体代码如下：

```
Private Sub CommandButton1_
Click()
Dim Sv(12), Av(12) As Double
'定义两个双精度的数组变量
Dim i, j As Integer
'定义用于循环的整型变量
For i = 3 To 7
'对每一种商品都进行循环预测
    j = 3
While (Not IsEmpty(Cells(i, j).
Value))
'取得所有已知数据
    Sv(j - 2) = CDbl(Cells(i, j).
    Value)
    '将单元格内的数据转换成双精度数据
    类型
Av(j - 2) = j - 2
'取得已知数据的个数
        j = j + 1  '循环变量递增
    Wend
    If (j > 3) Then
    Cells(i, j).Value = Worksheet
   Function.Forecast((j - 3), Sv,
    Av)
     '使用 Forecast 函数预测(i,j)点
     的值
    Cells(i, j).Font.ColorIndex
    = 30
    '设置字体颜色为红色
    End If
```

```
Next i
End Sub
```

6 单击【控件】组中的【设计模式】按钮，取消设计模式，然后依次单击【销售分析】按钮，即可得出六月至十二月份的销售额，如图 10-63 所示。

7 单击 Office 按钮，执行【打印】|【打印预览】命令，即可查看销售额预测效果。

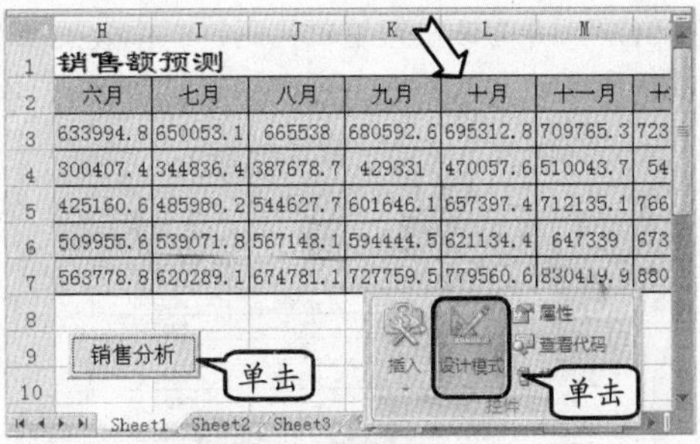

图 10-63 得出销售预测值

10.9 思考与练习

一、填空题

1．简单的__________仅用于记录击键或鼠标单击操作，可以在计算机上运行多条命令，灵活地完成各种任务。

2．录制宏时，__________会记录用户完成的操作。记录的步骤中不包括在功能区上导航的步骤。

3．用户可以通过__________以控制打开包含宏的工作簿时的行为。

4. 在录制宏的过程中启用__________功能，则运行宏时，宏记录的操作将相对于初始选定单元格进行应用。

5．__________可以帮助用户迅速、轻松、高效地完成所面对的各种复杂工作。例如可以帮助公司职员提高办公效率，而且对于从事会计、审计、统计等工作的人员来说，也可以快速地完成工作。

6．__________也称为常数，是一种恒定的或者不可变化的数值或者数据项。

7．__________是存储非静态信息的存储容器，它在代码中起到互交与连接的作用。

8. 使用控制结构可以控制程序执行的流程，其中大致可分为__________和__________两种类型。

二、选择题

1．下面选项中，宏的用途为__________。

A．加速日常编辑和格式设置

B．使对话框中的选项更易于访问

C．使一系列复杂的任务自动执行

D．以上选项均是

2．下面对于 VBA 的了解，不正确的是__________。

A．VBA 是应用已有的应用程序，并将其自动化

B．VBA 不是应用已有的应用程序，也不会将其自动化

C．VBA 必须寄生于已有的应用程序

D．VBA 开发的程序必须依赖于应用程序

三、上机练习

1．窗体操作

在 VBA 编辑窗口中插入一个窗体，通过工具箱上的控件按钮制作“工资管理系统界面”，如图 10-64 所示。

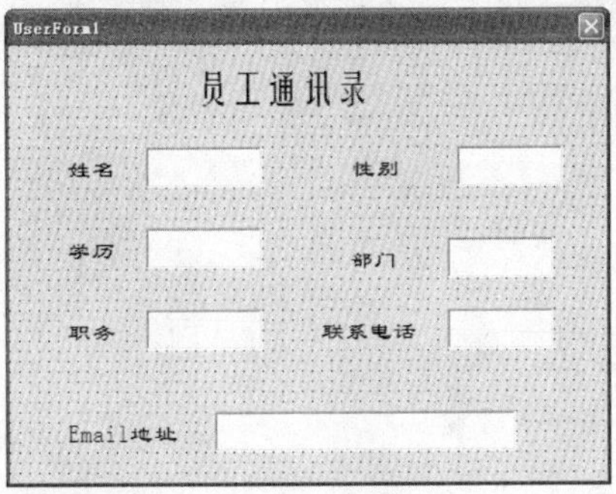

图 10-64 创建窗体

2．销售额排位

插入一个【命令】控件按钮，命名为“销售

额排位”，并为该按钮编辑代码，制作效果如图10-65所示。

商品销售额记录表			
销售人员	销售额	销售人员	销售额
林涛	384200	蔡玉冬	5434453
胡盼	600000	夏计全	213435
张敏	972000	孙茂艳	869800
刘详	4750000	徐伟	234530
杨帆	1200000	谭杰	630000
刘丽娟	8575000	孙宝波	356300
林静	218700	高英	5698000
徐小丽	388800	[illegible]	565867
宫明文	1159200	[illegible]	546890
辛全华	5137600	[illegible]	4574000
周广冉	192000	[illegible]	4589990
尹明丽	6840000	[illegible]	567800
陈西杰	1177500	[illegible]	98894
王小艳	5786763	候军兰	778944
孙红梅	213400	迟东	67899
商明显	868942	李海锋	845500

销售额排位
杨帆的销售额是第10位
确定
销售额排位
Sheet1 Sheet2 Sheet3

图 10-65 销售额排位

在VBA编辑窗口中输入代码如下：

```
Public Sub 销售额排位()
Dim Rag As Range
'定义一个鼠标事件返回值的类型
Dim TempMsgbox As VbMsgBoxResult
'定义一个消息对话框的返回值的类型
Set Rag = Application.Selection
'为鼠标事件赋初值为应用程序的选择事件
If Rag.value = "" Then
'判断是否选中某个单元格
   TempMsgbox = MsgBox("请选择销售
   人员", vbOKOnly, "销售额排位")
'弹出提示对话框
Else
   If WorksheetFunction.IsNumber
   (Rag.value) Then
'判断选中的单元格中是否是数字，即销
售额
      TempMsgbox = MsgBox(Rag.
      Offset(0, -1).value & "的销
      售额是第" & Worksheet
      Function.Rank(Rag.value,
      Range("A2:H18"), 0) & "位",
      vbOKOnly, "销售额排位")
'如果选中的是销售额，则返回到销售额所
在单元格的前一个单元格输出其销售人员
   Else
      If WorksheetFunction.
      IsNumber(Rag.Offset(0,
      1).value) Then
         TempMsgbox = MsgBox(Rag.
         value & "的销售额是第"&
         WorksheetFunction.Rank
         (Rag.Offset(0, 1).value,
         Range("A2:H18"), 0) & "
         位", vbOKOnly, "销售额排位")
'如果选中的是销售人员，则将销售人员的
销售额排位后输出
      Else
        TempMsgbox = MsgBox("错误
        的选择", vbOKOnly, "销售额
        排位")
'如果选中的是空的单元格，或其他单元格，
则提示“错误信息”
      End If
   End If
End If
End Sub
```

第 11 章

Excel 综合实例

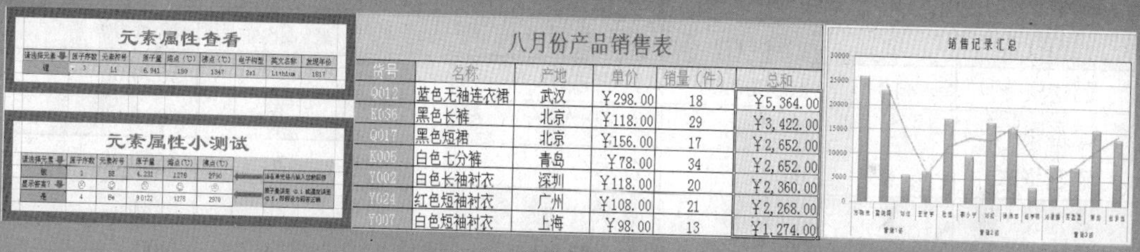
元素属性查看
元素属性小测试
八月份产品销售表
货号 名称 产地 单价 销量（件） 总和
Q012 蓝色无袖连衣裙 武汉 ￥298.00 18 ￥5,364.00
K056 黑色长裤 北京 ￥118.00 29 ￥3,422.00
Q017 黑色短裙 北京 ￥156.00 17 ￥2,652.00
K005 白色七分裤 青岛 ￥78.00 34 ￥2,652.00
Y002 白色长袖衬衣 深圳 ￥118.00 20 ￥2,360.00
Y024 红色短袖衬衣 广州 ￥108.00 21 ￥2,268.00
Y007 白色短袖衬衣 上海 ￥98.00 13 ￥1,274.00
销售记录汇总

使用 Excel 2007 可以进行各种数据处理、统计分析和辅助决策等，它已经被广泛应用于财务、行政、人事、统计和金融等众多领域，尤其是在企业管理和财务处理中表现的更为突出。利用 Excel 处理各种数据，可以满足企业实现高效、简捷的现代化管理的需求。另外，将 Excel 的表格处理功能与财务处理的具体操作过程完美融合，增强了 Excel 的实用性和可操作性，从而帮助财务人员高效地完成各项财务工资，真正实现了企业财务管理的电子化、信息化和现代化。

本章通过大量的综合实例，根据各个领域中的不同需求制作一些典型实例，并针对该实例所涉及的领域进行相应的分析。

11.1 资产负债表

利用资产负债表，可以查看公司资产的分布状态、负债和所有者权益的构成情况，以评价公司资金营运、财务结构是否正常、合理。它还可以反映出公司的流动性或变现能力，以及长、短期债务数量及偿债能力，评价公司承担风险的能力等。

11.1.1 负债表分析

资产负债表是企业财务报告三大财务报表之一，也可以称为财务状况表，它是反映企业在某一特定日期中财务状况的报表。目前，资产负债表的格式主要有账户式和报告式两种，我国常用的是报告式资产负债表，如表 11-1 所示。

表 11-1　报告式资产负债表

资　产	行　次	金　额	负债及所有者权益	行　次	金　额
流动资产	1	40000.00	流动负债	22	2400.00
长期投资	2	6500.00	长期负债	23	1200.00
固定资产	10	105000.00	负债总计		3600.00
无形资产	4	9000.00	实收资本	28	10000.00
递延资产	5	0.00	资本公积	29	4500.00
其他资产	9	5000.00	盈余公积	30	0.00
			未分配利润	31	0.00
			所有者权益合计		
资产合计		165500.00	负债及所有者权益合计		

由上表可以得出，报告式资产负债表是以“资产=负债+所有者权益”为平衡关系而设计的。它可以分为左右两方，左方为资产项目，按资产的流动性强弱顺序排列为流动资金、长期投资、固定资产、无形及递延资产和其他资产。另外，在流动资产项目内按照变现能力强弱顺序又可以排列为货币资金、短期投资、应收账款、预付账款以及存货等。

资产负债表的右方为负债及所有者权益项目。负债是指过去的交易、事项形成的现有义务，是需要企业以资产或劳务偿还的债务，按照流动性可以分为流动负债和长期负债。所有者权益是指企业所有者对企业净资产的要求权。所谓净资产，在数量上等于企业全部资产减去全部负债后的余额，即“资产－负债＝所有者权益”。所有者权益按照经济内容划分，可分为投入资本、资本公积、盈余公积和未分配利润 4 种。

利用 Excel 编制资产负债表，大致可以分为设计和使用两个阶段。通过对设计思路的整理，可以创建出详细、及时的报表。另外，还可以实现一次编制，多次使用的目的，以节省大量因多次编制报表而花费的时间和精力。

1. 设计思路

不管是以生产为主的工业企业，还是以销售或者提供劳务为主的商品流通企业，其资产负债表的编制大都应该遵循图 11-1 所示的基本流程。

2. 使用相关报表

由于资产负债表中的每一项数据都是由会计账簿提供的，在其编制过程中常常会涉及到另外多张报表。因此，在编制资产负债表之前，应创建与其相关的报表。在编制本例的资产负债表之前，首先创建了“记账凭证”、“明细表”以及“总账”3 个工作表。

记账凭证又称记账凭单或者分录凭单，是会计人员根据审核无误的原始凭证，按照经济业务事项的内容加以归类，并据以确定会计分录后所填制的会计凭证。记账凭证的内容应包括日期、名称、凭证号、内容摘要、经济业务事项所涉及的会计科目以及其记账方向等，如图 11-2 所示。

凭证信息输入完成以后，接下来应该将凭证中记录的信息以明细账表单的形式表现出来，如图 11-3 所示。

总账是由明细账生成的，也可以被称为总分类账。一般来说，总账中的每一个会计科目都是以一级会计科目代码或者名称表示的，如图 11-4 所示为本例中所涉及到的总账报表。

3. 资产负债表的计算标准

在建立资产负债表时需要遵循一定的计算准则。其中，各个项目的计算标准如下：

货币资金＝现金＋银行存款＋其他货币资金

应收账款净额＝应收账款－坏账准备

流动资产＝货币资金＋应收账款金额＋存货

固定资产净额＝固定资产原值－累计折旧

流动负债＝短期负债＋应付账款＋应交税金

所有者权益＝实收资本＋盈余公积＋未分配利润

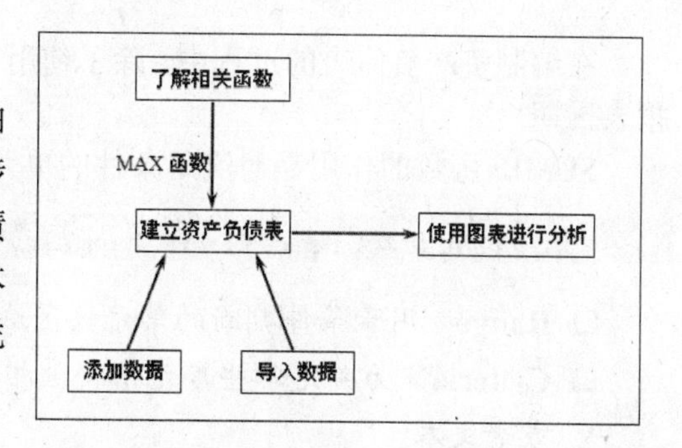

图 11-1 设计流程图

记账凭证

日期	凭证号	摘要	科目代码	科目名称
2008-2-5	1	提取现金	101	现金
2008-2-9	1	提取现金	102	银行存款
2008-2-9	2	采购原材料	125	原材料
2008-2-10	2	采购原材料	203	应付账款
2008-2-12	3	销售产品	102	银行存款
2008-2-15	3	销售产品	501	主营业务收入
2008-2-17	4	结转成本	502	主营业务成本
200-2-18	4	结转成本	125	原材料
2008-2-21	5	销售产品	113	应收账款
2008-2-21	5	销售产品	501	主营业务收入
2008-2-25	6	购买设备	130	固定资产

图 11-2 记账凭证

明细账

科目代码	科目名称	月初余额	本月发生额	
			借方	贷方
101	现金	69452.00	6000.00	2100.00
102	银行存款	23000.00	89300.00	25500.00
109	其他货币资金	0.00	0.00	0.00
113	应收账款	17000.00	4300.00	4000.00
114	坏账准备	3000.00	0.00	0.00
125	原材料	6100.00	1900.00	12500.00
126	低值易耗品	0.00	1300.00	0.00
130	固定资产	12500.00	20000.00	0.00
131	累计折旧	-7000.00	0.00	0.00
201	短期借款	-8000.00	0.00	0.00

图 11-3 明细账

总　账

总账科目	科目代码	科目名称	月初余额	借方合计
101	101	现金	69452.00	6000.00
102	102	银行存款	23000.00	89300.00
109	109	其他货币资金	0.00	0.00
113	113	应收账款	17000.00	4300.00
114	114	坏账准备	3000.00	0.00
125	125	原材料	6100.00	1900.00
126	126	低值易耗品	0.00	1300.00
130	130	固定资产	12500.00	20000.00
131	131	累计折旧	-7000.00	0.00
201	201	短期借款	-8000.00	0.00
203	203	应付账款	-6700.00	0.00

图 11-4 总账

4. 相关公式与函数

在编制资产负债表的过程中，除了使用 SUMIF 函数外，还使用了 MAX 函数以添加报表日期。

SUMIF 函数的作用是对满足条件的单元格进行求和，其函数格式和功能如下：

```
SUMIF(range,criteria,sum_range)
```

- ❑ **Range** 用于条件判断的单元格区域。
- ❑ **Criteria** 为确定哪些单元格将被相加求和的条件，其形式可以为数字、表达式或者文本。
- ❑ **Sum_range** 是需要求和的实际单元格。

MAX 函数返回一组值中的最大值，其格式为：MAX（number1，number2，...），通过该函数可以返回到一组值中的最大值。

11.1.2 创建资产负债表

在掌握了编制资产负债表的相关知识后，即可开始着手编制报表了。任何企业的资产负债表大致都是相同的，即使存在一些细微的差别，也必须遵循会计恒等式来完成。下面就来介绍编制资产负债表的具体方法，并使用“分离型饼图”对其进行分析。

资产负债表

编制单位：洁韵责任有限公司			时间：	2008-3-31		单位：元	
资产	行次	年初数	期末数	负债及所有者权益	行次	年初数	期末数
流动资金：				流动负债：			
货币资金	1	92452.00	160152.00	短期负债	22	8000.00	8000.00
应收账款	2	17000.00	17300.00	应付账款	25	6700.00	8200.00
坏账准备	3	3000.00	3000.00	应交税金	23	4500.00	4500.00
应收账款净额	4	14000.00	14300.00				
存货	5	6100.00	-3200.00				
流动资产合计：	7	112552.00	171252.00	流动负债合计：	28	19200.00	20700.00
固定资产：	10			所有者权益：			
固定资产原值	11	12500.00	32500.00	实收资本	29	50000.00	50000.00
累计折旧	12	-7000.00	-7000.00	盈余公积	30	0.00	0.00

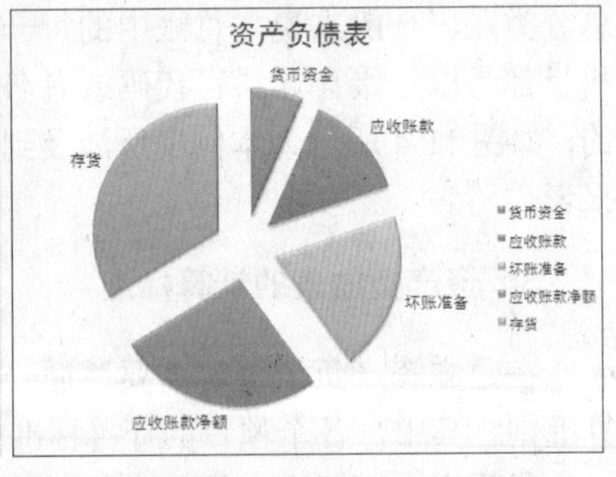

实验目的

- ❑ 重命名工作表
- ❑ 使用公式
- ❑ 设置单元格格式
- ❑ 创建图表
- ❑ 设置图表格式

操作步骤

1 重命名 Sheet1 和 Sheet2 工作表标签名称，并输入相关数据。选择“明细账”工作表，在 D4 单元格中输入公式“=SUMIF(记账凭证!$D$3:$D$34,A4,记账凭证!$F$3:$F$34)”，如图 11-5 所示，并向下填充至 D26 单元格。

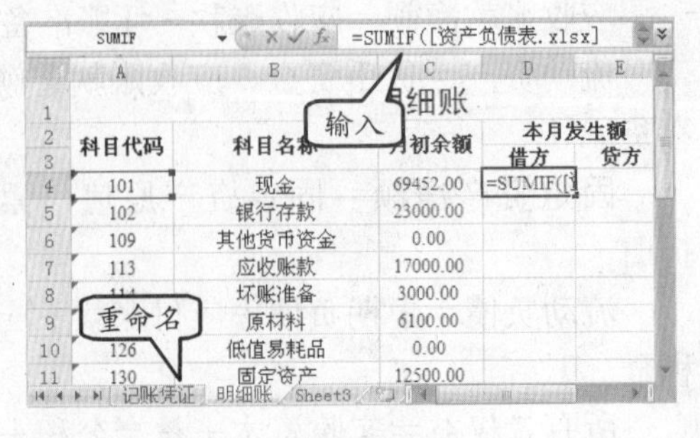

图 11-5 输入公式

提 示

其中，“记账凭证!$D$3:$D$34”为记账凭证中的“科目代码”区域，A4 为明细账表格中的“科目代码”，“记账凭证!$F$3:$F$34”为记账凭证中的“借方金额”区域。

2 分别在 E4 和 F4 单元格中输入公式“=SUMIF(记账凭证!$D$3:$D$28,A4,记账凭证!$G$3:$G$28)”和“=C4+D4-E4”，并向下填充，如图 11-6 所示。

明细账

科目名称	月初余额	本月发生额 借方	贷方	月末余额
现金	69452.00	6000.00	2100.00	73352.00
银行存款	23000.00	89300.00	25500.00	86800.00
其他货币资金	0.00	0.00	0.00	0.00
应收账款	17000.00	4300.00	4000.00	17300.00
坏账准备	3000.00	0.00	0.00	3000.00
原材料	6100.00	1900.00	12500.00	-4500.00
低值易耗品	0.00	1300.00	0.00	1300.00
固定资产	12500.00	[illegible]	0.00	32500.00
累计折旧	[illegible]	[illegible]	0.00	-7000.00
短期借款	[illegible]	[illegible]	0.00	-8000.00

效果显示

图 11-6 填充公式

3 将 Sheet3 工作表命名为“总账”并输入相关数据，然后，在 A3 单元格中输入公式“=LEFT(B3,3)”，如图 11-7 所示。然后，填充至 A25 单元格。

=LEFT(B3,3)

总 账

总账科目	科目代码	科目名称	月初余额	借方合
=LEFT(B3,3)	101	现金	69452.00	
	102	银行存款	23000.00	
	109	其他货币资金	0.00	
	113	应收账款	17000.00	
	114	坏账准备	3000.00	
	125	原材料	6100.00	
	126	低值易耗品	0.00	
	130	固定资产	12500.00	

输入

图 11-7 输入公式

提 示

根据所指定的字符数，LEFT 函数返回文本字符串中第一个字符或前几个字符。其中，“LEFT(B3,3)”函数返回 B3 单元格中前 3 个字符。

4 分别在 E3、F3 和 G3 单元中输入公式“=SUMIF($A$3:$A$25,B3,明细账!$D$4:$D$26)”、“=SUMIF($A$3:$A$25,B3,明细账!$ E$4:$E$26)”和“=D3+E3-F3”，然后，分别向下填充至 E25、F25 和 G25 单元格区域，如图 11-8 所示。

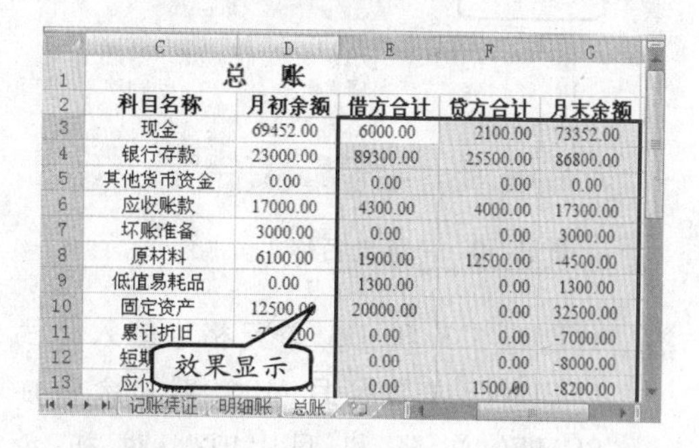

总 账

科目名称	月初余额	借方合计	贷方合计	月末余额
现金	69452.00	6000.00	2100.00	73352.00
银行存款	23000.00	89300.00	25500.00	86800.00
其他货币资金	0.00	0.00	0.00	0.00
应收账款	17000.00	4300.00	4000.00	17300.00
坏账准备	3000.00	0.00	0.00	3000.00
原材料	6100.00	1900.00	12500.00	-4500.00
低值易耗品	0.00	1300.00	0.00	1300.00
固定资产	12500.00	20000.00	0.00	32500.00
累计折旧	[illegible]	0.00	0.00	-7000.00
短期[illegible]	[illegible]	0.00	0.00	-8000.00
应付[illegible]	[illegible]	0.00	1500.00	-8200.00

图 11-8 填充公式

提 示

月末余额的计算相对于计算借、贷方的发生额来说比较简单，只需将单元格 F4 中的公式设置为“=D3+E3-F3”即可。

5 插入一张新工作表，将其命名为“资产负债表”，输入相关数据，并合并相应的单元格，然后选择 E2 单元格，单击【自动求和】下拉按钮，执行【最大值】命令，如图 11-9 所示。

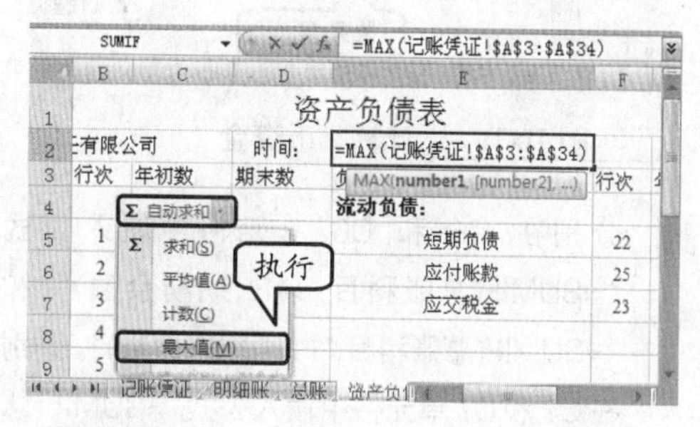

图 11-9 添加日期

6 选择“总账”工作表，将 A3 至 A25 单元格区域的名称定义为“总账科目”，将 D3 至 D25 单元格区域的名称定义为“期初余额”，再将 G3 至 G25 单元格区域的名称定义为“期末余额”，如图 11-10 所示。

提 示

选择要定义名称的单元格区域，单击【定义的名称】组中的【定义名称】按钮，在弹出的对话框中设置区域名称即可。

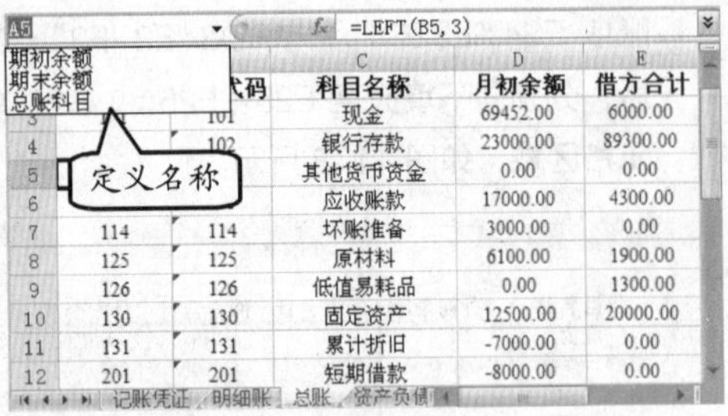

图 11-10　定义名称

7 分别在 C5 和 D5 单元格中输入公式"=SUMIF(总账科目,"101",期初余额)+SUMIF(总账科目,"102",期初余额)+SUMIF(总账科目,"109",期初余额)"和"=SUMIF(总账科目,"101",期末余额)+SUMIF(总账科目,"102",期末余额)+SUMIF(总账科目,"109",期末余额)"，如图 11-11 所示。

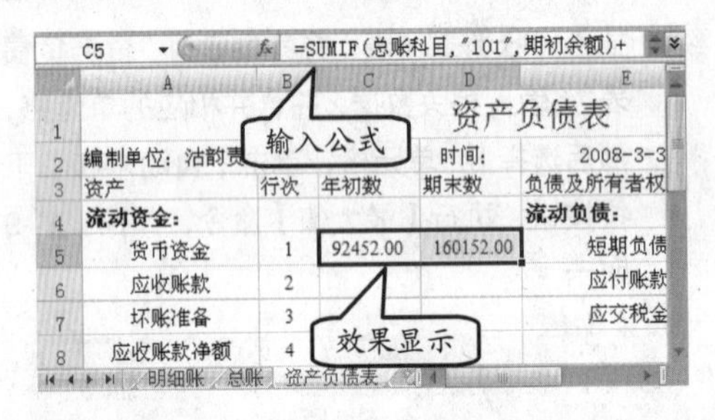

图 11-11　计算货币资金

8 分别在 C6 和 D6 单元格中输入公式"=SUMIF(总账科目,"113",期初余额)"和"=SUMIF(总账科目,"113",期末余额)"。分别在C7和D7单元格中输入公式"=SUMIF(总账科目,"114",期初余额)"和"=SUMIF(总账科目,"114",期末余额)"，如图 11-12 所示。

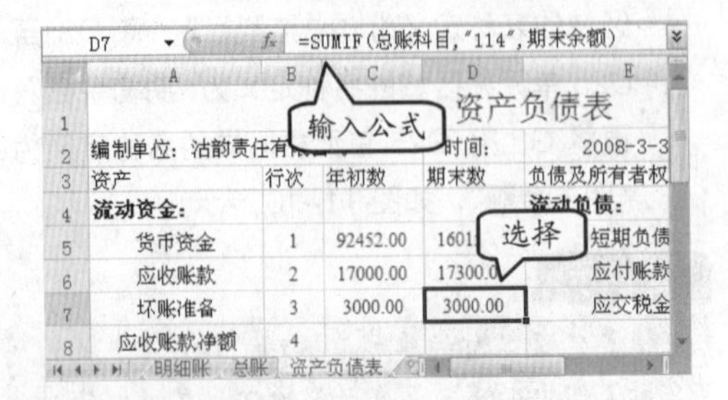

图 11-12　应收账款和坏账准备

9 分别在 C8 和 D8 单元格中输入公式"=C6-C7"和"=D6-D7"。在 C9 和 D9 单元格中输入公式"=SUMIF(总账科目,"125",期初余额)+SUMIF(总账科目,"126",期初余额)"和"=SUMIF(总账科目,"125",期末余额)+SUMIF(总账科目,"126",期末余额)"，如图 11-13 所示。

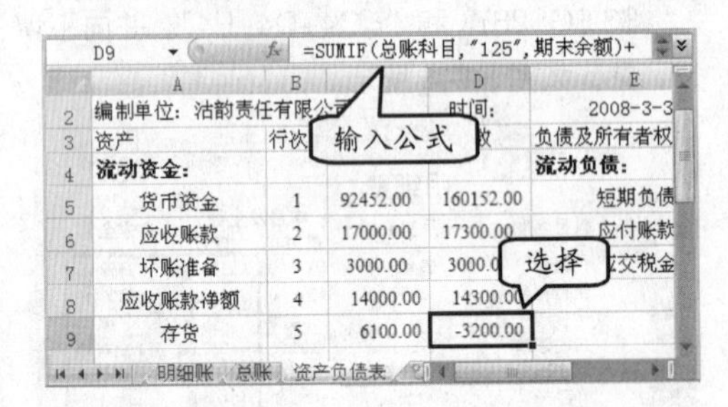

图 11-13　应收账款净额和存货

提　示

在 C11 单元格中输入"=C5+C8+C9"公式，并填充 C11 至 D11 单元格区域。

10 分别在 C14 和 D14 单元格中输入公式"=SUMIF(总账科目,"130",期初余额)"和"=SUMIF(总账科目,"130",期末余额)"。在C15和D15单元格中输入公式"=SUMIF(总账科目,"131",期初余额)"和"=SUMIF(总账科目,"131",期末余额)"，如图 11-14 所示。

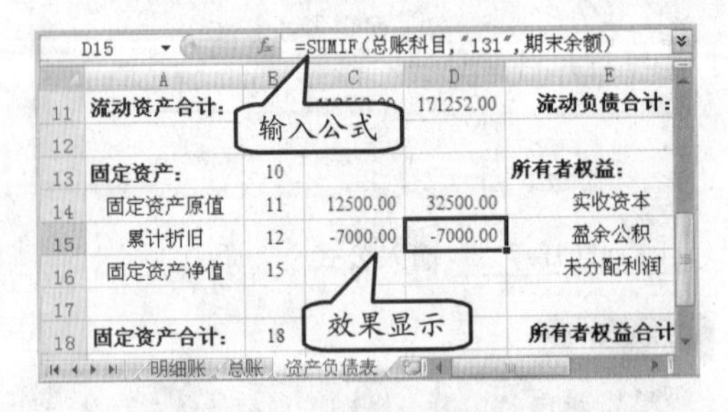

图 11-14　固定资产原值和累计折旧

提　示

分别在 C16、C18 和 C20 单元格中输入公式"=C14+C15"、"=C16"和"=C11+C18"，并填充 C16 至 D20 单元格区域。

11 分别在 G5 和 H5 单元格中输入公式

"=-SUMIF(总账科目,"201",期初余额)" 和 "=-SUMIF(总账科目,"201",期末余额)"。在 G6 和 H6 单元格中输入公式 "=-SUMIF(总账科目,"203",期初余额)" 和 "=-SUMIF(总账科目,"203",期末余额)"，如图 11-15 所示。

H6 =-SUMIF(总账科目,"203",期末余额)

	D	E	F	G	H
1	资产负债表				
2	时间:	2008-3-31			
3	期末数	负债及所有者权益	行次		
4		流动负债:			
5	160152.00	短期负债	22	8000.00	8000.00
6	17300.00	应付账款	25	6700.00	8200.00
7	3000.00	应交税金	23		
8	14300.00				

图 11-15 短期负债和应付账款

提 示

分别在 G7 和 H7 单元格中输入公式 "=-SUMIF(总账科目,"205",期初余额)" 和 "=-SUMIF(总账科目,"205",期末余额)"。在 G11 和 H11 单元格中输入公式 "=G5+G6+G7" 和 "=H5+H6+H7"。

12 分别在 G14 和 H14 单元格中输入公式 "=-SUMIF(总账科目,"301",期初余额)" 和 "=-SUMIF(总账科目,"301",期末余额)"。在 G15 和 H15 单元格中输入公式 "=-SUMIF(总账科目,"302",期初余额)" 和 "=-SUMIF(总账科目,"302",期末余额)"，如图 11-16 所示。

H15 =-SUMIF(总账科目,"302",期末余额)

	D	E	F	G	H
11	171252.00	流动	28	19200.00	20700.00
12					
13		所有者权益:			
14	32500.00	实收资本	29	50000.00	50000.00
15	-7000.00	盈余公积	30	0.00	0.00
16		未分配利润	31		
17					
18		所有者权益合计:	35		

图 11-16 实收资本和盈余公积

13 在 G16 单元格中输入公式 "=-(SUMIF(总账科目,"321",期初余额)+SUMIF(总账科目,"322",期初余额)+SUMIF(总账科目,"501",期初余额)+SUMIF(总账科目,"502",期初余额)+SUMIF(总账科目,"503",期初余额)+SUMIF(总账科目,"504",期初余额)+SUMIF(总账科目,"510",期初余额)+SUMIF(总账科目,"511",期初余额)+SUMIF(总账科目,"555",期初余额))"，如图 11-17 所示。

G16 =-(SUMIF(总账科目,"321",期初余

	D	E	F	G	H
11	171252.00	流动负债合计:	28	19200.00	20700.00
12					
13		所有者权			
14	32500.00	实收资本	29	50000.00	50000.00
15	-7000.00	盈余公积	30	0.00	0.00
16		未分配利润	31	0.00	
17					
18		所有者权益合计:			

图 11-17 未分配利润年初数

14 在 H16 单元格中输入公式 "=-(SUMIF(总账科目,"321",期末余额)+SUMIF(总账科目,"322",期末余额)+SUMIF(总账科目,"501",期末余额)+SUMIF(总账科目,"502",期末余额)+SUMIF(总账科目,"503",期末余额)+SUMIF(总账科目,"504",期末余额)+SUMIF(总账科目,"510",期末余额)+SUMIF(总账科目,"511",期末余额)+SUMIF(总账科目,"555",期末余额))"，如图 11-18 所示。

H16 =-(SUMIF(总账科目,"321",期末余

	D	E	F	G	H
11	171252.00	流动负债合		19200.00	20700.00
12					
13		所有者权益:			
14	32500.00	实收资本	29	50000.00	
15	-7000.00	盈余公积	30	0.00	
16		未分配利润	31	0.00	9080.00
17					
18		所有者权益合计:	35		

图 11-18 未分配利润期末数

提 示

分别在 G18 和 G20 单元格中输入公式 "=G14+G15+G16" 和 "=G11+G18"，并分别填充至 H18 和 H20 单元格。

15 选择 A1 单元格，应用“标题 1”单元格样式，然后，选择 A3 至 H3 单元格区域，应用“适中”样式，如图 11-19 所示。

图 11-19 应用单元格样式

提 示

设置 A5 至 H9、A13 至 H16 单元格区域的填充颜色为“茶色，背景 2”；A11 至 H11、A18 至 H18 和 A20 至 H20 单元格区域的填充颜色为橙色。

16 选择 A5 至 D9 单元格区域，单击【图表】组中的【饼图】下拉按钮，选择【分离型饼图】选项，然后，将其移至新工作表中，如图 11-20 所示。

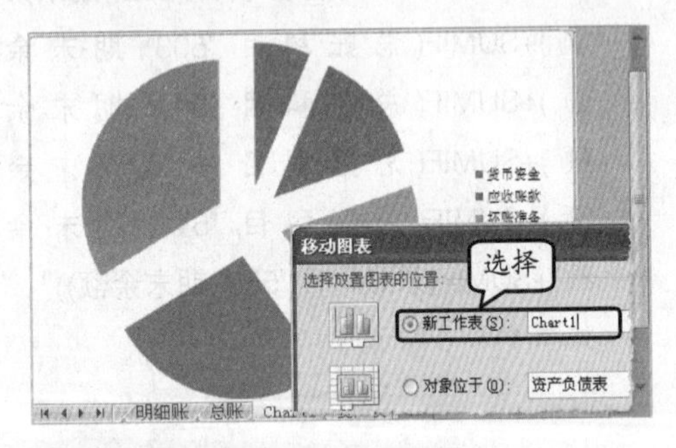

图 11-20 创建图表

17 选择图表，在【设置数据标签格式】对话框中启用【类别名称】复选框，并选择【数据标签外】单选按钮，如图 11-21 所示。

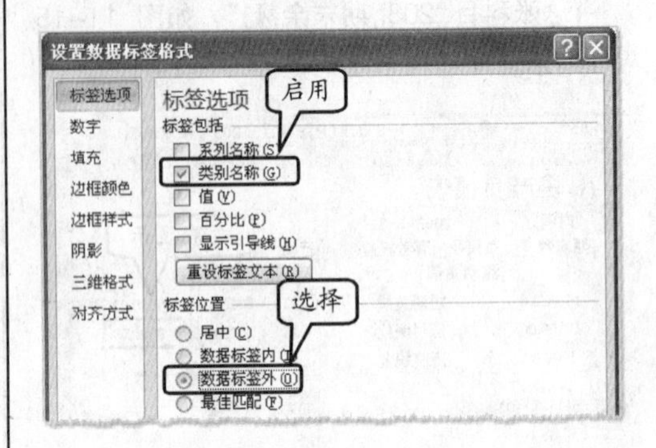

图 11-21 设置数据标签格式

18 选择图表，并应用“样式 26”图表样式。为其添加图表标题，并分别设置标题、图例以及数据标签文字的字号，如图 11-22 所示。

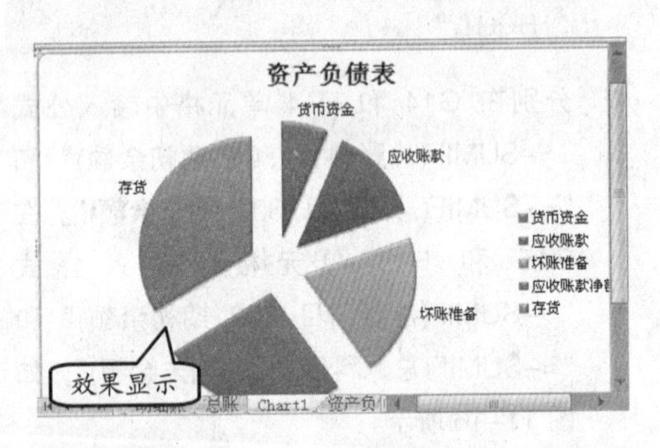

图 11-22 设置图表格式

11.2 应收账款的处理

应收账款是企业流动资产的重要组成部分，因此，企业应加强对应收账款的日常管理。通过对应收账款的运行状况进行经常性分析、控制，加强对应收账款的账龄分析，及时发现问题，提前采取对策，从而尽可能的减少坏账损失。

11.2.1 应收账款分析

应收账款属于公司往来账款的一个组成部分。“往来”是指与销售有关的应收和预收、与采购有关的应付和预付，以及与其他业务有关的其他应收、其他预收、其他应付、其他预付的统称。

往来账款是由商业信用产生的，对往来账款的管理是企业财务管理中的重要内容，同时也是企业流动资产中的一个重要组成部分。随着市场经济的发展，社会竞争的加剧，企业为了扩大市场占有率，会越来越多的运用商业信用进行促销。市场上的信用危机又使得企业之间的相互拖欠现象越来越严重，从而造成企业之间往来账款的增加。

为了加强应收账款的管理和提高应收账款的周转速度，企业要及时对应收账款进行清理和计提坏账准备。根据国际会计准则，账龄在 2 年以上的应收款项应视同坏账。国内资企业财务制度规定，3 年以上未收回的应收账款才视同坏账。目前最常用的信用期限是 30 天，信用期限一旦确定，买卖双方都要严格执行。

本例制作的“应收账款分析表”主要包括逾期应收账款的分析和应收账款账龄的分析。使用 Excel 2007 编制应收账款分析表，可以在账龄分析表的基础上使用图表更加直观、清晰地反映应收账款的数据内容。

1. 设计思路

一般情况下，企业在进行应收账款的管理之前会遵循一定的流程，根据不同企业所具有的性质不同，对应收账款的处理也可以有所不同。本例所遵循的设计思路如图 11-23 所示。

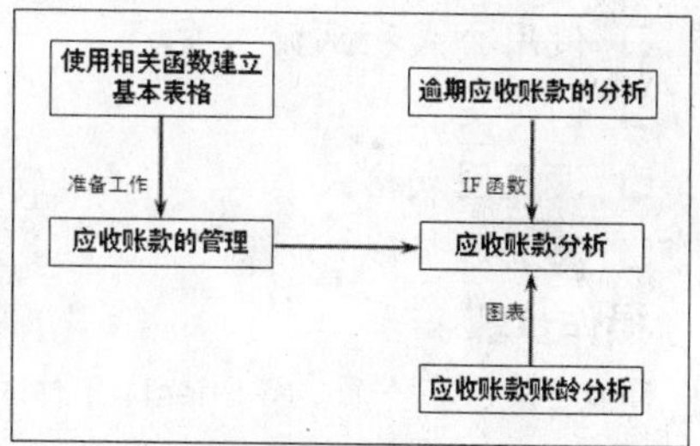

图 11-23 设计思路

2. 账龄分析表

账龄是分析应收账款时最为重要的信息，它是指企业尚未收回的应收账款的时间长度。由于应收账款属于流动资产，因此，所有账龄在 1 年以上的应收账款都会给公司运营造成负面影响。使用账龄分析表可以查看企业尚未收回的款项，以及逾期的长短，如图 11-24 所示。

应收账款分析表

2008-4-8

账龄	应收金额	百分比（%）
未到期	27508.00	19.00%
0～30	350.00	0.24%
30～60	32000.00	22.10%
60～90	84952.00	58.66%
90天以上	0.00	0.00%
合计：	144810.00	100.00%

图 11-24 账龄分析表

其中账款催收难度公式如下：

$$账款催收的难度（百分比）=\frac{应收金额}{应收金额总和}\times 100\%$$

一般而言，客户逾期拖欠账款时间越长，账款催收的难度越大，成为坏账损失的可能性也就越高。企业必须做好应收账款的账龄分析，密切注意应收账款的回收进度和出现的变化。

如果账龄分析显示企业应收账款的账龄开始延长，或者过期账户所占比例逐渐增加，那么就必须及时采取措施调整企业信用政策，努力提高应收账款的收现效率。对尚未到期的应收账款，也不能放松监督，以防发生新的拖欠。

3. 相关公式和函数

在本例的制作过程中，重点使用了 IF 函数对应收账款是否到期以及逾期的天数进行了查询和分析，从而更清楚地查看哪些账款已经到期，哪些账款已经逾期。

利用 IF 函数可以执行真假值判断，根据逻辑计算的真假值返回不同的结果。同时，也可以使用此函数对数值和公式进行条件检测。其函数格式为：

```
IF(logical_test,value_if_true,value_if_false)
```

其中，logical_test 表示计算结果为 true 和 false 时的任意值或表达式；value_if_true 表示 logical_test 为 true 时返回的值；value_if_false 表示 logical_test 为 false 时返回的值。

11.2.2 制作应收账款分析表

应收账款主要是指在生产经营活动中，债权人因提供商品或者服务获得的要求债务人付款的权利。例如企业应当支付的水费、电费等就属于水务公司和电力公司的应收账款。下面就来介绍“应收账款分析表”和“应收账款分析图”的制作方法。

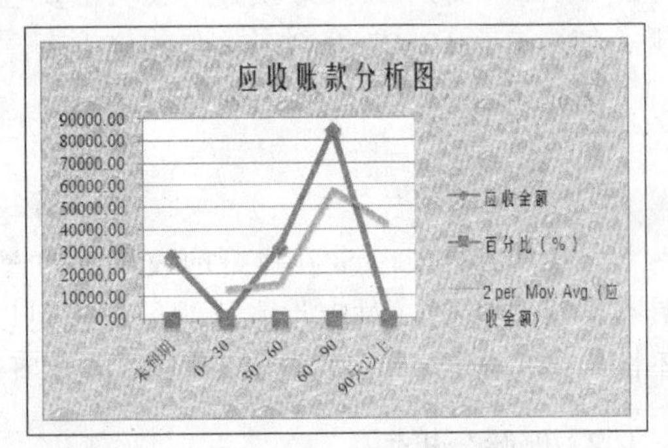

实验目的

- ❑ 插入行和列
- ❑ 使用公式和函数
- ❑ 创建图表
- ❑ 设置图表格式
- ❑ 添加趋势线

操作步骤

1 新建 Excel 工作簿，将 Sheet1 工作表命名为“应收账款”，并输入相关的数据，如图 11-25 所示。

开票日期	发票号码	公司名称	应收金额	收款期
2008-1-12	11456	盛威公司	50000.00	30
2008-1-15	22451	克力公司	25000.00	20
2008-1-21	65423	洁韵公司	12500.00	60
2008-1-30	45216	昌华有限公司	45452.00	40
2008-2-9	45456	嘉年公司	12450.00	30
2008-2-17	45123	星轨科技	12350.00	50
2008-3-2	12655	梦幻家装	32000.00	20
2008-3-16	63251	飓风责任有限公司	32510.00	20

图 11-25 输入数据

2 选择【收款期】列，单击【插入】下拉按钮，执行【插入工作表列】命令，如图 11-26 所示。

3 在新插入的列中输入“已收款金额”及相应数据。然后，按照相同的方法插入另外两列，并输入“未收款金额”以及“到期日”的相关数据，如图 11-27 所示。

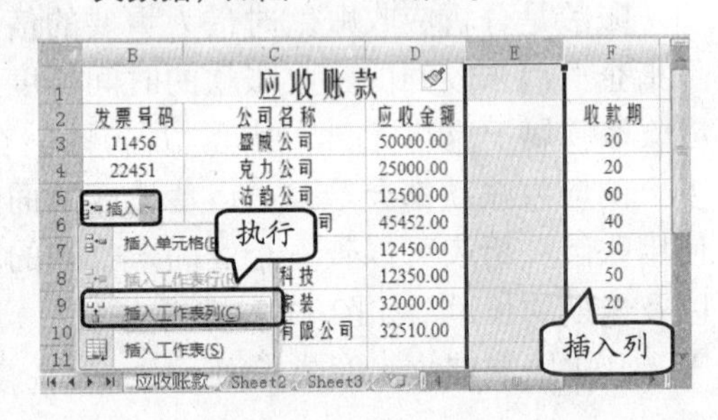

图 11-26 插入列

应收金额	已收款金额	未收款金额	收款期	到期日
50000.00	20000.00	30000.00	30	2008-1-10
25000.00	5000.00	20000.00	20	2008-1-16
12500.00	2500.00	10000.00	60	2008-1-20
45452.00	20500.00	24952.00	40	2008-1-15
12450.00	5452.00	6998.00	30	2008-5-7
12350.00	12000.00	350.00	50	2008-3-31
32000.00	0.00	32000.00	20	2008-3-5
32510.00		20510.00	20	2008-4-12

图 11-27 插入数据

4 右击第 2 行行号，执行【插入】命令，如图 11-28 所示。然后，在新插入的行中输入相应信息。

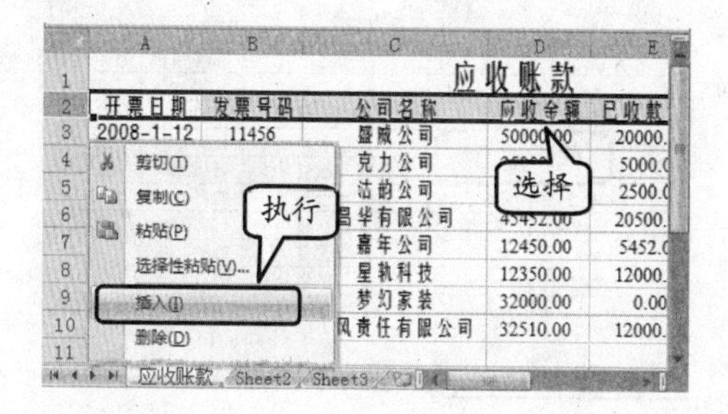

图 11-28 插入行

5 选择 I4 单元格，在编辑栏中输入公式"=IF(H4>$I$2,"否","是")"，并向下填充至I11单元格区域，如图 11-29 所示。

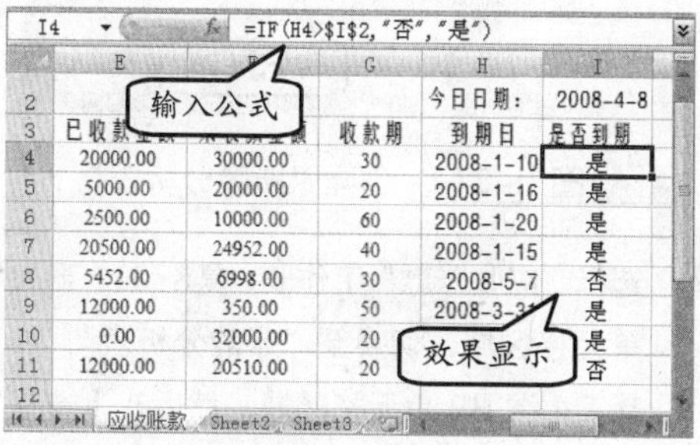

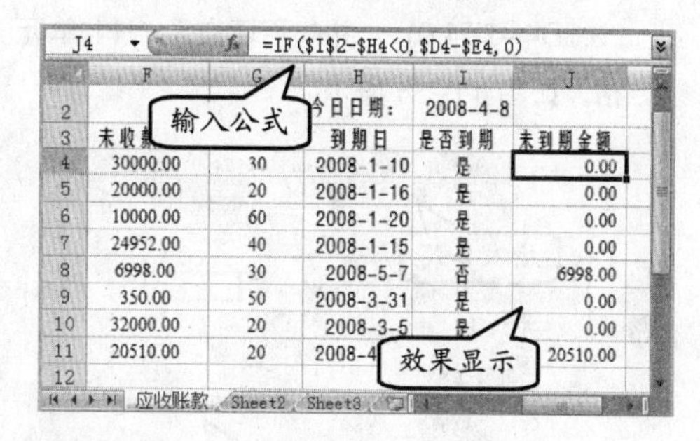

图 11-29 填充公式

提 示

根据对指定的条件计算结果为 TRUE 或 FALSE 返回不同的结果。其语法为：IF(logical_test,value_if_true,value_if_false)。其中，Logical_test 表示计算结果为 TRUE 或 FALSE 的任意值或表达式。Value_if_true 是 logical_test 为 TRUE 时返回的值。Value_if_false 是 logical_test 为 FALSE 时返回的值。

6 选择 J4 单元格，输入公式"=IF($I$2-$H4<0,$D4-$E4,0)"，并向下填充至 J11 单元格，如图 11-30 所示。

7 选择 K4 单元格，输入公式"=IF(AND($I$2-$H4>0,$I$2-$H4<=30),$D4-$E4,0)"，并向下填充至 K11 单元格，如图 11-31 所示。

8 选择 L4 单元格，输入公式"=IF(AND($I$2-$H4>30,$I$2-$H4<=60),$D4-$E4,0)"，并填充至 L11 单元格，如图 11-32 所示。

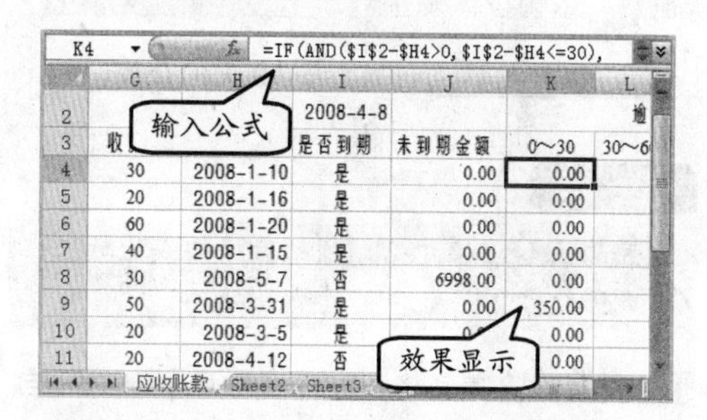

图 11-30 输入公式

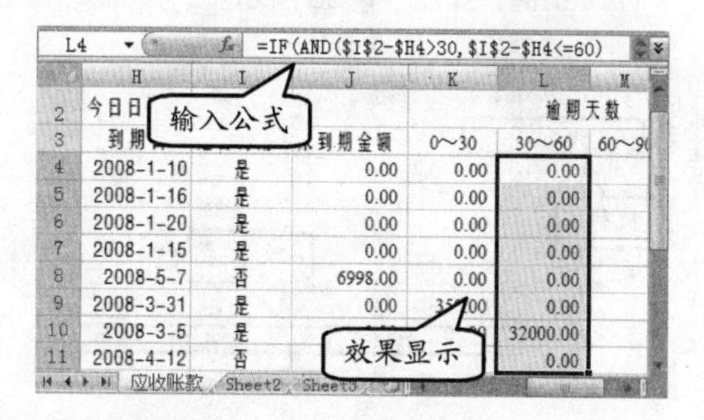

图 11-31 计算小于 30 天的金额

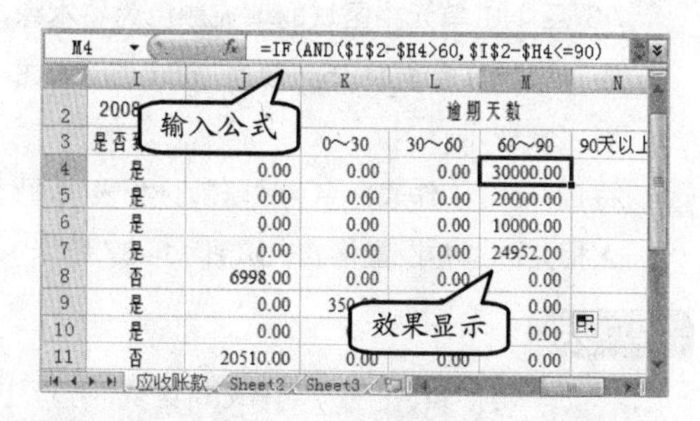

图 11-32 计算小于 60 天的金额

9 选择 M4 单元格，输入公式"=IF(AND($I$2-$H4>60,$I$2-$H4<=90),$D4-$E4,0)"，并填充至 M11 单元格，如图 11-33 所示。

图 11-33 计算小于 90 天的金额

10 选择 N4 单元格，输入公式“=IF($I$2-$H4>90,$D4-$E4,0)”，并向下填充至 N11 单元格，如图 11-34 所示。

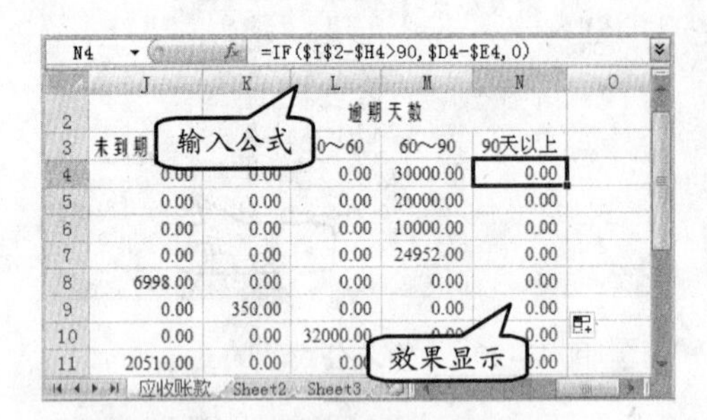

图 11-34 计算大于 90 天的金额

提 示

设置 J4 至 N12 单元格区域的数据格式为数值，小数位数为 2。

11 选择 J12 单元格，单击【函数库】组中的【自动求和】下拉按钮，执行【求和】命令并按 Enter 键，如图 11-35 所示。

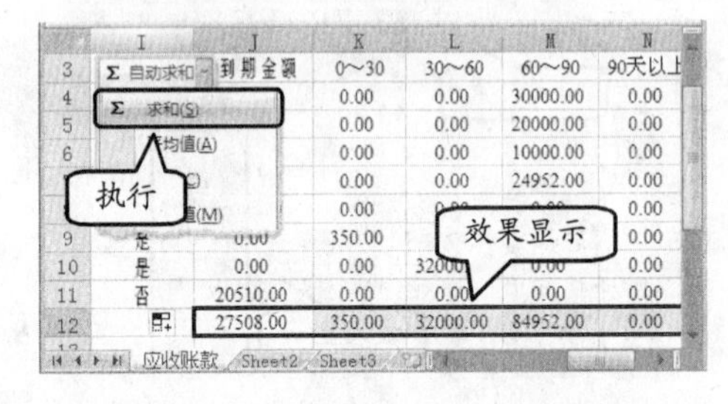

图 11-35 设置求和公式

12 选择 A3 至 N11 单元格区域，为其添加边框，然后，设置 A1 至 N2 单元格区域的填充颜色为“橙色，强调文字颜色 6，淡色 80%”；A3 至 N3 单元格区域的填充颜色为“水绿色，强调文字颜色 5，淡色 80%”，如图 11-36 所示。

13 将 Sheet2 工作表命名为“账龄分析表”，输入相关数据并设置格式，如图 11-37 所示。

提 示

选择 A2 单元格和 A8 至 C8 单元格区域，为其添加下边框，并设置边框颜色为深红。

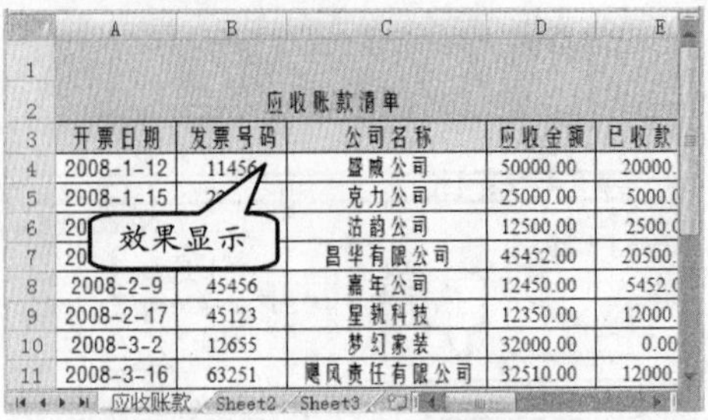

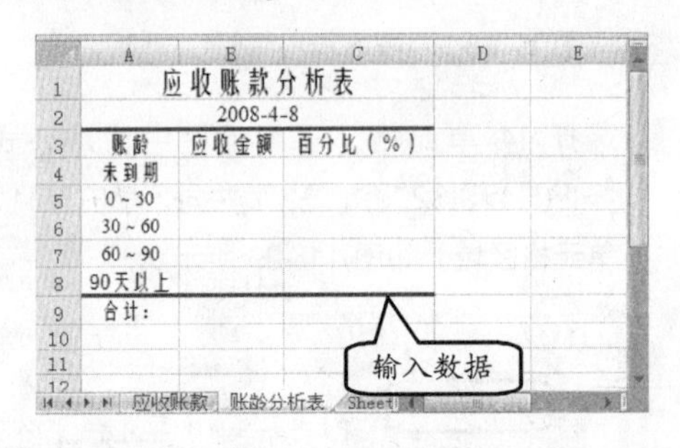

图 11-36 设置单元格格式

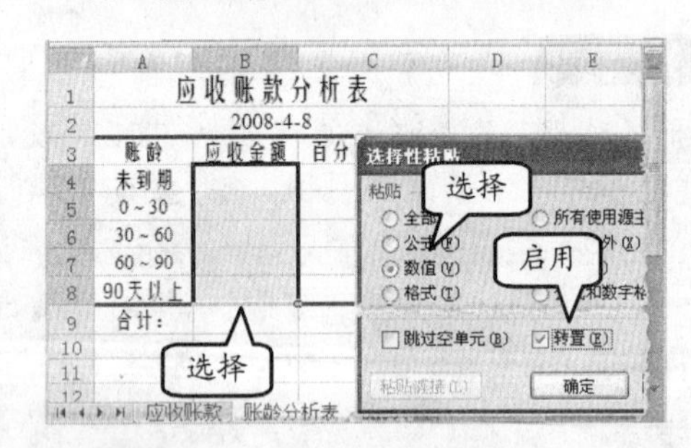

图 11-37 创建“账龄分析表”

14 选择“应收账款”工作表，复制 J12 至 N12 单元格区域，切换至“账龄分析表”，并选择 B4 至 B8 单元格区域，然后在【选择性粘贴】对话框中选择【数值】单选按钮，并启用【转置】复选框，如图 11-38 所示。

图 11-38 选择性粘贴

提 示

单击【剪贴板】组中的【粘贴】下拉按钮，执行【选择性粘贴】命令，即可打开【选择性粘贴】对话框。

15 选择 B9 单元格进行自动求和，并填充至 C9 单元格，然后，选择 C4 单元格，输入公式“=B4/$B$9”，并向下拖动至 C8 单元格，如图 11-39 所示。

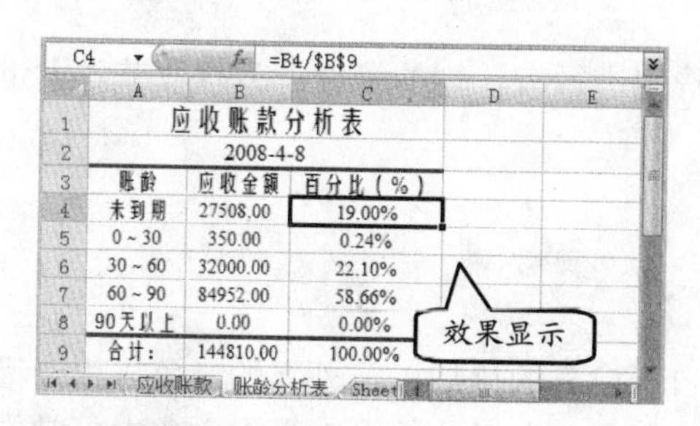

	A	B	C
1	应收账款分析表		
2	2008-4-8		
3	账龄	应收金额	百分比（%）
4	未到期	27508.00	19.00%
5	0～30	350.00	0.24%
6	30～60	32000.00	22.10%
7	60～90	84952.00	58.66%
8	90天以上	0.00	0.00%
9	合计：	144810.00	100.00%

图 11-39　计算百分比

提　示

选择 C4 至 C9 单元格区域，设置其数据格式为百分比，小数位数为 2。

16 选择 A3 至 C8 单元格区域，单击【折线图】下拉按钮，选择【带数据标记的折线图】选项，如图 11-40 所示。

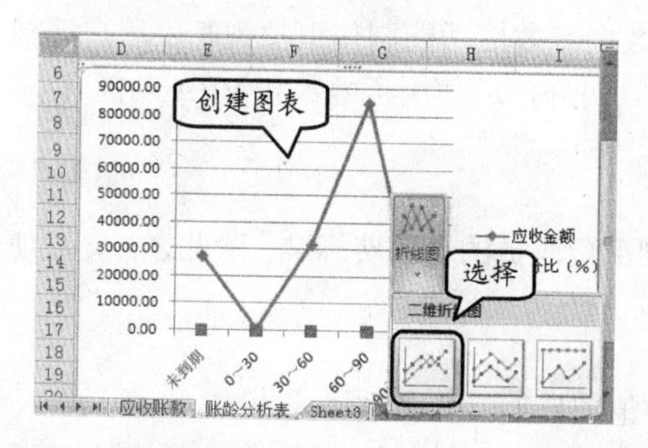

图 11-40　创建图表

17 选择图表，并应用“样式 18”图表样式，然后，添加图表标题，并设置其字体格式，如图 11-41 所示。

提　示

设置图表标题文字的字体为方正姚体；字号为 18。

18 选择图表，设置图表区域的填充效果为纹理填充，填充图案为水滴，并设置透明度为 40%，如图 11-42 所示。

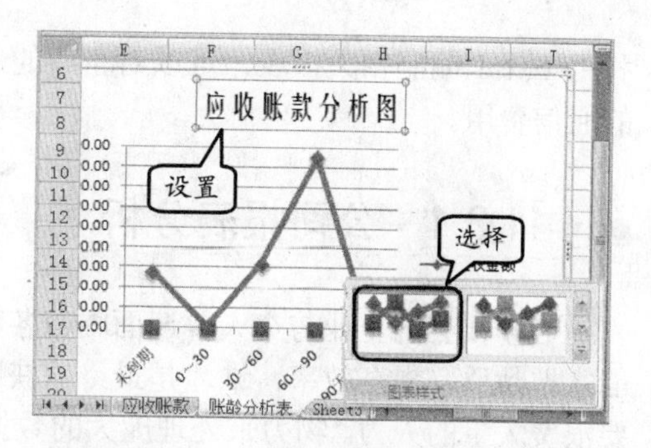

图 11-41　图表样式和标题

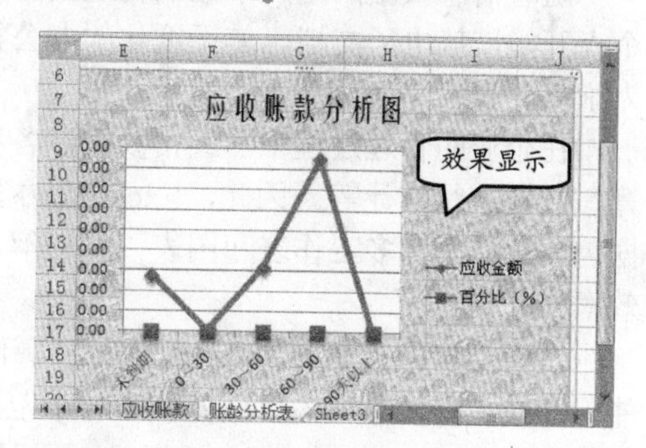

图 11-42　设置图表区格式

19 选择图表，在【设置趋势线格式】对话框中选择【移动平均】单选按钮，如图 11-43 所示。

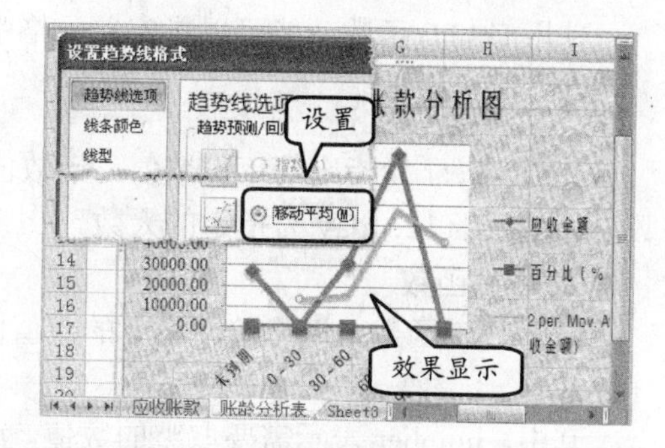

图 11-43　添加趋势线

提　示

选择趋势线，单击【形状样式】组中的【其他】下拉按钮，选择“中等线-强调颜色 6”样式。

11.3　通信费年度计划表

随着社会经济水平的提高，企业的业务量在不断增加，其通信费用也在大幅度上涨。

利用 Excel 编制相关报表，可以对企业的通信费用进行有计划的管理，为企业节省大量的通信费用。

11.3.1 公司报表分析

当今社会的企业与个人普遍面临着各种来自于自身的挑战以及外界的竞争压力，谁能掌握品质、提高效率，谁才是最终的获胜者。但是，在以往的人工操作方式中，常常要浪费大量的人力、物力来处理庞大的数据和资料，这给企业和个人带来了很大的负担。

随着信息数据的增加，人们传递信息的手段也逐渐发生了改变，越来越多的企业和个人开始依赖电子文档，使无纸化的办公方式得到了实现，熟练地使用办公软件已经成为了每一个工作人员必备的技能。

在企业的管理过程中，经常要编制各种各样的报表，如制定各种计划、进行某种预算，或者进行统计等。因此，Excel 在办公领域中发挥着不可替代的作用。用户可以根据需要设计出许多工作表和图表，轻松解决日常办公工作中的繁琐问题，从而提高办公效率。

本例制作的“通信费年度计划表”，使用数据有效性功能制作下拉列表供用户选择使用，或者将要输入的数据控制在一个范围中。另外，还使用了函数和 VBA 功能。

1. 公式与函数

在本例中，主要使用了 IF 函数来判断不同部门职员的通信费标准。除此之外，还使用了以下两种函数。

- **DATE 函数**

使用 DATE 函数功能可以指定单元格中数值的日期。其函数格式为：

```
DATE (year,month,day)
```

其中，year 为指定的年份数值，该数值应小于 9999；month 为指定的月份数值，该数值可以大于 12；day 为指定的天数。

- **INT 函数**

使用 INT 函数可以将单元格中的数值向下取整为最接近的整数。其函数格式为 INT（number）。

其中，number 表示需要取整的数值，或者包含数值的引用单元格。例如，在单元格中输入公式“＝INT（28.89）”，确认输入后，单元格中将显示 28。

2. 使用 VBA

Excel 中的 VBA 功能是一种自动化语言，它可以使常用的程序自动化，帮助用户创建自定义的解决方案。本例通过使用 VBA 代码实现大写金额与小写金额的同步。

11.3.2 制作通信费年度计划表

在某些企业中，由于员工职位、工作性质的不同，可以根据一定的标准报销自己的通信费用。加强对通信费用的管理，可以防止通信费用超出预算，从而造成损失。本例将使用 Excel 中的数据有效性、函数和公式，以及 VBA 功能完成“通信费年度计划表”的制作。

通信费年度计划表													
通信费年度总计:		168300				人民币（大写）:		壹拾陆万捌仟叁佰元整					
员工编号	姓名	通信设备	号码	岗位类别	岗位最高限额（每部）	岗位标准（每部）	起始时间	结束时间	预计报销总时间	年度费用（每部）	报销地点	备注
00001	张蕾	手机	13562458975	副经理	1500	1500	2007年4月	2008年4月	12	18000	上海	
00002	米琪琳	手机	13052468523	业务总监	1000	1000	2007年5月	2008年3月	10	10000	北京	
00003	沙莎	小灵通	8562354	销售部	2000	2000	2007年4月	2008年3月	11	2200	长沙	
00004	路易	手机	13962356789	服务部	1500	1500	2007年6月	2008年5月	11	16500	北京	
00005	江楚华	手机	13825647854	商品生产	600	600	2007年7月	2008年6月	11	6600	深圳	
00006	王一玮	手机	13105354689	技术研发	200	200	2007年7月	2008年4月	9	1800	武汉	
00007	许韶阳	小灵通	8542156	总经理	2000	2000	2007年8月	2008年5月	9	1800	青岛	
00008	马剑华	小灵通	8654712	采购部	1000	1000	2007年6月	2008年10月	16	1600	上海	
00009	刘可	手机	13625365456	技术研发	200	200	2007年4月	2008年4月	12	2400	北京	
00010	刘一水	小灵通	8456231	采购部	1000	1000	2007年6月	2008年4月	10	1000	杭州	
00011	李丽	小灵通	8756945	采购部	1000	1000	2007年7月	2008年4月	9	900	杭州	
00012	刘琳	手机	13456897896	服务部	1500	1500	2007年5月	2008年4月	11	16500	长沙	
00013	王苏玮	手机	13821454567	副经理	1500	1500	2007年9月	2008年7月	10	15000	深圳	
00014	徐保国	手机	13325604879	商品生产	600	600	2007年6月	2008年4月	10	6000	武汉	
00015	蒋竹珊	手机	13012546896	采购部	1000	1000	2007年9月	2008年9月	12	12000	北京	
00016	赵杰	小灵通	8563215	业务总监	1000	1000	2007年5月	2008年5月	12	1200	青岛	

实验目的

- ❑ 数据有效性
- ❑ 使用函数和公式
- ❑ 使用 VBA
- ❑ 设置填充效果

操作步骤

1 在 Sheet1 工作表中输入“通信费年度计划表”的数据内容，并合并相应的单元格，如图 11-44 所示。

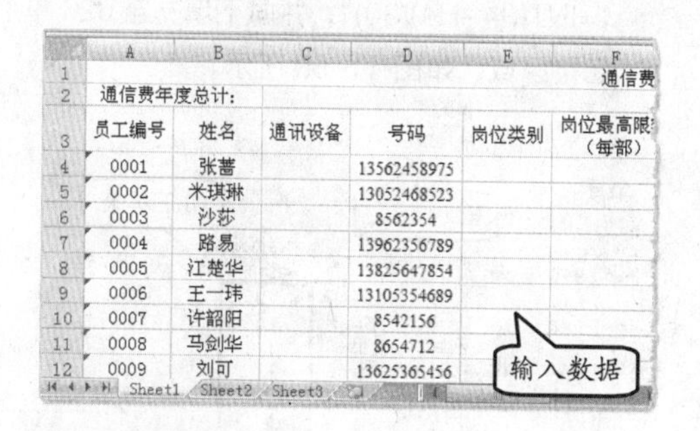

图 11-44 输入数据

提 示

选择 F3 单元格，将光标置于“(每部)”文字之前，按 Alt + Enter 组合键，即可在该单元格中进行换行。

2 选择 C4 至 C26 单元格，在【数据有效性】对话框中单击【允许】下拉按钮，选择【序列】选项，然后在【来源】文本框中输入文字“手机，小灵通”，如图 11-45 所示。

提 示

选择【数据】选项卡，单击【数据工具】组中的【数据有效性】下拉按钮，执行【数据有效性】命令，即可打开【数据有效性】对话框。

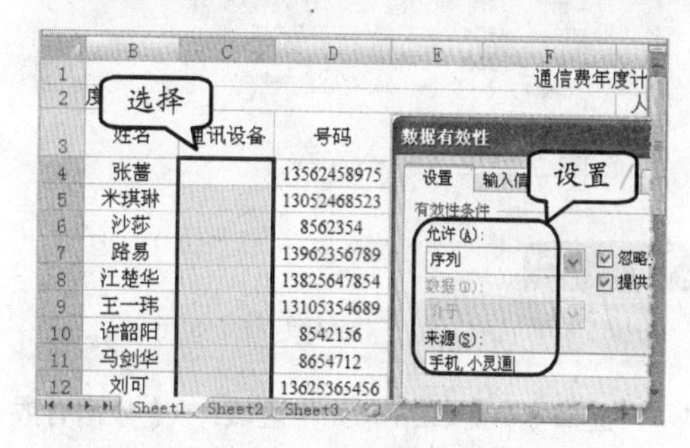

图 11-45 设置数据有效性

3 选择 E4 至 E26 单元格区域，在【数据有效性】对话框中设置允许为序列，并在【来源】文本框中输入文字“总经理，副经理,业务总监，……”，如图 11-46 所示。

提 示

在【来源】文本框中输入文字时，每个选项之间的“逗号”必须在英文状态下输入。

4 选择 F4 单元格，在编辑栏中输入公式

"=IF(E4="","",IF(OR(E4="总经理",E4="销售部"),2000,IF(OR(E4="副经理",E4="服务部"),1500,IF(OR(E4="业务总监",E4="采购部"),1000,IF(OR(E4="商品生产",E4="职能管理"),600,IF(OR(E4="研发部",E4="生产运作"),500,200))))))"，如图 11-47 所示。

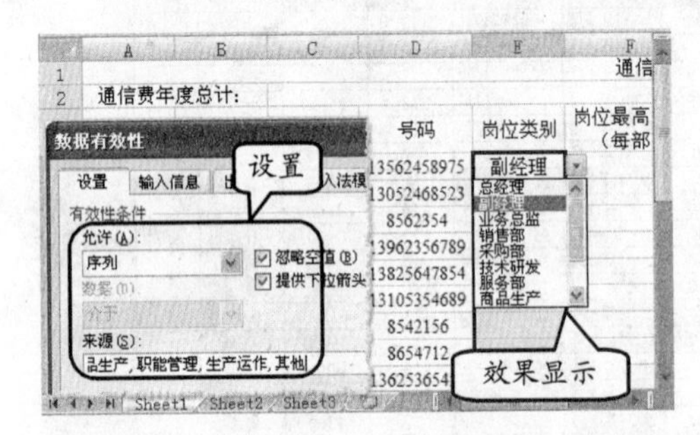

图 11-46　设置岗位类别

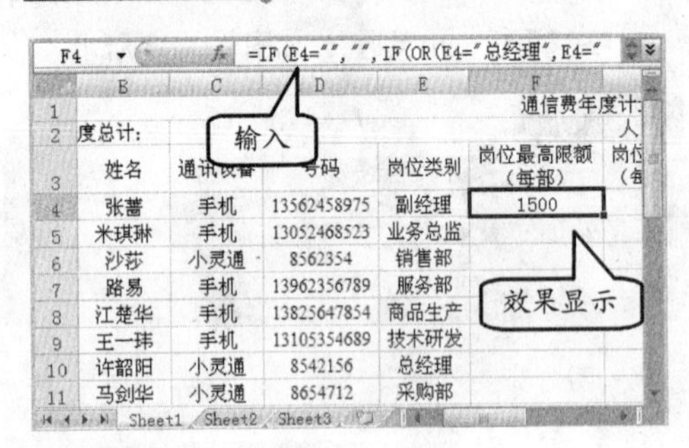

图 11-47　输入公式

提　示

选择 F4 单元格，向下拖动填充至 F26 单元格。

5　选择 G4 至 G26 单元格区域，在【数据有效性】对话框的【允许】下拉列表中选择【整数】选项，并设置最小值为 200，最大值为 2000。然后，选择【输入信息】选项卡，在【输入信息】文本框中输入文字"请输入整数"如图 11-48 所示。

6　选择 H4 单元格，单击【函数库】组中的【日期和时间】下拉按钮，选择 DATE 函数，并在弹出的对话框中进行设置，如图 11-49 所示。然后，使用相同的方法设置 H 列和 I 列的其他单元格。

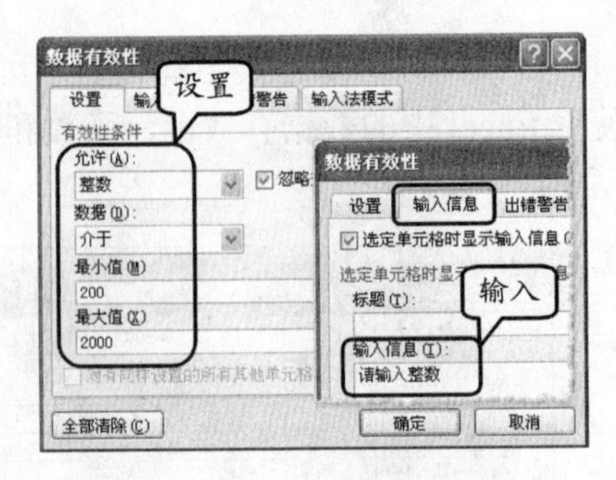

图 11-48　设置岗位标准

提　示

选择 H4 至 I26 单元格区域，设置其数据格式为日期，并在【类型】列表中选择【2001 年 3 月】选项。

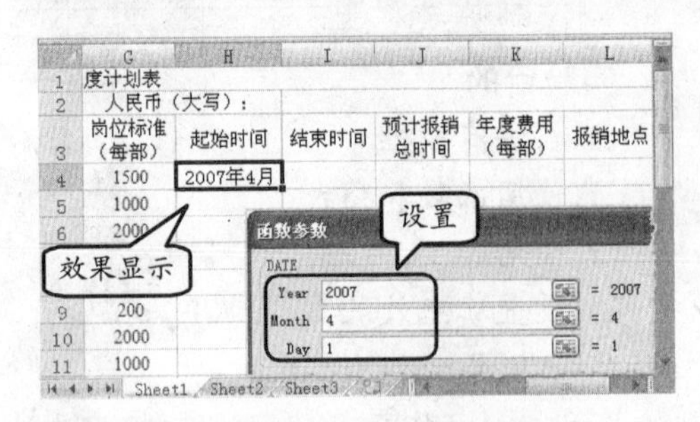

图 11-49　使用 DATE 函数

7　选择 J4 单元格，在编辑栏中输入公式"=INT((I4-H4)/30)"，并向下填充至 J26 单元格区域，如图 11-50 所示。

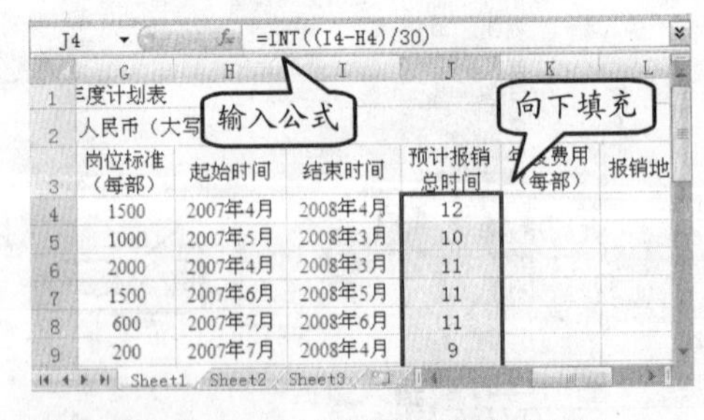

图 11-50　计算预计报销总时间

8　选择 K4 单元格，输入公式"=IF(C4="小灵通",G4*J4/10,G4*J4)"，并向下填充至 K26 单元格区域，如图 11-51 所示。

9　选择 L4 至 L26 单元格区域，在【数据有效性】对话框中设置允许为序列。然后，在【来源】文本框中输入"上海,北京,杭州"等文字，如图 11-52 所示。

图 11-51　计算年度费用

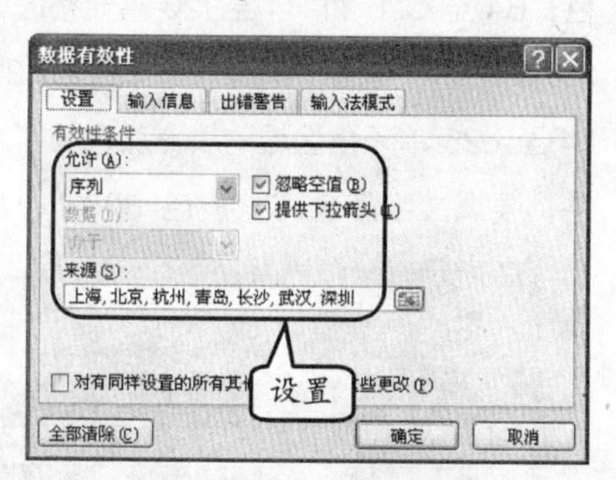

图 11-52　设置报销地点

提　示

在【数据有效性】对话框中选择【输入信息】选项卡，在【输入信息】文本框中输入文字“请选择”。

10 选择 C2 单元格，在编辑栏中输入公式“=SUM(K4:K200)”，并按 Enter 键，如图 11-53 所示。

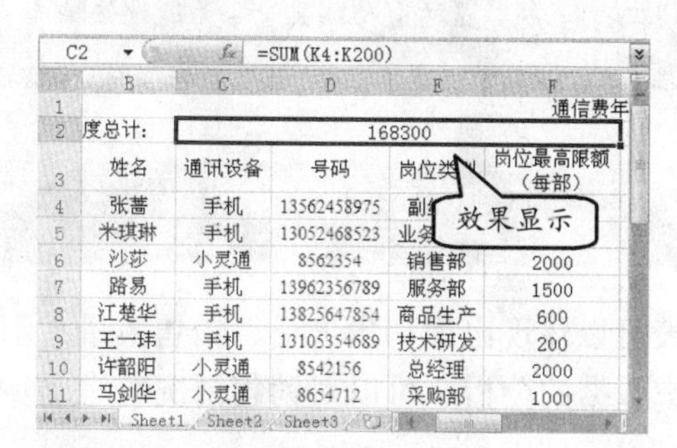

图 11-53　通信费年度总计

11 选择【开发工具】选项卡，单击【代码】组中的 Visual Basic 按钮，在弹出的窗口中执行【插入】|【模块】命令，在【模块 1】窗口中输入相应代码，如图 11-54 所示。

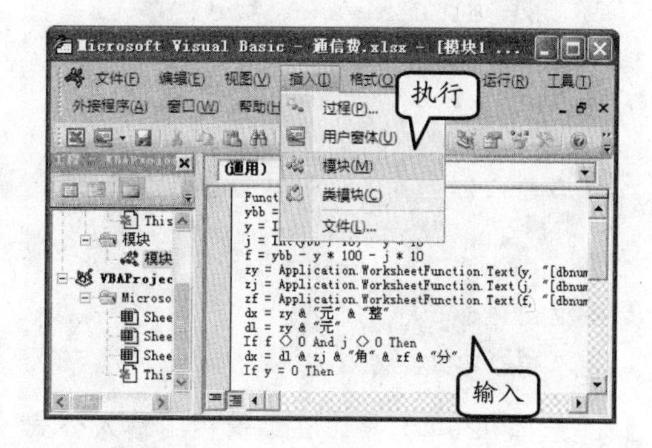

图 11-54　创建模块

提　示

依次单击 Office 按钮和【Excel 选项】按钮，在弹出的对话框中启用【在功能区显示“开发工具”选项卡】复选框。

在【模块 1】窗口中要输入的代码如下：

```
Function dx(q)
ybb = Round(q * 100)
y = Int(ybb / 100)
j = Int(ybb / 10) - y * 10
f = ybb - y * 100 - j * 10
zy = Application.Worksheet-
Function.Text(y, "[dbnum2]")
zj = Application.Worksheet-
Function.Text(j, "[dbnum2]")
zf = Application.Worksheet-
Function.Text(f, "[dbnum2]")
dx = zy & "元" & "整"
dl = zy & "元"
If f <> 0 And j <> 0 Then
dx = dl & zj & "角" & zf & "分"
If y = 0 Then
dx = zj & "角" & zf & "分"
End If
End If
If f = 0 And j <> 0 Then
dx = dl & zj & "角" & "整"
If y = 0 Then
dx = zj & "角" & "整"
End If
End If
```

```
If f <> 0 And j = 0 Then
dx = dl & zj & df & " 分"
If y = 0 Then
dx = zf & "分"
End If
End If
If q = "" Then
dx = 0
End If
End Function
```

12 选择 I2 单元格，在编辑栏中输入公式"=dx(C2)"，并按 Enter 键，如图 11-55 所示。

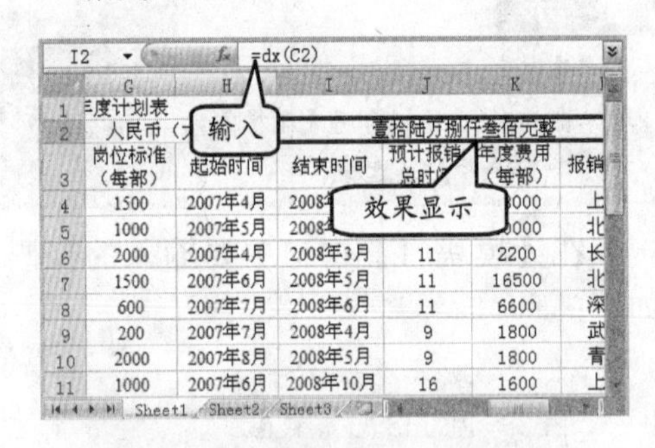

图 11-55 使用 VBA 函数

13 选择 A1 单元格，设置其填充颜色为浅蓝，并设置其字体格式，然后，选择 A2 至 M2 单元格区域，应用"输出"单元格样式，如图 11-56 所示。

提 示

设置 A1 单元格中的文字字体为方正姚体，字号为 20。

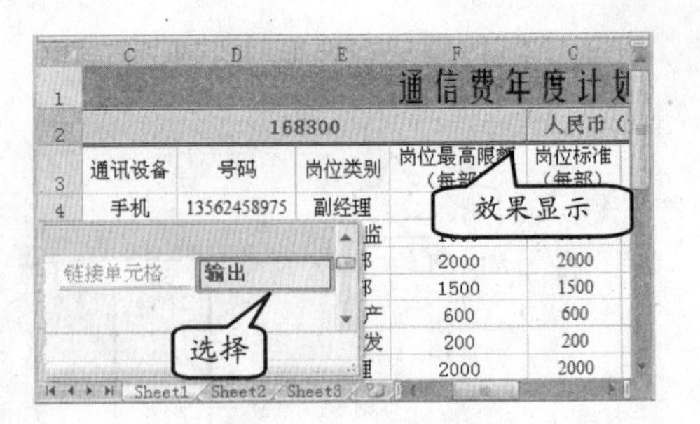

图 11-56 应用单元格样式

14 设置 A3 至 M3 单元格区域的填充颜色为橙色；B4 至 C26 和 H4 至 I26 单元格区域的填充颜色为"茶色，背景 2"；E4 至 E26 和 L4 至 L26 单元格区域的填充颜色为"水绿色，强调文字颜色 5，淡色 80%"，如图 11-57 所示。

通讯设备	号码	岗位类别	岗位最高限额（每部）	岗位标准（每部）
手机	13562458975	副经理	1500	1500
手机	13052468523	业务总监	1000	1000
小灵通	8562354	销售部	2000	2000
手机	13962356789	服务部	1500	1500
手机	13825647854	商品生产		
手机	13105354689	技术研发		
小灵通	8542156	总经理	2000	2000

图 11-57 设置填充格式

提 示

选择 A3 至 M26 单元格区域，单击【框线】下拉按钮，执行【所有框线】命令为所选区域添加边框。

11.4 销售报表

销售报表用于统计企业的销售情况，该报表可以体现出如销售人员、销售数量、销售金额等各种销售信息。另外，通过对该报表中数据的分析，可以对销售情况有进一步的了解。

11.4.1 销售报表分析

企业的销售报表包括很多种类，常见的报表主要有销售月报表、销售明细表、销售业绩表以及销售统计表等。其中，不同种类的报表中含有不同的销售信息，通过查看不同的报表可以快速检索到相应的信息。例如销售月报表中统计了各个员工在本月的销售数量、销售金额、销售成本等内容；销售明细表则包括日期、客户、单号、产品名称、数量、单价以及金额等信息，其格式如图 11-58 和图 11-59 所示。

	A	B	C	D
1	销售月报表			
2	员工姓名	销售数量	销售金额	销售成本
3	张扬	600	86200.00	72000.00
4	马凡	360	41300.00	32000.00
5	刘嘉民	420	52000.00	28000.00
6	孙庆芝	230	24900.00	19000.00
7	李磊	200	19000.00	9000.00
8	胡亚男	70	8000.00	4300.00
9				

Sheet1 Sheet2 Sheet3

图 11-58 销售月报表

	A	B	C	D	E
1	销售明细表				
2	销售日期	客户名称	销售数量	单价	销售金额
3	2008-3-31	张扬	600	143.00	86200.00
4	2008-3-28	马凡	360	114.00	41300.00
5	2008-4-3	刘嘉民	420	123.00	52000.00
6	2008-4-7	孙庆芝	230	108.00	24900.00
7	2008-4-7	李磊	200	95.00	19000.00
8	2008-4-9	胡亚男	70	114.00	8000.00
9					

Sheet1 Sheet2 Sheet3

图 11-59 销售明细表

通过对销售报表的分析，可以衡量或评价实际销售情况与计划销售目标之间的差距，两种具体的分析方法。

1．销售差异分析

该方法用于衡量各个因素对造成销售出现差异的映像程度。例如，某公司年度计划要求第一季度销售 4000 件产品，售价为 1 元，销售额为 4000 元。季度末却只销售 3000 件产品，而且售价仅为 0.8 元，销售额为 2400 元。实际比计划销售额少 40%，差异为 1600 元。造成这一差异的因素是销售额下降和价格降低，从计算结果可以看出，造成销售额差距的主要原因是由于没有实现销售量目标，公司应该对其预定的销售量目标进行深入分析。

2．微观销售分析

使用微观销售分析的方法，可以通过对产品、销售地区以及其他方面的考察来分析未完成销售目标的原因。例如，公司在各个地区市场进行考察，假设该公司在北方、东北方、东方以及东南方等 8 个方向的区域进行销售，销售目标为 40，通过如图 11-60 所示的 Excel 图表可以得出，仅西南方、南方、东南方以及东方 4 个方向的市场完成目标销售额，其余 4 个方向均存在一定程度的差异。

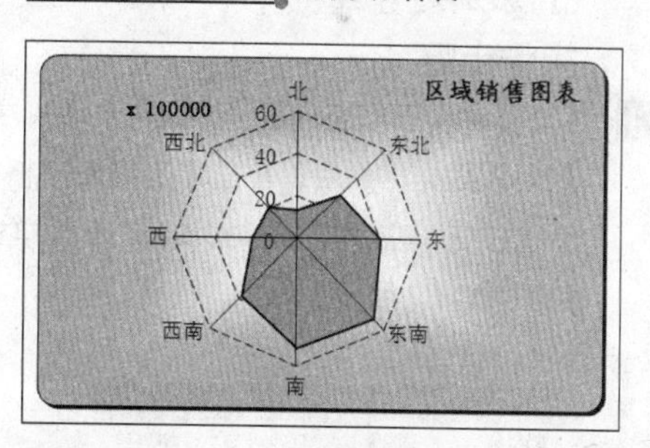

图 11-60 销售差异图表

本例制作的销售报表，通过在不同部门中对【销售额】列中的数据进行筛选，将销售量最高的十名销售人员列出，并按照降序进行排列，如图 11-61 所示。

	A	B	C	D
1	销售部门	销售人员	销售日期	销售额
7	营销1部	蓝晓琦	2008-2-10	35656.39
8	营销2部	徐伟志	2008-1-30	29947.25
10	营销1部	方晓东	2008-1-1	25854.72
11	营销3部	张梦远	2008-2-1	19697.89
12	营销1部	蓝晓琦	2008-1-17	19396.03
13	营销2部	刘红	2008-1-28	18674.38
14	营销2部	李小宁	2008-2-1	18093.96
19	营销2部	杜远	2008-2-12	17383.87
21	营销3部	萧剑	2008-2-3	15416.45
22	营销2部	刘红	2008-2-15	14654.62
26				

销售记录 销售量前十名 数

图 11-61 销售量前十名

11.4.2 制作销售报表

对公司员工的销售情况进行记录，通过在不同部门、不同员工之间的销售业绩进行对比，可以激发员工的积极性，从而提高公司的销售额。本例将对公司的销售情况进行汇总，并使用数据透视图和透视表进行分析。

销售部门	销售人员	销售日期	销售额
营销3部	苏盈盈	2008-1-1	5697.50
营销3部	刘建鹏	2008-1-3	8221.30
营销3部	张梦远	2008-1-7	7272.25
营销3部	苏盈盈	2008-1-21	9941.04
营销3部	苏盈盈	2008-1-31	7495.36
营销3部	张梦远	2008-2-1	19697.89
营销3部	萧剑	2008-2-3	15416.45
营销2部	赵宇明	2008-1-15	3482.50
营销2部	刘红	2008-1-28	18674.38
营销2部	徐伟志	2008-1-30	29947.25
营销2部	李小宁	2008-2-1	18093.96
营销2部	杜远	2008-2-12	17383.87
营销2部	刘红	2008-2-15	14654.62

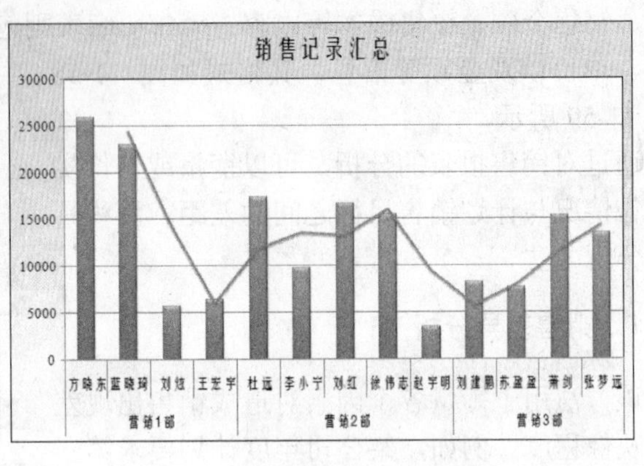

实验目的

- ❑ 套用表格格式
- ❑ 筛选数据
- ❑ 排序
- ❑ 数据透视表和数据透视图
- ❑ 设置数据透视图格式
- ❑ 添加趋势线

操作步骤

1 将Sheet1工作表命名为“销售记录”，并输入相关数据，然后，单击【套用表格格式】下拉按钮，应用“表样式浅色 10”样式，如图11-62所示。

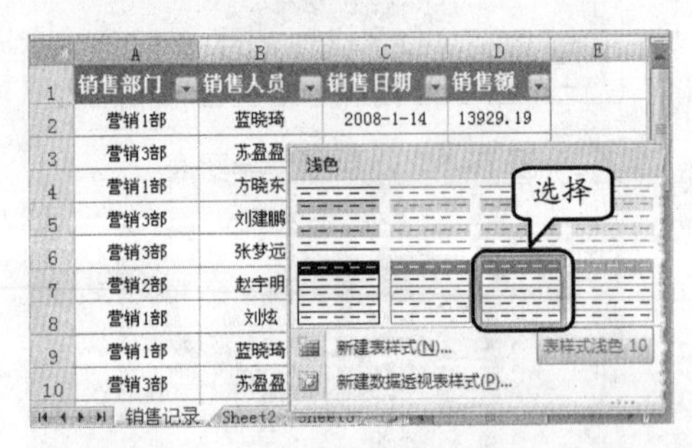

图11-62 应用表格样式

2 单击【销售部门】右侧的筛选器下拉按钮，执行【降序】命令，如图11-63所示。

3 复制“销售记录”工作表中的所有数据，粘贴至Sheet2工作表中，并将其命名为“销售量前十名”，然后，单击【销售额】右侧的筛选器下拉按钮，选择【数字筛选】级联菜单中的【10个最大的值】选项，如图11-64所示。

图11-63 排序

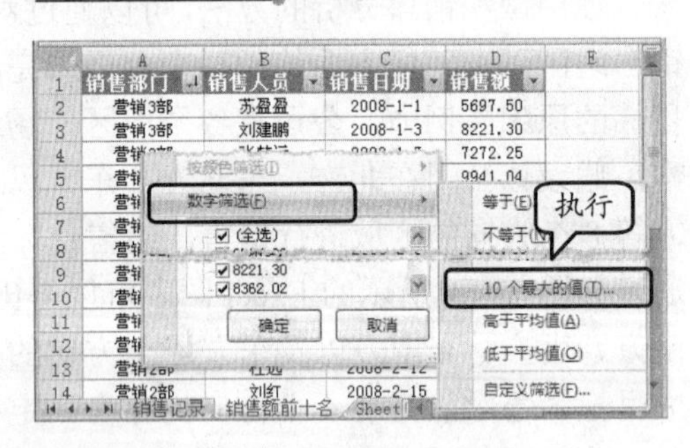

图11-64 筛选数据

提 示

执行【10个最大的值】命令之后，在弹出的【自动筛选前10个】对话框中直接单击【确定】按钮。

4 选择工作表中的数据区域，单击【套用表格格式】下拉按钮，选择【中等深浅】栏中的【表样式中等深浅 21】选项，如图 11-65

所示。

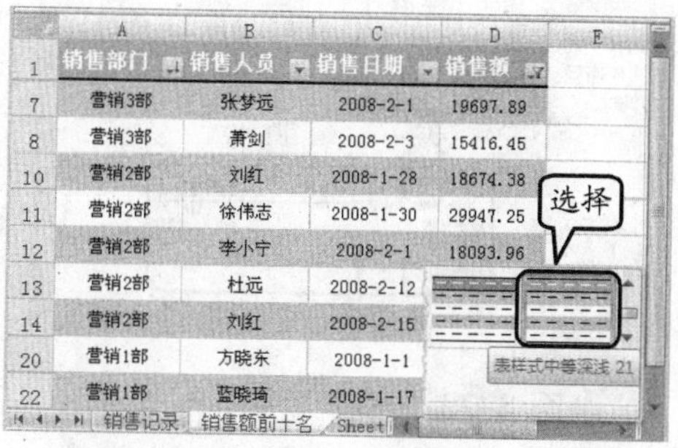

图 11-65　套用表格样式

5 选择【插入】选项卡，单击【表】组中的【数据透视表】下拉按钮，执行【数据透视图】命令，在弹出的对话框中选择【现有工作表】单选按钮，并设置位置为 Sheet3 工作表中的 A1 单元格，如图 11-66 所示。

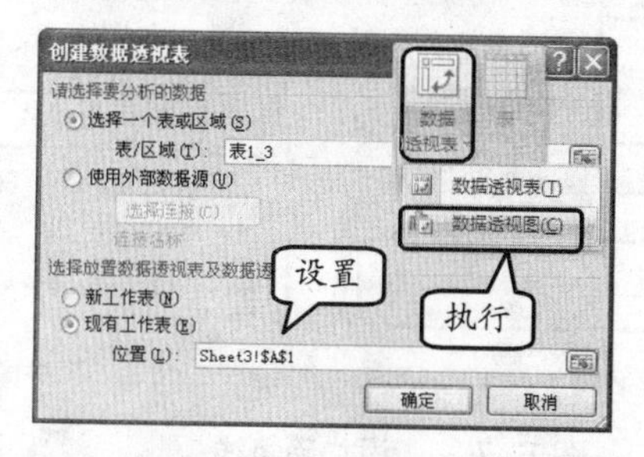

图 11-66　设置数据透视表区域

提　示

插入数据透视表之前，需要选择数据区域中的任意单元格或者全部单元格。

6 将 Sheet3 工作表命名为“数据透视表”，然后，在【数据透视表字段列表】任务窗格中启用【销售部门】、【销售人员】和【销售额】3 个复选框，如图 11-67 所示。

7 单击【数值】栏中的【求和项:销售额】下拉按钮，执行【值字段设置】命令，在弹出的对话框中设置计算类型为平均值，如图 11-68 所示。

提　示

选择数据透视表，单击【数据透视表样式】组中的【其他】下拉按钮，选择【数据透视表样式中等深浅 10】选项。

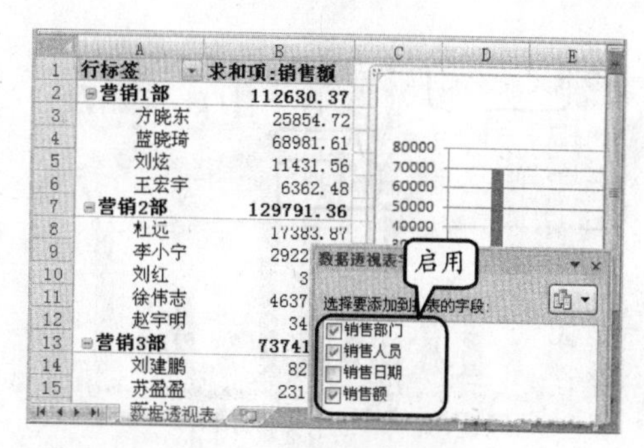

图 11-67　创建数据透视表

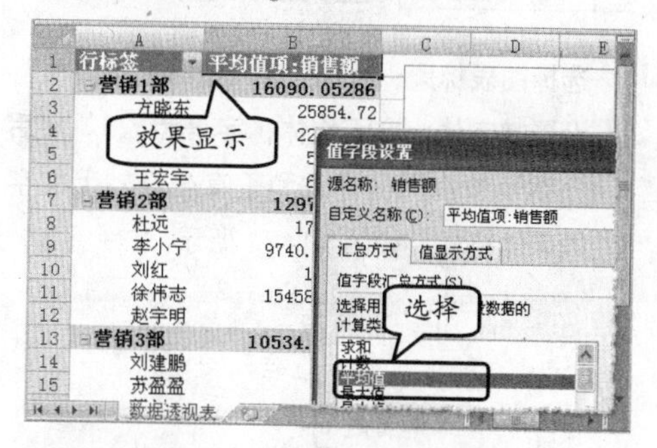

图 11-68　设置计算类型

8 选择图表，并选择【设计】选项卡，单击【位置】组中的【移动图表】按钮，在弹出的对话框中选择【新工作表】单选按钮，并在其后的文本框中输入文字“数据透视图”，如图 11-69 所示。

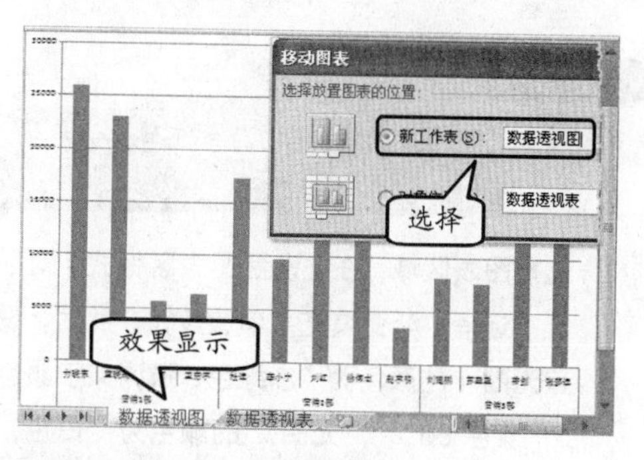

图 11-69　移动工作表

提　示

选择图表，选择【布局】选项卡，单击【图例】下拉按钮，执行【无】命令。

9 选择图表中的数据系列，单击【图表样式】组中的【其他】下拉按钮，选择【样式 31】选项，如图 11-70 所示。

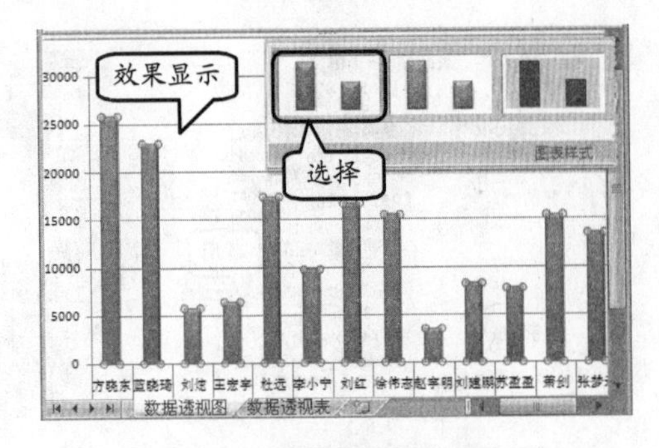

图 11-70 设置数据系列格式

10 选择图表标题，输入文字“销售记录汇总”，设置其字体为方正姚体，字号为 28。然后分别设置水平坐标轴和垂直坐标轴上文字的字体格式，如图 11-71 所示。

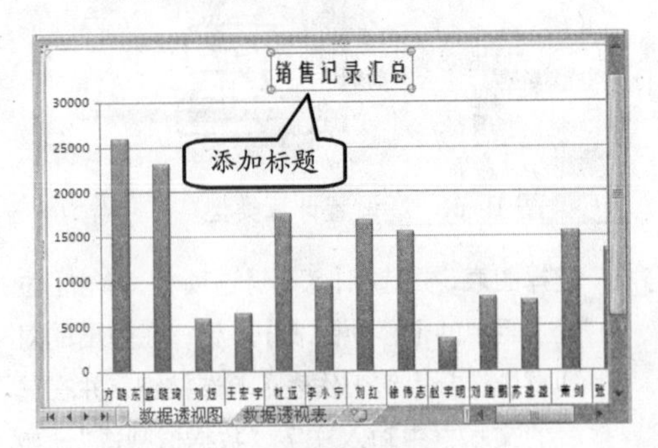

图 11-71 设置图表标题

提 示

设置坐标轴上文字的字体均为方正姚体，字号为 16。

11 选择图表区域，在【设置图表区格式】对话框中选择【渐变填充】单选按钮，然后，设置光圈 1 的颜色为“水绿色，强调文字颜色 5，淡色 80%”；光圈 2 的颜色为“白色，背景 1，深色 5%”；光圈 3 的颜色为白色，如图 11-72 所示。

提 示

右击图表区域，执行【设置图表区域】命令，即可打开【设置图表区格式】对话框。

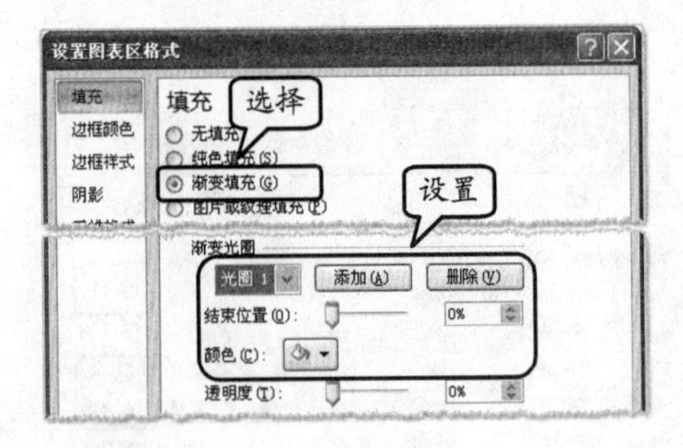

图 11-72 设置渐变填充

12 选择图表，并选择【布局】选项卡，单击【分析】组中的【趋势线】下拉按钮，选择【双周期移动平均】选项，如图 11-73 所示。

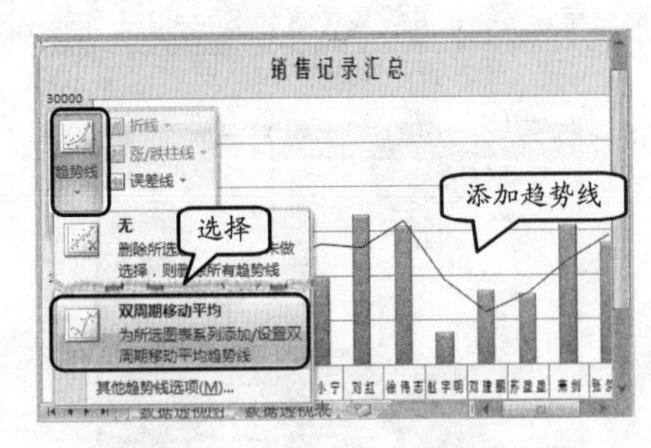

图 11-73 添加趋势线

13 选择趋势线，应用“粗线-强调颜色 2”形状样式，然后，单击【形状轮廓】下拉按钮，选择“橙色，强调文字颜色 6，深色 25%”色块，如图 11-74 所示。

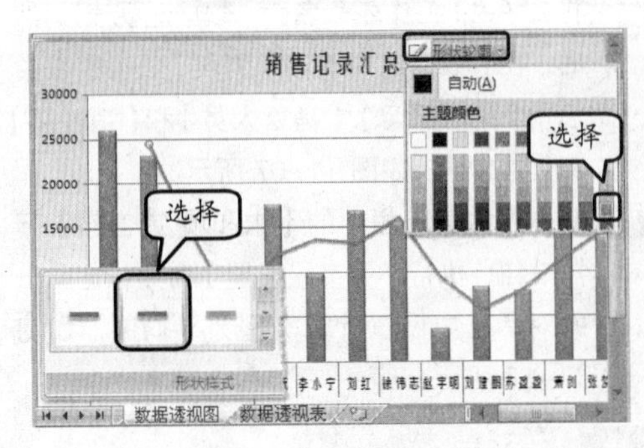

图 11-74 设置趋势线格式